国家科学技术学术著作出版基金资助出版

波浪对海洋结构物作用的解析研究

刘　勇　李爱军　李华军　著

科学出版社

北　京

内 容 简 介

本书系统阐述了波浪对典型海洋结构物作用的解析研究方法。首先介绍了流体运动基础知识和相关波浪理论，然后依次考虑薄板结构、矩形结构、周期性结构、垂直圆柱结构、水平圆柱和半圆形结构、圆球和半球形结构等典型结构，通过求解波浪对各类典型海洋结构物的作用问题，详细介绍了匹配特征函数展开法、最小二乘法、多项伽辽金方法、速度势分解方法、多极子方法、围道积分方法、宽间距近似方法等解析求解方法。对于某些物理问题，本书采用几种不同的方法进行对比分析；对于所有的物理问题，都给出了典型算例和计算结果，并讨论了一些重要的水动力现象和规律。

本书可以为海岸与海洋工程及相关领域的学者和工程师提供有益参考，并有助于读者在相关领域开展新的研究与探索。

图书在版编目（CIP）数据

波浪对海洋结构物作用的解析研究 / 刘勇，李爱军，李华军著. -- 北京：科学出版社，2024.11. -- ISBN 978-7-03-079522-9

Ⅰ.P754

中国国家版本馆CIP数据核字第2024KB3993号

责任编辑：刘宝莉　乔丽维 / 责任校对：任苗苗
责任印制：赵　博 / 封面设计：图阅社

科学出版社 出版

北京东黄城根北街 16 号
邮政编码：100717
http://www.sciencep.com

三河市春园印刷有限公司印刷
科学出版社发行　各地新华书店经销

*

2024年11月第 一 版　开本：720×1000 1/16
2025年 2 月第二次印刷　印张：28 3/4
字数：580 000

定价：268.00 元
（如有印装质量问题，我社负责调换）

前　　言

防波堤、码头、人工岛、海洋平台等各类海洋结构物是海上交通运输与海洋资源开发的关键基础设施。波浪是海洋结构物承受的主要环境荷载，分析波浪对各类海洋结构物的作用，科学认识结构物的水动力特性，对海上工程安全设计与施工运维至关重要。解析解（理论解）是分析波浪对结构物作用的基础方法，能够从理论上阐明一些基本物理规律，为工程设计、数值模拟、物理模型试验等提供科学指导。然而，目前还比较缺乏系统阐述波浪对海洋结构物作用的解析研究方法的论著。

本书详细介绍了波浪作用下海洋结构物水动力特性的重要解析研究方法，其中的主要内容是作者及其团队十几年来在相关研究领域的研究成果总结，旨在通过系统介绍，便于读者掌握波浪对海洋结构物作用的一些重要解析方法，了解典型海洋结构物的水动力特性，熟悉波浪对结构物作用所产生的一些重要水动力现象。希望本书可以为从事相关工作的学者和工程师提供有益参考，并有助于读者在相关领域开展新的研究与探索。

本书遵循由简到繁的原则，依次求解波浪对垂直薄板结构、水平薄板结构、矩形结构、周期性结构、垂直圆柱结构、水平圆柱和半圆形结构、圆球和半球形结构等典型结构作用的水动力学问题。通过求解各类物理问题，详细介绍不同坐标系下的多种解析求解方法，主要包括：匹配特征函数展开法、最小二乘法、多项伽辽金方法、速度势分解方法、多极子方法、围道积分方法、宽间距近似方法等。对于书中所有的解析解，都编写了计算程序，并给出典型算例和计算结果。对于某些物理问题，书中采用几种不同的方法进行对比分析，便于读者更加全面地理解，这是本书的一个重要特色。此外，在阐述解析研究方法的同时，注意介绍一些重要的水动力现象和规律，便于读者了解物理问题。

本书相关研究内容得到国家自然科学基金委员会、中国博士后科学基金会、山东省科学技术厅等多个研究项目的资助，本书的出版得到国家科学技术学术著作出版基金的资助，在此深表感谢！

由于作者水平有限，书中难免存在不足之处，恳请读者给予批评指正。

目　　录

第1章　流体运动基本理论

　　波浪对海洋结构物作用的分析方法主要包括解析(理论)研究、计算流体力学数值模拟、物理模型试验等，其中解析研究的计算过程简单、高效，物理意义明确，能够快速阐明结构物水动力特性参数的基本变化规律，可以为计算流体力学数值模拟、物理模型试验、工程设计等提供科学指导。本章首先介绍海洋结构物水动力解析研究的基本控制方程和边界条件；然后推导波浪运动色散方程，并给出立面二维问题(二维拉普拉斯方程)、斜向波问题(修正的亥姆霍兹方程)、三维问题(三维拉普拉斯方程)和平面波问题(亥姆霍兹方程)中线性波的基本表达式；最后介绍两类消能式海洋结构物的耗散边界条件：多孔介质区域的边界条件和开孔薄板的压力损失边界条件。

1.1　基本控制方程和边界条件

　　本节简要介绍海洋结构物水动力特性解析研究的基本控制方程和边界条件，相关问题的详细推导和阐述可以参阅文献[1]～[4]。

　　采用三维直角坐标系来描述波浪对海洋结构物的作用，xoy 平面位于静水面，z 轴竖直向上，本书所讨论的各类问题均采用这一直角坐标系进行描述。对于重力水波问题，通常忽略水的压缩性，则流体运动满足质量守恒方程和动量守恒方程：

$$\nabla \cdot \boldsymbol{U} = 0 \tag{1.1.1}$$

$$\left(\frac{\partial}{\partial t} + \boldsymbol{U} \cdot \nabla\right)\boldsymbol{U} = -\nabla\left(\frac{P}{\rho} + gz\right) + \nu\nabla^2\boldsymbol{U} \tag{1.1.2}$$

式中，$\nabla = (\partial/\partial x, \partial/\partial y, \partial/\partial z)$；$\boldsymbol{U}(x, y, z, t)$ 为 t 时刻空间点 (x, y, z) 处流体运动的速度矢量；P 为流体在空间点产生的压强；g 为重力加速度；ρ 为流体密度；ν 为流体的运动黏性系数。

　　在重力水波对较大尺度海洋结构物(结构特征尺度与波长相比)作用的问题分析中，可以假设流体无黏且运动无旋，用速度势 $\varPhi$ 的梯度表示流体速度矢量：

$$\boldsymbol{U} = \nabla\varPhi \tag{1.1.3}$$

则质量守恒方程(1.1.1)变为拉普拉斯方程：

$$\frac{\partial^2 \Phi}{\partial x^2} + \frac{\partial^2 \Phi}{\partial y^2} + \frac{\partial^2 \Phi}{\partial z^2} = 0 \qquad (1.1.4)$$

动量守恒方程(1.1.2)简化为伯努利方程：

$$\frac{\partial \Phi}{\partial t} + \frac{1}{2}\left|\nabla \Phi\right|^2 + gz = -\frac{P}{\rho} \qquad (1.1.5)$$

在流体与空气的交界面 $z = \xi(x, y, t)$，自由水面的运动学边界条件为

$$\frac{\partial \Phi}{\partial z} = \frac{\partial \xi}{\partial x}\frac{\partial \Phi}{\partial x} + \frac{\partial \xi}{\partial y}\frac{\partial \Phi}{\partial y} + \frac{\partial \xi}{\partial t} \qquad (1.1.6)$$

将伯努利方程(1.1.5)应用到自由水面，并取大气压强为 0，可以得到自由水面的动力学边界条件：

$$\frac{\partial \Phi}{\partial t} + \frac{1}{2}\left|\nabla \Phi\right|^2 + g\xi = 0, \quad z = \xi \qquad (1.1.7)$$

联立式(1.1.6)和式(1.1.7)消去波面函数 ξ, 得到由速度势表示的自由水面条件：

$$\frac{\partial^2 \Phi}{\partial t^2} + g\frac{\partial \Phi}{\partial z} + \frac{\partial}{\partial t}\left|\nabla \Phi\right|^2 + \frac{1}{2}\nabla \Phi \cdot \nabla\left|\nabla \Phi\right|^2 = 0 \qquad (1.1.8)$$

式(1.1.8)是一个非线性条件，且仅在未知的瞬时水面上满足，因此解析求解非常困难。考虑线性波问题，可以通过摄动展开，将非线性自由水面条件式(1.1.8)简化为在静水面上满足的线性自由水面条件：

$$\frac{\partial^2 \Phi}{\partial t^2} + g\frac{\partial \Phi}{\partial z} = 0, \quad z = 0 \qquad (1.1.9)$$

同时，伯努利方程(1.1.5)和动力学边界条件式(1.1.7)分别简化为

$$P = -\rho gz - \rho\frac{\partial \Phi}{\partial t} \qquad (1.1.10)$$

$$\xi = -\frac{1}{g}\frac{\partial \Phi}{\partial t}, \quad z = 0 \qquad (1.1.11)$$

式(1.1.10)等号右侧第一项表示流体内任意点的静水压强，第二项表示流体运动在该点产生的动水压强；式(1.1.11)是波面与速度势之间的关系。

考虑圆频率为 ω 的线性简谐波,可以分离出速度势和相关参量中的时间因子,得到

$$\varPhi = \mathrm{Re}\Big[\phi(x,y,z)\mathrm{e}^{-\mathrm{i}\omega t}\Big] \qquad (1.1.12)$$

$$\xi = \mathrm{Re}\Big[\eta(x,y)\mathrm{e}^{-\mathrm{i}\omega t}\Big] \qquad (1.1.13)$$

$$P = -\rho gz + \mathrm{Re}\Big[p(x,y,z)\mathrm{e}^{-\mathrm{i}\omega t}\Big] \qquad (1.1.14)$$

式中,Re 表示取变量的实部; $\mathrm{i}=\sqrt{-1}$; $\phi(x,y,z)$ 、 $\eta(x,y)$ 和 $p(x,y,z)$ 分别为空间速度势、波面和动水压强,均为复数形式。

在波浪对结构物作用的解析研究中,关键问题是求解空间速度势 $\phi(x,y,z)$,进而得到实际工程所关注的水动力特性参数。

当分离出时间因子后,式(1.1.4)和式(1.1.9)~式(1.1.11)可以改写为

$$\frac{\partial^2\phi}{\partial x^2}+\frac{\partial^2\phi}{\partial y^2}+\frac{\partial^2\phi}{\partial z^2}=0 \qquad (1.1.15)$$

$$\frac{\partial\phi}{\partial z}=\frac{\omega^2}{g}\phi, \quad z=0 \qquad (1.1.16)$$

$$p=\mathrm{i}\omega\rho\phi \qquad (1.1.17)$$

$$\eta=\frac{\mathrm{i}\omega}{g}\phi, \quad z=0 \qquad (1.1.18)$$

在不可渗透的结构物表面 S_b 上,如果流体运动不脱离结构物表面而形成空隙,则流体速度等于结构物表面法线方向的运动速度:

$$\frac{\partial\phi}{\partial n}=u_\mathrm{n}, \quad (x,y,z)\in S_\mathrm{b} \qquad (1.1.19)$$

式中, n 为结构物表面 S_b 上的单位法向矢量,指向流体区域; u_n 为结构物表面在该点的法向运动速度(幅值)。

当海床平坦(水深 h 为常数)且不渗透时,水底条件为

$$\frac{\partial\phi}{\partial z}=0, \quad z=-h \qquad (1.1.20)$$

对于深水情况($h\to\infty$),水底条件变为

$$|\nabla\phi| = 0, \quad z \to -\infty \tag{1.1.21}$$

此外，空间速度势需要满足远场辐射条件：

$$\lim_{r\to\infty}\sqrt{r}\left(\frac{\partial}{\partial r} - \mathrm{i}\,k_0\right)\phi = 0, \quad r = \sqrt{x^2 + y^2} \tag{1.1.22}$$

式中，k_0 为行进波的波数。

对于二维问题（xoz 平面），远场辐射条件退化为

$$\lim_{x\to\pm\infty}\left(\frac{\partial}{\partial x} \mp \mathrm{i}\,k_0\right)\phi = 0 \tag{1.1.23}$$

远场辐射条件表示波浪离开结构物向无穷远处传播，可以保证速度势解的唯一性。关于远场辐射条件的详细讨论可以参阅文献[1]。

1.2　线性波的基本表达式

本节首先介绍线性波运动的色散方程及其根的特性，然后分别给出立面二维问题、斜向波问题、三维问题和平面波问题中波浪运动的基本表达式。

1.2.1　色散方程

基于分离变量，控制方程（1.1.15）的基本解有如下形式：

$$\phi(x, y, z) = W(x, y)Z(z) \tag{1.2.1}$$

将式（1.2.1）代入式（1.1.15），得到

$$\frac{1}{W}\left(\frac{\partial^2}{\partial x^2} + \frac{\partial^2}{\partial y^2}\right)W = -\frac{1}{Z}\frac{\mathrm{d}^2 Z}{\mathrm{d} z^2} \tag{1.2.2}$$

式（1.2.2）等号左侧是关于 x 和 y 的函数，右侧是关于 z 的函数。由于 x、y 和 z 是三个独立的变量，公式等号两侧只能等于某一常数 λ^2。$Z(z)$ 称为垂向特征函数，λ 称为特征值，两者由自由水面条件和水底条件共同确定。

函数 $Z(z)$ 的通解可表示为

$$Z(z) = A\cos[\lambda(z + h)] + B\sin[\lambda(z + h)] \tag{1.2.3}$$

式中，A 和 B 为与 z 无关的常数。

应用水底条件式（1.1.20）可以得到 $B = 0$，然后应用自由水面条件式（1.1.16），

可以得到

$$\frac{\omega^2}{g} = -\lambda \tan(\lambda h) \tag{1.2.4}$$

式(1.2.4)具有无穷多个正实根,用 $k_n(n \geqslant 1)$ 来表示。不难看出,$-k_n(n \geqslant 1)$ 是式(1.2.4)的负实根,这些负实根与正实根对应着同样的垂向特征函数,在求解问题时无需考虑。图 1.2.1 为式(1.2.4)的正实根(曲线交点)分布情况。

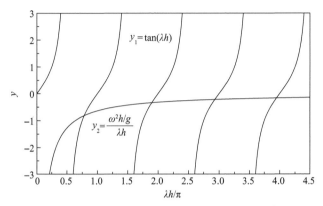

图 1.2.1　式(1.2.4)的正实根(曲线交点)分布情况($\omega^2 h/g = 2$)

此外,式(1.2.4)有一对共轭纯虚根,用 $\pm ik_0(k_0 > 0)$ 来表示。将纯虚根代入式(1.2.4),得到

$$\frac{\omega^2}{g} = -ik_0 \tan(ik_0 h) = k_0 \tanh(k_0 h) \tag{1.2.5}$$

在求解问题时只需要考虑式(1.2.5)的正实根 k_0。式(1.2.5)给出了波浪周期 $T(T = 2\pi/\omega)$、波长 $L(L = 2\pi/k_0)$ 和水深 h 之间的关系,称为线性水波的色散(弥散)方程。色散方程(1.2.5)属于超越方程,通常需要迭代求解波数 k_0;此外,也有一些色散方程的高精度显式近似解[5]。通过求解并分析色散方程可以得到:在相同水深下,波长较长的波浪具有较快的传播速度,即较快的波浪运动相速度 $c = L/T = \omega/k_0$。对于具有连续谱密度的随机波列,随着时间的推移,在传播过程中,波长较长的波浪将领先于波长较短的波浪,这种不同波长(或频率)的波以不同速度行进传播而导致波分散的现象称为波的色散(或弥散)。关于波浪色散方程的详细推导和讨论可以参阅文献[1]和[4]。对于深水情况($h/L > 0.5$),色散方程(1.2.5)简化为 $k_0 = \omega^2/g$;对于浅水情况($h/L < 0.05$),色散方程(1.2.5)变为 $k_0 = \omega/\sqrt{gh}$。

将所有的基本解线性加权叠加,可以得到满足拉普拉斯方程(1.1.15)、自由水面条件式(1.1.16)和水底条件式(1.1.20)的速度势完整表达式：

$$\phi(x,y,z) = \sum_{n=0}^{\infty} C_n W_n(x,y) Z_n(z) \tag{1.2.6}$$

式中，C_n 为与空间变量无关的展开系数（权重系数）；$W_n(x,y)$ 为水平方向上的分量，对于不同的问题，其表达式有所不同；$Z_n(z)$ 为垂向特征函数系：

$$Z_n(z) = \begin{cases} \dfrac{\cosh[k_0(z+h)]}{\cosh(k_0 h)}, & n=0 \\[2mm] \dfrac{\cos[k_n(z+h)]}{\cos(k_n h)}, & n=1,2,\cdots \end{cases} \tag{1.2.7}$$

需要说明的是，为了代数运算方便，在式(1.2.7)的特征函数系中引入了分母 $\cosh(k_0 h)$ 和 $\cos(k_n h)$。

垂向特征函数系 $Z_n(z)$ 具备正交性，即

$$\int_{-h}^{0} Z_m(z) Z_n(z)\,\mathrm{d}z = 0, \quad m \neq n \tag{1.2.8}$$

垂向特征函数自身的平方沿水深积分为

$$N_n = \int_{-h}^{0} [Z_n(z)]^2\,\mathrm{d}z = \begin{cases} \dfrac{1}{\cosh^2(k_0 h)}\left[\dfrac{h}{2}+\dfrac{\sinh(2k_0 h)}{4k_0}\right], & n=0 \\[3mm] \dfrac{1}{\cos^2(k_n h)}\left[\dfrac{h}{2}+\dfrac{\sin(2k_n h)}{4k_n}\right], & n=1,2,\cdots \end{cases} \tag{1.2.9}$$

垂向特征函数系的正交性对确定速度势表达式中的展开系数十分重要，在后续章节中将经常应用该特性来求解各类问题。

1.2.2　立面二维问题

在波浪对海洋结构物作用的水动力特性分析中，如果结构物横截面(xoz 平面)沿长度方向(y 方向)保持一致且长度远大于波长，可以把结构物的长度视为无限长。当波浪沿 x 轴正方向入射时，波浪传播方向垂直于结构物横截面，可以将问题简化为立面二维问题，则式(1.2.1)简化为

$$\phi(x,z) = X(x)Z(z) \tag{1.2.10}$$

相应地，式(1.2.2)变为

$$\frac{1}{X}\frac{\mathrm{d}^2 X}{\mathrm{d}x^2} = -\frac{1}{Z}\frac{\mathrm{d}^2 Z}{\mathrm{d}z^2} = \lambda^2 \tag{1.2.11}$$

函数 $X(x)$ 的通解为

$$X(x) = C\,\mathrm{e}^{\lambda x} + D\,\mathrm{e}^{-\lambda x} \tag{1.2.12}$$

式中，C 和 D 为与 x 无关的常数。

由式(1.2.7)和式(1.2.12)可知，立面二维问题中流体运动的速度势有如下形式：

$$\phi(x,z) = (A_0\,\mathrm{e}^{\mathrm{i}k_0 x} + B_0\,\mathrm{e}^{-\mathrm{i}k_0 x})Z_0(z) + \sum_{n=1}^{\infty}(A_n\,\mathrm{e}^{k_n x} + B_n\,\mathrm{e}^{-k_n x})Z_n(z) \tag{1.2.13}$$

式中，A_n 和 B_n 为与空间变量无关的系数，需要通过结构物表面条件来确定。在式(1.2.13)中，含有 $\mathrm{e}^{\mathrm{i}k_0 x}$ 和 $\mathrm{e}^{-\mathrm{i}k_0 x}$ 的项分别对应沿 x 轴正方向和负方向的传播(行进)波，而含有 $\mathrm{e}^{k_n x}$ 和 $\mathrm{e}^{-k_n x}$ $(n \geqslant 1)$ 的项分别对应沿 x 轴负方向和正方向呈指数衰减的非传播模态波。

立面二维问题的入射波(行进波)速度势为

$$\phi_1(x,z) = -\frac{\mathrm{i}gH}{2\omega}\mathrm{e}^{\mathrm{i}k_0 x}Z_0(z) \tag{1.2.14}$$

式中，H 为入射波的波高。

对于等水深中的行进波，任意水质点的水平速度 U_x 和垂向速度 U_z 为

$$U_x = \mathrm{Re}\left[\frac{\partial \phi_1}{\partial x}\mathrm{e}^{-\mathrm{i}\omega t}\right] = \frac{gk_0 H}{2\omega}\frac{\cosh[k_0(z+h)]}{\cosh(k_0 h)}\cos(k_0 x - \omega t) \tag{1.2.15}$$

$$U_z = \mathrm{Re}\left[\frac{\partial \phi_1}{\partial z}\mathrm{e}^{-\mathrm{i}\omega t}\right] = \frac{gk_0 H}{2\omega}\frac{\sinh[k_0(z+h)]}{\cosh(k_0 h)}\sin(k_0 x - \omega t) \tag{1.2.16}$$

可以看出，水质点的速度随着深度的增大呈指数衰减，水平速度和垂向速度的相位差为 90°。

行进波的总能量包括动能和势能两部分。对于等水深中的行进波，水平面单位面积的动能在一个波浪周期内的时均值(平均动能 KE)为

$$\begin{aligned}
\mathrm{KE} &= \frac{1}{T}\int_t^{t+T}\int_{-h}^{\xi}\frac{\rho}{2}(U_x^2 + U_z^2)\,\mathrm{d}z\,\mathrm{d}t \\
&\approx \frac{1}{T}\int_t^{t+T}\int_{-h}^{0}\frac{\rho}{2}(U_x^2 + U_z^2)\,\mathrm{d}z\,\mathrm{d}t = \frac{1}{16}\rho gH^2
\end{aligned} \tag{1.2.17}$$

水平面单位面积的势能在一个波浪周期内的时均值(平均势能 PE)为

$$PE = \frac{1}{T}\int_t^{t+T}\int_{-h}^{\xi}\rho gz\,\mathrm{d}z\,\mathrm{d}t - \frac{1}{T}\int_t^{t+T}\int_{-h}^{0}\rho gz\,\mathrm{d}z\,\mathrm{d}t = \frac{1}{16}\rho gH^2 \quad (1.2.18)$$

从式(1.2.17)和式(1.2.18)可以看出，行进波沿单宽波峰线的平均动能和平均势能相等，总平均能量 E 为两者之和，即

$$E = KE + PE = \frac{1}{8}\rho gH^2 \quad (1.2.19)$$

波浪在传播过程中伴随着能量传递，考虑沿波峰线单位宽度的铅垂截面，通过该截面的能量传递率(波能流 Flux)等于一个波浪周期内动水压力做功的平均速率：

$$\begin{aligned} \mathrm{Flux} &= \frac{1}{T}\int_t^{t+T}\int_{-h}^{\xi}U_x\left(-\rho\frac{\partial\varPhi}{\partial t}\right)\mathrm{d}z\,\mathrm{d}t \\ &\approx \frac{1}{T}\int_t^{t+T}\int_{-h}^{0}U_x\left(-\rho\frac{\partial\varPhi}{\partial t}\right)\mathrm{d}z\,\mathrm{d}t = \frac{1}{8}\rho gH^2cn \end{aligned} \quad (1.2.20)$$

式中，

$$n = \frac{1}{2}\left[1 + \frac{2k_0h}{\sinh(2k_0h)}\right] \quad (1.2.21)$$

考虑到波浪群速度 $c_g = cn$，则有

$$\mathrm{Flux} = Ec_g \quad (1.2.22)$$

可以看出，波浪能量是以波浪群速度 c_g 传播的。

由式(1.2.21)可知，当 k_0h 趋于 0 时，$n \approx 1$，则波浪群速度 c_g 与波浪运动相速度 c 相同；否则，n 的值小于 1，波浪群速度小于波浪运动相速度。考虑足够长的单位宽度波浪水槽，水槽一端产生正弦波，当造波机启动一段时间 t 后，在造波机与 c_gt 之间的水体可形成稳定的波列，而在 c_gt 和 ct 之间的水体尽管出现扰动，但还无法充分发展成稳定的波列。

1.2.3　斜向波问题

当波浪入射方向与 x 轴正方向的夹角为 β 时(斜向波问题)，可以从速度势中分离出 y 方向分量：

$$\phi(x,y,z) = \phi(x,z)\mathrm{e}^{\mathrm{i}k_{0y}y} \quad (1.2.23)$$

式中，k_{0y} 为入射波波数 k_0 在 y 方向上的分量，即 $k_{0y} = k_0 \sin\beta$。

速度势 $\phi(x,z)$ 满足修正的亥姆霍兹方程：

$$\frac{\partial^2 \phi}{\partial x^2} + \frac{\partial^2 \phi}{\partial z^2} - k_{0y}^2 \phi = 0 \qquad (1.2.24)$$

采用分离变量法可以得到满足修正的亥姆霍兹方程、自由水面条件式(1.1.16)和水底条件式(1.1.20)的速度势完整表达式：

$$\phi(x,z) = (A_0 \, \mathrm{e}^{\mathrm{i}k_{0x}x} + B_0 \, \mathrm{e}^{-\mathrm{i}k_{0x}x})Z_0(z) + \sum_{n=1}^{\infty}(A_n \, \mathrm{e}^{k_{nx}x} + B_n \, \mathrm{e}^{-k_{nx}x})Z_n(z) \qquad (1.2.25)$$

式中，A_n 和 B_n 为空间变量无关的系数；k_{0x} 为入射波波数 k_0 在 x 方向上的分量，即 $k_{0x} = k_0 \cos\beta$；$k_{nx} = \sqrt{k_n^2 + k_{0y}^2}$（$n \geq 1$）。

斜向入射波的速度势表达式为

$$\phi_1(x,z) = -\frac{\mathrm{i}gH}{2\omega} \mathrm{e}^{\mathrm{i}k_{0x}x} Z_0(z) \qquad (1.2.26)$$

当波浪入射角度 $\beta = 0°$ 时，式(1.2.26)退化为式(1.2.14)。

1.2.4 三维问题

对于三维问题，可以采用柱坐标系 (r, θ, z) 来构建流体运动的速度势，极坐标系 (r, θ) 定义为

$$r\cos\theta = x, \ r\sin\theta = y \qquad (1.2.27)$$

在极坐标系下，式(1.2.1)中的 $W(x,y) \equiv W(r,\theta)$，且满足

$$\frac{1}{r}\frac{\partial W}{\partial r} + \frac{\partial^2 W}{\partial r^2} + \frac{1}{r^2}\frac{\partial^2 W}{\partial \theta^2} = \lambda^2 W \qquad (1.2.28)$$

分离出 $W(r,\theta)$ 中的变量

$$W(r,\theta) = R(r)\Theta(\theta) \qquad (1.2.29)$$

将式(1.2.29)代入式(1.2.28)，得到

$$\frac{r^2}{R}\left(\frac{1}{r}\frac{\mathrm{d}R}{\mathrm{d}r} + \frac{\mathrm{d}^2 R}{\mathrm{d}r^2} - \lambda^2 R\right) = -\frac{1}{\Theta}\frac{\mathrm{d}^2 \Theta}{\mathrm{d}\theta^2} \qquad (1.2.30)$$

式 (1.2.30) 等号左侧是关于 r 的函数，右侧是关于 θ 的函数，因此公式等号两侧只能等于某一常数 m^2。

由于速度势的自然周期条件构成本征值问题，函数 $\Theta(\theta)$ 的通解为

$$\Theta(\theta) = A\cos(m\theta) + B\sin(m\theta), \quad m = 0,1,\cdots \tag{1.2.31}$$

式中，A 和 B 为常数。

函数 $R(r)$ 满足如下微分方程：

$$\frac{\mathrm{d}^2 R}{\mathrm{d}r^2} + \frac{1}{r}\frac{\mathrm{d}R}{\mathrm{d}r} - \left(\lambda^2 + \frac{m^2}{r^2}\right)R = 0 \tag{1.2.32}$$

当 $\lambda(\lambda = k_n, n \geqslant 1)$ 是正实数时，式 (1.2.32) 的通解为

$$R(r) = C\mathrm{I}_m(k_n r) + D\mathrm{K}_m(k_n r) \tag{1.2.33}$$

式中，C 和 D 为常数；$\mathrm{I}_m(x)$ 和 $\mathrm{K}_m(x)$ 分别为第一类和第二类 m 阶修正贝塞尔函数，具有如下渐近性：

$$\mathrm{I}_m(x) \sim \sqrt{\frac{\pi}{2x}}\,\mathrm{e}^x\left[1 + O(x^{-1})\right], \quad |x| \to \infty \tag{1.2.34}$$

$$\mathrm{K}_m(x) \sim \sqrt{\frac{\pi}{2x}}\,\mathrm{e}^{-x}\left[1 + O(x^{-1})\right], \quad |x| \to \infty \tag{1.2.35}$$

可以看出，修正贝塞尔函数随着自变量的增加呈指数形式增大或衰减。

当 $\lambda(\lambda = -\mathrm{i}k_0)$ 是纯虚数时，式 (1.2.32) 的通解为

$$R(r) = C\mathrm{J}_m(k_0 r) + D\mathrm{Y}_m(k_0 r) \tag{1.2.36}$$

式中，$\mathrm{J}_m(x)$ 和 $\mathrm{Y}_m(x)$ 分别为第一类和第二类 m 阶贝塞尔函数。

式 (1.2.36) 可以改写为

$$R(r) = \tilde{C}\mathrm{H}_m^{(1)}(k_0 r) + \tilde{D}\mathrm{H}_m^{(2)}(k_0 r) \tag{1.2.37}$$

式中，$\tilde{C}$ 和 $\tilde{D}$ 为常数；$\mathrm{H}_m^{(1)}(x)$ 和 $\mathrm{H}_m^{(2)}(x)$ 分别为第一类和第二类汉克尔函数。

$$\mathrm{H}_m^{(1)}(k_0 r) = \mathrm{J}_m(k_0 r) + \mathrm{i}\,\mathrm{Y}_m(k_0 r) \tag{1.2.38}$$

$$\mathrm{H}_m^{(2)}(k_0 r) = \mathrm{J}_m(k_0 r) - \mathrm{i}\,\mathrm{Y}_m(k_0 r) \tag{1.2.39}$$

汉克尔函数具有如下渐近性：

$$H_m^{(1)}(x) \sim \sqrt{\frac{2}{\pi x}} \exp\left[i\left(x - \frac{m\pi}{2} - \frac{\pi}{4} \right) \right] + O(x^{-3/2}), \quad |x| \to \infty \qquad (1.2.40)$$

$$H_m^{(2)}(x) \sim \sqrt{\frac{2}{\pi x}} \exp\left[-i\left(x - \frac{m\pi}{2} - \frac{\pi}{4} \right) \right] + O(x^{-3/2}), \quad |x| \to \infty \qquad (1.2.41)$$

可以看出, 当 $k_0 r$ 很大时, $H_m^{(1)}(k_0 r)$ 对应沿 r 正方向传播的柱面波, 而 $H_m^{(2)}(k_0 r)$ 对应沿 r 负方向传播的柱面波。

由式 (1.2.7)、式 (1.2.31)、式 (1.2.33) 和式 (1.2.37) 可知, 满足三维拉普拉斯方程 (1.1.15)、自由水面条件式 (1.1.16) 和水底条件式 (1.1.20) 的速度势完整表达式为

$$
\begin{aligned}
\phi(r,\theta,z) = \sum_{m=0}^{\infty} \cos(m\theta) &\left\{ \left[A_{m0} H_m^{(1)}(k_0 r) + B_{m0} H_m^{(2)}(k_0 r) \right] Z_0(z) \right. \\
&\left. + \sum_{n=1}^{\infty} \left[A_{mn} K_m(k_n r) + B_{mn} I_m(k_n r) \right] Z_n(z) \right\} \\
+ \sum_{m=0}^{\infty} \sin(m\theta) &\left\{ \left[C_{m0} H_m^{(1)}(k_0 r) + D_{m0} H_m^{(2)}(k_0 r) \right] Z_0(z) \right. \\
&\left. + \sum_{n=1}^{\infty} \left[C_{mn} K_m(k_n r) + D_{mn} I_m(k_n r) \right] Z_n(z) \right\}
\end{aligned}
\qquad (1.2.42)
$$

式中, A_{mn}、B_{mn}、C_{mn} 和 D_{mn} 为展开系数 (常数)。

在实际应用中, 需要根据具体情况对式 (1.2.42) 等号右侧的各项进行取舍, 速度势表达式中的展开系数需要根据物体表面条件来确定。

1.2.5　平面波问题

当整个流场内的水深不变且流场内结构物的水平截面 (xoy 平面) 从静水位到水底均保持不变时, 只需要考虑波浪对结构物水平截面的作用。此时, 可以分离出 z 方向分量, 将问题简化为平面二维问题, 速度势 $\phi(x,y)$ 满足亥姆霍兹方程:

$$\frac{\partial^2 \phi}{\partial x^2} + \frac{\partial^2 \phi}{\partial y^2} + k_0^2 \phi = 0 \qquad (1.2.43)$$

此时, 平面入射波的速度势表达式为

$$\phi_I(x,y) = -\frac{igH}{2\omega} e^{i(k_{0x} x + k_{0y} y)} \qquad (1.2.44)$$

在线性波对表面不透水海洋结构物作用的水动力解析中, 存在一些经典的水

动力特性参数恒等式，这些恒等式有助于理解海洋结构物的水动力特性，并可以用来验证解析求解过程和计算结果的正确性。关于水动力特性参数恒等式的详细介绍可以参阅文献[1]和[2]。

对于多孔/开孔消能的海洋结构物，流体可以透过结构并产生能量耗散(动水压力损失)，此时需要对消能式海洋结构物的物面条件进行修正。海洋工程中常见的消能式结构主要包括两类：①多孔介质结构，如堆石防波堤、异形混凝土护面等；②具有不同形状孔洞的薄板结构，如开孔挡板防波堤、开孔沉箱、海洋平台的开孔垂荡板等。对于这两类不同的消能式结构，流体通过结构的边界条件具有很大区别，将分别在下面两节中介绍。

1.3　多孔介质区域的边界条件

在波浪与多孔结构物相互作用的解析研究中，Sollitt 等[6]提出的多孔介质模型应用最为广泛，本节简要介绍该多孔介质模型。

将堆石、异形块体等多孔结构物视为刚性且各向同性的均匀多孔介质，并假设流体在多孔介质内的渗流速度矢量 U 可以用速度势的梯度表示，则多孔介质内的流体运动仍然满足拉普拉斯方程(1.1.4)。为了描述多孔介质对流体运动的影响，Sollitt 等[6]忽略动量守恒方程(1.1.2)中的对流加速度项，将方程修正为

$$\frac{\partial \boldsymbol{U}}{\partial t} = -\nabla\left(gz + \frac{P}{\rho}\right) - \left(\frac{\nu}{K_\mathrm{p}}\varepsilon\boldsymbol{U} + \frac{C_\mathrm{f}}{\sqrt{K_\mathrm{p}}}\varepsilon^2|\boldsymbol{U}|\boldsymbol{U}\right) - \frac{1-\varepsilon}{\varepsilon}C_\mathrm{m}\frac{\partial \boldsymbol{U}}{\partial t} \qquad (1.3.1)$$

式中，ε 为多孔介质的孔隙率，即孔隙的体积除以多孔介质的总体积；K_p 为多孔材料的本征渗透率(或固有渗透率)，m^2；C_f 为无因次的紊动阻力系数；C_m 为附加质量系数。式(1.3.1)等号右侧第二项是多孔介质对流体运动产生的耗散阻力项，包括线性和非线性两部分；第三项是由多孔介质颗粒附加质量引起的非耗散惯性力项。

对于圆频率为 ω 的线性简谐波，可以根据洛伦兹等价假设将式(1.3.1)等号右侧第二项做如下完全线性化处理：

$$\frac{\nu}{K_\mathrm{p}}\varepsilon\boldsymbol{U} + \frac{C_\mathrm{f}}{\sqrt{K_\mathrm{p}}}\varepsilon^2|\boldsymbol{U}|\boldsymbol{U} \to f\omega\boldsymbol{U} \qquad (1.3.2)$$

式中，f 为多孔介质的无因次线性化阻力系数。

在式(1.3.2)中引入圆频率 ω 是为了保证 f 为无因次系数，也是为了便于下面的代数运算。式(1.3.2)的物理意义为：在一个波浪周期内，线性阻力项和原非线

性阻力项在同体积多孔介质内耗散的波浪能量相等。

线性化阻力系数 f 的计算公式为

$$f = \frac{1}{\omega} \frac{\int_V \int_t^{t+T} \left(\dfrac{\varepsilon^2 \nu}{K_p} |\boldsymbol{U}|^2 + \dfrac{\varepsilon^3 C_f}{\sqrt{K_p}} |\boldsymbol{U}|^3 \right) \mathrm{d}t\,\mathrm{d}V}{\int_V \int_t^{t+T} \varepsilon |\boldsymbol{U}|^2 \mathrm{d}t\,\mathrm{d}V} \tag{1.3.3}$$

式中，V 表示多孔介质区域；T 为波浪周期。

从式 (1.3.3) 可以看出，计算线性化阻力系数时需要知道渗流速度 $\boldsymbol{U}$，故需要进行迭代计算。除从理论上进行迭代计算外，也可以通过物理模型试验确定多孔介质的线性化阻力系数。Pérez-Romero 等[7]通过分析矩形多孔堆石结构的试验数据，给出了计算线性化阻力系数的经验公式：

$$f = f_c (D_{50} k_0)^{-0.57} \tag{1.3.4}$$

式中，D_{50} 为块石的中值粒径；k_0 为入射波的波数；$f_c = 0.21 \sim 0.46$。

经过完全线性化处理，式 (1.3.1) 变为

$$s \frac{\partial \boldsymbol{U}}{\partial t} = -\nabla \left(gz + \frac{P}{\rho} \right) - f \omega \boldsymbol{U} \tag{1.3.5}$$

式中，s 为惯性力系数，定义为

$$s = 1 + \frac{1-\varepsilon}{\varepsilon} C_m \tag{1.3.6}$$

在实际计算中，通常可以将惯性力系数的值取为 1。

将式 (1.1.3) 代入动量守恒方程 (1.3.5)，得到多孔介质内流体运动的伯努利方程：

$$s \frac{\partial \Phi}{\partial t} + \frac{P}{\rho} + gz + f \omega \Phi = 0 \tag{1.3.7}$$

分离出伯努利方程 (1.3.7) 中速度势和动水压强函数的时间因子，可以得到

$$p = \mathrm{i} \omega \rho (s + \mathrm{i} f) \phi \tag{1.3.8}$$

式中，p 和 ϕ 分别为多孔介质内与时间无关的空间动水压强和空间速度势。

当多孔介质内存在与大气交界的自由水面时，根据伯努利方程可以得到多孔介质内的自由水面条件：

$$\frac{\partial \phi}{\partial z} = \frac{\omega^2}{g}(s + \mathrm{i}f)\phi, \quad z = 0 \tag{1.3.9}$$

此时，波面可表示为

$$\eta = \frac{\mathrm{i}\omega}{g}(s + \mathrm{i}f)\phi, \quad z = 0 \tag{1.3.10}$$

在多孔介质内流体与外部流体的交界面或者不同性质多孔介质的交界面处，交界面的法向质量输移和动水压强保持连续：

$$\varepsilon_1 \frac{\partial \phi_1}{\partial \boldsymbol{n}} = \varepsilon_2 \frac{\partial \phi_2}{\partial \boldsymbol{n}} \tag{1.3.11}$$

$$(s_1 + \mathrm{i}f_1)\phi_1 = (s_2 + \mathrm{i}f_2)\phi_2 \tag{1.3.12}$$

式中，下标 1 和 2 分别代表交界面两侧的多孔介质参数。

当线性化阻力系数 $f = 0$、惯性力系数 $s = 1$、孔隙率 $\varepsilon = 1$ 时，流域内不存在多孔介质，此时本节所给出的多孔介质边界条件与 1.1 节水波问题的相应边界条件完全相同。

如果多孔介质内存在不透水的(固定)物面或海床，则不透水条件为

$$\frac{\partial \phi}{\partial \boldsymbol{n}} = 0 \tag{1.3.13}$$

1.4　开孔薄板的压力损失边界条件

波浪通过开孔薄板时(板的厚度远小于波长)会产生部分能量损失，波浪运动的相位也会发生改变。通常的势流理论分析无法考虑开孔板处的波浪能量耗散，为了得到合理的计算结果，可以将开孔板的影响以合理的数学边界条件来表示，即开孔板处的压力损失边界条件。Taylor[8]较早对流体通过开孔板的基本特性进行了描述，将开孔板两侧的压强差与流体通过开孔板的法向速度联系在一起，给出了两种情况：①如果开孔板的孔隙由大量细小孔洞组成，则开孔板两侧的压强差与流体通过开孔板的法向速度呈线性比例关系，实际上也就是满足达西定律；②如果开孔板上的孔洞比较大，流体通过开孔板的速度较大，则开孔板两侧的压强差与流体通过开孔板的法向速度的平方呈比例关系。之后，有很多研究者对波浪作用下开孔板的压力损失边界条件进行了系统研究，本节简要介绍两类应用广泛的开孔板边界条件：二次压力损失边界条件[9,10]和线性压力损失边界条件[11]，详细的推导过程和介绍可以参阅文献[9]~[15]。

1.4.1 二次压力损失边界条件

Mei 等[9]基于长波理论，考虑波浪通过开孔薄板时发生流动分离而形成射流，推导出如下二次压力损失边界条件：

$$\Delta P = \rho \frac{K_{\mathrm{f}}}{2} U_{\mathrm{n}} \left| U_{\mathrm{n}} \right| + \rho L_{\mathrm{g}} \frac{\partial U_{\mathrm{n}}}{\partial t} \tag{1.4.1}$$

$$K_{\mathrm{f}} = \left(\frac{1}{\varepsilon C_{\mathrm{c}}} - 1 \right)^2 \tag{1.4.2}$$

式中，ΔP 为开孔板两侧的动水压强差(压力损失)；K_{f} 为阻力影响系数；U_{n} 为流体通过开孔板的法向速度；L_{g} 为具有长度单位的经验系数；ε 为开孔板的开孔率，即开孔部分的面积除以板的总面积；C_{c} 为无因次的孔口收缩系数。

式(1.4.1)等号右侧第一项表示阻力(压力或水头损失)的影响，使波浪通过开孔板时产生能量耗散；第二项表示惯性力的影响，使波浪通过开孔板后产生相位变化，虽然不直接导致能量耗散，但是会间接影响能量耗散的大小。K_{f} 和 L_{g} 分别为开孔板的阻力影响系数和惯性力影响系数，类似于莫里森公式中的阻力系数和惯性力系数。当阻力影响系数为 0 时，波浪通过开孔板时不产生能量耗散，当然实际工程中不存在这样的开孔板。式(1.4.1)的推导基于长波理论，后来被扩展应用到一般的波浪条件[12,14]。

式(1.4.1)是一个瞬时的非线性边界条件，其中的压强差和速度均包含时间项，可以对时间项进行线性化处理。对于圆频率为 ω 的线性简谐波，存在如下线性化关系[16]：

$$\left| \mathrm{Re} \left[F \mathrm{e}^{-\mathrm{i}\omega t} \right] \right| \mathrm{Re} \left[F \mathrm{e}^{-\mathrm{i}\omega t} \right] \simeq \frac{8}{3\pi} |F| \mathrm{Re} \left[F \mathrm{e}^{-\mathrm{i}\omega t} \right] \tag{1.4.3}$$

式中，F 表示任意与时间无关的函数。

当时间项线性化后，根据流体速度与速度势之间的关系式(1.1.3)以及伯努利方程(1.1.17)，消去式(1.4.1)中的时间因子，可以得到

$$\Delta \phi = -\frac{8\mathrm{i}}{3\pi\omega} \frac{K_{\mathrm{f}}}{2} \left| \frac{\partial \phi}{\partial \boldsymbol{n}} \right| \frac{\partial \phi}{\partial \boldsymbol{n}} - L_{\mathrm{g}} \frac{\partial \phi}{\partial \boldsymbol{n}} \tag{1.4.4}$$

式中，$\Delta \phi$ 为开孔板两侧的空间速度势之差；$\partial \phi / \partial \boldsymbol{n}$ 为开孔板任意一侧的流体法向速度。

Molin[10]从管流假设出发，推导出开孔薄板处二次压力损失边界条件的另一种

形式：

$$\Delta P = \frac{1-\varepsilon}{2\mu\varepsilon^2}\rho|U_{\mathrm n}|U_{\mathrm n} \tag{1.4.5}$$

式中，μ 为无因次的射流系数。

Molin 等[13]在研究带开孔薄板的液舱晃荡问题时，在式(1.4.5)中引入了惯性力项：

$$\Delta P = \frac{1-\varepsilon}{2\mu\varepsilon^2}\rho|U_{\mathrm n}|U_{\mathrm n} + 2\rho C\frac{\partial U_{\mathrm n}}{\partial t} \tag{1.4.6}$$

式中，C 为开孔板的阻塞系数[17,18]，具有长度单位。

同样将式(1.4.6)中的时间项进行线性化处理，可以得到

$$\Delta\phi = -\frac{8\mathrm i}{3\pi\omega}\frac{1-\varepsilon}{2\mu\varepsilon^2}\left|\frac{\partial\phi}{\partial n}\right|\frac{\partial\phi}{\partial n} - 2C\frac{\partial\phi}{\partial n} \tag{1.4.7}$$

如果令式(1.4.4)中 $K_{\mathrm f}$ 和 $L_{\mathrm g}$ 满足 $K_{\mathrm f}=(1-\varepsilon)/(\mu\varepsilon^2)$ 和 $L_{\mathrm g}=2C$，则式(1.4.4)和式(1.4.7)完全相同。可以看出，尽管两者推导的出发点不同，但是得到了类似的表达形式。

应用二次压力损失边界条件式(1.4.7)的关键是需要提前确定开孔板的射流系数 μ 和阻塞系数 C。Molin[19]通过对比分析计算结果和试验结果提出，当开孔板的开孔率不超过 0.5 时，射流系数的建议取值为 0.3～0.4。Liu 等[15]分析了开孔沉箱的计算结果和试验结果，建议对于全开孔沉箱和局部开孔沉箱，开孔前墙的射流系数取值分别为 0.4 和 0.7。对于曲面开孔板，Li 等[20,21]建议射流系数取值为 0.7～0.9。He 等[22]通过分析试验数据发现，可以将水平开孔板的射流系数表示为开孔率 ε 的函数，并给出了如下经验公式：

$$\mu = 0.3024\varepsilon^{-0.3876}, \quad 0.08 \leqslant \varepsilon \leqslant 0.33 \tag{1.4.8}$$

对于竖条形状开孔薄板(几何尺寸参数见图1.4.1)，Flagg 等[23]指出，当开孔率较小时，阻塞系数 C 可以通过如下公式计算：

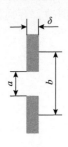

图 1.4.1　竖条形状开孔薄板的几何尺寸参数(俯视图)

$$C = \frac{\delta}{2}\left(\frac{1}{\varepsilon}-1\right) + \frac{b}{\pi}\left[1-\ln(4\varepsilon)+\frac{1}{3}\varepsilon^2+\frac{281}{180}\varepsilon^4\right] \tag{1.4.9}$$

式中，δ 为开孔板厚度；b 为板条的中心间距；$\varepsilon = a/b$（见图 1.4.1）。

当开孔板厚度非常小时，阻塞系数可由如下公式确定[9,18]：

$$C = -\frac{b}{\pi}\ln\left[\sin\left(\frac{\pi}{2}\varepsilon\right)\right] \tag{1.4.10}$$

根据 Huang[24] 和 Suh 等[25] 的研究结果，开孔板的阻塞系数可以由如下经验公式确定：

$$C = \frac{\delta}{2\varepsilon} \tag{1.4.11}$$

1.4.2 线性压力损失边界条件

Yu[11] 基于多孔介质模型，推导了开孔薄板处的线性压力损失边界条件：

$$\frac{\partial \phi}{\partial \boldsymbol{n}} = \mathrm{i}\,k_0 G \Delta\phi \tag{1.4.12}$$

$$G = \frac{\varepsilon}{k_0\delta(f - \mathrm{i}s)} \tag{1.4.13}$$

式中，G 为开孔板的无因次孔隙影响参数；f 和 s 分别为开孔板的线性化阻力系数和惯性力系数，均为无因次参数。

式(1.4.12)的物理意义为：流体通过开孔薄板的法向速度与开孔板两侧的压强差呈线性关系，比例系数为 $\mathrm{i}k_0 G$。从式(1.4.13)可以看出，孔隙影响参数 G 是复数形式，实部和虚部分别代表开孔薄板对流动的阻力影响和惯性力影响，通常情况下，阻力影响占主导。波浪通过开孔薄板所产生的能量耗散是由阻力引起的，惯性力影响不产生能量耗散，但是对能量耗散存在间接影响。由于孔隙影响参数的选取直接影响计算结果的合理性，在实际应用中需要选取合理的孔隙影响参数，可以通过物理模型试验来确定。

对于垂直开孔薄板，Li 等[26] 通过分析试验数据给出了线性化阻力系数 f 与开孔板相对厚度 δ/h（h 为开孔板处的水深）之间的经验关系：

$$f = -3338.7\left(\frac{\delta}{h}\right)^2 + 82.769\frac{\delta}{h} + 8.711,\quad 0.0094 \leqslant \frac{\delta}{h} \leqslant 0.05 \tag{1.4.14}$$

Li 等[26] 的试验结果还表明，当开孔率固定时，开孔形状对线性化阻力系数 f 的影响不明显。

Suh 等[27] 认为，线性化阻力系数不仅与板的相对厚度有关，还与板的开孔率有关，给出了确定线性化阻力系数的经验公式：

$$f = 0.0584\left(\frac{\varepsilon\delta}{h}\right)^{-0.7} \tag{1.4.15}$$

Liu 等[28]通过分析大量的试验数据发现，对于 Jarlan 型开孔沉箱结构，开孔前墙的线性化阻力系数与 KC 数（Keulegan-Carpenter number）和雷诺数密切相关，给出了如下经验公式：

$$f = \begin{cases} 0.989(KC)^{0.746}, & Re \approx 150 \sim 2100 \\ 0.270(KC)^{0.957}, & Re \approx (0.6 \sim 1.8)\times 10^5 \end{cases} \tag{1.4.16}$$

式中，$KC = \bar{U}T/\delta$；$Re = \bar{U}\delta/\nu$ 为雷诺数；$\bar{U}$ 为入射波浪场的流体水平速度幅值的水深平均值；T 为波浪周期；ν 为流体的运动黏性系数。

Li 等[26]、Suh 等[27]和 Liu 等[28]的研究结果表明，可以将式(1.4.13)中的惯性力系数 s 取为 1。

对于水平开孔薄板，Cho 等[29]通过对比分析计算结果和试验结果发现，可以直接将 G 取为实数并表示为开孔率 ε 的函数：

$$G = \frac{1}{2\pi}(57.63\varepsilon - 0.9717), \quad 0.057 \leqslant \varepsilon \leqslant 0.403 \tag{1.4.17}$$

在应用式(1.4.7)或式(1.4.12)分析波浪绕射和辐射问题时，将开孔薄板的厚度取为 0；但是在确定开孔板的阻力系数和惯性力系数时，上述一些方法仍然需要考虑开孔薄板的厚度。此外，开孔板边界处的流体法向速度连续，即开孔板边界两侧的流体法向速度相等。

式(1.4.7)和式(1.4.12)均为耗散边界条件，能够有效考虑波浪通过该边界时产生的能量耗散和运动相位变化。式(1.4.7)和式(1.4.12)存在一定的关联性，可以根据 Lorentz 等价假设将式(1.4.6)等号右侧的第一项做完全线性化处理：

$$\frac{1-\varepsilon}{2\mu\varepsilon^2}|U_n|U_n \rightarrow f_0 \frac{\omega}{k_0}U_n \tag{1.4.18}$$

式中，f_0 为无因次的线性化系数；引入 ω/k_0 是为了保证 f_0 为无因次系数。

式(1.4.7)可以写为

$$\frac{\partial\phi}{\partial \boldsymbol{n}} = i k_0 \frac{1}{f_0 - 2i k_0 C}\Delta\phi \tag{1.4.19}$$

对比式(1.4.12)和式(1.4.19)可以得到

$$f_0 = \frac{k_0 \delta}{\varepsilon} f, \quad C = \frac{\delta}{2\varepsilon} s \qquad (1.4.20)$$

当合理确定开孔薄板的线性化阻力系数和惯性力系数后，应用耗散边界条件式(1.4.7)和式(1.4.12)都可以得到可靠的计算结果。

参 考 文 献

[1] Linton C M, McIver P. Handbook of Mathematical Techniques for Wave/Structure Interactions. Boca Raton: CRC Press, 2001.

[2] Mei C C, Stiassnie M, Yue D K P. Theory and Applications of Ocean Surface Waves. Part I: Linear Aspects. Hackensack: World Scientific Publishing Company, 2005.

[3] 邹志利. 水波理论及其应用. 北京: 科学出版社, 2005.

[4] 李玉成, 滕斌. 波浪对海上建筑物的作用. 3 版. 北京: 海洋出版社, 2015.

[5] 张益, 刘勇. 水波色散方程的直接求解方法. 水道港口, 2015, 36(1): 8-11.

[6] Sollitt C K, Cross R H. Wave transmission through permeable breakwaters//Proceedings of the 13th Coastal Engineering Conference, Vancouver, 1972: 1827-1846.

[7] Pérez-Romero D M, Ortega-Sánchez M, Moñino A, et al. Characteristic friction coefficient and scale effects in oscillatory porous flow. Coastal Engineering, 2009, 56(9): 931-939.

[8] Taylor G I. Fluid flow in regions bounded by porous surface. Proceedings of the Royal Society A: Mathematical Physical and Engineering Sciences, 1956, 234: 456-475.

[9] Mei C C, Liu P L F, Ippen A T. Quadratic loss and scattering of long waves. Journal of the Waterways Harbors and Coastal Engineering Division, 1974, 100: 217-239.

[10] Molin B. Motion damping by slotted structures//van den Boom H J J. Hydrodynamics: Computations, Model Tests and Reality. Wageningen: Elsevier, 1992.

[11] Yu X P. Diffraction of water waves by porous breakwaters. Journal of Waterway, Port, Coastal, and Ocean Engineering, 1995, 121(6): 275-282.

[12] Bennett G S, McIver P, Smallman J V. A mathematical model of a slotted wavescreen breakwater. Coastal Engineering, 1992, 18(3-4): 231-249.

[13] Molin B, Remy F. Inertia effects in TLD sloshing with perforated screens. Journal of Fluids and Structures, 2015, 59: 165-177.

[14] Huang Z H, Li Y C, Liu Y. Hydraulic performance and wave loadings of perforated/slotted coastal structures: A review. Ocean Engineering, 2011, 38(10): 1031-1053.

[15] Liu Y, Li H J. Iterative multi-domain BEM solution for water wave reflection by perforated caisson breakwaters. Engineering Analysis with Boundary Elements, 2017, 77: 70-80.

[16] Molin B, Legras J L. Hydrodynamic modeling of the Roseau tower stabilizer//Proceedings of the 9th International Conference on Offshore Mechanics and Arctic Engineering, Houston, 1990: 329-336.

[17] Tuck E O. Matching problems involving flow through small holes. Advances in Applied Mechanics, 1975, 15: 89-158.

[18] Suh K D, Son S Y, Lee J I, et al. Calculation of irregular wave reflection from perforated-wall caisson breakwaters using a regular wave model//Proceedings of the 28th International Conference on Coastal Engineering, Cardiff, 2002: 1709-1721.

[19] Molin B. Hydrodynamic modeling of perforated structures. Applied Ocean Research, 2011, 33: 1-11.

[20] Li A J, Liu Y, Liu X, et al. Analytical and experimental studies on Bragg scattering of water waves by multiple submerged perforated semi-circular breakwaters. Ocean Engineering, 2020, 209: 107419.

[21] Li A J, Liu Y, Liu X, et al. Analytical and experimental studies on water wave interaction with a submerged perforated quarter-circular caisson breakwater. Applied Ocean Research, 2020, 101: 102267.

[22] He S Y, Liu Y, Zhao Y, et al. New analytical solutions of oblique wave scattering by submerged horizontal perforated plates using quadratic pressure drop condition. Ocean Engineering, 2021, 220: 108444.

[23] Flagg C N, Newman J N. Sway added-mass coefficients for rectangular profiles in shallow water. Journal of Ship Research, 1971, 15: 257-265.

[24] Huang Z H. A method to study interactions between narrow-banded random waves and multi-chamber perforated structures. Acta Mechanica Sinica, 2006, 22(4): 285-292.

[25] Suh K D, Ji C H, Kim B H. Closed-form solutions for wave reflection and transmission by vertical slotted barrier. Coastal Engineering, 2011, 58(12): 1089-1096.

[26] Li Y C, Liu Y, Teng B. Porous effect parameter of thin permeable plates. Coastal Engineering Journal, 2006, 48(4): 309-336.

[27] Suh K D, Kim Y W, Ji C H. An empirical formula for friction coefficient of a perforated wall with vertical slits. Coastal Engineering, 2011, 58: 85-93.

[28] Liu Y, Li Y C. Predictive formulas in terms of Keulegan-Carpenter numbers for the resistance coefficients of perforated walls in Jarlan-type caissons. Ocean Engineering, 2016, 114: 101-114.

[29] Cho I H, Kim M H. Wave absorbing system using inclined perforated plates. Journal of Fluid Mechanics, 2008, 608: 1-20.

第 2 章　垂直薄板结构

本章考虑几类典型的垂直薄板结构，主要包括垂直挡板防波堤、淹没垂直挡板防波堤、垂直开孔挡板防波堤、垂直弹性板结构、垂直薄膜结构和振荡水柱波能装置。采用一种或多种方法建立波浪对各垂直薄板结构作用的解析解，给出解析解的基本求解思路和求解过程，分析不同参数对结构水动力特性的影响规律。

2.1　垂直挡板防波堤

在海岸工程中，有时可以使用桩基等将垂直薄板固定于一定水深处，作为简单的防浪设施，这种挡板防波堤具有结构简单、施工方便、造价较低等优点，能够满足一些工程的掩护需求。Ursell[1]分析了波浪对深水中垂直薄板的反射和透射，使用修正贝塞尔函数给出结构反射系数和透射系数的计算公式。Wiegel[2]考虑有限水深的垂直挡板防波堤，通过分析透过挡板的波浪能量，给出了结构透射系数的近似表达式。之后，研究者对垂直薄板结构的水动力特性开展了解析研究，基本求解过程如下：首先采用分离变量法，得到垂直薄板迎浪侧和背浪侧两个流域内流体运动速度势的级数解表达式，表达式中包含未知的展开系数；然后应用薄板所在垂直截面的压力和速度传递条件，确定级数解表达式中的展开系数；最后根据流体运动速度势计算结构的反射系数、透射系数、波浪力等水动力特性参数。在应用压力和速度传递条件确定级数解中的展开系数时，可以采用不同的方法，主要包括直接匹配法(也称为匹配特征函数展开法)[3]、最小二乘法[4-6]和多项伽辽金方法[7]。本节分别采用匹配特征函数展开法、最小二乘法和多项伽辽金方法，建立斜向入射波对垂直挡板防波堤作用的解析解。

2.1.1　匹配特征函数展开法

图 2.1.1 为斜向入射波对垂直挡板防波堤作用的示意图。水深为 h，挡板吃水为 d。建立直角坐标系，xoy 平面位于静水面，原点位于静水面与挡板截面的交点处，x 轴水平向右，y 轴沿着挡板长度方向延伸，z 轴与挡板截面重合且竖直向上。波浪入射方向与 x 轴正方向的夹角为 β，波高为 H，周期为 T，波长为 L。

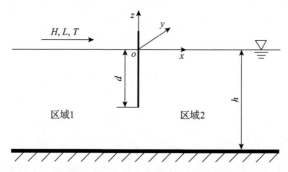

图 2.1.1　斜向入射波对垂直挡板防波堤作用的示意图

流体运动的速度势满足控制方程、自由水面条件、水底条件以及远场辐射条件:

$$\frac{\partial^2 \phi}{\partial x^2} + \frac{\partial^2 \phi}{\partial z^2} - k_{0y}^2 \phi = 0 \tag{2.1.1}$$

$$\frac{\partial \phi}{\partial z} = K\phi, \quad z = 0 \tag{2.1.2}$$

$$\frac{\partial \phi}{\partial z} = 0, \quad z = -h \tag{2.1.3}$$

$$\lim_{x \to \pm\infty} \left(\frac{\partial}{\partial x} \mp \mathrm{i} k_{0x} \right)(\phi - \phi_0) = 0 \tag{2.1.4}$$

式中, k_{0y} 和 k_{0x} 分别为入射波的波数 k_0 在 y 方向和 x 方向上的分量, 即 $k_{0y} = k_0 \sin\beta$ 和 $k_{0x} = k_0 \cos\beta$; $K \equiv \omega^2/g$ 为深水 (无限水深) 波数; g 为重力加速度; $\omega = 2\pi/T$ 为圆频率; k_0 为如下波浪色散方程的正实根:

$$K = k_0 \tanh(k_0 h) \tag{2.1.5}$$

采用分离变量法可以得到满足式 (2.1.1)～式 (2.1.4) 的速度势级数解, 完整表达式为

$$\phi = A_0 \mathrm{e}^{\mathrm{i} k_{0x} x} Z_0(z) + B_0 \mathrm{e}^{-\mathrm{i} k_{0x} x} Z_0(z) + \sum_{n=1}^{\infty} A_n \mathrm{e}^{k_{nx} x} Z_n(z) + \sum_{n=1}^{\infty} B_n \mathrm{e}^{-k_{nx} x} Z_n(z) \tag{2.1.6}$$

式中, A_n 和 B_n 为常数; $k_{nx} = \sqrt{k_n^2 + k_{0y}^2}$ $(n \geqslant 1)$, $k_n (n \geqslant 1)$ 是如下方程的正实根:

$$K = -k_n \tan(k_n h) = \mathrm{i} k_n \tanh(\mathrm{i} k_n), \quad n = 1, 2, \cdots \tag{2.1.7}$$

$Z_n(z)$ 为垂向特征函数系：

$$Z_n(z) = \begin{cases} \dfrac{\cosh[k_0(z+h)]}{\cosh(k_0 h)}, & n=0 \\ \dfrac{\cos[k_n(z+h)]}{\cos(k_n h)}, & n=1,2,\cdots \end{cases} \tag{2.1.8}$$

特征函数系具备正交性：

$$\int_{-h}^{0} Z_m(z) Z_n(z)\,\mathrm{d}z = 0, \quad m \neq n \tag{2.1.9}$$

其自身的平方沿水深积分为

$$N_n = \int_{-h}^{0} [Z_n(z)]^2\,\mathrm{d}z = \begin{cases} \dfrac{1}{\cosh^2(k_0 h)}\left[\dfrac{h}{2} + \dfrac{\sinh(2k_0 h)}{4k_0}\right], & n=0 \\ \dfrac{1}{\cos^2(k_n h)}\left[\dfrac{h}{2} + \dfrac{\sin(2k_n h)}{4k_n}\right], & n=1,2,\cdots \end{cases} \tag{2.1.10}$$

式 (2.1.6) 等号右侧的第一项和第二项分别表示沿 x 轴正方向和 x 轴负方向传播的行进波；第三项和第四项表示局部衰减模态，随着离开结构物水平距离的增加呈指数衰减。在实际应用中，需要根据具体情况对这四项进行取舍。

在研究垂直挡板防波堤时，需要将整个流域划分为两个区域：区域 1，挡板迎浪侧流域 $(x \leqslant 0, -h \leqslant z \leqslant 0)$；区域 2，挡板背浪侧流域 $(x \geqslant 0, -h \leqslant z \leqslant 0)$。根据式 (2.1.6)，并考虑垂直挡板防波堤的具体情况，区域 1 和区域 2 内的速度势表达式分别为

$$\phi_1 = -\frac{\mathrm{i}gH}{2\omega}\left[\mathrm{e}^{\mathrm{i}k_{0x}x}Z_0(z) + R_0\,\mathrm{e}^{-\mathrm{i}k_{0x}x}Z_0(z) + \sum_{n=1}^{\infty}R_n\,\mathrm{e}^{k_{nx}x}Z_n(z)\right] \tag{2.1.11}$$

$$\phi_2 = -\frac{\mathrm{i}gH}{2\omega}\left[T_0\,\mathrm{e}^{\mathrm{i}k_{0x}x}Z_0(z) + \sum_{n=1}^{\infty}T_n\,\mathrm{e}^{-k_{nx}x}Z_n(z)\right] \tag{2.1.12}$$

式中，R_n 和 T_n 为待定的展开系数。

式 (2.1.11) 等号右侧的第一项是入射波的速度势；第二项是反射波 (传播模态) 的速度势；第三项是局部衰减模态。式 (2.1.12) 等号右侧的第一项是透射波 (传播模态) 的速度势；第二项是局部衰减模态。

将海岸结构物的反射系数定义为结构物前方 (迎浪侧) 反射波波高与入射波波高的比值，透射系数定义为结构物后方 (背浪侧) 透射波波高与入射波波高的比值。

这里的入射波、反射波和透射波均是指传播模态波，不包含结构物附近的非传播衰减模态。

垂直挡板防波堤的反射系数 C_r 和透射系数 C_t 为

$$C_r = |R_0| \tag{2.1.13}$$

$$C_t = |T_0| \tag{2.1.14}$$

在本节的势流理论分析中，波浪通过垂直挡板防波堤时不产生波浪能量耗散，根据波能流守恒，反射系数与透射系数的平方和恒等于 1，即 $C_r^2 + C_t^2 = 1$。

下面通过直接匹配垂直挡板处的压力和速度传递条件，来确定速度势表达式中的展开系数。在垂直挡板表面，速度势满足不透水条件：

$$\frac{\partial \phi_1}{\partial x} = \frac{\partial \phi_2}{\partial x} = 0, \quad x = 0, \quad -d < z \leqslant 0 \tag{2.1.15}$$

在垂直挡板底部与海床之间的两区域交界面，速度势满足速度连续和压力连续条件：

$$\frac{\partial \phi_1}{\partial x} = \frac{\partial \phi_2}{\partial x}, \quad x = 0, \quad -h \leqslant z \leqslant -d \tag{2.1.16}$$

$$\phi_1 = \phi_2, \quad x = 0, \quad -h \leqslant z \leqslant -d \tag{2.1.17}$$

将式 (2.1.15) ～式 (2.1.17) 合并表示为

$$\frac{\partial \phi_1}{\partial x} = \frac{\partial \phi_2}{\partial x}, \quad x = 0, \quad -h \leqslant z \leqslant 0 \tag{2.1.18}$$

$$\begin{cases} \left.\dfrac{\partial \phi_1}{\partial x}\right|_{x=0} = 0, & -d < z \leqslant 0 \\[2mm] \left.(\phi_1 - \phi_2)\right|_{x=0} = 0, & -h \leqslant z \leqslant -d \end{cases} \tag{2.1.19}$$

将式 (2.1.11) 和式 (2.1.12) 代入式 (2.1.18) 和式 (2.1.19)，得到

$$\mathrm{i} k_{0x} Z_0(z) - \mathrm{i} k_{0x} R_0 Z_0(z) + \sum_{n=1}^{\infty} R_n k_{nx} Z_n(z) = \mathrm{i} k_{0x} T_0 Z_0(z) - \sum_{n=1}^{\infty} T_n k_{nx} Z_n(z), \quad -h \leqslant z \leqslant 0 \tag{2.1.20}$$

$$\begin{cases} \mathrm{i} k_{0x} Z_0(z) - \mathrm{i} k_{0x} R_0 Z_0(z) + \displaystyle\sum_{n=1}^{\infty} R_n k_{nx} Z_n(z) = 0, & -d < z \leqslant 0 \\[3mm] Z_0(z) + \displaystyle\sum_{n=0}^{\infty} R_n Z_n(z) - \sum_{n=0}^{\infty} T_n Z_n(z) = 0, & -h \leqslant z \leqslant -d \end{cases} \tag{2.1.21}$$

将式 (2.1.20) 等号两侧同时乘以 $Z_m(z)$，然后对 z 从 $-h$ 到 0 积分，并应用式 (2.1.9)，得到

$$T_m = \delta_{m0} - R_m, \quad m = 0,1,\cdots \tag{2.1.22}$$

式中，$\delta_{mn} = \begin{cases} 1, & m = n \\ 0, & m \neq n \end{cases}$。

对式 (2.1.21) 也采用相同的处理方法，得到

$$\sum_{n=0}^{\infty} R_n \left(\kappa_{nx} \Omega_{mn} + \Lambda_{mn} \right) - \sum_{n=0}^{\infty} T_n \Lambda_{mn} = \kappa_{0x} \Omega_{m0} - \Lambda_{m0}, \quad m = 0,1,\cdots \tag{2.1.23}$$

式中，

$$\kappa_{nx} = \begin{cases} -\mathrm{i}\, k_{0x}, & n = 0 \\ k_{nx}, & n = 1,2,\cdots \end{cases}$$

$$\Omega_{mn} = \int_{-d}^{0} Z_m(z) Z_n(z)\, \mathrm{d}z$$

$$\Lambda_{mn} = \int_{-h}^{-d} Z_m(z) Z_n(z)\, \mathrm{d}z$$

将式 (2.1.22) 代入式 (2.1.23)，消去展开系数 T_n，得到

$$\sum_{n=0}^{\infty} R_n \left(2\Lambda_{mn} + \kappa_{nx} \Omega_{mn} \right) = \kappa_{0x} \Omega_{m0}, \quad m = 0,1,\cdots \tag{2.1.24}$$

将式 (2.1.24) 中的 m 和 n 截断到 N 项，可以得到含有 $N+1$ 个未知数的线性方程组，求解该方程组便可以确定展开系数 R_n，然后根据式 (2.1.22) 确定展开系数 T_n。

根据式 (2.1.13) 和式 (2.1.14) 计算得到挡板防波堤的反射系数和透射系数。根据线性伯努利方程计算得到动水压强，然后将动水压强沿着垂直挡板表面积分，确定挡板垂直截面受到的水平波浪力 F_x，计算表达式为

$$\begin{aligned} F_x &= \mathrm{i}\,\omega\rho \int_{-d}^{0} [\phi_1(0,z) - \phi_2(0,z)]\, \mathrm{d}z \\ &= \rho g H \left\{ R_0 \frac{\sinh(k_0 h) - \sinh[k_0(h-d)]}{k_0 \cosh(k_0 h)} + \sum_{n=1}^{N} R_n \frac{\sin(k_n h) - \sin[k_n(h-d)]}{k_n \cos(k_n h)} \right\} \end{aligned} \tag{2.1.25}$$

水平波浪力 F_x 沿着挡板的长度方向（y 轴方向）呈余弦函数变化（参考式 (1.2.23)），变化周期为 $L/\sin\beta$，因此沿挡板长度方向，$L/\sin\beta$ 长度范围内的波

压强积分值(波浪力)为 0。当波浪入射角度 $\beta = 0°$ 时($k_{0y} = 0$，$k_{0x} = k_0$)，以上斜向入射波问题的解直接退化为正向入射波作用下立面二维问题的解。

2.1.2　最小二乘法

将式(2.1.22)代入式(2.1.21)，并定义

$$F(z) = \sum_{n=0}^{\infty} R_n f_n(z) - f(z) \tag{2.1.26}$$

式中，

$$f_n(z) = \begin{cases} \kappa_{nx} Z_n(z), & -d < z \leqslant 0 \\ 2Z_n(z), & -h \leqslant z \leqslant -d \end{cases} \tag{2.1.27}$$

$$f(z) = \begin{cases} \kappa_{0x} Z_0(z), & -d < z \leqslant 0 \\ 0, & -h \leqslant z \leqslant -d \end{cases} \tag{2.1.28}$$

这里采用最小二乘法来确定式(2.1.26)中的展开系数 R_n，要求使积分 $\int_{-h}^{0} |F(z)|^2 \, dz$ 对每个展开系数 R_n 都取得最小值[4]，可以得到

$$\int_{-h}^{0} [F(z)]^* \frac{\partial F(z)}{\partial R_m} dz = 0, \quad m = 0, 1, \cdots \tag{2.1.29}$$

式中，上标*表示求共轭复数。

由式(2.1.26)得到

$$[F(z)]^* = \sum_{n=0}^{\infty} R_n^* [f_n(z)]^* - [f(z)]^* \tag{2.1.30}$$

$$\frac{\partial F(z)}{\partial R_m} = f_m(z) \tag{2.1.31}$$

将式(2.1.30)和式(2.1.31)代入式(2.1.29)，得到

$$\sum_{n=0}^{\infty} R_n^* \int_{-h}^{0} [f_n(z)]^* f_m(z) \, dz = \int_{-h}^{0} [f(z)]^* f_m(z) \, dz, \quad m = 0, 1, \cdots \tag{2.1.32}$$

将式(2.1.32)中的 m 和 n 截断到 N 项，得到关于未知数 R_n^* 的线性方程组，求解该方程组便可以确定速度势表达式中的展开系数 R_n，再根据式(2.1.22)确定展开系数 T_n，从而得到问题的解析解。

2.1.3　多项伽辽金方法

在垂直挡板底部端点 $(0, -d)$ 附近，流体速度具有平方根奇异性：

$$|\nabla\phi| = O(r^{-1/2}), \quad r = \sqrt{x^2 + (z + d)^2} \to 0 \qquad (2.1.33)$$

式中，r 为流体质点与挡板端点之间的距离。

式 (2.1.33) 的推导过程如下[8]：在挡板端点附近范围很小的垂直平面内，流动快速变化，流体运动速度势可以近似满足二维拉普拉斯方程；以挡板端点 $(0, -d)$ 为极点，引入极坐标系 (r, θ)，定义为 $r\cos\theta = z + d$ 和 $r\sin\theta = -x$，则垂直挡板左侧面 $(\theta = 0)$ 和右侧面 $(\theta = 2\pi)$ 的边界条件均为 $\partial\phi/\partial\theta = 0$；满足拉普拉斯方程和挡板侧面边界条件的速度势在靠近挡板端点处 $(r \to 0)$ 的表达式为 $\phi \sim r^{1/2}\cos(\theta/2) + C$，其中 C 为常数，即得到式 (2.1.33)。

前面介绍的匹配特征函数展开法和最小二乘法均没有考虑挡板端点处流体速度的奇异性，导致级数解的收敛速度慢，无法得到问题的精确解。Porter 等[7]通过多项伽辽金方法模拟了垂直挡板端点处流体速度的平方根奇异性，给出了垂直挡板反射系数和透射系数的上限和下限，即得到问题的精确解。下面介绍如何采用多项伽辽金方法建立斜向入射波对垂直挡板防波堤作用的精确解析解。

将区域 1 和区域 2 交界面处的流体水平速度展开为级数形式：

$$\left.\frac{\partial\phi_1}{\partial x}\right|_{x=0} = \left.\frac{\partial\phi_2}{\partial x}\right|_{x=0} = \begin{cases} 0, & -d < z \leqslant 0 \\ -\dfrac{\mathrm{i}gH}{2\omega}\displaystyle\sum_{p=0}^{\infty}\chi_p u_p(z), & -h \leqslant z \leqslant -d \end{cases} \qquad (2.1.34)$$

式中，χ_p 为待定的展开系数；$u_p(z)$ 为基函数系，表达式为

$$u_p(z) = \frac{2(-1)^p}{\pi\sqrt{(h-d)^2 - (h+z)^2}} T_{2p}\left(\frac{h+z}{h-d}\right), \quad -h \leqslant z \leqslant -d \qquad (2.1.35)$$

式中，$T_n(x) = \cos(n\arccos x)$ 为第一类 n 阶切比雪夫多项式。

从式 (2.1.35) 可以看出，基函数系 $u_p(z)$ 关于 $z = -h$（水底）是偶函数，能够保证速度势满足水底条件式 (2.1.3)。此外，基函数系 $u_p(z)$ 在 $z = -d$ 处具有平方根奇异性，因此通过式 (2.1.34) 的级数表达式，正确模拟了挡板下端点处流体速度的平方根奇异性。

将式 (2.1.11) 代入式 (2.1.34)，等号两侧同时乘以 $Z_m(z)$，然后对 z 从 $-h$ 到 0 积分，得到

$$R_m = \delta_{m0} + \frac{1}{\kappa_{mx}N_m}\sum_{p=0}^{\infty}\chi_p F_{mp}, \quad m = 0,1,\cdots \tag{2.1.36}$$

式中，$N_m = \int_{-h}^{0}[Z_m(z)]^2\,\mathrm{d}z$，其积分值由式(2.1.10)给出；$F_{mp}$ 的表达式为[9]

$$F_{mp} = \int_{-h}^{-d} Z_m(z)u_p(z)\mathrm{d}z = \begin{cases} \dfrac{(-1)^p \mathrm{I}_{2p}[k_0(h-d)]}{\cosh(k_0 h)}, & m = 0 \\[3mm] \dfrac{\mathrm{J}_{2p}[k_m(h-d)]}{\cos(k_m h)}, & m = 1,2,\cdots \end{cases} \tag{2.1.37}$$

式中，$\mathrm{J}_n(x)$ 和 $\mathrm{I}_n(x)$ 分别为第一类 n 阶贝塞尔函数和第一类 n 阶修正贝塞尔函数。

类似地，将式(2.1.12)代入式(2.1.34)，等号两侧同时乘以 $Z_m(z)$，然后对 z 从$-h$到 0 积分，并应用式(2.1.9)，得到

$$T_m = -\frac{1}{\kappa_{mx}N_m}\sum_{p=0}^{\infty}\chi_p F_{mp}, \quad m = 0,1,\cdots \tag{2.1.38}$$

将式(2.1.11)和式(2.1.12)代入式(2.1.17)，等号两侧同时乘以 $u_q(z)$，然后对 z 从$-h$到$-d$积分，得到

$$\sum_{n=0}^{\infty}R_n F_{nq} - \sum_{n=0}^{\infty}T_n F_{nq} = -F_{0q}, \quad q = 0,1,\cdots \tag{2.1.39}$$

将式(2.1.36)和式(2.1.38)中的下标 m 替换成 n，然后代入式(2.1.39)，得到

$$\sum_{p=0}^{\infty}\chi_p a_{qp} = -F_{0q}, \quad q = 0,1,\cdots \tag{2.1.40}$$

式中，

$$a_{qp} = \sum_{n=0}^{\infty}\frac{F_{nq}F_{np}}{\kappa_{nx}N_n} \tag{2.1.41}$$

将式(2.1.40)中的 p 和 q 截断到 Q 项，得到含有 $Q+1$ 个未知数的线性方程组，求解该方程组便可以确定展开系数 χ_p，然后根据式(2.1.36)和式(2.1.38)确定速度势表达式中的展开系数 R_m 和 T_m。根据式(2.1.13)和式(2.1.14)计算挡板防波堤的反射系数和透射系数，根据式(2.1.25)计算挡板防波堤受到的水平波浪力。

类似上述求解思路，将垂直挡板两侧的压强差(速度势差)展开为级数形式：

$$(\phi_1 - \phi_2)\big|_{x=0} = \begin{cases} -\dfrac{\mathrm{i}gH}{2\omega}\displaystyle\sum_{p=0}^{\infty}\zeta_p p_p(z), & -d \leqslant z \leqslant 0 \\ 0, & -h \leqslant z < -d \end{cases} \tag{2.1.42}$$

式中，ζ_p 为待定的展开系数；$p_p(z)$ 为基函数系，表达式满足

$$\tilde{p}_p(z) = p_p(z) - \frac{\omega^2}{g}\int_{-d}^{z} p_p(\tau)\mathrm{d}\tau \tag{2.1.43}$$

$$\tilde{p}_p(z) = \frac{2(-1)^p \sqrt{d^2-z^2}}{\pi(2p+1)dh} U_{2p}\left(-\frac{z}{d}\right), \quad -d \leqslant z \leqslant 0 \tag{2.1.44}$$

式中，$U_n(x) = \sin[(n+1)\arccos x]/\sin(\arccos x)$ 是第二类 n 阶切比雪夫多项式。

由于切比雪夫多项式 $U_{2p}(x)$ 是偶函数，可以看出 $\tilde{p}_p(z)$ 也是偶函数，则可以得到 $\mathrm{d}\tilde{p}_p(z)/\mathrm{d}z\big|_{z=0} = 0$，进一步对式 (2.1.43) 两侧求导可以得到 $\mathrm{d}p_p(z)/\mathrm{d}z\big|_{z=0} = (\omega^2/g)p_p(z)\big|_{z=0}$，表明基函数系 $p_p(z)$（速度势）满足自由水面条件。分析式 (2.1.43) 和式 (2.1.44) 可以得到 $p_p(-d) = \tilde{p}_p(-d) = 0$，进一步对式 (2.1.43) 两侧求导可以得到 $\mathrm{d}p_p(z)/\mathrm{d}z\big|_{z=-d} = \mathrm{d}\tilde{p}_p(z)/\mathrm{d}z\big|_{z=-d}$；由式 (2.1.44) 可知，$\mathrm{d}\tilde{p}_p(z)/\mathrm{d}z$ 在 $z=-d$ 具有平方根奇异性，则 $\mathrm{d}p_p(z)/\mathrm{d}z$ 和 $\partial(\phi_1-\phi_2)/\partial z\big|_{x=0}$ 在 $z=-d$ 也存在平方根奇异性，表明通过式 (2.1.42) 正确模拟了挡板底部端点处流体速度的平方根奇异性。

将式 (2.1.11) 和式 (2.1.12) 代入式 (2.1.42)，等号两侧同时乘以 $Z_m(z)$，然后对 z 从 $-h$ 到 0 积分，得到

$$\delta_{m0} + R_m - T_m = \frac{1}{N_m}\sum_{p=0}^{\infty}\zeta_p G_{mp}, \quad m = 0,1,\cdots \tag{2.1.45}$$

式中，G_{mp} 的表达式为[9]

$$\begin{aligned} G_{0p} &= \int_{-d}^{0} Z_0(z)p_p(z)\mathrm{d}z \\ &= \int_{-d}^{0}\cosh(k_0 z)p_p(z)\mathrm{d}z + \tanh(k_0 h)\int_{-d}^{0}\sinh(k_0 z)p_p(z)\mathrm{d}z \\ &= \int_{-d}^{0}\cosh(k_0 z)\tilde{p}_p(z)\mathrm{d}z \\ &= \frac{(-1)^p \mathrm{I}_{2p+1}(k_0 d)}{k_0 h} \end{aligned} \tag{2.1.46}$$

$$G_{mp} = \int_{-d}^{0} Z_m(z)p_p(z)\mathrm{d}z = \frac{\mathrm{J}_{2p+1}(k_m d)}{k_m h}, \quad m = 1, 2, \cdots \qquad (2.1.47)$$

将式(2.1.11)和式(2.1.12)代入式(2.1.18)，等号两侧同时乘以 $Z_m(z)$，然后对 z 从$-h$到 0 积分，得到

$$R_m + T_m = \delta_{m0}, \quad m = 0, 1, \cdots \qquad (2.1.48)$$

将式(2.1.11)代入式(2.1.15)，等号两侧同时乘以 $p_q(z)$，然后对 z 从$-d$到 0 积分，得到

$$\sum_{n=0}^{\infty} R_n \kappa_{nx} G_{nq} = \kappa_{0x} G_{0q}, \quad q = 0, 1, \cdots \qquad (2.1.49)$$

联立式(2.1.45)和式(2.1.48)，得到

$$R_m = \frac{1}{2N_m} \sum_{p=0}^{\infty} \zeta_p G_{mp}, \quad m = 0, 1, \cdots \qquad (2.1.50)$$

将式(2.1.50)代入式(2.1.49)，得到

$$\sum_{p=0}^{\infty} \zeta_p b_{qp} = 2G_{0q}, \quad q = 0, 1, \cdots \qquad (2.1.51)$$

式中，

$$b_{qp} = \sum_{n=0}^{\infty} \frac{\kappa_{nx} G_{np} G_{nq}}{\kappa_{0x} N_n} \qquad (2.1.52)$$

将式(2.1.51)中的 p 和 q 截断到 Q 项，得到含有 $Q+1$ 个未知数的线性方程组，求解该方程组便可以确定展开系数 ζ_p，然后根据式(2.1.48)和式(2.1.50)确定速度势表达式中的展开系数。

需要注意的是，式(2.1.41)和式(2.1.52)等号右侧是无穷级数，需要在求解线性方程组之前计算该级数的值。在本节计算中，先将级数(速度势表达式中的垂向特征函数)截断至 800 项，再根据贝塞尔函数的渐近性进一步提高计算精度，具体方法可以参阅文献[7]。Porter[10]的分析结果表明，将垂直挡板底部的流体水平速度和垂直挡板两侧的压强差分别做级数展开(见式(2.1.34)和式(2.1.42))，计算得到垂直挡板反射系数(透射系数)上限(下限)和下限(上限)的高精度结果，从而给出问题的精确解。

表 2.1.1～表 2.1.4 为匹配特征函数展开法、最小二乘法和多项伽辽金方法的计算结果随截断数的收敛性。从表中可以看出，匹配特征函数展开法和最小二乘法的计算结果收敛比较缓慢，而多项伽辽金方法的计算结果迅速收敛。对于多项伽辽金方法，当截断数 $Q = 4$ 时，可以得到小数点后 7 位有效数字精度的计算结果，进一步增加截断数可以得到更高精度的计算结果；但是，另外两种方法中当截断数 $N = 400$ 时，计算结果基本能达到 2～3 位有效数字精度，进一步增加截断数也很难提高计算结果的精度。需要说明的是，多项伽辽金方法的截断数 Q 与另外两种方法的截断数 N 相比，其含义是完全不同的。多项伽辽金方法因为正确模拟了挡板底端处流体速度的平方根奇异性，所以收敛速度快，计算的精度高；而其他两种方法没有考虑该奇异性，因此收敛速度较缓慢，计算结果的精度较低。虽然三种方法计算结果的精度存在差异，但对工程问题的研究而言，三种方法都是可靠的，本节后续采用多项伽辽金方法进行计算。

表 2.1.1　匹配特征函数展开法的计算结果随截断数的收敛性
（$d/h = 0.5$，$\beta = 30°$，垂直挡板防波堤）

截断数 N	$k_0 h = 1$		$k_0 h = 1.5$		$k_0 h = 2$	
	C_r	C_t	C_r	C_t	C_r	C_t
20	0.337503	0.941324	0.671686	0.740836	0.905089	0.425223
50	0.322001	0.946739	0.651327	0.758797	0.894781	0.446404
100	0.316084	0.948731	0.643267	0.765642	0.890502	0.454980
200	0.312628	0.949876	0.638483	0.769636	0.887906	0.460026
400	0.310722	0.950501	0.635820	0.771837	0.886443	0.462838
600	0.310024	0.950729	0.634841	0.772643	0.885901	0.463874
800	0.309659	0.950848	0.634327	0.773064	0.885616	0.464417

表 2.1.2　最小二乘法的计算结果随截断数的收敛性（$d/h = 0.5$，$\beta = 30°$，垂直挡板防波堤）

截断数 N	$k_0 h = 1$		$k_0 h = 1.5$		$k_0 h = 2$	
	C_r	C_t	C_r	C_t	C_r	C_t
20	0.332673	0.938572	0.663857	0.733280	0.899611	0.417377
50	0.320859	0.946132	0.649429	0.757010	0.893405	0.444494
100	0.315651	0.948552	0.642559	0.765104	0.889997	0.454358
200	0.312744	0.949734	0.638626	0.769168	0.887960	0.459447
400	0.310684	0.950480	0.635757	0.771771	0.886395	0.462757
600	0.310003	0.950719	0.634806	0.772611	0.885876	0.463835
800	0.309646	0.950842	0.634305	0.773045	0.885601	0.464393

表 2.1.3 多项伽辽金方法(水平速度展开)的计算结果随截断数的收敛性
(d/h = 0.5, β = 30°, 垂直挡板防波堤)

截断数 Q	$k_0h = 1$		$k_0h = 1.5$		$k_0h = 2$	
	C_r	C_t	C_r	C_t	C_r	C_t
0	0.3084937	0.9512264	0.6380046	0.7700326	0.8936279	0.4488086
1	0.3083792	0.9512635	0.6325223	0.7745421	0.8846147	0.4663227
2	0.3083787	0.9512637	0.6325223	0.7745421	0.8846120	0.4663277
3	0.3083787	0.9512637	0.6325223	0.7745421	0.8846120	0.4663277
4	0.3083787	0.9512637	0.6325223	0.7745421	0.8846120	0.4663277
5	0.3083787	0.9512637	0.6325223	0.7745421	0.8846120	0.4663277

表 2.1.4 多项伽辽金方法(压强差展开)的计算结果随截断数的收敛性
(d/h = 0.5, β = 30°, 垂直挡板防波堤)

截断数 Q	$k_0h = 1$		$k_0h = 1.5$		$k_0h = 2$	
	C_r	C_t	C_r	C_t	C_r	C_t
0	0.3083226	0.9512819	0.6324199	0.7746258	0.8845611	0.4664243
1	0.3083787	0.9512637	0.6325223	0.7745421	0.8846120	0.4663278
2	0.3083787	0.9512637	0.6325223	0.7745421	0.8846120	0.4663277
3	0.3083787	0.9512637	0.6325223	0.7745421	0.8846120	0.4663277
4	0.3083787	0.9512637	0.6325223	0.7745421	0.8846120	0.4663277
5	0.3083787	0.9512637	0.6325223	0.7745421	0.8846120	0.4663277

图 2.1.2 为垂直挡板防波堤反射系数和透射系数的计算结果与试验结果[11,12]对比。Isaacson 等[11]的试验条件为:$h = 45cm$、$d/h = 0.5$ 和 $T = 0.6\sim1.4s$;Alsaydalani 等[12]的试验条件为:$h = 30cm$、$d/h = 0.5$ 和 $T = 0.5\sim2s$。从图中可以看出,透射系数的计算结果比试验结果偏高,主要原因可能是实际流体通过挡板底端附近时

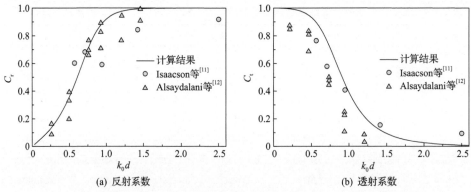

(a) 反射系数 (b) 透射系数

图 2.1.2 垂直挡板防波堤反射系数和透射系数的计算结果与试验结果[11,12]对比
(d/h = 0.5, β = 0°)

发生流动分离，产生额外的波能耗散，降低了透射系数。总体而言，反射系数和透射系数的计算结果与试验结果的变化趋势基本一致。

图 2.1.3 为吃水深度对垂直挡板防波堤反射系数和透射系数的影响。从图中可以看出，防波堤的反射系数随着波浪频率的增加而单调增大，而透射系数单调减小；吃水深度越大，防波堤的反射系数越大，而透射系数越小。

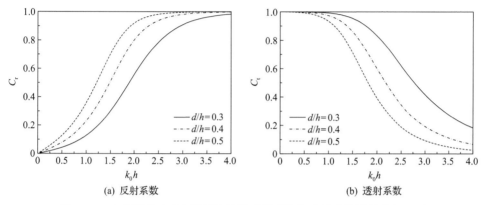

(a) 反射系数　　　　　　　　　　　　(b) 透射系数

图 2.1.3　吃水深度对垂直挡板防波堤反射系数和透射系数的影响 $(\beta = 0°)$

图 2.1.4 为吃水深度对垂直挡板防波堤上无因次水平波浪力的影响，无因次水平波浪力定义为 $C_{F_x} = |F_x|/(\rho g H h)$。从图中可以看出，无因次水平波浪力随着挡板吃水深度的增加而增大。总体而言，增加挡板的吃水深度可以有效提升防波堤的掩护性能，但是挡板受到的水平波浪力会显著增大，影响结构安全，工程设计时应综合考虑。

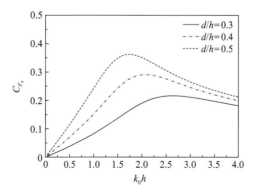

图 2.1.4　吃水深度对垂直挡板防波堤上无因次水平波浪力的影响 $(\beta = 0°)$

图 2.1.5 和图 2.1.6 为波浪入射角度对垂直挡板防波堤反射系数和透射系数、无因次水平波浪力的影响。从图中可以看出，随着波浪入射角度的增加，防波堤的反射系数逐渐减小，透射系数逐渐增大，防波堤受到的水平波浪力逐渐减小。

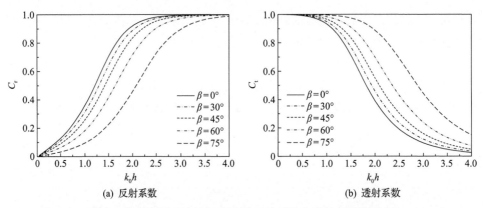

(a) 反射系数　　　　　　　　　　(b) 透射系数

图 2.1.5　波浪入射角度对垂直挡板防波堤反射系数和透射系数的影响($d/h = 0.5$)

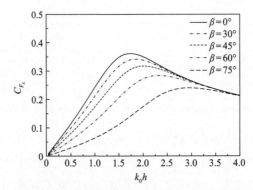

图 2.1.6　波浪入射角度对垂直挡板防波堤上无因次水平波浪力的影响($d/h = 0.5$)

2.2　淹没垂直挡板防波堤

本节考虑波浪对淹没垂直挡板防波堤的作用，这也是波浪对垂直薄板作用分析的一个典型问题，Losada 等[5]和 Abul-Azm[6]采用最小二乘法建立了该问题的解析解，Porter 等[7]采用多项伽辽金方法建立了该问题的精确解析解。本节将分别采用匹配特征函数展开法、最小二乘法和多项伽辽金方法，建立斜向入射波对淹没垂直挡板防波堤作用的解析解，具体求解过程与 2.1 节类似，但是在多项伽辽金方法中，淹没垂直挡板边界处水平速度和压强差展开的级数形式不同。

2.2.1　匹配特征函数展开法

图 2.2.1 为斜向入射波对淹没垂直挡板防波堤作用的示意图。挡板一端固定于水底，水深为 h，挡板的高度为 l，挡板淹没深度为 $d(d = h - l)$，直角坐标系与 2.1 节中的定义类似，入射波的波高为 H，周期为 T，波长为 L，传播方向与 x 轴

夹角为 β。将整个流域划分为两个区域：区域 1，挡板迎浪侧流域($x \leqslant 0$，$-h \leqslant z \leqslant 0$)；区域 2，挡板背浪侧流域($x \geqslant 0$，$-h \leqslant z \leqslant 0$)。

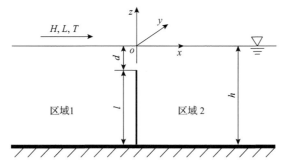

图 2.2.1　斜向入射波对淹没垂直挡板防波堤作用的示意图

区域 1 和区域 2 内的速度势表达式分别与式(2.1.11)和式(2.1.12)相同。速度势满足挡板表面不透水条件、区域交界面速度连续条件和压力连续条件：

$$\frac{\partial \phi_1}{\partial x} = \frac{\partial \phi_2}{\partial x} = 0, \quad x = 0, \quad -h \leqslant z < -d \tag{2.2.1}$$

$$\frac{\partial \phi_1}{\partial x} = \frac{\partial \phi_2}{\partial x}, \quad x = 0, \quad -d \leqslant z \leqslant 0 \tag{2.2.2}$$

$$\phi_1 = \phi_2, \quad x = 0, \quad -d \leqslant z \leqslant 0 \tag{2.2.3}$$

将式(2.2.1)~式(2.2.3)合并表示为

$$\frac{\partial \phi_1}{\partial x} = \frac{\partial \phi_2}{\partial x}, \quad x = 0, \quad -h \leqslant z \leqslant 0 \tag{2.2.4}$$

$$\begin{cases} (\phi_1 - \phi_2)\big|_{x=0} = 0, & -d \leqslant z \leqslant 0 \\ \dfrac{\partial \phi_1}{\partial x}\bigg|_{x=0} = 0, & -h \leqslant z < -d \end{cases} \tag{2.2.5}$$

将式(2.1.11)和式(2.1.12)代入式(2.2.4)，等号两侧同时乘以 $Z_m(z)$，然后对 z 从 $-h$ 到 0 积分，得到

$$T_m = \delta_{m0} - R_m, \quad m = 0, 1, \cdots \tag{2.2.6}$$

式中，$\delta_{mn} = \begin{cases} 1, & m = n \\ 0, & m \neq n \end{cases}$。

将式(2.1.11)和式(2.1.12)代入式(2.2.5)，得到

$$
\begin{cases}
Z_0(z) + \sum\limits_{n=0}^{\infty} R_n Z_n(z) - \sum\limits_{n=0}^{\infty} T_n Z_n(z) = 0, & -d \leqslant z \leqslant 0 \\
-\kappa_{0x} Z_0(z) + \sum\limits_{n=0}^{\infty} R_n \kappa_{nx} Z_n(z) = 0, & -h \leqslant z < -d
\end{cases}
\tag{2.2.7}
$$

式中，$\kappa_{0x} = -\mathrm{i}k_{0x}$；$\kappa_{nx} = k_{nx}(n \geqslant 1)$。

将式(2.2.7)等号两侧同时乘以 $Z_m(z)$，然后对 z 从$-h$ 到 0 积分，得到

$$
\sum_{n=0}^{\infty} R_n \left(\Omega_{mn} + \kappa_{nx} \Lambda_{mn} \right) - \sum_{n=0}^{\infty} T_n \Omega_{mn} = \kappa_{0x} \Lambda_{m0} - \Omega_{m0}, \quad m = 0, 1, \cdots
\tag{2.2.8}
$$

式中，$\Omega_{mn} = \int_{-d}^{0} Z_m(z) Z_n(z)\mathrm{d}z$；$\Lambda_{mn} = \int_{-h}^{-d} Z_m(z) Z_n(z)\mathrm{d}z$。

将式(2.2.6)代入式(2.2.8)，得到

$$
\sum_{n=0}^{\infty} R_n \left(2\Omega_{mn} + \kappa_{nx} \Lambda_{mn} \right) = \kappa_{0x} \Lambda_{m0}, \quad m = 0, 1, \cdots
\tag{2.2.9}
$$

将式(2.2.9)中的 m 和 n 截断到 N 项，可以得到含有 $N+1$ 个未知数的线性方程组，求解该方程组便可以确定展开系数 R_n，然后根据式(2.2.6)确定展开系数 T_n。

根据式(2.1.13)和式(2.1.14)分别计算淹没垂直挡板防波堤的反射系数和透射系数，反射系数和透射系数的平方和恒等于 1。根据线性伯努利方程计算得到动水压强，将动水压强沿着挡板表面积分，可以得到挡板受到的水平波浪力 F_x，计算表达式为

$$
\begin{aligned}
F_x &= \mathrm{i}\omega\rho \int_{-h}^{-d} [\phi_1(0, z) - \phi_2(0, z)]\mathrm{d}z \\
&= \rho g H \left\{ R_0 \frac{\sinh[k_0(h-d)]}{k_0 \cosh(k_0 h)} + \sum_{n=1}^{N} R_n \frac{\sin[k_n(h-d)]}{k_n \cos(k_n h)} \right\}
\end{aligned}
\tag{2.2.10}
$$

2.2.2　最小二乘法

将式(2.2.6)代入式(2.2.7)，并定义

$$
F(z) = \sum_{n=0}^{\infty} R_n f_n(z) - f(z)
\tag{2.2.11}
$$

式中，

$$f_n(z) = \begin{cases} 2Z_n(z), & -d \leqslant z \leqslant 0 \\ \kappa_{nx} Z_n(z), & -h \leqslant z < -d \end{cases} \tag{2.2.12}$$

$$f(z) = \begin{cases} 0, & -d \leqslant z \leqslant 0 \\ \kappa_{0x} Z_0(z), & -h \leqslant z < -d \end{cases} \tag{2.2.13}$$

可以采用最小二乘法来确定式 (2.2.11) 中的展开系数 R_n。参照 2.1.2 节中的求解过程，可以得到与式 (2.1.32) 相同的方程，将方程中的 m 和 n 截断到 N 项，得到关于未知数 R_n^* 的线性方程组。求解方程组便可以确定速度势表达式中的展开系数 R_n，然后根据式 (2.2.6) 确定展开系数 T_n，从而得到问题的解析解。

2.2.3　多项伽辽金方法

与 2.1 节垂直挡板防波堤类似，淹没垂直挡板顶部端点处的流体速度同样具有平方根奇异性，下面介绍如何采用多项伽辽金方法模拟该奇异性，给出问题的精确解析解。

将区域 1 和区域 2 交界面的流体水平速度展开为级数形式：

$$\left. \frac{\partial \phi_1}{\partial x} \right|_{x=0} = \left. \frac{\partial \phi_2}{\partial x} \right|_{x=0} = \begin{cases} -\dfrac{\mathrm{i}gH}{2\omega} \displaystyle\sum_{p=0}^{\infty} \chi_p u_p(z), & -d \leqslant z \leqslant 0 \\ 0, & -h \leqslant z < -d \end{cases} \tag{2.2.14}$$

式中，χ_p 为待定的展开系数；$u_p(z)$ 为基函数系，表达式满足

$$\tilde{u}_p(z) = u_p(z) - \frac{\omega^2}{g} \int_{-d}^{z} u_p(\tau) \mathrm{d}\tau \tag{2.2.15}$$

$$\tilde{u}_p(z) = \frac{2(-1)^p}{\pi \sqrt{d^2 - z^2}} T_{2p}\left(-\frac{z}{d} \right), \quad -d \leqslant z \leqslant 0 \tag{2.2.16}$$

式中，$T_n(x)$ 为第一类 n 阶切比雪夫多项式。

由式 (2.2.15) 和式 (2.2.16) 可知，基函数系 $u_p(z)$ 在 $z = -d$ 具有平方根奇异性，并且满足自由水面条件。

将式 (2.1.11) 代入式 (2.2.14)，等号两侧同时乘以 $Z_m(z)$，然后对 z 从 $-h$ 到 0 积分，得到

$$R_m = \delta_{m0} + \frac{1}{\kappa_{mx}N_m}\sum_{p=0}^{\infty}\chi_p F_{mp}, \quad m = 0,1,\cdots \tag{2.2.17}$$

式中，F_{mp} 的表达式为[9]

$$F_{mp} = \int_{-d}^{0} Z_m(z)u_p(z)\mathrm{d}z = \begin{cases} \int_{-d}^{0}\cosh(k_0 z)\tilde{u}_p(z)\mathrm{d}z = (-1)^p \mathrm{I}_{2p}(k_0 d), & m = 0 \\ \int_{-d}^{0}\cos(k_m z)\tilde{u}_p(z)\mathrm{d}z = \mathrm{J}_{2p}(k_m d), & m = 1,2,\cdots \end{cases} \tag{2.2.18}$$

式中，$\mathrm{J}_n(x)$ 和 $\mathrm{I}_n(x)$ 分别为第一类 n 阶贝塞尔函数和第一类 n 阶修正贝塞尔函数。

将式(2.1.12)代入式(2.2.14)，采用同样的处理方法可以得到

$$T_m = -\frac{1}{\kappa_{mx}N_m}\sum_{p=0}^{\infty}\chi_p F_{mp}, \quad m = 0,1,\cdots \tag{2.2.19}$$

将式(2.1.11)和式(2.1.12)代入式(2.2.3)，等号两侧同时乘以 $u_q(z)$，然后对 z 从 $-d$ 到 0 积分，得到

$$\sum_{n=0}^{\infty}R_n F_{nq} - \sum_{n=0}^{\infty}T_n F_{nq} = -F_{0q}, \quad q = 0,1,\cdots \tag{2.2.20}$$

将式(2.2.17)和式(2.2.19)代入式(2.2.20)，得到

$$\sum_{p=0}^{\infty}\chi_p a_{qp} = -F_{0q}, \quad q = 0,1,\cdots \tag{2.2.21}$$

式中，

$$a_{qp} = \sum_{n=0}^{\infty}\frac{F_{np}F_{nq}}{\kappa_{nx}N_n} \tag{2.2.22}$$

将式(2.2.21)中的 p 和 q 截断到 Q 项，可以得到含有 $Q+1$ 个未知数的线性方程组，求解该方程组便可以确定展开系数 χ_p，然后根据式(2.2.17)和式(2.2.19)确定速度势表达式中所有的展开系数。根据式(2.1.13)和式(2.1.14)计算淹没垂直挡板防波堤的反射系数和透射系数，根据式(2.2.10)计算挡板受到的水平波浪力。

类似地，将挡板两侧的压强差(速度势差)展开为级数形式：

$$(\phi_1 - \phi_2)\big|_{x=0} = \begin{cases} 0, & -d < z \leqslant 0 \\ -\dfrac{\mathrm{i}gH}{2\omega}\sum_{p=0}^{\infty}\zeta_p p_p(z), & -h \leqslant z \leqslant -d \end{cases} \tag{2.2.23}$$

式中，ζ_p 为待定的展开系数；$p_p(z)$ 为基函数系，表达式为

$$p_p(z) = \frac{2(-1)^p \sqrt{(h-d)^2 - (h+z)^2}}{\pi(2p+1)(h-d)h} U_{2p}\left(\frac{h+z}{h-d}\right), \quad -h \leqslant z \leqslant -d \qquad (2.2.24)$$

式中，$U_n(x)$ 为第二类 n 阶切比雪夫多项式。

从式 (2.2.24) 可以看出，$\mathrm{d}\,p_p(z)/\mathrm{d}z$ 在 $z = -d$ 时具有平方根奇异性，且导数在 $z = -h$ 时为 0，因此通过展开式 (2.2.23)，正确模拟了淹没垂直挡板顶端流体速度的平方根奇异性，并使速度势满足水底条件。

将式 (2.1.11) 和式 (2.1.12) 代入式 (2.2.23)，等号两侧同时乘以 $Z_m(z)$，然后对 z 从 $-h$ 到 0 积分，得到

$$R_m - T_m = -\delta_{m0} + \frac{1}{N_m} \sum_{p=0}^{\infty} \zeta_p E_{mp}, \quad m = 0, 1, \cdots \qquad (2.2.25)$$

式中，E_{mp} 的表达式为[9]

$$E_{mp} = \int_{-h}^{-d} Z_m(z) p_p(z) \mathrm{d}z = \begin{cases} \dfrac{(-1)^p \, \mathrm{I}_{2p+1}[k_0(h-d)]}{k_0 h \cosh(k_0 h)}, & m = 0 \\[3mm] \dfrac{\mathrm{J}_{2p+1}[k_m(h-d)]}{k_m h \cos(k_m h)}, & m = 1, 2, \cdots \end{cases} \qquad (2.2.26)$$

联立式 (2.2.6) 和式 (2.2.25)，得到

$$R_m = \frac{1}{2N_m} \sum_{p=0}^{\infty} \zeta_p E_{mp}, \quad m = 0, 1, \cdots \qquad (2.2.27)$$

将式 (2.1.11) 代入式 (2.2.1)，等号两侧同时乘以 $p_q(z)$，然后对 z 从 $-h$ 到 $-d$ 积分，得到

$$\sum_{n=0}^{\infty} R_n \kappa_{nx} E_{nq} = \kappa_{0x} E_{0q}, \quad q = 0, 1, \cdots \qquad (2.2.28)$$

将式 (2.2.27) 代入式 (2.2.28)，得到

$$\sum_{p=0}^{\infty} \zeta_p b_{qp} = 2 E_{0q}, \quad q = 0, 1, \cdots \qquad (2.2.29)$$

式中，

$$b_{qp} = \sum_{n=0}^{\infty} \frac{\kappa_{nx} E_{nq} E_{np}}{\kappa_{0x} N_n} \qquad (2.2.30)$$

将式 (2.2.29) 中的 p 和 q 截断到 Q 项, 得到含有 $Q+1$ 个未知数的线性方程组, 求解该方程组便可以确定展开系数 ζ_p, 然后根据式 (2.2.6) 和式 (2.2.27) 确定速度势表达式中所有的展开系数, 从而得到问题的解析解。

表 2.2.1～表 2.2.4 为匹配特征函数展开法、最小二乘法和多项伽辽金方法的计算结果随截断数的收敛性。从表中可以看出, 匹配特征函数展开法和最小二乘法的计算结果收敛较慢, 当截断数 $N > 400$ 时, 计算结果可以达到 2 位有效数字精度; 而多项伽辽金方法的计算结果收敛迅速, 当截断数 $Q = 4$ 时, 可以得到 7 位有效数字精度的精确解。多项伽辽金方法的高收敛速度和高计算精度归功于正确模拟了挡板顶端处流体速度的平方根奇异性。这里的算例考虑了一个很小的挡板淹没深度 ($d/h = 0.1$), 当挡板淹没深度增加时, 匹配特征函数展开法和最小二乘法的计算精度会有所提高。

表 2.2.1　匹配特征函数展开法的计算结果随截断数的收敛性
($d/h = 0.1$, $\beta = 30°$, 淹没垂直挡板防波堤)

截断数 N	$k_0 h = 1$		$k_0 h = 1.5$		$k_0 h = 2$	
	C_r	C_t	C_r	C_t	C_r	C_t
20	0.591043	0.806640	0.582259	0.813003	0.528329	0.849040
50	0.561818	0.827261	0.552582	0.833459	0.496996	0.867753
100	0.551189	0.834381	0.541807	0.840503	0.485719	0.874115
200	0.545837	0.837891	0.536384	0.843974	0.480063	0.877234
400	0.542727	0.839909	0.533235	0.845967	0.476783	0.879021
600	0.541615	0.840626	0.532109	0.846676	0.475612	0.879655
800	0.541044	0.840994	0.531531	0.847039	0.475010	0.879980

表 2.2.2　最小二乘法的计算结果随截断数的收敛性
($d/h = 0.1$, $\beta = 30°$, 淹没垂直挡板防波堤)

截断数 N	$k_0 h = 1$		$k_0 h = 1.5$		$k_0 h = 2$	
	C_r	C_t	C_r	C_t	C_r	C_t
20	0.571449	0.800580	0.565129	0.805832	0.512050	0.840627
50	0.557816	0.825718	0.549061	0.831701	0.493652	0.865772
100	0.549914	0.834048	0.540654	0.840113	0.484600	0.873659
200	0.545392	0.837808	0.535975	0.843873	0.479661	0.877111
400	0.542611	0.839867	0.533129	0.845920	0.476680	0.878969
600	0.541548	0.840611	0.532047	0.846658	0.475550	0.879634
800	0.541004	0.840984	0.531493	0.847027	0.474973	0.879967

表 2.2.3　多项伽辽金方法（水平速度展开）的计算结果随截断数的收敛性
（$d/h = 0.1$，$\beta = 30°$，淹没垂直挡板防波堤）

截断数 Q	$k_0h = 1$		$k_0h = 1.5$		$k_0h = 2$	
	C_r	C_t	C_r	C_t	C_r	C_t
0	0.5390227	0.8422913	0.5294844	0.8483197	0.4728828	0.8811254
1	0.5390223	0.8422915	0.5294837	0.8483201	0.4728827	0.8811254
2	0.5390223	0.8422915	0.5294837	0.8483201	0.4728827	0.8811254
3	0.5390223	0.8422915	0.5294837	0.8483201	0.4728827	0.8811254
4	0.5390223	0.8422915	0.5294837	0.8483201	0.4728827	0.8811254
5	0.5390223	0.8422915	0.5294837	0.8483201	0.4728827	0.8811254

表 2.2.4　多项伽辽金方法（压强差展开）的计算结果随截断数的收敛性
（$d/h = 0.1$，$\beta = 30°$，淹没垂直挡板防波堤）

截断数 Q	$k_0h = 1$		$k_0h = 1.5$		$k_0h = 2$	
	C_r	C_t	C_r	C_t	C_r	C_t
0	0.5269500	0.8498963	0.5036005	0.8639366	0.4282719	0.9036499
1	0.5388759	0.8423851	0.5292124	0.8484894	0.4723317	0.8814209
2	0.5390180	0.8422943	0.5294782	0.8483236	0.4728748	0.8811296
3	0.5390221	0.8422916	0.5294835	0.8483202	0.4728825	0.8811255
4	0.5390223	0.8422915	0.5294837	0.8483201	0.4728827	0.8811254
5	0.5390223	0.8422915	0.5294837	0.8483201	0.4728827	0.8811254

　　图 2.2.2 和图 2.2.3 分别为波浪入射角度对淹没垂直挡板防波堤反射系数和透射系数、无因次水平波浪力的影响，无因次水平波浪力定义为 $C_{F_x} = |F_x|/(\rho g H h)$。从图中可以看出，随着入射波频率的增加，淹没垂直挡板防波堤的反射系数呈现先增大后减小的抛物线变化，透射系数呈现先减小后增大的变化，这实际上是潜堤反射系数的一个基本特点，与垂直挡板防波堤的反射特性完全不同（见图 2.1.5）。此

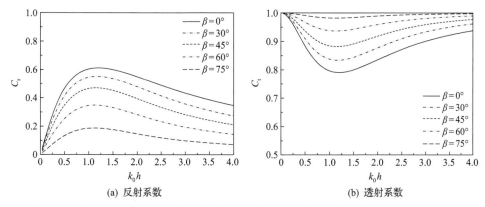

(a) 反射系数　　　　　　　　　　　　　(b) 透射系数

图 2.2.2　波浪入射角度对淹没垂直挡板防波堤反射系数和透射系数的影响（$d/h = 0.1$）

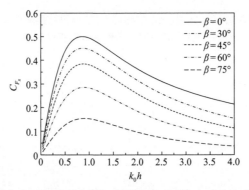

图 2.2.3　波浪入射角度对淹没垂直挡板防波堤上无因次水平波浪力的影响（$d/h = 0.1$）

外，随着波浪入射角度的增加，淹没垂直挡板防波堤的反射系数逐渐减小，透射系数逐渐增大，防波堤受到的水平波浪力逐渐减小。

2.3　垂直开孔挡板防波堤（线性压力损失边界条件）

为了降低挡板防波堤的波浪力，可以考虑在垂直挡板表面开孔，即采用开孔挡板防波堤，能够显著降低结构受到的波浪力，并有效耗散入射波能量。Isaacson 等[11]和 Lee 等[13]分别采用匹配特征函数展开法（直接匹配法）和最小二乘法，并应用开孔板处的线性压力损失边界条件，建立了波浪对开孔挡板结构作用的解析解。本节考虑线性压力损失边界条件，分别采用匹配特征函数展开法、最小二乘法和多项伽辽金方法，建立斜向入射波对垂直开孔挡板防波堤作用的解析解。

2.3.1　匹配特征函数展开法

图 2.3.1 为斜向入射波对垂直开孔挡板防波堤作用的示意图。水深为 h，挡板均匀开孔，挡板吃水深度为 d，挡板厚度远小于波长。直角坐标系与 2.1 节中的定义相同，入射波的波高为 H，周期为 T，波长为 L，传播方向与 x 轴正方向的夹角

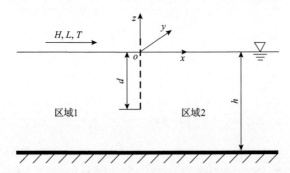

图 2.3.1　斜向入射波对垂直开孔挡板防波堤作用的示意图

为 β 。将整个流域划分为两个区域：区域 1，挡板迎浪侧流域（$x \le 0$，$-h \le z \le 0$）；区域 2，挡板背浪侧流域（$x \ge 0$，$-h \le z \le 0$）。

区域 1 和区域 2 内满足控制方程、自由水面条件、水底条件以及远场辐射条件的速度势表达式分别与式（2.1.11）和式（2.1.12）相同。速度势满足开孔挡板表面条件和区域交界面条件：

$$\frac{\partial \phi_1}{\partial x} = \frac{\partial \phi_2}{\partial x} = \mathrm{i} k_0 G(\phi_1 - \phi_2), \quad x=0, \quad -d \le z \le 0 \tag{2.3.1}$$

$$\frac{\partial \phi_1}{\partial x} = \frac{\partial \phi_2}{\partial x}, \quad x=0, \quad -h \le z < -d \tag{2.3.2}$$

$$\phi_1 = \phi_2, \quad x=0, \quad -h \le z < -d \tag{2.3.3}$$

式中，G 为开孔板的无因次孔隙影响参数，具体见 1.4.2 节。

在式（2.3.1）中，第一个等式表明穿过开孔挡板的流体水平速度连续，第二个等式表明流体水平速度与挡板两侧的压强差（速度势差）呈线性关系，比例系数为 $\mathrm{i}k_0 G$。

将式（2.3.1）～式（2.3.3）合并表示为

$$\frac{\partial \phi_1}{\partial x} = \frac{\partial \phi_2}{\partial x}, \quad x=0, \quad -h \le z \le 0 \tag{2.3.4}$$

$$\begin{cases} \dfrac{\partial \phi_1}{\partial x}\Big|_{x=0} - \mathrm{i} k_0 G(\phi_1 - \phi_2)\big|_{x=0} = 0, & -d \le z \le 0 \\ (\phi_1 - \phi_2)\big|_{x=0} = 0, & -h \le z < -d \end{cases} \tag{2.3.5}$$

将式（2.1.11）和式（2.1.12）代入式（2.3.4），等号两侧同时乘以 $Z_m(z)$，然后对 z 从 $-h$ 到 0 积分，得到

$$T_m = \delta_{m0} - R_m, \quad m=0,1,\cdots \tag{2.3.6}$$

式中，$\delta_{mn} = \begin{cases} 1, & m=n \\ 0, & m \ne n \end{cases}$。

将式（2.1.11）和式（2.1.12）代入式（2.3.5），并结合式（2.3.6），得到

$$\begin{cases} -\kappa_{0x} Z_0(z) + \sum\limits_{n=0}^{\infty} R_n(\kappa_{nx} - 2\mathrm{i}k_0 G) Z_n(z) = 0, & -d \le z \le 0 \\ 2\sum\limits_{n=0}^{\infty} R_n Z_n(z) = 0, & -h \le z < -d \end{cases} \tag{2.3.7}$$

式中，$\kappa_{0x} = -\mathrm{i}k_{0x}$；$\kappa_{nx} = k_{nx}(n \geqslant 1)$。

将式(2.3.7)等号两侧同时乘以 $Z_m(z)$，然后对 z 从 $-h$ 到 0 积分，得到

$$\sum_{n=0}^{\infty} R_n \left[(\kappa_{nx} - 2\mathrm{i}k_0 G)\varOmega_{mn} + 2\varLambda_{mn} \right] = \kappa_{0x}\varOmega_{m0}, \quad m = 0, 1, \cdots \tag{2.3.8}$$

式中，$\varOmega_{mn} = \int_{-d}^{0} Z_m(z)Z_n(z)\mathrm{d}z$；$\varLambda_{mn} = \int_{-h}^{-d} Z_m(z)Z_n(z)\mathrm{d}z$。

将式(2.3.8)中的 m 和 n 截断到 N 项，可以得到含有 $N+1$ 个未知数的线性方程组，求解该方程组便可以确定展开系数 R_n，然后根据式(2.3.6)确定展开系数 T_n。

根据式(2.1.13)和式(2.1.14)计算垂直开孔挡板防波堤的反射系数 C_r 和透射系数 C_t。与不开孔的垂直挡板防波堤不同，波浪通过开孔挡板的孔洞时将产生能量耗散，通过引入压力损失边界条件，可以在势流理论分析中考虑该部分能量耗散，将垂直开孔挡板防波堤的能量损失系数 C_d 定义为

$$C_d = 1 - C_r^2 - C_t^2 \tag{2.3.9}$$

垂直开孔挡板受到的水平波浪力为

$$\begin{aligned}
F_x &= \mathrm{i}\omega\rho \int_{-d}^{0} [\phi_1(0,z) - \phi_2(0,z)]\mathrm{d}z \\
&= \rho g H \left\{ R_0 \frac{\sinh(k_0 h) - \sinh[k_0(h-d)]}{k_0 \cosh(k_0 h)} + \sum_{n=1}^{N} R_n \frac{\sin(k_n h) - \sin[k_n(h-d)]}{k_n \cos(k_n h)} \right\}
\end{aligned} \tag{2.3.10}$$

2.3.2　最小二乘法

根据式(2.3.7)定义

$$F(z) = \sum_{n=0}^{\infty} R_n f_n(z) - f(z) \tag{2.3.11}$$

式中，

$$f_n(z) = \begin{cases} (\kappa_{nx} - 2\mathrm{i}k_0 G)Z_n(z), & -d \leqslant z \leqslant 0 \\ 2Z_n(z), & -h \leqslant z < -d \end{cases} \tag{2.3.12}$$

$$f(z) = \begin{cases} \kappa_{0x} Z_0(z), & -d \leqslant z \leqslant 0 \\ 0, & -h \leqslant z < -d \end{cases} \tag{2.3.13}$$

可以采用最小二乘法来确定式(2.3.11)中的展开系数 R_n。参照 2.1.2 节中的求解过程，可以得到与式(2.1.32)相同的方程，将方程中的 m 和 n 截断到 N 项，得到关于未知数 R_n^* 的线性方程组。求解方程组便可以确定速度势表达式中的展开系数 R_n，然后根据式(2.3.6)确定展开系数 T_n，从而得到问题的解析解。

2.3.3　多项伽辽金方法

与 2.1 节中的垂直实体挡板类似，垂直开孔挡板底部端点处的流体速度同样具有平方根奇异性，下面采用多项伽辽金方法模拟该流体速度的奇异性，建立问题的高精度解析解。

将开孔挡板两侧的压强差(速度势差)展开为级数形式：

$$(\phi_1 - \phi_2)\big|_{x=0} = \begin{cases} -\dfrac{\mathrm{i}\,gH}{2\omega}\displaystyle\sum_{p=0}^{\infty}\zeta_p p_p(z), & -d \leqslant z \leqslant 0 \\ 0, & -h \leqslant z < -d \end{cases} \tag{2.3.14}$$

式中，ζ_p 为待定的展开系数；$p_p(z)$ 为基函数系，表达式与 2.1 节的垂直实体挡板问题相同，具体见式(2.1.43)和式(2.1.44)。

将式(2.1.11)和式(2.1.12)代入式(2.3.14)，等号两侧同时乘以 $Z_m(z)$，然后对 z 从 $-h$ 到 0 积分，并结合式(2.3.6)，得到

$$R_m = \frac{1}{2N_m}\sum_{p=0}^{\infty}\zeta_p E_{mp}, \quad m = 0, 1, \cdots \tag{2.3.15}$$

式中，

$$E_{mp} = \int_{-d}^{0} Z_m(z) p_p(z)\mathrm{d}z = \begin{cases} \dfrac{(-1)^p\,\mathrm{I}_{2p+1}(k_0 d)}{k_0 h}, & m = 0 \\ \dfrac{\mathrm{J}_{2p+1}(k_m d)}{k_m h}, & m = 1, 2, \cdots \end{cases} \tag{2.3.16}$$

式中，$\mathrm{J}_n(x)$ 和 $\mathrm{I}_n(x)$ 分别为第一类 n 阶贝塞尔函数和第一类 n 阶修正贝塞尔函数。

将式(2.1.11)和式(2.1.12)代入式(2.3.1)，并结合式(2.3.6)，得到

$$\sum_{n=0}^{\infty} R_n(\kappa_{nx} - 2\mathrm{i}k_0 G)Z_n(z) = \kappa_{0x} Z_0(z) \tag{2.3.17}$$

将式(2.3.17)等号两侧同时乘以 $p_q(z)$，然后对 z 从 $-d$ 到 0 积分，得到

$$\sum_{n=0}^{\infty} R_n (\kappa_{nx} - 2\mathrm{i}\,k_0 G) E_{nq} = \kappa_{0x} E_{0q}, \quad q = 0, 1, \cdots \qquad (2.3.18)$$

将式(2.3.15)代入式(2.3.18)，得到

$$\sum_{p=0}^{\infty} \zeta_p a_{qp} = E_{0q}, \quad q = 0, 1, \cdots \qquad (2.3.19)$$

式中，

$$a_{qp} = \sum_{n=0}^{\infty} \frac{\kappa_{nx} - 2\mathrm{i}\,k_0 G}{2\kappa_{0x}} \frac{E_{np} E_{nq}}{N_n} \qquad (2.3.20)$$

将式(2.3.19)中的 p 和 q 截断到 Q 项，可以得到含有 $Q+1$ 个未知数的线性方程组，求解该方程组便可以确定展开系数 ζ_p，然后根据式(2.3.6)和式(2.3.15)确定速度势表达式中所有的展开系数。

对于垂直开孔挡板结构，通过开孔挡板的水平速度不等于 0，因此在多项伽辽金方法分析中，不同于实体挡板结构，无法将开孔挡板底端与海床之间的水平速度做切比雪夫多项式展开，也就无法同时得到水动力特性参数的上限和下限。

表 2.3.1～表 2.3.3 为匹配特征函数展开法、最小二乘法和多项伽辽金方法的计算结果随截断数的收敛性。从表中可以看出，由于多项伽辽金方法模拟了开孔挡板底端处流体速度的平方根奇异性，其计算结果收敛迅速，当截断数 $Q=5$ 时，计算结果可达到 7 位有效数字精度；而匹配特征函数展开法和最小二乘法未考虑流体速度的平方根奇异性，因此计算结果收敛较慢，当截断数 $N > 400$ 时，计算结果可以保证 2～3 位有效数字精度。本节后续采用多项伽辽金方法进行计算。

表 2.3.1　匹配特征函数展开法的计算结果随截断数的收敛性
（$d/h = 0.5$，$G = 0.5$，$\beta = 30°$，垂直开孔挡板防波堤）

截断数 N	$k_0 h = 1$		$k_0 h = 1.5$		$k_0 h = 2$	
	C_r	C_t	C_r	C_t	C_r	C_t
20	0.246847	0.838992	0.350249	0.690944	0.404749	0.607870
50	0.239178	0.847415	0.344917	0.698659	0.401733	0.612097
100	0.236179	0.850652	0.342794	0.701740	0.400513	0.613816
200	0.234410	0.852549	0.341524	0.703576	0.399785	0.614848
400	0.233429	0.853597	0.340814	0.704600	0.399378	0.615426
600	0.233069	0.853981	0.340553	0.704977	0.399227	0.615639
800	0.232880	0.854182	0.340416	0.705175	0.399148	0.615751

表 2.3.2　最小二乘法的计算结果随截断数的收敛性
($d/h = 0.5$，$G = 0.5$，$\beta = 30°$，垂直开孔挡板防波堤)

截断数 N	$k_0h = 1$		$k_0h = 1.5$		$k_0h = 2$	
	C_r	C_t	C_r	C_t	C_r	C_t
20	0.244948	0.837459	0.349038	0.690155	0.404134	0.607774
50	0.238659	0.847031	0.344542	0.698478	0.401505	0.612113
100	0.235966	0.850546	0.342625	0.701709	0.400407	0.613847
200	0.234353	0.852493	0.341473	0.703549	0.399751	0.614851
400	0.233408	0.853580	0.340795	0.704593	0.399364	0.615429
600	0.233057	0.853973	0.340542	0.704975	0.399219	0.615642
800	0.232873	0.854177	0.340409	0.705173	0.399143	0.615753

表 2.3.3　多项伽辽金方法的计算结果随截断数的收敛性
($d/h = 0.5$，$G = 0.5$，$\beta = 30°$，垂直开孔挡板防波堤)

截断数 Q	$k_0h = 1$		$k_0h = 1.5$		$k_0h = 2$	
	C_r	C_t	C_r	C_t	C_r	C_t
0	0.2323211	0.8543908	0.3398250	0.7053406	0.3985700	0.6160529
1	0.2322238	0.8548817	0.3399461	0.7058548	0.3988857	0.6161268
2	0.2322179	0.8548872	0.3399345	0.7058694	0.3988720	0.6161444
3	0.2322175	0.8548876	0.3399338	0.7058704	0.3988711	0.6161455
4	0.2322174	0.8548877	0.3399337	0.7058705	0.3988710	0.6161456
5	0.2322174	0.8548877	0.3399336	0.7058706	0.3988709	0.6161457
6	0.2322174	0.8548877	0.3399336	0.7058706	0.3988709	0.6161457

图 2.3.2 和图 2.3.3 为垂直开孔挡板防波堤反射系数和透射系数的计算结果与试验结果[11]对比。试验条件为：$h = 45\text{cm}$，$d/h = 0.5$，$\delta = 1.3\text{cm}$，$\varepsilon = 0.05$、0.1、0.2、0.3、0.4 和 0.5，$T = 0.6 \sim 1.4\text{s}$。在计算结果与试验结果的对比中，需要首先

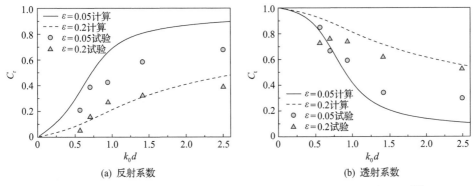

(a) 反射系数　　　　　　　　　　(b) 透射系数

图 2.3.2　垂直开孔挡板防波堤反射系数和透射系数的计算结果与试验结果[11]对比
($\beta = 0°$，线性压力损失边界条件)

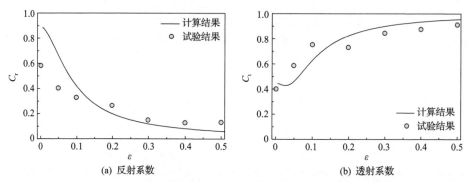

(a) 反射系数　　　　　　　　　　　　　　　(b) 透射系数

图 2.3.3　垂直开孔挡板防波堤反射系数和透射系数的计算结果与试验结果[11]对比
($k_0 h = 1.9$, $\beta = 0°$, 线性压力损失边界条件)

确定开孔挡板的无因次孔隙影响参数 G, 该参数由式 (1.4.13) 确定, 其中惯性力系数 $s = 1$, 开孔板的线性化阻力系数由式 (1.4.15) 计算。从图中可以看出, 计算结果与试验结果符合良好。

图 2.3.4 为孔隙影响参数对垂直开孔挡板防波堤反射系数、透射系数和能量损

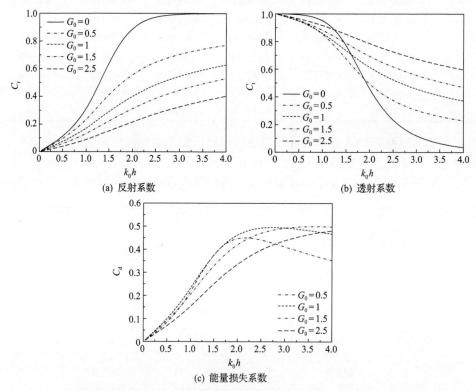

(a) 反射系数　　　　　　　　　　　　　　　(b) 透射系数

(c) 能量损失系数

图 2.3.4　孔隙影响参数对垂直开孔挡板防波堤反射系数、透射系数和能量损失系数的影响
($d/h = 0.5$, $\beta = 30°$)

失系数的影响。根据式(1.4.13)，开孔挡板的孔隙影响参数 G 在理论上与入射波的波数 k_0 有关，这里定义一个新的无因次孔隙影响参数 $G_0 = Gk_0h$，并在计算中将其取为实数。$G_0 = 0$ 表示不开孔的实体挡板。从图中可以看出，在挡板上开孔可以有效耗散入射波能量；随着 G_0 的增加(挡板开孔率的增加)，防波堤的反射系数显著减小，在高频波浪区域内防波堤的透射系数逐渐增大。

图 2.3.5 为孔隙影响参数对垂直开孔挡板防波堤上无因次水平波浪力的影响，无因次水平波浪力定义为 $C_{F_x} = |F_x|/(\rho gHh)$。从图中可以看出，防波堤所受的水平波浪力随着孔隙影响参数的增加而显著减小。

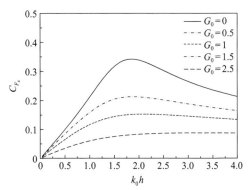

图 2.3.5　孔隙影响参数对垂直开孔挡板防波堤上无因次水平波浪力的影响($d/h = 0.5$，$\beta = 30°$)

图 2.3.6 为垂直开孔挡板防波堤水动力特性参数随孔隙影响参数的变化规律。从图中可以看出，随着孔隙影响参数的增加，防波堤的反射系数单调减小，透射系数先略有减小后迅速增大，能量损失系数呈抛物线变化，无因次水平波浪力单调减小。对于开孔板结构，选择适当大小的开孔率，可以使波浪通过结构的能量

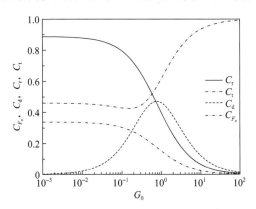

图 2.3.6　垂直开孔挡板防波堤水动力特性参数随孔隙影响参数的变化规律
($d/h = 0.5$，$k_0h = 2$，$\beta = 30°$)

耗散最大。对于图中算例而言，当 $G_0 \approx 0.8$ 时，防波堤同时具有较低的反射系数、透射系数和较高的能量损失系数，并且所受的水平波浪力较小，选择合适的开孔率对开孔挡板防波堤的工程设计非常重要。

2.4　垂直开孔挡板防波堤(二次压力损失边界条件)

在 2.3 节中，通过在开孔挡板边界上引入线性压力损失边界条件，考虑波浪通过开孔挡板防波堤所产生的能量耗散和运动相位改变。本节仍以斜向入射波对垂直开孔挡板防波堤的作用为例，引入二次压力损失边界条件，建立问题的解析解，介绍二次压力损失边界条件的迭代计算方法。

斜向入射波对垂直开孔挡板防波堤作用的示意图仍由图 2.3.1 给出，挡板的物理参数、直角坐标系的定义、流体区域的划分以及流体运动速度势的表达式与 2.3 节完全相同。但是，根据式(1.4.7)，速度势在开孔挡板边界处满足二次压力损失边界条件：

$$\phi_1 - \phi_2 = -\frac{8i}{3\pi\omega}\frac{1-\varepsilon}{2\mu\varepsilon^2}\left|\frac{\partial\phi_1}{\partial x}\right|\frac{\partial\phi_1}{\partial x} - 2C\frac{\partial\phi_1}{\partial x}, \quad x=0, \quad -d \leqslant z \leqslant 0 \qquad (2.4.1)$$

式中，ε、μ 和 C 分别为垂直开孔挡板的开孔率、射流系数和阻塞系数。

在流体区域交界处，速度势还满足如下边界条件：

$$\frac{\partial\phi_1}{\partial x} = \frac{\partial\phi_2}{\partial x}, \quad x=0, \quad -h \leqslant z \leqslant 0 \qquad (2.4.2)$$

$$\phi_1 = \phi_2, \quad x=0, \quad -h \leqslant z < -d \qquad (2.4.3)$$

将式(2.4.1)和式(2.4.3)改写为

$$\begin{cases} \left\{\phi_1 - \phi_2 + \left[\gamma(z) + 2C\right]\dfrac{\partial\phi_1}{\partial x}\right\}\bigg|_{x=0} = 0, & -d \leqslant z \leqslant 0 \\ (\phi_1 - \phi_2)\big|_{x=0} = 0, & -h \leqslant z < -d \end{cases} \qquad (2.4.4)$$

式中，

$$\gamma(z) = \frac{8i}{3\pi\omega}\frac{1-\varepsilon}{2\mu\varepsilon^2}\left|\frac{\partial\phi_1}{\partial x}\right|_{x=0} \qquad (2.4.5)$$

将式(2.1.11)式(2.1.12)代入式(2.4.2)，等号两侧同时乘以 $Z_m(z)$，然后对 z 从 $-h$ 到 0 积分，得到

$$T_m = \delta_{m0} - R_m, \quad m = 0, 1, \cdots \qquad (2.4.6)$$

式中，$\delta_{mn} = \begin{cases} 1, & m = n \\ 0, & m \neq n \end{cases}$。

将式(2.1.11)和式(2.1.12)代入式(2.4.4)，并结合式(2.4.6)，得到

$$\begin{cases} 2\sum_{n=0}^{\infty} R_n Z_n(z) + \left[\gamma(z) + 2C\right]\left[-\kappa_{0x}Z_0(z) + \sum_{n=0}^{\infty}\kappa_{nx}R_n Z_n(z)\right] = 0, \quad -d \leqslant z \leqslant 0 \\ 2\sum_{n=0}^{\infty} R_n Z_n(z) = 0, \quad -h \leqslant z < -d \end{cases} \quad (2.4.7)$$

式中，$\kappa_{0x} = -\mathrm{i}k_{0x}$；$\kappa_{nx} = k_{nx}(n \geqslant 1)$。

将式(2.4.7)等号两侧同时乘以 $Z_m(z)$，然后对 z 从 $-h$ 到 0 积分，得到

$$\sum_{n=0}^{\infty} R_n \left[2\left(\Lambda_{mn} + \Omega_{mn}\right) + \kappa_{nx}\left(\Pi_{mn} + 2C\Omega_{mn}\right)\right] = \kappa_{0x}\left(\Pi_{m0} + 2C\Omega_{m0}\right), \quad m = 0,1,\cdots$$

$$(2.4.8)$$

式中，

$$\Omega_{mn} = \int_{-d}^{0} Z_m(z)Z_n(z)\mathrm{d}z$$

$$\Lambda_{mn} = \int_{-h}^{-d} Z_m(z)Z_n(z)\mathrm{d}z$$

$$\Pi_{mn} = \int_{-d}^{0} \gamma(z)Z_m(z)Z_n(z)\mathrm{d}z$$

$$\gamma(z) = \frac{8\mathrm{i}}{3\pi\omega}\frac{1-\varepsilon}{2\mu\varepsilon^2}\frac{gH}{2\omega}\left|-\kappa_{0x}Z_0(z) + \sum_{n=0}^{\infty}\kappa_{nx}R_n Z_n(z)\right| \quad (2.4.9)$$

将式(2.4.8)中的 m 和 n 截断到 N 项，可以得到含有 $N+1$ 个未知数的方程组。与 2.3 节中采用匹配特征函数展开法得到的线性方程组不同，本节应用的是二次压力损失边界条件，得到非线性方程组，需要进行迭代求解。迭代算法的实现过程如下：

(1)假设式(2.4.9)中的系数 $R_n(0 \leqslant n \leqslant N)$ 是已知的(第一步迭代时假设 $R_n = 0$)，然后由式(2.4.9)计算得到 $\gamma(z)$ 的值，则非线性方程组(2.4.8)转化成线性方程组。

(2)采用列主元高斯消去法求解转化后的线性方程组，得到更新后的系数 R_n $(0 \leqslant n \leqslant N)$。

(3)计算每个系数 $R_n(0 \leqslant n \leqslant N)$ 的假设值和更新值之间的差值，如果每个差值

的绝对值均小于 10^{-4}，则停止迭代；否则，将系数 R_n 的假设值和更新值的平均值作为新的输入值，重新计算 $\gamma(z)$，并重复步骤 (2) 和 (3)，直到满足收敛条件为止。

当求解出非线性方程组后，便可以确定速度势中的展开系数 R_n，然后由式 (2.4.6) 确定展开系数 T_n。根据式 (2.1.13)、式 (2.1.14) 和式 (2.3.9) 分别计算垂直开孔挡板防波堤的反射系数 C_r、透射系数 C_t 和能量损失系数 C_d，根据式 (2.3.10) 计算垂直开孔挡板防波堤受到的水平波浪力。

表 2.4.1 为垂直开孔挡板防波堤水动力特性参数的计算结果随迭代次数的收敛性。无因次水平波浪力定义为 $C_{F_x} = |F_x|/(\rho gHh)$，计算条件为：$d/h = 0.5$、$\varepsilon = 0.1$、$\mu = 0.5$、$C = 0$、$k_0 h = 2$、$H/L = 0.01$ 和 $\beta = 30°$。从表中可以看出，随着迭代次数的增加，防波堤的水动力特性参数快速收敛，在第 11 次迭代后即可满足精度要求（$<10^{-4}$）。更多的算例分析结果表明，通常不超过 15 次迭代计算就可以得到收敛的计算结果。

表 2.4.1　垂直开孔挡板防波堤水动力特性参数的计算结果随迭代次数的收敛性（截断数 $N = 50$）

迭代次数	反射系数 C_r	透射系数 C_t	能量损失系数 C_d	无因次水平波浪力 C_{F_x}
1	0.3508	0.6579	0.4442	0.1336
2	0.3077	0.6977	0.4186	0.1172
3	0.2902	0.7142	0.4057	0.1105
4	0.2838	0.7203	0.4006	0.1081
5	0.2815	0.7224	0.4006	0.1072
6	0.2807	0.7232	0.3982	0.1069
7	0.2805	0.7235	0.3979	0.1068
8	0.2804	0.7236	0.3979	0.1068
9	0.2803	0.7236	0.3978	0.1068
10	0.2803	0.7236	0.3978	0.1068
11	0.2803	0.7236	0.3978	0.1068

与线性压力损失边界条件类似，通过选取合适的射流系数 μ 和阻塞系数 C，应用二次压力损失边界条件同样可以得到合理的计算结果。图 2.4.1 和图 2.4.2 为垂直开孔挡板防波堤反射系数和透射系数的计算结果与试验结果[11]对比。试验条件为：$h = 45\text{cm}$，挡板吃水 $d/h = 0.5$，$\delta = 1.3\text{cm}$，$\varepsilon = 0.05$、0.1、0.2、0.3、0.4 和 0.5，$T = 0.6 \sim 1.4\text{s}$，$H/L = 0.07$。在计算结果与试验结果的对比中，开孔挡板的射流系数 μ 和阻塞系数 C 分别由式 (1.4.8) 和式 (1.4.11) 确定。从图中可以看出，开孔率较大情况下的计算结果与试验结果符合更好，两者的总体变化趋势一致。

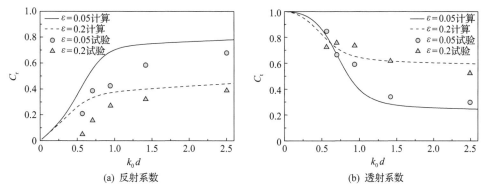

图 2.4.1　垂直开孔挡板防波堤反射系数和透射系数的计算结果与试验结果[11]对比

（$\beta = 0°$，二次压力损失边界条件）

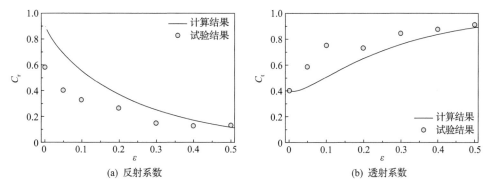

图 2.4.2　垂直开孔挡板防波堤反射系数和透射系数的计算结果与试验结果[11]对比

（$k_0h = 1.9$，　$\beta = 0°$，二次压力损失边界条件）

2.5　垂直弹性板结构

波浪与垂直弹性薄板的相互作用是一个简单的水弹性问题。Lee 等[14]建立了波浪与垂直弹性板（从水底延伸至水面）相互作用的解析解；Wang 等[15]研究了波浪与垂直开孔弹性板的相互作用，分析了开孔率的影响；Abul-Azm[16]推导了波浪与双排垂直弹性板相互作用的解析解。本节采用匹配特征函数展开法建立斜向入射波与淹没垂直弹性板相互作用的解析解，介绍弹性板边界条件及其处理方法。

图 2.5.1 为斜向入射波与淹没垂直弹性板相互作用的示意图。水深为 h，弹性板下端固定于水底（固接），上端处于自由状态，高度为 l，淹没深度为 $d(d = h - l)$。直角坐标系与 2.1 节中的定义相同，入射波的波高为 H，周期为 T，波长为 L，传播方向与 x 轴正方向的夹角为 β。为了求解方便，将整个流域划分为两个区域：

区域 1，弹性板迎浪侧流域 $(x \leqslant 0,\ -h \leqslant z \leqslant 0)$；区域 2，弹性板背浪侧流域 $(x \geqslant 0,\ -h \leqslant z \leqslant 0)$。

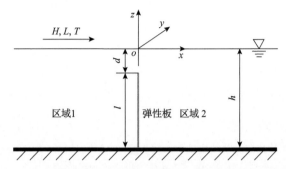

图 2.5.1　斜向入射波与淹没垂直弹性板相互作用的示意图

考虑到弹性板的厚度远小于高度，将其假设为理想的弹性薄板，则波浪作用下弹性板沿 x 轴方向上的挠度 $w(y,z,t)$ 满足如下运动微分方程：

$$EI\left(\frac{\partial^2}{\partial y^2}+\frac{\partial^2}{\partial z^2}\right)^2 w + m_s\frac{\partial^2 w}{\partial t^2} = P_1 - P_2 \tag{2.5.1}$$

式中，E 为弹性板的弹性模量；$I = c^3/[12(1-v^2)]$，c 和 v 分别为弹性板的厚度和泊松比；$m_s = \rho_s c$ 为弹性板的单位表面积质量，ρ_s 为弹性板的密度；P_1 和 P_2 分别为弹性板迎浪面和背浪面的动水压强。

根据线性伯努利方程，得到

$$P_1 - P_2 = -\rho\left(\frac{\partial \Phi_1}{\partial t} - \frac{\partial \Phi_2}{\partial t}\right)\bigg|_{x=0} \tag{2.5.2}$$

式中，Φ_1 和 Φ_2 分别为区域 1 和区域 2 内流体运动的速度势，可进一步表示为

$$\Phi = \mathrm{Re}\left[\phi(x,z)\,\mathrm{e}^{\mathrm{i}k_{0y}y}\,\mathrm{e}^{-\mathrm{i}\omega t}\right] \tag{2.5.3}$$

式中，Re 表示取变量的实部；$\phi(x,z)$ 为复速度势；$k_{0y} = k_0\sin\beta$。

弹性板的下端部条件为

$$w = 0, \quad z = -h, \quad |y| < \infty \tag{2.5.4}$$

$$\frac{\partial w}{\partial z} = 0, \quad z = -h, \quad |y| < \infty \tag{2.5.5}$$

弹性板的自由端部条件为[17]

$$\frac{\partial}{\partial z}\left(\frac{\partial^2}{\partial y^2}+\frac{\partial^2}{\partial z^2}\right)w+(1-\nu)\frac{\partial^3 w}{\partial y^2\partial z}=0,\quad z=-d,\quad |y|<\infty \tag{2.5.6}$$

$$\frac{\partial^2 w}{\partial z^2}+\nu\frac{\partial^2 w}{\partial y^2}=0,\quad z=-d,\quad |y|<\infty \tag{2.5.7}$$

线性波作用下弹性板做小振幅简谐变形，可以将挠度表示为

$$w(y,z,t)=\mathrm{Re}\left[\xi(z)\,\mathrm{e}^{\mathrm{i}k_{0y}y}\,\mathrm{e}^{-\mathrm{i}\omega t}\right] \tag{2.5.8}$$

式中，$\xi(z)$ 为弹性板的复挠度，包含幅值和相位信息。

应用式 (2.5.2)、式 (2.5.3) 和式 (2.5.8)，消去式 (2.5.1) 中的时间因子和 y 方向分量，可以得到

$$EI\left(\frac{\mathrm{d}^2}{\mathrm{d}z^2}-k_{0y}^2\right)^2\xi-m_s\omega^2\xi=\mathrm{i}\omega\rho(\phi_1-\phi_2)\big|_{x=0} \tag{2.5.9}$$

采用同样的方法可以将式 (2.5.4)～式 (2.5.7) 分别转化为

$$\xi=0,\quad z=-h \tag{2.5.10}$$

$$\frac{\mathrm{d}\xi}{\mathrm{d}z}=0,\quad z=-h \tag{2.5.11}$$

$$\frac{\mathrm{d}^3\xi}{\mathrm{d}z^3}-(2-\nu)k_{0y}^2\frac{\mathrm{d}\xi}{\mathrm{d}z}=0,\quad z=-d \tag{2.5.12}$$

$$\frac{\mathrm{d}^2\xi}{\mathrm{d}z^2}-\nu k_{0y}^2\xi=0,\quad z=-d \tag{2.5.13}$$

区域 1 和区域 2 内满足控制方程、自由水面条件、水底条件以及远场辐射条件的速度势表达式与式 (2.1.11) 和式 (2.1.12) 相同，速度势还满足如下匹配边界条件：

$$\frac{\partial\phi_1}{\partial x}=\frac{\partial\phi_2}{\partial x}=-\mathrm{i}\omega\xi,\quad x=0,\quad -h\leqslant z\leqslant-d \tag{2.5.14}$$

$$\frac{\partial\phi_1}{\partial x}=\frac{\partial\phi_2}{\partial x},\quad x=0,\quad -d<z\leqslant0 \tag{2.5.15}$$

$$\phi_1=\phi_2,\quad x=0,\quad -d<z\leqslant0 \tag{2.5.16}$$

将式(2.5.14)～式(2.5.16)合并表示为

$$\frac{\partial \phi_1}{\partial x} = \frac{\partial \phi_2}{\partial x}, \quad x = 0, \quad -h \leqslant z \leqslant 0 \tag{2.5.17}$$

$$\begin{cases} (\phi_1 - \phi_2)|_{x=0} = 0, & -d < z \leqslant 0 \\ \dfrac{\partial \phi_1}{\partial x}\bigg|_{x=0} + \mathrm{i}\omega\xi = 0, & -h \leqslant z \leqslant -d \end{cases} \tag{2.5.18}$$

将式(2.1.11)和式(2.1.12)代入式(2.5.17)，等号两侧同时乘以 $Z_m(z)$，然后对 z 从 $-h$ 到 0 积分，得到

$$T_m = \delta_{m0} - R_m, \quad m = 0, 1, \cdots \tag{2.5.19}$$

式中，$\delta_{mn} = \begin{cases} 1, & m = n \\ 0, & m \neq n \end{cases}$。

结合式(2.5.19)，弹性板两侧的速度势差为

$$(\phi_1 - \phi_2)|_{x=0} = -\frac{\mathrm{i}gH}{2\omega} \sum_{n=0}^{\infty} 2R_n Z_n(z) \tag{2.5.20}$$

将式(2.5.20)代入式(2.5.9)，求解微分方程得到

$$\xi = -\frac{\mathrm{i}gH}{2\omega}\left[\sum_{j=1}^{4} A_j f_j(z) + \sum_{n=0}^{\infty} R_n \beta_n Z_n(z) \right] \tag{2.5.21}$$

式中，A_j 为待定系数；

$$\begin{cases} f_1(z) = \sinh[\alpha_1(z+h)], & f_2(z) = \cosh[\alpha_1(z+h)] \\ f_3(z) = \sinh[\alpha_2(z+h)], & f_4(z) = \cosh[\alpha_2(z+h)] \end{cases} \tag{2.5.22}$$

$$\alpha_1 = \sqrt{k_{0y}^2 + \sqrt{\frac{m_s\omega^2}{EI}}}, \quad \alpha_2 = \sqrt{k_{0y}^2 - \sqrt{\frac{m_s\omega^2}{EI}}} \tag{2.5.23}$$

$$\beta_n = \begin{cases} \dfrac{2\mathrm{i}\omega\rho}{EI(k_0^2 - k_{0y}^2)^2 - m_s\omega^2}, & n = 0 \\[3mm] \dfrac{2\mathrm{i}\omega\rho}{EI(k_n^2 + k_{0y}^2)^2 - m_s\omega^2}, & n = 1, 2, \cdots \end{cases} \tag{2.5.24}$$

将式(2.5.21)、式(2.1.11)和式(2.1.12)代入式(2.5.18)，得到

$$\begin{cases} 2\displaystyle\sum_{n=0}^{\infty}R_nZ_n(z)=0, \quad -d<z\leqslant 0 \\ \displaystyle\sum_{n=0}^{\infty}R_n(\kappa_{nx}+\mathrm{i}\omega\beta_n)Z_n(z)-\kappa_{0x}Z_0(z)+\mathrm{i}\omega\sum_{j=1}^{4}A_jf_j(z)=0, \quad -h\leqslant z\leqslant -d \end{cases} \tag{2.5.25}$$

式中，$\kappa_{0x}=-\mathrm{i}k_{0x}$；$\kappa_{nx}=k_{nx}(n\geqslant 1)$。

将式(2.5.25)等号两侧同时乘以 $Z_m(z)$，然后对 z 从 $-h$ 到 0 积分，得到

$$\sum_{n=0}^{\infty}R_n\big[2\Omega_{mn}+(\kappa_{nx}+\mathrm{i}\omega\beta_n)\Lambda_{mn}\big]+\mathrm{i}\omega\sum_{j=1}^{4}A_j\Pi_{mj}=\kappa_{0x}\Lambda_{m0}, \quad m=0,1,\cdots \tag{2.5.26}$$

式中，

$$\Omega_{mn}=\int_{-d}^{0}Z_m(z)Z_n(z)\mathrm{d}z$$

$$\Lambda_{mn}=\int_{-h}^{-d}Z_m(z)Z_n(z)\mathrm{d}z$$

$$\Pi_{mj}=\int_{-h}^{-d}Z_m(z)f_j(z)\mathrm{d}z$$

将式(2.5.21)代入式(2.5.10)～式(2.5.13)，分别得到

$$\sum_{j=1}^{4}A_jf_j(-h)+\sum_{n=0}^{\infty}R_n\beta_nZ_n(-h)=0 \tag{2.5.27}$$

$$\sum_{j=1}^{4}A_jf_j'(-h)=0 \tag{2.5.28}$$

$$\sum_{j=1}^{4}A_j\big[f_j'''(-d)-(2-\nu)k_{0y}^2f_j'(-d)\big]+\sum_{n=0}^{\infty}R_n\beta_n\big[Z_n'''(-d)-(2-\nu)k_{0y}^2Z_n'(-d)\big]=0 \tag{2.5.29}$$

$$\sum_{j=1}^{4}A_j\big[f_j''(-d)-\nu k_{0y}^2f_j(-d)\big]+\sum_{n=0}^{\infty}R_n\beta_n\big[Z_n''(-d)-\nu k_{0y}^2Z_n(z)\big]=0 \tag{2.5.30}$$

将式(2.5.26)～式(2.5.30)中的 m 和 n 截断到 N 项，可以得到含有 $N+5$ 个未知数的线性方程组，求解该方程组便可以确定速度势表达式中的展开系数 R_n 和弹性板挠度函数中的系数 A_j，然后根据式(2.5.19)确定展开系数 T_n，得到问题的解析解。

根据式 (2.1.13) 和式 (2.1.14) 计算垂直弹性板的反射系数 C_r 和透射系数 C_t，根据式 (2.5.21) 计算弹性板的挠度，将无因次挠度 C_ξ 定义为

$$C_\xi = \frac{2|\xi(z)|}{H} = \left| -\frac{\mathrm{i}\,g}{\omega} \left[\sum_{j=1}^{4} A_j f_j(z) + \sum_{n=0}^{N} R_n \beta_n Z_n(z) \right] \right| \qquad (2.5.31)$$

弹性板的剪力 $S(z)$ 和弯矩 $M(z)$ 为

$$S(z) = EI \left(\frac{\mathrm{d}^2 \xi}{\mathrm{d} z^2} - \nu k_{0y}^2 \xi \right)$$

$$= -\frac{\mathrm{i}\,gHEI}{2\omega} \left\{ \sum_{j=1}^{4} A_j \left[f_j''(z) - \nu k_{0y}^2 f_j(z) \right] + \sum_{n=0}^{N} R_n \beta_n \left[Z_n''(z) - \nu k_{0y}^2 Z_n(z) \right] \right\} \qquad (2.5.32)$$

$$M(z) = EI \left[\frac{\mathrm{d}^3 \xi}{\mathrm{d} z^3} - (2-\nu) k_{0y}^2 \frac{\mathrm{d} \xi}{\mathrm{d} z} \right]$$

$$= -\frac{\mathrm{i}\,gHEI}{2\omega} \left\{ \sum_{j=1}^{4} A_j \left[f_j'''(z) - (2-\nu) k_{0y}^2 f_j'(z) \right] + \sum_{n=0}^{N} R_n \beta_n \left[Z_n'''(z) - (2-\nu) k_{0y}^2 Z_n'(z) \right] \right\}$$

$$\qquad (2.5.33)$$

无因次剪力和无因次弯矩分别定义为

$$C_S = \frac{2|S(z)|}{\rho gHh} \qquad (2.5.34)$$

$$C_M = \frac{2|M(z)|}{\rho gHh^2} \qquad (2.5.35)$$

图 2.5.2 为抗弯刚度对垂直弹性板反射系数和透射系数的影响。计算中，将无因次抗弯刚度定义为 $E_0 = EI/(\rho g h^4)$，无因次单位面积质量定义为 $m_0 = m_s/(\rho h)$，泊松比取值为 0.3。需要注意的是，$E_0 = \infty$ 表示垂直弹性板变为 2.2 节中的刚性板结构。从图中可以看出，抗弯刚度对反射系数和透射系数均具有显著影响，与刚性结构相比，具有合适抗弯刚度的弹性板防波堤反射系数更大，透射系数更小，能够为后方提供更好的掩护。当 $E_0 = 0.015$ 时，弹性板的反射系数在 $k_0 h = 0.52$ 附近出现一个明显的峰值且接近 1，这是由波浪诱发弹性板共振运动导致的，波浪发生了全反射，此时弹性板的透射系数趋于 0。波浪共振反射对结构的掩护性能具有显著的提升作用，工程设计时可以重点关注。

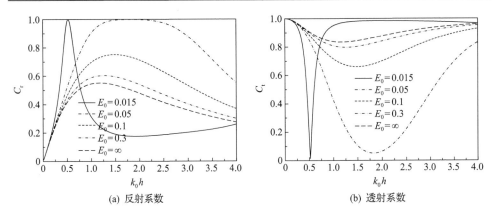

(a) 反射系数 (b) 透射系数

图 2.5.2 抗弯刚度对垂直弹性板反射系数和透射系数的影响($d/h = 0.9$，$m_0 = 0.01$，$\beta = 30°$)

图 2.5.3 为抗弯刚度对垂直弹性板无因次挠度、无因次剪力和无因次弯矩的影响。从图中可以看出，弹性板的挠度在上端达到最大；弹性板的剪力和弯矩在下端达到最大，结构在此处最有可能发生破坏。此外，抗弯刚度增大，弹性板的无因次挠度、无因次剪力和无因次弯矩均明显减小。

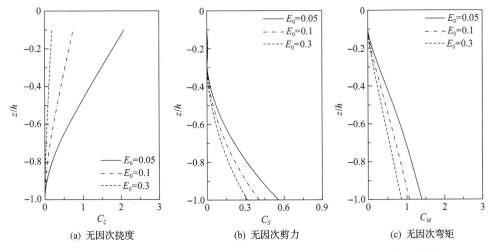

(a) 无因次挠度 (b) 无因次剪力 (c) 无因次弯矩

图 2.5.3 抗弯刚度对垂直弹性板无因次挠度、无因次剪力和无因次弯矩的影响
($d/h = 0.9$，$m_0 = 0.01$，$k_0h = 1.5$，$\beta = 30°$)

2.6 垂直薄膜结构

两端固定的垂直薄膜结构可以作为简单的防浪设施。Kim 等[18]推导了波浪与垂直薄膜（从水底延伸至水面）相互作用的解析解；Cho 等[19]建立了斜向入射波与淹没垂直薄膜相互作用的解析解和边界元数值解；Lo[20]和 Cho 等[21]分别研究了正

向入射波和斜向入射波与双排垂直薄膜的相互作用。与弹性板相比，薄膜的振动方程不同，水弹性响应也存在一定差异，本节采用匹配特征函数展开法建立斜向入射波与垂直薄膜结构相互作用的解析解。

图 2.6.1 为斜向入射波与垂直薄膜结构相互作用的示意图。水深为 h，薄膜的上端和下端处于固定状态，与静水面的距离分别为 d_1 和 d_2，薄膜高度为 $l(l = d_2 - d_1)$。直角坐标系与 2.1 节中的定义相同，入射波的波高为 H，周期为 T，波长为 L，传播方向与 x 正方向的夹角为 β。将整个流域划分为两个区域：区域 1，薄膜迎浪侧流域 $(x \leqslant 0, -h \leqslant z \leqslant 0)$；区域 2，薄膜背浪侧流域 $(x \geqslant 0, -h \leqslant z \leqslant 0)$。

波浪作用下垂直薄膜振动方程为

$$V\left(\frac{\partial^2}{\partial y^2} + \frac{\partial^2}{\partial z^2}\right)w - m_s \frac{\partial^2 w}{\partial t^2} = -(P_1 - P_2) \tag{2.6.1}$$

式中，$w(y, z, t)$ 为薄膜沿 x 轴方向的水平挠度，包含幅值和相位信息；V 为薄膜的初始张力；m_s 为薄膜单位面积质量；P_1 和 P_2 分别为薄膜迎浪面和背浪面的动水压强，$P_1 - P_2$ 由式 (2.5.2) 确定。

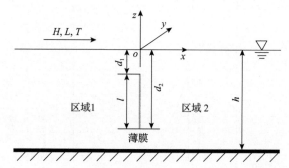

图 2.6.1 斜向入射波与垂直薄膜结构相互作用的示意图

线性波作用下薄膜做小振幅简谐振动，可以将挠度 w 表示成与式 (2.5.8) 相同的形式。将式 (2.5.2) 和式 (2.5.8) 代入式 (2.6.1)，消去时间因子和 y 方向的分量，得到

$$\left(\frac{\mathrm{d}^2}{\mathrm{d}z^2} - k_{0y}^2 + \frac{m_s \omega^2}{V}\right)\xi = -\frac{\mathrm{i}\omega\rho}{V}(\phi_1 - \phi_2)\big|_{x=0} \tag{2.6.2}$$

薄膜的端部条件为

$$\xi = 0, \quad z = -d_1 \tag{2.6.3}$$

$$\xi = 0, \quad z = -d_2 \tag{2.6.4}$$

区域 1 和区域 2 内的速度势表达式分别与式(2.1.11)和式(2.1.12)相同。在薄膜表面, 速度势满足如下条件:

$$\frac{\partial \phi_1}{\partial x} = \frac{\partial \phi_2}{\partial x} = -\mathrm{i}\,\omega\xi, \quad x=0, \quad -d_2 \leqslant z \leqslant -d_1 \tag{2.6.5}$$

在区域 1 和区域 2 的交界面, 速度势满足速度连续条件和压力连续条件:

$$\frac{\partial \phi_1}{\partial x} = \frac{\partial \phi_2}{\partial x}, \quad x=0, \quad z \in [-h,-d_2) \bigcup (-d_1,0] \tag{2.6.6}$$

$$\phi_1 = \phi_2, \quad x=0, \quad z \in [-h,-d_2) \bigcup (-d_1,0] \tag{2.6.7}$$

将式(2.6.5)~式(2.6.7)合并表示为

$$\frac{\partial \phi_1}{\partial x} = \frac{\partial \phi_2}{\partial x}, \quad x=0, \quad -h \leqslant z \leqslant 0 \tag{2.6.8}$$

$$\begin{cases} \left.\dfrac{\partial \phi_1}{\partial x}\right|_{x=0} + \mathrm{i}\,\omega\xi = 0, & -d_2 \leqslant z \leqslant -d_1 \\ (\phi_1-\phi_2)|_{x=0} = 0, & z \in [-h,-d_2) \bigcup (-d_1,0] \end{cases} \tag{2.6.9}$$

将式(2.1.11)和式(2.1.12)代入式(2.6.8), 等号两侧同时乘以 $Z_m(z)$, 然后对 z 从$-h$ 到 0 积分, 得到

$$T_m = \delta_{m0} - R_m, \quad m=0,1,\cdots \tag{2.6.10}$$

式中, $\delta_{mn} = \begin{cases} 1, & m=n \\ 0, & m \neq n \end{cases}$。

结合式(2.6.10), 薄膜两侧的速度势差为

$$(\phi_1-\phi_2)|_{x=0} = -\frac{\mathrm{i}\,gH}{2\omega}\sum_{n=0}^{\infty} 2R_n Z_n(z) \tag{2.6.11}$$

将式(2.6.11)代入式(2.6.2), 求解微分方程得到

$$\xi = -\frac{\mathrm{i}\,gH}{2\omega}\left\{ A_1 \sinh[\alpha(z+h)] + A_2 \cosh[\alpha(z+h)] + \sum_{n=0}^{\infty} R_n \beta_n Z_n(z) \right\} \tag{2.6.12}$$

式中,

$$\alpha = \sqrt{k_{0y}^2 - \frac{m_s \omega^2}{V}}$$

$$\beta_n = \begin{cases} \dfrac{-2\mathrm{i}\,\omega\rho}{V(k_0^2 - k_{0y}^2) + m_{\mathrm{s}}\omega^2}, & n = 0 \\[4mm] \dfrac{2\mathrm{i}\,\omega\rho}{V(k_n^2 + k_{0y}^2) - m_{\mathrm{s}}\omega^2}, & n = 1, 2, \cdots \end{cases}$$

将式(2.6.12)、式(2.1.11)和式(2.1.12)代入式(2.6.9)，得到

$$\begin{cases} -\kappa_{0x}Z_0(z) + \sum_{n=0}^{\infty} R_n(\kappa_{nx} + \mathrm{i}\,\omega\beta_n)Z_n(z) \\ \quad + A_1\,\mathrm{i}\,\omega\sinh[\alpha(z+h)] + A_2\,\mathrm{i}\,\omega\cosh[\alpha(z+h)] = 0, \quad -d_2 \leqslant z \leqslant -d_1 \\ 2\sum_{n=0}^{\infty} R_n Z_n(z) = 0, \quad z \in [-h, -d_2] \bigcup (-d_1, 0] \end{cases} \tag{2.6.13}$$

式中，$\kappa_{0x} = -\mathrm{i}k_{0x}$；$\kappa_{nx} = k_{nx}(n \geqslant 1)$。

将式(2.6.13)等号两侧同时乘以 $Z_m(z)$，然后对 z 从 $-h$ 到 0 积分，得到

$$\sum_{n=0}^{\infty} R_n \left[2\Lambda_{mn} + (\kappa_{nx} - 2\mathrm{i}k_0 G + \mathrm{i}\,\omega\beta_n)\Omega_{mn} \right] + \mathrm{i}\,\omega\sum_{j=1}^{2} A_j \Pi_{mj} = \kappa_{0x}\Omega_{m0}, \quad m = 0, 1, \cdots$$

$$\tag{2.6.14}$$

式中，

$$\Omega_{mn} = \int_{-d_2}^{-d_1} Z_m(z)Z_n(z)\,\mathrm{d}z$$

$$\Lambda_{mn} = \int_{-h}^{-d_2} Z_m(z)Z_n(z)\,\mathrm{d}z + \int_{-d_1}^{0} Z_m(z)Z_n(z)\,\mathrm{d}z$$

$$\Pi_{m1} = \int_{-d_2}^{-d_1} Z_m(z)\sinh[\alpha(z+h)]\,\mathrm{d}z$$

$$\Pi_{m2} = \int_{-d_2}^{-d_1} Z_m(z)\cosh[\alpha(z+h)]\,\mathrm{d}z$$

将式(2.6.12)代入式(2.6.3)和式(2.6.4)，分别得到

$$A_1 \sinh[\alpha(h-d_1)] + A_2 \cosh[\alpha(h-d_1)] + \sum_{n=0}^{\infty} R_n \beta_n Z_n(-d_1) = 0 \tag{2.6.15}$$

$$A_1 \sinh[\alpha(h-d_2)] + A_2 \cosh[\alpha(h-d_2)] + \sum_{n=0}^{\infty} R_n \beta_n Z_n(-d_2) = 0 \tag{2.6.16}$$

将式(2.6.14)~式(2.6.16)中的 m 和 n 截断到 N 项，可以得到含有 $N+3$ 个未

知数的线性方程组，求解该方程组便可以确定速度势表达式中的展开系数 R_n 和薄膜挠度函数中的系数 A_j，然后根据式 (2.6.10) 确定展开系数 T_n，得到问题的解析解。

根据式 (2.1.13) 和式 (2.1.14) 分别计算垂直薄膜结构的反射系数 C_r 和透射系数 C_t，根据式 (2.6.12) 计算薄膜的挠度，无因次挠度 C_ξ 定义为

$$C_\xi = \frac{2|\xi(z)|}{H} = \left| -\frac{\mathrm{i}g}{\omega} \left\{ A_1 \sinh[\alpha(z+h)] + A_2 \cosh[\alpha(z+h)] + \sum_{n=0}^{N} R_n \beta_n Z_n(z) \right\} \right| \quad (2.6.17)$$

图 2.6.2 和图 2.6.3 为垂直薄膜结构反射系数和透射系数的计算结果与试验结果[22]对比。计算中，将薄膜的无因次初始张力定义为 $V_0 = V/(\rho g h^2)$，薄膜无因次单位面积质量定义为 $m_0 = m_s/(\rho h)$。从图中的计算结果可以看出，对于上端位于水面、下端位于水面以下的垂直薄膜 (结构 A：$d_1/h = 0$ 和 $d_2/h = 0.6$)，反射系数在某一特定波数 (频率) 下趋近 1，相应的透射系数接近 0，波浪发生全反射；而对于

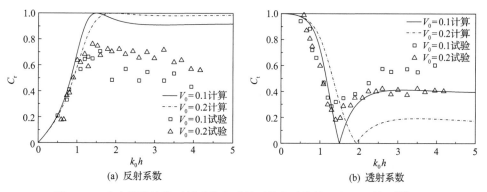

图 2.6.2　垂直薄膜结构反射系数和透射系数的计算结果与试验结果[22]对比
（结构 A：$h = 45\mathrm{cm}$，$d_1/h = 0$，$d_2/h = 0.6$，$m_0 = 0.01$，$\beta = 0°$）

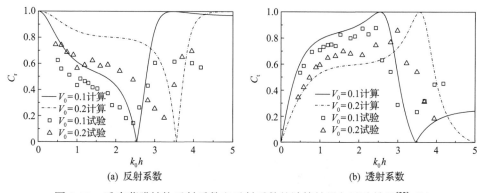

图 2.6.3　垂直薄膜结构反射系数和透射系数的计算结果与试验结果[22]对比
（结构 B：$h = 45\mathrm{cm}$，$d_1/h = 0$，$d_2/h = 1$，$m_0 = 0.01$，$\beta = 0°$）

从水底延伸到水面的垂直薄膜(结构 B：$d_1/h = 0$ 和 $d_2/h = 1$)，在特定频率下的反射系数接近 0，波浪发生全透射。从图 2.6.2 可以看出，对于结构 A，低频(长波)区域内的计算结果与试验结果符合良好，高频(短波)区域内的计算结果与试验结果存在差异。总体而言，计算结果与试验结果的变化趋势基本一致。

　　图 2.6.4 为初始张力对垂直薄膜结构反射系数和透射系数的影响，$V_0 = \infty$ 表示刚性挡板结构。从图中可以看出，初始张力对垂直薄膜防波堤的掩护性能具有显著影响。当 $V_0 = 0.02$ 和 0.04 时，薄膜的反射系数曲线分别在 $k_0h = 0.79$ 和 1.30 处出现峰值，这是由波浪引发薄膜共振运动导致的。当薄膜发生共振运动时，入射波的能量几乎全部被垂直薄膜反射，防波堤的掩护性能达到最好。

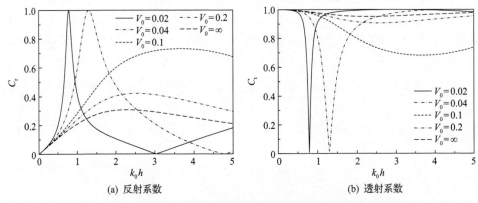

图 2.6.4　初始张力对垂直薄膜结构反射系数和透射系数的影响
($d_1/h = 0.1$, $d_2/h = 0.8$, $m_0 = 0.01$, $\beta = 30°$)

　　图 2.6.5 为垂直薄膜无因次挠度的计算结果。从图中可以看出，对于两种不同的初始张力，垂直薄膜的最大挠度均位于结构中部。当 $V_0 = 0.04$ 时，垂直薄膜在

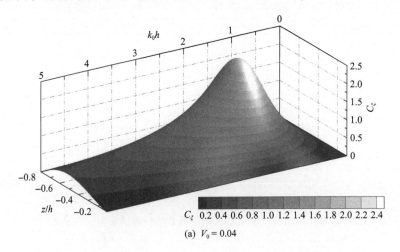

(a) $V_0 = 0.04$

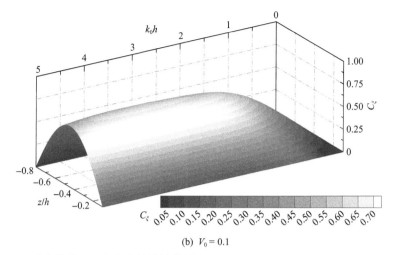

(b) $V_0 = 0.1$

图 2.6.5   垂直薄膜无因次挠度的计算结果($d_1/h = 0.1$，$d_2/h = 0.8$，$m_0 = 0.01$，$\beta = 30°$)

$k_0 h = 1.3$ 处发生共振运动(见图 2.6.4)，此时薄膜的挠度显著增大，局部区域挠度达到入射波振幅的 2 倍以上；而当 $V_0 = 0.1$ 时，垂直薄膜在较高频率波浪作用下的变形更为明显。

2.7   振荡水柱波能装置

本节考虑直墙前带垂直薄板结构的振荡水柱波能装置，图 2.7.1 为振荡水柱波能装置示意图，前挡板、后直墙以及设有空气涡轮的顶板形成一个腔室。该装置的工作原理为：当波峰经过装置时，腔室入口处的水体流速变大，水体涌入腔室，使内部波面升高；当波谷经过装置时，腔室内水体产生回流，内部波面下降；如此周而复始，产生周期性振荡水柱，实现腔室内部与外界进行气体交换，导致腔

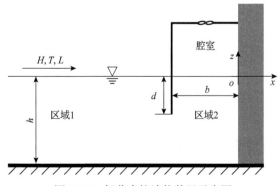

图 2.7.1   振荡水柱波能装置示意图

室内部气压发生变化，在涡轮内外侧形成往复气流，推动涡轮旋转，从而实现波浪能到空气动能、再到涡轮机械能、最后到电能的转化。水深为 h，前挡板吃水深度为 d，腔室宽度为 b，忽略前挡板厚度的影响。建立二维直角坐标系，x 轴与静水面重合，z 轴沿着后直墙竖直向上，波浪沿着 x 方向传播，波高为 H，周期为 T，波长为 L。将整个流域划分为两个区域：区域 1，波能装置前方(迎浪侧)流域 $(x \leqslant -b, -h \leqslant z \leqslant 0)$；区域 2，波能装置腔室内部流域 $(-b \leqslant x \leqslant 0, -h \leqslant z \leqslant 0)$。

2.7.1 波浪能量提取

腔室内的总体积通量(体积变化率) $Q(t)$ 的计算表达式为

$$Q(t) = \int_{S_C} w \, \mathrm{d}s = \int_{-b}^{0} w(x, z=0, t) \mathrm{d}x \tag{2.7.1}$$

式中，w 表示腔室内水面的垂向速度；S_C 表示腔室的水平截面。

对于线性简谐问题，可以将总体积通量表示为

$$Q(t) = \mathrm{Re}[q \, \mathrm{e}^{-\mathrm{i}\omega t}] \tag{2.7.2}$$

式中，Re 表示取变量的实部；q 为时间无关的体积通量，为复数形式，包含幅值和相位信息。

基于线性势流理论，流体区域的总速度势可表示为

$$\Phi(x, z, t) = \mathrm{Re}\left[\phi^s(x, z) \mathrm{e}^{-\mathrm{i}\omega t} + p_0 \phi^r(x, z) \mathrm{e}^{-\mathrm{i}\omega t} \right] \tag{2.7.3}$$

式中，ϕ^s 为散射波速度势，为入射波速度势与绕射波速度势的总和；ϕ^r 为腔室内气压单位振幅振荡变化时引起的辐射波速度势；p_0 为腔室内的气压，为复数形式，包含幅值和相位信息。

腔室内的总体积通量为

$$q = \int_{-b}^{0} \frac{\partial \phi^s}{\partial z}\bigg|_{z=0} \mathrm{d}x + p_0 \int_{-b}^{0} \frac{\partial \phi^r}{\partial z}\bigg|_{z=0} \mathrm{d}x = q^s + p_0 q^r \tag{2.7.4}$$

式中，q^s 为腔室内的激振体积通量；q^r 为腔室内气压单位振幅振荡变化时的辐射体积通量。

进一步将辐射体积通量表示为

$$q^r = -(\lambda - \mathrm{i}\mu) \tag{2.7.5}$$

式中，$\lambda = -\mathrm{Re}[q^r]$ 为辐射电导(radiation conductance)系数；$\mu = \mathrm{Im}[q^r]$ 为辐射电纳

(radiation susceptance) 系数[23,24]，其中 Im 表示取变量的虚部。辐射电导系数和辐射电纳系数分别对应于刚体在水中振荡运动时的辐射阻尼和附加质量。

假设通过腔室上方涡轮的空气总体积通量与涡轮内外侧的压强差呈线性比例关系[25]，则有

$$q = (\lambda_{PTO} - i\mu_{PTO})p_0 \tag{2.7.6}$$

式中，λ_{PTO} 为动力输出 (power take off，PTO) 系统的机械阻尼系数，与空气初始密度、涡轮转速、转子外径有关；μ_{PTO} 表示气体压缩对装置性能的影响[26]：

$$\mu_{PTO} = \frac{\omega V_0}{v^2 \rho_0} \tag{2.7.7}$$

式中，V_0 为初始腔室体积；v 为空气中的声速；ρ_0 为初始空气密度。在本节的计算中，采用如下参数：$\rho = 1000\text{kg/m}^3$、$\rho_0 = 1\text{kg/m}^3$、$v = 340\text{m/s}$ 和 $g = 9.81\text{m/s}^2$。

将式 (2.7.4) 代入式 (2.7.6)，得到

$$p_0 = \frac{q^s}{\lambda_{PTO} + \lambda - i(\mu_{PTO} + \mu)} \tag{2.7.8}$$

波能装置的能量俘获功率 (时均值) 为

$$P_{PTO} = \frac{1}{2}\lambda_{PTO}|p_0|^2 = \frac{1}{2}\frac{\lambda_{PTO}|q^s|^2}{(\lambda_{PTO} + \lambda)^2 + (\mu_{PTO} + \mu)^2} \tag{2.7.9}$$

波能装置的能量俘获效率定义为

$$C_p = \frac{P_{PTO}}{P_w} = \frac{8P_{PTO}}{\rho g H^2 c_g} \tag{2.7.10}$$

式中，P_w 为沿波浪传播方向通过单位宽度铅垂面的波能流；H 为入射波的波高；c_g 为波浪群速度：

$$c_g = \frac{\omega}{2k_0}\left[1 + \frac{2k_0 h}{\sinh(2k_0 h)}\right] \tag{2.7.11}$$

可以通过 $\partial P_{PTO}/\partial \lambda_{PTO} = 0$ 确定最优 PTO 阻尼[24]：

$$\lambda_{PTO} = \sqrt{(\mu_{PTO} + \mu)^2 + \lambda^2} \tag{2.7.12}$$

将式(2.7.12)代入式(2.7.9)，得到波能装置的最大能量俘获功率，即

$$P_{\max} = \frac{1}{4} \frac{\left|q^{s}\right|^{2}}{\lambda + \sqrt{(\mu_{\text{PTO}} + \mu)^{2} + \lambda^{2}}} \qquad (2.7.13)$$

根据式(2.7.10)可以确定波能装置的最大能量俘获效率。

从上述过程可以看出，在分析振荡水柱波能装置的水动力性能之前，需要计算激振体积通量、辐射电导系数(辐射阻尼)和辐射电纳系数(附加质量)。下面分别求解振荡水柱波能装置的波浪绕射问题和波浪辐射问题，采用多项伽辽金方法考虑前挡板下端点处流体速度的平方根奇异性，提高计算效率和结果精度。

2.7.2　波浪绕射问题

在区域 1 内，满足拉普拉斯方程、自由水面条件、水底条件和远场辐射条件的散射波速度势表达式为

$$\phi_{1}^{s} = -\frac{\mathrm{i}\,gH}{2\omega}\left[\mathrm{e}^{\mathrm{i}k_{0}(x+b)} Z_{0}(z) + R_{0}\,\mathrm{e}^{-\mathrm{i}k_{0}(x+b)} Z_{0}(z) + \sum_{n=1}^{\infty} R_{n}\,\mathrm{e}^{k_{n}(x+b)} Z_{n}(z)\right] \qquad (2.7.14)$$

式中，R_{n} 为待定的展开系数。

在区域 2 内，满足拉普拉斯方程、自由水面条件、水底条件和直墙不透水条件的散射波速度势表达式为

$$\phi_{2}^{s} = -\frac{\mathrm{i}\,gH}{2\omega}\left[T_{0}\,\frac{\cos(k_{0}x)}{\cos(k_{0}b)} Z_{0}(z) + \sum_{n=1}^{\infty} T_{n}\,\frac{\cosh(k_{n}x)}{\cosh(k_{n}b)} Z_{n}(z)\right] \qquad (2.7.15)$$

式中，T_{n} 为待定的展开系数。

速度势表达式中的展开系数需要通过如下边界条件匹配求解：

$$\frac{\partial \phi_{1}^{s}}{\partial x} = \frac{\partial \phi_{2}^{s}}{\partial x} = 0, \quad x = -b, \quad -d < z \leqslant 0 \qquad (2.7.16)$$

$$\frac{\partial \phi_{1}^{s}}{\partial x} = \frac{\partial \phi_{2}^{s}}{\partial x}, \quad x = -b, \quad -h \leqslant z \leqslant -d \qquad (2.7.17)$$

$$\phi_{1}^{s} = \phi_{2}^{s}, \quad x = -b, \quad -h \leqslant z < -d \qquad (2.7.18)$$

将区域 1 和区域 2 交界面的流体水平速度展开为级数形式：

$$\frac{\partial \phi_1^s}{\partial x}\bigg|_{x=-b} = \frac{\partial \phi_2^s}{\partial x}\bigg|_{x=-b} = \begin{cases} 0, & -d < z \leqslant 0 \\ -\dfrac{\mathrm{i}\,gH}{2\omega}\displaystyle\sum_{p=0}^{\infty}\chi_p u_p(z), & -h \leqslant z \leqslant -d \end{cases} \tag{2.7.19}$$

式中，χ_p 为待定的展开系数；$u_p(z)$ 为基函数系，由式 (2.1.35) 给出。

将式 (2.7.14) 代入式 (2.7.19)，等号两侧同时乘以 $Z_m(z)$，然后对 z 从 $-h$ 到 0 积分，得到

$$R_m = \delta_{m0} + \frac{1}{\kappa_m N_m}\sum_{p=0}^{\infty}\chi_p F_{mp}, \quad m = 0,1,\cdots \tag{2.7.20}$$

式中，$\delta_{mn} = \begin{cases} 1, & m = n \\ 0, & m \neq n \end{cases}$；$\kappa_0 = -\mathrm{i}k_0$；$\kappa_m = k_m(m \geqslant 1)$；$F_{mp}$ 由式 (2.1.37) 给出。

将式 (2.7.15) 代入式 (2.7.19)，等号两侧同时乘以 $Z_m(z)$，然后对 z 从 $-h$ 到 0 积分，得到

$$T_m = -\frac{1}{\kappa_m \tanh(\kappa_m b) N_m}\sum_{p=0}^{\infty}\chi_p F_{mp}, \quad m = 0,1,\cdots \tag{2.7.21}$$

将式 (2.7.14) 和式 (2.7.15) 代入式 (2.7.18)，等号两侧同时乘以 $u_q(z)$，然后对 z 从 $-h$ 到 $-d$ 积分，得到

$$\sum_{n=0}^{\infty}R_n F_{nq} - \sum_{n=0}^{\infty}T_n F_{nq} = -F_{0q}, \quad q = 0,1,\cdots \tag{2.7.22}$$

将式 (2.7.20) 和式 (2.7.21) 代入式 (2.7.22)，得到

$$\sum_{p=0}^{\infty}\chi_p a_{qp} = -2F_{0q}, \quad q = 0,1,\cdots \tag{2.7.23}$$

式中，

$$a_{qp} = \sum_{n=0}^{\infty}\frac{F_{np}F_{nq}}{\kappa_n N_n} + \sum_{n=0}^{\infty}\frac{F_{np}F_{nq}}{\kappa_n \tanh(\kappa_n b) N_n} \tag{2.7.24}$$

将式 (2.7.23) 中的 p 和 q 截断到 Q 项，得到含有 $Q+1$ 个未知数的线性方程组，求解该方程组便可以确定展开系数 χ_p，然后根据式 (2.7.20) 和式 (2.7.21) 确定速度势表达式中的展开系数。

　　类似上述求解思路，也可以将前挡板两侧的压强差(速度势差)展开为级数形式，表达式与式(2.1.42)相同，然后匹配确定速度势表达式中的展开系数，详细的求解过程与 2.1.3 节类似，此处不再赘述。

　　腔室内的激振体积通量为

$$q^s = \int_{-b}^{0} \left.\frac{\partial \phi_2^s}{\partial z}\right|_{z=0} \mathrm{d}x = \frac{\mathrm{i}gH}{2\omega} \sum_{n=0}^{\infty} T_n \tanh(\kappa_n b)\tan(\kappa_n h) \tag{2.7.25}$$

2.7.3　波浪辐射问题

　　在区域 1 内，辐射波速度势可表示为

$$\phi_1^r = A_0\, \mathrm{e}^{-\mathrm{i}k_0(x+b)} Z_0(z) + \sum_{n=1}^{\infty} A_n\, \mathrm{e}^{k_n(x+b)} Z_n(z) \tag{2.7.26}$$

式中，A_n 为待定的展开系数。

　　在区域 2 内，水面条件为

$$\frac{\partial \phi_2^r}{\partial z} - \frac{\omega^2}{g}\phi_2^r = \frac{\mathrm{i}\omega}{\rho g} \tag{2.7.27}$$

　　在区域 2 内，波浪辐射问题和波浪绕射问题的自由水面条件不同。对于波浪绕射问题，由于把伯努利方程应用到自由水面时将大气压强设为 0(见 1.1.1 节)，得到的自由水面条件为齐次第三类边界条件；而对于波浪辐射问题，在自由水面的动力学边界条件推导中需要考虑腔室内的气压(非零)，自由水面条件变为非齐次第三类边界条件。式(2.7.27)是腔室内气压单位振幅简谐变化时的线性化自由水面条件。

　　将辐射波速度势写成通解 $\phi_{2,g}^r$ 和特解 $\phi_{2,p}^r$ 之和，即

$$\phi_2^r = \phi_{2,g}^r + \phi_{2,p}^r \tag{2.7.28}$$

通解满足如下边界条件：

$$\begin{cases} \dfrac{\partial \phi_{2,g}^r}{\partial z} - \dfrac{\omega^2}{g}\phi_{2,g}^r = 0, & z = 0 \\[3mm] \dfrac{\partial \phi_{2,g}^r}{\partial z} = 0, & z = -h \\[3mm] \dfrac{\partial \phi_{2,g}^r}{\partial x} = 0, & x = 0 \end{cases} \tag{2.7.29}$$

特解满足如下边界条件：

$$\begin{cases} \dfrac{\partial \phi_{2,p}^{r}}{\partial z} - \dfrac{\omega^2}{g}\phi_{2,p}^{r} = \dfrac{\mathrm{i}\,\omega}{\rho g}, \quad z = 0 \\[2ex] \dfrac{\partial \phi_{2,p}^{r}}{\partial z} = 0, \quad z = -h \\[2ex] \dfrac{\partial \phi_{2,p}^{r}}{\partial x} = 0, \quad x = 0 \end{cases} \tag{2.7.30}$$

此外，通解和特解均满足拉普拉斯方程。

区域 2 内辐射波速度势通解的表达式为

$$\phi_{2,g}^{r} = B_0 \frac{\cos(k_0 x)}{\cos(k_0 b)} Z_0(z) + \sum_{n=1}^{\infty} B_n \frac{\cosh(k_n x)}{\cosh(k_n b)} Z_n(z) \tag{2.7.31}$$

式中，B_n 为待定的展开系数。

辐射波速度势的特解可表示为

$$\phi_{2,p}^{r} = -\frac{\mathrm{i}}{\rho\omega} \tag{2.7.32}$$

辐射波速度势表达式中的展开系数需要通过如下边界条件匹配求解：

$$\frac{\partial \phi_1^{r}}{\partial x} = \frac{\partial \phi_2^{r}}{\partial x} = 0, \quad x = -b, \quad -d < z \leqslant 0 \tag{2.7.33}$$

$$\frac{\partial \phi_1^{r}}{\partial x} = \frac{\partial \phi_2^{r}}{\partial x}, \quad x = -b, \quad -h \leqslant z \leqslant -d \tag{2.7.34}$$

$$\phi_1^{r} = \phi_2^{r}, \quad x = -b, \quad -h \leqslant z < -d \tag{2.7.35}$$

将区域 1 和区域 2 交界面的流体水平速度展开为级数形式：

$$\left.\frac{\partial \phi_1^{r}}{\partial x}\right|_{x=-b} = \left.\frac{\partial \phi_2^{r}}{\partial x}\right|_{x=-b} = \begin{cases} 0, \quad -d < z \leqslant 0 \\[1ex] \sum_{p=0}^{\infty} \zeta_p u_p(z), \quad -h \leqslant z \leqslant -d \end{cases} \tag{2.7.36}$$

式中，ζ_p 为待定的展开系数；$u_p(z)$ 为基函数系，由式 (2.1.35) 给出。

将辐射波速度势表达式代入式 (2.7.36)，等号两侧同时乘以 $Z_m(z)$，然后对 z

从$-h$到 0 积分，得到

$$A_m = \frac{1}{\kappa_m N_m} \sum_{p=0}^{\infty} \zeta_p F_{mp}, \quad m = 0,1,\cdots \tag{2.7.37}$$

$$B_m = -\frac{1}{\kappa_m \tanh(\kappa_m b) N_m} \sum_{p=0}^{\infty} \zeta_p F_{mp}, \quad m = 0,1,\cdots \tag{2.7.38}$$

将辐射波速度势表达式代入式(2.7.35)，等号两侧同时乘以$u_q(z)$，然后对 z 从$-h$到$-d$积分，得到

$$\sum_{n=0}^{\infty} A_n F_{nq} - \sum_{n=0}^{\infty} B_n F_{nq} = -\frac{\mathrm{i}}{\rho\omega} \int_{-h}^{-d} u_q(z)\mathrm{d}z, \quad q = 0,1,\cdots \tag{2.7.39}$$

将式(2.7.37)和式(2.7.38)代入式(2.7.39)，得到

$$\sum_{p=0}^{\infty} \zeta_p a_{qp} = -\frac{\mathrm{i}}{\rho\omega} \int_{-h}^{-d} u_q(z)\mathrm{d}z, \quad q = 0,1,\cdots \tag{2.7.40}$$

式中，a_{qp} 由式(2.7.24)给出；

$$\int_{-h}^{-d} u_p(z)\mathrm{d}z = \frac{2(-1)^p}{\pi} \int_0^1 \frac{T_{2p}(\tau)}{\sqrt{1-\tau^2}} \mathrm{d}\tau = \frac{(-1)^p}{\pi} \int_{-1}^1 \frac{T_{2p}(\tau)T_0(\tau)}{\sqrt{1-\tau^2}} \mathrm{d}\tau = \delta_{p0} \tag{2.7.41}$$

式中，$T_n(x)$ 为第一类 n 阶切比雪夫多项式。

当腔室内气压单位振幅简谐变化时，辐射体积通量为

$$q^{\mathrm{r}} = \int_{-b}^0 \frac{\partial \phi_2^{\mathrm{r}}}{\partial z}\bigg|_{z=0} \mathrm{d}x = -\sum_{n=0}^{\infty} B_n \tanh(\kappa_n b)\tan(\kappa_n h) \tag{2.7.42}$$

当确定激振体积通量和辐射体积通量(辐射电导系数和辐射电纳系数)后，可以根据式(2.7.8)计算腔室内气压变化幅值，进而根据式(2.7.9)和式(2.7.10)计算波能装置的能量俘获效率。

图2.7.2 为腔室宽度对波能装置能量俘获效率的影响。从图中可以看出，在某些离散的频率下，能量俘获效率接近100%，即几乎所有的入射波能量被俘获，这仅是理想状态，在实际中难以实现。事实上，可以将腔室内的流体近似地视为做垂荡运动的刚体[27]，在这些频率下，刚体在波浪作用下发生了共振运动，从而波能装置的性能得到显著提升，工程设计时应重点关注。当腔室宽度增大时，共振

频率的数目增加，且共振频率向低频区偏移。对于 $b/h = 0.5$ 的情况，能量俘获效率在 $k_0h \approx 6.3$ 时接近 0，主要是该频率下的激振体积通量趋于 0 所致。

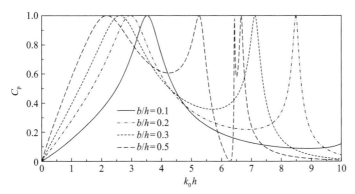

图 2.7.2　腔室宽度对波能装置能量俘获效率的影响（$h = 10$m，$b/h = 0.2$，$V_0 = 0.5bh$）

图 2.7.3 为挡板吃水深度对波能装置能量俘获效率的影响。从图中可以看出，随着挡板吃水深度的增大，共振频率逐渐向低频区移动，且整个频率范围的曲线变得尖陡；当挡板吃水深度较小时，装置的能量俘获性能更为稳定。

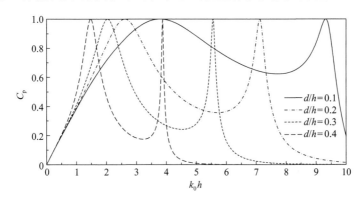

图 2.7.3　挡板吃水深度对波能装置能量俘获效率的影响（$h = 10$m，$b/h = 0.3$，$V_0 = 0.5bh$）

当腔室体积足够大时，空气压缩是影响装置性能的一个重要因素，图 2.7.4 为腔室初始空气体积对波能装置能量俘获效率的影响。从图中可以看出，当 $k_0h < 2.5$ 时，能量俘获效率随着腔室初始空气体积的增大而缓慢增加；当 $k_0h > 2.5$ 时，腔室体积对能量俘获效率的影响较为复杂。此外，改变腔室体积对第一个共振频率的大小无明显影响。

本节采用解析方法研究了正向入射波作用下振荡水柱波能装置的水动力性能，关于波浪入射角度对波能装置能量俘获效率的影响分析可以参阅文献[28]，关于双腔室的振荡水柱波能装置水动力性能的解析研究可以参阅文献[29]。

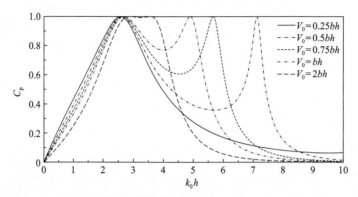

图 2.7.4　腔室初始空气体积对波能装置能量俘获效率的影响($h = 10\mathrm{m}$，$d/h = 0.2$，$b/h = 0.3$)

参 考 文 献

[1] Ursell F. The effect of a fixed vertical barrier on surface waves in deep water. Proceedings of the Cambridge Philosophical Society, 1947, 43(3): 374-382.

[2] Wiegel R L. Transmission of waves past a rigid vertical thin barrier. Journal of the Waterways and Harbors Division, 1960, 86(1): 1-12.

[3] Kriebel D L, Bollmann C A. Wave transmission past vertical wave barriers//Proceedings of the 25th International Conference on Coastal Engineering, Florida, 1996: 2470-2483.

[4] Dalrymple R A, Martin P A. Wave diffraction through offshore breakwaters. Journal of Waterway, Port, Coastal, and Ocean Engineering, 1990, 116(6): 727-741.

[5] Losada I J, Losada M A, Roldán A J. Propagation of oblique incident waves past rigid vertical thin barriers. Applied Ocean Research, 1992, 14(3): 191-199.

[6] Abul-Azm A G. Wave diffraction through submerged breakwaters. Journal of Waterway, Port, Coastal, and Ocean Engineering, 1993, 119(6): 587-605.

[7] Porter R, Evans D V. Complementary approximations to wave scattering by vertical barriers. Journal of Fluid Mechanics, 1995, 294: 155-180.

[8] Linton C M, McIver P. Handbook of Mathematical Techniques for Wave/Structure Interactions. Boca Raton: CRC Press, 2001.

[9] Gradshteyn I S, Ryzhik I M. Table of Integrals, Series, and Products. 7th ed. New York: Academic Press, 2007.

[10] Porter R. Complementary methods and bounds in linear water waves. Bristol: University of Bristol, 1995.

[11] Isaacson M, Premasiri S, Yang G. Wave interactions with vertical slotted barrier. Journal of Waterway, Port, Coastal, and Ocean Engineering, 1998, 124(3): 118-126.

[12] Alsaydalani M O, Saif M A N, Helal M M. Hydrodynamic characteristics of three rows of

vertical slotted wall breakwaters. Journal of Marine Science and Application, 2017, 16(3): 261-275.

[13] Lee M M, Chwang A T. Scattering and radiation of water waves by permeable barriers. Physics of Fluids, 2000, 12(1): 54-65.

[14] Lee J F, Chen C J. Wave interaction with hinged flexible breakwater. Journal of Hydraulic Research, 1990, 28(3): 283-297.

[15] Wang K H, Ren X G. Water waves on flexible and porous breakwaters. Journal of Engineering Mechanics, 1993, 119(5): 1025-1047.

[16] Abul-Azm A G. Wave diffraction by double flexible breakwaters. Applied Ocean Research, 1994, 16(2): 87-99.

[17] Timoshenko S, Woinowsky-Krieger S. Theory of Plates and Shells. 2nd ed. Singapore: McGraw-Hill Book Company, 1959.

[18] Kim M H, Kee S T. Flexible-membrane wave barrier. I: Analytic and numerical solutions. Journal of Waterway, Port, Coastal, and Ocean Engineering, 1996, 122(1): 46-53.

[19] Cho I H, Kee S T, Kim M H. The performance of flexible-membrane wave barriers in oblique incident waves. Applied Ocean Research, 1997, 19(3-4): 171-182.

[20] Lo Y M. Flexible dual membrane wave barrier. Journal of Waterway, Port, Coastal, and Ocean Engineering, 1998, 124(5): 264-271.

[21] Cho I H, Kee S T, Kim M H. Performance of dual flexible membrane wave barriers in oblique waves. Journal of Waterway, Port, Coastal, and Ocean Engineering, 1998, 124(1): 21-30.

[22] Lee W K, Lo E Y M. Surface-penetrating flexible membrane wave barriers of finite draft. Ocean Engineering, 2002, 29(14): 1781-1804.

[23] Evans D V, Porter R. Hydrodynamic characteristics of an oscillating water column device. Applied Ocean Research, 1995, 17(3): 155-164.

[24] Falnes J. Ocean Waves and Oscillating Systems. Cambridge: Cambridge University Press, 2002.

[25] Martins-rivas H, Mei C C. Wave power extraction from an oscillating water column along a straight coast. Ocean Engineering, 2009, 36(6-7): 426-433.

[26] Lovas S, Mei C C, Liu Y M. Oscillating water column at a coastal corner for wave power extraction. Applied Ocean Research, 2010, 32(3): 267-283.

[27] Tan L, Lu L, Tang G Q, et al. A viscous damping model for piston mode resonance. Journal of Fluid Mechanics, 2019, 871: 510-533.

[28] Rodríguez A A M, Flores A M, Ilzarbe J M B, et al. Interaction of oblique waves with an Oscillating Water Column device. Ocean Engineering, 2021, 228: 108931.

[29] Wang C, Zhang Y. Wave power extraction analysis on a dual-chamber oscillating water column device composed by two separated units: An analytical study. Applied Ocean Research, 2021, 111: 102634.

第 3 章　水平薄板结构

第 2 章围绕波浪作用下典型垂直薄板结构的水动力特性开展了解析研究，本章针对水平板防波堤、水平开孔板消波装置、水平开孔板防波堤、水平开孔圆盘、水面漂浮弹性板等典型水平薄板结构，采用解析方法研究该类结构的水动力特性。

3.1　水平板防波堤

将薄板结构水平放置（或与水平面之间有较小倾斜角度放置）于海平面以下，使用桩基支撑固定，可用作离岸式防波堤[1]，为岸滩、海岸结构等提供有效掩护。水平板防波堤具有水体交换性能优良、水平波浪力很小、对近岸潮流和泥沙输移影响小等优点，受到很多研究者和工程师的研究与关注。Yu[2]回顾了波浪与各类水平板结构相互作用的研究成果。本节采用匹配特征函数展开法建立波浪对水平板防波堤作用的解析解，介绍直接匹配求解方法以及分解为对称解和反对称解进行求解的方法。

3.1.1　直接匹配求解

图 3.1.1 为斜向入射波对水平板防波堤作用的示意图。水深为 h，忽略板厚度的影响，板的宽度为 $B(B=2b)$，水平板与静水面和水底的间距分别为 d 和 $a(a=h-d)$。建立直角坐标系，xoy 平面位于静水面，x 轴水平向右，y 轴沿防波堤的长度方向延伸，z 轴沿水平板的中垂线竖直向上。波浪入射方向与 x 轴正方向的夹角为 β，入射波的波高为 H，周期为 T，波长为 L。将整个流域划分为四个区域：区域 1，水平板前方（迎浪侧）流域（$x \leqslant -b$，$-h \leqslant z \leqslant 0$）；区域 2，水平板上方流域（$|x| \leqslant b$，$-d \leqslant z \leqslant 0$）；区域 3，水平板与水底之间的流域（$|x| \leqslant b$，$-h \leqslant z \leqslant -d$）；区域 4，水平板后方（背浪侧）流域（$x \geqslant b$，$-h \leqslant z \leqslant 0$）。

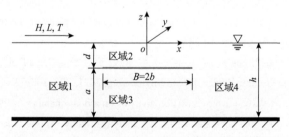

图 3.1.1　斜向入射波对水平板防波堤作用的示意图

速度势满足控制方程(1.2.24)、自由水面条件式(1.1.16)、水底条件式(1.1.20)和远场辐射条件,还满足水平板表面不透水条件以及相邻区域交界面的匹配条件:

$$\frac{\partial \phi_2}{\partial z} = \frac{\partial \phi_3}{\partial z} = 0, \quad z = -d \tag{3.1.1}$$

$$\phi_1 = \phi_2, \quad x = -b, \quad -d \leqslant z \leqslant 0 \tag{3.1.2}$$

$$\phi_1 = \phi_3, \quad x = -b, \quad -h \leqslant z < -d \tag{3.1.3}$$

$$\frac{\partial \phi_1}{\partial x} = \begin{cases} \dfrac{\partial \phi_2}{\partial x}, & x = -b, \quad -d \leqslant z \leqslant 0 \\[2mm] \dfrac{\partial \phi_3}{\partial x}, & x = -b, \quad -h \leqslant z < -d \end{cases} \tag{3.1.4}$$

$$\phi_4 = \phi_2, \quad x = b, \quad -d \leqslant z \leqslant 0 \tag{3.1.5}$$

$$\phi_4 = \phi_3, \quad x = b, \quad -h \leqslant z < -d \tag{3.1.6}$$

$$\frac{\partial \phi_4}{\partial x} = \begin{cases} \dfrac{\partial \phi_2}{\partial x}, & x = b, \quad -d \leqslant z \leqslant 0 \\[2mm] \dfrac{\partial \phi_3}{\partial x}, & x = b, \quad -h \leqslant z < -d \end{cases} \tag{3.1.7}$$

式中,下标 1~4 分别表示区域 1~4 内的变量。

在区域 1 和区域 4 内,满足控制方程、自由水面条件、水底条件和远场辐射条件的速度势表达式为

$$\phi_1 = -\frac{\mathrm{i}gH}{2\omega}\left[\mathrm{e}^{\mathrm{i}k_{0x}(x+b)}Z_0(z) + R_0\mathrm{e}^{-\mathrm{i}k_{0x}(x+b)}Z_0(z) + \sum_{n=1}^{\infty} R_n\mathrm{e}^{k_{nx}(x+b)}Z_n(z) \right] \tag{3.1.8}$$

$$\phi_4 = -\frac{\mathrm{i}gH}{2\omega}\left[T_0\mathrm{e}^{\mathrm{i}k_{0x}(x-b)}Z_0(z) + \sum_{n=1}^{\infty} T_n\mathrm{e}^{-k_{nx}(x-b)}Z_n(z) \right] \tag{3.1.9}$$

式中,R_n 和 T_n 为待定的展开系数; $k_{0x} = k_0\cos\beta$; $k_{nx} = \sqrt{k_n^2 + k_{0y}^2}$ $(n \geqslant 1)$; $k_{0y} = k_0\sin\beta$; $Z_n(z)$ 为垂向特征函数系, 由式(1.2.7)给出。

在区域 2 内,满足控制方程、自由水面条件和水平板上表面不透水条件的速度势表达式为

$$\phi_2 = -\frac{\mathrm{i}gH}{2\omega}\left[\sum_{n=0}^{\infty} A_n \frac{\cosh(u_{nx}x)}{\cosh(u_{nx}b)} U_n(z) + \sum_{n=0}^{\infty} B_n \frac{\sinh(u_{nx}x)}{\cosh(u_{nx}b)} U_n(z) \right] \tag{3.1.10}$$

式中，A_n 和 B_n 为待定的展开系数；$U_n(z)$ 为垂向特征函数系：

$$U_n(z) = \begin{cases} \dfrac{\cosh[u_0(z+d)]}{\cosh(u_0 d)}, & n=0 \\ \dfrac{\cos[u_n(z+d)]}{\cos(u_n d)}, & n=1,2,\cdots \end{cases} \tag{3.1.11}$$

特征值 u_n 为正实数，满足色散方程：

$$\frac{\omega^2}{g} = u_0 \tanh(u_0 d) = -u_n \tan(u_n d), \quad n=1,2,\cdots \tag{3.1.12}$$

u_{nx} 的表达式为

$$u_{nx} = \begin{cases} -\mathrm{i}\sqrt{u_0^2 - k_{0y}^2}, & n=0 \\ \sqrt{u_n^2 + k_{0y}^2}, & n=1,2,\cdots \end{cases} \tag{3.1.13}$$

在区域 3 内，满足控制方程、水底条件和水平板下表面不透水条件的速度势表达式为

$$\phi_3 = -\frac{\mathrm{i}gH}{2\omega}\left[\sum_{n=0}^{\infty} C_n \frac{\cosh(l_{nx}x)}{\cosh(l_{nx}b)} L_n(z) + \sum_{n=0}^{\infty} D_n \frac{\sinh(l_{nx}x)}{\cosh(l_{nx}b)} L_n(z)\right] \tag{3.1.14}$$

式中，C_n 和 D_n 为待定的展开系数；$L_n(z)$ 为垂向特征函数系：

$$L_n(z) = \begin{cases} \dfrac{\sqrt{2}}{2}, & n=0 \\ \cos[l_n(z+h)], & n=1,2,\cdots \end{cases} \tag{3.1.15}$$

特征值 l_n 为

$$l_n = \frac{n\pi}{h-d}, \quad n=0,1,\cdots \tag{3.1.16}$$

l_{nx} 的表达式为

$$l_{nx} = \sqrt{l_n^2 + k_{0y}^2}, \quad n=0,1,\cdots \tag{3.1.17}$$

垂向特征函数系 $L_n(z)$ 具备正交性：

$$\int_{-h}^{-d} L_m(z)L_n(z)\,\mathrm{d}z = 0, \quad m \neq n \tag{3.1.18}$$

将式(3.1.8)和式(3.1.10)代入式(3.1.2)，得到

$$Z_0(z) + \sum_{n=0}^{\infty} R_n Z_n(z) = \sum_{n=0}^{\infty} \left[A_n - B_n \tanh(u_{nx}b) \right] U_n(z), \quad -d \leqslant z \leqslant 0 \tag{3.1.19}$$

将式(3.1.19)等号两侧同时乘以 $U_m(z)$，然后对 z 从 $-d$ 到 0 积分，得到

$$\sum_{n=0}^{\infty} R_n \Lambda_{mn} - \left[A_m - B_m \tanh(u_{mx}b) \right] M_m = -\Lambda_{m0}, \quad m = 0,1,\cdots \tag{3.1.20}$$

式中，$\Lambda_{mn} = \int_{-d}^{0} U_m(z) Z_n(z) \mathrm{d}z$；$M_m = \int_{-d}^{0} [U_m(z)]^2 \mathrm{d}z$。

将式(3.1.8)和式(3.1.14)代入式(3.1.3)，得到

$$Z_0(z) + \sum_{n=0}^{\infty} R_n Z_n(z) = \sum_{n=0}^{\infty} \left[C_n - D_n \tanh(l_{nx}b) \right] L_n(z), \quad -h \leqslant z < -d \tag{3.1.21}$$

将式(3.1.21)等号两侧同时乘以 $L_m(z)$，然后对 z 从 $-h$ 到 $-d$ 积分，得到

$$2 \sum_{n=0}^{\infty} R_n \Pi_{mn} - \left[C_m - D_m \tanh(l_{mx}b) \right] (h-d) = -2\Pi_{m0}, \quad m = 0,1,\cdots \tag{3.1.22}$$

式中，$\Pi_{mn} = \int_{-h}^{-d} L_m(z) Z_n(z) \mathrm{d}z$。

将式(3.1.8)、式(3.1.10)和式(3.1.14)代入式(3.1.4)，得到

$$-\kappa_{0x} Z_0(z) + \sum_{n=0}^{\infty} R_n \kappa_{nx} Z_n(z) = \begin{cases} \displaystyle\sum_{n=0}^{\infty} \left[B_n - A_n \tanh(u_{nx}b) \right] u_{nx} U_n(z), & -d \leqslant z \leqslant 0 \\ \displaystyle\sum_{n=0}^{\infty} \left[D_n - C_n \tanh(l_{nx}b) \right] l_{nx} L_n(z), & -h \leqslant z < -d \end{cases} \tag{3.1.23}$$

式中，$\kappa_{0x} = -\mathrm{i}k_{0x}$；$\kappa_{mx} = k_{mx} \ (m \geqslant 1)$。

将式(3.1.23)等号两侧同时乘以 $Z_m(z)$，然后对 z 从 $-h$ 到 0 积分，得到

$$R_m + \sum_{n=0}^{\infty} \left[A_n \tanh(u_{nx}b) - B_n \right] \frac{u_{nx} \Lambda_{nm}}{\kappa_{mx} N_m} + \sum_{n=0}^{\infty} \left[C_n \tanh(l_{nx}b) - D_n \right] \frac{l_{nx} \Pi_{nm}}{\kappa_{mx} N_m} = \delta_{m0}, \quad m = 0,1,\cdots \tag{3.1.24}$$

式中，$N_m = \int_{-h}^{0} [Z_m(z)]^2 \mathrm{d}z$；$\delta_{mn} = \begin{cases} 1, & m = n \\ 0, & m \neq n \end{cases}$。

采用同样的处理方法可以将式(3.1.5)～式(3.1.7)分别转化为

$$\sum_{n=0}^{\infty} T_n \Lambda_{mn} - \left[A_m + B_m \tanh(u_{mx}b) \right] M_m = 0, \quad m = 0, 1, \cdots \quad (3.1.25)$$

$$2\sum_{n=0}^{\infty} T_n \Pi_{mn} - \left[C_m + D_m \tanh(l_{mx}b) \right](h - d) = 0, \quad m = 0, 1, \cdots \quad (3.1.26)$$

$$T_m + \sum_{n=0}^{\infty} \left[A_n \tanh(u_{nx}b) + B_n \right] \frac{u_{nx} \Lambda_{nm}}{\kappa_{mx} N_m} + \sum_{n=0}^{\infty} \left[C_n \tanh(l_{nx}b) + D_n \right] \frac{l_{nx} \Pi_{nm}}{\kappa_{mx} N_m} = 0, \quad m = 0, 1, \cdots$$

$$(3.1.27)$$

将式(3.1.20)、式(3.1.22)和式(3.1.24)～式(3.1.27)中的 m 和 n 截断到 N 项，可以得到含有 $6(N+1)$ 个未知数的线性方程组，求解该方程组便可以确定速度势表达式中所有的展开系数。

水平板防波堤的反射系数 C_r 和透射系数 C_t 为

$$C_r = |R_0|, \quad C_t = |T_0| \quad (3.1.28)$$

水平板受到的垂向波浪力 F_z 为

$$\begin{aligned} F_z &= \mathrm{i}\omega\rho \int_{-b}^{b} \left[\phi_3(x, -d) - \phi_2(x, -d) \right] \mathrm{d}x \\ &= \rho g H \left[\sum_{n=0}^{N} C_n \frac{\tanh(l_{nx}b)}{l_{nx}} L_n(-d) - \sum_{n=0}^{N} A_n \frac{\tanh(u_{nx}b)}{u_{nx}} U_n(-d) \right] \end{aligned} \quad (3.1.29)$$

当波浪正向入射（$\beta = 0°$）时，可以直接根据式(3.1.8)～式(3.1.10)得到区域 1、区域 2 和区域 4 内的速度势表达式，但是式(3.1.14)不能直接退化为正向入射波条件的表达式，此时区域 3 内的速度势表达式为

$$\phi_3 = -\frac{\mathrm{i}gH}{2\omega} \left[(C_0 + D_0 x)L_0(z) + \sum_{n=1}^{\infty} C_n \frac{\cosh(l_n x)}{\cosh(l_n b)} L_n(z) + \sum_{n=1}^{\infty} D_n \frac{\sinh(l_n x)}{\cosh(l_n b)} L_n(z) \right]$$

$$(3.1.30)$$

采用类似斜向入射波问题的求解方法可以确定速度势表达式中的展开系数，得到正向入射波问题的解析解。

3.1.2 对称解和反对称解

为了简化问题的求解过程，可以将速度势分解为对称势 ϕ^+ 和反对称势 ϕ^- 两

部分[3]：

$$\phi(x,z) = \frac{1}{2}\left[\phi^+(x,z) + \phi^-(x,z)\right] \tag{3.1.31}$$

$$\phi^+(-x,z) = \phi^+(x,z) \tag{3.1.32}$$

$$\phi^-(-x,z) = -\phi^-(x,z) \tag{3.1.33}$$

这样只需在 $x \leqslant 0$ 的左半平面内求解该问题，当求解出对称势和反对称势后，再应用式(3.1.32)和式(3.1.33)扩展到右半流体区域 $(x \geqslant 0)$ 。由式(3.1.32)和式(3.1.33)可以得到

$$\frac{\partial \phi^+}{\partial x} = 0, \quad x = 0 \tag{3.1.34}$$

$$\phi^- = 0, \quad x = 0 \tag{3.1.35}$$

可以看出，这里的对称解在物理上相当于沿水平板中垂线上设置了一个不透水直墙。

将 $x \leqslant 0$ 的左半流域划分为三个区域：区域 1 $(x \leqslant -b,\ -h \leqslant z \leqslant 0)$ ；区域 2 $(-b \leqslant x \leqslant 0,\ -d \leqslant z \leqslant 0)$ ；区域 3 $(-b \leqslant x \leqslant 0,\ -h \leqslant z \leqslant -d)$ 。在各区域交界面处，对称速度势和反对称速度势满足如下匹配条件：

$$\phi_1^{\pm} = \phi_2^{\pm}, \quad x = -b, \quad -d \leqslant z \leqslant 0 \tag{3.1.36}$$

$$\phi_1^{\pm} = \phi_3^{\pm}, \quad x = -b, \quad -h \leqslant z < -d \tag{3.1.37}$$

$$\frac{\partial \phi_1^{\pm}}{\partial x} = \begin{cases} \dfrac{\partial \phi_2^{\pm}}{\partial x}, & x = -b, \quad -d \leqslant z \leqslant 0 \\[3mm] \dfrac{\partial \phi_3^{\pm}}{\partial x}, & x = -b, \quad -h \leqslant z < -d \end{cases} \tag{3.1.38}$$

对称速度势的表达式为

$$\phi_1^+ = -\frac{\mathrm{i}gH}{2\omega}\left[\mathrm{e}^{\mathrm{i}k_{0x}(x+b)}Z_0(z) + R_0^+ \mathrm{e}^{-\mathrm{i}k_{0x}(x+b)}Z_0(z) + \sum_{n=1}^{\infty} R_n^+ \mathrm{e}^{k_{nx}(x+b)}Z_n(z)\right] \tag{3.1.39}$$

$$\phi_2^+ = -\frac{\mathrm{i}gH}{2\omega}\sum_{n=0}^{\infty} A_n^+ \frac{\cosh(u_{nx}x)}{\cosh(u_{nx}b)}U_n(z) \tag{3.1.40}$$

$$\phi_3^+ = -\frac{\mathrm{i}\,gH}{2\omega}\sum_{n=0}^{\infty}C_n^+\frac{\cosh(l_{nx}x)}{\cosh(l_{nx}b)}L_n(z) \qquad (3.1.41)$$

式中，R_n^+、A_n^+ 和 C_n^+ 为待定的展开系数，需要应用式(3.1.36)～式(3.1.38)进行匹配求解。

采用类似 3.1.1 节中的求解方法可以得到

$$\sum_{n=0}^{\infty}R_n^+\Lambda_{mn}-A_m^+M_m=-\Lambda_{m0}, \quad m=0,1,\cdots \qquad (3.1.42)$$

$$2\sum_{n=0}^{\infty}R_n^+\Pi_{mn}-C_m^+(h-d)=-2\Pi_{m0}, \quad m=0,1,\cdots \qquad (3.1.43)$$

$$R_m^+ + \sum_{n=0}^{\infty}A_n^+\frac{u_{nx}\tanh(u_{nx}b)\Lambda_{nm}}{\kappa_{mx}N_m} + \sum_{n=0}^{\infty}C_n^+\frac{l_{nx}\tanh(l_{nx}b)\Pi_{nm}}{\kappa_{mx}N_m} = \delta_{m0}, \quad m=0,1,\cdots \quad (3.1.44)$$

反对称速度势的表达式为

$$\phi_1^- = -\frac{\mathrm{i}gH}{2\omega}\left[\mathrm{e}^{\mathrm{i}k_{0x}(x+b)}Z_0(z)+R_0^-\mathrm{e}^{-\mathrm{i}k_{0x}(x+b)}Z_0(z)+\sum_{n=1}^{\infty}R_n^-\mathrm{e}^{k_{nx}(x+b)}Z_n(z)\right] \qquad (3.1.45)$$

$$\phi_2^- = -\frac{\mathrm{i}\,gH}{2\omega}\sum_{n=0}^{\infty}A_n^-\frac{\sinh(u_{nx}x)}{\cosh(u_{nx}b)}U_n(z) \qquad (3.1.46)$$

$$\phi_3^- = -\frac{\mathrm{i}\,gH}{2\omega}\sum_{n=0}^{\infty}C_n^-\frac{\sinh(l_{nx}x)}{\cosh(l_{nx}b)}L_n(z) \qquad (3.1.47)$$

式中，R_n^-、A_n^- 和 C_n^- 为待定的展开系数。

应用式(3.1.36)～式(3.1.38)可以得到

$$\sum_{n=0}^{\infty}R_n^-\Lambda_{mn}+A_m^-\tanh(u_{mx}b)M_m=-\Lambda_{m0}, \quad m=0,1,\cdots \qquad (3.1.48)$$

$$2\sum_{n=0}^{\infty}R_n^-\Pi_{mn}+C_m^-(h-d)\tanh(l_{mx}b)=-2\Pi_{m0}, \quad m=0,1,\cdots \qquad (3.1.49)$$

$$R_m^- - \sum_{n=0}^{\infty}A_n^-\frac{u_{nx}\Lambda_{nm}}{\kappa_{mx}N_m} - \sum_{n=0}^{\infty}C_n^-\frac{l_{nx}\Pi_{nm}}{\kappa_{mx}N_m} = \delta_{m0}, \quad m=0,1,\cdots \qquad (3.1.50)$$

将式(3.1.42)～式(3.1.44)和式(3.1.48)～式(3.1.50)中的 m 和 n 截断到 N 项，

可以分别得到含有 $3(N+1)$ 个未知数的线性方程组，分别求解方程组便可以确定对称速度势和反对称速度势中的展开系数，从而得到水平板防波堤的反射系数 C_r 和透射系数 C_t，计算表达式为

$$C_r = \frac{1}{2}\left|R_0^+ + R_0^-\right| \tag{3.1.51}$$

$$C_t = \frac{1}{2}\left|R_0^+ - R_0^-\right| \tag{3.1.52}$$

水平板受到的垂向波浪力 F_z 为

$$
\begin{aligned}
F_z &= \mathrm{i}\,\omega\rho\int_{-b}^{b}\left[\phi_3(x,-d) - \phi_2(x,-d)\right]\mathrm{d}x \\
&= \mathrm{i}\,\omega\rho\int_{-b}^{0}\left[\phi_3^+(x,-d) - \phi_2^+(x,-d)\right]\mathrm{d}x \\
&= \frac{\rho gH}{2}\left[\sum_{n=0}^{N} C_n^+ \frac{\tanh(l_{nx}b)}{l_{nx}} L_n(-d) - \sum_{n=0}^{N} A_n^+ \frac{\tanh(u_{nx}b)}{u_{nx}} U_n(-d)\right]
\end{aligned}
\tag{3.1.53}
$$

从式 (3.1.53) 可以看出，固定在直墙前宽度为 b 的水平板和开敞海域内宽度为 $2b$ 的水平板受到的垂向波浪力完全相同。

对于正向入射波 $(\beta = 0°)$，可以直接根据式 (3.1.39)、式 (3.1.40) 和式 (3.1.45)、式 (3.1.46) 得到区域 1 和区域 2 内的对称速度势和反对称速度势，但是区域 3 内的对称速度势和反对称速度势表达式需要改写为

$$\phi_3^+ = -\frac{\mathrm{i}\,gH}{2\omega}\left[C_0^+ L_0(z) + \sum_{n=1}^{\infty} C_n^+ \frac{\cosh(l_n x)}{\cosh(l_n b)} L_n(z)\right] \tag{3.1.54}$$

$$\phi_3^- = -\frac{\mathrm{i}\,gH}{2\omega}\left[C_0^- x L_0(z) + \sum_{n=1}^{\infty} C_n^- \frac{\sinh(l_n x)}{\cosh(l_n b)} L_n(z)\right] \tag{3.1.55}$$

图 3.1.2 和图 3.1.3 为水平板防波堤反射系数和透射系数的计算结果与试验结果[4,5]对比。从图中可以看出，计算结果与试验结果的变化趋势一致，但是计算结果通常比试验结果偏高，主要是因为波浪通过水平板时，由于流动分离、阻力等影响，会产生额外的能量损耗，而本节势流理论无法考虑波浪传播过程中产生的能量损耗，导致计算结果偏高。

图 3.1.4 为淹没深度对水平板防波堤反射系数、透射系数和无因次垂向波浪力的影响，无因次垂向波浪力定义为 $C_{F_z} = |F_z|/(\rho gHB)$。从图 3.1.4 (a) 和 (b) 可以看出，随着水平板淹没深度的减小，反射系数的峰值增大，相应的透射系数的谷值

减小，水平板防波堤的掩护性能显著提升。当 $d/h = 0.1$ 时，水平板防波堤反射系数的最大值趋于 1，相应的透射系数趋于 0，几乎发生波浪全反射；但是在某一特定频率下，反射系数趋于 0，几乎发生波浪全透射。从图 3.1.4(c) 可以看出，水平

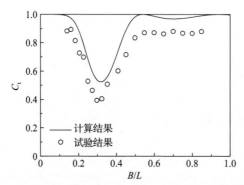

图 3.1.2　水平板防波堤透射系数的计算结果与试验结果[4]对比
($d/h = 0.263$，$B/h = 2$，$H/h = 0.079$，$\beta = 0°$)

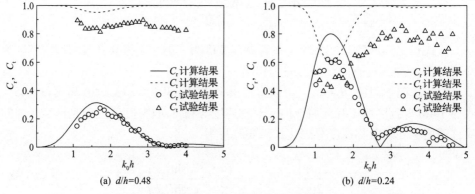

(a) d/h=0.48　　　　　　　　　　　　　(b) d/h=0.24

图 3.1.3　水平板防波堤反射系数和透射系数的计算结果与试验结果[5]对比
($h = 18.8$cm，$B = 25$cm，$\beta = 0°$)

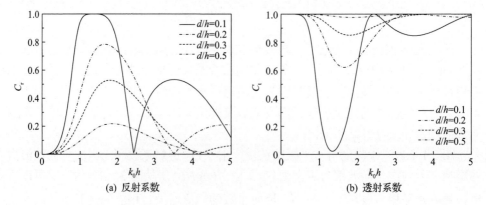

(a) 反射系数　　　　　　　　　　　　　(b) 透射系数

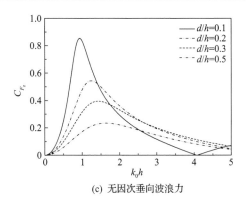

(c) 无因次垂向波浪力

图 3.1.4　淹没深度对水平板防波堤反射系数、透射系数和无因次垂向波浪力的影响
$(B/h = 1.5,\ \beta = 30°)$

板越接近自由水面，结构受到的垂向波浪力峰值越大，峰值对应的频率接近反射系数峰值对应的频率。

图 3.1.5 为水平板防波堤反射系数和无因次垂向波浪力随相对板宽 $B\cos\beta/L$ 的变化规律。从图中可以看出，反射系数和垂向波浪力均随着相对板宽的增加呈振荡变化，当相对板宽满足一定条件时，反射系数或垂向波浪力趋于 0，且二者能够同时趋于 0。在工程设计中应根据实际海况选择合理的水平板宽度，避免零反射系数，力求反射系数达到峰值。图中的计算结果表明，当水平板的宽度满足 $B \approx 0.25L/\cos\beta$ 时，反射系数达到最大值，此时防波堤具有最佳的掩护性能。

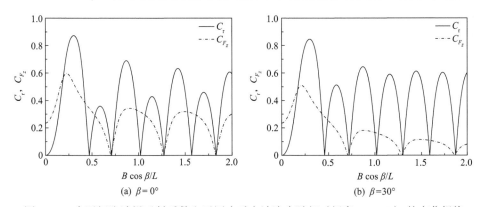

图 3.1.5　水平板防波堤反射系数和无因次垂向波浪力随相对板宽 $B\cos\beta/L$ 的变化规律
$(d/h = 0.2,\ k_0 h = 1.5)$

3.2　水平开孔板消波装置

通常需要在实验室波浪水池的末端设置消波设施，最大限度降低水池末端直

墙反射对试验结果的影响。水平开孔板能够有效耗散波浪能量，可以将其安装于波浪水池末端的直墙上，作为消波装置[6]。本节以水平开孔板消波装置为例，分别介绍如何采用匹配特征函数展开法、围道积分方法、速度势分解方法和流体垂向速度的级数展开法建立波浪对水平开孔板结构作用的解析解。

3.2.1 匹配特征函数展开法

图 3.2.1 为斜向入射波对水平开孔板消波装置作用的示意图。水深为 h，忽略板厚度的影响，板的宽度为 b，水平板与静水面和水底的间距分别为 d 和 $a(a=h-d)$。建立直角坐标系，xoy 平面位于静水面，x 轴水平向右，y 轴沿消波装置的长度方向延伸，z 轴沿水池末端直墙竖直向上。波浪入射方向与 x 轴正方向的夹角为 β，入射波的波高为 H，周期为 T，波长为 L。将整个流域划分为两个区域：区域 1，消波装置前方（迎浪侧）流域（$x \leqslant -b$，$-h \leqslant z \leqslant 0$）；区域 2，消波装置所在的流域（$-b \leqslant x \leqslant 0$，$-h \leqslant z \leqslant 0$）。

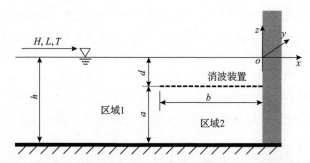

图 3.2.1　斜向入射波对水平开孔板消波装置作用的示意图（匹配特征函数展开法）

在区域 1 内，满足控制方程（1.2.24）、自由水面条件式（1.1.16）、水底条件式（1.1.20）以及远场辐射条件的速度势表达式与式（3.1.8）一致，这里只是将式（3.1.8）等号右侧第三项的下标索引符号 n 换成 m，即

$$\phi_1 = -\frac{\mathrm{i}gH}{2\omega}\left[\mathrm{e}^{\mathrm{i}k_{0x}(x+b)}Z_0(z) + R_0 \mathrm{e}^{-\mathrm{i}k_{0x}(x+b)}Z_0(z) + \sum_{m=1}^{\infty} R_m \mathrm{e}^{k_{mx}(x+b)}Z_m(z)\right] \quad (3.2.1)$$

在区域 2 内，速度势在水平开孔板上满足开孔边界条件：

$$\left.\frac{\partial \phi_2}{\partial z}\right|_{z=-d^-} = \left.\frac{\partial \phi_2}{\partial z}\right|_{z=-d^+} = \mathrm{i}k_0 G\left(\phi_2\big|_{z=-d^-} - \phi_2\big|_{z=-d^+}\right) \quad (3.2.2)$$

式中，d^+ 和 d^- 分别表示开孔板的上表面和下表面；G 为开孔板的无因次孔隙影响参数，具体见 1.4.2 节。

在区域 2 内，采用分离变量法，可以得到满足控制方程、自由水面条件、水底条件、开孔边界条件式(3.2.2)以及直墙不透水条件的速度势表达式：

$$\phi_2 = -\frac{\mathrm{i}\, gH}{2\omega} \sum_{n=0}^{\infty} A_n \frac{\cosh(\lambda_{nx} x)}{\cosh(\lambda_{nx} b)} Y_n(z) \tag{3.2.3}$$

式中，A_n 为待定的展开系数；$\lambda_{nx} = \sqrt{k_{0y}^2 - \lambda_n^2}$ $(n \geqslant 0)$；$Y_n(z)$ 为垂向特征函数系：

$$Y_n(z) = \begin{cases} \dfrac{\cosh[\lambda_n(z+h)] - P_n \sinh[\lambda_n(z+h)]}{\cosh(\lambda_n h) - P_n \sinh(\lambda_n h)}, & -d \leqslant z \leqslant 0 \\[4mm] \dfrac{\tanh[\lambda_n(h-d)] - P_n}{\tanh[\lambda_n(h-d)]} \dfrac{\cosh[\lambda_n(z+h)]}{\cosh(\lambda_n h) - P_n \sinh(\lambda_n h)}, & -h \leqslant z < -d \end{cases} \tag{3.2.4}$$

$$P_n = \frac{\lambda_n \tanh^2[\lambda_n(h-d)]}{\lambda_n \tanh[\lambda_n(h-d)] - \mathrm{i}\, k_0 G \left\{ 1 - \tanh^2[\lambda_n(h-d)] \right\}}$$

垂向特征函数系 $Y_n(z)$ 具备正交性：

$$\int_{-h}^{0} Y_m(z) Y_n(z) \mathrm{d}z = 0, \quad m \neq n \tag{3.2.5}$$

λ_n 为波浪在水平开孔板区域内传播时的复波数，满足如下复色散方程：

$$K - \lambda_n \tanh(\lambda_n h) = P_n [K \tanh(\lambda_n h) - \lambda_n], \quad n = 0, 1, \cdots \tag{3.2.6}$$

式中，$K \equiv \omega^2 / g$ 为深水(无限水深)波数。

复波数 λ_n 的实部决定波浪在水平开孔板区域内传播的波长，虚部则决定波浪在传播过程中波高的衰减幅值，换言之，波浪在水平开孔板区域内传播的同时伴随着能量耗散。

垂向特征函数系式(3.2.4)和相应的色散方程(3.2.6)的推导与 1.2.1 节中通常的水波问题类似，需要将开孔边界条件式(3.2.2)、水底条件式(1.1.20)和自由水面条件式(1.1.16)依次代入式(1.2.3)，并通过相应的函数运算得到。与方程(1.2.4)相比，复色散方程(3.2.6)的精确求解存在较大困难，主要原因是：采用牛顿-下山法等方法进行迭代求解时，需要首先给出方程各个根的合理初始猜想值，方程(1.2.4)的根均为实数或纯虚数，其初值位于坐标轴上，所以很容易给出各个根的初值，但是方程(3.2.6)的根是位于复平面上的复根，在迭代求解过程中，必须保证每个复根的初值位于相应的复平面收敛区域内，否则会导致求解失败。因此，如何确定方程(3.2.6)所有复根的合理初始猜想值就变得至关重要。Mendez 等[7]提出一种摄动方法，可以得到复色散方程所有复根的近似值，每个复根的近似值可以作为迭代求解复色散方程的初始猜想值。图 3.2.2 为波浪在水平开孔板区域运动的前五个复波数计算结果，计算条件为：$Kh=1$（$k_0h=1.1997$）、$d/h=0.2$、$G=0.5$ 和 1。从图中可以看出，所有复波数的虚部均为正数，并依次增大；复波数的实部均为正数，且逐渐趋于 0，复波数 λ_1 的实部大于无水平开孔板时的波数 k_0。

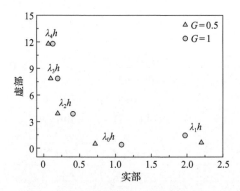

图 3.2.2　波浪在水平开孔板区域运动的前五个复波数计算结果

速度势表达式中的展开系数需要应用区域交界面条件进行匹配求解，这些条件为

$$\phi_1 = \phi_2, \quad x=-b, \quad -h \leqslant z \leqslant 0 \tag{3.2.7}$$

$$\frac{\partial \phi_1}{\partial x} = \frac{\partial \phi_2}{\partial x}, \quad x=-b, \quad -h \leqslant z \leqslant 0 \tag{3.2.8}$$

将式（3.2.1）和式（3.2.3）代入式（3.2.7）和式（3.2.8），得到

$$Z_0(z) + \sum_{m=0}^{\infty} R_m Z_m(z) = \sum_{n=0}^{\infty} A_n Y_n(z) \tag{3.2.9}$$

$$-\kappa_{0x} Z_0(z) + \sum_{m=0}^{\infty} R_m \kappa_{mx} Z_m(z) = -\sum_{n=0}^{\infty} A_n \lambda_{nx} \tanh(\lambda_{nx} b) Y_n(z) \tag{3.2.10}$$

式中，$\kappa_{0x} = -\mathrm{i} k_{0x}$；$\kappa_{mx} = k_{mx}(m \geqslant 1)$。

将式（3.2.9）等号两侧同时乘以 $Z_m(z)$，然后对 z 从 $-h$ 到 0 积分，并应用特征函数系 $Z_m(z)$ 的正交性，得到

$$R_m = -\delta_{m0} + \frac{1}{N_m} \sum_{n=0}^{\infty} A_n S_{mn}, \quad m=0,1,\cdots \tag{3.2.11}$$

式中，$\delta_{mn} = \begin{cases} 1, & m = n \\ 0, & m \neq n \end{cases}$；$N_m = \int_{-h}^{0} [Z_m(z)]^2 \, \mathrm{d}z$，其积分值由式(1.2.9)给出。

将式(3.2.10)等号两侧同时乘以 $Y_n(z)$，然后对 z 从 $-h$ 到 0 积分，并应用式(3.2.5)，得到

$$A_n = -\frac{1}{\lambda_{nx} \tanh(\lambda_{nx} b) E_n} \left(-\kappa_{0x} S_{0n} + \sum_{m=0}^{\infty} R_m \kappa_{mx} S_{mn} \right), \quad n = 0, 1, \cdots \quad (3.2.12)$$

式中，

$$E_n = \int_{-d}^{0} [Y_n(z)]^2 \, \mathrm{d}z$$

$$S_{mn} = \int_{-h}^{0} Z_m(z) Y_n(z) \, \mathrm{d}z = \frac{\kappa_m \sin(\kappa_m a) \left[K \cosh(\lambda_n h) - \lambda_n \sinh(\lambda_n h) \right]}{\lambda_n (\kappa_m^2 + \lambda_n^2) \cos(\kappa_m h) \sinh(\lambda_n a)} \quad (3.2.13)$$

将式(3.2.11)和式(3.2.12)中的 m 和 n 截断到 N 项，可以得到含有 $2(N+1)$ 个未知数的线性方程组，求解该方程组便可以确定速度势表达式中所有的展开系数。

水平开孔板消波装置的反射系数 C_r 为

$$C_r = |R_0| \quad (3.2.14)$$

开孔板受到的垂向波浪力 F_z 为

$$\begin{aligned} F_z &= \mathrm{i}\omega\rho \int_{-b}^{0} \left[\phi_2(x, -d^-) - \phi_2(x, -d^+) \right] \mathrm{d}x \\ &= \mathrm{i}\omega\rho \int_{-b}^{0} \frac{1}{\mathrm{i}k_0 G} \frac{\partial \phi_2}{\partial z} \bigg|_{z=-d^-} \mathrm{d}x \\ &= \frac{\rho g H}{2\mathrm{i}k_0 G} \sum_{n=0}^{N} A_n \frac{\tanh(\lambda_{nx} b)}{\lambda_{nx}} Y_n'(-d^-) \end{aligned} \quad (3.2.15)$$

开孔板受到关于 $(0, -d)$ 点的波浪力矩 M_y 为

$$\begin{aligned} M_y &= \mathrm{i}\omega\rho \int_{-b}^{0} \left[\phi_2(x, -d^-) - \phi_2(x, -d^+) \right] x \, \mathrm{d}x \\ &= \mathrm{i}\omega\rho \int_{-b}^{0} \frac{1}{\mathrm{i}k_0 G} \frac{\partial \phi_2}{\partial z} \bigg|_{z=-d^-} x \, \mathrm{d}x \\ &= \frac{\rho g H}{2\mathrm{i}k_0 G} \sum_{n=0}^{N} A_n \frac{1 - \lambda_{nx} b \sinh(\lambda_{nx} b) + \cosh(\lambda_{nx} b)}{\lambda_{nx}^2 \cosh(\lambda_{nx} b)} Y_n'(-d^-) \end{aligned} \quad (3.2.16)$$

3.2.2　围道积分方法

3.2.1 节中的求解过程是基于标准的匹配特征函数展开法，该方法需要精确求解复色散方程 (3.2.6)，但是求解复根的过程存在较大困难。下面介绍如何采用围道积分方法避免求解复色散方程，计算水平开孔板消波装置的反射系数和能量损失系数。该方法最早由 Lawrie 等[8]提出，用于分析声波通过消声器的衰减，Liu 等[9]和 Li 等[10]将该方法引入水波问题中。

将式 (3.2.12) 代入式 (3.2.11)，得到

$$\sum_{j=0}^{\infty} R_j (\delta_{mj} + \Omega_{mj}) = \Omega_{m0} - \delta_{m0}, \quad m = 0,1,\cdots \tag{3.2.17}$$

式中，

$$\Omega_{mj} = \frac{\kappa_{jx}}{N_m} \sum_{n=0}^{\infty} \frac{\cosh(\lambda_{nx} b) S_{mn} S_{jn}}{\lambda_{nx} \sinh(\lambda_{nx} b) E_n} \tag{3.2.18}$$

将式 (3.2.17) 中的 m 和 j 截断到 N 项，可以得到关于展开系数 R_m 的线性方程组，求解该方程组的关键是计算表达式 (3.2.18) 中的无穷级数 Ω_{mj}，下面介绍如何在不需要复波数 λ_n 的前提下计算该无穷级数。在计算无穷级数 Ω_{mj} 之前，需要先推导几个重要的关系式。

采用分离变量法求解控制方程时，区域 2 内的垂向特征函数系和色散方程可以改写为

$$Y_n(z) = \begin{cases} \cosh(\lambda_n z) + \dfrac{K}{\lambda_n} \sinh(\lambda_n z), & -d \leqslant z \leqslant 0 \\[2mm] \dfrac{[K \cosh(\lambda_n d) - \lambda_n \sinh(\lambda_n d)] \cosh[\lambda_n(z+h)]}{\lambda_n \sinh(\lambda_n a)}, & -h \leqslant z < -d \end{cases} \tag{3.2.19}$$

$$\Delta(\lambda_n) \equiv \left[\frac{K \cosh(\lambda_n d) - \lambda_n \sinh(\lambda_n d)}{\mathrm{i} k_0 G} + \cosh(\lambda_n d) - \frac{K}{\lambda_n} \sinh(\lambda_n d) \right]$$
$$- \left[\frac{K}{\lambda_n} \cosh(\lambda_n d) - \sinh(\lambda_n d) \right] \coth(\lambda_n a) = 0 \tag{3.2.20}$$

由式 (3.2.19) 可以得到

$$Y_n''(z) = \lambda_n^2 Y(z), \quad -h \leqslant z \leqslant 0 \tag{3.2.21}$$

$$Y_n'(0) = K Y_n(0) \tag{3.2.22}$$

$$Y_n'(-d^+) = Y_n'(-d^-) \tag{3.2.23}$$

$$Y_n'(-d^+) = \mathrm{i}k_0 G\left[Y_n(-d^-) - Y_n(-d^+)\right] \tag{3.2.24}$$

$$Y_n'(-h) = 0 \tag{3.2.25}$$

定义如下关系式：

$$Y(\lambda, z) = \begin{cases} \cosh(\lambda z) + \dfrac{K}{\lambda}\sinh(\lambda z), & -d \leqslant z \leqslant 0 \\[3mm] \dfrac{\left[K\cosh(\lambda d) - \lambda\sinh(\lambda d)\right]\cosh[\lambda(z+h)]}{\lambda\sinh(\lambda a)}, & -h \leqslant z < -d \end{cases} \tag{3.2.26}$$

显然存在关系 $Y(\lambda_n, z) = Y_n(z)$。

根据式 (3.2.19)、式 (3.2.20) 和式 (3.2.22)~式 (3.2.25)，可以得到

$$\Delta(\lambda) = \frac{1}{\mathrm{i}k_0 G}Y'(\lambda, -d^+) + Y(\lambda, -d^+) - Y(\lambda, -d^-) \tag{3.2.27}$$

$$Y'(\lambda, -d^-) = Y'(\lambda, -d^+) \tag{3.2.28}$$

$$Y'(\lambda, 0)Y_n(0) - Y(\lambda, 0)Y_n'(0) = 0 \tag{3.2.29}$$

$$Y'(\lambda, -h)Y_n(-h) - Y(\lambda, -h)Y_n'(-h) = 0 \tag{3.2.30}$$

由式 (3.2.22)~式 (3.2.25) 得到

$$\left[Y_m'(z)Y_n(z) - Y_m(z)Y_n'(z)\right]\Big|_{-h}^{0} = 0 \tag{3.2.31}$$

式 (3.2.31) 可以改写为

$$\int_{-d^+}^{0}\left[Y_m''(z)Y_n(z) + Y_m'(z)Y_n'(z)\right]\mathrm{d}z - \left[Y_m(z)Y_n'(z)\right]\Big|_{-d^+}^{0}$$
$$+\left\{\int_{-h}^{-d^-}\left[Y_m''(z)Y_n(z) + Y_m'(z)Y_n'(z)\right]\mathrm{d}z - \left[Y_m(z)Y_n'(z)\right]\Big|_{-h}^{-d^-}\right\} = 0 \tag{3.2.32}$$

对式 (3.2.32) 中的 $\displaystyle\int_{-d^+}^{0}Y_m'(z)Y_n'(z)\mathrm{d}z$ 和 $\displaystyle\int_{-h}^{-d^-}Y_m'(z)Y_n'(z)\mathrm{d}z$ 进行分部积分，并结合式 (3.2.21)，可以得到

$$(\lambda_m^2 - \lambda_n^2)\int_{-h}^0 Y_m(z)Y_n(z)\,\mathrm{d}z = 0 \tag{3.2.33}$$

显然，当 $m \neq n$ 时，式(3.2.33)中的积分值等于 0，以上也是特征函数系 $Y_n(z)$ 正交关系式(3.2.5)的证明过程。

当 $m = n$ 时，根据式(3.2.26)和式(3.2.31)得到

$$E_n = \int_{-h}^0 [Y_n(z)]^2\,\mathrm{d}z = \lim_{\lambda \to \lambda_n} \frac{\left[Y'(\lambda,z)Y_n(z) - Y(\lambda,z)Y_n'(z)\right]_{-h}^0}{\lambda^2 - \lambda_n^2} \tag{3.2.34}$$

根据式(3.2.23)、式(3.2.24)和式(3.2.27)～式(3.2.30)，并使用洛必达法则，可以得到

$$\begin{aligned}
E_n &= \lim_{\lambda \to \lambda_n} \frac{Y_n'(-d^+)\Delta(\lambda)}{\lambda^2 - \lambda_n^2} \\
&= \frac{Y_n'(-d^+)}{2\lambda_n} \frac{\mathrm{d}\,\Delta(\lambda)}{\mathrm{d}\lambda}\bigg|_{\lambda=\lambda_n} \\
&= \frac{K\cosh(\lambda_n d) - \lambda_n \sinh(\lambda_n d)}{2\lambda_n} \frac{\mathrm{d}\,\Delta(\lambda)}{\mathrm{d}\lambda}\bigg|_{\lambda=\lambda_n}
\end{aligned} \tag{3.2.35}$$

式(3.2.35)是本节应用围道积分方法的重要基础公式。

接下来计算无穷级数 Ω_{mj}，定义如下积分：

$$I_{mj} = \frac{1}{2\pi\mathrm{i}}\int_{-\infty}^\infty f(\lambda)\,\mathrm{d}\lambda \tag{3.2.36}$$

$$f(\lambda) = \frac{1}{\Delta(\lambda)\lambda\sinh(\lambda a)}\frac{1}{[K\cosh(\lambda d) - \lambda\sinh(\lambda d)]}\frac{\cosh(\lambda_x b)}{\lambda_x\sinh(\lambda_x b)}\frac{1}{\sinh(\lambda a)}Q_m(\lambda)Q_j(\lambda) \tag{3.2.37}$$

式中，

$$\lambda_x = \sqrt{k_{0y}^2 - \lambda^2}$$

$$Q_m(\lambda) = \frac{\kappa_m\sin(\kappa_m a)[K\cosh(\lambda h) - \lambda\sinh(\lambda h)]}{(\kappa_m^2 + \lambda^2)\cos(\kappa_m h)} \tag{3.2.38}$$

式(3.2.36)中的积分路径沿着实轴且向上(下)绕过负(正)实轴上所有的奇点，图 3.2.3(a)为积分路径示意图。由于被积函数 $f(\lambda)$ 是奇函数，积分值 I_{mj} 始终等于

0；拓展式(3.2.36)中的积分路径至实轴上部无限半径的半圆，图 3.2.3(b)为积分路径拓展示意图，根据被积函数的渐近性，可以得到闭合积分路径所围成的区域内所有奇点的留数之和等于0。被积函数 $f(\lambda)$ 有如下四组简单奇点：

(1) $\Delta(\lambda)=0$，即 $\lambda=\lambda_n(n\geqslant0)$。

(2) $K\cosh(\lambda d)-\lambda\sinh(\lambda d)=0$，即 $\lambda=p_n(n\geqslant0)$。

(3) $\lambda_x\sinh(\lambda_x b)=0$，即 $\lambda=q_n=\sqrt{k_{0y}^2+(n\pi/b)^2}\ (n\geqslant0)$。

(4) $\sinh(\lambda a)=0$，即 $\lambda=s_n=\mathrm{i}n\pi/a\ (n\geqslant0)$。

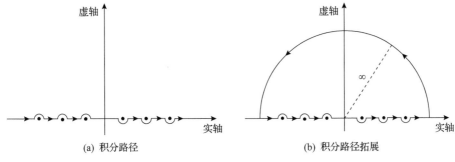

图 3.2.3　式(3.2.36)中的积分路径和积分路径拓展示意图

将被积函数所有的奇点留数进行求和，得到

$$\sum_{n=0}^{\infty}\mathrm{Res}[f(\lambda),\lambda_n]+\sum_{n=0}^{\infty}\mathrm{Res}[f(\lambda),p_n]+\sum_{n=0}^{\infty}\mathrm{Res}[f(\lambda),q_n]$$
$$+\sum_{n=1}^{\infty}\mathrm{Res}[f(\lambda),s_n]+\frac{1}{2}\mathrm{Res}[f(\lambda),s_0]=0 \tag{3.2.39}$$

式中，

$$\sum_{n=0}^{\infty}\mathrm{Res}[f(\lambda),\lambda_n]=\sum_{n=0}^{\infty}\lim_{\lambda\to\lambda_n}\left[(\lambda-\lambda_n)f(\lambda)\right]=\frac{1}{2}\Omega_{jm} \tag{3.2.40}$$

$$\mathrm{Res}\left[f(\lambda),p_n\right]=\frac{1}{(Kd-1)\sinh(p_nd)-p_nd\cosh(p_nd)}\frac{1}{\Delta(p_n)p_n\sinh(p_na)}$$
$$\times\frac{1}{p_{nx}\tanh(p_{nx}b)}\frac{1}{\sinh(p_na)}Q_m(p_n)Q_j(p_n) \tag{3.2.41}$$

$$\mathrm{Res}\left[f(\lambda),q_n\right]=-\frac{1}{\gamma_n bq_n}\frac{Q_m(p_n)Q_j(p_n)\big/\cosh^2(q_nh)}{(K\chi_n-q_n\zeta_n)\left[q_n\tanh(q_nh)-K+\dfrac{q_nK\chi_n-q_n^2\zeta_n}{\mathrm{i}k_0G}\right]} \tag{3.2.42}$$

$$\mathrm{Res}\big[f(\lambda),s_n\big]=-\frac{Q_m(s_n)Q_j(s_n)}{as_{nx}\tanh(s_{nx}b)\big[s_n\sinh(s_nd)-K\cosh(s_nd)\big]^2\cosh^2(s_na)} \quad (3.2.43)$$

式中，

$$p_{nx}=\sqrt{k_{0y}^2-p_n^2}, \quad s_{nx}=\sqrt{k_{0y}^2-s_n^2}, \quad \gamma_0=2, \quad \gamma_n=1\,(n\geqslant1)$$

$$\chi_n=\frac{\cosh(q_nd)\sinh(q_na)}{\cosh(q_nh)}, \quad \zeta_n=\frac{\sinh(q_nd)\sinh(q_na)}{\cosh(q_nh)}$$

在式(3.2.40)的推导中，使用了式(3.2.13)和式(3.2.35)。从式(3.2.39)可以看出，级数 Ω_{mj} 的计算已经转化为计算函数 $f(\lambda)$ 在其他三组奇点(2, 3, 4)的留数，计算中不再需要复波数 λ_n，从而避免了求解复色散方程(3.2.6)。需要注意的是，在围道积分计算中仅需要奇点 $s_0=0$ 留数的一半；当波浪正向入射时($\beta=0°$、$k_{0y}=0$)，$\lambda=0$ 变成被积函数 $f(\lambda)$ 的高阶奇点，其留数的计算公式需要进行相应的调整。

3.2.3　速度势分解方法

速度势分解方法最早由 Lee[11]提出并应用于求解漂浮方箱的垂荡问题，李兆芳等[12]和 Lan 等[13]将该方法用于研究矩形多孔堆石潜堤的反射与透射特性，Liu 等[14]采用速度势分解方法建立了波浪对水平开孔板防波堤作用的解析解。本节采用速度势分解方法建立波浪对水平开孔板消波装置作用的解析解，同时直接避免考虑水平开孔板区域内的复色散方程。

图 3.2.4 为斜向入射波对水平开孔板消波装置作用的示意图，将整个流域划分为三个区域：区域 1，消波装置迎浪侧流域($x\leqslant-b$，$-h\leqslant z\leqslant0$)；区域 2，水平板上方流域($-b\leqslant x\leqslant0$，$-d\leqslant z\leqslant0$)；区域 3，水平板下方流域($-b\leqslant x\leqslant0$，$-h\leqslant z\leqslant-d$)。

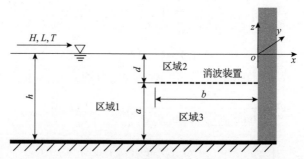

图 3.2.4　斜向入射波对水平开孔板消波装置作用的示意图(速度势分解方法)

区域 1 内流体运动的速度势不需要进行分解，速度势表达式与式(3.1.8)相同。

将区域 2 和区域 3 内流体运动的速度势分解为

$$\phi_j = \phi_j^{\mathrm{v}} + \phi_j^{\mathrm{h}}, \quad j = 2,3 \tag{3.2.44}$$

令分解后的速度势满足如下边界条件：

$$\begin{cases} \dfrac{\partial \phi_2^{\mathrm{v}}}{\partial z} = K\phi_2^{\mathrm{v}}, & z = 0, \quad -b \leqslant x \leqslant 0 \\[3mm] \dfrac{\partial \phi_2^{\mathrm{v}}}{\partial z} = 0, & z = -d, \quad -b \leqslant x \leqslant 0 \\[3mm] \dfrac{\partial \phi_2^{\mathrm{v}}}{\partial x} = 0, & x = 0, \quad -d \leqslant z \leqslant 0 \end{cases} \tag{3.2.45}$$

$$\begin{cases} \dfrac{\partial \phi_2^{\mathrm{h}}}{\partial z} = K\phi_2^{\mathrm{h}}, & z = 0, \quad -b \leqslant x \leqslant 0 \\[3mm] \phi_2^{\mathrm{h}} = 0, & x = -b, \quad -d \leqslant z \leqslant 0 \\[3mm] \dfrac{\partial \phi_2^{\mathrm{h}}}{\partial x} = 0, & x = 0, \quad -d \leqslant z \leqslant 0 \end{cases} \tag{3.2.46}$$

$$\begin{cases} \dfrac{\partial \phi_3^{\mathrm{v}}}{\partial z} = 0, & z = -d, -h, \quad -b \leqslant x \leqslant 0 \\[3mm] \dfrac{\partial \phi_3^{\mathrm{v}}}{\partial x} = 0, & x = 0, \quad -h \leqslant z \leqslant -d \end{cases} \tag{3.2.47}$$

$$\begin{cases} \dfrac{\partial \phi_3^{\mathrm{h}}}{\partial z} = 0, & z = -h, \quad -b \leqslant x \leqslant 0 \\[3mm] \phi_3^{\mathrm{h}} = 0, & x = -b, \quad -h \leqslant z \leqslant -d \\[3mm] \dfrac{\partial \phi_3^{\mathrm{h}}}{\partial x} = 0, & x = 0, \quad -h \leqslant z \leqslant -d \end{cases} \tag{3.2.48}$$

可以看出，叠加后的速度势 ϕ_2 和 ϕ_3 仍然满足自由水面条件、水底条件以及直墙不透水条件。

采用分离变量法可以得到满足控制方程和边界条件式(3.2.45)~式(3.2.48)的速度势级数表达式：

$$\phi_2^{\mathrm{v}} = -\frac{\mathrm{i}gH}{2\omega} \sum_{n=0}^{\infty} B_n \frac{\cosh(u_{nx}x)}{\cosh(u_{nx}b)} U_n(z) \tag{3.2.49}$$

$$\phi_2^{\mathrm{h}} = -\frac{\mathrm{i}\,gH}{2\omega}\sum_{n=0}^{\infty}C_n X_n(x)\frac{\alpha_{nz}\cosh(\alpha_{nz}z)+K\sinh(\alpha_{nz}z)}{\alpha_{nz}\cosh(\alpha_{nz}d)} \tag{3.2.50}$$

$$\phi_3^{\mathrm{v}} = -\frac{\mathrm{i}\,gH}{2\omega}\sum_{n=0}^{\infty}D_n \frac{\cosh(l_{nx}x)}{\cosh(l_{nx}b)}L_n(z) \tag{3.2.51}$$

$$\phi_3^{\mathrm{h}} = -\frac{\mathrm{i}\,gH}{2\omega}\sum_{n=0}^{\infty}F_n X_n(x)\frac{\cosh[\alpha_{nz}(z+h)]}{\cosh[\alpha_{nz}(h-d)]} \tag{3.2.52}$$

式中，B_n、C_n、D_n 和 F_n 为待定的展开系数；垂向特征函数系 $U_n(z)$ 和 $L_n(z)$ 以及相应的特征值 u_n 和 l_n 与式 (3.1.11)、式 (3.1.15) 和式 (3.1.12)、式 (3.1.16) 中的定义相同；u_{nx} 和 l_{nx} 的表达式分别与式 (3.1.13) 和式 (3.1.17) 相同；$X_n(x)$ 为沿水平方向的特征函数系：

$$X_n(x)=\cos(\alpha_n x),\quad n=0,1,\cdots \tag{3.2.53}$$

α_n 为特征值：

$$\alpha_n=\frac{(n+0.5)\pi}{b},\quad n=0,1,\cdots \tag{3.2.54}$$

α_{nz} 的表达式为

$$\alpha_{nz}=\sqrt{\alpha_n^2+k_{0y}^2},\quad n=0,1,\cdots \tag{3.2.55}$$

特征函数系 $X_n(x)$ 具备正交性：

$$\int_{-b}^{0}X_m(x)X_n(x)\,\mathrm{d}x=0,\quad m\neq n \tag{3.2.56}$$

在构建以上速度势表达式的过程中，没有考虑开孔板边界条件式 (3.2.2)，因此避免了产生复色散方程，后面将应用开孔板边界条件匹配确定速度势表达式中的展开系数。此外，对于物理问题，ϕ_2^{v} 和 ϕ_3^{v} 实际上给出了波浪对直墙前不开孔水平板作用的速度势表达式。

速度势表达式中的展开系数需要应用如下边界条件进行匹配求解：

$$\frac{\partial \phi_2^{\mathrm{h}}}{\partial z}=\frac{\partial \phi_3^{\mathrm{h}}}{\partial z},\quad z=-d,\ -b\leqslant x\leqslant 0 \tag{3.2.57}$$

$$\frac{\partial \phi_2^{\mathrm{h}}}{\partial z}=\mathrm{i}k_0 G(\phi_3^{\mathrm{v}}+\phi_3^{\mathrm{h}}-\phi_2^{\mathrm{v}}-\phi_2^{\mathrm{h}}),\quad z=-d,\ -b\leqslant x\leqslant 0 \tag{3.2.58}$$

$$\frac{\partial \phi_1}{\partial x} = \begin{cases} \dfrac{\partial \phi_2^{\mathrm{v}}}{\partial x} + \dfrac{\partial \phi_2^{\mathrm{h}}}{\partial x}, & x = -b, \quad -d \leqslant z \leqslant 0 \\[3mm] \dfrac{\partial \phi_3^{\mathrm{v}}}{\partial x} + \dfrac{\partial \phi_3^{\mathrm{h}}}{\partial x}, & x = -b, \quad -h \leqslant z < -d \end{cases} \tag{3.2.59}$$

$$\phi_1 = \phi_2^{\mathrm{v}}, \quad x = -b, \quad -d \leqslant z \leqslant 0 \tag{3.2.60}$$

$$\phi_1 = \phi_3^{\mathrm{v}}, \quad x = -b, \quad -h \leqslant z < -d \tag{3.2.61}$$

式(3.2.57)～式(3.2.61)是对边界条件式(3.2.2)、式(3.2.7)和式(3.2.8)的拆分重组。

将式(3.2.49)～式(3.2.52)代入式(3.2.57)和式(3.2.58)，得到

$$\sum_{n=0}^{\infty} C_n X_n(x) \left[K - \alpha_{nz} \tanh(\alpha_{nz} d) \right] = \sum_{n=0}^{\infty} F_n X_n(x) \alpha_{nz} \tanh[\alpha_{nz}(h-d)] \tag{3.2.62}$$

$$\begin{aligned} &\sum_{n=0}^{\infty} C_n X_n(x) \left[K - \alpha_{nz} \tanh(\alpha_{nz} d) \right] \\ &= \mathrm{i} k_0 G \left\{ \sum_{n=0}^{\infty} D_n \frac{\cosh(l_{nx} x)}{\cosh(l_{nx} b)} L_n(-d) + \sum_{n=0}^{\infty} F_n X_n(x) \right. \\ &\quad \left. - \sum_{n=0}^{\infty} B_n \frac{\cosh(u_{nx} x)}{\cosh(u_{nx} b)} U_n(-d) - \sum_{n=0}^{\infty} C_n X_n(x) \left[1 - \frac{K}{\alpha_{nz}} \tanh(\alpha_{nz} d) \right] \right\} \end{aligned} \tag{3.2.63}$$

将式(3.2.62)和式(3.2.63)等号两侧同时乘以 $X_m(x)$，然后对 x 从 $-b$ 到 0 积分，并应用式(3.2.56)，得到

$$C_m \left[K - \alpha_{mz} \tanh(\alpha_{mz} d) \right] - F_m \alpha_{mz} \tanh[\alpha_{mz}(h-d)] = 0, \quad m = 0,1,\cdots \tag{3.2.64}$$

$$\begin{aligned} &2 \sum_{n=0}^{\infty} B_n \Psi_{mn} U_n(-d) + C_m b \left[1 - \frac{K}{\alpha_{mz}} \tanh(\alpha_{mz} d) + \frac{K - \alpha_{mz} \tanh(\alpha_{mz} d)}{\mathrm{i} k_0 G} \right] \\ &- 2 \sum_{n=0}^{\infty} D_n \Theta_{mn} L_n(-d) - F_m b = 0, \quad m = 0,1,\cdots \end{aligned} \tag{3.2.65}$$

式中，

$$\Psi_{mn} = \int_{-b}^{0} X_m(x) \frac{\cosh(u_{nx} x)}{\cosh(u_{nx} b)} \mathrm{d}x$$

$$\Theta_{mn} = \int_{-b}^{0} X_m(x) \frac{\cosh(l_{nx} x)}{\cosh(l_{nx} b)} \mathrm{d}x$$

将速度势表达式代入式 (3.2.59)，等号两侧同时乘以 $Z_m(z)$，然后对 z 从 $-h$ 到 0 积分，得到

$$R_m \kappa_{mx} N_m + \sum_{n=0}^{\infty} B_n u_{nx} \tanh(u_{nx} b) \Omega_{mn}^{(1)} - \sum_{n=0}^{\infty} C_n \alpha_n (-1)^n \Pi_{mn}^{(1)}$$

$$+ \sum_{n=0}^{\infty} D_n l_{nx} \tanh(l_{nx} b) \Omega_{mn}^{(2)} - \sum_{n=0}^{\infty} F_n \alpha_n (-1)^n \Pi_{mn}^{(2)} = \delta_{m0} \kappa_{mx} N_m, \quad m = 0, 1, \cdots$$

(3.2.66)

式中，

$$N_m = \int_{-h}^{0} [Z_m(z)]^2 \, \mathrm{d}z$$

$$\Omega_{mn}^{(1)} = \int_{-d}^{0} Z_m(z) U_n(z) \, \mathrm{d}z$$

$$\Omega_{mn}^{(2)} = \int_{-h}^{-d} Z_m(z) L_n(z) \, \mathrm{d}z$$

$$\Pi_{mn}^{(1)} = \int_{-d}^{0} Z_m(z) \frac{\alpha_{nz} \cosh(\alpha_{nz} z) + K \sinh(\alpha_{nz} z)}{\alpha_{nz} \cosh(\alpha_{nz} d)} \, \mathrm{d}z$$

$$\Pi_{mn}^{(2)} = \int_{-h}^{-d} Z_m(z) \frac{\cosh[\alpha_{nz}(z+h)]}{\cosh[\alpha_{nz}(h-d)]} \, \mathrm{d}z$$

将速度势表达式代入式 (3.2.60)，等号两侧同时乘以 $U_m(z)$，然后对 z 从 $-d$ 到 0 积分，得到

$$\sum_{n=0}^{\infty} R_n \Omega_{nm}^{(1)} - B_m M_m = -\Omega_{0m}^{(1)}, \quad m = 0, 1, \cdots$$

(3.2.67)

式中，$M_m = \int_{-d}^{0} [U_m(z)]^2 \, \mathrm{d}z$。

将速度势表达式代入式 (3.2.61)，等号两侧同时乘以 $L_m(z)$，然后对 z 从 $-h$ 到 $-d$ 积分，得到

$$2 \sum_{n=0}^{\infty} R_n \Omega_{nm}^{(2)} - D_m (h-d) = -2 \Omega_{0m}^{(2)}, \quad m = 0, 1, \cdots$$

(3.2.68)

将式 (3.2.64)～式 (3.2.68) 中的 m 和 n 截断到 N 项，可以得到含有 $5(N+1)$ 个未知数的线性方程组，求解该方程组便可以确定速度势表达式中所有的展开系数。

水平开孔板受到的垂向波浪力 F_z 为

$$F_z = \mathrm{i}\,\omega\rho \int_{-b}^{0} (\phi_3^{\mathrm{v}} + \phi_3^{\mathrm{h}} - \phi_2^{\mathrm{v}} - \phi_2^{\mathrm{h}}) \Big|_{z=-d}\, \mathrm{d}\,x$$

$$= \mathrm{i}\,\omega\rho \int_{-b}^{0} \frac{1}{\mathrm{i}\,k_0 G} \frac{\partial \phi_2^{\mathrm{h}}}{\partial z} \Big|_{z=-d}\, \mathrm{d}\,x \qquad (3.2.69)$$

$$= \frac{\rho g H}{2\mathrm{i}\,k_0 G} \sum_{n=0}^{N} C_n (-1)^n \frac{[K - \alpha_{nz}\tanh(\alpha_{nz}d)]}{\alpha_n}$$

水平开孔板受到关于点 $(0,-d)$ 的波浪力矩 M_y 为

$$M_y = \mathrm{i}\,\omega\rho \int_{-b}^{0} (\phi_3^{\mathrm{v}} + \phi_3^{\mathrm{h}} - \phi_2^{\mathrm{v}} - \phi_2^{\mathrm{h}}) \Big|_{z=-d}\, x\,\mathrm{d}\,x$$

$$= \mathrm{i}\,\omega\rho \int_{-b}^{0} \frac{1}{\mathrm{i}\,k_0 G} \frac{\partial \phi_2^{\mathrm{h}}}{\partial z} \Big|_{z=-d}\, x\,\mathrm{d}\,x \qquad (3.2.70)$$

$$= \frac{\rho g H}{2\mathrm{i}\,k_0 G} \sum_{n=0}^{N} C_n \Big[1 - (-1)^n \alpha_n b \Big] \frac{K - \alpha_{nz}\tanh(\alpha_{nz}d)}{\alpha_n^2}$$

对于线性波问题，可以根据需要对速度势和边界条件进行任意分解，只要确保将分解后的速度势线性叠加后，仍然满足控制方程和最初的所有边界条件，那么所得到的计算结果和直接对问题进行求解所得的结果必然保持一致，因此可以对本节的求解过程在数学上做更一般化的描述。在水平开孔板所在区域，速度势需要满足如下边界条件：①自由水面处的齐次第三类边界条件；②水底的齐次第二类边界条件；③开孔板表面的非齐次第三类边界条件。这些边界条件均可以根据需要做线性分解，即使对于同一问题，边界条件的分解方法也可以完全不同。只要分解后的速度势在某一区间(无论水平方向还是垂直方向)的两侧边界上均满足齐次边界条件，就可以通过变量分离得到相应的特征函数系和特征值。如果在某一方向上得到了特征函数系，则在与其垂直方向上的函数系就可以通过控制方程来确定。将两个垂直方向上对应的函数系相乘，并线性加权叠加，可以得到该区域内速度势的通解。如果某一边界条件在上述过程中未被考虑，则必须在不同区域交界面的匹配求解过程中采用。以上就是速度势分解方法的基本原理，该方法可用于分析水波、声波等与不同消能式结构物的相互作用问题。

3.2.4　流体垂向速度的级数展开方法

流体垂向速度的级数展开方法最早由 Molin 等[15]提出并应用于分析波浪对水平开孔板防波堤的作用，Molin 等[16]采用该方法研究了水平开孔圆盘的垂荡问题，Liu 等[17]采用该方法分析了波浪对水平开孔圆盘的绕射问题。Liu 等[17]的分析结果

表明，流体垂向速度的级数展开方法与速度势分解方法的出发点不同，但是两者最终可以得到相同的流体运动速度势表达式，求解过程中避免了产生复色散方程。下面以波浪对水平开孔板消波装置的作用问题为例，介绍该方法的基本原理和求解过程。

流域的分区与图 3.2.4 中的定义相同。在水平开孔板靠近外边缘 $(x = -b，z = -d$ 处，流体运动的速度势具有连续性，则根据开孔边界条件式 (3.2.2) 中的第二个等式，在数学分析中可以采用如下边界条件：

$$\frac{\partial \phi_2}{\partial z}\bigg|_{z=-d} = \frac{\partial \phi_3}{\partial z}\bigg|_{z=-d} = 0, \quad x = -b \tag{3.2.71}$$

由直墙不透水条件得到

$$\frac{\partial \phi_2}{\partial x}\bigg|_{x=0} = \frac{\partial \phi_3}{\partial x}\bigg|_{x=0} = 0, \quad z = -d \tag{3.2.72}$$

根据式 (3.2.71) 和式 (3.2.72)，可以将水平开孔板表面的流体垂向速度沿水平方向展开为级数形式：

$$\frac{\partial \phi_2}{\partial z}\bigg|_{z=-d} = \frac{\partial \phi_3}{\partial z}\bigg|_{z=-d} = -\frac{\mathrm{i}gH}{2\omega}\sum_{n=0}^{\infty} S_n \cos\left[\frac{(n+0.5)\pi}{b}x\right] \tag{3.2.73}$$

式中，S_n 为待定的展开系数。

区域 2 和区域 3 内的速度势需要满足如下边界条件：

$$\frac{\partial \phi_2}{\partial z} = K\phi_2, \quad z = 0 \tag{3.2.74}$$

$$\frac{\partial \phi_2}{\partial z} = -\frac{\mathrm{i}gH}{2\omega}\sum_{n=0}^{\infty} S_n \cos\left[\frac{(n+0.5)\pi}{b}x\right], \quad z = -d \tag{3.2.75}$$

$$\frac{\partial \phi_3}{\partial z} = -\frac{\mathrm{i}gH}{2\omega}\sum_{n=0}^{\infty} S_n \cos\left[\frac{(n+0.5)\pi}{b}x\right], \quad z = -d \tag{3.2.76}$$

$$\frac{\partial \phi_3}{\partial z} = 0, \quad z = -h \tag{3.2.77}$$

从式 (3.2.75) 和式 (3.2.76) 可以看出，水平开孔板表面的垂向速度连续条件已经自动满足，还需要令速度势满足开孔板处的压力损失边界条件，即式 (3.2.2)

中的第二个等式。此外，还需要令速度势满足区域 1 与区域 2、3 之间的匹配边界条件。

式 (3.2.75) 和式 (3.2.76) 中的边界条件是非齐次条件，为了求解问题，可以把区域 2 和区域 3 内的速度势写成通解 (齐次解) 和特解之和：

$$\phi_j = \phi_j^g + \phi_j^p, \quad j = 2,3 \tag{3.2.78}$$

式中，上标 g 和 p 分别代表通解和特解。

令通解满足如下边界条件：

$$\frac{\partial \phi_2^g}{\partial z} = K\phi_2^g, \quad z = 0 \tag{3.2.79}$$

$$\frac{\partial \phi_2^g}{\partial z} = 0, \quad z = -d \tag{3.2.80}$$

$$\frac{\partial \phi_3^g}{\partial z} = 0, \quad z = -d, -h \tag{3.2.81}$$

值得注意的是，3.2.3 节中的速度势表达式 (3.2.49) 和式 (3.2.51) 恰好是满足控制方程和式 (3.2.79)～式 (3.2.81) 的通解，接下来只需要找到满足控制方程和式 (3.2.74)～式 (3.2.77) 的特解。经过代数运算，可以得到如下特解：

$$\phi_2^p = -\frac{igH}{2\omega} \sum_{n=0}^{\infty} \frac{S_n X_n(x)}{K - \alpha_{nz} \tanh(\alpha_{nz}d)} \frac{\alpha_{nz}\cosh(\alpha_{nz}z) + K\sinh(\alpha_{nz}z)}{\alpha_{nz}\cosh(\alpha_{nz}d)} \tag{3.2.82}$$

$$\phi_3^p = -\frac{igH}{2\omega} \sum_{n=0}^{\infty} \frac{S_n X_n(x)}{\alpha_{nz} \tanh[\alpha_{nz}(h-d)]} \frac{\cosh[\alpha_{nz}(z+h)]}{\cosh[\alpha_{nz}(h-d)]} \tag{3.2.83}$$

式中，除展开系数 S_n 外，其他数学符号的意义与式 (3.2.50) 和式 (3.2.52) 中相应的符号一致。

根据式 (3.2.64)，可以令

$$S_n = C_n[K - \alpha_{nz}\tanh(\alpha_{nz}d)] = F_n\alpha_{nz}\tanh[\alpha_{nz}(h-d)], \quad m = 0,1,\cdots \tag{3.2.84}$$

则特解的表达式 (3.2.82) 和式 (3.2.83) 分别与式 (3.2.50) 和式 (3.2.52) 完全相同。

可以看出，采用流体垂向速度的级数展开方法得到了与 3.2.3 节中速度势分解方法完全一样的计算结果，尽管两者的出发点和推导过程完全不同。实际上，这两种求解方法的本质相同，都是通过适当的求解技术，在构建水平开孔板区域的垂向特征函数系时，避免使用水平开孔板处的压力损失边界条件（开孔边界条件），而是将压力损失边界条件转换为不同流体区域之间的匹配边界条件，从而避免了复色散方程。

表 3.2.1～表 3.2.3 分别为匹配特征函数展开法、围道积分方法和速度势分解方法（流体垂向速度的级数展开方法）的计算结果随截断数的收敛性。从表中可以看出，三种方法的计算结果均随截断数的增加而收敛，当截断数 $N = 70$ 时，计算结果基本能够保证 2～3 位有效数字精度，可以满足工程问题的研究需求。尽管三种方法的计算精度接近，但它们各有优缺点。在匹配特征函数展开法中，水平开孔板区域内波浪运动与波幅衰减的物理意义明确，但是需要精确求解复色散方程，求解过程存在一定的困难。在围道积分方法中，通过重构方程组矩阵系数避免了求解复色散方程，但是该方法无法确定水平开孔板区域内流体运动的速度势，无

表 3.2.1 匹配特征函数展开法的计算结果随截断数的收敛性
（$b/h = 1$，$d/h = 0.2$，$G = 1$，$\beta = 30°$）

截断数 N	反射系数 C_r				
	$k_0h = 0.5$	$k_0h = 1.5$	$k_0h = 2.5$	$k_0h = 3.5$	$k_0h = 4.5$
10	0.7546	0.2400	0.2913	0.1591	0.2589
20	0.7589	0.2402	0.2964	0.1710	0.2603
30	0.7603	0.2403	0.2985	0.1753	0.2607
40	0.7611	0.2403	0.2997	0.1776	0.2608
50	0.7615	0.2403	0.3004	0.1789	0.2609
60	0.7618	0.2403	0.3009	0.1799	0.2609
70	0.7621	0.2403	0.3012	0.1805	0.2609

表 3.2.2 围道积分方法的计算结果随截断数的收敛性（$b/h = 1$，$d/h = 0.2$，$G = 1$，$\beta = 30°$）

截断数 N	反射系数 C_r				
	$k_0h = 0.5$	$k_0h = 1.5$	$k_0h = 2.5$	$k_0h = 3.5$	$k_0h = 4.5$
10	0.7533	0.2397	0.2912	0.1566	0.2572
20	0.7582	0.2402	0.2958	0.1691	0.2599
30	0.7599	0.2402	0.2980	0.1740	0.2605
40	0.7608	0.2403	0.2992	0.1766	0.2607
50	0.7613	0.2403	0.3000	0.1781	0.2608
60	0.7616	0.2403	0.3005	0.1792	0.2609
70	0.7619	0.2403	0.3009	0.1800	0.2609

表 3.2.3　速度势分解方法(流体垂向速度的级数展开方法)的计算结果随截断数的收敛性($b/h = 1$，$d/h = 0.2$，$G = 1$，$\beta = 30°$)

截断数 N	反射系数 C_r				
	$k_0 h = 0.5$	$k_0 h = 1.5$	$k_0 h = 2.5$	$k_0 h = 3.5$	$k_0 h = 4.5$
10	0.7651	0.2404	0.3055	0.1907	0.2622
20	0.7642	0.2403	0.3048	0.1875	0.2611
30	0.7640	0.2403	0.3044	0.1865	0.2609
40	0.7638	0.2403	0.3042	0.1860	0.2609
50	0.7637	0.2403	0.3041	0.1857	0.2608
60	0.7637	0.2403	0.3040	0.1855	0.2608
70	0.7636	0.2403	0.3039	0.1854	0.2608

法直接计算水平开孔板上的垂向波浪力和波浪力矩。在速度势分解方法中，由于未使用压力损失边界条件来推导垂向特征函数系，而是将其作为不同区域之间的匹配边界条件，从而避免出现复色散方程，但是该方法的求解过程相对烦琐，速度势表达式的物理含义不够明确。

图 3.2.5 和图 3.2.6 为水平开孔板消波装置反射系数的计算结果与试验结果[6]对比，水平开孔板的孔隙影响参数 G 由经验公式(1.4.17)确定。从图中可以看出，计算结果与试验结果符合良好，表明解析模型能够合理反映物理规律。

图 3.2.7 为淹没深度对水平开孔板消波装置反射系数的影响。从图中可以看出，随着水平开孔板逐渐接近静水面，反射系数逐渐减小，装置的消波性能得到显著提升；当水平开孔板进一步接近静水面时，反射系数有可能增大，装置的消波性能会有所降低；当淹没深度约为 0.1 倍水深时，水平开孔板消波装置能够达到良好的消波性能。

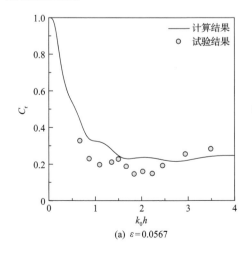
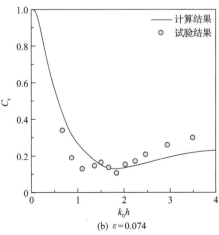

(a) $\varepsilon = 0.0567$　　　　　　　　　　(b) $\varepsilon = 0.074$

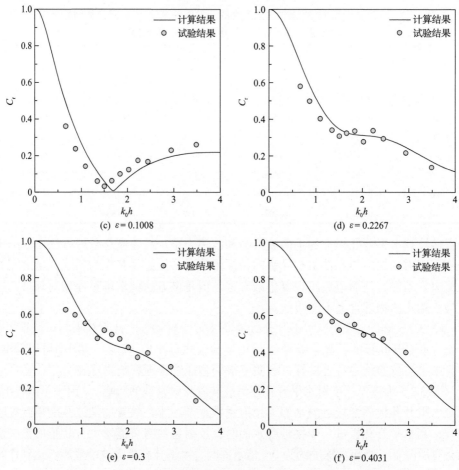

图 3.2.5 水平开孔板消波装置反射系数的计算结果与试验结果[6]对比

($d/h = 0.025$，$b/h = 1$，$\beta = 0°$)

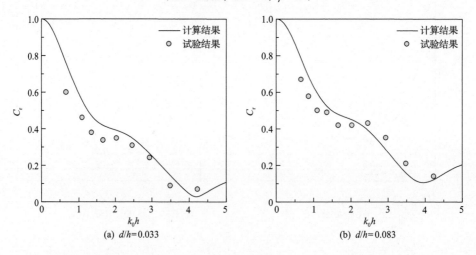

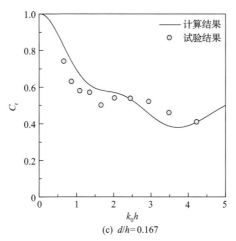

(c) $d/h = 0.167$

图 3.2.6 水平开孔板消波装置反射系数的计算结果与试验结果[6]对比$(\varepsilon = 0.28, b/h = 1, \beta = 0°)$

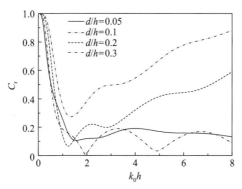

图 3.2.7 淹没深度对水平开孔板消波装置反射系数的影响$(b/h = 1, G = 0.5, \beta = 0°)$

图 3.2.8 为水平开孔板消波装置反射系数和无因次垂向波浪力(力矩)随孔隙

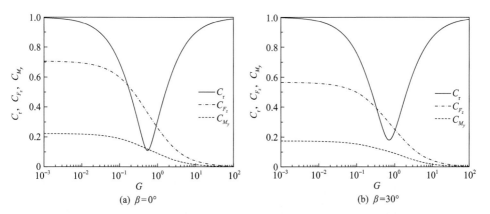

(a) $\beta = 0°$ (b) $\beta = 30°$

图 3.2.8 水平开孔板消波装置反射系数和无因次垂向波浪力(力矩)随孔隙影响参数的
变化规律$(d/h = 0.2, b/h = 1, k_0h = 1.5)$

影响参数的变化规律，无因次垂向波浪力和无因次波浪力矩分别定义为 $C_{F_z} = |F_z|/(\rho gHb)$ 和 $C_{M_y} = |M_y|/(\rho gHbh)$。从图中可以看出，随着水平开孔板孔隙影响参数的增加（开孔率的增加），反射系数从 1 先降低到最小值然后增大到 1，无因次垂向波浪力和无因次波浪力矩均单调减小到 0。对于图 3.2.8(a) 中的算例，当波浪正向入射时，反射系数在 $G \approx 0.54$ 时达到最小值，如果根据式 (1.4.17) 推算，此时水平开孔板的开孔率约为 0.076。

3.3　水平开孔板防波堤

3.1 节对波浪作用下水平实体板防波堤的水动力特性进行了解析研究，为降低水平板的垂向波浪力，提高结构稳定性，并有效耗散波浪能量，工程设计中可以考虑在水平板表面开孔。Molin 等[15]采用流体垂向速度的级数展开方法建立了波浪对水平开孔板防波堤作用的解析解，Yu 等[18]采用边界元方法建立了波浪对水平开孔板防波堤作用的数值解。本节采用速度势分解方法建立波浪对水平开孔板防波堤作用的解析解，与 3.2.3 节的水平开孔板消波装置不同，这里将应用二次压力损失边界条件。

图 3.3.1 为斜向入射波对水平开孔板防波堤作用的示意图。水深为 h，板的厚度为 δ（与水深和波长相比可以忽略不计），板的宽度为 $B(B=2b)$，水平板与静水面和水底的间距分别为 d 和 $a(a=h-d)$。直角坐标系的定义与图 3.1.1 中相同，波浪入射方向与 x 轴正方向的夹角为 β，入射波的波高为 H，周期为 T，波长为 L。将整个流域划分为四个区域：区域 1，开孔板迎浪侧区域 $(x \leqslant -b,\ -h \leqslant z \leqslant 0)$；区域 2，开孔板上方流域 $(|x| \leqslant b,\ -d \leqslant z \leqslant 0)$；区域 3，开孔板下方流域 $(|x| \leqslant b,\ -h \leqslant z \leqslant -d)$；区域 4，开孔板背浪侧流域 $(x \geqslant b,\ -h \leqslant z \leqslant 0)$。

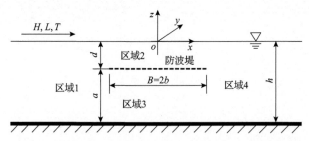

图 3.3.1　斜向入射波对水平开孔板防波堤作用的示意图

采用二次压力损失边界条件，考虑波浪通过开孔板防波堤所产生的能量耗散和运动相位变化。在水平开孔板边界上，速度势满足流体法向速度连续条件和二次压力损失边界条件：

$$\frac{\partial \phi_2}{\partial z} = \frac{\partial \phi_3}{\partial z}, \quad z = -d, \quad -b \leqslant x \leqslant b \tag{3.3.1}$$

$$\phi_3 - \phi_2 = -\frac{8\mathrm{i}}{3\pi\omega}\frac{1-\varepsilon}{2\mu\varepsilon^2}\left|\frac{\partial \phi_2}{\partial z}\right|\frac{\partial \phi_2}{\partial z} - 2C\frac{\partial \phi_2}{\partial z}, \quad z = -d, \quad -b \leqslant x \leqslant b \tag{3.3.2}$$

式中，ε、μ 和 C 分别为水平开孔板的开孔率、射流系数和阻塞系数。

在相邻区域交界面上，速度势满足如下匹配边界条件：

$$\phi_1 = \phi_2, \quad x = -b, \quad -d \leqslant z \leqslant 0 \tag{3.3.3}$$

$$\phi_1 = \phi_3, \quad x = -b, \quad -h \leqslant z < -d \tag{3.3.4}$$

$$\frac{\partial \phi_1}{\partial x} = \frac{\partial \phi_2}{\partial x}, \quad x = -b, \quad -d \leqslant z \leqslant 0 \tag{3.3.5}$$

$$\frac{\partial \phi_1}{\partial x} = \frac{\partial \phi_3}{\partial x}, \quad x = -b, \quad -h \leqslant z < -d \tag{3.3.6}$$

$$\phi_4 = \phi_2, \quad x = b, \quad -d \leqslant z \leqslant 0 \tag{3.3.7}$$

$$\phi_4 = \phi_3, \quad x = b, \quad -h \leqslant z < -d \tag{3.3.8}$$

$$\frac{\partial \phi_4}{\partial x} = \frac{\partial \phi_2}{\partial x}, \quad x = b, \quad -d \leqslant z \leqslant 0 \tag{3.3.9}$$

$$\frac{\partial \phi_4}{\partial x} = \frac{\partial \phi_3}{\partial x}, \quad x = b, \quad -h \leqslant z < -d \tag{3.3.10}$$

在区域 1 和区域 4 内，流体运动的速度势表达式分别由式(3.1.8)和式(3.1.9)给出。由于在开孔板上采用二次压力损失边界条件，在采用分离变量法求解控制方程时，难以直接推导开孔板区域内的垂向特征函数系和色散方程，因此采用速度势分解方法对问题进行求解，将开孔板处的边界条件式(3.3.1)和式(3.3.2)转换为区域 2 和区域 3 之间的匹配边界条件。

将区域 2 和区域 3 内流体运动的速度势分解为

$$\phi_j = \phi_j^{\mathrm{v}} + \phi_j^{\mathrm{h}}, \quad j = 2,3 \tag{3.3.11}$$

令分解后的速度势满足如下边界条件：

$$\frac{\partial \phi_2^{\mathrm{v}}}{\partial z} = \begin{cases} K\phi_2^{\mathrm{v}}, & z = 0, \quad -b \leqslant x \leqslant b \\ 0, & z = -d, \quad -b \leqslant x \leqslant b \end{cases} \tag{3.3.12}$$

$$\begin{cases} \dfrac{\partial \phi_2^{\mathrm{h}}}{\partial z} = K\phi_2^{\mathrm{h}}, & z=0, \quad -b \leqslant x \leqslant b \\ \phi_2^{\mathrm{h}} = 0, & x=b, \quad -d \leqslant z \leqslant 0 \\ \dfrac{\partial \phi_2^{\mathrm{h}}}{\partial x} = 0, & x=-b, \quad -d \leqslant z \leqslant 0 \end{cases} \tag{3.3.13}$$

$$\frac{\partial \phi_3^{\mathrm{v}}}{\partial z} = 0, \quad z=-d,-h, \quad -b \leqslant x \leqslant b \tag{3.3.14}$$

$$\begin{cases} \dfrac{\partial \phi_3^{\mathrm{h}}}{\partial z} = 0, & z=-h, \quad -b \leqslant x \leqslant b \\ \phi_3^{\mathrm{h}} = 0, & x=b, \quad -h \leqslant z \leqslant -d \\ \dfrac{\partial \phi_3^{\mathrm{h}}}{\partial x} = 0, & x=-b, \quad -h \leqslant z \leqslant -d \end{cases} \tag{3.3.15}$$

可以看出，叠加后的速度势 ϕ_2 和 ϕ_3 仍然满足自由水面条件和水底条件。

采用分离变量法可以得到满足控制方程 (1.2.24) 和边界条件式 (3.3.12) ~ 式 (3.3.15) 的速度势表达式：

$$\phi_2^{\mathrm{v}} = -\frac{\mathrm{i}gH}{2\omega}\left[\sum_{n=0}^{\infty} A_n \frac{\cosh(u_{nx}x)}{\cosh(u_{nx}b)} U_n(z) + \sum_{n=0}^{\infty} B_n \frac{\sinh(u_{nx}x)}{\cosh(u_{nx}b)} U_n(z)\right] \tag{3.3.16}$$

$$\phi_2^{\mathrm{h}} = -\frac{\mathrm{i}gH}{2\omega}\sum_{n=0}^{\infty} C_n X_n(x) \frac{\alpha_{nz}\cosh(\alpha_{nz}z)+K\sinh(\alpha_{nz}z)}{\alpha_{nz}\cosh(\alpha_{nz}d)} \tag{3.3.17}$$

$$\phi_3^{\mathrm{v}} = -\frac{\mathrm{i}gH}{2\omega}\left[\sum_{n=0}^{\infty} D_n \frac{\cosh(l_{nx}x)}{\cosh(l_{nx}b)} L_n(z) + \sum_{n=0}^{\infty} E_n \frac{\sinh(l_{nx}x)}{\cosh(l_{nx}b)} L_n(z)\right] \tag{3.3.18}$$

$$\phi_3^{\mathrm{h}} = -\frac{\mathrm{i}gH}{2\omega}\sum_{n=0}^{\infty} F_n X_n(x) \frac{\cosh[\alpha_{nz}(z+h)]}{\cosh[\alpha_{nz}(h-d)]} \tag{3.3.19}$$

式中，A_n、B_n、C_n、D_n、E_n 和 F_n 为待定的展开系数；特征函数系 $U_n(z)$ 和 $L_n(z)$ 以及相应的特征值 u_n 和 l_n 与式 (3.1.11)、式 (3.1.15) 和式 (3.1.12)、式 (3.1.16) 中的定义相同；u_{nx} 和 l_{nx} 的表达式与式 (3.1.13) 和式 (3.1.17) 相同；$X_n(x)$ 为沿水平方向的特征函数系：

$$X_n(x) = \sin[\alpha_n(x-b)], \quad n=0,1,\cdots \tag{3.3.20}$$

α_n 为特征值：

$$\alpha_n = \frac{(n+0.5)\pi}{2b}, \quad n = 0,1,\cdots \tag{3.3.21}$$

α_{nz} 的表达式为

$$\alpha_{nz} = \sqrt{\alpha_n^2 + k_{0y}^2}, \quad n = 0,1,\cdots \tag{3.3.22}$$

特征函数系 $X_n(x)$ 具备正交性：

$$\int_{-b}^{b} X_m(x) X_n(x) \mathrm{d}x = 0, \quad m \neq n \tag{3.3.23}$$

速度势表达式中的展开系数需要应用如下边界条件进行匹配求解：

$$\frac{\partial \phi_2^{\mathrm{h}}}{\partial z} = \frac{\partial \phi_3^{\mathrm{h}}}{\partial z}, \quad z = -d, \quad -b \leqslant x \leqslant b \tag{3.3.24}$$

$$\phi_3^{\mathrm{v}} + \phi_3^{\mathrm{h}} - \phi_2^{\mathrm{v}} - \phi_2^{\mathrm{h}} = -\frac{8\mathrm{i}}{3\pi\omega} \frac{1-\varepsilon}{2\mu\varepsilon^2} \left| \frac{\partial \phi_3^{\mathrm{h}}}{\partial z} \right| \frac{\partial \phi_3^{\mathrm{h}}}{\partial z} - 2C \frac{\partial \phi_3^{\mathrm{h}}}{\partial z}, \quad z = -d, \quad -b \leqslant x \leqslant b \tag{3.3.25}$$

$$\frac{\partial \phi_1}{\partial x} = \begin{cases} \dfrac{\partial \phi_2^{\mathrm{v}}}{\partial x}, & x = -b, \quad -d \leqslant z \leqslant 0 \\[3mm] \dfrac{\partial \phi_3^{\mathrm{v}}}{\partial x}, & x = -b, \quad -h \leqslant z < -d \end{cases} \tag{3.3.26}$$

$$\phi_2^{\mathrm{v}} + \phi_2^{\mathrm{h}} = \phi_1, \quad x = -b, \quad -d \leqslant z \leqslant 0 \tag{3.3.27}$$

$$\phi_3^{\mathrm{v}} + \phi_3^{\mathrm{h}} = \phi_1, \quad x = -b, \quad -h \leqslant z < -d \tag{3.3.28}$$

$$\frac{\partial \phi_4}{\partial x} = \begin{cases} \dfrac{\partial \phi_2^{\mathrm{v}}}{\partial x} + \dfrac{\partial \phi_2^{\mathrm{h}}}{\partial x}, & x = b, \quad -d \leqslant z \leqslant 0 \\[3mm] \dfrac{\partial \phi_3^{\mathrm{v}}}{\partial x} + \dfrac{\partial \phi_3^{\mathrm{h}}}{\partial x}, & x = b, \quad -h \leqslant z < -d \end{cases} \tag{3.3.29}$$

$$\phi_2^{\mathrm{v}} = \phi_4, \quad x = b, \quad -d \leqslant z \leqslant 0 \tag{3.3.30}$$

$$\phi_3^{\mathrm{v}} = \phi_4, \quad x = b, \quad -h \leqslant z < -d \tag{3.3.31}$$

式 (3.3.24)~式 (3.3.31) 是对边界条件式 (3.3.1)~式 (3.3.10) 的拆分重组。

将式 (3.3.16)~式 (3.3.19) 代入式 (3.3.24) 和式 (3.3.25)，得到

$$\sum_{n=0}^{\infty} C_n X_n(x) \big[K - \alpha_{nz} \tanh(\alpha_{nz} d) \big] = \sum_{n=0}^{\infty} F_n X_n(x) \alpha_{nz} \tanh[\alpha_{nz}(h-d)], \quad -b \leqslant x \leqslant b$$

$$\tag{3.3.32}$$

$$\sum_{n=0}^{\infty} A_n \frac{\cosh(u_{nx}x)}{\cosh(u_{nx}b)} U_n(-d) + \sum_{n=0}^{\infty} B_n \frac{\sinh(u_{nx}x)}{\cosh(u_{nx}b)} U_n(-d) + \sum_{n=0}^{\infty} C_n X_n(x) \left[1 - \frac{K}{\alpha_{nz}} \tanh(\alpha_{nz}d) \right]$$

$$- \sum_{n=0}^{\infty} D_n \frac{\cosh(l_{nx}x)}{\cosh(l_{nx}b)} L_n(-d) + \sum_{n=0}^{\infty} E_n \frac{\sinh(l_{nx}x)}{\cosh(l_{nx}b)} L_n(-d)$$

$$- \sum_{n=0}^{\infty} F_n X_n(x) - \left[\gamma(x) + 2C \right] \sum_{n=0}^{\infty} F_n X_n(x) \alpha_{nz} \tanh[\alpha_{nz}(h-d)] = 0, \quad -b \leqslant x \leqslant b$$

$$(3.3.33)$$

式中，

$$\gamma(x) = \frac{8\mathrm{i}}{3\pi\omega} \frac{1-\varepsilon}{2\mu\varepsilon^2} \left| \frac{\partial \phi_3^{\mathrm{h}}}{\partial z} \right|_{z=-d}$$

$$= \frac{8\mathrm{i}}{3\pi\omega} \frac{1-\varepsilon}{2\mu\varepsilon^2} \left| \frac{\mathrm{i}gH}{2\omega} \sum_{n=0}^{\infty} F_n X_n(x) \alpha_{nz} \tanh[\alpha_{nz}(h-d)] \right|$$

$$(3.3.34)$$

将式(3.3.32)和式(3.3.33)等号两侧同时乘以 $X_m(x)$，然后对 x 从 $-b$ 到 b 积分，并应用特征函数系 $X_m(x)$ 的正交性，得到

$$C_m \left[K - \alpha_{mz} \tanh(\alpha_{mz}d) \right] - F_m \alpha_{mz} \tanh[\alpha_{mz}(h-d)] = 0, \quad m = 0,1,\cdots \quad (3.3.35)$$

$$\sum_{n=0}^{\infty} A_n \Psi_{mn}^{(1)} U_n(-d) + \sum_{n=0}^{\infty} B_n \Psi_{mn}^{(2)} U_n(-d) + C_m b \left[1 - \frac{K}{\alpha_{mz}} \tanh(\alpha_{mz}d) \right]$$

$$- \sum_{n=0}^{\infty} D_n \Theta_{mn}^{(1)} L_n(-d) - \sum_{n=0}^{\infty} E_n \Theta_{mn}^{(2)} L_n(-d) - F_m b \{ 1 + 2C\alpha_{mz} \tanh[\alpha_{mz}(h-d)] \} \quad (3.3.36)$$

$$- \sum_{n=0}^{\infty} F_n \Lambda_{mn} \alpha_{nz} \tanh[\alpha_{nz}(h-d)] = 0, \quad m = 0,1,\cdots$$

式中，

$$\Psi_{mn}^{(1)} = \int_{-b}^{b} X_m(x) \frac{\cosh(u_{nx}x)}{\cosh(u_{nx}b)} \mathrm{d}x$$

$$\Psi_{mn}^{(2)} = \int_{-b}^{b} X_m(x) \frac{\sinh(u_{nx}x)}{\cosh(u_{nx}b)} \mathrm{d}x$$

$$\Theta_{mn}^{(1)} = \int_{-b}^{b} X_m(x) \frac{\cosh(l_{nx}x)}{\cosh(l_{nx}b)} \mathrm{d}x$$

$$\Theta_{mn}^{(2)} = \int_{-b}^{b} X_m(x) \frac{\sinh(l_{nx}x)}{\cosh(l_{nx}b)} \mathrm{d}x$$

$$\Lambda_{mn} = \int_{-b}^{b} \gamma(x) X_m(x) X_n(x) \,\mathrm{d}x$$

将式(3.1.8)、式(3.3.16)和式(3.3.18)代入式(3.3.26)，等号两侧同时乘以 $Z_m(z)$，然后对 z 从 $-h$ 到 0 积分，得到

$$
\begin{aligned}
& R_m \kappa_{mx} N_m + \sum_{n=0}^{\infty} A_n u_{nx} \tanh(u_{nx} b) \Omega_{mn}^{(1)} - \sum_{n=0}^{\infty} B_n u_{nx} \Omega_{mn}^{(1)} \\
& + \sum_{n=0}^{\infty} D_n l_{nx} \tanh(l_{nx} b) \Omega_{mn}^{(2)} - \sum_{n=0}^{\infty} E_n l_{nx} \Omega_{mn}^{(2)} = \delta_{m0} \kappa_{mx} N_m, \quad m = 0,1,\cdots
\end{aligned}
\tag{3.3.37}
$$

式中，

$$N_m = \int_{-h}^{0} [Z_m(z)]^2 \,\mathrm{d}z$$

$$\Omega_{mn}^{(1)} = \int_{-d}^{0} Z_m(z) U_n(z) \,\mathrm{d}z$$

$$\Omega_{mn}^{(2)} = \int_{-h}^{-d} Z_m(z) L_n(z) \,\mathrm{d}z$$

将式(3.1.8)、式(3.3.16)和式(3.3.17)代入式(3.3.27)，等号两侧同时乘以 $U_m(z)$，然后对 z 从 $-d$ 到 0 积分，得到

$$\sum_{n=0}^{\infty} R_n \Omega_{nm}^{(1)} - \left[A_m - B_m \tanh(u_{mx} b) \right] M_m - \sum_{n=0}^{\infty} C_n (-1)^{n+1} \Upsilon_{mn}^{(1)} = -\Omega_{0m}^{(1)}, \quad m = 0,1,\cdots$$

$$\tag{3.3.38}$$

式中，

$$M_m = \int_{-d}^{0} [U_m(z)]^2 \,\mathrm{d}z$$

$$\Upsilon_{mn}^{(1)} = \int_{-d}^{0} U_m(z) \frac{\alpha_{nz} \cosh(\alpha_{nz} z) + K \sinh(\alpha_{nz} z)}{\alpha_{nz} \cosh(\alpha_{nz} d)} \,\mathrm{d}z$$

将式(3.1.8)、式(3.3.18)和式(3.3.19)代入式(3.3.28)，等号两侧同时乘以 $L_m(z)$，然后对 z 从 $-h$ 到 $-d$ 积分，得到

$$2 \sum_{n=0}^{\infty} R_n \Omega_{nm}^{(2)} - \left[D_m - E_m \tanh(l_{mx} b) \right] (h-d) - 2 \sum_{n=0}^{\infty} F_n (-1)^{n+1} \Upsilon_{mn}^{(2)} = -2 \Omega_{0m}^{(2)}, \quad m = 0,1,\cdots$$

$$\tag{3.3.39}$$

式中，

$$\Upsilon_{mn}^{(2)} = \int_{-h}^{-d} L_m(z) \frac{\cosh[\alpha_{nz}(z+h)]}{\cosh[\alpha_{nz}(h-d)]} \,\mathrm{d}z$$

采用类似的处理方法可以将式(3.3.29)~式(3.3.31)分别转化为如下方程:

$$T_m\kappa_{mx}N_m + \sum_{n=0}^{\infty} A_n u_{nx}\tanh(u_{nx}b)\Omega_{mn}^{(1)} + \sum_{n=0}^{\infty} B_n u_{nx}\Omega_{mn}^{(1)} + \sum_{n=0}^{\infty} C_n\alpha_n\Pi_{mn}^{(1)}$$
$$+\sum_{n=0}^{\infty} D_n l_{nx}\tanh(l_{nx}b)\Omega_{mn}^{(2)} + \sum_{n=0}^{\infty} E_n l_{nx}\Omega_{mn}^{(2)} + \sum_{n=0}^{\infty} F_n\alpha_n\Pi_{mn}^{(2)} = 0, \quad m = 0,1,\cdots \tag{3.3.40}$$

$$\sum_{n=0}^{\infty} T_n\Omega_{nm}^{(1)} - \left[A_m + B_m\tanh(u_{mx}b)\right]M_m = 0, \quad m = 0,1,\cdots \tag{3.3.41}$$

$$2\sum_{n=0}^{\infty} T_n\Omega_{nm}^{(2)} - \left[D_m + E_m\tanh(l_{mx}b)\right](h-d) = 0, \quad m = 0,1,\cdots \tag{3.3.42}$$

式中,

$$\Pi_{mn}^{(1)} = \int_{-d}^{0} Z_m(z)\frac{\alpha_{nz}\cosh(\alpha_{nz}z) + K\sinh(\alpha_{nz}z)}{\alpha_{nz}\cosh(\alpha_{nz}d)}\mathrm{d}z$$

$$\Pi_{mn}^{(2)} = \int_{-h}^{-d} Z_m(z)\frac{\cosh[\alpha_{nz}(z+h)]}{\cosh[\alpha_{nz}(h-d)]}\mathrm{d}z$$

将式(3.3.35)~式(3.3.42)中的 m 和 n 截断到 N 项,可以得到含有 $8(N+1)$ 个未知数的非线性方程组,需要进行迭代求解计算,具体的迭代过程与 2.4 节中的描述类似,通常需要 20 次左右的迭代就能够满足收敛精度($<10^{-4}$)。本节计算中,将截断数取为 $N=40$,能够得到 2~3 位有效数字精度的计算结果。

水平开孔板防波堤的反射系数 C_r、透射系数 C_t 和能量损失系数 C_d 分别由式(2.1.13)、式(2.1.14)和式(2.3.9)计算。水平开孔板防波堤受到的垂向波浪力为

$$F_z = \mathrm{i}\omega\rho\int_{-b}^{b}(\phi_3^{\mathrm{v}} + \phi_3^{\mathrm{h}} - \phi_2^{\mathrm{v}} - \phi_2^{\mathrm{h}})\Big|_{z=-d}\mathrm{d}x$$
$$= \frac{\rho g H}{2}\left\{\sum_{n=0}^{N} D_n\frac{2\tanh(l_{nx}b)}{l_{nx}}L_n(-d) - \sum_{n=0}^{N} F_n\frac{1}{\alpha_n}\right.$$
$$\left. - \sum_{n=0}^{N} A_n\frac{2\tanh(u_{nx}b)}{u_{nx}}U_n(-d) + \sum_{n=0}^{N} C_n\frac{1}{\alpha_n}\left[1 - \frac{K}{\alpha_{nz}}\tanh(\alpha_{nz}d)\right]\right\} \tag{3.3.43}$$

图 3.3.2 和图 3.3.3 为水平开孔板防波堤反射系数和透射系数的计算结果与试验结果[19,20]的对比,在计算中,水平开孔板的射流系数 μ 和阻塞系数 C 分别由式(1.4.8)和式(1.4.11)确定。从图中可以看出,反射系数和透射系数的计算结果与试验结果符合良好,表明解析模型可以合理反映物理规律。

图 3.3.4 为水平开孔板防波堤水动力特性参数随开孔率的变化规律,无因次垂向波浪力定义为 $C_{F_z} = |F_z|/(\rho g H B)$。从图中可以看出,随着水平板开孔率的增加,反射系数整体呈现先增大后缓慢减小的变化趋势,透射系数先快速减小后增大,

能量损失系数先快速增大后减小，无因次垂向波浪力单调减小。当水平板的开孔率约为 0.07 时，透射系数达到最小值，能量损失系数达到最大值，此时水平开孔板防波堤具有最佳的掩护性能和消波性能。

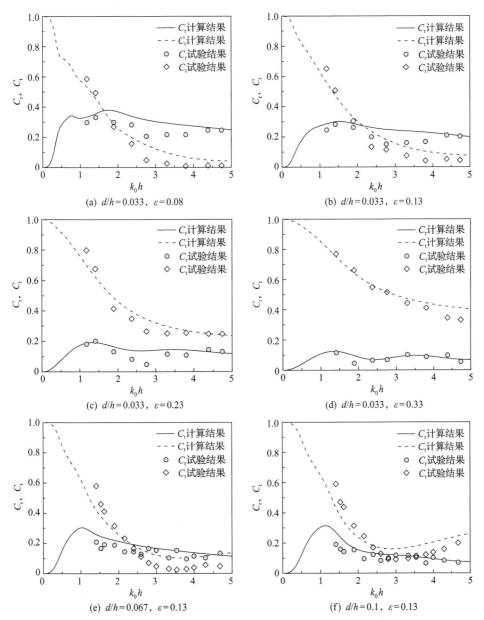

图 3.3.2　水平开孔板防波堤反射系数和透射系数的计算结果与试验结果[19]对比
（$B/h=1.333$，$\delta/h=0.0027$，$H/L=0.02$，$\beta=0°$）

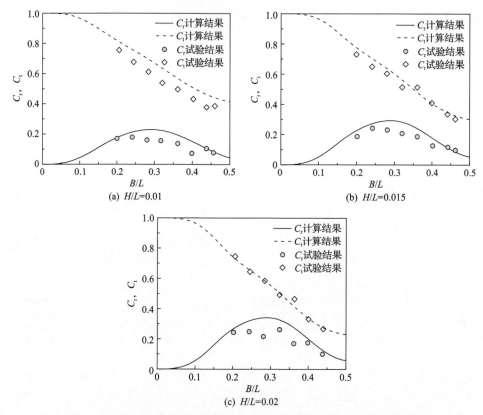

图 3.3.3　水平开孔板防波堤反射系数和透射系数的计算结果与试验结果[20]对比
($B/h = 2$，$d/h = 0.2$，$\delta/h = 0.027$，$\varepsilon = 0.089$，$\beta = 0°$)

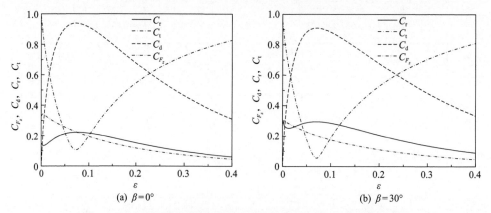

图 3.3.4　水平开孔板防波堤水动力特性参数随开孔率的变化规律
($B/h = 1.5$，$d/h = 0.1$，$\delta/h = 0.008$，$k_0 h = 1.5$，$H/L = 0.02$)

图 3.3.5 为水平开孔板防波堤水动力特性参数随相对板长 B/L 的变化规律。从

图中可以看出，随着板长的增加，水平开孔板防波堤的反射系数先增大后减小，并逐渐趋于稳定值；透射系数先减小，在板长约为 0.35 倍波长时达到最小值，之后出现小幅增大；能量损失系数先快速增大最后趋于稳定值。对于图中的算例，当 $B/L \approx 0.35$ 时，水平开孔板防波堤同时具有低反射、低透射和高能量耗散。

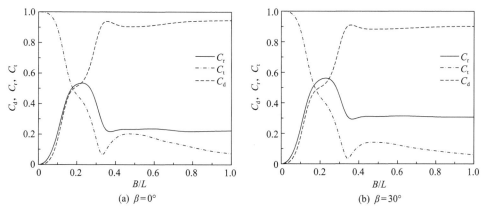

图 3.3.5 水平开孔板防波堤水动力特性参数随相对板长 B/L 的变化规律
($d/h = 0.1$，$\delta/h = 0.008$，$\varepsilon = 0.07$，$k_0 h = 1.5$，$H/L = 0.02$)

3.4 水平开孔圆盘

实际工程中，水平开孔圆盘可以作为一些海上结构物的重要组成部分，如 Spar 平台的垂荡板、养殖网箱的水平底网等。Chwang 等[21]采用匹配特征函数展开法建立了波浪对淹没水平开孔圆盘绕射的解析解，首次给出了波浪通过水平开孔板的复色散方程。Molin 等[16]采用流体垂向速度的级数展开方法建立了水平开孔圆盘垂荡问题的解析解。Liu 等[17]分别采用速度势分解方法和流体垂向速度的级数展开方法建立了波浪对水平开孔圆盘绕射的解析解。本节分别采用匹配特征函数展开法、速度势分解方法和流体垂向速度的级数展开方法建立波浪对淹没水平开孔圆盘作用的解析解。

3.4.1 匹配特征函数展开法

图 3.4.1 为淹没水平开孔圆盘波浪绕射问题的示意图。水深为 h，忽略圆盘厚度的影响，圆盘的半径为 a，圆盘与静水面的间距为 d。直角坐标系的 xoy 平面位于静水面，z 轴竖直向上且通过圆盘中心；柱坐标系 (r,θ,z) 定义为 $r\cos\theta = x$ 和 $r\sin\theta = y$。水平开孔圆盘受到波高为 H、波长为 L、周期为 T 的线性规则波作用，波浪传播方向与 x 轴正方向相同。

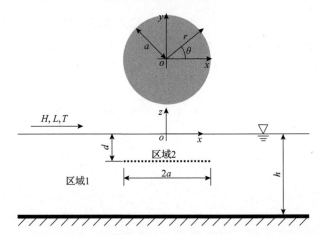

图 3.4.1　淹没水平开孔圆盘波浪绕射问题的示意图(匹配特征函数展开法)

流体运动的速度势满足三维拉普拉斯方程、自由水面条件、水底条件以及远场辐射条件:

$$\frac{\partial^2 \phi}{\partial x^2} + \frac{\partial^2 \phi}{\partial y^2} + \frac{\partial^2 \phi}{\partial z^2} = 0 \tag{3.4.1}$$

$$\frac{\partial \phi}{\partial z} = K\phi, \quad z = 0 \tag{3.4.2}$$

$$\frac{\partial \phi}{\partial z} = 0, \quad z = -h \tag{3.4.3}$$

$$\lim_{r \to \infty} \sqrt{r}\left(\frac{\partial}{\partial r} - \mathrm{i}k_0\right)(\phi - \phi_1) = 0 \tag{3.4.4}$$

式中, $K \equiv \omega^2/g$ 为深水(无限水深)波数, g 为重力加速度; ϕ_1 为入射波速度势; 波数 k_0 是如下色散方程的正实根:

$$K = k_0 \tanh(k_0 h) \tag{3.4.5}$$

拉普拉斯方程(3.4.1)在柱坐标系中的表达式为

$$\frac{\partial^2 \phi}{\partial r^2} + \frac{1}{r}\frac{\partial \phi}{\partial r} + \frac{1}{r^2}\frac{\partial^2 \phi}{\partial \theta^2} + \frac{\partial^2 \phi}{\partial z^2} = 0 \tag{3.4.6}$$

采用分离变量法可以得到满足式(3.4.1)~式(3.4.3)的速度势级数解, 具体过程见 1.2.4 节, 速度势的完整表达式为

$$\phi = \sum_{m=0}^{\infty} \cos(m\theta)\left\{\left[A_{m0}\,\mathrm{H}_m^{(1)}(k_0 r) + B_{m0}\,\mathrm{H}_m^{(2)}(k_0 r)\right]Z_0(z) + \sum_{i=1}^{\infty}\left[A_{mi}\,\mathrm{K}_m(k_i r)\right.\right.$$

$$\left.+B_{mi}\,\mathrm{I}_m(k_i r)\right]Z_i(z)\bigg\} + \sum_{m=0}^{\infty}\sin(m\theta)\left\{\left[C_{m0}\,\mathrm{H}_m^{(1)}(k_0 r) + D_{m0}\,\mathrm{H}_m^{(2)}(k_0 r)\right]Z_0(z)\right.$$

$$\left.+\sum_{i=1}^{\infty}\left[C_{mi}\,\mathrm{K}_m(k_i r) + D_{mi}\,\mathrm{I}_m(k_i r)\right]Z_i(z)\right\} \tag{3.4.7}$$

式中，A_{mi}、B_{mi}、C_{mi} 和 D_{mi} 为展开系数（常数）；$\mathrm{H}_m^{(1)}(x)$ 和 $\mathrm{H}_m^{(2)}(x)$ 分别为第一类和第二类 m 阶汉克尔函数；$\mathrm{I}_m(x)$ 和 $\mathrm{K}_m(x)$ 分别为第一类和第二类 m 阶修正贝塞尔函数；$k_i\,(i \geqslant 1)$ 是方程（2.1.7）的正实根；$Z_i(z)\,(i \geqslant 0)$ 为垂向特征函数系，由式（2.1.8）给出。

在实际应用中需要根据具体情况对式（3.4.7）等右侧的项进行取舍，速度势表达式中的展开系数需根据相关边界条件确定。

根据贝塞尔函数的母函数，可以将入射波的速度势展开为贝塞尔-傅里叶级数：

$$\phi_1 = -\frac{\mathrm{i}gH}{2\omega}\mathrm{e}^{\mathrm{i}k_0 x}Z_0(z) = -\frac{\mathrm{i}gH}{2\omega}Z_0(z)\sum_{m=0}^{\infty}\varepsilon_m\,\mathrm{i}^m\,\mathrm{J}_m(k_0 r)\cos(m\theta) \tag{3.4.8}$$

式中，$\varepsilon_0 = 1$；$\varepsilon_m = 2\,(m \geqslant 1)$；$\mathrm{J}_m(x)$ 为第一类 m 阶贝塞尔函数。

对于淹没水平开孔圆盘的波浪绕射问题，将整个流域划分为两个区域：区域 1，外部流域（$r \geqslant a$，$0 \leqslant \theta < 2\pi$，$-h \leqslant z \leqslant 0$）；区域 2，开孔圆盘所在的流域（$r \leqslant a$，$0 \leqslant \theta < 2\pi$，$-h \leqslant z \leqslant 0$）。

根据式（3.4.7），区域 1 内满足式（3.4.1）～式（3.4.4）的速度势表达式为

$$\phi_1 = -\frac{\mathrm{i}gH}{2\omega}\sum_{m=0}^{\infty}\varepsilon_m\,\mathrm{i}^m\cos(m\theta)\left[\mathrm{J}_m(k_0 r)Z_0(z) + A_{m0}\frac{\mathrm{H}_m(k_0 r)}{\mathrm{H}_m(k_0 a)}Z_0(z) + \sum_{i=1}^{\infty}A_{mi}\frac{\mathrm{K}_m(k_i r)}{\mathrm{K}_m(k_i a)}Z_i(z)\right]$$

$$\tag{3.4.9}$$

式中，A_{mi} 为待定的展开系数；为了书写方便，省略了第一类汉克尔函数 $\mathrm{H}_m^{(1)}(x)$ 的上标，写成 $\mathrm{H}_m(x)$。

式（3.4.9）等号右边括号里第一项代表入射波；第二项表示沿 r 轴向远场传播的柱面波，波浪幅值随着 r 的增加逐渐衰减；第三项表示水平圆盘周围的非传播衰减模态，幅值随着 r 的增大呈指数衰减。

在区域 2 内，除满足式（3.4.1）～式（3.4.3）外，速度势在水平开孔圆盘上满足开孔边界条件：

$$\left.\frac{\partial\phi_2}{\partial z}\right|_{z=-d^-} = \left.\frac{\partial\phi_2}{\partial z}\right|_{z=-d^+} = \mathrm{i}k_0 G\left(\phi_2\big|_{z=-d^-} - \phi_2\big|_{z=-d^+}\right) \tag{3.4.10}$$

式中，d^+ 和 d^- 分别表示圆盘的上表面和下表面；G 为开孔圆盘的孔隙影响参数。

采用分离变量法可以推导出区域 2 内的速度势表达式：

$$\phi_2 = -\frac{\mathrm{i}\,gH}{2\omega}\sum_{m=0}^{\infty}\varepsilon_m \mathrm{i}^m \cos(m\theta)\sum_{i=1}^{\infty}B_{mi}\frac{\mathrm{J}_m(\lambda_i r)}{\mathrm{J}_m(\lambda_i a)}Y_i(z) \tag{3.4.11}$$

式中，B_{mi} 为待定的展开系数；$Y_i(z)$ 为垂向特征函数系，由式(3.2.4)给出；λ_i 为复波数，满足复色散方程(3.2.6)，只需将下标索引符号 n 替换成 i。

速度势表达式中的展开系数需要应用内外区域交界面条件进行匹配求解，这些条件为

$$\phi_1 = \phi_2, \quad r = a, \quad 0 \leqslant \theta < 2\pi, \quad -h \leqslant z \leqslant 0 \tag{3.4.12}$$

$$\frac{\partial \phi_1}{\partial r} = \frac{\partial \phi_2}{\partial r}, \quad r = a, \quad 0 \leqslant \theta < 2\pi, \quad -h \leqslant z \leqslant 0 \tag{3.4.13}$$

将式(3.4.9)和式(3.4.11)代入式(3.4.12)和式(3.4.13)，得到

$$\sum_{m=0}^{\infty}\varepsilon_m \mathrm{i}^m \cos(m\theta)\left[\mathrm{J}_m(k_0 a)Z_0(z) + \sum_{i=0}^{\infty}A_{mi}Z_i(z)\right]$$
$$= \sum_{m=0}^{\infty}\varepsilon_m \mathrm{i}^m \cos(m\theta)\sum_{i=0}^{\infty}B_{mi}Y_i(z), \quad 0 \leqslant \theta < 2\pi, \quad -h \leqslant z \leqslant 0 \tag{3.4.14}$$

$$\sum_{m=0}^{\infty}\varepsilon_m \mathrm{i}^m \cos(m\theta)\left[k_0\,\mathrm{J}'_m(k_0 a)Z_0(z) + \sum_{i=0}^{\infty}A_{mi}\frac{k_i\,\tilde{\mathrm{K}}'_m(k_i a)}{\tilde{\mathrm{K}}_m(k_i a)}Z_i(z)\right]$$
$$= \sum_{m=0}^{\infty}\varepsilon_m \mathrm{i}^m \cos(m\theta)\sum_{i=0}^{\infty}B_{mi}\frac{\lambda_i\,\mathrm{J}'_m(\lambda_i a)}{\mathrm{J}_m(\lambda_i a)}Y_i(z), \quad 0 \leqslant \theta < 2\pi, \quad -h \leqslant z \leqslant 0 \tag{3.4.15}$$

式中，

$$\tilde{\mathrm{K}}_m(k_0 a) = \mathrm{H}_m(k_0 a)$$
$$\tilde{\mathrm{K}}_m(k_i a) = \mathrm{K}_m(k_i a), \quad i = 1, 2, \cdots$$

$$\tilde{\mathrm{K}}'_m(k_i a) = \frac{\mathrm{d}\,\tilde{\mathrm{K}}_m(k_i r)}{\mathrm{d}(k_i r)}\bigg|_{r=a}, \quad \mathrm{J}'_m(\lambda_i a) = \frac{\mathrm{d}\,\mathrm{J}_m(\lambda_i r)}{\mathrm{d}(\lambda_i r)}\bigg|_{r=a}$$

将式(3.4.14)和式(3.4.15)等号两侧同时乘以 $\cos(m\theta)Z_j(z)$，然后对 θ 从 0 到 2π 积分、对 z 从 $-h$ 到 0 积分，得到

$$A_{mj} - \sum_{i=0}^{\infty} B_{mi} \frac{\Lambda_{ji}}{N_j} = -\delta_{j0} \mathrm{J}_m(k_0 a), \quad j=0,1,\cdots \quad (3.4.16)$$

$$A_{mj} \frac{\tilde{\mathrm{K}}'_m(k_j a)}{\tilde{\mathrm{K}}_m(k_j a)} - \sum_{i=0}^{\infty} B_{mi} \frac{\mathrm{J}'_m(\lambda_i a)}{\mathrm{J}_m(\lambda_i a)} \frac{\lambda_i \Lambda_{ji}}{k_j N_j} = -\delta_{j0} \mathrm{J}'_m(k_0 a), \quad j=0,1,\cdots \quad (3.4.17)$$

式中，$N_j = \int_{-h}^0 [Z_j(z)]^2 \mathrm{d}z$；$\Lambda_{ji} = \int_{-h}^0 Z_j(z) Y_i(z) \mathrm{d}z$；$\delta_{ji} = \begin{cases} 1, & j=i \\ 0, & j \neq i \end{cases}$。

将式(3.4.16)和式(3.4.17)中的 m 截断到 M 项、i 和 j 截断到 N 项，可以得到 $M+1$ 个线性方程组，每个方程组均含有 $2N+2$ 个未知数，求解这些方程组便可以确定速度势表达式中所有的展开系数，得到问题的解析解。

开孔圆盘上方区域的波面为

$$\eta(r,\theta) = \frac{\mathrm{i}\omega}{g}\phi_2(r,\theta,0) = \frac{H}{2}\sum_{m=0}^{M}\varepsilon_m \mathrm{i}^m \cos(m\theta)\sum_{i=0}^{N} B_{mi}\frac{\mathrm{J}_m(\lambda_i r)}{\mathrm{J}_m(\lambda_i a)} \quad (3.4.18)$$

开孔圆盘外部区域的波面为

$$\eta(r,\theta) = \frac{\mathrm{i}\omega}{g}\phi_1(r,\theta,0) = \frac{H}{2}\left[\mathrm{e}^{\mathrm{i}k_0 r\cos\theta} + \sum_{m=0}^{M}\varepsilon_m \mathrm{i}^m \cos(m\theta)\sum_{i=0}^{N} A_{mi}\frac{\tilde{\mathrm{K}}_m(k_i r)}{\tilde{\mathrm{K}}_m(k_i a)}\right] \quad (3.4.19)$$

开孔圆盘受到的垂向波浪力为

$$\begin{aligned} F_z &= \mathrm{i}\omega\rho \int_0^a \int_0^{2\pi} \left(\phi_2\big|_{z=-d^-} - \phi_2\big|_{z=-d^+}\right) r\,\mathrm{d}\theta\,\mathrm{d}r \\ &= \mathrm{i}\omega\rho \int_0^a \int_0^{2\pi} \frac{1}{\mathrm{i}k_0 G}\frac{\partial\phi_2}{\partial z}\bigg|_{z=-d^-} r\,\mathrm{d}\theta\,\mathrm{d}r \\ &= \frac{\pi\rho g H a}{\mathrm{i}k_0 G}\sum_{i=0}^{N} B_{0i}\frac{\mathrm{J}_1(\lambda_i a)}{\lambda_i \mathrm{J}_0(\lambda_i a)} Y'_i(-d^-) \end{aligned} \quad (3.4.20)$$

在式(3.4.20)的推导中，使用了开孔边界条件式(3.4.10)和如下关系式：

$$\int_0^1 \tau^{n+1}\mathrm{J}_n(\xi\tau)\mathrm{d}\tau = \frac{\mathrm{J}_{n+1}(\xi)}{\xi} \quad (3.4.21)$$

当孔隙影响参数 $G=0$ 时，圆盘退化为不开孔结构，关于淹没水平实体圆盘波浪绕射问题的求解过程可以参阅文献[22]。

3.4.2 速度势分解方法

图 3.4.2 为淹没水平开孔圆盘波浪绕射问题的示意图。将整个流域划分为三个

区域：区域 1，外部流域（$r \geq a$，$0 \leq \theta < 2\pi$，$-h \leq z \leq 0$）；区域 2，圆盘上方流域（$r \leq a$，$0 \leq \theta < 2\pi$，$-d \leq z \leq 0$）；区域 3，圆盘下方流域（$r \leq a$，$0 \leq \theta < 2\pi$，$-h \leq z \leq -d$）。

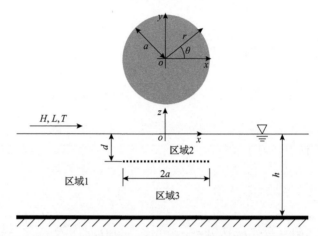

图 3.4.2　淹没水平开孔圆盘波浪绕射问题的示意图（速度势分解方法）

区域 1 内流体运动的速度势表达式与式（3.4.9）相同。将区域 2 和区域 3 内流体运动的速度势分解为

$$\phi_j = \phi_j^{\mathrm{v}} + \phi_j^{\mathrm{h}}, \quad j = 2,3 \tag{3.4.22}$$

令分解后的速度势满足如下条件：

$$\frac{\partial \phi_2^{\mathrm{v}}}{\partial z} = \begin{cases} K\phi_2^{\mathrm{v}}, & z = 0 \\ 0, & z = -d \end{cases} \tag{3.4.23}$$

$$\frac{\partial \phi_2^{\mathrm{h}}}{\partial z} = K\phi_2^{\mathrm{h}}, \quad z = 0 \tag{3.4.24a}$$

$$\phi_2^{\mathrm{h}} = 0, \quad r = a \tag{3.4.24b}$$

$$\frac{\partial \phi_3^{\mathrm{v}}}{\partial z} = 0, \quad z = -d, -h \tag{3.4.25}$$

$$\frac{\partial \phi_3^{\mathrm{h}}}{\partial z} = 0, \quad z = -h \tag{3.4.26a}$$

$$\phi_3^{\mathrm{h}} = 0, \quad r = a \tag{3.4.26b}$$

可以看出，叠加后的速度势 ϕ_2 和 ϕ_3 仍然分别满足自由水面条件和水底条件。

将匹配边界条件式(3.4.10)、式(3.4.12)和式(3.4.13)改写为

$$\frac{\partial \phi_2^{\mathrm{h}}}{\partial z} = \frac{\partial \phi_3^{\mathrm{h}}}{\partial z}, \quad z = -d, \quad 0 \leqslant \theta < 2\pi, \quad 0 \leqslant r \leqslant a \tag{3.4.27}$$

$$\frac{\partial \phi_2^{\mathrm{h}}}{\partial z} = \mathrm{i} k_0 G(\phi_3^{\mathrm{v}} + \phi_3^{\mathrm{h}} - \phi_2^{\mathrm{v}} - \phi_2^{\mathrm{h}}), \quad z = -d, \quad 0 \leqslant \theta < 2\pi, \quad 0 \leqslant r \leqslant a \tag{3.4.28}$$

$$\frac{\partial \phi_1}{\partial r} = \begin{cases} \dfrac{\partial \phi_2^{\mathrm{v}}}{\partial r} + \dfrac{\partial \phi_2^{\mathrm{h}}}{\partial r}, & r = a, \quad 0 \leqslant \theta < 2\pi, \quad -d \leqslant z \leqslant 0 \\[3mm] \dfrac{\partial \phi_3^{\mathrm{v}}}{\partial r} + \dfrac{\partial \phi_3^{\mathrm{h}}}{\partial r}, & r = a, \quad 0 \leqslant \theta < 2\pi, \quad -h \leqslant z < -d \end{cases} \tag{3.4.29}$$

$$\phi_2^{\mathrm{v}} = \phi_1, \quad r = a, \quad 0 \leqslant \theta < 2\pi, \quad -d \leqslant z \leqslant 0 \tag{3.4.30}$$

$$\phi_3^{\mathrm{v}} = \phi_1, \quad r = a, \quad 0 \leqslant \theta < 2\pi, \quad -h \leqslant z < -d \tag{3.4.31}$$

采用分离变量法可以得到满足三维拉普拉斯方程和相应边界条件式(3.4.23)～式(3.4.26)的速度势级数表达式:

$$\phi_2^{\mathrm{v}} = -\frac{\mathrm{i}gH}{2\omega} \sum_{m=0}^{\infty} \varepsilon_m \mathrm{i}^m \cos(m\theta) \sum_{i=0}^{\infty} C_{mi} \tilde{\mathrm{I}}_m(u_i r) U_i(z) \tag{3.4.32}$$

$$\phi_2^{\mathrm{h}} = -\frac{\mathrm{i}gH}{2\omega} \sum_{m=0}^{\infty} \varepsilon_m \mathrm{i}^m \cos(m\theta) \sum_{i=0}^{\infty} D_{mi} \mathrm{J}_m(\beta_{mi} r) W_{mi}(z) \tag{3.4.33}$$

$$\phi_3^{\mathrm{v}} = -\frac{\mathrm{i}gH}{2\omega} \sum_{m=0}^{\infty} \varepsilon_m \mathrm{i}^m \cos(m\theta) \sum_{i=0}^{\infty} E_{mi} V_m(l_i r) L_i(z) \tag{3.4.34}$$

$$\phi_3^{\mathrm{h}} = -\frac{\mathrm{i}gH}{2\omega} \sum_{m=0}^{\infty} \varepsilon_m \mathrm{i}^m \cos(m\theta) \sum_{i=0}^{\infty} F_{mi} \mathrm{J}_m(\beta_{mi} r) Q_{mi}(z) \tag{3.4.35}$$

式中, C_{mi}、D_{mi}、E_{mi} 和 F_{mi} 为待定的展开系数; 垂向特征函数系 $U_i(z)$ 和 $L_i(z)$ 以及相应的特征值 u_i 和 l_i 与式(3.1.11)、式(3.1.15)和式(3.1.12)、式(3.1.16)中的定义基本一致, 只需将下标 n 改成 i; 径向(r 轴)特征函数系 $\mathrm{J}_m(\beta_{mi} r)$ 对应的特征值是如下方程从小到大排列的正实根:

$$\mathrm{J}_m(\beta_{mi} a) = 0, \quad i = 0, 1, \cdots \tag{3.4.36}$$

函数系 $\tilde{\mathrm{I}}_m(u_i r)$、$V_m(l_i r)$、$W_{mi}(z)$ 和 $Q_{mi}(z)$ 的表达式为

$$\tilde{I}_m(u_ir) = \begin{cases} J_m(u_0r), & i = 0 \\ \dfrac{I_m(u_ir)}{I_m(u_ia)}, & i = 1, 2, \cdots \end{cases} \tag{3.4.37}$$

$$V_m(l_ir) = \begin{cases} \left(\dfrac{r}{a}\right)^m, & i = 0 \\ \dfrac{I_m(l_ir)}{I_m(l_ia)}, & i = 1, 2, \cdots \end{cases} \tag{3.4.38}$$

$$W_{mi}(z) = \frac{\beta_{mi}\cosh(\beta_{mi}z) + K\sinh(\beta_{mi}z)}{\beta_{mi}\cosh(\beta_{mi}d)} \tag{3.4.39}$$

$$Q_{mi}(z) = \frac{\cosh[\beta_{mi}(z+h)]}{\cosh[\beta_{mi}(h-d)]} \tag{3.4.40}$$

速度势 ϕ_2^{h} 和 ϕ_3^{h} 的表达式是本节速度势分解方法中的关键，均是通过沿圆盘径向做分离变量得到，相应的特征函数系为 $J_m(\beta_{mi}r)$，特征值 β_{mi} 则由式(3.4.24b)或式(3.4.26b)来确定。在构建上述速度势表达式的过程中，由于未使用开孔边界条件式(3.4.10)，从而避免了产生复色散方程。径向特征函数系 $J_m(\beta_{mi}r)$ 具备加权正交性：

$$\int_0^a J_m(\beta_{mi}r)J_m(\beta_{mj}r)r\,\mathrm{d}r = 0, \quad i \ne j \tag{3.4.41}$$

在 3.2.3 节中已经提到，速度势分解的具体过程并不唯一，也可以将式(3.4.24b)和式(3.4.26b)中的齐次第一类边界条件变换为齐次第二类边界条件 $\partial\phi_j^{\mathrm{h}}/\partial r = 0$ $(j = 2, 3)$，则匹配边界条件式(3.4.29)～式(3.4.31)也需要进行相应的调整。按照这样的分解过程，速度势的表达式仍与式(3.4.32)～式(3.4.35)基本一致，但是特征值 β_{mi} 变为方程 $\mathrm{d}J_m(\beta_{mi}r)/\mathrm{d}(\beta_{mi}r)\big|_{r=a} = 0$ 的正实根。

下面应用匹配条件式(3.4.27)～式(3.4.31)确定速度势表达式中的展开系数，具体的求解过程与 3.4.1 节类似。

将式(3.4.32)～式(3.4.35)代入式(3.4.27)和式(3.4.28)，等号两侧同时乘以 $\cos(m\theta)$，然后对 θ 从 0 到 2π 积分，得到

$$\sum_{i=0}^{\infty} D_{mi} J_m(\beta_{mi}r)[K - \beta_{mi}\tanh(\beta_{mi}d)] = \sum_{i=0}^{\infty} F_{mi} J_m(\beta_{mi}r)\tanh[\beta_{mi}(h-d)], \quad 0 \leqslant r \leqslant a$$

$$\tag{3.4.42}$$

$$\sum_{i=0}^{\infty} D_{mi} \, \mathrm{J}_m(\beta_{mi}r) \big[K - \beta_{mi} \tanh(\beta_{mi}d) \big]$$

$$= \mathrm{i}\,k_0 G \Bigg\{ \sum_{i=0}^{\infty} E_{mi} V_m(l_i r) L_i(-d) + \sum_{i=0}^{\infty} F_{mi} \, \mathrm{J}_m(\beta_{mi}r)$$

$$- \sum_{i=0}^{\infty} C_{mi} \tilde{\mathrm{I}}_m(u_i r) U_i(-d) - \sum_{i=0}^{\infty} D_{mi} \, \mathrm{J}_m(\beta_{mi}r) \left[1 - \frac{K}{\beta_{mi}} \tanh(\beta_{mi}d) \right] \Bigg\}, \quad 0 \leqslant r \leqslant a$$

$$(3.4.43)$$

将式 (3.4.42) 和式 (3.4.43) 等号两侧同时乘以 $\mathrm{J}_m(\beta_{mj}r)r$，对 r 从 0 到 a 积分，并应用式 (3.4.41)，得到

$$D_{mj} \big[K - \beta_{mj} \tanh(\beta_{mj}d) \big] - F_{mj} \tanh[\beta_{mj}(h-d)] = 0, \quad j = 0,1,\cdots \qquad (3.4.44)$$

$$\sum_{i=0}^{\infty} C_{mi} \Psi_{m,ji} U_i(-d) + D_{mj} \tilde{J}_{m,j} \left[1 - \frac{K}{\beta_{mj}} \tanh(\beta_{mj}d) + \frac{K - \beta_{mj} \tanh(\beta_{mj}d)}{\mathrm{i}\,k_0 G} \right]$$

$$- \sum_{i=0}^{\infty} E_{mi} \Theta_{m,ji} L_i(-d) - F_{mj} \tilde{J}_{m,j} = 0, \quad j = 0,1,\cdots \qquad (3.4.45)$$

式中，

$$\tilde{J}_{m,j} = \int_0^a [\mathrm{J}_m(\beta_{mj}r)]^2 r \, \mathrm{d}r$$

$$\Psi_{m,ji} = \int_0^a \mathrm{J}_m(\beta_{mj}r) \tilde{\mathrm{I}}_m(u_i r) r \, \mathrm{d}r$$

$$\Theta_{m,ji} = \int_0^a \mathrm{J}_m(\beta_{mj}r) V_m(l_i r) r \, \mathrm{d}r$$

将式 (3.4.9) 和式 (3.4.32)～式 (3.4.35) 代入式 (3.4.29)，等号两侧同时乘以 $\cos(m\theta)Z_j(z)$，然后对 θ 从 0 到 2π 积分、对 z 从 $-h$ 到 0 积分，得到

$$A_{mj} \frac{k_j \tilde{\mathrm{K}}'_m(k_j a) N_j}{\tilde{\mathrm{K}}_m(k_j a)} - \sum_{i=0}^{\infty} C_{mi} u_i \tilde{\mathrm{I}}'_m(u_i a) \Omega_{ji}^{(1)} - \sum_{i=0}^{\infty} D_{mi} \beta_{mi} \, \mathrm{J}'_m(\beta_{mi}a) \Pi_{m,ji}^{(1)}$$

$$- \sum_{i=0}^{\infty} E_{mi} \tilde{V}_{mi} \Omega_{ji}^{(2)} - \sum_{i=0}^{\infty} F_{mi} \beta_{mi} \, \mathrm{J}'_m(\beta_{mi}a) \Pi_{m,ji}^{(2)} = -\delta_{j0} k_0 \, \mathrm{J}'_m(k_0 a) N_0, \quad j = 0,1,\cdots$$

$$(3.4.46)$$

式中，

$$\Omega_{ji}^{(1)} = \int_{-d}^{0} Z_j(z) U_i(z)\,\mathrm{d}z$$

$$\Omega_{ji}^{(2)} = \int_{-h}^{-d} Z_j(z) L_i(z)\,\mathrm{d}z$$

$$\Pi_{m,ji}^{(1)} = \int_{-d}^{0} Z_j(z) W_{mi}(z)\,\mathrm{d}z$$

$$\Pi_{m,ji}^{(2)} = \int_{-h}^{-d} Z_j(z) Q_{mi}(z)\,\mathrm{d}z$$

$$\tilde{\mathrm{I}}_m'(u_i a) = \left.\frac{\mathrm{d}\,\tilde{\mathrm{I}}_m(u_i r)}{\mathrm{d}(u_i r)}\right|_{r=a}$$

$$\tilde{V}_{mi} = \begin{cases} \dfrac{m}{a}, & i = 0 \\[2mm] \dfrac{l_i \mathrm{I}_m'(l_i a)}{\mathrm{I}_m(l_i a)}, & i = 1,2,\cdots \end{cases}$$

将式(3.4.9)和式(3.4.32)代入式(3.4.30)，等号两侧同时乘以 $\cos(m\theta) U_j(z)$，然后对 θ 从 0 到 2π 积分、对 z 从 $-d$ 到 0 积分，得到

$$\sum_{i=0}^{\infty} A_{mi}\Omega_{ij}^{(1)} - C_{mj}\tilde{\mathrm{I}}_m(u_j a) M_j = -\mathrm{J}_m(k_0 a)\Omega_{0j}^{(1)}, \quad j = 0,1,\cdots \tag{3.4.47}$$

式中，$M_j = \int_{-d}^{0} [U_j(z)]^2\,\mathrm{d}z$。

将式(3.4.9)和式(3.4.34)代入式(3.4.31)，等号两侧同时乘以 $\cos(m\theta) L_j(z)$，然后对 θ 从 0 到 2π 积分、对 z 从 $-h$ 到 $-d$ 积分，得到

$$2\sum_{i=0}^{\infty} A_{mi}\Omega_{ij}^{(2)} - E_{mj}(h-d) = -2\mathrm{J}_m(k_0 a)\Omega_{0j}^{(2)}, \quad j = 0,1,\cdots \tag{3.4.48}$$

将式(3.4.44)~式(3.4.48)中的 j 和 i 截断到 N 项，则对于每个角模态 m，都可以得到含有 $5(N+1)$ 个未知数的线性方程组，求解这些方程组便可以确定速度势表达式中所有的展开系数。

开孔圆盘上方区域的波面为

$$\eta(r,\theta) = \frac{\mathrm{i}\omega}{g}(\phi_2^{\mathrm{v}} + \phi_2^{\mathrm{h}})\Big|_{z=0}$$

$$= \frac{H}{2}\sum_{m=0}^{M} \varepsilon_m \mathrm{i}^m \cos(m\theta)\left[\sum_{i=0}^{N} C_{mi}\tilde{\mathrm{I}}_m(u_i r) + \sum_{i=0}^{N} D_{mi}\frac{\mathrm{J}_m(\beta_{mi} r)}{\cosh(\beta_{mi} d)}\right] \tag{3.4.49}$$

式中，已经将三角函数级数截断到 M 项。

开孔圆盘受到的垂向波浪力为

$$
\begin{aligned}
F_z &= \mathrm{i}\omega\rho \int_0^a \int_0^{2\pi} (\phi_3^{\mathrm{v}} + \phi_3^{\mathrm{h}} - \phi_2^{\mathrm{v}} - \phi_2^{\mathrm{h}}) \Big|_{z=-d} r\,\mathrm{d}\theta\,\mathrm{d}r \\
&= \mathrm{i}\omega\rho \int_0^a \int_0^{2\pi} \frac{1}{\mathrm{i}k_0 G} \frac{\partial \phi_2^{\mathrm{h}}}{\partial z} \Big|_{z=-d^-} r\,\mathrm{d}\theta\,\mathrm{d}r \\
&= \frac{\pi\rho gHa}{\mathrm{i}k_0 G} \sum_{i=0}^{N} D_{0i}\left[K - \beta_{0i}\tanh(\beta_{0i}d)\right] \frac{\mathrm{J}_1(\beta_{0i}a)}{\beta_{0i}}
\end{aligned}
\tag{3.4.50}
$$

3.4.3　流体垂向速度的级数展开方法

在 3.2.4 节中，已经将流体垂向速度的级数展开方法应用到波浪对水平开孔板消波装置作用的二维问题，现采用该方法建立淹没水平开孔圆盘波浪绕射问题的解析解，同时避免产生复色散方程。

流域的分区与图 3.4.2 中的定义相同。在开孔圆盘外边缘 $(r=a)$ 处，流体运动的速度势连续，则根据开孔边界条件式 (3.4.10) 的第二个等式，在数学分析中可以采用如下边界条件：

$$
\frac{\partial \phi_2}{\partial z}\Big|_{z=-d} = \frac{\partial \phi_3}{\partial z}\Big|_{z=-d} = 0, \quad r = a
\tag{3.4.51}
$$

根据式 (3.4.51)，可以将水平开孔圆盘表面的流体垂向速度沿圆盘直径方向做贝塞尔-傅里叶级数展开：

$$
\frac{\partial \phi_2}{\partial z}\Big|_{z=-d} = \frac{\partial \phi_3}{\partial z}\Big|_{z=-d} = -\frac{\mathrm{i}gH}{2\omega} \sum_{m=0}^{\infty} \varepsilon_m \mathrm{i}^m \cos(m\theta) \sum_{i=0}^{\infty} R_{mi}\,\mathrm{J}_m(\beta_{mi}r)
\tag{3.4.52}
$$

式中，R_{mi} 为任意的展开常数；其余符号的含义与式 (3.4.33) 中相应的符号一致。如果只考虑水平开孔圆盘的垂荡问题，由于垂荡问题具有轴对称性，与轴向角 θ 无关，则式 (3.4.52) 中只需要保留第一项展开式 $\mathrm{J}_0(\beta_{0i}r)$ [16]。

结合式 (3.4.52)，区域 2 和区域 3 内的速度势需要满足如下边界条件：

$$
\frac{\partial \phi_2}{\partial z} = K\phi_2, \quad z = 0
\tag{3.4.53}
$$

$$
\frac{\partial \phi_2}{\partial z} = -\frac{\mathrm{i}gH}{2\omega} \sum_{m=0}^{\infty} \varepsilon_m \mathrm{i}^m \cos(m\theta) \sum_{i=0}^{\infty} R_{mi}\,\mathrm{J}_m(\beta_{mi}r), \quad z = -d
\tag{3.4.54}
$$

$$\frac{\partial \phi_3}{\partial z} = -\frac{\mathrm{i}\,gH}{2\omega} \sum_{m=0}^{\infty} \varepsilon_m \mathrm{i}^m \cos(m\theta) \sum_{i=0}^{\infty} R_{mi} \mathrm{J}_m(\beta_{mi} r), \quad z = -d \tag{3.4.55}$$

$$\frac{\partial \phi_2}{\partial z} = 0, \quad z = -h \tag{3.4.56}$$

从式(3.4.54)和式(3.4.55)可以看出,水平开孔圆盘表面的垂向速度连续条件已经自动满足,还需要考虑开孔圆盘边界的压力损失边界条件,以及区域 1 与区域 2、3 之间的速度连续条件和压力连续条件。

式(3.4.54)和式(3.4.55)中的边界条件是非齐次条件,可以将区域 2 和区域 3 内的速度势写成一个通解和一个特解之和,然后令通解满足齐次边界条件,这些齐次边界条件的具体表达式与式(3.2.79)~式(3.2.81)相同。

不难看出,3.4.2 节中的速度势表达式(3.4.32)和式(3.4.34)正好是满足三维拉普拉斯方程和式(3.2.79)~式(3.2.81)的通解,接下来只需要找到满足三维拉普拉斯方程和式(3.4.53)~式(3.4.56)的特解。经过代数运算,可以得到如下特解:

$$\phi_2^{\mathrm{p}} = -\frac{\mathrm{i}\,gH}{2\omega} \sum_{m=0}^{\infty} \varepsilon_m \mathrm{i}^m \cos(m\theta) \sum_{i=0}^{\infty} \frac{R_{mi}}{K - \beta_{mi} \tanh(\beta_{mi} d)} \mathrm{J}_m(\beta_{mi} r) W_{mi}(z) \tag{3.4.57}$$

$$\phi_3^{\mathrm{p}} = -\frac{\mathrm{i}\,gH}{2\omega} \sum_{m=0}^{\infty} \varepsilon_m \mathrm{i}^m \cos(m\theta) \sum_{i=0}^{\infty} \frac{R_{mi}}{\beta_{mi} \tanh[\beta_{mi}(h-d)]} \mathrm{J}_m(\beta_{mi} r) Q_{mi}(z) \tag{3.4.58}$$

式中,R_{mi} 为待定的展开系数;其余符号的含义与式(3.4.33)和式(3.4.35)中相应的符号一致。

既然 R_{mi} 是任意常数,并考虑式(3.4.44),可以定义如下关系式:

$$R_{mi} = D_{mi}\left[K - \beta_{mi} \tanh(\beta_{mi} d)\right] = F_{mi} \beta_{mi} \tanh[\beta_{mi}(h-d)], \quad i = 0,1,\cdots \tag{3.4.59}$$

可以发现,特解的表达式(3.4.57)和式(3.4.58)与式(3.4.33)和式(3.4.35)相同。可以看出,虽然流体垂向速度的级数展开方法与速度势分解方法的出发点和推导过程不同,但是两种方法得到了完全相同的计算结果。

图 3.4.3 和图 3.4.4 分别为孔隙影响参数和淹没深度对水平开孔圆盘上无因次垂向波浪力的影响,无因次垂向波浪力定义为 $C_{F_z} = 2|F_z| / (\pi \rho g H a^2)$。从图 3.4.3 可以看出,对于不同的孔隙影响参数(不同开孔率),无因次垂向波浪力均在 $k_0 h \approx 0.9$ 时达到峰值;波浪力峰值随着孔隙影响参数的增大而快速减小。从图 3.4.4 可以看出,随着淹没深度的增大,无因次垂向波浪力的峰值逐渐减小,且峰值所对应的波浪频率向高频区偏移。

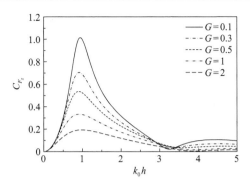

图 3.4.3　孔隙影响参数对水平开孔圆盘上无因次垂向波浪力的影响($a/h=1$，$d/h=0.2$)

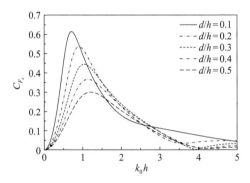

图 3.4.4　淹没深度对水平开孔圆盘上无因次垂向波浪力的影响($a/h=1$，$G=0.5$)

图 3.4.5 为不同孔隙影响参数下水平开孔圆盘附近区域无因次波面幅值的等值线，无因次波面幅值定义为 $C_\eta=2|\eta|/H$。从图中可以看出，随着孔隙影响参数的增大，圆盘迎浪侧波面幅值的变化趋于平缓，而圆盘背浪侧波面幅值整体呈现增大趋势。对于 $G=0.1$ 的工况，圆盘前上方和后上方区域的波面幅值显著大于入射

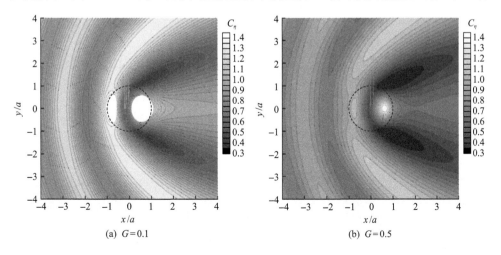

(a) $G=0.1$　　　　　　　　　　　　　　　　　　(b) $G=0.5$

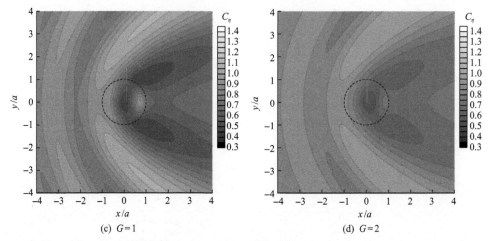

图 3.4.5　水平开孔圆盘附近区域无因次波面幅值的等值线 ($a/h=1$,　$d/h=0.2$,　$k_0h=1.5$)

波幅值，这主要由波浪能量在圆盘上方积聚所致。当孔隙影响参数增大时，波能积聚现象减缓，圆盘上方区域的波面幅值整体减小。

3.5　水平漂浮弹性板

对于波浪与海上浮冰、漂浮机场等超大型浮式结构物的相互作用问题，可以将其简化为波浪作用下水面漂浮半无限长弹性板的水弹性问题。超大型浮体是一种极为扁平、柔度较大的海洋结构物，不能忽略其在外荷载作用下的弹性变形。Fox 等[23,24]建立了正向入射波与半无限浮冰相互作用的二维解析解；Teng 等[25]研究了正向入射波作用下具有一定吃水深度的半无限漂浮弹性板的水弹性响应；Guo 等[26]分析了水下台阶地形对半无限漂浮弹性板水弹性响应的影响。本节采用匹配特征函数展开法建立斜向入射波与半无限长水面漂浮弹性板相互作用的解析模型，分析波浪传播特性和弹性板的水弹性响应特征。

图 3.5.1 为斜向入射波与半无限长水面漂浮弹性板相互作用的示意图。忽略弹性板的吃水影响，水深为 h。建立直角坐标系，xoy 平面位于静水面，原点位于弹

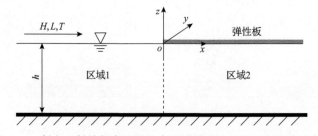

图 3.5.1　斜向入射波与半无限长水面漂浮弹性板相互作用的示意图

性板的左端, x 轴水平向右, z 轴竖直向上, 波浪入射方向与 x 轴正方向夹角为 β。将整个流域分为两个区域: 区域 1, 左侧开阔流域 $(x \leqslant 0, \ -h \leqslant z \leqslant 0)$; 区域 2, 右侧弹性板下方流域 $(x \geqslant 0, \ -h \leqslant z \leqslant 0)$。

基于弹性薄板理论, 弹性板的运动微分方程为

$$EI\left(\frac{\partial^2}{\partial x^2}+\frac{\partial^2}{\partial y^2}\right)^2 w + m_s \frac{\partial^2 w}{\partial t^2} = P_s \qquad (3.5.1)$$

式中, w 为弹性板的挠度; $I = c^3 / [12(1-\nu^2)]$; E、c 和 ν 分别为弹性板的弹性模量、厚度和泊松比; $m_s = \rho_s c$ 为弹性板的单位面积质量; ρ_s 为弹性板的密度; P_s 为弹性板下表面的动水压强。

基于线性波理论, 可以将弹性板下表面的动水压强表示为

$$P_s(x,y,t) = \mathrm{Re}\left[p_s(x)\mathrm{e}^{\mathrm{i}k_{0y}y}\,\mathrm{e}^{-\mathrm{i}\omega t}\right] \qquad (3.5.2)$$

式中, Re 表示取变量的实部; p_s 为仅与变量 x 有关的动水压强, 为复数形式, 包含幅值和相位信息。

当弹性板做小振幅线性简谐振动时, 可以将其挠度表示为

$$w(x,y,t) = \mathrm{Re}\left[\xi(x)\mathrm{e}^{\mathrm{i}k_{0y}y}\,\mathrm{e}^{-\mathrm{i}\omega t}\right] \qquad (3.5.3)$$

式中, $\xi(x)$ 为空间复挠度函数。

将式 (3.5.2) 和式 (3.5.3) 代入式 (3.5.1), 消去变量 y 和时间 t, 得到

$$EI\left(\frac{\mathrm{d}^2}{\mathrm{d}x^2}-k_{0y}^2\right)^2 \xi - m_s \omega^2 \xi = p_s \qquad (3.5.4)$$

如果流体与弹性板下表面之间不存在空隙, 弹性板处的运动学条件和动力学条件分别为

$$\frac{\partial \phi_2}{\partial z} = -\mathrm{i}\omega\xi, \quad z=0, \quad x>0 \qquad (3.5.5)$$

$$p_s = \mathrm{i}\omega\rho\phi_2 - \rho g\xi, \quad z=0, \quad x>0 \qquad (3.5.6)$$

应用式 (3.5.5) 和式 (3.5.6), 消去式 (3.5.4) 中的压强 p_s 和挠度 ξ, 得到仅用速度势表示的弹性板边界条件:

$$\left[D\left(\frac{\partial^2}{\partial x^2}-k_{0y}^2\right)^2+1-\varepsilon K\right]\frac{\partial \phi_2}{\partial z}=K\phi_2, \quad z=0, \quad x>0 \qquad (3.5.7)$$

式中，$D = Ec^3 \big/ [12(1 - v^2)\rho g]$；$\varepsilon = (\rho_s/\rho)c$；$K \equiv \omega^2/g$。

在求解弹性板运动响应时，需要在其端部($x = 0$，$z = 0$)施加合适的约束条件，这里考虑三种典型的端部条件[27]：自由端部、简支端部和固支端部。对于自由情况(零剪力、零弯矩)，端部条件的数学表达式为

$$\left[\frac{\partial^3}{\partial x^3} - (2 - v)k_{0y}^2 \frac{\partial}{\partial x}\right]\frac{\partial \phi_2}{\partial z} = 0, \quad \left(\frac{\partial^2}{\partial x^2} - v k_{0y}^2\right)\frac{\partial \phi_2}{\partial z} = 0 \tag{3.5.8}$$

对于简支情况(零弯矩、零挠度)，端部条件的数学表达式为

$$\left(\frac{\partial^2}{\partial x^2} - v k_{0y}^2\right)\frac{\partial \phi_2}{\partial z} = 0, \quad \frac{\partial \phi_2}{\partial z} = 0 \tag{3.5.9}$$

对于固支情况(零转角、零挠度)，端部条件的数学表达式为

$$\frac{\partial^2 \phi_2}{\partial x \partial z} = 0, \quad \frac{\partial \phi_2}{\partial z} = 0 \tag{3.5.10}$$

在区域 1 内，满足控制方程、自由水面条件、水底条件以及远场辐射条件的速度势表达式为

$$\phi_1 = -\frac{\mathrm{i}gH}{2\omega}\left[\mathrm{e}^{\mathrm{i}k_{0x}x}Z_0(z) + R_0\mathrm{e}^{-\mathrm{i}k_{0x}x}Z_0(z) + \sum_{n=1}^{\infty} R_n\mathrm{e}^{k_{nx}x}Z_n(z)\right] \tag{3.5.11}$$

式中，R_n 为待定的展开系数；其余符号与式(3.1.8)中的定义相同。

在区域 2 内，满足控制方程、弹性板边界条件式(3.5.7)、水底条件以及远场辐射条件的速度势表达式为

$$\phi_2 = -\frac{\mathrm{i}gH}{2\omega}\left[T_0\mathrm{e}^{\mathrm{i}\lambda_{0x}x}Y_0(z) + \sum_{n=-2,n\neq0}^{\infty} T_n\mathrm{e}^{-\lambda_{nx}x}Y_n(z)\right] \tag{3.5.12}$$

式中，T_n 为待定的展开系数；$\lambda_{0x} = \sqrt{\lambda_0^2 - k_{0y}^2}$；$\lambda_{nx} = \sqrt{\lambda_n^2 + k_{0y}^2}$ ($n \neq 0$)；$Y_n(z)$ 为垂向特征函数系：

$$Y_n(z) = \begin{cases} \dfrac{\cosh[\lambda_0(z + h)]}{\cosh(\lambda_0 h)}, & n = 0 \\[3mm] \dfrac{\cos[\lambda_n(z + h)]}{\cos(\lambda_n h)}, & n \neq 0 \end{cases} \tag{3.5.13}$$

与自由水面区域的垂向特征函数系 $Z_n(z)$ 不同，函数系 $Y_n(z)$ 在其定义域内不具备正交性。波数 λ_n 满足如下色散方程：

$$K = \lambda_0 (D\lambda_0^4 + 1 - \varepsilon K)\tanh(\lambda_0 h) \tag{3.5.14a}$$

$$K = -\lambda_n (D\lambda_n^4 + 1 - \varepsilon K)\tan(\lambda_n h), \quad n \neq 0 \tag{3.5.14b}$$

λ_0 是式 (3.5.14a) 的正实根，对应向右传播的波浪传播模态；λ_{-2} 和 λ_{-1} 是式 (3.5.14b) 的一对实部为正的共轭复根，表示波浪传播的同时波幅快速衰减的波浪模态；$\lambda_n (n \geqslant 1)$ 是式 (3.5.14b) 的一系列正实根，对应非传播模态。

值得注意的是，式 (3.5.12) 中存在一个临界角度：

$$\beta_c = \arcsin\left(\frac{\lambda_0}{k_0}\right) \tag{3.5.15}$$

当波浪入射角度大于此临界角度时，λ_{0x} 是纯虚数，此时区域 2 内不存在向右传播的传播模态波，波浪发生全反射现象。图 3.5.2 为临界角度 β_c 随无因次波数 $k_0 h$ 的变化规律。如无特殊注明，本节计算中采用如下参数：水深 $h = 20\text{m}$，水的密度 $\rho = 1023\text{kg/m}^3$，重力加速度 $g = 9.8\text{m/s}^2$，弹性板的密度、弹性模量和泊松比分别为 $\rho_s = 900\text{kg/m}^3$、$E = 6\text{GPa}$ 和 $\nu = 0.3$。从图 3.5.2 可以看出，临界角度随着波数的增加而逐渐减小；弹性板厚度越大，临界角度越小。

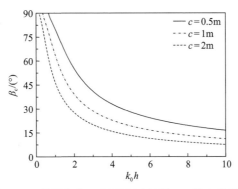

图 3.5.2　临界角度 β_c 随无因次波数 $k_0 h$ 的变化规律

速度势表达式中的展开系数需要应用弹性板端部条件以及不同区域交界面的匹配条件确定，这些条件为

$$\phi_1 = \phi_2, \quad x = 0, \quad -h \leqslant z \leqslant 0 \tag{3.5.16}$$

$$\frac{\partial \phi_1}{\partial x} = \frac{\partial \phi_2}{\partial x}, \quad x = 0, \quad -h \leqslant z \leqslant 0 \tag{3.5.17}$$

将式(3.5.11)和式(3.5.12)代入式(3.5.16)和式(3.5.17)，等号两侧同时乘以 $Z_m(z)$，然后对 z 从 $-h$ 到 0 积分，得到

$$R_m - \sum_{n=-2}^{\infty} T_n \frac{\Lambda_{mn}}{N_m} = -\delta_{m0}, \quad m = 0,1,\cdots \tag{3.5.18}$$

$$R_m + \sum_{n=-2}^{\infty} T_n \frac{\tilde{\lambda}_{nx}\Lambda_{mn}}{\kappa_{mx}N_m} = \delta_{m0}, \quad m = 0,1,\cdots \tag{3.5.19}$$

式中，$\delta_{mn} = \begin{cases} 1, & m = n \\ 0, & m \neq n \end{cases}$；$\kappa_{0x} = -\mathrm{i}k_{0x}$；$\kappa_{mx} = \sqrt{k_m^2 + k_{0y}^2}$ $(m \geqslant 1)$；$\tilde{\lambda}_{0x} = -\mathrm{i}\lambda_{0x}$；

$\tilde{\lambda}_{nx} = \lambda_{nx}$ $(n \neq 0)$；$\Lambda_{mn} = \int_{-h}^{0} Z_m(z)Y_n(z)\mathrm{d}z$。

将式(3.5.12)代入式(3.5.8)，得到

$$\sum_{n=-2}^{\infty} T_n \tilde{\lambda}_{nx} \tilde{\lambda}_n \tan(\tilde{\lambda}_n h)\left[\tilde{\lambda}_{nx}^2 - (2-\nu)k_{0y}^2 \right] = 0 \tag{3.5.20}$$

$$\sum_{n=-2}^{\infty} T_n \tilde{\lambda}_n \tan(\tilde{\lambda}_n h)(\tilde{\lambda}_{nx}^2 - \nu k_{0y}^2) = 0 \tag{3.5.21}$$

式中，$\tilde{\lambda}_0 = -\mathrm{i}\lambda_0$；$\tilde{\lambda}_n = \lambda_n (n \neq 0)$。

将式(3.5.18)～式(3.5.21)中的 m 和 n 截断到 N 项，可以得到含有 $2N+4$ 个未知数的线性方程组，求解该方程组便可以确定速度势表达式中所有的展开系数。在应用式(3.5.16)和式(3.5.17)构建线性方程组时，在公式等号两侧均乘以特征函数系 $Z_m(z)$；事实上，也可以分别乘以不同的特征函数系 $Z_m(z)$ 和 $Y_m(z)$，然后通过选择 m 和 n 的不同截断数，将板的端部条件直接嵌入不同区域之间的匹配边界条件[28]。

可以采用类似上述的方法求解弹性板端部简支或固支情况下流体运动的速度势，即将区域 2 内的速度势表达式代入相应的端部条件，可以得到两个方程，用其替换式(3.5.20)和式(3.5.21)，然后通过截断项数求解方程组，得到流体运动的速度势。

水平弹性板的反射系数 C_r 和透射系数 C_t 定义为

$$C_r = |R_0| \tag{3.5.22}$$

$$C_t = \left| \frac{\lambda_0 \tanh(\lambda_0 h)}{k_0 \tanh(k_0 h)} T_0 \right| \tag{3.5.23}$$

当波浪入射角度大于临界角度 β_c 时，则有 $C_r = 1$ 和 $C_t = 0$。

波浪运动满足如下能量守恒关系[29]：

$$C_r^2 + VC_t^2 = 1 \tag{3.5.24}$$

式中，

$$V = \frac{\lambda_{0x} k_0^2 \sinh(2k_0 h)}{k_{0x} \lambda_0^2 \sinh(2\lambda_0 h)} \frac{2\lambda_0 h(D\lambda_0^4 + 1 - \varepsilon K) + \sinh(2\lambda_0 h)(5D\lambda_0^4 + 1 - \varepsilon K)}{2k_0 h + \sinh(2k_0 h)} \tag{3.5.25}$$

弹性板的挠度 $\xi(x)$ 为

$$\xi(x) = \frac{i}{\omega} \frac{\partial \phi_2}{\partial z}\bigg|_{z=0} = -\frac{gH}{2\omega^2} \sum_{n=-2}^{N} T_n e^{-\tilde{\lambda}_{nx}x} \tilde{\lambda}_n \tan(\tilde{\lambda}_n h) \tag{3.5.26}$$

弹性板的剪力 $S(x)$ 为

$$\begin{aligned} S(x) &= \frac{i}{\omega} EI \left[\frac{\partial^3}{\partial x^3} - (2-\nu)k_{0y}^2 \frac{\partial}{\partial x} \right] \frac{\partial \phi_2}{\partial z}\bigg|_{z=0} \\ &= \frac{gHEI}{2\omega^2} \sum_{n=-2}^{N} T_n e^{-\tilde{\lambda}_{nx}x} \tilde{\lambda}_{nx} \tilde{\lambda}_n \tan(\tilde{\lambda}_n h)\left[\tilde{\lambda}_{nx}^2 - (2-\nu)k_{0y}^2 \right] \end{aligned} \tag{3.5.27}$$

弹性板的弯矩 $M(x)$ 为

$$\begin{aligned} M(x) &= \frac{i}{\omega} EI \left(\frac{\partial^2}{\partial x^2} - \nu k_{0y}^2 \right) \frac{\partial \phi_2}{\partial z}\bigg|_{z=0} \\ &= -\frac{gHEI}{2\omega^2} \sum_{n=-2}^{N} T_n e^{-\tilde{\lambda}_{nx}x} \tilde{\lambda}_n \tan(\tilde{\lambda}_n h)(\tilde{\lambda}_{nx}^2 - \nu k_{0y}^2) \end{aligned} \tag{3.5.28}$$

无因次挠度、无因次剪力和无因次弯矩分别定义为

$$C_\xi = \frac{2|\xi(x)|}{H} \tag{3.5.29}$$

$$C_S = \frac{2|S(x)|}{\rho g H h} \tag{3.5.30}$$

$$C_M = \frac{2|M(x)|}{\rho g H h^2} \tag{3.5.31}$$

图 3.5.3 为端部条件对水平漂浮弹性板反射系数和透射系数的影响。从图中可以看出，弹性板反射系数随着波数的增大而逐渐增大，即短波的波浪能量更容易被弹性板所反射；弹性板透射系数随着波数的增大而减小。在三种不同端部条件中，端部自由弹性板的反射系数最小，端部固支弹性板的反射系数最大；端部条

件对透射系数的影响与其对反射系数的影响正好相反。对于图 3.5.3(b)中的斜向入射波，当 $k_0h > 2.8$ 时，弹性板反射系数等于 1，入射波的能量被全反射，这是由波浪入射角度大于临界角度 β_c 导致的。

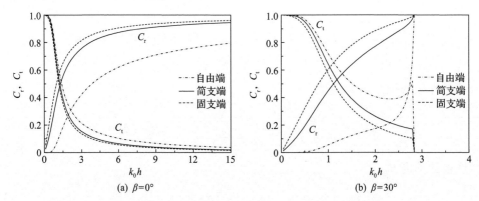

图 3.5.3　端部条件对水平漂浮弹性板反射系数和透射系数的影响($c = 1\text{m}$)

图 3.5.4 为端部条件对水平漂浮弹性板无因次挠度、无因次剪力和无因次弯矩的影响。从图中可以看出，端部自由弹性板的挠度最大，端部固支弹性板的挠度最小；与端部简支弹性板相比，端部固支弹性板的端部剪力更大，然而当距离端部足够远时，端部自由弹性板的剪力更大；端部固支弹性板的弯矩最大值位于端部，当距离端部足够远时，端部自由弹性板的弯矩明显大于其他两种情况。弹性板挠度、剪力和弯矩均随着与端部距离的增加而趋于稳定值，该结果也可以从式(3.5.26)～式(3.5.28)看出，由于波浪入射角度($\beta = 30°$)小于临界角度($\beta_c = 39.2°$)，当坐标 x 的值足够大时，级数求和中 $n \neq 0$ 对应的项均趋于 0，也就是说，此时速度势中仅包含传播模态波($n = 0$)，从而弹性板三个物理量的幅值均趋于稳定值。

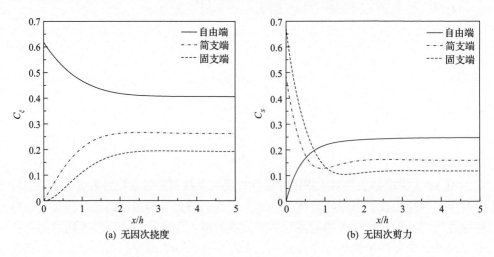

(a) 无因次挠度　　　　　　　　　(b) 无因次剪力

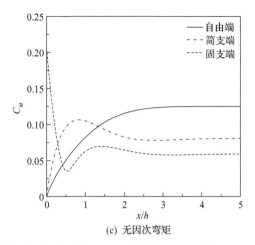

(c) 无因次弯矩

图 3.5.4　端部条件对水平漂浮弹性板无因次挠度、无因次剪力和无因次弯矩的影响
($c = 1\text{m}$, $k_0 h = 2$, $\beta = 30°$)

图 3.5.5 为端部自由时水平漂浮弹性板无因次挠度、无因次剪力和无因次弯矩的计算结果。由于波浪入射角度（$\beta = 30°$）大于临界角度（$\beta_c = 22.8°$），弹性板覆盖的水域中不存在传播模态波，因此在距离端部足够远处，弹性板的挠度、剪力和弯矩均趋于 0。

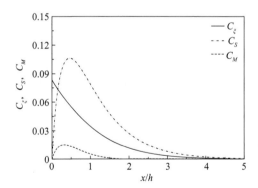

图 3.5.5　端部自由时水平漂浮弹性板无因次挠度、无因次剪力和无因次弯矩的计算结果
($c = 1\text{m}$, $k_0 h = 4$, $\beta = 30°$)

参 考 文 献

[1] Okubo H, Kojima I, Takahashi Y, et al. Development of new types of breakwaters. Nippon Steel Technical Report, 1994.

[2] Yu X P. Functional performance of a submerged and essentially horizontal plate for offshore wave control: A review. Coastal Engineering Journal, 2002, 44(2): 127-147.

[3] Mei C C, Black J L. Scattering of surface waves by rectangular obstacles in waters of finite depth. Journal of Fluid Mechanics, 1969, 38: 499-511.

[4] Kojima H, Ijima T, Yoshida A. Decomposition and interception of long waves by a submerged horizontal plate//Proceedings of the 22nd International Conference on Coastal Engineering, Delft, 1991: 1228-1241.

[5] Brossard J, Chagdali M. Experimental investigation of the harmonic generation by waves over a submerged plate. Coastal Engineering, 2001, 42(4): 277-290.

[6] Cho I H, Kim M H. Wave absorbing system using inclined perforated plates. Journal of Fluid Mechanics, 2008, 608: 1-20.

[7] Mendez F J, Losada I J. A perturbation method to solve dispersion equations for water waves over dissipative media. Coastal Engineering, 2004(1), 51(1): 81-89.

[8] Lawrie J B, Kirby R. Mode-matching without root-finding: Application to a dissipative silencer. The Journal of the Acoustical Society of America, 2006, 119(4): 2050-2061.

[9] Liu Y, Li A J, Fang Z B. Oblique wave scattering by porous breakwaters/seawalls: Novel analytical solutions based on contour integral without finding complex roots. Applied Ocean Research, 2020, 101: 102258.

[10] Li A J, Liu Y, Fang H. Novel analytical solutions without finding complex roots for oblique wave scattering by submerged porous/perforated structures. Applied Ocean Research, 2021, 112: 102685.

[11] Lee J F. On the heave radiation of a rectangular structure. Ocean Engineering, 1995, 22: 19-34.

[12] 李兆芳, 刘正琪. 波浪通过透水潜堤之新理论解析//第十七届海洋工程研讨会暨 1995 两岸港口及海岸开发研讨会, 南京, 1995: 593-606.

[13] Lan Y J, Hsu T W, Lai J W, et al. Bragg scattering of waves propagating over a series of poro-elastic submerged breakwaters. Wave Motion, 2011, 48(1): 1-12.

[14] Liu Y, Li Y C. An alternative analytical solution for water-wave motion over a submerged horizontal porous plate. Journal of Engineering Mathematics, 2011, 69(4): 385-400.

[15] Molin B, Betous P. Atténuation de la houle par une dalle horizontale immergee et perforee//4e Journees de l'Hydrodynamique, Nantes, 1993: 387-400.

[16] Molin B, Nielsen F G. Heave added mass and damping of a perforated disk below the free surface//Proceedings of the 19th International Workshop on Water Waves and Floating Bodies, Cortona, 2004.

[17] Liu Y, Li H J, Li Y C, et al. A new approximate analytic solution for water wave scattering by a submerged horizontal porous disk. Applied Ocean Research, 2011, 33(4): 286-296.

[18] Yu X P, Chwang A T. Water waves above submerged porous plate. Journal of Engineering Mechanics, 1994, 120(6): 1270-1282.

[19] Cho I H, Kim M H. Transmission of oblique incident waves by a submerged horizontal porous plate. Ocean Engineering, 2013, 61: 56-65.

[20] Kakuno S, Zhong Y. A basic study on wave height reduction by a perforated horizontal plate placed in water. Proceedings of Coastal Engineering, 1993, 40: 666-670.

[21] Chwang A T, Wu J H. Wave scattering by submerged porous disk. Journal of Engineering Mechanics, 1994, 120(12): 2575-2587.

[22] Yu X P, Chwang A T. Analysis of wave scattering by submerged circular disk. Journal of Engineering Mechanics, 1993, 119(9): 1804-1817.

[23] Fox C, Squire V A. Reflection and transmission characteristics at the edge of shore fast sea ice. Journal of Geophysical Research: Oceans, 1990, 95(C7): 11629-11639.

[24] Fox C, Squire V A. On the oblique reflexion and transmission of ocean waves at shore fast sea ice. Philosophical Transactions of the Royal Society A: Mathematical Physical and Engineering Sciences, 1994, 347(1682): 185-218.

[25] Teng B, Gou Y, Cheng L, et al. Draft effect on wave action with a semi-infinite elastic plate. Acta Oceanologica Sinica, 2006, 25(6): 116-127.

[26] Guo Y X, Liu Y, Meng X. Oblique wave scattering by a semi-infinite elastic plate with finite draft floating on a step topography. Acta Oceanologica Sinica, 2016, 35(7): 113-121.

[27] Timoshenko S, Woinowsky-Krieger S. Theory of Plates and Shells. 2nd ed. Singapore: McGraw-Hill Book Company, 1959.

[28] Kohout A L, Meylan M H, Sakai S, et al. Linear water wave propagation through multiple floating elastic plates of variable properties. Journal of Fluids and Structures, 2007, 23(4): 649-663.

[29] Evans D V, Davies T V. Wave-ice interaction. Hoboken: Stevens Institute of Technology, 1968.

第4章 矩 形 结 构

本章围绕水面矩形方箱、矩形台阶地形、出水多孔堆石防波堤、多孔堆石潜堤、沉箱基础上的摇板式波能装置、方箱与直墙之间的窄缝流体共振、双浮箱之间的窄缝流体共振等涉及矩形结构的水动力问题，采用不同方法建立波浪对各类矩形结构物作用的解析解，分析结构物水动力特性参数的基本变化规律。

4.1　水面矩形方箱

采用解析方法研究波浪作用下结构物的水动力特性，水面矩形方箱是其中的一个经典问题。本节分别采用匹配特征函数展开法和多项伽辽金方法，建立波浪对水面矩形方箱作用的解析解。

4.1.1　匹配特征函数展开法

图 4.1.1 为斜向入射波对水面矩形方箱作用的示意图。水深为 h，方箱宽度为 $B(B=2b)$，吃水深度为 d。建立直角坐标系，xoy 平面位于静水面，x 轴水平向右，y 轴沿方箱长度方向延伸，z 轴沿方箱中垂线竖直向上。波浪入射方向与 x 轴正方向的夹角为 β，入射波的波高为 H，周期为 T，波长为 L。为了求解方便，将整个流域划分为三个区域：区域 1，方箱迎浪侧流域 $(x \leqslant -b, -h \leqslant z \leqslant 0)$；区域 2，方箱下方流域 $(|x| \leqslant b, -h \leqslant z \leqslant -d)$；区域 3，方箱背浪侧流域 $(x \geqslant b, -h \leqslant z \leqslant 0)$。

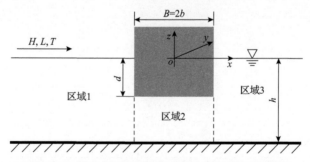

图 4.1.1　斜向入射波对水面矩形方箱作用的示意图

流体运动速度势满足控制方程、自由水面条件、水底条件以及远场辐射条件，速度势还满足如下物面不透水条件以及各区域交界面的匹配条件：

$$\frac{\partial \phi_2}{\partial z} = 0, \quad z = -d, \quad |x| < b \tag{4.1.1}$$

$$\phi_1 = \phi_2, \quad x = -b, \quad -h \leqslant z \leqslant -d \tag{4.1.2}$$

$$\frac{\partial \phi_1}{\partial x} = 0, \quad x = -b, \quad -d < z \leqslant 0 \tag{4.1.3a}$$

$$\frac{\partial \phi_1}{\partial x} = \frac{\partial \phi_2}{\partial x}, \quad x = -b, \quad -h \leqslant z \leqslant -d \tag{4.1.3b}$$

$$\phi_3 = \phi_2, \quad x = b, \quad -h \leqslant z \leqslant -d \tag{4.1.4}$$

$$\frac{\partial \phi_3}{\partial x} = 0, \quad x = b, \quad -d < z \leqslant 0 \tag{4.1.5a}$$

$$\frac{\partial \phi_3}{\partial x} = \frac{\partial \phi_2}{\partial x}, \quad x = b, \quad -h \leqslant z \leqslant -d \tag{4.1.5b}$$

在区域 1 和区域 3 内，满足控制方程、自由水面条件、水底条件以及远场辐射条件的速度势表达式为

$$\phi_1 = -\frac{\mathrm{i}\, g H}{2\omega} \left[\mathrm{e}^{\mathrm{i} k_{0x}(x+b)} Z_0(z) + R_0\, \mathrm{e}^{-\mathrm{i} k_{0x}(x+b)} Z_0(z) + \sum_{n=1}^{\infty} R_n\, \mathrm{e}^{k_{nx}(x+b)} Z_n(z) \right] \tag{4.1.6}$$

$$\phi_3 = -\frac{\mathrm{i}\, g H}{2\omega} \left[T_0\, \mathrm{e}^{\mathrm{i} k_{0x}(x-b)} Z_0(z) + \sum_{n=1}^{\infty} T_n\, \mathrm{e}^{-k_{nx}(x-b)} Z_n(z) \right] \tag{4.1.7}$$

式中，R_n 和 T_n 为待定的展开系数；$k_{0x} = k_0 \cos\beta$；$k_{nx} = \sqrt{k_n^2 + k_{0y}^2}$ $(n \geqslant 1)$，$k_{0y} = k_0 \sin\beta$；$Z_n(z)$ 为垂向特征函数系：

$$Z_n(z) = \begin{cases} \dfrac{\cosh[k_0(z+h)]}{\cosh(k_0 h)}, & n = 0 \\[2mm] \dfrac{\cos[k_n(z+h)]}{\cos(k_n h)}, & n = 1, 2, \cdots \end{cases} \tag{4.1.8}$$

在区域 2 内，满足控制方程、水底条件以及物面不透水条件式(4.1.1)的速度势表达式为

$$\phi_2 = -\frac{\mathrm{i}\, g H}{2\omega} \left[\sum_{n=0}^{\infty} C_n \frac{\cosh(l_{nx} x)}{\cosh(l_{nx} b)} L_n(z) + \sum_{n=0}^{\infty} D_n \frac{\sinh(l_{nx} x)}{\cosh(l_{nx} b)} L_n(z) \right] \tag{4.1.9}$$

式中，C_n 和 D_n 为待定的展开系数；$L_n(z)$ 为垂向特征函数系：

$$L_n(z) = \begin{cases} \dfrac{\sqrt{2}}{2}, & n = 0 \\ \cos[l_n(z+h)], & n = 1,2,\cdots \end{cases} \tag{4.1.10}$$

l_n 为特征值：

$$l_n = \frac{n\pi}{h-d}, \quad n = 0,1,\cdots \tag{4.1.11}$$

l_{nx} 的表达式为

$$l_{nx} = \sqrt{l_n^2 + k_{0y}^2}, \quad n = 0,1,\cdots \tag{4.1.12}$$

垂向特征函数系 $L_n(z)$ 具备正交性：

$$\int_{-h}^{-d} L_m(z)L_n(z)\mathrm{d}z = 0, \quad m \neq n \tag{4.1.13}$$

　　将式 (4.1.6) 和式 (4.1.9) 代入式 (4.1.2)，等号两侧同时乘以 $L_m(z)$，然后对 z 从 $-h$ 到 $-d$ 积分，并应用式 (4.1.13)，得到

$$2\sum_{n=0}^{\infty} R_n\Omega_{mn} - (h-d)[C_m - D_m\tanh(l_{mx}b)] = -2\Omega_{m0}, \quad m = 0,1,\cdots \tag{4.1.14}$$

式中，$\Omega_{mn} = \displaystyle\int_{-h}^{-d} L_m(z)Z_n(z)\mathrm{d}z$。

　　将式 (4.1.6) 和式 (4.1.9) 代入式 (4.1.3)，等号两侧同时乘以 $Z_m(z)$，然后对 z 从 $-h$ 到 0 积分，得到

$$R_m + \frac{1}{\kappa_{mx}N_m}\left[\sum_{n=0}^{\infty} C_n l_{nx}\tanh(l_{nx}b)\Omega_{nm} - \sum_{n=0}^{\infty} D_n l_{nx}\Omega_{nm}\right] = \delta_{m0}, \quad m = 0,1,\cdots \tag{4.1.15}$$

式中，$\kappa_{0x} = -\mathrm{i}k_{0x}$；$\kappa_{mx} = k_{mx}(m \geq 1)$；$\delta_{mn}\begin{cases} 1, & m = n \\ 0, & m \neq n \end{cases}$；$N_m = \displaystyle\int_{-h}^{0}[Z_m(z)]^2\mathrm{d}z$。

　　类似地，将式 (4.1.7) 和式 (4.1.9) 代入式 (4.1.4) 和式 (4.1.5)，采用上述的处理方法可以得到

$$2\sum_{n=0}^{\infty} T_n\Omega_{mn} - (h-d)[C_m + D_m\tanh(l_{mx}b)] = 0, \quad m = 0,1,\cdots \tag{4.1.16}$$

$$T_m + \frac{1}{\kappa_{mx} N_m} \left[\sum_{n=0}^{\infty} C_n l_{nx} \tanh(l_{nx} b) \Omega_{nm} + \sum_{n=0}^{\infty} D_n l_{nx} \Omega_{nm} \right] = 0, \quad m = 0, 1, \cdots \quad (4.1.17)$$

将式(4.1.14)~式(4.1.17)中的 m 和 n 截断至 N 项,可以得到含有 $4(N+1)$ 个未知数的线性方程组,求解该方程组便可以确定速度势表达式中所有的展开系数。

水面矩形方箱的反射系数 C_r 和透射系数 C_t 为

$$C_r = |R_0|, \quad C_t = |T_0| \quad (4.1.18)$$

将动水压强沿物体表面进行积分,可以计算得到结构受到的波浪力。水面矩形方箱受到的水平波浪力 F_x 为

$$F_x = i\omega\rho \int_{-d}^{0} [\phi_1(-b,z) - \phi_3(b,z)] \mathrm{d}z = \frac{\rho g H}{2} \left[\Lambda_0 + \sum_{n=0}^{N} (R_n - T_n) \Lambda_n \right] \quad (4.1.19)$$

式中, $\Lambda_n = \int_{-d}^{0} Z_n(z) \mathrm{d}z$ 。

水面矩形方箱受到的垂向波浪力 F_z 为

$$F_z = i\omega\rho \int_{-b}^{b} \phi_2(x,-d) \mathrm{d}x = \rho g H \sum_{n=0}^{N} C_n \frac{\tanh(l_{nx} b)}{l_{nx}} L_n(-d) \quad (4.1.20)$$

水面矩形方箱受到绕 y 轴旋转的波浪力矩为

$$\begin{aligned} M_y &= i\omega\rho \int_{-d}^{0} [\phi_1(-b,z) - \phi_3(b,z)](-z) \mathrm{d}z + i\omega\rho \int_{-b}^{b} \phi_2(x,-d) x \mathrm{d}x \\ &= -\frac{\rho g H}{2} \left[\Pi_0 + \sum_{n=0}^{N} (R_n - T_n) \Pi_n \right] + \rho g H \sum_{n=0}^{N} D_n \frac{l_{nx} b - \tanh(l_{nx} b)}{l_{nx}^2} L_n(-d) \end{aligned} \quad (4.1.21)$$

式中, $\Pi_n = \int_{-d}^{0} Z_n(z) z \mathrm{d}z$ 。

对于波浪正向入射($\beta = 0°$)情况,根据式(4.1.6)和式(4.1.7)可以直接得到正向入射波作用下区域 1 和区域 3 内的速度势表达式,但是无法直接根据式(4.1.9)得到区域 2 内流体运动的速度势。此时,采用分离变量法可以得到区域 2 内的速度势表达式:

$$\phi_2 = -\frac{igH}{2\omega} \left[C_0 L_0(z) + \sum_{n=1}^{\infty} C_n \frac{\cosh(l_n x)}{\cosh(l_n b)} L_n(z) + D_0 x L_0(z) + \sum_{n=1}^{\infty} D_n \frac{\sinh(l_n x)}{\cosh(l_n b)} L_n(z) \right]$$

$$(4.1.22)$$

采用类似斜向入射波问题的求解方法可以确定速度势表达式中的展开系数。

4.1.2 多项伽辽金方法

在矩形方箱迎浪侧和背浪侧的底部直角处，流体的速度具有立方根奇异性[1,2]：

$$|\nabla\phi| = O(r^{-1/3}), \quad r = \sqrt{(x \pm b)^2 + (z + d)^2} \to 0 \qquad (4.1.23)$$

式中，r 为流体质点与方箱直角处之间的距离。

式 (4.1.23) 的推导过程如下：在方箱底部直角附近范围很小的平面内，流动快速变化，流体运动速度势可以近似满足二维拉普拉斯方程；以点 $(-b, -d)$ 为极点，引入极坐标系 (r, θ)，定义为 $r\cos\theta = z + d$ 和 $r\sin\theta = -(x + b)$，则方箱迎浪侧面 $(\theta = 0)$ 和下底面 $(\theta = 3\pi/2)$ 的边界条件均为 $\partial\phi/\partial\theta = 0$；满足拉普拉斯方程及方箱左侧面和下底面边界条件的速度势，在靠近方箱迎浪侧的底部直角处 $(r \to 0)$ 的表达式为 $\phi \sim r^{2/3}\cos(2\theta/3) + C$，其中 C 为常数，即得到式 (4.1.23)。同理，以点 $(b, -d)$ 为极点，引入极坐标系 (r, θ)，定义为 $r\cos\theta = z + d$ 和 $r\sin\theta = -(x - b)$，则方箱背浪侧面 $(\theta = 2\pi)$ 和下底面 $(\theta = \pi/2)$ 的边界条件均为 $\partial\phi/\partial\theta = 0$，同样可以推导出速度势在靠近方箱背浪侧的底部直角处 $(r \to 0)$ 的表达式为 $\phi \sim r^{2/3}\cos(2\theta/3) + C$，从而得到式 (4.1.23)。

在 4.1.1 节中，匹配特征函数展开法没有考虑方箱直角处流体速度的立方根奇异性，导致级数解的收敛速度较慢。下面介绍如何采用多项伽辽金方法建立波浪对水面方箱作用的解析解，同时考虑直角处流体速度的立方根奇异性，当考虑奇异性后，可以显著提高计算结果的精度。

将 $x = -b$ 处的流体水平速度展开为级数形式：

$$\left.\frac{\partial\phi_1}{\partial x}\right|_{x=-b} = \left.\frac{\partial\phi_2}{\partial x}\right|_{x=-b} = -\frac{\mathrm{i}gH}{2\omega}\sum_{p=0}^{\infty}\chi_p u_p(z), \quad -h \leqslant z \leqslant -d \qquad (4.1.24)$$

式中，χ_p 为待定的展开系数；$u_p(z)$ 为基函数系，表达式为[1]

$$u_p(z) = \frac{2^{1/6}(-1)^p(2p)!\Gamma(1/6)}{\pi\Gamma(2p+1/3)(h-d)^{1/3}}\left[(h-d)^2 - (z+h)^2\right]^{-1/3}C_{2p}^{1/6}\left(\frac{z+h}{h-d}\right) \qquad (4.1.25)$$

式中，$\Gamma(x)$ 为伽马函数；$C_n^t(x)$ 为盖根鲍尔多项式：

$$C_n^t(\cos\theta) = \sum_{m=0}^{\infty}\frac{\Gamma(t+m)\Gamma(t+n-m)}{m!(n-m)![\Gamma(t)]^2}\cos[(n-2m)\theta] \qquad (4.1.26)$$

可以看出，基函数系 $u_p(z)$ 关于 $z = -h$（水底）是偶函数，能够保证速度势满足水底条件。此外，基函数系 $u_p(z)$ 在 $z=-d$ 处具有立方根奇异性，将基函数系线性加权叠加后仍然在 $z=-d$ 处具有立方根奇异性，因此级数表达式(4.1.24)表示的流体速度在方箱底部直角处具有立方根奇异性。

类似地，可以将 $x=b$ 处的流体水平速度展开为级数形式：

$$\left.\frac{\partial\phi_3}{\partial x}\right|_{x=b}=\left.\frac{\partial\phi_2}{\partial x}\right|_{x=b}=-\frac{\mathrm{i}gH}{2\omega}\sum_{p=0}^{\infty}\zeta_p u_p(z),\quad -h\leqslant z\leqslant -d \tag{4.1.27}$$

式中，ζ_p 为待定的展开系数。

将式(4.1.6)代入式(4.1.3a)和式(4.1.24)，得到

$$-\kappa_{0x}Z_0(z)+\sum_{n=0}^{\infty}R_n\kappa_{nx}Z_n(z)=\begin{cases}0,&-d<z\leqslant 0\\\sum_{p=0}^{\infty}\chi_p u_p(z),&-h\leqslant z\leqslant -d\end{cases} \tag{4.1.28}$$

将式(4.1.28)等号两侧同时乘以 $Z_m(z)$，然后对 z 从 $-h$ 到 0 积分，得到

$$R_m=\delta_{m0}+\frac{1}{\kappa_{mx}N_m}\sum_{p=0}^{\infty}\chi_p E_{mp},\quad m=0,1,\cdots \tag{4.1.29}$$

式中，E_{mp} 的表达式为[3]

$$E_{mp}=\int_{-h}^{-d}Z_m(z)u_p(z)\mathrm{d}z\begin{cases}\dfrac{(-1)^p\,\mathrm{I}_{2p+1/6}[k_0(h-d)]}{[k_0(h-d)]^{1/6}\cosh(k_0 h)},&m=0\\[4mm]\dfrac{\mathrm{J}_{2p+1/6}[k_m(h-d)]}{[k_m(h-d)]^{1/6}\cos(k_m h)},&m=1,2,\cdots\end{cases} \tag{4.1.30}$$

式中，$\mathrm{J}_n(x)$ 和 $\mathrm{I}_n(x)$ 分别为第一类 n 阶贝塞尔函数和第一类 n 阶修正贝塞尔函数。

将式(4.1.9)代入式(4.1.24)，等号两侧同时乘以 $L_m(z)$，然后对 z 从 $-h$ 到 $-d$ 积分，得到

$$-C_m\tanh(l_{mx}b)+D_m=\frac{2}{l_{mx}(h-d)}\sum_{p=0}^{\infty}\chi_p F_{mp},\quad m=0,1,\cdots \tag{4.1.31}$$

式中，F_{mp} 的表达式为

$$F_{mp}=\int_{-h}^{-d}L_m(z)u_p(z)\mathrm{d}z\begin{cases}\dfrac{2^{1/6}\sqrt{6\pi}}{\Gamma^2(1/3)}\delta_{p0},&m=0\\[4mm]\dfrac{\mathrm{J}_{2p+1/6}[l_m(h-d)]}{[l_m(h-d)]^{1/6}},&m=1,2,\cdots\end{cases} \tag{4.1.32}$$

将式(4.1.6)和式(4.1.9)代入式(4.1.2)，等号两侧同时乘以 $u_q(z)$ ，然后对 z 从 $-h$ 到 $-d$ 积分，得到

$$E_{0q} + \sum_{n=0}^{\infty} R_n E_{nq} = \sum_{n=0}^{\infty} C_n F_{nq} - \sum_{n=0}^{\infty} D_n \tanh(l_{nx}b)F_{nq}, \quad q = 0,1,\cdots \quad (4.1.33)$$

采用类似的方法可以将式(4.1.4)、式(4.1.5a)和式(4.1.27)转化为如下方程：

$$T_m = -\frac{1}{\kappa_{mx}N_m} \sum_{p=0}^{\infty} \zeta_p E_{mp}, \quad m = 0,1,\cdots \quad (4.1.34)$$

$$C_m \tanh(l_{mx}b) + D_m = \frac{2}{l_{mx}(h-d)} \sum_{p=0}^{\infty} \zeta_p F_{mp}, \quad m = 0,1,\cdots \quad (4.1.35)$$

$$\sum_{n=0}^{\infty} T_n E_{nq} = \sum_{n=0}^{\infty} C_n F_{nq} + \sum_{n=0}^{\infty} D_n \tanh(l_{nx}b)F_{nq}, \quad q = 0,1,\cdots \quad (4.1.36)$$

联立式(4.1.31)和式(4.1.35)得到

$$C_n = \frac{1}{l_{nx} \tanh(l_{nx}b)(h-d)} \left(-\sum_{p=0}^{\infty} \chi_p F_{np} + \sum_{p=0}^{\infty} \zeta_p F_{np} \right), \quad n = 0,1,\cdots \quad (4.1.37)$$

$$D_n = \frac{1}{l_{nx}(h-d)} \left(\sum_{p=0}^{\infty} \chi_p F_{np} + \sum_{p=0}^{\infty} \zeta_p F_{np} \right), \quad n = 0,1,\cdots \quad (4.1.38)$$

将式(4.1.29)、式(4.1.34)、式(4.1.37)和式(4.1.38)代入式(4.1.33)和式(4.1.36)，得到

$$\sum_{p=0}^{\infty} \chi_p (a_{qp} + b_{qp} + c_{qp}) + \sum_{p=0}^{\infty} \zeta_p (c_{qp} - b_{qp}) = -2E_{0q}, \quad q = 0,1,\cdots \quad (4.1.39)$$

$$\sum_{p=0}^{\infty} \chi_p (c_{qp} - b_{qp}) + \sum_{p=0}^{\infty} \zeta_p (a_{qp} + b_{qp} + c_{qp}) = 0, \quad q = 0,1,\cdots \quad (4.1.40)$$

式中，

$$a_{qp} = \sum_{n=0}^{\infty} \frac{E_{nq}E_{np}}{\kappa_{nx}N_n} \quad (4.1.41)$$

$$b_{qp} = \sum_{n=0}^{\infty} \frac{F_{nq}F_{np}}{l_{nx} \tanh(l_{nx}b)(h-d)} \quad (4.1.42)$$

$$c_{qp} = \sum_{n=0}^{\infty} \frac{\tanh(l_{nx}b) F_{nq} F_{np}}{l_{nx}(h-d)} \tag{4.1.43}$$

将式(4.1.39)和式(4.1.40)中的 p 和 q 截断至 Q 项,可以得到含有 $2(Q+1)$ 个未知数的线性方程组,求解该方程组便可以确定展开系数 χ_p 和 ζ_p,进而根据式(4.1.29)、式(4.1.34)、式(4.1.37)和式(4.1.38)确定速度势表达式中所有的展开系数。水面矩形方箱的反射系数、透射系数、波浪力和波浪力矩可以通过式(4.1.18)~式(4.1.21)计算。

同样可以采用多项伽辽金方法建立正向入射波对水面方箱作用的解析解,具体求解过程与斜向入射波问题类似。

在匹配特征函数展开法中,当截断数 $N = 100$ 时,能够得到满足精度的计算结果;多项伽辽金方法因为模拟了方箱底部直角处流体速度的立方根奇异性,所以计算结果收敛快、计算精度高。对工程问题的研究而言,两种方法都是可靠的,本节后续计算均采用匹配特征函数展开法,截断数的取值为 $N = 100$。

图4.1.2为水面矩形方箱反射系数和透射系数的计算结果与试验结果对比,物理模型试验在山东省海洋工程重点实验室的波流水槽中进行,详细的试验过程可以参阅文献[4]。从图中可以看出,计算结果与试验结果符合良好,表明解析解能够合理反映物理规律。

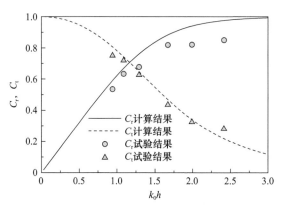

图4.1.2 水面矩形方箱反射系数和透射系数的计算结果与试验结果对比
($h = 60\text{cm}$, $B = 50\text{cm}$, $d = 16\text{cm}$, $H = 7\text{cm}$, $T = 1 \sim 1.8\text{s}$, $\beta = 0°$)

图4.1.3为波浪入射角度对水面矩形方箱反射系数和透射系数的影响。从图中可以看出,随着波浪频率的增加,反射系数逐渐增大,而透射系数逐渐减小;当波浪入射角度从 0° 增加到 60° 时,反射系数和透射系数的变化较小,当入射角度进一步增加时,反射系数显著增大,透射系数显著减小。

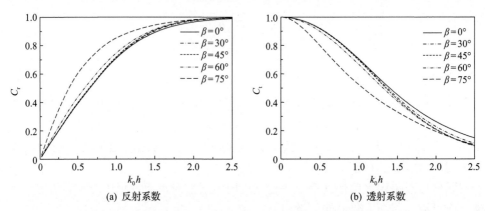

(a) 反射系数　　　　　　　　　　　　　(b) 透射系数

图 4.1.3　波浪入射角度对水面矩形方箱反射系数和透射系数的影响($B/h = 1$，$d/h = 0.3$)

　　图 4.1.4 为波浪入射角度对水面矩形方箱上无因次波浪力（力矩）的影响。无因次水平波浪力、无因次垂向波浪力和无因次波浪力矩分别定义为 $C_{F_x} = |F_x|/(\rho g H d)$、$C_{F_z} = |F_z|/(\rho g H B)$ 和 $C_{M_y} = |M_y|/(\rho g H d B)$。从图中可以看出，随着

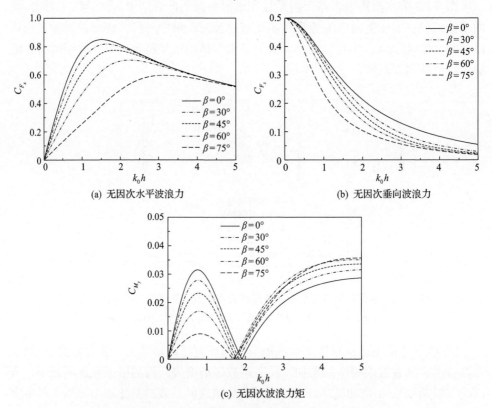

(a) 无因次水平波浪力　　　　　　　　　(b) 无因次垂向波浪力

(c) 无因次波浪力矩

图 4.1.4　波浪入射角度对水面矩形方箱上无因次波浪力（力矩）的影响($B/h = 1$，$d/h = 0.3$)

波浪频率的增加，水平波浪力先增大后减小，而垂向波浪力单调减小；随着波浪入射角度的增加，水平波浪力和垂向波浪力均减小，水平波浪力峰值对应的波浪频率向高频移动。波浪力矩在某一特定频率下趋于 0，该特定频率随着波浪入射角度的增加而向低频移动。

4.2 矩形台阶地形

矩形台阶地形是采用解析方法研究波浪对结构物作用的另一个经典问题。本节分别采用匹配特征函数展开法和多项伽辽金方法，建立波浪对矩形台阶地形作用的解析解。

4.2.1 匹配特征函数展开法

图 4.2.1 为斜向入射波通过矩形台阶地形传播的示意图。水深为 h，台阶处水深为 d，台阶宽度为 $B(B = 2b)$，直角坐标系与 4.1 节中的定义类似，z 轴与台阶的中垂线重合。波浪入射方向与 x 轴正方向的夹角为 β，入射波的波高为 H，周期为 T，波长为 L。将整个流域划分为三个区域：区域 1，台阶迎浪侧流域（$x \leqslant -b$，$-h \leqslant z \leqslant 0$）；区域 2，台阶上方流域（$|x| \leqslant b$，$-h \leqslant z \leqslant -d$）；区域 3，台阶背浪侧流域（$x \geqslant b$，$-h \leqslant z \leqslant 0$）。

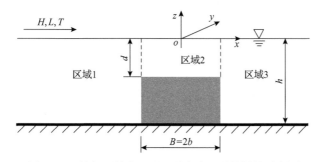

图 4.2.1 斜向入射波通过矩形台阶地形传播的示意图

流体运动速度势满足控制方程、自由水面条件、水底条件以及远场辐射条件。速度势还满足如下边界条件：

$$\frac{\partial \phi_2}{\partial z} = 0, \quad z = -d, \quad |x| < b \tag{4.2.1}$$

$$\phi_1 = \phi_2, \quad x = -b, \quad -d \leqslant z \leqslant 0 \tag{4.2.2}$$

$$\frac{\partial \phi_1}{\partial x} = 0, \quad x = -b, \quad -h \leqslant z < -d \tag{4.2.3a}$$

$$\frac{\partial \phi_1}{\partial x} = \frac{\partial \phi_2}{\partial x}, \quad x = -b, \quad -d \leqslant z \leqslant 0 \tag{4.2.3b}$$

$$\phi_3 = \phi_2, \quad x = b, \quad -d \leqslant z \leqslant 0 \tag{4.2.4}$$

$$\frac{\partial \phi_3}{\partial x} = 0, \quad x = b, \quad -h \leqslant z < -d \tag{4.2.5a}$$

$$\frac{\partial \phi_3}{\partial x} = \frac{\partial \phi_2}{\partial x}, \quad x = b, \quad -d \leqslant z \leqslant 0 \tag{4.2.5b}$$

在区域 1 和区域 3 内，满足控制方程、自由水面条件、水底条件以及远场辐射条件的速度势表达式分别与式(4.1.6)和式(4.1.7)相同。区域 2 内的速度势表达式为

$$\phi_2 = -\frac{\mathrm{i}\,gH}{2\omega}\left[\sum_{n=0}^{\infty} C_n \frac{\cosh(u_{nx}x)}{\cosh(u_{nx}b)} U_n(z) + \sum_{n=0}^{\infty} D_n \frac{\sinh(u_{nx}x)}{\cosh(u_{nx}b)} U_n(z)\right] \tag{4.2.6}$$

式中，C_n 和 D_n 为待定的展开系数；$U_n(z)$ 为垂向特征函数系：

$$U_n(z) = \begin{cases} \dfrac{\cosh[u_0(z+d)]}{\cosh(u_0 h)}, & n = 0 \\[3mm] \dfrac{\cos[u_n(z+d)]}{\cos(u_n h)}, & n = 1, 2, \cdots \end{cases} \tag{4.2.7}$$

特征值 u_n 满足如下色散方程：

$$K = u_0 \tanh(u_0 d) = -u_n \tan(u_n d), \quad n = 1, 2, \cdots \tag{4.2.8}$$

u_{nx} 的表达式为

$$u_{nx} = \begin{cases} -\mathrm{i}\sqrt{u_0^2 - k_{0y}^2}, & n = 0 \\[3mm] \sqrt{u_n^2 + k_{0y}^2}, & n = 1, 2, \cdots \end{cases} \tag{4.2.9}$$

将式(4.1.6)和式(4.2.6)代入式(4.2.2)，等号两侧同时乘以 $U_m(z)$，然后对 z 从 $-d$ 到 0 积分，并应用特征函数系 $U_m(z)$ 的正交性，得到

$$\sum_{n=0}^{\infty} R_n \Omega_{mn} - M_m \big[C_m - D_m \tanh(u_{mx}b) \big] = -\Omega_{m0}, \quad m = 0, 1, \cdots \tag{4.2.10}$$

式中，$\Omega_{mn} = \displaystyle\int_{-d}^{0} U_m(z) Z_n(z)\mathrm{d}z$；$M_m = \displaystyle\int_{-d}^{0} [U_m(z)]^2 \mathrm{d}z$。

将式(4.1.6)和式(4.2.6)代入式(4.2.3)，等号两侧同时乘以 $Z_m(z)$，然后对 z 从 $-h$ 到 0 积分，得到

$$R_m + \frac{1}{\kappa_{mx}N_m}\left[\sum_{n=0}^{\infty}C_n u_{nx}\tanh(u_{nx}b)\Omega_{nm} - \sum_{n=0}^{\infty}D_n u_{nx}\Omega_{nm}\right] = \delta_{m0}, \quad m=0,1,\cdots \quad (4.2.11)$$

式中，$\kappa_{0x}=-\mathrm{i}k_{0x}$；$\kappa_{mx}=k_{mx}(m\geqslant 1)$；$\delta_{mn}=\begin{cases}1, & m=n\\0, & m\neq n\end{cases}$；$N_m=\int_{-h}^{0}[Z_m(z)]^2\mathrm{d}z$。

采用同样的处理方法可以将式(4.2.4)和式(4.2.5)分别转化为如下方程：

$$\sum_{n=0}^{\infty}T_n\Omega_{mn} - M_m\left[C_m + D_m\tanh(u_{mx}b)\right] = 0, \quad m=0,1,\cdots \quad (4.2.12)$$

$$T_m + \frac{1}{\kappa_{mx}N_m}\left[\sum_{n=0}^{\infty}C_n u_{nx}\tanh(u_{nx}b)\Omega_{nm} + \sum_{n=0}^{\infty}D_n u_{nx}\Omega_{nm}\right] = 0, \quad m=0,1,\cdots \quad (4.2.13)$$

将式(4.2.10)～式(4.2.13)中的 m 和 n 截断至 N 项，可以得到含有 $4(N+1)$ 个未知数的线性方程组，求解该方程组便可以确定速度势表达式中所有的展开系数，根据式(4.1.18)计算矩形台阶地形的反射系数和透射系数。

4.2.2　多项伽辽金方法

与 4.1 节中的水面矩形方箱结构类似，矩形台阶地形前后两侧直角处的流体速度同样具有立方根奇异性[1]，4.2.1 节中的解析过程没有考虑该奇异性，下面采用多项伽辽金方法求解该问题。具体求解思路与 4.1.2 节类似，将 $x=\pm b$ 处的流体水平速度展开为级数形式，选取在 $z=-d$ 处具有立方根奇异性的基函数系，从而考虑流体速度的立方根奇异性。

将 $x=\pm b$ 处的流体水平速度展开为如下级数形式：

$$\left.\frac{\partial\phi_1}{\partial x}\right|_{x=-b} = \left.\frac{\partial\phi_2}{\partial x}\right|_{x=-b} = -\frac{\mathrm{i}gH}{2\omega}\sum_{p=0}^{\infty}\chi_p v_p(z), \quad -d\leqslant z\leqslant 0 \quad (4.2.14)$$

$$\left.\frac{\partial\phi_3}{\partial x}\right|_{x=b} = \left.\frac{\partial\phi_2}{\partial x}\right|_{x=b} = -\frac{\mathrm{i}gH}{2\omega}\sum_{p=0}^{\infty}\zeta_p v_p(z), \quad -d\leqslant z\leqslant 0 \quad (4.2.15)$$

式中，χ_p 和 ζ_p 为待定的展开系数；$v_p(z)$ 为基函数系，表达式满足[5]

$$\tilde{v}_p(z) = v_p(z) - \frac{\omega^2}{g}\int_{-d}^{z}v_p(\tau)\mathrm{d}\tau \quad (4.2.16)$$

$$\tilde{v}_p(z) = \frac{(-1)^p 2^{1/6}(2p)!\Gamma(1/6)}{\pi\Gamma(2p+1/3)d^{1/3}}(d^2-z^2)^{-1/3}C_{2p}^{1/6}(-z/d) \qquad (4.2.17)$$

式中，$\Gamma(x)$ 为伽马函数；$C_n^t(x)$ 为盖根鲍尔多项式。

由于盖根鲍尔多项式满足关系式 $C_n^t(-z) = (-1)^n C_n^t(z)$，则 $C_{2s}^{1/6}(-z/d)$ 是关于 z 的偶函数，可以看出 $\tilde{v}_p(z)$ 也是偶函数，则可以得到 $\mathrm{d}\tilde{v}_p(z)/\mathrm{d}z\big|_{z=0} = 0$；进一步对式(4.2.16)等号两侧求导可以得到 $\mathrm{d}v_p(z)/\mathrm{d}z\big|_{z=0} = (\omega^2/g)v_p(z)\big|_{z=0}$，说明基函数系 $v_p(z)$（速度势）满足自由水面条件。此外，基函数系 $v_p(z)$ 在 $z=-d$ 处具有立方根奇异性，表明通过式(4.2.14)和式(4.2.15)正确模拟了矩形台阶地形直角处流体速度的立方根奇异性。

将式(4.1.6)代入式(4.2.3a)和式(4.2.14)，等号两侧同时乘以 $Z_m(z)$，然后对 z 从 $-h$ 到 0 积分，得到

$$R_m = \delta_{m0} + \frac{1}{\kappa_{mx}N_m}\sum_{p=0}^{\infty}\chi_p E_{mp}, \quad m = 0,1,\cdots \qquad (4.2.18)$$

式中，E_{mp} 的表达式为[3]

$$E_{mp} = \int_{-d}^{0} Z_m(z)v_p(z)\mathrm{d}z = \begin{cases} \dfrac{(-1)^p \mathrm{I}_{2p+1/6}(k_0 d)}{(k_0 d)^{1/6}}, & m = 0 \\[3mm] \dfrac{\mathrm{J}_{2p+1/6}(k_m d)}{(k_m d)^{1/6}}, & m = 1,2,\cdots \end{cases} \qquad (4.2.19)$$

式中，$\mathrm{J}_n(x)$ 和 $\mathrm{I}_n(x)$ 分别为第一类 n 阶贝塞尔函数和第一类 n 阶修正贝塞尔函数。

将式(4.2.6)代入式(4.2.14)，等号两侧同时乘以 $U_m(z)$，然后对 z 从 $-d$ 到 0 积分，得到

$$-C_m\tanh(u_{mx}b) + D_m = \frac{1}{u_{mx}M_m}\sum_{p=0}^{\infty}\chi_p F_{mp}, \quad m = 0,1,\cdots \qquad (4.2.20)$$

式中，

$$F_{mp} = \int_{-d}^{0} U_m(z)v_p(z)\mathrm{d}z = \begin{cases} \dfrac{(-1)^p \mathrm{I}_{2p+1/6}(u_0 d)}{(u_0 d)^{1/6}}, & m = 0 \\[3mm] \dfrac{\mathrm{J}_{2p+1/6}(u_m d)}{(u_m d)^{1/6}}, & m = 1,2,\cdots \end{cases} \qquad (4.2.21)$$

将式 (4.1.6) 和式 (4.2.6) 代入式 (4.2.2)，等号两侧同时乘以 $v_q(z)$，然后对 z 从 $-d$ 到 0 积分，得到

$$E_{0q} + \sum_{n=0}^{\infty} R_n E_{nq} = \sum_{n=0}^{\infty} C_n F_{nq} - \sum_{n=0}^{\infty} D_n \tanh(u_{nx} b) F_{nq}, \quad q = 0, 1, \cdots \quad (4.2.22)$$

采用同样的处理方法可以将式 (4.2.4)、式 (4.2.5a) 和式 (4.2.15) 转化为如下方程：

$$T_m = -\frac{1}{\kappa_{mx} N_m} \sum_{p=0}^{\infty} \zeta_p E_{mp}, \quad m = 0, 1, \cdots \quad (4.2.23)$$

$$C_m \tanh(u_{mx} b) + D_m = \frac{1}{u_{mx} M_m} \sum_{p=0}^{\infty} \zeta_p F_{mp}, \quad m = 0, 1, \cdots \quad (4.2.24)$$

$$\sum_{n=0}^{\infty} T_n E_{nq} = \sum_{n=0}^{\infty} C_n F_{nq} + \sum_{n=0}^{\infty} D_n \tanh(u_{nx} b) F_{nq}, \quad q = 0, 1, \cdots \quad (4.2.25)$$

分离式 (4.2.20) 和式 (4.2.24) 中的 C_m 和 D_m，然后将 C_m 和 D_m 的表达式以及式 (4.2.18) 和式 (4.2.23) 代入式 (4.2.22) 和式 (4.2.25)，可以得到与式 (4.1.39) 和式 (4.1.40) 相同的两个方程，只是需要将 b_{qp} 和 c_{qp} 的计算表达式替换成

$$b_{qp} = \sum_{n=0}^{\infty} \frac{F_{nq} F_{np}}{2u_{nx} \tanh(u_{nx} b) M_n} \quad (4.2.26)$$

$$c_{qp} = \sum_{n=0}^{\infty} \frac{\tanh(u_{nx} b) F_{nq} F_{np}}{2u_{nx} M_n} \quad (4.2.27)$$

将替换后的式 (4.1.39) 和式 (4.1.40) 中的 p 和 q 截断到 Q 项，得到含有 $2(Q+1)$ 个未知数的线性方程组，求解该方程组便可以确定展开系数 χ_p 和 ζ_p，进而确定速度势表达式中所有的展开系数，根据式 (4.1.18) 计算得到矩形台阶地形的反射系数和透射系数。

在匹配特征函数展开法中，当截断数 $N = 100$ 时，能够得到满足精度的计算结果；多项伽辽金方法因为模拟了矩形台阶地形两侧直角处流体速度的立方根奇异性，所以计算结果收敛快、计算精度高。对工程问题的研究而言，两种方法都是可靠的，本节后续计算采用匹配特征函数展开法，截断数的取值为 $N = 100$。

图 4.2.2 为矩形台阶地形 (潜堤) 反射系数和透射系数的计算结果与试验结果[6] 对比。从图中可以看出，反射系数的计算结果与试验结果符合良好，透射系数的计算结果与试验结果存在偏差，但总体变化趋势一致。

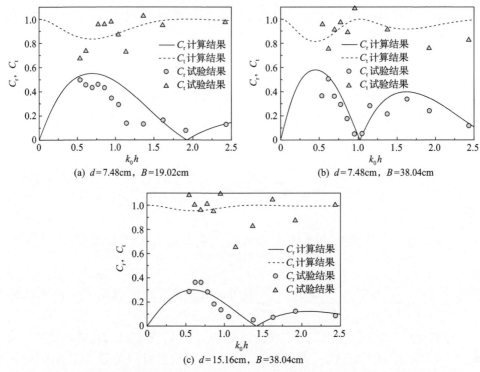

(a) $d = 7.48\text{cm}$，$B = 19.02\text{cm}$　　　　(b) $d = 7.48\text{cm}$，$B = 38.04\text{cm}$

(c) $d = 15.16\text{cm}$，$B = 38.04\text{cm}$

图 4.2.2　矩形台阶地形(潜堤)反射系数和透射系数的计算结果与试验结果[6]对比
($h = 30\text{cm}$，$T = 0.7 \sim 2\text{s}$，$\beta = 0°$)

图 4.2.3 为波浪入射角度对矩形台阶地形反射系数和透射系数的影响。从图中可以看出，随着波浪频率的增加，反射系数可能会出现多个峰值，并且在某些频率下趋于 0，波浪发生了全透射，这与 4.1 节中水面矩形方箱反射系数和透射系数的变化完全不同(见图 4.1.2)。当波浪入射角度从 0°增加到 60°时，反射系数的第

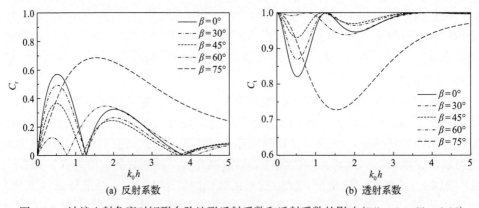

(a) 反射系数　　　　　　　　　　　　(b) 透射系数

图 4.2.3　波浪入射角度对矩形台阶地形反射系数和透射系数的影响($B/h = 1$，$d/h = 0.25$)

一个峰值显著减小,相应的透射系数谷值增大,当波浪入射角度进一步增加到 75° 时,台阶地形的反射系数显著增大,透射系数显著减小。

图 4.2.4 为矩形台阶地形反射系数和透射系数随相对宽度 $B\cos\beta/L$ 的变化规律。从图中可以看出,反射系数和透射系数随着台阶地形相对宽度的增加呈周期性变化,并在某些台阶宽度下发生了波浪全透射。

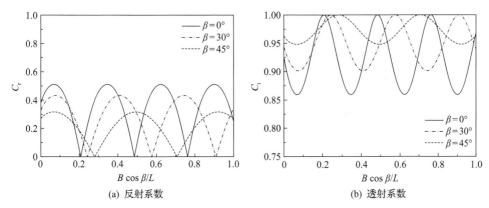

(a) 反射系数   (b) 透射系数

图 4.2.4 矩形台阶地形反射系数和透射系数随相对宽度 $B\cos\beta/L$ 的变化规律
$(d/h=0.25,\ k_0h=1)$

4.3 出水多孔堆石防波堤

堆石防波堤是海岸工程中比较常见的消能式防护结构,结构形式简单,施工便利。如果将堆石防波堤简化成一个理想化的矩形多孔介质结构,便可以得到波浪对该结构作用的解析解,Dalrymple 等[7]曾经采用匹配特征函数展开法对该问题进行了解析研究,这也是波浪对消能式海岸结构物作用解析研究的一个典型问题。本节依次采用匹配特征函数展开法、围道积分方法和速度势分解方法,建立波浪对出水多孔堆石防波堤作用的解析解。

4.3.1 匹配特征函数展开法

图 4.3.1 为斜向入射波对出水多孔堆石防波堤作用的示意图。水深为 h,防波堤宽度为 $B(B=2b)$,xoy 平面位于静水面,x 轴垂直于防波堤侧面,y 轴沿着防波堤长度方向延伸,z 轴与防波堤断面中垂线重合,入射波的波高为 H,周期为 T,波长为 L,传播方向与 x 轴的夹角为 β。为了求解方便,将整个流域划分为三个区域:区域 1,防波堤迎浪侧流域 $(x \leqslant -b,\ -h \leqslant z \leqslant 0)$;区域 2,防波堤所在流域 $(|x| \leqslant b,\ -h \leqslant z \leqslant 0)$;区域 3,防波堤背浪侧流域 $(x \geqslant b,\ -h \leqslant z \leqslant 0)$。

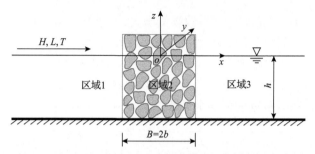

图 4.3.1　斜向入射波对出水多孔堆石防波堤作用的示意图

在区域 1 和区域 3 内，满足控制方程、自由水面条件、水底条件以及远场辐射条件的速度势表达式分别与式(4.1.6)和式(4.1.7)基本一致，只是将两式等号右侧第三项的下标索引符号 n 换成 m。在区域 2 内，多孔堆石防波堤内的自由水面条件为

$$\frac{\partial \phi_2}{\partial z} = K(s + \mathrm{i}\, f)\phi_2, \quad z = 0 \tag{4.3.1}$$

式中，$K \equiv \omega^2/g$；s 和 f 分别为多孔堆石(介质)的惯性力系数和线性化阻力系数。

采用分离变量法可以得到区域 2 内满足控制方程、水底条件和自由水面条件式(4.3.1)的速度势表达式：

$$\phi_2 = -\frac{\mathrm{i}\,gH}{2\omega}\left[\sum_{n=0}^{\infty} A_n \cosh(\lambda_{nx}x)Y_n(z) + \sum_{n=0}^{\infty} B_n \sinh(\lambda_{nx}x)Y_n(z)\right] \tag{4.3.2}$$

式中，A_n 和 B_n 为待定的展开系数；$\lambda_{nx} = \sqrt{k_{0y}^2 - \lambda_n^2}$ $(n \geqslant 0)$；$Y_n(z)$ 为垂向特征函数系：

$$Y_n(z) = \frac{\cosh[\lambda_n(z+h)]}{\cosh(\lambda_n h)}, \quad n = 0, 1, \cdots \tag{4.3.3}$$

垂向特征函数系 $Y_n(z)$ 具备正交性：

$$\int_{-h}^{0} Y_m(z)Y_n(z)\,\mathrm{d}z = 0, \quad m \neq n \tag{4.3.4}$$

λ_n 为复波数，满足复色散方程：

$$\Delta(\lambda_n) \equiv \lambda_n \sinh(\lambda_n h) - K(s + \mathrm{i}\, f)\cosh(\lambda_n h) = 0 \tag{4.3.5}$$

复波数 λ_n 的实部决定波浪在多孔堆石防波堤内传播的波长，虚部决定波浪在多孔堆石防波堤内传播时波高的衰减幅值，换言之，波浪在多孔防波堤内传播的同时伴随着能量的耗散。复色散方程(4.3.5)的精确求解存在较大困难，因为波数 λ_n 位于复平面上，在迭代计算中难以给出所有复根的合理初始猜想值；可以采用 Mendez 等[8]提出的摄动展开方法给出复波数的近似值(初始猜想值)，然后采用牛顿下山法迭代计算复波数的精确值。图 4.3.2 为波浪在出水多孔堆石防波堤中运动的前五个复波数计算结果，计算条件为：$Kh = 1 (k_0 h = 1.1997)$、$\varepsilon = 0.4$、$f = 0.5$ 和 $s = 1$。从图中可以看出，所有复波数的虚部均为正数，并且依次增加；波数 λ_0 的实部为正数，其他复波数的实部均为正数并接近于 0。

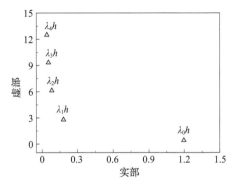

图 4.3.2　波浪在出水多孔堆石防波堤中运动的前五个复波数计算结果

各区域内速度势表达式中的展开系数需要应用如下边界条件进行匹配求解：

$$\frac{\partial \phi_1}{\partial x} = \varepsilon \frac{\partial \phi_2}{\partial x}, \quad x = -b \tag{4.3.6}$$

$$\phi_1 = (s + \mathrm{i}\, f)\phi_2, \quad x = -b \tag{4.3.7}$$

$$\frac{\partial \phi_3}{\partial x} = \varepsilon \frac{\partial \phi_2}{\partial x}, \quad x = b \tag{4.3.8}$$

$$\phi_3 = (s + \mathrm{i}\, f)\phi_2, \quad x = b \tag{4.3.9}$$

式中，ε 为多孔堆石防波堤的孔隙率。

将式(4.1.6)和式(4.3.2)代入式(4.3.6)，得到

$$-\kappa_{0x} Z_0(z) + \sum_{m=0}^{\infty} R_m \kappa_{mx} Z_m(z) = \varepsilon \sum_{n=0}^{\infty} \lambda_{nx} \left[-A_n \sinh(\lambda_{nx} b) + B_n \cosh(\lambda_{nx} b) \right] Y_n(z) \tag{4.3.10}$$

式中，$\kappa_{0x} = -\mathrm{i} k_{0x}$；$\kappa_{mx} = k_{mx} (m \geqslant 1)$。

　　将式(4.3.10)两边同时乘以 $Y_n(z)$，然后对 z 从$-h$ 到 0 积分，并应用式(4.3.4)，得到

$$-A_n \sinh(\lambda_{nx} b) + B_n \cosh(\lambda_{nx} b) = \frac{1}{\varepsilon \lambda_{nx} E_n} \left(-\kappa_{0x} S_{0n} + \sum_{m=0}^{\infty} R_m \kappa_{mx} S_{mn} \right), \quad n = 0, 1, \cdots$$

$$(4.3.11)$$

式中，

$$E_n = \int_{-h}^{0} [Y_n(z)]^2 \, \mathrm{d}z$$

$$S_{mn} = \int_{-h}^{0} Z_m(z) Y_n(z) \mathrm{d}z = \frac{\lambda_n \sinh(\lambda_n h) - K \cosh(\lambda_n h)}{\cosh(\lambda_n h)(\lambda_n^2 + \kappa_m^2)} \quad (4.3.12)$$

　　将式(4.1.6)和式(4.3.2)代入式(4.3.7)，等号两侧同时乘以 $Z_m(z)$，然后对 z 从$-h$ 到 0 积分，得到

$$\delta_{m0} + R_m = \frac{s + \mathrm{i} f}{N_m} \sum_{n=0}^{\infty} \left[A_n \cosh(\lambda_{nx} b) - B_n \sinh(\lambda_{nx} b) \right] S_{mn}, \quad m = 0, 1, \cdots \quad (4.3.13)$$

式中，$\delta_{mn} = \begin{cases} 1, & m = n \\ 0, & m \neq n \end{cases}$。

　　采用类似的处理方法可以将式(4.3.8)和式(4.3.9)分别转化为如下方程：

$$A_n \sinh(\lambda_{nx} b) + B_n \cosh(\lambda_{nx} b) = -\frac{1}{\varepsilon \lambda_{nx} E_n} \sum_{m=0}^{\infty} T_m \kappa_{mx} S_{mn}, \quad n = 0, 1, \cdots \quad (4.3.14)$$

$$T_m = \frac{s + \mathrm{i} f}{N_m} \sum_{n=0}^{\infty} \left[A_n \cosh(\lambda_{nx} b) + B_n \sinh(\lambda_{nx} b) \right] S_{mn}, \quad m = 0, 1, \cdots \quad (4.3.15)$$

　　将式(4.3.11)和式(4.3.13)～式(4.3.15)中的 m 和 n 截断到 N 项，可以得到含有 $4(N+1)$ 个未知数的线性方程组，求解该方程组便可以确定速度势表达式中所有的展开系数，进而根据式(4.1.18)计算多孔堆石防波堤的反射系数 C_r 和透射系数 C_t，根据式(2.3.9)计算多孔堆石防波堤的能量损失系数 C_d。

4.3.2　围道积分方法

　　4.3.1 节的分析过程是基于标准(传统)的匹配特征函数展开法，该方法需要精确求解式(4.3.5)给出的复色散方程。下面介绍如何采用围道积分方法分析该问题，分析过程中不需要求解复色散方程。

联立式(4.3.11)和式(4.3.14)，得到

$$A_n = \frac{1}{2\varepsilon\lambda_{nx}\sinh(\lambda_{nx}b)E_n}\left(\kappa_{0x}S_{0n} - \sum_{j=0}^{\infty}R_j\kappa_{jx}S_{jn} - \sum_{j=0}^{\infty}T_j\kappa_{jx}S_{jn}\right), \quad n=0,1,\cdots \quad (4.3.16)$$

$$B_n = \frac{1}{2\varepsilon\lambda_{nx}\cosh(\lambda_{nx}b)E_n}\left(-\kappa_{0x}S_{0n} + \sum_{j=0}^{\infty}R_j\kappa_{jx}S_{jn} - \sum_{j=0}^{\infty}T_j\kappa_{jx}S_{jn}\right), \quad n=0,1,\cdots$$

$$(4.3.17)$$

将式(4.3.16)和式(4.3.17)代入式(4.3.13)和式(4.3.15)，得到

$$\sum_{j=0}^{\infty}R_j(\delta_{mj}+U_{mj}) + \sum_{j=0}^{\infty}T_jV_{mj} = U_{m0} - \delta_{m0}, \quad m=0,1,\cdots \quad (4.3.18)$$

$$\sum_{j=0}^{\infty}R_jV_{mj} + \sum_{j=0}^{\infty}T_j(\delta_{mj}+U_{mj}) = V_{m0}, \quad m=0,1,\cdots \quad (4.3.19)$$

式中，

$$U_{mj} = \frac{(s+\mathrm{i}f)\kappa_{jx}}{2\varepsilon N_m}(\Omega_{mj}+\Lambda_{mj}), \quad V_{mj} = \frac{(s+\mathrm{i}f)\kappa_{jx}}{2\varepsilon N_m}(\Omega_{mj}-\Lambda_{mj}) \quad (4.3.20)$$

$$\Omega_{mj} = \sum_{n=0}^{\infty}\frac{\cosh(\lambda_{nx}b)S_{mn}S_{jn}}{\lambda_{nx}\sinh(\lambda_{nx}b)E_n}, \quad \Lambda_{mj} = \sum_{n=0}^{\infty}\frac{\sinh(\lambda_{nx}b)S_{mn}S_{jn}}{\lambda_{nx}\cosh(\lambda_{nx}b)E_n} \quad (4.3.21)$$

将式(4.3.18)和式(4.3.19)中的 m 和 j 截断到 M 项，可以得到关于展开系数 R_m 和 T_m 的线性方程组，求解该方程组的关键是确定式(4.3.21)中无穷级数 Ω_{mj} 和 Λ_{mj} 的值。可以参照 Lawire 等[9]提出的方法，构建合适的函数，使得无穷级数 Ω_{mj} 或 Λ_{mj} 的值等于所构建函数的所有奇点 $\lambda_n(n\geq 0)$ 的留数之和。

在计算无穷级数 Ω_{mj} 和 Λ_{mj} 之前，需要先推导几个重要的关系式。根据式(4.3.3)得到

$$Y_n''(z) = \lambda_n^2 Y_n(z) \quad (4.3.22)$$

$$Y_n'(-h) = 0 \quad (4.3.23)$$

$$Y_n'(0) = K(s+\mathrm{i}f)Y_n(0) \quad (4.3.24)$$

定义如下关系式：

$$Y(\lambda,z) = \cosh(\lambda z) + \frac{K(s+\mathrm{i}f)}{\lambda}\sinh(\lambda z) \tag{4.3.25}$$

根据式(4.3.5)和式(4.3.25)得到

$$\Delta(\lambda) = -Y'(\lambda,-h) \tag{4.3.26}$$

在式(4.3.22)～式(4.3.24)和式(4.3.26)中,均是对变量 z 求导。

根据式(4.3.23)和式(4.3.24)得到

$$\left[Y_m'(z)Y_n(z) - Y_m(z)Y_n{}'(z) \right]\Big|_{-h}^{0} = 0 \tag{4.3.27}$$

将式(4.3.27)表示为积分形式:

$$\int_{-h}^{0}\left[Y_m''(z)Y_n(z) + Y_m'(z)Y_n{}'(z) \right]\mathrm{d}z - Y_m(z)Y_n{}'(z)\Big|_{-h}^{0} = 0 \tag{4.3.28}$$

对式(4.3.28)中的第二项进行分部积分,并应用式(4.3.22),得到

$$(\lambda_m^2 - \lambda_n^2)\int_{-h}^{0} Y_m(z)Y_n(z)\,\mathrm{d}z = 0 \tag{4.3.29}$$

显然,当 $m \neq n$ 时,式(4.3.29)中的积分等于 0,这也是特征函数系 $Y_n(z)$ 的正交关系式(4.3.4)的证明过程。

当 $m = n$ 时,根据式(4.3.25)和式(4.3.27),可以得到

$$E_n = \int_{-h}^{0}[Y_n(z)]^2\,\mathrm{d}z = \lim_{\lambda \to \lambda_n}\frac{\left[Y'(\lambda,z)Y_n(z) - Y(\lambda,z)Y_n{}'(z) \right]\Big|_{-h}^{0}}{\lambda^2 - \lambda_n^2} \tag{4.3.30}$$

对式(4.3.30)等号右侧使用洛必达法则,并应用式(4.3.23)～式(4.3.26),可以得到

$$E_n = \int_{-h}^{0}[Y_n(z)]^2\,\mathrm{d}z = \frac{Y_n(-h)}{2\lambda_n}\frac{\mathrm{d}\Delta(\lambda)}{\mathrm{d}\lambda}\bigg|_{\lambda=\lambda_n} = \frac{1}{2\lambda_n\cosh(\lambda_n h)}\frac{\mathrm{d}\Delta(\lambda)}{\mathrm{d}\lambda}\bigg|_{\lambda=\lambda_n} \tag{4.3.31}$$

式(4.3.31)是应用围道积分方法的重要基础公式。

下面介绍无穷级数 Ω_{mj} 的计算方法。定义如下积分:

$$I_{mj} = \frac{1}{2\pi\mathrm{i}}\int_{-\infty}^{\infty} f(\lambda)\mathrm{d}\lambda = \frac{1}{2\pi\mathrm{i}}\int_{-\infty}^{\infty}\frac{\lambda\cosh(\lambda_x b)Q_m(\lambda)Q_j(\lambda)}{\Delta(\lambda)\lambda_x\sinh(\lambda_x b)\cosh(\lambda h)}\mathrm{d}\lambda \tag{4.3.32}$$

式中,

$$\lambda_x = \sqrt{k_{0y}^2 - \lambda^2}$$

$$Q_m(\lambda) = \frac{\lambda \sinh(\lambda h) - K \cosh(\lambda h)}{\lambda^2 + \kappa_m^2} \tag{4.3.33}$$

式 (4.3.32) 中的积分路径沿着实轴且向上 (下) 绕过负 (正) 实轴上所有的奇点，图 4.3.3 (a) 为积分路径示意图。由于被积函数 $f(\lambda)$ 是奇函数，积分结果 I_{mj} 始终等于 0；拓展式 (4.3.32) 中的积分路径至实轴上部无限半径的半圆，图 4.3.3 (b) 为积分路径拓展示意图，根据被积函数的渐近性，可以得到闭合积分路径中的所有奇点留数和等于 0。被积函数 $f(\lambda)$ 有如下三组简单奇点：

(1) $\Delta(\lambda) = 0$，即 $\lambda = \lambda_n\ (n \geqslant 0)$。

(2) $\cosh(\lambda h) = 0$，即 $\lambda = a_n = \mathrm{i}(2n+1)\pi/(2h)\ (n \geqslant 0)$。

(3) $\lambda_x \sinh(\lambda_x b) = 0$，即 $\lambda = c_n = \sqrt{k_{0y}^2 + (n\pi/b)^2}\ (n \geqslant 0)$。

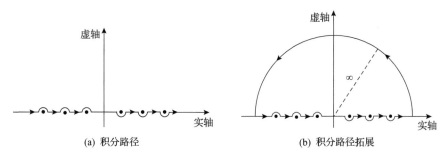

(a) 积分路径　　　　　　　　　(b) 积分路径拓展

图 4.3.3　式 (4.3.32) 中的积分路径和积分路径拓展示意图

将被积函数所有的奇点留数进行求和，则有

$$\sum_{n=0}^{\infty} \mathrm{Res}[f(\lambda), \lambda_n] + \sum_{n=0}^{\infty} \mathrm{Res}[f(\lambda), a_n] + \sum_{n=0}^{\infty} \mathrm{Res}[f(\lambda), c_n] = 0 \tag{4.3.34}$$

式中，

$$\sum_{n=0}^{\infty} \mathrm{Res}[f(\lambda), \lambda_n] = \sum_{n=0}^{\infty} \lim_{\lambda \to \lambda_n} [(\lambda - \lambda_n) f(\lambda)] = \frac{1}{2} \Omega_{mj} \tag{4.3.35}$$

$$\mathrm{Res}[f(\lambda), a_n] = \frac{a_n^2 \coth(a_{nx} b)}{h a_{nx} (a_n^2 + \kappa_m^2)(a_n^2 + \kappa_j^2)} \tag{4.3.36}$$

$$\mathrm{Res}[f(\lambda), c_n] = -\frac{[c_n \tanh(c_n h) - K]^2}{\gamma_n b [c_n \tanh(c_n h) - K(s + \mathrm{i} f)](c_n^2 + \kappa_m^2)(c_n^2 + \kappa_j^2)} \tag{4.3.37}$$

式中，$a_{nx} = \sqrt{k_{0y}^2 - a_n^2}$；$\gamma_0 = 2$；$\gamma_n = 1 \, (n \geqslant 1)$。

在式(4.3.35)的推导过程中，使用了式(4.3.12)和式(4.3.31)。由式(4.3.34)可以看出，级数 Ω_{mj} 的计算转化为函数 $f(\lambda)$ 在其他两组奇点(2, 3)留数的求和，不再需要复波数 λ_n，从而避免了求解复色散方程(4.3.5)。

类似地，级数 Λ_{mj} 可以通过定义如下积分进行计算：

$$J_{mj} = \frac{1}{2\pi \mathrm{i}} \int_{-\infty}^{\infty} \frac{\lambda \sinh(\lambda_x b) Q_m(\lambda) Q_j(\lambda)}{\Delta(\lambda) \lambda_x \cosh(\lambda_x b) \cosh(\lambda h)} \mathrm{d}\lambda \tag{4.3.38}$$

具体的计算分析过程与前面类似，此处不再赘述。级数 Λ_{mj} 的计算表达式为

$$\begin{aligned}
\frac{1}{2}\Lambda_{mj} = &-\sum_{n=0}^{\infty} \frac{a_n^2 \tanh(a_{nx} b)}{h a_{nx} (a_n^2 + \kappa_m^2)(a_n^2 + \kappa_j^2)} \\
&+ \sum_{n=0}^{\infty} \frac{\left[d_n \tanh(d_n h) - K \right]^2}{b \left[d_n \tanh(d_n h) - K(s + \mathrm{i}\, f) \right](d_n^2 + \kappa_m^2)(d_n^2 + \kappa_j^2)}
\end{aligned} \tag{4.3.39}$$

式中，$d_n = \sqrt{k_{0y}^2 + [(2n+1)\pi/(2b)]^2}$。

当级数 Ω_{mj} 和 Λ_{mj} 确定后，便可以求解由式(4.3.18)和式(4.3.19)给出的方程组，确定区域 1 和区域 3 内速度势级数表达式中的展开系数 R_m 和 T_m，从而得到多孔堆石防波堤的反射系数、透射系数和能量损失系数。需要说明的是，围道积分方法无法计算区域 2 内的速度势，即无法确定多孔堆石防波堤内部区域的波面、流场等信息。

4.3.3　速度势分解方法

除了采用围道积分方法外，还可以采用速度势分解方法来避免求解波浪通过多孔防波堤的复色散方程。下面介绍速度势分解方法的具体求解过程。

区域 1 和区域 3 内流体运动的速度势表达式分别与式(4.1.6)和式(4.1.7)相同。将区域 2 内流体运动的速度势进一步分解为

$$\phi_2 = \phi_2^{\mathrm{v}} + \phi_2^{\mathrm{h}} \tag{4.3.40}$$

令分解后的速度势满足如下边界条件：

$$\frac{\partial \phi_2^{\mathrm{v}}}{\partial z} = 0, \quad z = 0, -h \tag{4.3.41}$$

$$\begin{cases} \phi_2^h = 0, \quad x = b \\ \dfrac{\partial \phi_2^h}{\partial x} = 0, \quad x = -b \end{cases} \tag{4.3.42}$$

$$\frac{\partial \phi_2^h}{\partial z} = 0, \quad z = -h \tag{4.3.43}$$

采用分离变量法可以得到满足控制方程和边界条件式(4.3.41)~式(4.3.43)的速度势表达式：

$$\phi_2^v = -\frac{\mathrm{i}\,gH}{2\omega}\left[\sum_{n=0}^{\infty} A_n \frac{\cosh(l_{nx}x)}{\cosh(l_{nx}b)} L_n(z) + \sum_{n=0}^{\infty} B_n \frac{\sinh(l_{nx}x)}{\cosh(l_{nx}b)} L_n(z)\right] \tag{4.3.44}$$

$$\phi_2^h = -\frac{\mathrm{i}\,gH}{2\omega}\left[\sum_{n=0}^{\infty} C_n X_n(x)\frac{\cosh[\alpha_{nz}(z+h)]}{\cosh(\alpha_{nz}h)}\right] \tag{4.3.45}$$

式中，A_n、B_n 和 C_n 为待定的展开系数；$L_n(z)$ 和 $X_n(x)$ 分别为沿垂直方向和水平方向的特征函数系：

$$L_n(z) = \begin{cases} \dfrac{\sqrt{2}}{2}, \quad n = 0 \\ \cos[l_n(z+h)], \quad n = 1, 2, \cdots \end{cases} \tag{4.3.46}$$

$$X_n(x) = \sin[\alpha_n(x-b)], \quad n = 0, 1, \cdots \tag{4.3.47}$$

特征值 l_n 和 α_n 的表达式为

$$l_n = \frac{n\pi}{h}, \quad n = 0, 1, \cdots \tag{4.3.48}$$

$$\alpha_n = \frac{(n+0.5)\pi}{2b}, \quad n = 0, 1, \cdots \tag{4.3.49}$$

l_{nx} 和 α_{nz} 的表达式为

$$l_{nx} = \sqrt{l_n^2 + k_{0y}^2}, \quad n = 0, 1, \cdots \tag{4.3.50}$$

$$\alpha_{nz} = \sqrt{\alpha_n^2 + k_{0y}^2}, \quad n = 0, 1, \cdots \tag{4.3.51}$$

特征函数系 $L_n(z)$ 和 $X_n(x)$ 具备正交性：

$$\int_{-h}^{0} L_m(z)L_n(z)\mathrm{d}z = 0, \quad m \neq n \tag{4.3.52}$$

$$\int_{-b}^{b} X_m(x)X_n(x)\mathrm{d}x = 0, \quad m \neq n \tag{4.3.53}$$

应用区域 2 内的自由水面条件以及相邻区域之间的压力和速度连续条件，可以确定速度势中所有的展开系数。考虑分解后的速度势，这些边界条件可以改写为

$$\frac{\partial \phi_2^{\mathrm{h}}}{\partial z} = K(s+\mathrm{i}f)(\phi_2^{\mathrm{v}} + \phi_2^{\mathrm{h}}), \quad z = 0, \quad -b \leqslant x \leqslant b \tag{4.3.54}$$

$$\frac{\partial \phi_1}{\partial x} = \varepsilon \frac{\partial \phi_2^{\mathrm{v}}}{\partial x}, \quad x = -b, \quad -h \leqslant z \leqslant 0 \tag{4.3.55}$$

$$\phi_1 = (s+\mathrm{i}f)\left(\phi_2^{\mathrm{v}} + \phi_2^{\mathrm{h}}\right), \quad x = -b, \quad -h \leqslant z \leqslant 0 \tag{4.3.56}$$

$$\frac{\partial \phi_3}{\partial x} = \varepsilon\left(\frac{\partial \phi_2^{\mathrm{v}}}{\partial x} + \frac{\partial \phi_2^{\mathrm{h}}}{\partial x}\right), \quad x = b, \quad -h \leqslant z \leqslant 0 \tag{4.3.57}$$

$$\phi_3 = (s+\mathrm{i}f)\phi_2^{\mathrm{v}}, \quad x = b, \quad -h \leqslant z \leqslant 0 \tag{4.3.58}$$

将式(4.3.44)和式(4.3.45)代入式(4.3.54)，得到

$$\sum_{n=0}^{\infty} C_n X_n(x)\alpha_{nz}\tanh(\alpha_{nz}h)$$
$$= K(s+\mathrm{i}f)\left[\sum_{n=0}^{\infty} A_n \frac{\cosh(l_{nx}x)}{\cosh(l_{nx}b)}L_n(0) + \sum_{n=0}^{\infty} B_n \frac{\sinh(l_{nx}x)}{\cosh(l_{nx}b)}L_n(0) + \sum_{n=0}^{\infty} C_n X_n(x)\right]$$
$$\tag{4.3.59}$$

将式(4.3.59)等号两侧同时乘以 $X_m(x)$，然后对 x 从 $-b$ 到 b 积分，并应用式(4.3.53)，得到

$$C_m b\left[\alpha_{mz}\tanh(\alpha_{mz}h) - K(s+\mathrm{i}f)\right]$$
$$-K(s+\mathrm{i}f)\left[\sum_{n=0}^{\infty} A_n \Theta_{mn} L_n(0) + \sum_{n=0}^{\infty} B_n \Pi_{mn} L_n(0)\right] = 0, \quad m = 0,1,\cdots \tag{4.3.60}$$

式中，

$$\Theta_{mn} = \int_{-b}^{b} X_m(x)\frac{\cosh(l_{nx}x)}{\cosh(l_{nx}b)}\mathrm{d}x$$

$$\Pi_{mn} = \int_{-b}^{b} X_m(x) \frac{\sinh(l_{nx}x)}{\cosh(l_{nx}b)} \mathrm{d}x$$

将式(4.1.6)和式(4.3.44)代入式(4.3.55)，等号两侧同时乘以 $Z_m(z)$，然后对 z 从$-h$ 到 0 积分，得到

$$R_m - \frac{\varepsilon}{\kappa_{mx}N_m}\left[-\sum_{n=0}^{\infty} A_n l_{nx} \tanh(l_{nx}b)\Psi_{mn} + \sum_{n=0}^{\infty} B_n l_{nx}\Psi_{mn} \right] = \delta_{m0}, \quad m = 0,1,\cdots$$

$$(4.3.61)$$

式中，

$$N_m = \int_{-h}^{0} [Z_m(z)]^2 \mathrm{d}z$$

$$\Psi_{mn} = \int_{-h}^{0} Z_m(z)L_n(z)\mathrm{d}z$$

采用类似的处理方法可以将式(4.3.56)～式(4.3.58)分别转化为

$$R_m - \frac{s+\mathrm{i}f}{N_m}\left[\sum_{n=0}^{\infty} A_n\Psi_{mn} - \sum_{n=0}^{\infty} B_n \tanh(l_{nx}b)\Psi_{mn} - \sum_{n=0}^{\infty} C_n(-1)^{n+1}\Upsilon_{mn} \right] = -\delta_{m0}, \quad m = 0,1,\cdots$$

$$(4.3.62)$$

$$T_m + \frac{\varepsilon}{\kappa_{mx}N_m}\left[\sum_{n=0}^{\infty} A_n l_{nx} \tanh(l_{nx}b)\Psi_{mn} + \sum_{n=0}^{\infty} B_n l_{nx}\Psi_{mn} + \sum_{n=0}^{\infty} C_n\alpha_n\Upsilon_{mn} \right] = 0, \quad m = 0,1,\cdots$$

$$(4.3.63)$$

$$T_m - \frac{s+\mathrm{i}f}{N_m}\left[\sum_{n=0}^{\infty} A_n\Psi_{mn} + \sum_{n=0}^{\infty} B_n \tanh(l_{nx}b)\Psi_{mn} \right] = 0, \quad m = 0,1,\cdots \quad (4.3.64)$$

式中，

$$\Upsilon_{mn} = \int_{-h}^{0} Z_m(z)\frac{\cosh[\alpha_{nz}(z+h)]}{\cosh(\alpha_{nz}h)}\mathrm{d}z$$

将式(4.3.60)～式(4.3.64)中的 m 和 n 截断到 N 项，可以得到含有 $5(N+1)$ 个未知数的线性方程组，求解该方程组便可以确定速度势表达式中所有的展开系数，从而计算得到出水多孔堆石防波堤的水动力特性参数。

令式(4.1.6)、式(4.1.7)和式(4.3.45)中的波浪入射角度 $\beta = 0°$（$k_{0y} = 0$），可以得到波浪正向入射时相应的速度势表达式。但是，无法根据式(4.3.44)得到正向入

射波问题中 ϕ_2^{y} 的表达式，其具体形式与式(4.1.22)类似，需要将其中的特征值 l_n 替换成式(4.3.48)，展开系数 C_n 和 D_n 分别替换成 A_n 和 B_n。对于正向入射波问题，速度势表达式中展开系数的求解过程与斜向入射波问题类似。

　　图 4.3.4 为出水多孔堆石防波堤水动力特性参数随波数的变化规律。从图中可以看出，随着波浪频率的增加，反射系数逐渐增加到最大值，然后略有减小，最后趋于稳定值；透射系数随波浪频率的增加单调减小并趋于 0；能量损失系数随波浪频率的增加而逐渐增大。显然，入射波的波长越短，多孔堆石防波堤的消波性能和掩护性能越好。

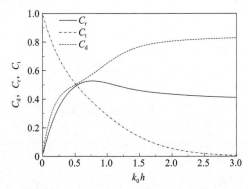

图 4.3.4　出水多孔堆石防波堤水动力特性参数随波数的变化规律
（$B/h = 1.5$，$\varepsilon = 0.4$，$s = 1$，$f = 1$，$\beta = 30°$）

　　图 4.3.5 为出水多孔堆石防波堤水动力特性参数随波浪入射角度的变化规律。从图中可以看出，随着波浪入射角度的增加，反射系数逐渐减小到最小值(在$\beta \approx$ 73°时趋于 0)，然后快速增大到 1；当波浪入射角度从 0°增加到 75°时，透射系数和能量损失系数缓慢增大，波浪入射角度进一步增加时，透射系数和能量损失系数快速减小并趋于 0。

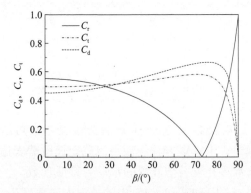

图 4.3.5　出水多孔堆石防波堤水动力特性参数随波浪入射角度的变化规律
（$B/h = 1.5$，$\varepsilon = 0.4$，$s = 1$，$f = 1$，$k_0 h = 0.5$）

图 4.3.6 为出水多孔堆石防波堤水动力特性参数随相对宽度 B/L 的变化规律。从图中可以看出，随着防波堤相对宽度的增加，反射系数先增大至最大值，然后减小并趋于稳定值；透射系数逐渐减小，能量损失系数逐渐增大。增加堆石防波堤的宽度能够有效耗散波浪能量，但是当防波堤宽度增加到一定值之后，进一步增加宽度对结构掩护性能的提升非常有限，需要根据实际波浪条件合理选取防波堤宽度。

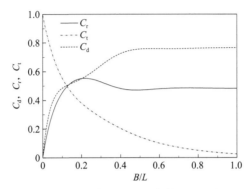

图 4.3.6　出水多孔堆石防波堤水动力特性参数随相对宽度 B/L 的变化规律
（$\varepsilon = 0.4$，$s = 1$，$f = 1$，$k_0 h = 0.5$，$\beta = 30°$）

4.4　多孔堆石潜堤

堆石潜堤是一种常见的海岸防护结构，将堆石潜堤简化为理想的矩形多孔介质结构[10]，可以得到波浪对多孔堆石潜堤作用的解析解，Rojanakamthorn 等[11]和 Losada 等[12]曾经采用匹配特征函数展开法对该问题进行了解析研究。本节分别采用匹配特征函数展开法、围道积分方法和速度势分解方法，建立斜向入射波对多孔堆石潜堤作用的解析解。

4.4.1　匹配特征函数展开法

图 4.4.1 为斜向入射波对多孔堆石潜堤作用的示意图。水深为 h，多孔堆石潜堤的高度和淹没深度分别为 a 和 $d(d = h - a)$，宽度为 $B(B = 2b)$，直角坐标系与 4.3 节中的定义相同。波浪入射方向与 x 轴正方向的夹角为 β，入射波的波高为 H，周期为 T，波长为 L。将整个流域划分成三个区域：区域 1，潜堤迎浪侧流域（$x \leqslant -b$，$-h \leqslant z \leqslant 0$）；区域 2，潜堤背浪侧流域（$x \geqslant b$，$-h \leqslant z \leqslant 0$）；区域 3，潜堤所在流域（$|x| \leqslant b$，$-h \leqslant z \leqslant 0$）。

在区域 1 和区域 2 内，满足控制方程、自由水面条件、水底条件以及远场辐射条件的速度势表达式分别为

$$\phi_1 = -\frac{\mathrm{i}\,gH}{2\omega}\left[\mathrm{e}^{\mathrm{i}\,k_{0x}(x+b)}Z_0(z) + R_0\,\mathrm{e}^{-\mathrm{i}\,k_{0x}(x+b)}Z_0(z) + \sum_{m=1}^{\infty}R_m\,\mathrm{e}^{k_{mx}(x+b)}Z_m(z)\right] \qquad (4.4.1)$$

$$\phi_2 = -\frac{\mathrm{i}\,gH}{2\omega}\left[T_0\,\mathrm{e}^{\mathrm{i}\,k_{0x}(x-b)}Z_0(z) + \sum_{n=1}^{\infty}T_n\,\mathrm{e}^{-k_{nx}(x-b)}Z_n(z)\right] \qquad (4.4.2)$$

式中，R_m 和 T_n 为待定的展开系数；$k_{0x} = k_0\cos\beta$；$k_{mx} = \sqrt{k_m^2 + k_{0y}^2}$ $(m \geqslant 1)$；$k_{0y} = k_0\sin\beta$。

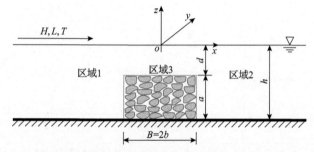

图 4.4.1　斜向入射波对多孔堆石潜堤作用的示意图(匹配特征函数展开法)

在多孔堆石潜堤的上表面，速度势满足如下边界条件：

$$\phi_3\big|_{z=-d^+} = (s + \mathrm{i}\,f)\phi_3\big|_{z=-d^-} \qquad (4.4.3)$$

$$\frac{\partial\phi_3}{\partial z}\bigg|_{z=-d^+} = \varepsilon\frac{\partial\phi_3}{\partial z}\bigg|_{z=-d^-} \qquad (4.4.4)$$

式中，d^+ 和 d^- 分别表示堆石潜堤上表面的外侧和内侧。

采用分离变量法可以得到区域 3 内满足控制方程、自由水面条件、水底条件以及边界条件式(4.4.3)和式(4.4.4)的速度势表达式：

$$\phi_3 = -\frac{\mathrm{i}\,gH}{2\omega}\left[\sum_{n=0}^{\infty}A_n\cosh(\lambda_{nx}x)Y_n(z) + \sum_{n=0}^{\infty}B_n\sinh(\lambda_{nx}x)Y_n(z)\right] \qquad (4.4.5)$$

式中，A_n 和 B_n 为待定的展开系数；$\lambda_{nx} = \sqrt{k_{0y}^2 - \lambda_n^2}$ $(n \geqslant 0)$；$Y_n(z)$ 为垂向特征函数系：

$$Y_n(z) = \begin{cases} \dfrac{\cosh[\lambda_n(z+h)] - P_n\sinh[\lambda_n(z+h)]}{\cosh(\lambda_n h) - P_n\sinh(\lambda_n h)}, & -d \leqslant z \leqslant 0 \\[4mm] \dfrac{1 - P_n\tanh(\lambda_n a)}{s + \mathrm{i}\,f}\dfrac{\cosh[\lambda_n(z+h)]}{\cosh(\lambda_n h) - P_n\sinh(\lambda_n h)}, & -h \leqslant z < -d \end{cases} \qquad (4.4.6)$$

$$P_n = \frac{\left(1 - \dfrac{\varepsilon}{s + \mathrm{i}\,f}\right)\tanh(\lambda_n a)}{1 - \dfrac{\varepsilon}{s + \mathrm{i}\,f}\tanh^2(\lambda_n a)} \tag{4.4.7}$$

垂向特征函数系 $Y_n(z)$ 具备加权正交性：

$$\int_{-h}^{0} \hbar Y_m(z) Y_n(z)\mathrm{d}z = 0, \quad m \neq n \tag{4.4.8}$$

式中，$\hbar = \begin{cases} 1, & -d \leqslant z \leqslant 0 \\ \varepsilon(s + \mathrm{i}\,f), & -h \leqslant z < -d \end{cases}$。

λ_n 为复波数，满足如下色散方程：

$$K - \lambda_n \tanh(\lambda_n h) = P_n[K\tanh(\lambda_n h) - \lambda_n], \quad n = 0,1,\cdots \tag{4.4.9}$$

式中，$K \equiv \omega^2/g$。

可以采用 Mendez 等[8]提出的摄动展开方法给出所有复波数的初始猜想值，然后利用牛顿下山法迭代求解复色散方程(4.4.9)。与出水多孔堆石防波堤类似，多孔潜堤区域复波数的实部和虚部分别决定波浪在多孔潜堤上传播的波长和波高衰减幅值，即波浪在多孔潜堤上传播的同时伴随着能量耗散。图 4.4.2 为波浪在多孔堆石潜堤上运动的复波数计算结果，计算条件为：$Kh = 1\,(k_0 h = 1.1997)$，$a/h = 0.8$，$\varepsilon = 0.45$，$s = 1$ 和 $f = 0.5$、2、5。从图中可以看出，所有复波数的虚部均为正数，并且依次增加；波数 λ_0 的实部为正数，并大于相应的无多孔介质条件的波数 k_0，其他复波数的实部均接近于 0。

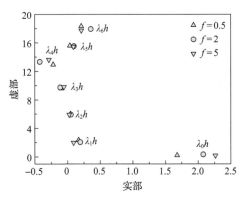

图 4.4.2 波浪在多孔堆石潜堤上运动的复波数计算结果

速度势表达式中的展开系数需要通过如下边界条件进行匹配求解：

$$\hbar \frac{\partial \phi_1}{\partial x} = \frac{\partial \phi_3}{\partial x}, \quad x = -b \tag{4.4.10}$$

$$\phi_1 = \ell \phi_3, \quad x = -b \tag{4.4.11}$$

$$\hbar \frac{\partial \phi_2}{\partial x} = \frac{\partial \phi_3}{\partial x}, \quad x = b \tag{4.4.12}$$

$$\phi_2 = \ell \phi_3, \quad x = b \tag{4.4.13}$$

式中，$\hbar = \begin{cases} 1, & -d \leqslant z \leqslant 0 \\ 1/\varepsilon, & -h \leqslant z < -d \end{cases}$；$\ell = \begin{cases} 1, & -d \leqslant z \leqslant 0 \\ s + \mathrm{i}\, f, & -h \leqslant z < -d \end{cases}$。

将式 (4.4.1) 和式 (4.4.5) 代入式 (4.4.10)，等号两侧同时乘以 $\hbar Y_n(z)$，然后对 z 从 $-h$ 到 0 积分，并应用式 (4.4.8)，得到

$$-A_n \sinh(\lambda_{nx} b) + B_n \cosh(\lambda_{nx} b) = \frac{1}{\lambda_{nx} E_n} \left(-\kappa_{0x} S_{0n} + \sum_{m=0}^{\infty} R_m \kappa_{mx} S_{mn} \right), \quad n = 0, 1, \cdots \tag{4.4.14}$$

式中，

$$E_n = \int_{-h}^{0} \hbar [Y_n(z)]^2 \, \mathrm{d}z$$

$$\kappa_{mx} = \begin{cases} -\mathrm{i}\, k_{0x}, & m = 0 \\ k_{mx}, & m = 1, 2, \cdots \end{cases}$$

$$S_{mn} = \int_{-h}^{0} \ell Z_m(z) Y_n(z) \, \mathrm{d}z = \frac{\cos(\kappa_m a) \left[\lambda_n \sinh(\lambda_n h) - K \cosh(\lambda_n h) \right]}{(\lambda_n^2 + \kappa_m^2) \cos(\kappa_m h) \cosh(\lambda_n a)} \tag{4.4.15}$$

将式 (4.4.1) 和式 (4.4.5) 代入式 (4.4.11)，等号两侧同时乘以 $Z_m(z)$，然后对 z 从 $-h$ 到 0 积分，得到

$$\delta_{m0} + R_m = \frac{1}{N_m} \sum_{n=0}^{\infty} \left[A_n \cosh(\lambda_{nx} b) - B_n \sinh(\lambda_{nx} b) \right] S_{mn}, \quad m = 0, 1, \cdots \tag{4.4.16}$$

式中，$\delta_{mn} = \begin{cases} 1, & m = n \\ 0, & m \neq n \end{cases}$；$N_m = \int_{-h}^{0} [Z_m(z)]^2 \, \mathrm{d}z$。

采用上述同样的处理方法可以将式 (4.4.12) 和式 (4.4.13) 分别转化为如下方程：

$$A_n \sinh(\lambda_{nx}b) + B_n \cosh(\lambda_{nx}b) = -\frac{1}{\lambda_{nx}E_n} \sum_{m=0}^{\infty} T_m \kappa_{mx} S_{mn}, \quad n = 0,1,\cdots \quad (4.4.17)$$

$$T_m = \frac{1}{N_m} \sum_{n=0}^{\infty} \left[A_n \cosh(\lambda_{nx}b) + B_n \sinh(\lambda_{nx}b) \right] S_{mn}, \quad m = 0,1,\cdots \quad (4.4.18)$$

将式(4.4.14)和式(4.4.16)～式(4.4.18)中的 m 和 n 截断到 N 项，可以得到含有 $4(N+1)$ 个未知数的线性方程组，求解该方程组便可以确定速度势表达式所有的展开系数，从而计算多孔堆石潜堤的反射系数、透射系数和能量损失系数。

4.4.2　围道积分方法

4.4.1 节的求解过程与出水多孔堆石防波堤的求解类似，需要精确求解复色散方程(4.4.9)，下面介绍如何采用围道积分方法求解该问题，并避免求解复色散方程。

联立式(4.4.14)和式(4.4.17)，得到

$$A_n = \frac{1}{2\lambda_{nx}\sinh(\lambda_{nx}b)E_n} \left(\kappa_{0x}S_{0n} - \sum_{j=0}^{\infty} R_j \kappa_{jx} S_{jn} - \sum_{j=0}^{\infty} T_j \kappa_{jx} S_{jn} \right), \quad n = 0,1,\cdots \quad (4.4.19)$$

$$B_n = \frac{1}{2\lambda_{nx}\cosh(\lambda_{nx}b)E_n} \left(-\kappa_{0x}S_{0n} + \sum_{j=0}^{\infty} R_j \kappa_{jx} S_{jn} - \sum_{j=0}^{\infty} T_j \kappa_{jx} S_{jn} \right), \quad n = 0,1,\cdots$$
$$(4.4.20)$$

将式(4.4.19)和式(4.4.20)代入式(4.4.16)和式(4.4.18)，得到

$$\sum_{j=0}^{\infty} R_j (\delta_{mj} + O_{mj}) + \sum_{j=0}^{\infty} T_j P_{mj} = O_{m0} - \delta_{m0}, \quad m = 0,1,\cdots \quad (4.4.21)$$

$$\sum_{j=0}^{\infty} R_j P_{mj} + \sum_{j=0}^{\infty} T_j (\delta_{mj} + O_{mj}) = P_{m0}, \quad m = 0,1,\cdots \quad (4.4.22)$$

式中，

$$O_{mj} = \frac{\kappa_{jx}}{2N_m}(\Omega_{mj} + \Lambda_{mj}), \quad P_{mj} = \frac{\kappa_{jx}}{2N_m}(\Omega_{mj} - \Lambda_{mj}) \quad (4.4.23)$$

$$\Omega_{mj} = \sum_{n=0}^{\infty} \frac{\cosh(\lambda_{nx}b)S_{mn}S_{jn}}{\lambda_{nx}\sinh(\lambda_{nx}b)E_n}, \quad \Lambda_{mj} = \sum_{n=0}^{\infty} \frac{\sinh(\lambda_{nx}b)S_{mn}S_{jn}}{\lambda_{nx}\cosh(\lambda_{nx}b)E_n} \quad (4.4.24)$$

将式(4.4.21)和式(4.4.22)中的 m 和 j 截断到 M 项,可以得到关于展开系数 R_n 和 T_n 的线性方程组,求解该方程组的关键在于计算级数 Ω_{mj} 和 Λ_{mj} 的值,这两个级数的计算过程与 4.3.2 节中的出水多孔堆石防波堤类似,在给出具体求解过程之前,首先推导几个重要的关系式。

采用分离变量法求解控制方程时,可以将多孔潜堤区域内垂向特征函数系式(4.4.6)和复色散方程(4.4.9)改写为

$$Y_n(z) = \begin{cases} \cosh(\lambda_n z) + \dfrac{K}{\lambda_n}\sinh(\lambda_n z), & -d \leqslant z \leqslant 0 \\[2mm] \dfrac{\lambda_n \cosh(\lambda_n d) - K\sinh(\lambda_n d)}{(s + \mathrm{i}f)\lambda_n \cosh(\lambda_n a)}\cosh[\lambda_n(z+h)], & -h \leqslant z < -d \end{cases} \tag{4.4.25}$$

$$\Delta(\lambda_n) \equiv \frac{\varepsilon \tanh(\lambda_n a)}{s + \mathrm{i}f}\big[\lambda_n \cosh(\lambda_n d) - K\sinh(\lambda_n d)\big] - \big[K\cosh(\lambda_n d) - \lambda_n \sinh(\lambda_n d)\big] = 0 \tag{4.4.26}$$

根据式(4.4.25)可以得到如下关系式:

$$Y_n''(z) = \lambda_n^2 Y_n(z) \tag{4.4.27}$$

$$Y_n'(0) = KY_n(0) \tag{4.4.28}$$

$$Y_n'(-d^+) = \varepsilon Y_n'(-d^-) \tag{4.4.29}$$

$$Y_n(-d^+) = (s + \mathrm{i}f)Y_n(-d^-) \tag{4.4.30}$$

$$Y_n'(-h) = 0 \tag{4.4.31}$$

定义如下关系式:

$$Y(\lambda, z) = \begin{cases} \cosh(\lambda z) + \dfrac{K}{\lambda}\sinh(\lambda z), & -d \leqslant z \leqslant 0 \\[2mm] \dfrac{\lambda \cosh(\lambda d) - K\sinh(\lambda d)}{(s + \mathrm{i}f)\lambda \cosh(\lambda a)}\cosh[\lambda(z+h)], & -h \leqslant z < -d \end{cases} \tag{4.4.32}$$

显然存在关系式 $Y(\lambda_m, z) = Y_m(z)$。

根据式(4.4.25)和式(4.4.28)~式(4.4.32),可以得到

$$\Delta(\lambda) = -\big[Y'(\lambda, -d^+) - \varepsilon Y'(\lambda, -d^-)\big] \tag{4.4.33}$$

$$Y(\lambda,-d^+) - (s+\mathrm{i}\,f)Y(\lambda,-d^-) = 0 \tag{4.4.34}$$

$$Y'(\lambda,0)Y_n(0) - Y(\lambda,0)Y_n{}'(0) = 0 \tag{4.4.35}$$

$$Y'(\lambda,-h)Y_n(-h) - Y(\lambda,-h)Y_n{}'(-h) = 0 \tag{4.4.36}$$

式中，$\varDelta(\lambda)$ 的表达式由式 (4.4.26) 给出，只需要将 λ_n 替换成 λ。

在式 (4.4.27)～式 (4.4.31)、式 (4.4.33)、式 (4.4.35) 和式 (4.4.36) 中，均是对变量 z 求导。

根据式 (4.4.28)～式 (4.4.31) 得到

$$\left[Y_m{}'(z)Y_n(z) - Y_m(z)Y_n{}'(z) \right]\Big|_{-d^+}^{0} + \varepsilon(s+\mathrm{i}\,f)\left[Y_m{}'(z)Y_n(z) - Y_m(z)Y_n{}'(z) \right]\Big|_{-h}^{-d^-} = 0 \tag{4.4.37}$$

将式 (4.4.37) 表示为如下积分形式：

$$\begin{aligned}
&\int_{-d^+}^{0}\left[Y_m{}''(z)Y_n(z) + Y_m{}'(z)Y_n{}'(z) \right]\mathrm{d}z - \left[Y_m(z)Y_n{}'(z) \right]\Big|_{-d^+}^{0} \\
&+ \varepsilon(s+\mathrm{i}\,f)\left\{ \int_{-h}^{-d^-}\left[Y_m{}''(z)Y_n(z) + Y_m{}'(z)Y_n{}'(z) \right]\mathrm{d}z - \left[Y_m(z)Y_n{}'(z) \right]\Big|_{-h}^{-d^-} \right\} = 0
\end{aligned} \tag{4.4.38}$$

对 $\int_{-d^+}^{0} Y_m{}'(z)Y_n{}'(z)\mathrm{d}z$ 和 $\int_{-h}^{-d^-} Y_m{}'(z)Y_n{}'(z)\mathrm{d}z$ 进行分部积分，并应用式 (4.4.27)，得到

$$(\lambda_m^2 - \lambda_n^2)\int_{-h}^{0} \hbar Y_m(z)Y_n(z)\mathrm{d}z = 0 \tag{4.4.39}$$

显然，当 $m \neq n$ 时，式 (4.4.39) 中的积分值等于 0，这也是特征函数系 $Y_n(z)$ 的正交关系式 (4.4.8) 的证明过程。

当 $m = n$ 时，根据式 (4.4.32) 和式 (4.4.37)，得到

$$\begin{aligned}
E_n &= \int_{-h}^{0} \hbar Y_n^2(z)\mathrm{d}z \\
&= \lim_{\lambda \to \lambda_n} \frac{\left[Y'(\lambda,z)Y_n(z) - Y(\lambda,z)Y_n{}'(z) \right]\Big|_{-d^+}^{0} + \varepsilon(s+\mathrm{i}\,f)\left[Y'(\lambda,z)Y_n(z) - Y(\lambda,z)Y_n{}'(z) \right]\Big|_{-h}^{-d^-}}{\lambda^2 - \lambda_n^2}
\end{aligned} \tag{4.4.40}$$

对式 (4.4.40) 等号右侧使用洛必达法则，并应用式 (4.4.33)～式 (4.4.36)，可以得到

$$E_n = \lim_{\lambda \to \lambda_n} \frac{\varDelta(\lambda) Y_n(-d^+)}{\lambda^2 - \lambda_n^2}$$

$$= \frac{Y_n(-d^+)}{2\lambda_n} \frac{\mathrm{d}\varDelta(\lambda)}{\mathrm{d}\lambda}\bigg|_{\lambda = \lambda_n} \qquad (4.4.41)$$

$$= \frac{\lambda_n \cosh(\lambda_n d) - K \sinh(\lambda_n d)}{2\lambda_n^2} \frac{\mathrm{d}\varDelta(\lambda)}{\mathrm{d}\lambda}\bigg|_{\lambda = \lambda_n}$$

式 (4.4.41) 是本节应用围道积分方法的重要基础公式。

接下来计算级数 $\varOmega_{mj}$。定义如下积分：

$$I_{mj} = \frac{1}{2\pi \mathrm{i}} \int_{-\infty}^{\infty} f(\lambda) \mathrm{d}\lambda \qquad (4.4.42)$$

$$f(\lambda) = \frac{\lambda^2}{\varDelta(\lambda) \big[\lambda \cosh(\lambda d) - K \sinh(\lambda d) \big]} \frac{\cosh(\lambda_x b)}{\lambda_x \sinh(\lambda_x b)} \frac{Q_m(\lambda) Q_j(\lambda)}{\cosh^2(\lambda a)} \qquad (4.4.43)$$

式中，

$$\lambda_x = \sqrt{k_{0y}^2 - \lambda^2}$$

$$Q_m(\lambda) = \frac{\cos(\kappa_m a) \big[\lambda \sinh(\lambda h) - K \cosh(\lambda h) \big]}{(\lambda^2 + \kappa_m^2) \cos(\kappa_m h)} \qquad (4.4.44)$$

式 (4.4.42) 中的积分路径沿着实轴且向上（下）绕过负（正）实轴上所有的奇点（见图 4.3.3(a)）。被积函数 $f(\lambda)$ 是奇函数，因此积分结果 $I_{mj}=0$；拓展式 (4.4.42) 中的积分路径至实轴上部无限半径的半圆（见图 4.3.3(b)），根据被积函数的渐近性，可以得到闭合积分路径中所有奇点的留数之和等于 0。被积函数 $f(\lambda)$ 有如下四组简单奇点：

(1) $\varDelta(\lambda) = 0$，即 $\lambda = \lambda_n (n \geqslant 0)$。

(2) $\lambda \cosh(\lambda d) - K \sinh(\lambda d) = 0$，即 $\lambda = p_n \neq 0 (n \geqslant 0)$。

(3) $\lambda_x \sinh(\lambda_x b) = 0$，即 $\lambda = q_n = \sqrt{k_{0y}^2 + (n\pi/b)^2}$ $(n \geqslant 0)$。

(4) $\cosh(\lambda a) = 0$，即 $\lambda = s_n = \mathrm{i}(2n+1)\pi/(2a)$ $(n \geqslant 0)$。

将被积函数 $f(\lambda)$ 在所有奇点的留数相加，得到

$$\sum_{n=0}^{\infty} \mathrm{Res}[f(\lambda), \lambda_n] + \sum_{n=0}^{\infty} \mathrm{Res}[f(\lambda), p_n] + \sum_{n=0}^{\infty} \mathrm{Res}[f(\lambda), q_n] + \sum_{n=0}^{\infty} \mathrm{Res}[f(\lambda), s_n] = 0$$

$$(4.4.45)$$

式中,

$$\sum_{n=0}^{\infty} \operatorname{Res}\left[f(\lambda), \lambda_n\right] = \sum_{n=0}^{\infty} \lim_{\lambda \to \lambda_n} \left[(\lambda - \lambda_n)f(\lambda)\right] = \frac{1}{2}\Omega_{mj} \tag{4.4.46}$$

$$\operatorname{Res}\left[f(\lambda), p_n\right] = \frac{1}{(1 - Kd)\cosh(p_n d) + p_n d \sinh(p_n d)} \frac{p_n^2 Q_m(p_n)Q_j(p_n)}{\Delta(p_n)p_{nx}\tanh(p_{nx}b)\cosh^2(p_n a)} \tag{4.4.47}$$

$$\operatorname{Res}\left[f(\lambda), q_n\right] = -\frac{Q_m(q_n)Q_j(q_n)}{\gamma_n b\left[\dfrac{\varepsilon \tanh(q_n a)}{s + \mathrm{i}f}(q_n \chi_n - K\zeta_n) - (K\chi_n - q_n \zeta_n)\right]\left(\chi_n - K\dfrac{\zeta_n}{q_n}\right)\cosh^2(q_n h)} \tag{4.4.48}$$

$$\operatorname{Res}\left[f(\lambda), s_n\right] = \frac{s + \mathrm{i}f}{\varepsilon} \frac{s_n^2 Q_m(s_n)Q_j(s_n)}{as_{nx}\tanh(s_{nx}b)\sinh^2(s_n a)\left[s_n \cosh(s_n d) - K\sinh(s_n d)\right]^2} \tag{4.4.49}$$

式中,

$$p_{nx} = \sqrt{k_{0y}^2 - p_n^2}, \quad \gamma_0 = 2, \quad \gamma_n = 1 \, (n \geqslant 1), \quad s_{nx} = \sqrt{k_{0y}^2 - s_n^2}$$

$$\chi_n = \frac{1 + \mathrm{e}^{-2q_n a} + \mathrm{e}^{-2q_n d} + \mathrm{e}^{-2q_n h}}{2(1 + \mathrm{e}^{-2q_n h})}, \quad \zeta_n = \frac{1 + \mathrm{e}^{-2q_n a} - \mathrm{e}^{-2q_n d} - \mathrm{e}^{-2q_n h}}{2(1 + \mathrm{e}^{-2q_n h})} \tag{4.4.50}$$

在式(4.4.46)的推导中,使用了式(4.4.15)和式(4.4.41),其中式(4.4.41)是能够应用围道积分方法的关键。根据式(4.4.45),将级数 Ω_{mj} 的计算转化为函数 $f(\lambda)$ 在其他三组奇点(2, 3, 4)留数的求和,计算中不再需要复波数 λ_n,从而避免了求解复色散方程(4.4.9)。

采用类似的求解方法可以得到级数 Λ_{mj} 的计算表达式:

$$-\frac{1}{2}\Lambda_{mj} = \sum_{n=0}^{\infty} \operatorname{Res}\left[g(\lambda), p_n\right] + \sum_{n=0}^{\infty} \operatorname{Res}\left[g(\lambda), q_n\right] + \sum_{n=0}^{\infty} \operatorname{Res}\left[g(\lambda), s_n\right] \tag{4.4.51}$$

式中,函数 $g(\lambda)$ 的表达式与 $f(\lambda)$ 类似,需要将 $\cosh(\lambda_x b)/\sinh(\lambda_x b)$ 替换成 $\sinh(\lambda_x b)/\cosh(\lambda_x b)$。

式(4.4.51)的等号右侧第一项表达式与式(4.4.47)类似,需要将 $\tanh(p_{nx}b)$ 替换成 $\coth(p_{nx}b)$;第二项表达式与式(4.4.48)类似,其中 $q_n =$

$\sqrt{k_{0y}^2 + [(2n+1)\pi / (2b)]^2}$ 且 $\gamma_n = 1\,(n \geqslant 0)$；第三项表达式与式 (4.4.49) 类似，需要将 $\tanh(s_{nx}b)$ 替换成 $\coth(s_{nx}b)$。

4.4.3　速度势分解方法

如图 4.4.3 所示，将图 4.4.1 中的区域 3 进一步分为两个区域：区域 3 $(|x| \leqslant b,\ -d \leqslant z \leqslant 0)$ 和区域 4 $(|x| \leqslant b,\ -h \leqslant z \leqslant -d)$。

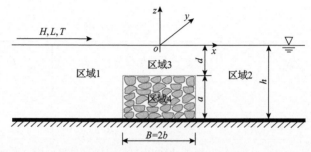

图 4.4.3　斜向入射波对多孔堆石潜堤作用的示意图 (速度势分解方法)

区域 1 和区域 2 内流体运动的速度势表达式分别与式 (4.4.1) 和式 (4.4.2) 类似，只需要将两式等号右侧的下标索引符号 m 换成 n。将区域 3 和区域 4 内流体运动的速度势分解为

$$\phi_j = \phi_j^{\mathrm{v}} + \phi_j^{\mathrm{h}}, \quad j = 3,4 \tag{4.4.52}$$

令分解后的速度势满足如下边界条件：

$$\frac{\partial \phi_3^{\mathrm{v}}}{\partial z} = K\phi_3^{\mathrm{v}}, \quad z = 0, \quad -b \leqslant x \leqslant b \tag{4.4.53}$$

$$\frac{\partial \phi_3^{\mathrm{v}}}{\partial z} = 0, \quad z = -d, \quad -b \leqslant x \leqslant b \tag{4.4.54}$$

$$\frac{\partial \phi_3^{\mathrm{h}}}{\partial z} = K\phi_3^{\mathrm{h}}, \quad z = 0, \quad -b \leqslant x \leqslant b \tag{4.4.55}$$

$$\begin{cases} \phi_3^{\mathrm{h}} = 0, \quad x = b, \quad -d \leqslant z \leqslant 0 \\[2mm] \dfrac{\partial \phi_3^{\mathrm{h}}}{\partial x} = 0, \quad x = -b, \quad -d \leqslant z \leqslant 0 \end{cases} \tag{4.4.56}$$

$$\frac{\partial \phi_4^{\mathrm{v}}}{\partial z} = 0, \quad z = -d, -h, \quad -b \leqslant x \leqslant b \tag{4.4.57}$$

$$\frac{\partial \phi_4^{\mathrm{h}}}{\partial z} = 0, \quad z = -h, \quad -b \leqslant x \leqslant b \tag{4.4.58}$$

$$\begin{cases} \phi_4^{\mathrm{h}} = 0, & x = b, \quad -h \leqslant z \leqslant -d \\ \dfrac{\partial \phi_4^{\mathrm{h}}}{\partial x} = 0, & x = -b, \quad -h \leqslant z \leqslant -d \end{cases} \tag{4.4.59}$$

采用分离变量法可以得到满足控制方程和边界条件式(4.4.53)~式(4.4.59)的速度势表达式:

$$\phi_3^{\mathrm{v}} = -\frac{\mathrm{i}gH}{2\omega}\left[\sum_{n=0}^{\infty} A_n \frac{\cosh(u_{nx}x)}{\cosh(u_{nx}b)} U_n(z) + \sum_{n=0}^{\infty} B_n \frac{\sinh(u_{nx}x)}{\cosh(u_{nx}b)} U_n(z)\right] \tag{4.4.60}$$

$$\phi_3^{\mathrm{h}} = -\frac{\mathrm{i}gH}{2\omega}\sum_{n=0}^{\infty} C_n X_n(x) \frac{\alpha_{nz}\cosh(\alpha_{nz}z) + K\sinh(\alpha_{nz}z)}{\alpha_{nz}\cosh(\alpha_{nz}d)} \tag{4.4.61}$$

$$\phi_4^{\mathrm{v}} = -\frac{\mathrm{i}gH}{2\omega}\left[\sum_{n=0}^{\infty} D_n \frac{\cosh(l_{nx}x)}{\cosh(l_{nx}b)} L_n(z) + \sum_{n=0}^{\infty} E_n \frac{\sinh(l_{nx}x)}{\cosh(l_{nx}b)} L_n(z)\right] \tag{4.4.62}$$

$$\phi_4^{\mathrm{h}} = -\frac{\mathrm{i}gH}{2\omega}\sum_{n=0}^{\infty} F_n X_n(x) \frac{\cosh[\alpha_{nz}(z+h)]}{\cosh[\alpha_{nz}(h-d)]} \tag{4.4.63}$$

式中, A_n、B_n、C_n、D_n、E_n 和 F_n 为待定的展开系数; 垂向特征函数系 $U_n(z)$ 和 $L_n(z)$ 以及相应的特征值 u_n 和 l_n 分别与式(3.1.11)、式(3.1.15)和式(3.1.12)、式(3.1.16)中的定义相同; u_{nx} 和 l_{nx} 的表达式分别与式(3.1.13)和式(3.1.17)相同; 水平方向特征函数系 $X_n(x)$ 以及相应的特征值 α_n 与式(4.3.47)和式(4.3.49)中的定义相同; α_{nz} 的表达式与式(4.3.51)相同。特征函数系 $U_n(z)$、$L_n(z)$ 和 $X_n(x)$ 在各自定义域内具备正交性。

下面应用相邻区域之间的匹配条件(包括多孔堆石潜堤上表面的边界条件), 确定速度势表达式中的展开系数, 这些匹配条件为

$$\frac{\partial \phi_3^{\mathrm{h}}}{\partial z} = \varepsilon \frac{\partial \phi_4^{\mathrm{h}}}{\partial z}, \quad z = -d, \quad -b \leqslant x \leqslant b \tag{4.4.64}$$

$$\phi_3^{\mathrm{v}} + \phi_3^{\mathrm{h}} = (s + \mathrm{i}f)(\phi_4^{\mathrm{v}} + \phi_4^{\mathrm{h}}), \quad z = -d, \quad -b \leqslant x \leqslant b \tag{4.4.65}$$

$$\frac{\partial \phi_1}{\partial x} = \begin{cases} \dfrac{\partial \phi_3^{\mathrm{v}}}{\partial x}, & x = -b, \quad -d \leqslant z \leqslant 0 \\ \varepsilon \dfrac{\partial \phi_4^{\mathrm{v}}}{\partial x}, & x = -b, \quad -h \leqslant z < -d \end{cases} \tag{4.4.66}$$

$$\phi_3^{\mathrm{v}} + \phi_3^{\mathrm{h}} = \phi_1, \quad x = -b, \quad -d \leqslant z \leqslant 0 \tag{4.4.67}$$

$$(s + \mathrm{i}\,f)\left(\phi_4^{\mathrm{v}} + \phi_4^{\mathrm{h}}\right) = \phi_1, \quad x = -b, \quad -h \leqslant z < -d \tag{4.4.68}$$

$$\frac{\partial \phi_2}{\partial x} = \begin{cases} \dfrac{\partial \phi_3^{\mathrm{v}}}{\partial x} + \dfrac{\partial \phi_3^{\mathrm{h}}}{\partial x}, & x = b, \quad -d \leqslant z \leqslant 0 \\[3mm] \varepsilon\left(\dfrac{\partial \phi_4^{\mathrm{v}}}{\partial x} + \dfrac{\partial \phi_4^{\mathrm{h}}}{\partial x}\right), & x = b, \quad -h \leqslant z < -d \end{cases} \tag{4.4.69}$$

$$\phi_3^{\mathrm{v}} = \phi_2, \quad x = b, \quad -d \leqslant z \leqslant 0 \tag{4.4.70}$$

$$(s + \mathrm{i}\,f)\phi_4^{\mathrm{v}} = \phi_2, \quad x = b, \quad -h \leqslant z < -d \tag{4.4.71}$$

将式 (4.4.60) ~ 式 (4.4.63) 代入式 (4.4.64) 和式 (4.4.65)，等号两侧同时乘以 $X_m(x)$，然后对 x 从 $-b$ 到 b 积分，得到

$$C_m\left[K - \alpha_{mz}\tanh(\alpha_{mz}d)\right] - F_m\varepsilon\alpha_{mz}\tanh[\alpha_{mz}(h-d)] = 0, \quad m = 0, 1, \cdots \tag{4.4.72}$$

$$\sum_{n=0}^{\infty} A_n \Psi_{mn}^{(1)} U_n(-d) + \sum_{n=0}^{\infty} B_n \Psi_{mn}^{(2)} U_n(-d) + C_m b\left[1 - \frac{K}{\alpha_{mz}}\tanh(\alpha_{mz}d)\right]$$
$$-(s + \mathrm{i}\,f)\left[\sum_{n=0}^{\infty} D_n \Theta_{mn}^{(1)} L_n(-d) + \sum_{n=0}^{\infty} E_n \Theta_{mn}^{(2)} L_n(-d) + F_m b\right] = 0, \quad m = 0, 1, \cdots \tag{4.4.73}$$

式中，

$$\Psi_{mn}^{(1)} = \int_{-b}^{b} X_m(x)\frac{\cosh(u_{nx}x)}{\cosh(u_{nx}b)}\mathrm{d}x$$

$$\Psi_{mn}^{(2)} = \int_{-b}^{b} X_m(x)\frac{\sinh(u_{nx}x)}{\cosh(u_{nx}b)}\mathrm{d}x$$

$$\Theta_{mn}^{(1)} = \int_{-b}^{b} X_m(x)\frac{\cosh(l_{nx}x)}{\cosh(l_{nx}b)}\mathrm{d}x$$

$$\Theta_{mn}^{(2)} = \int_{-b}^{b} X_m(x)\frac{\sinh(l_{nx}x)}{\cosh(l_{nx}b)}\mathrm{d}x$$

将式 (4.4.1)、式 (4.4.60) 和式 (4.4.62) 代入式 (4.4.66)，等号两侧同时乘以 $Z_m(z)$，然后对 z 从 $-h$ 到 0 积分，得到

$$R_m \kappa_{mx} N_m + \sum_{n=0}^{\infty} A_n u_{nx} \tanh(u_{nx}b) \Omega_{mn}^{(1)} - \sum_{n=0}^{\infty} B_n u_{nx} \Omega_{mn}^{(1)}$$

$$+ \sum_{n=0}^{\infty} D_n \varepsilon l_{nx} \tanh(l_{nx}b) \Omega_{mn}^{(2)} - \sum_{n=0}^{\infty} E_n \varepsilon l_{nx} \Omega_{mn}^{(2)} = \delta_{m0} \kappa_{mx} N_m, \quad m = 0,1,\cdots \tag{4.4.74}$$

式中，

$$N_m = \int_{-h}^{0} [Z_m(z)]^2 \mathrm{d}z$$

$$\Omega_{mn}^{(1)} = \int_{-d}^{0} Z_m(z) U_n(z) \mathrm{d}z$$

$$\Omega_{mn}^{(2)} = \int_{-h}^{-d} Z_m(z) L_n(z) \mathrm{d}z$$

将式 (4.4.1)、式 (4.4.60) 和式 (4.4.61) 代入式 (4.4.67)，等号两侧同时乘以 $U_m(z)$，然后对 z 从 $-d$ 到 0 积分，得到

$$\sum_{n=0}^{\infty} R_n \Omega_{nm}^{(1)} - M_m \left[A_m - B_m \tanh(u_{mx}b) \right] - \sum_{n=0}^{\infty} C_n (-1)^{n+1} \Upsilon_{mn}^{(1)} = -\Omega_{0m}^{(1)}, \quad m = 0,1,\cdots$$

$$\tag{4.4.75}$$

式中，

$$M_m = \int_{-d}^{0} [U_m(z)]^2 \mathrm{d}z$$

$$\Upsilon_{mn}^{(1)} = \int_{-d}^{0} U_m(z) \frac{\alpha_{nz} \cosh(\alpha_{nz}z) + K \sinh(\alpha_{nz}z)}{\alpha_{nz} \cosh(\alpha_{nz}d)} \mathrm{d}z$$

将式 (4.4.1) 和式 (4.4.62) 式 (4.4.63) 代入式 (4.4.68)，等号两侧同时乘以 $L_m(z)$，然后对 z 从 $-h$ 到 $-d$ 积分，得到

$$2 \sum_{n=0}^{\infty} R_n \Omega_{nm}^{(2)} - (s + \mathrm{i} f) \left\{ (h-d) \left[D_m - E_m \tanh(l_{mx}b) \right] + 2 \sum_{n=0}^{\infty} F_n (-1)^{n+1} \Upsilon_{mn}^{(2)} \right\} = -2 \Omega_{0m}^{(2)},$$

$$m = 0,1,\cdots$$

$$\tag{4.4.76}$$

式中，

$$\Upsilon_{mn}^{(2)} = \int_{-h}^{-d} L_m(z) \frac{\cosh[\alpha_{nz}(z+h)]}{\cosh[\alpha_{nz}(h-d)]} \mathrm{d}z$$

采用相同的处理方法可以将式(4.4.69)~式(4.4.71)分别转化为如下方程：

$$T_m \kappa_{mx} N_m + \sum_{n=0}^{\infty} A_n u_{nx} \tanh(u_{nx}b) \Omega_{mn}^{(1)} + \sum_{n=0}^{\infty} B_n u_{nx} \Omega_{mn}^{(1)} + \sum_{n=0}^{\infty} C_n \alpha_n \Pi_{mn}^{(1)}$$

$$+ \sum_{n=0}^{\infty} D_n \varepsilon l_{nx} \tanh(l_{nx}b) \Omega_{mn}^{(2)} + \sum_{n=0}^{\infty} E_n \varepsilon l_{nx} \Omega_{mn}^{(2)} + \sum_{n=0}^{\infty} F_n \varepsilon \alpha_n \Pi_{mn}^{(2)} = 0, \quad m = 0,1,\cdots$$

$$(4.4.77)$$

$$\sum_{n=0}^{\infty} T_n \Omega_{nm}^{(1)} - M_m \left[A_m + B_m \tanh(u_{mx}b) \right] = 0, \quad m = 0,1,\cdots \qquad (4.4.78)$$

$$2 \sum_{n=0}^{\infty} T_n \Omega_{nm}^{(2)} - (s + \mathrm{i}\,f)(h-d) \left[D_m + E_m \tanh(l_{mx}b) \right] = 0, \quad m = 0,1,\cdots \quad (4.4.79)$$

式中，

$$\Pi_{mn}^{(1)} = \int_{-d}^{0} Z_m(z) \frac{\alpha_{nz} \cosh(\alpha_{nz}z) + K \sinh(\alpha_{nz}z)}{\alpha_{nz} \cosh(\alpha_{nz}d)} \mathrm{d}z$$

$$\Pi_{mn}^{(2)} = \int_{-h}^{-d} Z_m(z) \frac{\cosh[\alpha_{nz}(z+h)]}{\cosh[\alpha_{nz}(h-d)]} \mathrm{d}z$$

将式(4.4.72)~式(4.4.79)中的 m 和 n 截断到 N 项，得到含有 $8(N+1)$ 个未知数的线性方程组，求解该方程组便可以确定速度势表达式中所有的展开系数，从而计算得到多孔堆石潜堤的水动力特性参数。

令式(4.4.1)、式(4.4.2)、式(4.4.60)、式(4.4.61)和式(4.4.63)中的波浪入射角度 $\beta = 0°$($k_{0y} = 0$)，可以得到波浪正向入射时相应的速度势表达式，但是无法根据式(4.4.62)得到正向入射波问题中 ϕ_4^{v} 的表达式，其表达式与式(4.1.22)类似。对于正向入射波问题，速度势表达式中展开系数的求解过程与斜向入射波问题类似。

图 4.4.4 为多孔堆石潜堤反射系数和透射系数的计算结果与试验结果[6]对比。在计算结果与试验结果的对比计算中，需要确定堆石潜堤的线性化阻力系数 f 和惯性力系数 s。Pérez-Romero 等[13]分析了出水多孔直立堤的物理模型试验数据，建议在计算中取 $s = 1$，并给出确定线性化阻力系数的经验公式：

$$f = f_{\mathrm{c}} (D_{50} k_0)^{-0.57} \qquad (4.4.80)$$

式中，D_{50} 为块石的中值粒径；$f_{\mathrm{c}} = 0.21 \sim 0.46$。

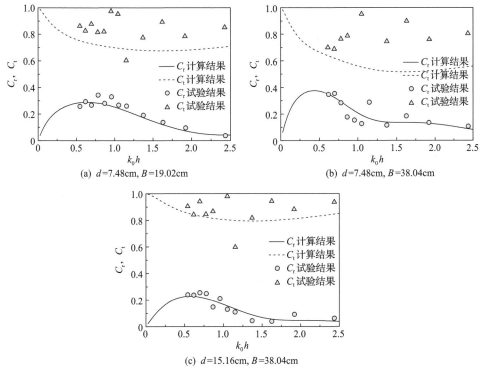

(a) $d=7.48\text{cm}$, $B=19.02\text{cm}$　　　　(b) $d=7.48\text{cm}$, $B=38.04\text{cm}$

(c) $d=15.16\text{cm}$, $B=38.04\text{cm}$

图 4.4.4　多孔堆石潜堤反射系数和透射系数的计算结果与试验结果[6]对比
（$h=30\text{cm}$, $T=0.7\sim2\text{s}$, $\varepsilon=0.678$, $D_{50}=1.95\text{cm}$, $\beta=0°$）

　　经过对比分析，图 4.4.4 的计算中取 $f_{c}=0.46$ 和 $s=1$。从图中可以看出，三种不同尺寸多孔潜堤反射系数的计算结果与试验结果符合良好，透射系数的计算结果普遍偏小。

　　图 4.4.5 为多孔堆石潜堤的水动力特性参数随波数的变化规律。从图中可以看出，潜堤水动力特性参数随波浪频率的变化与出水堆石防波堤（见图 4.3.4）存在显著差异；随着波浪频率的增加，潜堤反射系数呈现振荡变化，透射系数先减小后增大，能量损失系数的变化规律与透射系数相反。

　　图 4.4.6 为多孔堆石潜堤水动力特性参数随波浪入射角度的变化规律。从图中可以看出，随着波浪入射角度的增加，反射系数先减小至最小值，然后快速趋于1；当波浪入射角度从 0° 增加到 70° 时，透射系数和能量损失系数的变化并不明显，波浪入射角度进一步增加时，透射系数和能量损失系数快速趋于 0。

　　图 4.4.7 为多孔堆石潜堤水动力特性参数随相对宽度 B/L 的变化规律。从图中可以看出，随着堆石潜堤相对宽度的增加，透射系数单调减小，反射系数呈振荡衰减，这与实体潜堤（见图 4.2.4）完全不同。此外，与实体潜堤相比，多孔堆石潜堤能够有效耗散波浪能量，并且能量损失系数随着潜堤相对宽度的增加而显著

增大。

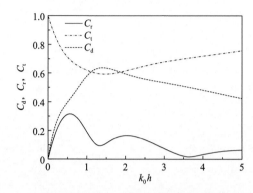

图 4.4.5　多孔堆石潜堤水动力特性参数随波数的变化规律
$(B/h = 1,\ d/h = 0.2,\ \varepsilon = 0.4,\ s = 1,\ f = 2,\ \beta = 30°)$

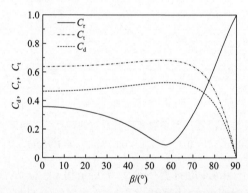

图 4.4.6　多孔堆石潜堤水动力特性参数随波浪入射角度的变化规律
$(B/h = 1,\ d/h = 0.2,\ \varepsilon = 0.4,\ s = 1,\ f = 2,\ k_0h = 0.75)$

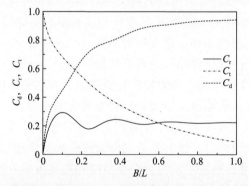

图 4.4.7　多孔堆石潜堤水动力特性参数随相对宽度 B/L 的变化规律
$(d/h = 0.2,\ \varepsilon = 0.4,\ s = 1,\ f = 2,\ k_0h = 0.75,\ \beta = 30°)$

4.5 沉箱基础上的摇板式波能装置

底部铰接浮力摆式波浪能装置具有频率响应范围宽、可靠性好、常规海况下转换效率高、建造成本低等优点。Evans 等[14]研究了无基础底座的摇板式波能装置的水动力性能，Renzi 等[15]建立了波浪与带有垂直薄板基础的摇板式波能装置相互作用的解析解。本节则考虑矩形沉箱基础上的摇板式波能装置，采用解析方法研究该装置的波能俘获性能。

图 4.5.1 为矩形沉箱基础上摇板式波能装置的示意图。沉箱基础的高度和宽度分别为 a 和 $B(B=2b)$，沉箱上表面与静水面的距离为 $d(d=h-a)$。矩形截面摇板铰接于沉箱基础的上表面，密度为 ρ_0（低于海水密度 $\rho=1023\mathrm{kg/m^3}$），厚度为 2δ，摇板铰接中心处与沉箱基础左边缘的距离为 l。建立直角坐标系，x 轴与静水面重合，方向水平向右，z 轴与沉箱中垂线重合，方向竖直向上。摇板的转动中心坐标为 $(x_0,z_0)=(l-b,-d)$。摇板密度小于海水密度，因此在没有波浪作用时，摇板处于竖直状态。忽略摇板在静水面以上部分的质量，则静止状态下摇板的重心与浮心坐标相同，即 $(x_c,z_c)=(x_b,z_b)=(l-b,-d/2)$。为了求解方便，将整个流域划分为四个区域：区域 1 $(-h\leqslant z\leqslant 0,\ x\leqslant -b)$；区域 2 $(-d\leqslant z\leqslant 0,\ -b\leqslant x\leqslant l-b-\delta)$；区域 3 $(-d\leqslant z\leqslant 0,\ l-b+\delta\leqslant x\leqslant b)$；区域 4 $(-h\leqslant z\leqslant 0,\ x\geqslant b)$。

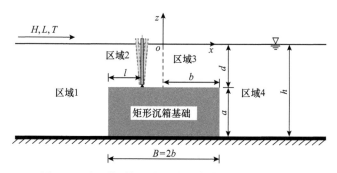

图 4.5.1 矩形沉箱基础上摇板式波能装置的示意图

对于线性简谐问题，摇板在波浪作用下的频域内运动响应方程为

$$\left[-\omega^2(I_m+\mu)-\mathrm{i}\omega(\lambda_{\mathrm{PTO}}+\lambda)+C_m\right]\theta=F_\theta \tag{4.5.1}$$

式中，θ 为摇板的复摆动角度，包含幅值和相位信息；F_θ 为摇板受到的波浪激振力矩；μ 和 λ 分别为摇板做单位转角摆动时的附加质量和辐射阻尼；λ_{PTO} 为波浪能装置 PTO 系统的机械阻尼系数；I_m 和 C_m 分别为绕铰接点的转动惯量和恢复力矩；

$$I_{\mathrm{m}} = \frac{2\rho_0 d\delta(\delta^2 + d^2)}{3} \tag{4.5.2}$$

$$C_{\mathrm{m}} = \frac{2\rho g\delta^3}{3} + (\rho - \rho_0)g\delta d^2 \tag{4.5.3}$$

波能装置的能量俘获功率(时均值)为

$$P_{\mathrm{PTO}} = \frac{1}{2}\lambda_{\mathrm{PTO}}\omega^2|\theta|^2 \tag{4.5.4}$$

波能装置的能量俘获效率定义为

$$C_{\mathrm{p}} = \frac{P_{\mathrm{PTO}}}{P_{\mathrm{w}}} = \frac{8P_{\mathrm{PTO}}}{\rho g H^2 c_{\mathrm{g}}} \tag{4.5.5}$$

式中，P_{w} 为沿波浪传播方向通过单位宽度铅垂面的波能流；H 为入射波的波高；c_{g} 为波浪群速度：

$$c_{\mathrm{g}} = \frac{\omega}{2k_0}\left[1 + \frac{2k_0 h}{\sinh(2k_0 h)}\right] \tag{4.5.6}$$

可以通过 $\partial P_{\mathrm{PTO}}/\partial\lambda_{\mathrm{PTO}} = 0$ 确定最优 PTO 阻尼[16]：

$$\lambda_{\mathrm{PTO}} = \sqrt{\lambda^2 + \left[\omega(I_{\mathrm{m}} + \mu) - \frac{C_{\mathrm{m}}}{\omega}\right]^2} \tag{4.5.7}$$

将式(4.5.7)代入式(4.5.4)，得到波能装置最大的能量俘获功率：

$$P_{\max} = \frac{1}{4}\frac{|F_\theta|^2}{\lambda + \sqrt{\lambda^2 + \left[\omega(I_{\mathrm{m}} + \mu) - \frac{C_{\mathrm{m}}}{\omega}\right]^2}} \tag{4.5.8}$$

从上述可以看出，在分析摇板式波能装置的能量俘获效率之前，需要确定摇板的波浪激振力矩、附加质量和辐射阻尼，可以通过求解波能装置的波浪绕射问题和波浪辐射问题来确定。

对于线性波问题，流体区域的总速度势可以表示为

$$\Phi(x,z,t) = \mathrm{Re}\left[\phi^{\mathrm{s}}(x,z)\mathrm{e}^{-\mathrm{i}\omega t} + \theta\phi^{\mathrm{r}}(x,z)\mathrm{e}^{-\mathrm{i}\omega t}\right] \tag{4.5.9}$$

式中，Re 表示取变量的实部；ϕ^{s} 为散射波速度势，是入射波速度势和绕射波速度

势的总和；ϕ^{r} 为摇板做单位转角摆动引起的辐射波速度势。

散射波速度势 ϕ^{s} 和辐射波速度势 ϕ^{r} 除满足拉普拉斯方程、自由水面条件、水底条件、远场辐射条件以及沉箱上表面不透水条件外，还满足如下边界条件：

$$\phi_1^{\mathrm{s(r)}} = \phi_2^{\mathrm{s(r)}}, \quad x = -b, \quad -d \leqslant z \leqslant 0 \tag{4.5.10}$$

$$\frac{\partial \phi_1^{\mathrm{s(r)}}}{\partial x} = \begin{cases} \dfrac{\partial \phi_2^{\mathrm{s(r)}}}{\partial x}, & x = -b, \quad -d \leqslant z \leqslant 0 \\ 0, & x = -b, \quad -h \leqslant z < -d \end{cases} \tag{4.5.11}$$

$$\phi_4^{\mathrm{s(r)}} = \phi_3^{\mathrm{s(r)}}, \quad x = b, \quad -d \leqslant z \leqslant 0 \tag{4.5.12}$$

$$\frac{\partial \phi_4^{\mathrm{s(r)}}}{\partial x} = \begin{cases} \dfrac{\partial \phi_3^{\mathrm{s(r)}}}{\partial x}, & x = b, \quad -d \leqslant z \leqslant 0 \\ 0, & x = b, \quad -h \leqslant z < -d \end{cases} \tag{4.5.13}$$

$$\frac{\partial \phi_2^{\mathrm{s}}}{\partial x} = 0, \quad x = l - b - \delta, \quad -d \leqslant z \leqslant 0 \tag{4.5.14}$$

$$\frac{\partial \phi_3^{\mathrm{s}}}{\partial x} = 0, \quad x = l - b + \delta, \quad -d \leqslant z \leqslant 0 \tag{4.5.15}$$

$$\frac{\partial \phi_2^{\mathrm{r}}}{\partial x} = -\mathrm{i}\,\omega(z + d), \quad x = l - b - \delta, \quad -d \leqslant z \leqslant 0 \tag{4.5.16}$$

$$\frac{\partial \phi_3^{\mathrm{r}}}{\partial x} = -\mathrm{i}\,\omega(z + d), \quad x = l - b + \delta, \quad -d \leqslant z \leqslant 0 \tag{4.5.17}$$

首先求解波浪绕射问题，该问题等同于入射波在直墙前矩形台阶地形的散射问题，此时区域 3 和区域 4 内的速度势均为 0，只需要在区域 1 和区域 2 内求解。在区域 1 内，满足拉普拉斯方程、自由水面条件、水底条件和远场辐射条件的速度势表达式为

$$\phi_1^{\mathrm{s}} = -\frac{\mathrm{i}\,gH}{2\omega}\left[\mathrm{e}^{\mathrm{i}k_0(x+b)} Z_0(z) + R_0 \mathrm{e}^{-\mathrm{i}k_0(x+b)} Z_0(z) + \sum_{n=1}^{\infty} R_n \mathrm{e}^{k_n(x+b)} Z_n(z) \right] \tag{4.5.18}$$

式中，R_n 为待定的展开系数；$Z_n(z)$ 为垂向特征函数系，由式 (4.1.8) 给出。

在区域 2 内，满足拉普拉斯方程、自由水面条件和矩形沉箱上表面不透水条件的速度势表达式为

$$\phi_2^s = -\frac{\mathrm{i}\,gH}{2\omega}\left[\sum_{n=0}^{\infty} A_n \frac{\cosh[\alpha_n(x+b_0)]}{\cosh[\alpha_n(l-\delta)/2]} Y_n(z) + \sum_{n=0}^{\infty} B_n \frac{\sinh[\alpha_n(x+b_0)]}{\sinh[\alpha_n(l-\delta)/2]} Y_n(z)\right]$$

$$(4.5.19)$$

式中，A_n 和 B_n 为待定的展开系数；$b_0 = b-(l-\delta)/2$；$\alpha_0 = -\mathrm{i}\lambda_0$；$\alpha_n = \lambda_n\,(n \geqslant 1)$；$Y_n(z)$ 为垂向特征函数系：

$$Y_n(z) = \begin{cases} \dfrac{\cosh[\lambda_0(z+d)]}{\cosh(\lambda_0 d)}, & n=0 \\[3mm] \dfrac{\cos[\lambda_n(z+d)]}{\cos(\lambda_n d)}, & n=1,2,\cdots \end{cases} \qquad (4.5.20)$$

特征值 λ_n 是如下色散方程的正实根：

$$K = \lambda_0 \tanh(\lambda_0 d) = -\lambda_n \tan(\lambda_n d), \quad n=1,2,\cdots \qquad (4.5.21)$$

将式(4.5.18)和式(4.5.19)代入式(4.5.10)，等号两侧同时乘以 $Y_m(z)$，然后对 z 从 $-d$ 到 0 积分，得到

$$\sum_{n=0}^{\infty} R_m \Omega_{mn} - M_m(A_m - B_m) = -\Omega_{m0}, \quad m=0,1,\cdots \qquad (4.5.22)$$

式中，$\Omega_{mn} = \displaystyle\int_{-h}^{-d} Y_m(z)Z_n(z)\,\mathrm{d}z$；$M_m = \displaystyle\int_{-d}^{0}[Y_m(z)]^2\,\mathrm{d}z$。

将式(4.5.18)和式(4.5.19)代入式(4.5.11)，等号两侧同时乘以 $Z_m(z)$，然后对 z 从 $-h$ 到 0 积分，得到

$$R_m + \frac{1}{\kappa_m N_m}\sum_{n=0}^{\infty}\alpha_n\Omega_{nm}\left\{A_n\tanh\left[\frac{1}{2}\alpha_n(l-\delta)\right] - B_n\coth\left[\frac{1}{2}\alpha_n(l-\delta)\right]\right\} = \delta_{m0}, \quad m=0,1,\cdots$$

$$(4.5.23)$$

式中，$\kappa_0 = -\mathrm{i}k_0$；$\kappa_m = k_m\,(m \geqslant 1)$；$N_m = \displaystyle\int_{-h}^{0}[Z_m(z)]^2\,\mathrm{d}z$；$\delta_{mn} = \begin{cases} 1, & m=n \\ 0, & m \neq n \end{cases}$。

将式(4.5.19)代入式(4.5.14)，等号两侧同时乘以 $Y_m(z)$，然后对 z 从 $-d$ 到 0 积分，得到

$$A_m\tanh\left[\frac{1}{2}\alpha_m(l-\delta)\right] + B_m\coth\left[\frac{1}{2}\alpha_m(l-\delta)\right] = 0, \quad m=0,1,\cdots \qquad (4.5.24)$$

将式(4.5.22)~式(4.5.24)中的 m 和 n 截断到 N 项，可以得到含有 $3(N+1)$ 个

未知数的线性方程组,求解该方程组便可以确定速度势表达式中所有的展开系数。

将动水压强沿摇板表面进行积分,可以得到摇板受到的波浪激振力矩,计算表达式为

$$F_\theta = \mathrm{i}\,\omega\rho \int_{-d}^{0} \phi_1^s (l-b-\delta, z)(z+d)\mathrm{d}z = \frac{\rho g H}{2}\sum_{n=0}^{N}(A_n + B_n)\Lambda_n \qquad (4.5.25)$$

式中,

$$\Lambda_n = \int_{-d}^{0}(z+d)Y_n(z)\mathrm{d}z = \frac{\alpha_n d \sin(\alpha_n d) + \cos(\alpha_n d) - 1}{\alpha_n^2} \qquad (4.5.26)$$

下面求解波浪辐射问题,摇板做单位转角摆动引起的辐射波速度势可以表示为

$$\phi_1^r = -\mathrm{i}\,\omega\left[C_0 \mathrm{e}^{-\mathrm{i}k_0(x+b)} Z_0(z) + \sum_{n=1}^{\infty} C_n \mathrm{e}^{k_n(x+b)} Z_n(z)\right] \qquad (4.5.27)$$

$$\phi_2^r = -\mathrm{i}\,\omega\left\{ \sum_{n=0}^{\infty} A_{1n}\frac{\cosh[\alpha_n(x+b_0)]}{\cosh[\alpha_n(l-\delta)/2]}Y_n(z) + \sum_{n=0}^{\infty}B_{1n}\frac{\sinh[\alpha_n(x+b_0)]}{\sinh[\alpha_n(l-\delta)/2]}Y_n(z)\right\} \qquad (4.5.28)$$

$$\phi_3^r = -\mathrm{i}\,\omega\left\{ \sum_{n=0}^{\infty} A_{2n}\frac{\cosh[\alpha_n(x-l-\delta)/2]}{\cosh(\alpha_n c_0)}Y_n(z) + \sum_{n=0}^{\infty}B_{2n}\frac{\sinh[\alpha_n(x-l-\delta)/2]}{\sinh(\alpha_n c_0)}Y_n(z)\right\} \qquad (4.5.29)$$

$$\phi_4^r = -\mathrm{i}\,\omega\left[D_0 \mathrm{e}^{\mathrm{i}k_0(x-b)} Z_0(z) + \sum_{n=1}^{\infty} D_n \mathrm{e}^{-k_n(x-b)} Z_n(z)\right] \qquad (4.5.30)$$

式中,C_n、A_{1n}、B_{1n}、A_{2n}、B_{2n} 和 D_n 为待定的展开系数;$c_0 = b-(l+\delta)/2$。

将式(4.5.27)和式(4.5.28)代入式(4.5.10)、式(4.5.11)和式(4.5.16),采用波浪绕射问题中的处理方法可以得到如下方程:

$$\sum_{n=0}^{\infty} C_n \Omega_{mn} - M_m(A_{1m}-B_{1m})=0, \quad m=0,1,\cdots \qquad (4.5.31)$$

$$C_m + \frac{1}{\kappa_m N_m}\sum_{n=0}^{\infty}\alpha_n\Omega_{nm}\left\{A_{1n}\tanh[\alpha_n(l-\delta)/2]-B_{1n}\coth[\alpha_n(l-\delta)/2]\right\}=0, \quad m=0,1,\cdots \qquad (4.5.32)$$

$$A_{1m}\tanh[\alpha_m(l-\delta)/2] + B_{1m}\coth[\alpha_m(l-\delta)/2] = \frac{\Lambda_m}{\alpha_m M_m}, \quad m = 0,1,\cdots \quad (4.5.33)$$

类似地，将式(4.5.29)和式(4.5.30)代入式(4.5.12)、式(4.5.13)和式(4.5.17)，采用波浪绕射问题中的处理方法可以得到如下方程：

$$\sum_{n=0}^{\infty} D_n \Omega_{mn} - M_m(A_{2m} + B_{2m}) = 0, \quad m = 0,1\cdots \quad (4.5.34)$$

$$D_m + \frac{1}{\kappa_m N_m}\sum_{n=0}^{\infty}\alpha_n \Omega_{nm}\left[A_{2n}\tanh(\alpha_n c_0) + B_{2n}\coth(\alpha_n c_0)\right] = 0, \quad m = 0,1\cdots \quad (4.5.35)$$

$$-A_{2m}\tanh(\alpha_m c_0) + B_{2m}\coth(\alpha_m c_0) = \frac{\Lambda_m}{\alpha_m M_m}, \quad m = 0,1,\cdots \quad (4.5.36)$$

将式(4.5.31)~式(4.5.36)中的 m 和 n 截断到 N 项，可以得到分别含有 $3(N+1)$ 个未知数的两个线性方程组，求解方程组便可以确定辐射波速度势表达式中所有的展开系数。摇板做单位转角摆动时的附加质量 μ 和辐射阻尼 λ 为

$$\mu + \frac{\mathrm{i}}{\omega}\lambda = \frac{\mathrm{i}\rho}{\omega}\int_{-d}^{0}\left[\phi_2^{\mathrm{r}}(l-b-\delta,z) - \phi_3^{\mathrm{r}}(l-b+\delta,z)\right](z+d)\mathrm{d}z$$
$$= \rho\sum_{n=0}^{N}(A_{1n} + B_{1n} - A_{2n} + B_{2n})\Lambda_n \quad (4.5.37)$$

如果不存在矩形沉箱基础，即摇板直接铰接于水底时，相应的波浪绕射和辐射问题变得简单。此时，只需要将整个流域划分为两个区域：区域 $1(x \leqslant l-b-\delta,\ -h \leqslant z \leqslant 0)$；区域 $2(x \geqslant l-b+\delta,\ -h \leqslant z \leqslant 0)$。

首先考虑波浪绕射问题，该问题等同于入射波在直墙前的全反射问题。此时，区域 1 内流体运动的速度势可直接写为

$$\phi_1^{\mathrm{s}} = -\frac{\mathrm{i}gH}{2\omega}\left[\mathrm{e}^{\mathrm{i}k_0(x-l+b+\delta)}Z_0(z) + \mathrm{e}^{-\mathrm{i}k_0(x-l+b+\delta)}Z_0(z)\right] \quad (4.5.38)$$

摇板受到的波浪激振力矩为

$$F_\theta = \mathrm{i}\omega\rho\int_{-h}^{0}\phi_1^{\mathrm{s}}(l-b-\delta,z)(z+h)\mathrm{d}z = \rho gH\int_{-h}^{0}Z_0(z)(z+h)\mathrm{d}z$$
$$= \rho gH\frac{k_0 h\sinh(k_0 h) - \cosh(k_0 h) + 1}{k_0^2} \quad (4.5.39)$$

对于波浪辐射问题，摇板做单位转角摆动引起的辐射波速度势为

$$\phi_1^r = -\mathrm{i}\,\omega \left[A_0 \mathrm{e}^{-\mathrm{i}k_0(x-l+b+\delta)} Z_0(z) + \sum_{n=1}^{\infty} A_n \mathrm{e}^{k_n(x-l+b+\delta)} Z_n(z) \right] \quad (4.5.40)$$

$$\phi_2^r = -\mathrm{i}\,\omega \left[B_0 \mathrm{e}^{\mathrm{i}k_0(x-l+b+\delta)} Z_0(z) + \sum_{n=1}^{\infty} B_n \mathrm{e}^{-k_n(x-l+b+\delta)} Z_n(z) \right] \quad (4.5.41)$$

式中，

$$\begin{cases} A_0 = -B_0 = \dfrac{1}{-\mathrm{i}\,k_0 N_0} \displaystyle\int_{-h}^{0} (z+h) Z_0(z)\mathrm{d}z \\[3mm] A_n = -B_n = \dfrac{1}{k_n N_n} \displaystyle\int_{-h}^{0} (z+h) Z_n(z)\mathrm{d}z, \quad n=1,2,\cdots \end{cases} \quad (4.5.42)$$

摇板做单位转角摆动时的附加质量 μ 和辐射阻尼 λ 为

$$\begin{aligned} \mu + \frac{\mathrm{i}}{\omega}\lambda &= \frac{\mathrm{i}\rho}{\omega} \int_{-h}^{0} \left[\phi_1^r(l-b-\delta, z) - \phi_2^r(l-b+\delta, z) \right](z+h)\mathrm{d}z \\ &= 2\rho \sum_{n=0}^{N} A_n \int_{-h}^{0} (z+h) Z_n(z)\mathrm{d}z \end{aligned} \quad (4.5.43)$$

图 4.5.2 为沉箱基础高度对波能装置能量俘获效率的影响，$a/h=0$ 表示摇板铰接于海床。从图中可以看出，沉箱基础高度对能量俘获效率有着显著影响，具体表现为：俘获效率的峰值随着沉箱基础高度的增加而增大；当 $0.5 < k_0 h < 1.5$（较长波浪）时，推荐沉箱基础高度 a/h 的取值在 0.7 附近，此时装置的能量俘获效率可以达到 65% 以上，比无沉箱基础装置的能量俘获效率高出 25% 以上。

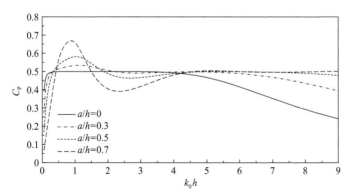

图 4.5.2　沉箱基础高度对波能装置能量俘获效率的影响
（$B/h=1$，$\delta/h = 0.05$，$\rho_0 = 400\mathrm{kg/m}^3$，$l/h = 0.75$）

图 4.5.3 为摇板铰接位置对波能装置能量俘获效率的影响。从图中可以看出，

当 $0.5 < k_0h < 1.5$(较长波浪)时，摇板距离沉箱基础左边缘越远，装置的能量俘获效率越高。这是由于长波通过台阶(沉箱基础)传播时，会出现明显的能量聚集现象，且随着台阶宽度的增大，能量聚集现象更为显著，从而有更多波浪能量作用在摇板上，增加了装置吸收的能量(俘获效率提升)。特别是，当摇板接近于沉箱基础右边缘时，装置的能量俘获效率可以达到70%以上。当 $1.5 < k_0h < 4$ 时，摇板接近于沉箱基础左边缘，装置的能量俘获效率反而更高；当 $k_0h > 4$ 时，摇板位置的变化对装置性能无明显影响。

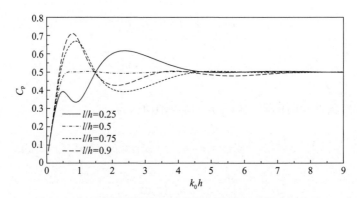

图 4.5.3　摇板铰接位置对波能装置能量俘获效率的影响
($B/h = 1$，$a/h = 0.7$，$\delta/h = 0.05$，$\rho_0 = 400\text{kg/m}^3$)

4.6　方箱与直墙之间的窄缝流体共振

波浪作用下海洋多体结构之间的窄缝流体能够产生共振运动，威胁结构安全。传统势流模型能够准确预测结构物之间窄缝内的流体共振频率，但是无法考虑实际流体黏性引起的能量耗散，窄缝内的共振波高往往被严重高估。本节以方箱与直墙之间的窄缝流体共振问题为例，介绍一种耗散势流分析方法[17]，可以有效考虑波浪能量耗散，从而合理分析窄缝内的流体共振响应。

图 4.6.1 为水面方箱与直墙之间的窄缝流体共振示意图。水深为 h，方箱宽度为 $B(B = 2b)$，吃水深度为 d，方箱与直墙的间距(窄缝宽度)为 D。直角坐标系的原点位于静水面，x 轴水平向右，z 轴沿着直墙且竖直向上。入射波沿着 x 轴正方向传播，波高为 H，周期为 T，波长为 L。

流体运动的速度势满足拉普拉斯方程、自由水面条件、水底条件和远场辐射条件。速度势还满足直墙和方箱表面的不透水边界条件：

$$\frac{\partial \phi}{\partial x} = 0, \quad x = 0, \quad -h \leqslant z \leqslant 0 \qquad (4.6.1)$$

$$\frac{\partial \phi}{\partial x} = 0, \quad x = -D, \quad -d \leqslant z \leqslant 0 \tag{4.6.2}$$

$$\frac{\partial \phi}{\partial x} = 0, \quad x = -(D+B), \quad -d \leqslant z \leqslant 0 \tag{4.6.3}$$

$$\frac{\partial \phi}{\partial z} = 0, \quad z = -d, \quad -(D+B) \leqslant x \leqslant -D \tag{4.6.4}$$

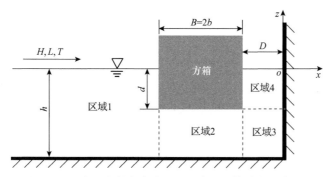

图 4.6.1 水面方箱与直墙之间的窄缝流体共振示意图

考虑流体进出窄缝区域时，流动通过的截面发生突变，在窄缝入口处发生流动分离和旋涡脱落，导致波浪能量耗散[18,19]。类似管流中的局部水头损失[20]，在方箱与直墙之间窄缝的入口处施加二次压力损失边界条件：

$$\Delta P = \frac{\rho}{2} \zeta |U| U, \quad z = -d, \quad -D \leqslant x \leqslant 0 \tag{4.6.5}$$

式中，ΔP 为窄缝入口两侧的动水压强差(压力损失)；U 为通过窄缝入口的流体法向速度；ζ 为无因次波浪能量耗散系数。

对于圆频率为 ω 的线性简谐波问题，将速度表达式和线性伯努利方程代入式(4.6.5)，可以得到

$$\mathrm{Re}\left[i\omega \Delta \phi \, \mathrm{e}^{-i\omega t}\right] = \frac{\zeta}{2} \left| \mathrm{Re}\left[\frac{\partial \phi}{\partial z} \mathrm{e}^{-i\omega t}\right] \right| \mathrm{Re}\left[\frac{\partial \phi}{\partial z} \mathrm{e}^{-i\omega t}\right], \quad z = -d, \quad -D \leqslant x \leqslant 0 \tag{4.6.6}$$

式中，Re 表示取变量的实部；$\Delta \phi$ 为窄缝入口两侧的速度势之差。

采用洛伦兹线性处理方法[21,22]消去式(4.6.6)的时间因子(参考式(1.4.3))，得到

$$\Delta \phi = -\frac{4i}{3\pi \omega} \zeta \left| \frac{\partial \phi}{\partial z} \right| \frac{\partial \phi}{\partial z}, \quad z = -d, \quad -D \leqslant x \leqslant 0 \tag{4.6.7}$$

为了求解方便，将整个流域分为四个区域(见图 4.6.1)：区域 $1(x \leqslant -D-B, -h \leqslant z \leqslant 0)$；区域 $2(-D-B \leqslant x \leqslant -D, -h \leqslant z \leqslant -d)$；区域 $3(-D \leqslant x \leqslant 0, -h \leqslant z \leqslant -d)$；区域 $4(-D \leqslant x \leqslant 0, -d \leqslant z \leqslant 0)$。在区域 1 内，满足控制方程、自由水面条件、水底条件和远场辐射条件的速度势表达式为

$$\phi_1 = -\frac{\mathrm{i}gH}{2\omega}\left[\mathrm{e}^{\mathrm{i}k_0(x+B+D)}Z_0(z) + R_0\mathrm{e}^{-\mathrm{i}k_0(x+B+D)}Z_0(z) + \sum_{n=1}^{\infty}R_n\mathrm{e}^{k_n(x+B+D)}Z_n(z)\right] \quad (4.6.8)$$

式中，R_n 为待定的展开系数；$Z_n(z)$ 为垂向特征函数系，由式(4.1.8)给出。

在区域 2 内，满足控制方程、水底条件和方箱底部不透水条件的速度势表达式为

$$\phi_2 = -\frac{\mathrm{i}gH}{2\omega}\left\{A_0L_0(z) + \sum_{n=1}^{\infty}A_n\frac{\cosh[l_n(x+b+D)]}{\cosh(l_nb)}L_n(z)\right.$$
$$\left. +B_0(x+b+D)L_0(z) + \sum_{n=1}^{\infty}B_n\frac{\sinh[l_n(x+b+D)]}{\cosh(l_nb)}L_n(z)\right\} \quad (4.6.9)$$

式中，A_n 和 B_n 为待定的展开系数；垂向特征函数系 $L_n(z)$ 以及相应的特征值 l_n 与式(3.1.15)和式(3.1.16)中的定义相同。

采用速度势分解方法将区域 3 和区域 4 内的速度势进一步分解为

$$\phi_j = \phi_j^{\mathrm{v}} + \phi_j^{\mathrm{h}}, \quad j = 3, 4 \quad (4.6.10)$$

令分解后的速度势满足如下边界条件：

$$\frac{\partial\phi_j^{\mathrm{v(h)}}}{\partial x} = 0, \quad x = 0, \quad j = 3, 4 \quad (4.6.11)$$

$$\phi_j^{\mathrm{h}} = 0, \quad x = -D, \quad j = 3, 4 \quad (4.6.12)$$

$$\frac{\partial\phi_3^{\mathrm{v(h)}}}{\partial z} = 0, \quad z = -h \quad (4.6.13)$$

$$\frac{\partial\phi_j^{\mathrm{v}}}{\partial z} = 0, \quad z = -d, \quad j = 3, 4 \quad (4.6.14)$$

$$\frac{\partial\phi_4^{\mathrm{v(h)}}}{\partial z} = K\phi_4^{\mathrm{v(h)}}, \quad z = 0 \quad (4.6.15)$$

式中，$K \equiv \omega^2/g$。

采用分离变量法可以得到满足拉普拉斯方程和边界条件式(4.6.11)～式(4.6.15)的速度势级数表达式：

$$\phi_3^{\mathrm{v}} = -\frac{\mathrm{i}gH}{2\omega}\left[D_0 L_0(z) + \sum_{n=1}^{\infty} D_n \frac{\cosh(l_n x)}{\cosh(l_n D)} L_n(z)\right] \tag{4.6.16}$$

$$\phi_3^{\mathrm{h}} = -\frac{\mathrm{i}gH}{2\omega}\sum_{n=0}^{\infty} C_n X_n(x) \frac{\cosh[\alpha_n(z+h)]}{\cosh[\alpha_n(h-d)]} \tag{4.6.17}$$

$$\phi_4^{\mathrm{v}} = -\frac{\mathrm{i}gH}{2\omega}\left[F_0 \cos(u_0 x) U_0(z) + \sum_{n=1}^{\infty} F_n \frac{\cosh(u_n x)}{\cosh(u_n D)} U_n(z)\right] \tag{4.6.18}$$

$$\phi_4^{\mathrm{h}} = -\frac{\mathrm{i}gH}{2\omega}\sum_{n=0}^{\infty} E_n X_n(x) \frac{\alpha_n \cosh(\alpha_n z) + K \sinh(\alpha_n z)}{\alpha_n \cosh(\alpha_n d)} \tag{4.6.19}$$

式中，C_n、D_n、E_n 和 F_n 为待定的展开系数；特征函数系 $U_n(z)$ 及其特征值 u_n 与式(3.1.11)和式(3.1.12)中的定义相同；$X_n(x)$ 为沿水平方向的特征函数系：

$$X_n(x) = \cos(\alpha_n x), \quad n = 0,1,\cdots \tag{4.6.20}$$

特征值 α_n 为

$$\alpha_n = \frac{(n+0.5)\pi}{D}, \quad n = 0,1,\cdots \tag{4.6.21}$$

特征函数系 $X_n(x)$ 具备正交性：

$$\int_{-D}^{0} X_m(x) X_n(x)\mathrm{d}x = 0, \quad m \neq n \tag{4.6.22}$$

速度势表达式中的展开系数需要应用如下边界条件进行匹配求解：

$$\frac{\partial \phi_3^{\mathrm{h}}}{\partial z} = \frac{\partial \phi_4^{\mathrm{h}}}{\partial z}, \quad z = -d, \quad -D \leqslant x \leqslant 0 \tag{4.6.23}$$

$$(\phi_3^{\mathrm{v}} + \phi_3^{\mathrm{h}}) - (\phi_4^{\mathrm{v}} + \phi_4^{\mathrm{h}}) = -\frac{4\mathrm{i}}{3\pi\omega}\zeta\left|\frac{\partial \phi_3^{\mathrm{h}}}{\partial z}\right|\frac{\partial \phi_3^{\mathrm{h}}}{\partial z}, \quad z = -d, \quad -D \leqslant x \leqslant 0 \tag{4.6.24}$$

$$\frac{\partial \phi_1}{\partial x} = \begin{cases} 0, & x = -(B+D), \quad -d < z \leqslant 0 \\ \dfrac{\partial \phi_2}{\partial x}, & x = -(B+D), \quad -h \leqslant z \leqslant -d \end{cases} \tag{4.6.25}$$

$$\phi_1 = \phi_2, \quad x = -(B+D), \quad -h \leqslant z \leqslant -d \tag{4.6.26}$$

$$\frac{\partial \phi_2}{\partial x} = \frac{\partial \phi_3^{\mathrm{v}}}{\partial x} + \frac{\partial \phi_3^{\mathrm{h}}}{\partial x}, \quad x = -D, \quad -h \leqslant z \leqslant -d \tag{4.6.27}$$

$$\phi_2 = \phi_3^{\mathrm{v}}, \quad x = -D, \quad -h \leqslant z \leqslant -d \tag{4.6.28}$$

$$\frac{\partial \phi_4^{\mathrm{v}}}{\partial x} + \frac{\partial \phi_4^{\mathrm{h}}}{\partial x} = 0, \quad x = -D, \quad -d < z \leqslant 0 \tag{4.6.29}$$

将式 (4.6.16)～式 (4.6.19) 代入式 (4.6.23) 和式 (4.6.24)，等号两侧同时乘以 $X_m(x)$，然后对 x 从 $-D$ 到 0 积分，并应用式 (4.6.22)，得到

$$C_m \alpha_m \tanh[\alpha_m(h-d)] - E_m \left[K - \alpha_m \tanh(\alpha_m d) \right] = 0, \quad m = 0,1,\cdots \tag{4.6.30}$$

$$2\sum_{n=0}^{\infty} D_n \Theta_{mn}^{(1)} L_n(-d) + \sum_{n=0}^{\infty} C_n \left[D\delta_{mn} - 2\alpha_n \tanh[\alpha_n(h-d)] \Theta_{mn}^{(2)} \right]$$
$$= E_m D \left[1 - \frac{K}{\alpha_m} \tanh(\alpha_m d) \right] + 2\sum_{n=0}^{\infty} F_n \Theta_{mn}^{(3)} U_n(-d), \quad m = 0,1,\cdots \tag{4.6.31}$$

式中，

$$\delta_{mn} = \begin{cases} 1, & m = n \\ 0, & m \neq n \end{cases}$$

$$\Theta_{mn}^{(1)} = \begin{cases} \displaystyle\int_{-D}^{0} X_m(x)\mathrm{d}x, & n = 0 \\ \displaystyle\int_{-D}^{0} X_m(x)\frac{\cosh(l_n x)}{\cosh(l_n D)}\mathrm{d}x, & n = 1,2,\cdots \end{cases}$$

$$\Theta_{mn}^{(2)} = -\frac{2\mathrm{i}gH\zeta}{3\pi\omega^2} \int_{-D}^{0} \hbar(x) X_m(x) X_n(x)\mathrm{d}x$$

$$\hbar(x) = \left| \sum_{n=0}^{\infty} C_n \alpha_n \tanh[\alpha_n(h-d)] X_n(x) \right|$$

$$\Theta_{mn}^{(3)} = \begin{cases} \displaystyle\int_{-D}^{0} X_m(x)\cos(u_0 x)\mathrm{d}x, & n = 0 \\ \displaystyle\int_{-D}^{0} X_m(x)\frac{\cosh(u_n x)}{\cosh(u_n D)}\mathrm{d}x, & n = 1,2,\cdots \end{cases}$$

将式 (4.6.8) 和式 (4.6.9) 代入式 (4.6.25)，等号两侧同时乘以 $Z_m(z)$，然后对 z

从 $-h$ 到 0 积分，得到

$$R_m \kappa_m N_m + \sum_{n=1}^{\infty} A_n l_n \tanh(l_n b) \Lambda_{mn} - B_0 \Lambda_{m0} - \sum_{n=1}^{\infty} B_n l_n \Lambda_{mn} = \delta_{m0} \kappa_0 N_0, \quad m = 0,1,\cdots$$

$$(4.6.32)$$

式中，$\kappa_0 = -\mathrm{i}k_0$；$\kappa_m = k_m (m \geqslant 1)$；$N_m = \int_{-h}^{0} [Z_m(z)]^2 \, \mathrm{d}z$；$\Lambda_{mn} = \int_{-h}^{-d} Z_m(z) L_n(z) \mathrm{d}z$。

采用类似的处理方法可以将式(4.6.26)～式(4.6.29)分别转化为如下方程：

$$2 \sum_{n=0}^{\infty} R_n \Lambda_{nm} - (h-d)(A_m - B_m \tilde{b}_m) = -2\Lambda_{0m}, \quad m = 0,1,\cdots \qquad (4.6.33)$$

$$l_m(1 - \delta_{m0}) \big[A_m \tanh(l_m b) + D_m \tanh(l_m D) \big] + B_m \tilde{c}_m - \frac{2}{h-d} \sum_{n=0}^{\infty} C_n (-1)^n \alpha_n \Omega_{mn}^{(1)} = 0,$$

$$m = 0,1,\cdots$$

$$(4.6.34)$$

$$A_m + B_m \tilde{b}_m - D_m = 0, \quad m = 0,1,\cdots \qquad (4.6.35)$$

$$F_m \tilde{u}_m M_m + \sum_{n=0}^{\infty} E_n (-1)^n \alpha_n \Omega_{mn}^{(2)} = 0, \quad m = 0,1,\cdots \qquad (4.6.36)$$

式中，

$$\tilde{b}_m = \begin{cases} b, & m = 0 \\ \tanh(l_m b), & m = 1,2,\cdots \end{cases}$$

$$\tilde{c}_m = \begin{cases} 1, & m = 0 \\ l_m, & m = 1,2,\cdots \end{cases}$$

$$\tilde{u}_m = \begin{cases} u_0 \sin(u_0 D), & m = 0 \\ -u_m \tanh(u_m D), & m = 1,2,\cdots \end{cases}$$

$$M_m = \int_{-d}^{0} [U_m(z)]^2 \, \mathrm{d}z$$

$$\Omega_{mn}^{(1)} = \int_{-h}^{-d} L_m(z) \frac{\cosh[\alpha_n(z+h)]}{\cosh[\alpha_n(h-d)]} \mathrm{d}z$$

$$\Omega_{mn}^{(2)} = \int_{-d}^{0} U_m(z) \frac{\alpha_n \cosh(\alpha_n z) + K \sinh(\alpha_n z)}{\alpha_n \cosh(\alpha_n d)} \mathrm{d}z$$

将式(4.6.30)～式(4.6.36)中的 m 和 n 截断到 N 项，得到含有 $7(N+1)$ 个未知

数的非线性方程组，需要采用迭代方法进行求解，具体的迭代过程与 2.4 节中的描述类似。通常迭代计算 15 次左右能够满足 10^{-4} 的精度要求，截断项取 $N = 25$ 时可以得到收敛的计算结果。

窄缝内的波面为

$$\eta(x) = \frac{\mathrm{i}\omega}{g}\phi_4(x,0) = \frac{H}{2}\left[\sum_{n=0}^{N}E_n\frac{\cos(\alpha_n x)}{\cosh(\alpha_n d)} + F_0\cos(u_0 x) + \sum_{n=1}^{N}F_n\frac{\cosh(u_n x)}{\cosh(u_n D)}\right],$$
$$-D \leqslant x \leqslant 0$$
$$(4.6.37)$$

方箱与直墙结构系统的反射系数为

$$C_{\mathrm{r}} = |R_0| \tag{4.6.38}$$

将动水压强沿物体表面进行积分可以得到结构受到的波浪力，直墙上的水平波浪力 F_{w}、方箱上的水平波浪力 F_x 和方箱上的垂向波浪力 F_z 为

$$\begin{aligned}
F_{\mathrm{w}} &= \mathrm{i}\omega\rho\int_{-h}^{-d}\phi_3(0,z)\,\mathrm{d}z + \mathrm{i}\omega\rho\int_{-d}^{-0}\phi_4(0,z)\,\mathrm{d}z \\
&= \frac{\rho gH}{2}\left\{\sum_{n=0}^{N}\frac{C_n\tanh[\alpha_n(h-d)]}{\alpha_n} + \frac{\sqrt{2}D_0(h-d)}{2} + \sum_{n=1}^{N}\frac{D_n\sin[l_n(h-d)]}{l_n\cosh(l_nD)}\right. \\
&\quad \left. + \sum_{n=0}^{N}\frac{E_n[K + \alpha_n\sinh(\alpha_n d) - K\cosh(\alpha_n d)]}{\alpha_n^2\cosh(\alpha_n d)} + \frac{F_0\tanh(u_0 d)}{u_0} + \sum_{n=1}^{N}\frac{F_n\tan(u_n d)}{u_n\cosh(u_nD)}\right\}
\end{aligned}$$
$$(4.6.39)$$

$$\begin{aligned}
F_x &= \mathrm{i}\omega\rho\int_{-d}^{-0}\left[\phi_1(-B-D,z) - \phi_4^{\mathrm{v}}(-D,z)\right]\mathrm{d}z \\
&= \frac{\rho gH}{2}\left\{R_0\frac{\sinh(k_0 h) - \sinh[k_0(h-d)]}{k_0\cosh(k_0 h)} + \sum_{n=1}^{N}R_n\frac{\sin(k_n h) - \sin[k_n(h-d)]}{k_n\cos(k_n h)}\right. \\
&\quad \left. - \frac{F_0\cos(u_0 D)\tanh(u_0 d)}{u_0} - \sum_{n=1}^{N}\frac{F_n\tanh(u_n d)}{u_n}\right\}
\end{aligned}$$
$$(4.6.40)$$

$$F_z = \mathrm{i}\omega\rho\int_{-(B+D)}^{-D}\phi_2(x,-d)\,\mathrm{d}x = \frac{\rho gH}{2}\left[\frac{\sqrt{2}A_0}{2} + \sum_{n=1}^{N}\frac{2(-1)^n A_n\tanh(l_n b)}{l_n}\right] \tag{4.6.41}$$

在上述的耗散势流分析模型中，能量耗散系数 ζ 的取值直接影响计算结果的合理性，在实际应用中需要选取合理的能量耗散系数，该系数通过物理模型试验结果率定。Liu 等[17]给出了如下计算能量耗散系数的经验公式：

$$\zeta = 0.0033\gamma^4 - 0.0623\gamma^3 + 0.4833\gamma^2 - 1.996\gamma + 4.568, \quad 1 \leqslant \gamma \leqslant 8.27 \qquad (4.6.42)$$

式中，$\gamma = (h-d)/D$。

图 4.6.2 和图 4.6.3 为水面方箱与直墙之间窄缝内平均无因次波高和反射系数的计算结果与试验结果[17,23]对比，平均无因次波高 C_η 定义为整个窄缝区域内波高的平均值与入射波波高的比值。从图中可以看出，计算结果与试验结果符合良好。为了方便对比，图中还给出了传统势流解(不考虑窄缝入口处的能量耗散)的计算结果，可以看出，传统势流模型严重高估了共振频率附近窄缝内的波高。

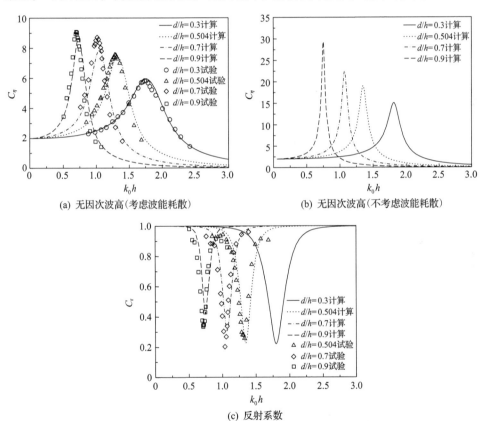

图 4.6.2　水面方箱与直墙之间窄缝内平均无因次波高和反射系数的计算结果与试验结果[17,23]对比 ($h = 50\text{cm}$, $H = 2.4\text{cm}$, $B/h = 1$, $D/h = 0.1$)

从图 4.6.2 可以看出，当方箱吃水深度增加时，共振频率向低频移动，共振波高增大；当窄缝内流体发生共振时，反射系数达到最小值，换言之，共振频率下的波浪能量耗散最大。从图 4.6.3 可以看出，随着窄缝宽度的增加，共振频率单调减小；从耗散势流模型的计算结果和试验结果可以看出，窄缝宽度为 $D/h = 0.1$ 时的共振波高大于其他三种情况，但是传统势流模型的共振波高计算结果失真，并

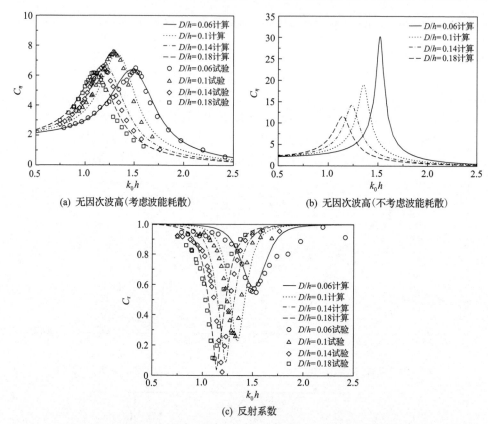

(a) 无因次波高(考虑波能耗散)　　　　　　(b) 无因次波高(不考虑波能耗散)

(c) 反射系数

图 4.6.3　水面方箱与直墙之间窄缝内平均无因次波高和反射系数的计算结果与试验结果[17,23]
对比($h = 50\text{cm}$,　$H = 2.4\text{cm}$,　$B/h = 1$,　$d/h = 0.504$)

随着窄缝宽度的增加而单调减小。

4.7　双浮箱之间的窄缝流体共振

在 4.6 节中，通过在窄缝入口边界引入二次压力损失边界条件，有效考虑了波浪能量的耗散。本节以波浪作用下双浮箱之间的窄缝流体共振为例，介绍另一种耗散势流分析方法[24]，该方法的基本思路为：在结构物周围设置波能耗散区域，在耗散区域的自由水面建立耗散自由水面条件，在耗散区域和非耗散区域之间建立动水压强和速度的传递边界条件，从而合理考虑流体在结构物周围的能量耗散，并给出水动力特性参数的合理计算结果。

图 4.7.1 为两个相同浮箱之间窄缝内流体共振的示意图。水深为 h，浮箱宽度为 $B(B = 2b)$，吃水为 d，浮箱之间的窄缝宽度为 $D(D = 2a)$。坐标系原点位于静水面与双浮箱之间窄缝中线的交点，x 轴水平向右，z 轴竖直向上，入射波沿着 x

轴正方向传播，波高为 H，周期为 T，波长为 L。

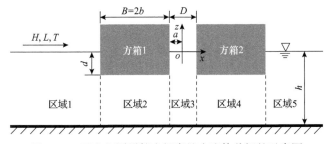

图 4.7.1 两个相同浮箱之间窄缝内流体共振的示意图

为了考虑实际中结构物周围的波浪能量耗散，合理预测窄缝内的共振波高，可以将窄缝附近的区域设置为波能耗散区域，在波能耗散区域内引入耗散阻力，则相应的耗散边界条件可以表示为[24]

$$\phi^+ = (1+\mathrm{i}\,f)\phi^-, \quad (x,z) \in \Gamma \tag{4.7.1}$$

$$\frac{\partial \phi^-}{\partial z} = (1+\mathrm{i}\,f)\frac{\omega^2}{g}\phi^-, \quad z=0 \tag{4.7.2}$$

式(4.7.1)是内部能量耗散区域与外部非能量耗散区域之间的压力传递条件，其中，上标+和−分别表示非耗散区域和耗散区域；Γ 为内部区域和外部区域的共同边界；f 为线性化的耗散阻力系数。式(4.7.2)是耗散区域内的耗散自由水面条件。式(4.7.1)和式(4.7.2)的推导过程与 1.3 节中介绍的多孔介质耗散边界条件的推导过程类似，具体可以参阅文献[24]。

为了求解方便，将整个流域划分为五个区域：区域 1$(x \leqslant -B-a, \ -h \leqslant z \leqslant 0)$；区域 2$(-B-a \leqslant x \leqslant -a, \ -h \leqslant z \leqslant -d)$；区域 3$(-a \leqslant x \leqslant a, \ -h \leqslant z \leqslant 0)$；区域 4$(a \leqslant x \leqslant B+a, \ -h \leqslant z \leqslant -d)$；区域 5$(x \geqslant B+a, \ -h \leqslant z \leqslant 0)$。将结构物附近的区域 2～区域 4 设置为波能耗散区域，区域 1 和区域 5 不引入波能耗散，则流体运动速度势在耗散区域 3 内满足耗散自由水面条件式(4.7.2)，在耗散区域 2 与非耗散区域 1、耗散区域 4 与非耗散区域 5 的交界面上满足耗散边界条件式(4.7.1)。此外，在各区域的所有交界面上，流体运动均满足通常的速度连续条件。

在各区域内，满足拉普拉斯方程以及相应的自由水面条件(耗散自由水面条件)、水底条件、浮箱底部不透水条件、远场辐射条件的速度势表达式为

$$\phi_1 = -\frac{\mathrm{i}gH}{2\omega}\left[\mathrm{e}^{\mathrm{i}k_0(x+B+a)}Z_0(z) + R_0\,\mathrm{e}^{-\mathrm{i}k_0(x+B+a)}Z_0(z) + \sum_{n=1}^{\infty}R_n\,\mathrm{e}^{k_n(x+B+a)}Z_n(z)\right] \tag{4.7.3}$$

$$\phi_2 = -\frac{\mathrm{i}\,gH}{2\omega}\left\{A_0 L_0(z) + \sum_{n=1}^{\infty} A_n \frac{\cosh[l_n(x+b+a)]}{\cosh(l_n b)} L_n(z)\right.$$

$$\left. + B_0(x+b+a)L_0(z) + \sum_{n=1}^{\infty} B_n \frac{\sinh[l_n(x+b+a)]}{\cosh(l_n b)} L_n(z)\right\} \tag{4.7.4}$$

$$\phi_3 = -\frac{\mathrm{i}\,gH}{2\omega}\left[\sum_{n=0}^{\infty} C_n \frac{\cos(\lambda_n x)}{\cos(\lambda_n a)} Y_n(z) + \sum_{n=0}^{\infty} D_n \frac{\sin(\lambda_n x)}{\cos(\lambda_n a)} Y_n(z)\right] \tag{4.7.5}$$

$$\phi_4 = -\frac{\mathrm{i}\,gH}{2\omega}\left\{E_0 L_0(z) + \sum_{n=1}^{\infty} E_n \frac{\cosh[l_n(x-b-a)]}{\cosh(l_n b)} L_n(z)\right.$$

$$\left. + F_0(x-b-a)L_0(z) + \sum_{n=1}^{\infty} F_n \frac{\sinh[l_n(x-b-a)]}{\cosh(l_n b)} L_n(z)\right\} \tag{4.7.6}$$

$$\phi_5 = -\frac{\mathrm{i}\,gH}{2\omega}\left[T_0 \mathrm{e}^{\mathrm{i}k_0(x-B-a)} Z_0(z) + \sum_{n=1}^{\infty} T_n \mathrm{e}^{-k_n(x-B-a)} Z_n(z)\right] \tag{4.7.7}$$

式中，R_n、A_n、B_n、C_n、D_n、E_n、F_n 和 T_n 为待定的展开系数；$Z_n(z)$ 为垂向特征函数系，由式 (4.1.8) 给出；垂向特征函数系 $L_n(z)$ 以及相应的特征值 l_n 分别与式 (4.1.10) 和式 (4.1.11) 中的定义相同；$Y_n(z)$ 为垂向特征函数系：

$$Y_n(z) = \frac{\cosh[\lambda_n(z+h)]}{\cosh(\lambda_n h)}, \quad n = 0,1,\cdots \tag{4.7.8}$$

特征值 λ_n 满足如下复色散方程：

$$(1+\mathrm{i}\,f)\frac{\omega^2}{g} = \lambda_n \tanh(\lambda_n h), \quad n = 0,1,\cdots \tag{4.7.9}$$

从式 (4.7.5) 和式 (4.7.9) 可知，波浪在区域 3 内传播时，波面存在衰减，并产生了能量耗散，类似波浪在出水多孔介质区域内传播。

速度势表达式中的展开系数需要应用浮箱侧壁不透水条件和各区域交界面的边界条件匹配求解，这些边界条件为

$$\frac{\partial \phi_1}{\partial x} = \begin{cases} 0, & x = -(B+a), \quad -d < z \leqslant 0 \\ \dfrac{\partial \phi_2}{\partial x}, & x = -(B+a), \quad -h \leqslant z \leqslant -d \end{cases} \tag{4.7.10}$$

$$\phi_1 = (1+\mathrm{i}\,f)\phi_2, \quad x = -(B+a), \quad -h \leqslant z \leqslant -d \tag{4.7.11}$$

$$\frac{\partial \phi_3}{\partial x} = \begin{cases} 0, & x = -a, \quad -d < z \leqslant 0 \\ \dfrac{\partial \phi_2}{\partial x}, & x = -a, \quad -h \leqslant z \leqslant -d \end{cases} \tag{4.7.12}$$

$$\phi_3 = \phi_2, \quad x = -a, \quad -h \leqslant z \leqslant -d \tag{4.7.13}$$

$$\frac{\partial \phi_3}{\partial x} = \begin{cases} 0, & x = a, \quad -d < z \leqslant 0 \\ \dfrac{\partial \phi_4}{\partial x}, & x = a, \quad -h \leqslant z \leqslant -d \end{cases} \tag{4.7.14}$$

$$\phi_3 = \phi_4, \quad x = a, \quad -h \leqslant z \leqslant -d \tag{4.7.15}$$

$$\frac{\partial \phi_5}{\partial x} = \begin{cases} 0, & x = B + a, \quad -d < z \leqslant 0 \\ \dfrac{\partial \phi_4}{\partial x}, & x = B + a, \quad -h \leqslant z \leqslant -d \end{cases} \tag{4.7.16}$$

$$\phi_5 = (1 + \mathrm{i}\,f)\phi_4, \quad x = B + a, \quad -h \leqslant z \leqslant -d \tag{4.7.17}$$

将式(4.7.3)和式(4.7.4)代入式(4.7.10)，等号两侧同时乘以 $Z_m(z)$，然后对 z 从 $-h$ 到 0 积分，得到

$$R_m + \frac{1}{\kappa_m N_m}\left[\sum_{n=1}^{\infty} A_n l_n \tanh(l_n b)\Omega_{mn} - B_0 \Omega_{m0} - \sum_{n=1}^{\infty} B_n l_n \Omega_{mn}\right] = \delta_{m0}, \quad m = 0, 1, \cdots \tag{4.7.18}$$

式中，$\kappa_0 = -\mathrm{i}k_0$；$\kappa_m = k_m (m \geqslant 1)$；$\delta_{mn} = \begin{cases} 1, & m = n \\ 0, & m \neq n \end{cases}$；$N_m = \displaystyle\int_{-h}^{0} [Z_m(z)]^2 \mathrm{d}z$；$\Omega_{mn} = \displaystyle\int_{-h}^{-d} Z_m(z)L_n(z)\mathrm{d}z$。

采用类似的处理方法可以将式(4.7.11)～式(4.7.17)分别转化为如下方程：

$$2\sum_{n=0}^{\infty} R_n \Omega_{nm} - (1 + \mathrm{i}\,f)(h - d)(A_m - B_m \tilde{b}_m) = -2\Omega_{0m}, \quad m = 0, 1, \cdots \tag{4.7.19}$$

$$C_m \tan(\beta_m a) + D_m + \frac{1}{\lambda_m M_m}\left[\sum_{n=1}^{\infty} A_n l_n \tanh(l_n b)\Pi_{mn} + B_0 \Pi_{m0} + \sum_{n=1}^{\infty} B_n l_n \Pi_{mn}\right] = 0,$$
$$m = 0, 1, \cdots \tag{4.7.20}$$

$$2\sum_{n=0}^{\infty} C_n \Pi_{nm} - 2\sum_{n=0}^{\infty} D_n \tan(\lambda_n a)\Pi_{nm} - (h - d)(A_m + B_m \tilde{b}_m) = 0, \quad m = 0, 1, \cdots \tag{4.7.21}$$

$$C_m \tan(\lambda_m a) - D_m - \frac{1}{\lambda_m M_m}\left[\sum_{n=1}^{\infty} E_n l_n \tanh(l_n b)\Pi_{mn} - F_0 \Pi_{m0} - \sum_{n=1}^{\infty} F_n l_n \Pi_{mn}\right] = 0,$$
$$m = 0,1,\cdots$$
$$(4.7.22)$$

$$2\sum_{n=0}^{\infty} C_n \Pi_{nm} + 2\sum_{n=0}^{\infty} D_n \tan(\lambda_n a)\Pi_{nm} - (h-d)(E_m - F_m \tilde{b}_m) = 0, \quad m = 0,1,\cdots \quad (4.7.23)$$

$$T_m + \frac{1}{\kappa_m N_m}\left[\sum_{n=1}^{\infty} E_n l_n \tanh(l_n b)\Omega_{mn} + F_0 \Omega_{m0} + \sum_{n=1}^{\infty} F_n l_n \Omega_{mn}\right] = 0, \quad m = 0,1,\cdots \quad (4.7.24)$$

$$2\sum_{n=0}^{\infty} T_n \Omega_{nm} - (1+\mathrm{i}f)(h-d)(E_m + F_m \tilde{b}_m) = 0, \quad m = 0,1,\cdots \quad (4.7.25)$$

式中，$\tilde{b}_0 = b$；$\tilde{b}_m = \tanh(l_m b)$ $(m \geqslant 1)$；$M_m = \int_{-h}^{0}[Y_m(z)]^2\,\mathrm{d}z$；$\Pi_{mn} = \int_{-h}^{-d}Y_m(z)\cdot L_n(z)\mathrm{d}z$。

将式(4.7.18)～式(4.7.25)中的 m 和 n 截断至 N 项，可以得到含有 $8(N+1)$ 个未知数的线性方程组，求解该方程组便可以确定速度势表达式中所有的展开系数。

双浮箱之间窄缝内的波面为

$$\eta(x) = \frac{\mathrm{i}\omega}{g}(1+\mathrm{i}f)\phi_3(x,0) = \frac{H}{2}(1+\mathrm{i}f)\left[\sum_{n=0}^{N} C_n \frac{\cos(\lambda_n x)}{\cos(\lambda_n a)} + \sum_{n=0}^{N} D_n \frac{\sin(\lambda_n x)}{\cos(\lambda_n a)}\right] \quad (4.7.26)$$

将动水压强沿着物体表面积分可以得到结构受到的波浪力，迎浪侧浮箱受到的水平波浪力 F_{x1} 和垂向波浪力 F_{z1} 为

$$F_{x1} = \mathrm{i}\omega\rho\int_{-d}^{0}\left[\phi_1(-2b-a,z) - (1+\mathrm{i}f)\phi_3(-a,z)\right]\mathrm{d}z$$
$$= \frac{\rho g H}{2}\left\{\Lambda_0 + \sum_{n=0}^{N} R_n \Lambda_n - (1+\mathrm{i}f)\left[\sum_{n=0}^{N} C_n \Theta_n - \sum_{n=0}^{N} D_n \tan(\lambda_n a)\Theta_n\right]\right\} \quad (4.7.27)$$

$$F_{z1} = \mathrm{i}\omega\rho\int_{-2b-a}^{-a}(1+\mathrm{i}f)\phi_2(x,-d)\mathrm{d}x$$
$$= \frac{\rho g H}{2}(1+\mathrm{i}f)\left[\sqrt{2}A_0 b + 2\sum_{n=1}^{N} A_n(-1)^n \frac{\tanh(l_n b)}{l_n}\right] \quad (4.7.28)$$

式中，$\varLambda_n = \int_{-d}^{0} Z_n(z)\mathrm{d}z$ ；$\varTheta_n = \int_{-d}^{0} Y_n(z)\mathrm{d}z$ 。

背浪侧浮箱受到的水平波浪力 F_{x2} 和垂向波浪力 F_{z2} 为

$$F_{x2} = \mathrm{i}\omega\rho\int_{-d}^{0}\left[(1+\mathrm{i}f)\phi_3(a,z)-\phi_5(2b+a,z)\right]\mathrm{d}z$$
$$= \frac{\rho gH}{2}\left\{(1+\mathrm{i}f)\left[\sum_{n=0}^{N}C_n\varTheta_n + \sum_{n=0}^{N}D_n\tan(\lambda_n a)\varTheta_n\right] - \sum_{n=0}^{N}T_n\varLambda_n\right\} \tag{4.7.29}$$

$$F_{z2} = \mathrm{i}\omega\rho\int_{a}^{2b+a}(1+\mathrm{i}f)\phi_4(x,-d)\,\mathrm{d}x$$
$$= \frac{\rho gH}{2}(1+\mathrm{i}f)\left[\sqrt{2}E_0 b + 2\sum_{n=1}^{N}E_n(-1)^n\frac{\tanh(l_n b)}{l_n}\right] \tag{4.7.30}$$

图 4.7.2～图 4.7.4 为双浮箱之间窄缝内平均无因次波高的计算结果与试验结果[25]对比，平均无因次波高 C_n 定义为整个窄缝区域内波高的平均值与入射波波高的比值。在计算中，需要首先确定耗散阻力系数 f，Liu 等[24]给出如下计算耗散阻力系数的经验公式：

$$f = 331.934\gamma^4 - 186.347\gamma^3 + 37.569\gamma^2 - 3.332\gamma + 0.182 \tag{4.7.31}$$

式中，$\gamma = D/h$ 。

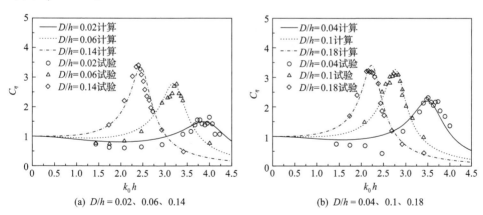

(a) $D/h = 0.02$、0.06、0.14 (b) $D/h = 0.04$、0.1、0.18

图 4.7.2 双浮箱之间窄缝内平均无因次波高的计算结果与试验结果[25]对比

($h = 50\text{cm}$，$H = 2.3～2.5\text{cm}$，$T = 0.69～2\text{s}$，$B/h = 1$，$d/h = 0.206$)

图 4.7.2～图 4.7.4 的计算中均根据式(4.7.31)确定耗散阻力系数，从图中可以看出，计算结果与试验结果符合良好。当窄缝宽度增加时，流体共振频率逐渐向低频区移动，平均共振波高通常会增大。当波浪频率趋于 0 时，平均无因次波高

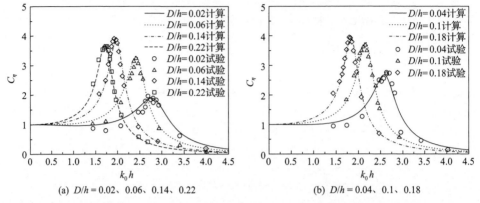

(a) $D/h = 0.02$、0.06、0.14、0.22 (b) $D/h = 0.04$、0.1、0.18

图 4.7.3 双浮箱之间窄缝内平均无因次波高的计算结果与试验结果[25]对比

($h = 50\text{cm}$, $H = 2.3 \sim 2.5\text{cm}$, $T = 0.69 \sim 2\text{s}$, $B/h = 1$, $d/h = 0.306$)

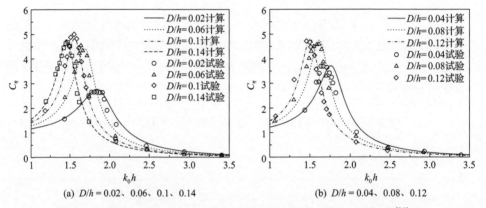

(a) $D/h = 0.02$、0.06、0.1、0.14 (b) $D/h = 0.04$、0.08、0.12

图 4.7.4 双浮箱之间窄缝内平均无因次波高的计算结果与试验结果[25]对比

($h = 50\text{cm}$, $H = 2.3 \sim 2.5\text{cm}$, $T = 0.69 \sim 2\text{s}$, $B/h = 1$, $d/h = 0.504$)

等于 1，即窄缝内波高等于入射波的波高，换言之，当波长极大时，双浮箱对波浪传播无明显影响。从图中还可以看出，当波浪频率很大时，窄缝内的平均无因次波高很小，主要是因为绝大部分的入射波能量被迎浪侧浮箱反射，只有很少一部分能够经过浮箱底部到达窄缝区域内。

参 考 文 献

[1] Porter R. Complementary methods and bounds in linear water waves. Bristol: University of Bristol, 1995.

[2] Roy R, Chakraborty R, Mandal B N. Propagation of water waves over an asymmetrical rectangular trench. Quarterly Journal of Mechanics and Applied Mathematics, 2017, 70: 49-64.

[3] Gradshteyn I S, Ryzhik I M. Table of Integrals, Series, and Products. 7th ed. New York: Academic

Press, 2007.

[4] Liang J M, Liu Y, Chen Y K, et al. Experimental study on hydrodynamic characteristics of the box-type floating breakwater with different mooring configurations. Ocean Engineering, 2022, 254: 111296.

[5] Mandal B N, Kanoria M. Oblique wave-scattering by thick horizontal barriers. Journal of Offshore Mechanics and Arctic Engineering, 2000, 122: 100-108.

[6] 李兆芳, 黄玄. 波浪与潜式透水结构物互相作用分析//第十八届海洋工程研讨会, 台北, 1996: 273-282.

[7] Dalrymple R A, Losada M A, Martin P A. Reflection and transmission from porous structures under oblique wave attack. Journal of Fluid Mechanics, 1991, 224: 625-644.

[8] Mendez F J, Losada I J. A perturbation method to solve dispersion equations for water waves over dissipative media. Coastal Engineering, 2004, 51(1): 81-89.

[9] Lawire J B, Kirby R. Mode-matching without root-finding: Application to a dissipative silencer. Journal of the Acoustical Society of America, 2006, 119(4): 2050-2061.

[10] Sollitt C K, Cross R H. Wave transmission through permeable breakwaters//Proceedings of the 13th Coastal Engineering Conference, Vancouver BC, 1972: 1827-1846.

[11] Rojanakamthorn S, Isobe M, Watanabe A. A mathematical model of wave transformation over a submerged breakwater. Coastal Engineering Journal, 1989, 32(2): 209-234.

[12] Losada I J, Silva R, Losada M A. 3-D non-breaking regular wave interaction with submerged breakwaters. Coastal Engineering, 1996, 28: 229-248.

[13] Pérez-Romero D M, Ortega-Sánchez M, Moñino A, et al. Characteristic friction coefficient and scale effects in oscillatory porous flow. Coastal Engineering, 2009, 56(9): 931-939.

[14] Evans D V, Porter R. Hydrodynamic characteristics of a thin rolling plate in finite depth of water. Applied Ocean Research, 2008, 35(1): 6-16.

[15] Renzi E, Dias F. Hydrodynamics of the oscillating wave surge converter in the open ocean. European Journal of Mechanics B/Fluids, 2013, 41: 1-10.

[16] Falnes J. Ocean Waves and Oscillating Systems. Cambridge: Cambridge University Press, 2002.

[17] Liu Y, Li H J, Lu L, et al. A semi-analytical potential solution for wave resonance in gap between floating box and vertical wall. China Ocean Engineering, 2020, 34(6): 747-759.

[18] Molin B, Remy F, Camhi A, et al. Experimental and numerical study of the gap resonances in-between two rectangular barges//Proceedings of the 13th Congress of International Maritime Association of Mediterranean, Istanbul, 2009: 689-696.

[19] Kristiansen T, Faltinsen O M. A two-dimensional numerical and experimental study of resonant coupled ship and piston-mode motion. Applied Ocean Research, 2010, 32(2): 158-176.

[20] Idelchik I E. Handbook of Hydraulic Resistance. Connecticut: Begell House, 1996.

[21] Mei C C. The Applied Dynamics of Ocean Surface Waves. Hackensack: World Scientific Publishing Company, 1989.

[22] Molin B. Motion damping by slotted structures//van den Boom H J J. Hydrodynamics: Computations, Model Tests and Reality. Wageningen: Elsevier, 1992.

[23] Tan L, Lu L, Liu Y, et al. Dissipative effects of resonant waves in confined space formed by floating box in front of vertical wall//Proceedings of the 11st Pacific/Asia Offshore Mechanics Symposium, Shanghai, 2014: 250-255.

[24] Liu Y, Li H J. A new semi-analytical solution for gap resonance between twin rectangular boxes. Proceedings of the Institution of Mechanical Engineers Part M: Journal of Engineering for the Maritime Environment, 2014, 228(1): 3-16.

[25] Saitoh T, Miao G P, Ishida H. Theoretical analysis on appearance condition of fluid resonance in a narrow gap between two modules of very large floating structure//Proceedings of the 3rd Asia-Pacific Workshop on Marine Hydrodynamics, Shanghai, 2006: 170-175.

第5章 周期性结构

本章以梳式沉箱防波堤、分段式离岸堤和开孔沉箱防波堤为例,介绍如何分析波浪对周期性海洋结构物的作用,通过引入周期性边界条件建立水动力问题的解析解,阐明波浪的漫反射特性和受力特性。

5.1 梳式沉箱防波堤

梳式沉箱是在传统矩形沉箱的基础上开发的新型结构,使用合适比例的翼板替代部分矩形沉箱的主体,使结构更加轻型化,节约工程成本,降低结构波浪力,该结构已在大连港大窑湾港区的防波堤工程中成功应用(见图5.1.1)。梳式沉箱包括非透空式和透空式两种结构,非透空式结构的翼板与海床接触,整个结构不透水;透空式结构的翼板底部与海床之间留有空隙,便于水流透过,能够有效改善防波堤口门处的通航条件。牛恩宗等[1]、李玉成等[2]和Dong等[3]围绕梳式沉箱防波堤的水动力特性开展了物理模型试验研究;房卓等[4]、Zang等[5]和Wang等[6]采用计算流体力学方法模拟了波浪对梳式沉箱防波堤的作用。本节采用匹配特征函数展开法建立波浪对非透空式梳式沉箱防波堤作用的解析解,分析梳式沉箱防波堤的反射特性和波浪力特性。

图 5.1.1 大连港大窑湾港区梳式沉箱岛堤
图片来源于中交水运规划设计院有限公司

图 5.1.2 为波浪对梳式沉箱防波堤作用的简化示意图,多个相同的梳式沉箱排成一列形成防波堤,防波堤的形状沿轴线方向呈周期性变化。单个梳式沉箱的总

长度为 W，矩形主体结构的长度为 S，两侧翼板的长度均为 $D/2$，相邻沉箱之间形成一个矩形腔室，腔室的长度和宽度分别为 D 和 B。建立三维直角坐标系，xoy 平面与静水面重合，x 轴沿着某一沉箱的矩形主体侧面延伸，并指向防波堤后方掩护区域，y 轴沿着翼板长度方向延伸，z 轴竖直向上。波浪入射方向与 x 轴正方向的夹角为 $\theta_0(0° \leqslant \theta_0 < 90°)$。考虑到防波堤的长度远远大于入射波波长，在水动力分析中，将梳式沉箱防波堤视为无限长的周期性结构。为了求解方便，将梳式防波堤的迎浪侧流域定义为区域 $0(x \leqslant -B)$，将相邻沉箱之间的矩形腔室内的流域从坐标原点开始，向左右两侧依次定义为区域 ± 1、± 2、± 3、$\cdots$。

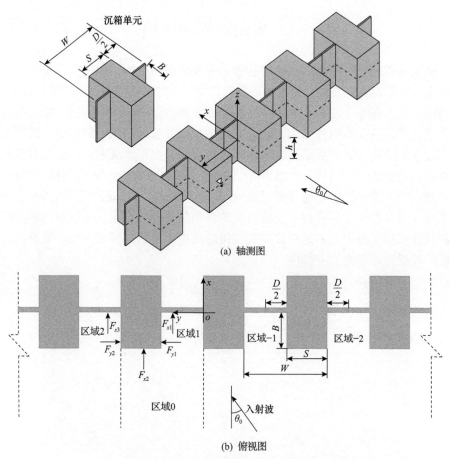

(a) 轴测图

(b) 俯视图

图 5.1.2　波浪对梳式沉箱防波堤作用的简化示意图

考虑线性简谐波问题，流体运动的空间速度势满足拉普拉斯方程 (1.1.15)、自由水面条件式 (1.1.16)、水底条件式 (1.1.20) 和远场辐射条件。梳式沉箱防波堤的水平截面沿水深方向 (z 轴方向) 保持不变，可以应用自由水面条件和水底条件，

将速度势中沿水深方向的空间变量分离出来，则空间速度势可以表示为

$$\phi(x,y,z) = \phi(x,y)Z_0(z) \tag{5.1.1}$$

式中，$Z_0(z) = \cosh[k_0(z+h)]/\cosh(k_0 h)$，其中 k_0 为入射波的波数；$\phi(x,y)$ 为平面波的空间复速度势，满足亥姆霍兹方程：

$$\frac{\partial^2 \phi}{\partial x^2} + \frac{\partial^2 \phi}{\partial y^2} + k_0^2 \phi = 0 \tag{5.1.2}$$

在梳式沉箱的翼板、矩形主体的侧面和迎浪面，区域 l 内的速度势 $\phi_l(x,y)$ 满足如下不透水物面条件：

$$\frac{\partial \phi_l}{\partial x} = 0, \quad x = 0, \quad \begin{cases} (l-1)W < y < lW - S, & l = 1,2,\cdots \\ lW < y < (l+1)W - S, & l = -1,-2,\cdots \end{cases} \tag{5.1.3}$$

$$\frac{\partial \phi_l}{\partial y} = 0, \quad -B < x < 0, \quad \begin{cases} y = (l-1)W, \quad y = lW - S, & l = 1,2,\cdots \\ y = (l+1)W - S, \quad y = lW, & l = -1,-2,\cdots \end{cases} \tag{5.1.4}$$

$$\frac{\partial \phi_l}{\partial x} = 0, \quad x = -B, \quad \begin{cases} lW - S < y < lW, & l = 1,2,\cdots \\ (l+1)W - S < y < (l+1)W, & l = -1,-2,\cdots \end{cases} \tag{5.1.5}$$

对于斜向入射的规则波，平面入射波的速度势可表示为

$$\phi_1 = -\frac{\mathrm{i}gH}{2\omega} \mathrm{e}^{\mathrm{i}k_{0x}(x+B)} \mathrm{e}^{\mathrm{i}k_{0y}y} \tag{5.1.6}$$

式中，g 为重力加速度；H 为入射波的波高；ω 为波浪运动圆频率；k_{0x} 和 k_{0y} 分别为波数 k_0 在 x 和 y 方向的分量，即 $k_{0x} = k_0 \cos\theta_0$，$k_{0y} = k_0 \sin\theta_0$。

对当前所分析的问题而言，梳式沉箱沿着 y 轴方向周期性排列，而入射波沿 y 轴方向也具有周期性变化。因此，流域内任意一点 $(x, y + W, z)$ 处的速度势与点 (x, y, z) 处的速度势只差一个相位因子 $\mathrm{e}^{\mathrm{i}k_{0y}W}$，即流域内的空间速度势满足如下周期性边界条件[7]：

$$\begin{cases} \phi(x,y)\big|_{y=c+lW} = \mathrm{e}^{\mathrm{i}lk_{0y}W} \phi(x,y)\big|_{y=c}, & l = 0, \pm1, \pm2, \cdots \\ \dfrac{\partial \phi(x,y)}{\partial y}\bigg|_{y=c+lW} = \mathrm{e}^{\mathrm{i}lk_{0y}W} \dfrac{\partial \phi(x,y)}{\partial y}\bigg|_{y=c}, & l = 0, \pm1, \pm2, \cdots \end{cases} \tag{5.1.7}$$

式中，c 为任意常数。

　　因为存在周期性边界条件式(5.1.7)，只需要求解单个梳式沉箱所对应的半无限水域内的速度势，然后应用周期性边界条件将计算结果扩展至其他水域。这里采用分离变量法求解区域 $y \in [0, W]$ 内的速度势，下面给出具体的求解过程。

　　在区域 0 内，满足控制方程(5.1.2)、周期性边界条件式(5.1.7)以及远场辐射条件的速度势表达式为

$$\phi_0 = -\frac{\mathrm{i}gH}{2\omega}\left[\mathrm{e}^{\mathrm{i}k_{0x}(x+B)}E_0(y) + \sum_{m=-\infty}^{\infty} R_m \mathrm{e}^{\beta_m(x+B)} E_m(y)\right] \tag{5.1.8}$$

式中，R_m 为待定的展开系数；特征值 β_m 的表达式为

$$\beta_m = \begin{cases} \sqrt{\mu_m}, & \mu_m \geqslant 0 \\ -\mathrm{i}\sqrt{-\mu_m}, & \mu_m < 0 \end{cases}, \quad \mu_m = \left(k_{0y} + \frac{2m\pi}{W}\right)^2 - k_0^2, \quad m = 0, \pm1, \pm2, \cdots \tag{5.1.9}$$

$E_m(y)$ 为沿 y 方向的特征函数系：

$$E_m(y) = \exp\left[\mathrm{i}\left(k_{0y} + \frac{2m\pi}{W}\right)y\right], \quad m = 0, \pm1, \pm2, \cdots \tag{5.1.10}$$

特征函数系 $E_m(y)$ 具备正交性：

$$\int_0^W E_m(y)E_n^*(y)\mathrm{d}y = \begin{cases} 0, & m \neq n \\ W, & m = n \end{cases} \tag{5.1.11}$$

式中，上标*表示求共轭复数。

　　式(5.1.8)等号右边第一项表示从外海传播到防波堤前的入射波，第二项包含两部分：当 β_m 为实数时，表示沿 x 轴负方向呈指数衰减的非传播模态；当 β_m 为纯虚数时，表示结构物前的反射波。反射波的数目可能不止一个，即防波堤前发生漫反射。定义如下关系式[8]：

$$k_0\sin\theta_n = \left|k_{0y} + \frac{2n\pi}{W}\right|, \quad 0° \leqslant \theta_n < 90° \tag{5.1.12}$$

并进一步得到

$$\sin\theta_n = \left|\sin\theta_0 + \frac{2n\pi}{k_0W}\right|, \quad -M_1 \leqslant n \leqslant M_2 \tag{5.1.13}$$

$$M_1 = \mathrm{Int}\left(k_0W\frac{1+\sin\theta_0}{2\pi}\right), \quad M_2 = \mathrm{Int}\left(k_0W\frac{1-\sin\theta_0}{2\pi}\right)$$

式中，Int 表示取整数部分；θ_n 为 n 阶反射波(第 n 个反射波)的传播方向与 x 轴正方向的夹角。

图 5.1.3 为梳式沉箱防波堤的漫反射示意图。图中 k_{nx} 和 M_3 为

$$k_{nx} = \sqrt{k_0^2 - \left(k_{0y} + \frac{2n\pi}{W}\right)^2} , \quad M_3 = \text{Int}\left(\frac{k_0 W \sin\theta_0}{2\pi}\right)$$

不同传播方向反射波的总数为 $M_1 + M_2 + 1$，根据反射波传播方向与镜面反射波传播方向之间的关系，可以将其分为四种类型。从式(5.1.9)可以看出，反射波的数目由入射波的波数 k_0、波浪入射角度 θ_0 和沉箱长度 W 决定；当 $k_0 W < 2\pi/(1 + \sin\theta_0)$ 时，梳式沉箱前仅存在一个镜面反射波。当沉箱长度和波浪入射角度固定时，随着波数 $k_0 h$ 的增加，第 $n(n = \pm1, \pm2, \cdots)$ 个漫反射波出现时对应的频率为 $\mu_n = (k_{0y} + 2n\pi/W)^2 - k_0^2 = 0$，即当 $n \geqslant 1$ 时，$k_0 h = (2n\pi h)/[W(1 - \sin\theta_0)]$；当 $n \leqslant -1$ 时，$k_0 h = (-2n\pi h)/[W(1 + \sin\theta_0)]$。

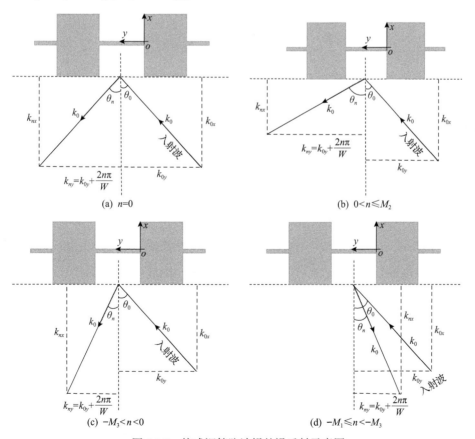

(a) $n=0$　　　　　　　　　　　　　　(b) $0<n\leqslant M_2$

(c) $-M_3<n<0$　　　　　　　　　　　(d) $-M_1\leqslant n<-M_3$

图 5.1.3　梳式沉箱防波堤的漫反射示意图

入射波和 n 阶反射波沿 x 轴方向的波能流分别为

$$\text{Flux}^{\text{I}} = \frac{1}{8}\rho g H^2 c_{\text{g}} \cos\theta_0 \tag{5.1.14}$$

$$\text{Flux}_n^{\text{R}} = \frac{1}{8}\rho g (H|R_n|)^2 c_{\text{g}} \cos\theta_n, \quad -M_1 \leqslant n \leqslant M_2 \tag{5.1.15}$$

式中，ρ 为流体密度；c_{g} 为波浪群速度。

n 阶反射波的反射系数定义为其能量与入射波能量比值的平方根：

$$C_{R_n} = \sqrt{\frac{\text{Flux}_n^{\text{R}}}{\text{Flux}^{\text{I}}}} = \sqrt{\frac{|R_n|^2 \cos\theta_n}{\cos\theta_0}}, \quad -M_1 \leqslant n \leqslant M_2 \tag{5.1.16}$$

总反射系数定义为所有反射波能量之和与入射波能量比值的平方根：

$$C_{\text{r}} = \sqrt{\frac{\sum\limits_{n=-M_1}^{M_2} \text{Flux}_n^{\text{R}}}{\text{Flux}^{\text{I}}}} = \sqrt{\frac{\sum\limits_{n=-M_1}^{M_2} |R_n|^2 \cos\theta_n}{\cos\theta_0}} \tag{5.1.17}$$

对于当前梳式沉箱防波堤结构，在势流理论的假设下，不存在波浪能量耗散，因此总反射系数始终等于1，所有的入射波能量沿着不同方向被反射。

在区域1内，满足控制方程(5.1.2)、边界条件式(5.1.3)和式(5.1.4)的速度势表达式为

$$\phi_1 = -\frac{\mathrm{i}gH}{2\omega} \sum_{m=0}^{\infty} T_m \frac{\cosh(\lambda_m x)}{\cosh(\lambda_m B)} G_m(y) \tag{5.1.18}$$

式中，T_m 为待定的展开系数；特征值 λ_m 的表达式为

$$\lambda_m = \begin{cases} \sqrt{\alpha_m}, & \alpha_m \geqslant 0 \\ \mathrm{i}\sqrt{-\alpha_m}, & \alpha_m < 0 \end{cases}, \quad \alpha_m = \left(\frac{m\pi}{D}\right)^2 - k_0^2, \quad m = 0,1,\cdots \tag{5.1.19}$$

$G_m(y)$ 为沿 y 方向的特征函数系：

$$G_m(y) = \begin{cases} \dfrac{\sqrt{2}}{2}, & m = 0 \\ \cos\left(\dfrac{m\pi}{D}y\right), & m = 1,2,\cdots \end{cases} \tag{5.1.20}$$

特征函数系 $G_m(y)$ 具备正交性：

$$\int_0^D G_m(y)G_n(y)\mathrm{d}\,y = \begin{cases} 0, & m \neq n \\ \dfrac{D}{2}, & m = n \end{cases} \tag{5.1.21}$$

在区域 0 和区域 1 的交界面上，速度势满足如下速度和压力传递条件：

$$\frac{\partial \phi_0}{\partial x} = \frac{\partial \phi_1}{\partial x}, \quad x = -B, \quad 0 \leqslant y \leqslant D \tag{5.1.22}$$

$$\phi_0 = \phi_1, \quad x = -B, \quad 0 \leqslant y \leqslant D \tag{5.1.23}$$

可以应用传递条件式(5.1.22)和式(5.1.23)以及边界条件式(5.1.5)确定速度势表达式中的展开系数。

将式(5.1.8)和式(5.1.18)代入式(5.1.5)和式(5.1.22)，得到

$$\mathrm{i}k_{0x}E_0(y) + \sum_{m=-\infty}^{\infty} R_m\beta_m E_m(y) = \begin{cases} -\displaystyle\sum_{m=0}^{\infty} T_m\lambda_m \tanh(\lambda_m B)G_m(y), & 0 \leqslant y \leqslant D \\ 0, & D < y < W \end{cases} \tag{5.1.24}$$

将式(5.1.24)等号两侧同时乘以 $E_n^*(y)$，然后对 y 从 0 到 W 积分，并应用式(5.1.11)，再将 m 和 n 分别截断到 M 和 $\pm M$，可以得到如下 $2M+1$ 个方程：

$$R_n + \sum_{m=0}^{M} T_m \frac{\lambda_m \tanh(\lambda_m B)\Lambda_{nm}}{\beta_n W} = \delta_{n0}, \quad n = -M, \cdots, M \tag{5.1.25}$$

式中，$\Lambda_{nm} = \displaystyle\int_0^D G_m(y)E_n^*(y)\mathrm{d}y$；$\delta_{nm} = \begin{cases} 1, & n = m \\ 0, & n \neq m \end{cases}$。

将式(5.1.8)式(5.1.18)代入式(5.1.23)，得到

$$E_0(y) + \sum_{m=-\infty}^{\infty} R_m E_m(y) = \sum_{m=0}^{\infty} T_m G_m(y), \quad 0 \leqslant y \leqslant D \tag{5.1.26}$$

将式(5.1.26)等号两侧同时乘以 $G_n(y)$，然后对 y 从 0 到 D 积分，并应用式(5.1.21)，再将 m 和 n 分别截断到 $\pm M$ 和 M，可以得到如下 $M+1$ 个方程：

$$2\sum_{m=-M}^{M} R_m \Pi_{nm} - T_n D = -2\Pi_{n0}, \quad n = 0, 1, \cdots, M \tag{5.1.27}$$

式中，$\Pi_{nm} = \displaystyle\int_0^D E_m(y)G_n(y)\mathrm{d}y$。

联立式(5.1.25)和式(5.1.27)，得到含有 $3M+2$ 个未知数的线性方程组，求解

该方程组便可以确定速度势表达式中所有的展开系数。

梳式沉箱防波堤附近水域的波面为

$$\eta(x,y) = \frac{i\omega}{g}\phi(x,y) \tag{5.1.28}$$

根据线性伯努利方程确定梳式沉箱上的动水压强，然后将动水压强沿物面积分得到波浪力。沉箱单元上的 x 方向波浪力为

$$F_x = F_{x1} + F_{x2} + F_{x3} \tag{5.1.29}$$

式中，F_{x1}、F_{x2} 和 F_{x3} 分别为沉箱左翼板、矩形主体迎浪面和右翼板上的波浪力（见图 5.1.2(b)），计算表达式为

$$F_{x1} = i\omega\rho\int_{-h}^{0} Z_0(z)\mathrm{d}z\int_{D/2}^{D}\phi_1\big|_{x=0}\mathrm{d}y$$
$$= \frac{\rho g H}{2}\frac{\tanh(k_0 h)}{k_0}\left[\frac{\sqrt{2}T_0 D}{4\cosh(\lambda_0 B)} - \sum_{m=1}^{M}\frac{T_m D}{m\pi\cosh(\lambda_m B)}\sin\frac{m\pi}{2}\right]$$

$$F_{x2} = i\omega\rho\int_{-h}^{0} Z_0(z)\mathrm{d}z\int_{D}^{W}\phi_0\big|_{x=-B}\mathrm{d}y$$
$$= \frac{\rho g H}{2}\frac{\tanh(k_0 h)}{k_0}\left[\int_{D}^{W}E_0(y)\mathrm{d}y + \sum_{m=-M}^{M}R_m\int_{D}^{W}E_m(y)\mathrm{d}y\right]$$

$$F_{x3} = i\omega\rho\int_{-h}^{0} Z_0(z)\mathrm{d}z\int_{0}^{D/2}\mathrm{e}^{ik_{0y}W}\phi_1\big|_{x=0}\mathrm{d}y$$
$$= \frac{\rho g H}{2}\frac{\tanh(k_0 h)}{k_0}\mathrm{e}^{ik_{0y}W}\left[\frac{\sqrt{2}T_0 D}{4\cosh(\lambda_0 B)} + \sum_{m=1}^{M}\frac{T_m D}{m\pi\cosh(\lambda_m B)}\sin\frac{m\pi}{2}\right]$$

式中，

$$\int_{D}^{W}E_m(y)\mathrm{d}y = \left[i\left(k_{0y} + \frac{2m\pi}{W}\right)\right]^{-1}\left\{\mathrm{e}^{ik_{0y}W} - \exp\left[i\left(k_{0y} + \frac{2m\pi}{W}\right)D\right]\right\}$$

沉箱单元上的 y 方向波浪力为

$$F_y = F_{y1} - F_{y2} \tag{5.1.30}$$

式中，F_{y1} 和 F_{y2} 分别为矩形主体左侧面和右侧面的波浪力（见图 5.1.2(b)），计算表达式为

$$F_{y1} = i\,\omega\rho\int_{-h}^{0} Z_0(z)\mathrm{d}z\int_{-B}^{0} \phi_1\big|_{y=W-S}\,\mathrm{d}y$$

$$= \frac{\rho g H}{2}\frac{\tanh(k_0 h)}{k_0}\left[T_0\frac{\sqrt{2}\tanh(\lambda_0 B)}{2\lambda_0} + \sum_{m=1}^{M} T_m\frac{(-1)^m\tanh(\lambda_m B)}{\lambda_m}\right]$$

$$F_{y2} = i\,\omega\rho\int_{-h}^{0} Z_0(z)\mathrm{d}z\int_{-B}^{0} \mathrm{e}^{i\,k_{0y}W}\phi_1\big|_{y=0}\,\mathrm{d}y$$

$$= \frac{\rho g H}{2}\frac{\tanh(k_0 h)}{k_0}\mathrm{e}^{i\,k_{0y}W}\left[T_0\frac{\sqrt{2}\tanh(\lambda_0 B)}{2\lambda_0} + \sum_{m=1}^{M} T_m\frac{\tanh(\lambda_m B)}{\lambda_m}\right]$$

在计算波浪力 F_{x3} 和 F_{y2} 时，使用了周期性边界条件式(5.1.7)。

x 方向和 y 方向的无因次波浪力分别定义为

$$C_{F_x} = \frac{|F_x|}{\rho g H W h}, \quad C_{F_y} = \frac{|F_y|}{\rho g H W h} \tag{5.1.31}$$

表 5.1.1 为梳式沉箱 x 方向无因次波浪力随截断数的收敛性，计算条件为：$W/h = 2$、$B/h = 1$、$S/h = 1.2$ 和 $\theta_0 = 45°$。从表中可以看出，计算结果随着截断数的增加而收敛，后面计算中取截断数 $M = 50$，计算结果可以满足工程分析的需要。

表 5.1.1　梳式沉箱 x 方向无因次波浪力随截断数的收敛性

截断数 M	无因次波浪力 C_{F_x}				
	$k_0 h = 0.5$	$k_0 h = 1$	$k_0 h = 2$	$k_0 h = 4$	$k_0 h = 5$
5	0.9045	0.5891	0.2753	0.1674	0.0669
10	0.9045	0.5884	0.2758	0.1678	0.0668
20	0.9045	0.5880	0.2759	0.1678	0.0667
30	0.9045	0.5879	0.2759	0.1679	0.0667
40	0.9045	0.5879	0.2760	0.1679	0.0667
50	0.9045	0.5879	0.2760	0.1679	0.0667

图 5.1.4 为梳式沉箱防波堤前不同反射波的反射系数。从图中可以看出，在较小频率(波数)下，堤前仅存在 0 阶反射波(镜面反射波)；当波数 $k_0 h \approx 1.85$ 时，除镜面反射波外，堤前出现了-1 阶反射波；当 $k_0 h \approx 3.69$ 时，堤前出现了-2 阶反射波。

图 5.1.5 为波浪入射角度对梳式沉箱上无因次波浪力的影响。从图中可以看出，当波浪频率趋于 0(波长非常大)时，沉箱上 x 方向无因次波浪力趋于 1，而 y 方向波浪力趋于 0。从图 5.1.5(a)可以看出，当波浪正向入射($\theta_0 = 0$)时，x 方向波

浪力在 $k_0h \approx 3.15$ 时突然减小，这是由于堤前出现了 ±1 阶反射波；当波浪入射角度 $\theta_0 = 30°$ 和 45° 时，x 方向波浪力曲线出现两次突然上升，这是因为堤前依次出现了 −1 阶和 −2 阶反射波；当波浪入射角度 $\theta_0 = 60°$ 时，x 方向波浪力在 $k_0h = 4 \sim 4.3$ 时出现较大变化，但是分析结果表明，该现象不是由更多反射波出现所致。从图 5.1.5(b) 可以看出，多阶反射波的出现对 y 方向波浪力无明显影响，但 y 方向波浪力在 $k_0h = 3.9 \sim 4.3$ 时急剧增大，这是由波浪在腔室内沿 y 轴方向运动共振所致。

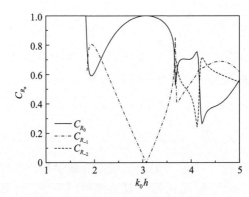

图 5.1.4　梳式沉箱防波堤前不同反射波的反射系数（$W/h = 2$，$B/h = 1$，$S/h = 1.2$，$\theta_0 = 45°$）

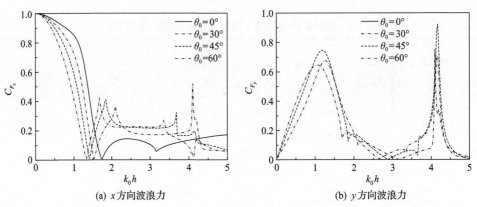

(a) x 方向波浪力　　　　　　　　　　　(b) y 方向波浪力

图 5.1.5　波浪入射角度对梳式沉箱上无因次波浪力的影响（$W/h = 2$，$B/h = 1$，$S/h = 1.2$）

　　图 5.1.6 为梳式沉箱防波堤附近水域无因次波面幅值的等值线，图中仅绘出部分沉箱，无因次波面幅值定义为 $C_\eta = 2|\eta|/H$。对于图 5.1.6(a) 的工况，堤前仅存在镜面反射波，在距离防波堤较远处，波面幅值的等值线与防波堤轴线平行，波面变化类似部分反射的驻波。由于波浪能量的积聚，腔室后实体墙上的波浪爬高达到入射波振幅的 3 倍以上。对于图 5.1.6(b) 的工况，防波堤前同时存在镜面反射波和 −1 阶反射波，因此波面等值线的分布较为复杂。

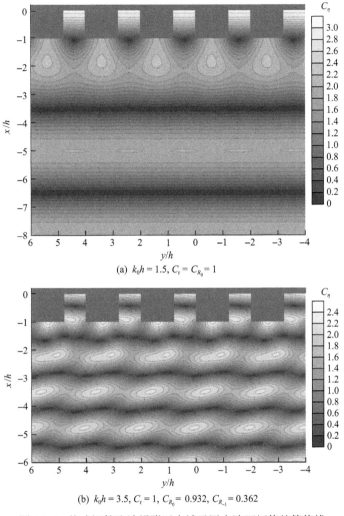

(a) $k_0h = 1.5$, $C_r = C_{R_0} = 1$

(b) $k_0h = 3.5$, $C_r = 1$, $C_{R_0} = 0.932$, $C_{R_{-1}} = 0.362$

图 5.1.6 梳式沉箱防波堤附近水域无因次波面幅值的等值线

($W/h = 2$, $B/h = 1$, $S/h = 1.2$, $\theta_0 = 45°$)

5.2 分段式离岸堤

离岸堤是重要的海岸防护结构物之一，能够有效防止后方岸线蚀退。实际工程中通常将离岸堤设计成分段的形式，即相邻单元之间设置口门，可以保证后方掩护区域与外海的水体自由交换，并降低工程造价。Dalrymple 等[9]采用最小二乘法建立了正向入射波对分段式离岸堤作用的解析解；Porter 等[10]采用多项伽辽金方法建立了斜向入射波对分段式离岸堤作用的解析解。本节采用匹配特征函数展开法建立斜向入射波对分段式离岸堤作用的解析解。

图 5.2.1 为波浪对分段式离岸堤作用的平面示意图, 该离岸堤由多个相同的出水结构单元组成, 各单元之间口门的尺寸也相同。与入射波的波长相比, 离岸堤的厚度很小, 因此在数学分析中忽略不计。离岸堤的长度远远大于入射波波长, 因此在数学分析中将离岸堤的长度视为无限长, 即考虑无限长的周期性结构。水深为 h, 每个结构单元的长度为 B, 相邻单元之间的口门长度为 S, 每一组结构单元与口门的长度之和为 $W(W = B + S)$。建立三维直角坐标系, xoy 平面与静水面重合, 原点位于某一结构单元的左侧边缘, y 轴沿着防波堤轴线与静水面的交线延伸, z 轴竖直向上。波浪入射方向与 x 轴正方向的夹角为 θ_0。与 5.1 节类似, 当前问题也属于平面波问题, 并可以应用周期性边界条件简化该问题的求解过程, 只需要求解区间 $y \in [0, W]$ 内的流体运动速度势。将所研究的流域划分为两个区域: 区域 1, 离岸堤迎浪侧流域 $(x \leqslant 0, 0 \leqslant y \leqslant W)$; 区域 2, 离岸堤背浪侧流域 $(x \geqslant 0, 0 \leqslant y \leqslant W)$。

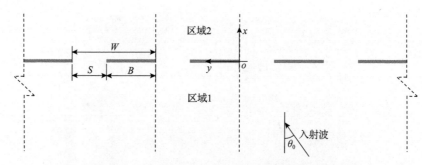

图 5.2.1　波浪对分段式离岸堤作用的平面示意图

在区域 1 和区域 2 内, 满足控制方程 (5.1.2)、周期性边界条件式 (5.1.7) 以及远场辐射条件的速度势表达式为

$$\phi_1 = -\frac{\mathrm{i}\,gH}{2\omega} \left[\mathrm{e}^{\mathrm{i}\,k_{0x}x} E_0(y) + \sum_{m=-\infty}^{\infty} R_m \mathrm{e}^{\beta_m x} E_m(y) \right] \tag{5.2.1}$$

$$\phi_2 = -\frac{\mathrm{i}\,gH}{2\omega} \sum_{m=-\infty}^{\infty} T_m \mathrm{e}^{-\beta_m x} E_m(y) \tag{5.2.2}$$

式中, R_m 和 T_m 为待定的展开系数; 其他符号的表达式和含义与式 (5.1.8) 中相应的符号一致。

式 (5.2.2) 等号右侧包含两部分: 当 β_m 为实数时, 表示沿 x 轴正方向呈指数衰减的非传播模态; 当 β_m 为纯虚数时, 表示结构物背浪侧的透射波, 透射波的数目与反射波的数目始终相同。离岸堤的 n 阶反射波的波能流和反射系数、总反射系

数的表达式与式(5.1.15)～式(5.1.17)相同。离岸堤的 n 阶透射波沿 x 轴方向的波能流为

$$\text{Flux}_n^T = \frac{1}{8}\rho g(H|T_n|)^2 c_g \cos\theta_n, \quad -M_1 \leqslant n \leqslant M_2 \tag{5.2.3}$$

式中，除待定的展开系数 T_n 外，其余符号的含义与式(5.1.15)中相应的符号一致。

n 阶透射波的透射系数定义为其能量与入射波能量比值的平方根：

$$C_{T_n} = \sqrt{\frac{\text{Flux}_n^T}{\text{Flux}^I}} = \sqrt{\frac{|T_n|^2 \cos\theta_n}{\cos\theta_0}}, \quad -M_1 \leqslant n \leqslant M_2 \tag{5.2.4}$$

离岸堤的总透射系数定义为所有透射波能量之和与入射波能量比值的平方根：

$$C_t = \sqrt{\frac{\sum_{n=-M_1}^{M_2} \text{Flux}_n^T}{\text{Flux}^I}} = \sqrt{\frac{\sum_{n=-M_1}^{M_2} |T_n|^2 \cos\theta_n}{\cos\theta_0}} \tag{5.2.5}$$

对于当前问题，不存在波浪能量耗散，波浪运动满足能量守恒关系：

$$C_r^2 + C_t^2 = 1 \tag{5.2.6}$$

将式(5.1.17)和式(5.2.5)代入式(5.2.6)，得到

$$\sum_{n=-M_1}^{M_2} \left(|R_n|^2 + |T_n|^2\right)\cos\theta_n = \cos\theta_0 \tag{5.2.7}$$

速度势表达式中的展开系数需要应用区域 1 和区域 2 交界面的速度和压力传递条件确定，这些条件为

$$\frac{\partial\phi_1}{\partial y} = \frac{\partial\phi_2}{\partial y}, \quad x=0, \quad 0 \leqslant y \leqslant W \tag{5.2.8}$$

$$\frac{\partial\phi_1}{\partial y} = 0, \quad x=0, \quad 0 < y < B \tag{5.2.9}$$

$$\phi_1 = \phi_2, \quad x=0, \quad B \leqslant y \leqslant W \tag{5.2.10}$$

定义如下函数：

$$G(y) = \begin{cases} \dfrac{\partial \phi_1}{\partial y}\bigg|_{x=0} = 0, & 0 < y < B \\ (\phi_1 - \phi_2)|_{x=0} = 0, & B \leqslant y \leqslant W \end{cases} \tag{5.2.11}$$

将式 (5.2.1) 和式 (5.2.2) 代入式 (5.2.8) 和式 (5.2.11)，得到

$$\mathrm{i}\,k_{0x}E_0(y) + \sum_{m=-\infty}^{\infty} R_m\beta_m E_m(y) = -\sum_{m=-\infty}^{\infty} T_m\beta_m E_m(y), \quad 0 \leqslant y \leqslant W \tag{5.2.12}$$

$$G(y) = \begin{cases} \mathrm{i}\,k_{0x}E_0(y) + \sum\limits_{m=-\infty}^{\infty} R_m\beta_m E_m(y), & 0 < y < B \\ E_0(y) + \sum\limits_{m=-\infty}^{\infty} R_m E_m(y) - \sum\limits_{m=-\infty}^{\infty} T_m E_m(y), & B \leqslant y \leqslant W \end{cases} \tag{5.2.13}$$

将式 (5.2.12) 等号两侧同时乘以 $E_n^*(y)$，然后对 y 从 0 到 W 积分，得到

$$T_n = \delta_{n0} - R_n, \quad n = 0, \pm1, \pm2, \cdots \tag{5.2.14}$$

式中，$\delta_{nm} = \begin{cases} 1, & n = m \\ 0, & n \neq m \end{cases}$。

采用同样的方法可以将式 (5.2.13) 转化为

$$\sum_{m=-\infty}^{\infty} R_m\beta_m \Lambda_{nm} + \sum_{m=-\infty}^{\infty} R_m \Pi_{nm} - \sum_{m=-\infty}^{\infty} T_m \Pi_{nm} = -\mathrm{i}\,k_{0x}\Lambda_{n0} - \Pi_{n0}, \quad n = 0, \pm1, \pm2, \cdots \tag{5.2.15}$$

式中，$\Lambda_{nm} = \int_0^B E_m(y)E_n^*(y)\mathrm{d}y$；$\Pi_{nm} = \int_B^W E_m(y)E_n^*(y)\mathrm{d}y$。

联立式 (5.2.14) 和式 (5.2.15)，消去展开系数 T_n，得到

$$\sum_{m=-\infty}^{\infty} R_m(\beta_m\Lambda_{nm} + 2\Pi_{nm}) = -\mathrm{i}\,k_{0x}\Lambda_{n0}, \quad n = 0, \pm1, \pm2, \cdots \tag{5.2.16}$$

将式 (5.2.16) 中的 m 和 n 截断到 $\pm M$，可以得到含有 $2M+1$ 个未知数的线性方程组，求解该方程组便可以确定速度势表达式中的展开系数 R_n，再根据式 (5.2.14) 确定展开系数 T_n。

离岸堤每个结构单元上的波浪力为

$$F_x = \mathrm{i}\,\omega\rho \int_{-h}^0 Z_0(z)\mathrm{d}z \int_0^B (\phi_1 - \phi_2)|_{x=0}\,\mathrm{d}y = \rho g H \frac{\tanh(k_0 h)}{k_0} \sum_{m=-M}^M R_m\Psi_m \tag{5.2.17}$$

式中,

$$\Psi_m = \int_0^B E_m(y)\mathrm{d}y = \left[\mathrm{i}\left(k_{0y}+\frac{2m\pi}{W}\right)\right]^{-1}\left\{\exp\left[\mathrm{i}\left(k_{0y}+\frac{2m\pi}{W}\right)B\right]-1\right\}$$

离岸堤每个结构单元上关于其与水底交线的波浪力矩为

$$\begin{aligned}
M_y &= \mathrm{i}\omega\rho\int_{-h}^0 Z_0(z)(z+h)\mathrm{d}z\int_0^B (\phi_1-\phi_2)\big|_{x=0}\,\mathrm{d}y \\
&= \rho g H\left[\frac{1}{k_0^2}-\frac{h\tanh(k_0 h)}{k_0}-\frac{1}{k_0^2\cosh(k_0 h)}\right]\sum_{m=-M}^{M} R_m\Psi_m
\end{aligned}\tag{5.2.18}$$

无因次波浪力和波浪力矩分别定义为

$$C_{F_x}=\frac{|F_x|}{\rho g H h B},\quad C_{M_y}=\frac{|M_y|}{\rho g H h^2 B}\tag{5.2.19}$$

图 5.2.2 为结构单元长度对分段式离岸堤反射系数和透射系数的影响。从图中可以看出, 四种不同情况下的反射系数曲线在 $k_0 h\approx 1.85$ 和 3.69 均出现了突变, 这是因为在 $k_0 h\approx 1.85$ 时堤前出现了 -1 阶反射波, 在 $k_0 h\approx 3.69$ 时堤前出现了 -2 阶反射波, 这些不同反射波的反射系数如图 5.2.3 所示。多个反射波的出现会导致离岸堤的总反射系数曲线发生突变, 通常呈现增大趋势, 相应的总透射系数减小。从图 5.2.2 还可以看出, 随着结构单元长度的增加(口门长度的减小), 离岸堤的反射系数逐渐增大, 相应的透射系数逐渐减小。

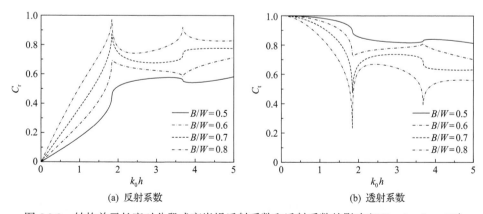

(a) 反射系数　　　　　　　　　　　　(b) 透射系数

图 5.2.2　结构单元长度对分段式离岸堤反射系数和透射系数的影响($W/h=2$, $\theta_0=45°$)

图 5.2.4 为波浪入射角度对分段式离岸堤反射系数和透射系数的影响。从图中可以看出, -1 阶反射波出现的频率(对应反射系数曲线的第一个突变)随着波浪入

射角度的增加而减小。除反射系数曲线的突变频率附近区域外，反射系数通常随着波浪入射角度的增加而减小。

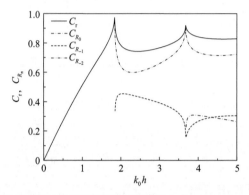

图 5.2.3　分段式离岸堤不同反射波的反射系数（$W/h = 2$，$B/W = 0.8$，$\theta_0 = 45°$）

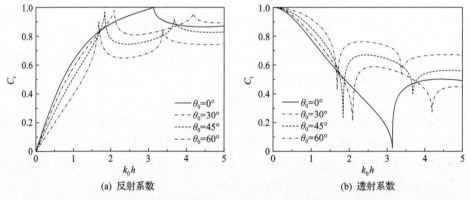

(a) 反射系数　　　　　　　　　　　　(b) 透射系数

图 5.2.4　波浪入射角度对分段式离岸堤反射系数和透射系数的影响（$W/h = 2$，$B/W = 0.8$）

　　图 5.2.5 和图 5.2.6 分别为结构单元长度和波浪入射角度对分段式离岸堤上无因次波浪力（力矩）的影响。从图 5.2.5 可以看出，在-1 阶反射波出现之前的频率范围内（$k_0h < 1.85$），结构单元越长，其受到的无因次波浪力越大；当-1 阶反射波出现后，波浪力的变化规律恰好相反。结构单元长度对波浪力矩的影响与其对波浪力的影响基本一致。从图 5.2.6 可以看出，除在多阶反射波开始出现的频率附近外，波浪入射角度越大，离岸堤受到的波浪力和波浪力矩越小。

　　图 5.2.7 为分段式离岸堤附近水域无因次波面幅值的等值线，无因次波面幅值定义为 $C_\eta = 2|\eta|/H$。从图中可以看出，当 $k_0h = 1.5$ 时，只存在镜面反射波（0 阶反射波），离岸堤迎浪侧水域的波面幅值变化较为简单；当 $k_0h = 3.5$ 时，同时存在镜面反射波和-1 阶反射波，离岸堤迎浪侧水域的波面幅值变化更为复杂。此外，离岸堤迎浪面的波浪爬高达到入射波振幅的 2 倍以上，远大于离岸堤背浪面的波浪爬高。

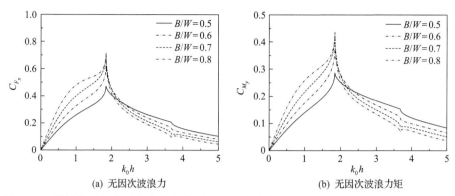

(a) 无因次波浪力　　　　　　　　　　　(b) 无因次波浪力矩

图 5.2.5　结构单元长度对分段式离岸堤上无因次波浪力(力矩)的影响($W/h = 2$，$\theta_0 = 45°$)

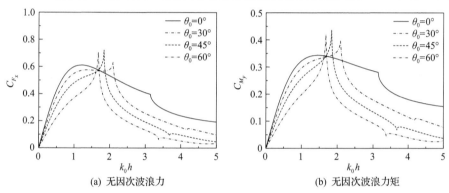

(a) 无因次波浪力　　　　　　　　　　　(b) 无因次波浪力矩

图 5.2.6　波浪入射角度对分段式离岸堤上无因次波浪力(力矩)的影响($W/h = 2$，$B/W = 0.8$)

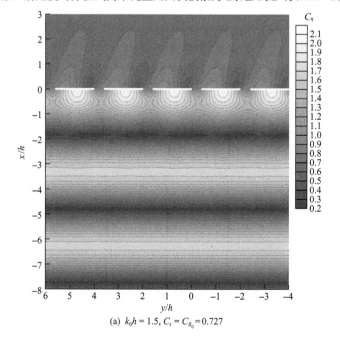

(a) $k_0 h = 1.5$，$C_\mathrm{t} = C_{R_0} = 0.727$

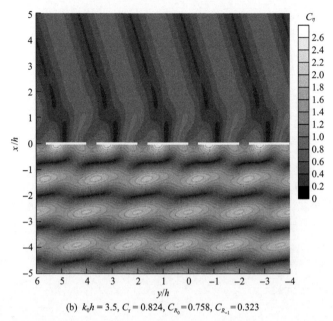

(b)　$k_0h = 3.5$，$C_t = 0.824$，$C_{R_0} = 0.758$，$C_{R_{-1}} = 0.323$

图 5.2.7　分段式离岸堤附近水域无因次波面幅值的等值线（$W/h = 2$，$B/W = 0.8$，$\theta_0 = 45°$）

5.3　开孔沉箱防波堤

　　开孔方沉箱是一种典型的消能式港口与海岸结构物，主要用于修建防波堤、护岸、码头等建筑物。开孔沉箱最早由 Jarlan[11]提出，是将传统沉箱的前墙开孔，开孔前墙和后实体墙之间形成一个消浪室，使波浪通过开孔前墙进入消浪室，并在消浪室内产生剧烈紊动，有效耗散波浪能量。相比传统沉箱，开孔沉箱具有低反射、低越浪、波浪力小等优点，关于开孔沉箱水动力特性的研究可以参阅文献[12]和[13]。实际工程中，开孔沉箱内部沿结构长度方向具有横隔墙，当波浪正向入射时，可以忽略横隔墙的影响；但是当波浪斜向入射时，需要考虑横隔墙的影响。Teng 等[14]和 Liu 等[15,16]采用解析方法研究了斜向入射波作用下不同开孔沉箱防波堤的水动力特性。本节采用匹配特征函数展开法建立斜向入射波对开孔沉箱防波堤作用的解析解，探讨防波堤的反射性能。

　　图 5.3.1 为波浪对开孔沉箱防波堤作用的示意图。带横隔墙的开孔沉箱排成一列形成防波堤，沉箱的前墙沿整个水深方向均匀开孔，防波堤受到斜向入射波的作用，波浪入射方向与防波堤法线方向的夹角为 θ_0。水深为 h，每个消浪室的长度为 W，宽度为 B，忽略横隔墙和开孔前墙厚度的影响。采用三维直角坐标系来描述该问题，坐标原点位于某一沉箱横隔墙、消浪室后墙以及静水面的交点处，x 轴与防波堤的轴线方向垂直并指向流域外，y 轴沿着消浪室的后墙延伸，z 轴竖直

向上。

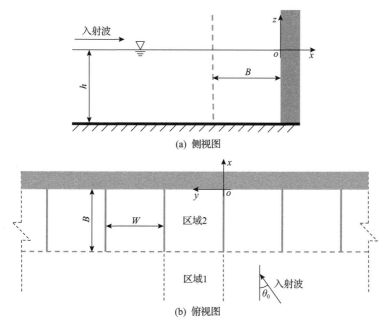

(a) 侧视图

(b) 俯视图

图 5.3.1　波浪对开孔沉箱防波堤作用的示意图

　　与 5.1 节和 5.2 节类似,可以应用周期性边界条件将当前问题简化为分析波浪对开孔沉箱单个消浪室单元的作用,在区间 $y \in [0, W]$ 内求解流体运动的速度势。为了求解方便,将所研究的流域划分为两个区域:区域 1,沉箱迎浪侧流域($x \leqslant -B$,$0 \leqslant y \leqslant W$);区域 2,消浪室内部流域($-B \leqslant x \leqslant 0$,$0 \leqslant y \leqslant W$)。

　　波浪通过开孔前墙时会产生部分能量耗散,波浪运动的相位也会发生改变,这里通过在开孔前墙边界处引入二次压力损失边界条件来考虑波能耗散和相位变化[17],该条件的数学表达式为

$$\phi_1 - \phi_2 = -\frac{8\mathrm{i}}{3\pi\omega}\frac{1-\varepsilon}{2\mu\varepsilon^2}\left|\frac{\partial\phi_2}{\partial x}\right|\frac{\partial\phi_2}{\partial x} - 2C\frac{\partial\phi_2}{\partial x}, \quad x = -B, \quad 0 \leqslant y \leqslant W, \quad -h \leqslant z \leqslant 0$$

(5.3.1)

式中,ε、μ 和 C 分别为前墙的开孔率、射流系数和阻塞系数。关于式(5.3.1)的详细介绍见 1.4.1 节。

　　如果在开孔墙处采用线性压力损失边界条件式(1.4.12),因为开孔沉箱防波堤的水平截面沿水深方向保持不变,则当前问题的求解与 5.1 节和 5.2 节类似,属于二维平面波问题。但是,因为采用了式(5.3.1)中的非线性边界条件,在数学分析中需要考虑开孔墙附近速度势中非传播模态的影响,也就无法将当前问题退化为

平面波问题，需要直接求解三维拉普拉斯方程。流体运动的速度势满足三维拉普拉斯方程(1.1.15)、自由水面条件式(1.1.16)、水底条件式(1.1.20)、周期性边界条件式(5.1.7)和远场辐射条件。此外，在沉箱的开孔前墙处，流体法向速度具有连续性：

$$\frac{\partial \phi_1}{\partial x} = \frac{\partial \phi_2}{\partial x}, \quad x = -B, \quad 0 \leqslant y \leqslant W, \quad -h \leqslant z \leqslant 0 \tag{5.3.2}$$

在消浪室后实体墙和横隔墙上，流体运动的速度势满足不透水物面条件：

$$\frac{\partial \phi_2}{\partial x} = 0, \quad x = 0, \quad 0 \leqslant y \leqslant W, \quad -h \leqslant z \leqslant 0 \tag{5.3.3}$$

$$\frac{\partial \phi_2}{\partial y} = 0, \quad y = 0, W, \quad -B \leqslant x \leqslant 0, \quad -h \leqslant z \leqslant 0 \tag{5.3.4}$$

在区域 1 内，满足三维拉普拉斯方程、水底条件、周期性边界条件式(5.1.7)以及远场辐射条件的速度势表达式为

$$\phi_1 = -\frac{\mathrm{i}\,gH}{2\omega}\left[\mathrm{e}^{\mathrm{i}k_{0x}(x+B)} E_0(y)Z_0(z) + \sum_{i=0}^{\infty} \sum_{m=-\infty}^{\infty} R_{im} \mathrm{e}^{\beta_{im}(x+B)} E_m(y)Z_i(z) \right] \tag{5.3.5}$$

式中，R_{im} 为待定的展开系数；$E_m(y)$ 为沿 y 方向的特征函数系，由式(5.1.10)给出；$Z_i(z)$ 为垂向特征函数系：

$$Z_i(z) = \begin{cases} \dfrac{\cosh[k_0(z+h)]}{\cosh(k_0 h)}, & i = 0 \\ \dfrac{\cos[k_i(z+h)]}{\cos(k_i h)}, & i = 1, 2, \cdots \end{cases} \tag{5.3.6}$$

特征值 β_{im} 的表达式为

$$\begin{cases} \beta_{0m} = \begin{cases} \sqrt{\mu_m}, & \mu_m \geqslant 0 \\ -\mathrm{i}\sqrt{-\mu_m}, & \mu_m < 0 \end{cases}, \quad \mu_m = \left(k_{0y} + \dfrac{2m\pi}{W}\right)^2 - k_0^2, \quad m = 0, \pm 1, \pm 2, \cdots \\ \beta_{im} = \sqrt{\left(k_{0y} + \dfrac{2m\pi}{W}\right)^2 + k_i^2}, \quad i = 1, 2, \cdots, \quad m = 0, \pm 1, \pm 2, \cdots \end{cases} \tag{5.3.7}$$

在式(5.3.6)和式(5.3.7)中，$k_i(i \geqslant 0)$ 是式(2.1.5)和式(2.1.7)的正实根。

如 5.1 节中描述，式(5.3.5)等号右侧 $i=0$ 对应的项包含传播模态和非传播模

态，而 $i \neq 0$ 对应的项表示一系列的非传播模态，所有的非传播模态均随着离开沉箱距离的增加(沿 x 轴负方向)呈指数衰减。

在区域 2 内，满足三维拉普拉斯方程、水底条件以及边界条件式(5.3.3)和式(5.3.4)的速度势表达式为

$$\phi_2 = -\frac{\mathrm{i} g H}{2\omega} \sum_{i=0}^{\infty} \sum_{m=0}^{\infty} T_{im} \frac{\cosh(\lambda_{im} x)}{\cosh(\lambda_{im} B)} U_m(y) Z_i(z) \tag{5.3.8}$$

式中，T_{im} 为待定的展开系数；特征值 λ_{im} 的表达式为

$$\begin{cases} \lambda_{0m} = \begin{cases} \sqrt{\alpha_m}, & \alpha_m \geqslant 0 \\ \mathrm{i}\sqrt{-\alpha_m}, & \alpha_m < 0 \end{cases}, & \alpha_m = \left(\frac{m\pi}{W}\right)^2 - k_0^2, \quad m = 0,1,\cdots \\ \lambda_{im} = \sqrt{\left(\frac{m\pi}{W}\right)^2 + k_i^2}, \quad i = 1,2,\cdots, \quad m = 0,1,\cdots \end{cases} \tag{5.3.9}$$

$U_m(y)$ 为沿 y 方向的特征函数系：

$$U_m(y) = \begin{cases} \frac{\sqrt{2}}{2}, & m = 0 \\ \cos\left(\frac{m\pi}{W} y\right), & m = 1,2,\cdots \end{cases} \tag{5.3.10}$$

特征函数系 $U_m(y)$ 具备正交性：

$$\int_0^W U_m(y) U_n(y) \mathrm{d}y = \begin{cases} 0, & m \neq n \\ \frac{W}{2}, & m = n \end{cases} \tag{5.3.11}$$

速度势表达式中的展开系数需要应用开孔墙处的边界条件式(5.3.1)和式(5.3.2)来确定。

将式(5.3.5)和式(5.3.8)代入式(5.3.2)，得到

$$\mathrm{i} k_{0x} E_0(y) Z_0(z) + \sum_{i=0}^{\infty} \sum_{m=-\infty}^{\infty} R_{im} \beta_{im} E_m(y) Z_i(z)$$

$$= -\sum_{i=0}^{\infty} \sum_{m=0}^{\infty} T_{im} \lambda_{im} \tanh(\lambda_{im} B) U_m(y) Z_i(z), \quad 0 \leqslant y \leqslant W, \quad -h \leqslant z \leqslant 0 \tag{5.3.12}$$

将式(5.3.12)等号两侧同时乘以 $Z_j(z) E_n^*(y)$，然后对 z 从 $-h$ 到 0 积分、对 y

从 0 到 W 积分，并应用特征函数系的正交性，再将 j、m 和 n 分别截断到 J、M 和 $\pm M$，可以得到如下 $(J+1)(2M+1)$ 个方程：

$$R_{jn} + \sum_{m=0}^{M} T_{jm} \frac{\lambda_{jm} \tanh(\lambda_{jm}B) \Lambda_{nm}}{\beta_{jn}W} = \delta_{j0}\delta_{n0}, \quad j=0,1,\cdots J, \quad n=-M,\cdots,M \quad (5.3.13)$$

式中，$\Lambda_{nm} = \int_0^W U_m(y)E_n^*(y)\mathrm{d}y$；$\delta_{nm} = \begin{cases} 1, & n=m \\ 0, & n\neq m \end{cases}$。

将式 (5.3.5) 和式 (5.3.8) 代入式 (5.3.1)，得到

$$E_0(y)Z_0(z) + \sum_{i=0}^{\infty}\sum_{m=-\infty}^{\infty} R_{im}E_m(y)Z_i(z) - \sum_{i=0}^{\infty}\sum_{m=0}^{\infty} T_{im}U_m(y)Z_i(z)$$

$$= [\gamma(y,z)+2C]\sum_{i=0}^{\infty}\sum_{m=0}^{\infty} T_{im}\lambda_{im}\tanh(\lambda_{im}B)U_m(y)Z_i(z), \quad 0\leqslant y\leqslant W, \quad -h\leqslant z\leqslant 0$$

$$(5.3.14)$$

式中，

$$\gamma(y,z) = \frac{8\mathrm{i}}{3\pi\omega}\frac{1-\varepsilon}{2\mu\varepsilon^2}\left|\frac{\partial\phi_2}{\partial x}\right|_{x=-B}\bigg| \quad (5.3.15)$$

将式 (5.3.14) 等号两侧同时乘以 $Z_j(z)U_n(y)$，然后对 z 从 $-h$ 到 0 积分、对 y 从 0 到 W 积分，通过截断可以得到如下 $(J+1)(M+1)$ 个方程：

$$\sum_{m=-M}^{M} R_{jm}\Pi_{nm} - T_{jn}\left[\frac{W}{2} + C\lambda_{jn}\tanh(\lambda_{jn}B)W\right]$$

$$-\sum_{i=0}^{J}\sum_{m=0}^{M} T_{im}\lambda_{im}\tanh(\lambda_{im}B)\frac{\Omega_{ji,nm}}{N_j} = -\delta_{j0}\Pi_{n0}, \quad j=0,1,\cdots,J, \quad n=0,1,\cdots,M$$

$$(5.3.16)$$

式中，

$$\Pi_{nm} = \int_0^W E_m(y)U_n(y)\mathrm{d}y$$

$$N_j = \int_{-h}^0 [Z_j(y)]^2\mathrm{d}y$$

$$\Omega_{ji,nm} = \int_0^W\int_{-h}^0 \gamma(y,z)Z_i(z)Z_j(z)U_m(y)U_n(y)\mathrm{d}z\mathrm{d}y$$

$$\gamma(y,z) = \frac{8\mathrm{i}}{3\pi\omega}\frac{1-\varepsilon}{2\mu\varepsilon^2}\frac{gH}{2\omega}\left|\sum_{i=0}^{J}\sum_{m=0}^{M} T_{im}\lambda_{im}\tanh(\lambda_{im}B)U_m(y)Z_i(z)\right|$$

联立式 (5.3.13) 和式 (5.3.16)，得到含有 $(J+1)(3M+2)$ 个未知数的非线性方程组，需要进行迭代求解，通常进行 15 步左右的迭代可以满足精度要求，具体的迭代求解过程已经在 2.4 节中给出了详细说明。当截断数 $J=8$ 和 $M=4$ 时，可以得到 3 位有效数字精度的计算结果，能够满足工程分析需求。开孔沉箱防波堤反射系数 C_r 的计算公式与式 (5.1.17) 类似，只需将 R_n 替换成 R_{0n}。

当波浪入射角度 $\theta_0 = 0°$ 时，当前的问题退化为二维断面问题，此时不需要考虑横隔墙对波浪运动的影响。Sawaragi 等[18]采用模型试验方法研究了正向入射波作用下开孔沉箱防波堤的反射系数。试验中使用了三种不同的竖条开孔薄板（见图 1.4.1），几何参数分别为：①缝宽 $a=0.5$cm，板条间距 $b=2.5$cm，开孔率 $\varepsilon=0.2$；②缝宽 $a=0.86$cm，板条间距 $b=2.86$cm，开孔率 $\varepsilon=0.3$；③缝宽 $a=1.08$cm，板条间距 $b=3.08$cm，开孔率 $\varepsilon=0.35$。其他试验条件为：水深 $h=22$cm，波浪周期 $T=1$s，波高 $H=3.25$cm，开孔板厚度 $\delta=1.5$cm。图 5.3.2 为正向入射波作用下开孔沉箱防波堤反射系数的计算结果与试验结果[18]对比。在计算中，射流系数取 $\mu=0.4$，阻塞系数 C 由式 (1.4.11) 确定。从图中可以看出，对于三种不同的开孔沉箱模型，反射系数的计算结果与试验结果均符合良好。

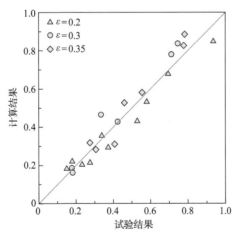

图 5.3.2　正向入射波作用下开孔沉箱防波堤反射系数的计算结果与试验结果[18]对比

Ijima 等[19]开展了斜向入射波对开孔沉箱防波堤作用的物理模型试验研究，试验条件为：水深 $h=30$cm，波浪周期 $T=1.554$s $(k_0h=0.948)$ 和 1.314s $(k_0h=0.772)$，波浪入射角度 $\theta_0=40°$、$50°$ 和 $60°$，波高 $H=3$cm，前墙开孔率 $\varepsilon=0.25$，开孔墙厚度 $\delta=7$cm，消浪室宽度 $B=16.5$cm、26.5cm、36.5cm 和 46.5cm，消浪室长度 $W=16$cm。图 5.3.3 为斜向入射波作用下开孔沉箱防波堤反射系数的计算结果与试验结果[19]对比。在计算中，射流系数取 $\mu=0.4$，阻塞系数 C 由式 (1.4.11) 确定。

从图中可以看出，反射系数的计算结果与试验结果符合良好。

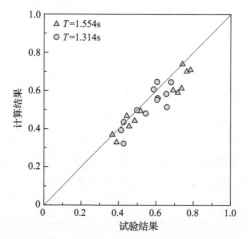

图 5.3.3　斜向入射波作用下开孔沉箱防波堤反射系数的计算结果与试验结果[19]对比

图 5.3.4 为波浪入射角度对开孔沉箱防波堤总反射系数的影响。在计算中，开孔前墙的射流系数 $\mu = 0.4$，开孔墙的相对厚度 $\delta/h = 0.02$，波陡 $H/L = 0.01$。在本节后面的其他计算中，均取这三个相同的参数值。从图中可以看出，当 $0.5 < k_0h < 2.5$ 时，开孔沉箱防波堤总反射系数随着波浪入射角度的增加而增大；当波数 k_0h 较大时，出现多阶反射波，波浪入射角度对总反射系数的影响变得比较复杂。

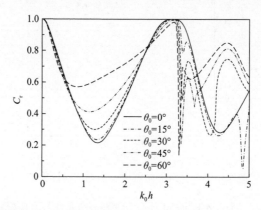

图 5.3.4　波浪入射角度对开孔沉箱防波堤总反射系数的影响（$W/h = 1$，$B/h = 1$，$\varepsilon = 0.2$）

图 5.3.5 为前墙开孔率对开孔沉箱防波堤总反射系数的影响。从图中可以看出，当前墙开孔率为 0.1 时，开孔沉箱防波堤的总反射系数总体上小于其他四种开孔率情况。前墙的开孔率过大或过小均不利于提高开孔沉箱防波堤的消浪性能。

图 5.3.6 为开孔沉箱防波堤总反射系数随相对消浪室宽度 $B\cos\theta_0/L$ 的变化规

律。从图中可以看出，总反射系数随消浪室宽度的增大呈现周期性变化，当消浪室宽度满足 $B\cos\theta_0/L \approx 0.14$ 时，总反射系数达到最小值，此时防波堤的消浪性能最佳。

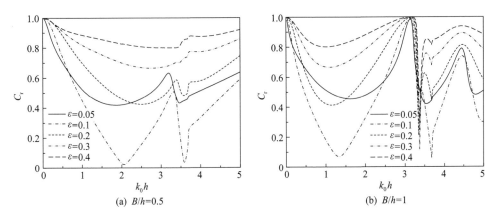

图 5.3.5 前墙开孔率对开孔沉箱防波堤总反射系数的影响（$W/h = 1$，$\theta_0 = 45°$）

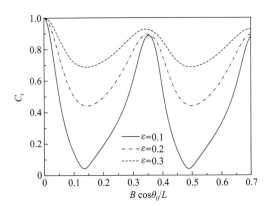

图 5.3.6 开孔沉箱防波堤总反射系数随相对消浪室宽度 $B\cos\theta_0/L$ 的变化规律
（$W/h = 1$，$k_0h = 1.5$，$\theta_0 = 45°$）

图 5.3.7 为开孔沉箱防波堤附近水域无因次波面幅值的等值线，无因次波面幅值定义为 $C_\eta = 2|\eta|/H$。从图中可以看出，当 $k_0h = 1.5$ 时，开孔沉箱防波堤前只存在镜面反射波，等值线的分布较为简单，消浪室后墙的波浪爬高较小，约等于入射波的振幅。当 $k_0h = 4$ 时，由于多阶反射波的存在，防波堤前波面幅值等值线的分布较为复杂，消浪室后墙的局部波浪爬高能够达到入射波振幅的 2.4 倍。

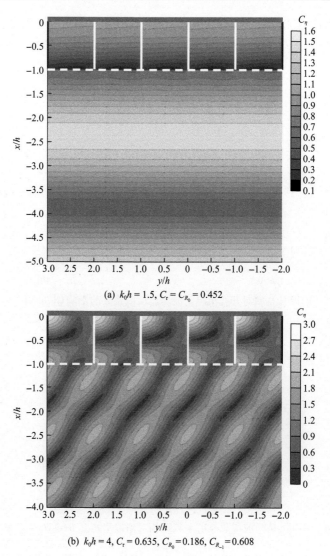

(a) $k_0h = 1.5, C_r = C_{R_0} = 0.452$

(b) $k_0h = 4, C_r = 0.635, C_{R_0} = 0.186, C_{R_{-1}} = 0.608$

图 5.3.7　开孔沉箱防波堤附近水域无因次波面幅值的等值线 $(B/h = 1, W/h = 1, \varepsilon = 0.2, \theta_0 = 45°)$

参 考 文 献

[1] 牛恩宗, 邓磊, 马德堂. 梳式防波堤的试验研究与实施. 中国港湾建设, 2001, 21(6): 5-8, 25.

[2] 李玉成, 孙昭晨, 徐双全, 等. 梳式沉箱防波堤的水力学特性. 水动力学研究与进展: A 辑, 2002, 17(4): 472-482.

[3] Dong G H, Li Y C, Sun Z C, et al. Interaction between waves and a comb-type breakwater. China Ocean Engineering, 2003, 17(4): 517-526.

[4] 房卓, 张宁川, 臧志鹏. 透空式梳式防波堤的数值模拟和波浪透射系数的研究. 水道港口,

2011, 32(2): 86-93.

[5] Zang Z P, Fang Z, Zhang N C. Flow mechanism of impulsive wave forces and improvement on hydrodynamic performance of a comb-type breakwater. Coastal Engineering, 2018, 133: 142-158.

[6] Wang X Y, Liu Y, Lu L. Numerical study of water waves interacting with open comb-type caisson breakwaters. Ocean Engineering, 2021, 235: 109342.

[7] McIver P, Linton C M, McIver M. Construction of trapped modes for wave guides and diffraction gratings. Proceedings of the Royal Society A: Mathematical Physical and Engineering Sciences, 1998, 454: 2593-2616.

[8] Fernyhough M, Evans D V. Scattering by periodic array of rectangular blocks. Journal of Fluid Mechanics, 1995, 305: 263-279.

[9] Dalrymple R A, Martin P A. Wave diffraction through offshore breakwaters. Journal of Waterway, Port, Coastal, and Ocean Engineering, 1990, 116(6): 727-741.

[10] Porter R, Evans D V. Wave scattering by periodic arrays of breakwaters. Wave Motion, 1996, 23(2): 95-120.

[11] Jarlan G E. A perforated vertical wall breakwater. Dock Harbour Authority, 1961, 41: 394-398.

[12] Li Y C. Interaction between waves and perforated-caisson breakwaters//Proceedings of the 4th International Conference on Asian and Pacific Coasts, Nanjing, 2007: 1-16.

[13] Huang Z H, Li Y C, Liu Y. Hydraulic performance and wave loadings of perforated/slotted coastal structures: A review. Ocean Engineering, 2011, 38(10): 1031-1053.

[14] Teng B, Zhang X T, Ning D Z. Interaction of oblique waves with infinite number of perforated caissons. Ocean Engineering, 2004, 31(5-6): 615-632.

[15] Liu Y, Li Y C, Teng B. Interaction between obliquely incident waves and an infinite array of multi-chamber perforated caisson. Journal of Engineering Mathematics, 2012, 74(1): 1-18.

[16] Liu Y, Li Y C, Teng B. Interaction between oblique waves and perforated caisson breakwaters with perforated partition walls. European Journal of Mechanics B / Fluids, 2016, 56: 143-155.

[17] Liu Y, Li H J. Iterative multi-domain BEM solution for water wave reflection by perforated caisson breakwaters. Engineering Analysis with Boundary Elements, 2017, 77: 70-80.

[18] Sawaragi T, Iwata K. Wave attenuation of a vertical breakwater with two air chambers. Coastal Engineering Journal, 1978, 21(1): 63-74.

[19] Ijima T, Okuzono H, Ushifusa Y. The reflection coefficients of permeable quaywall with reservoir against obliquely incident waves. College Engineering Kyushu University, 1978, 51(3): 245-250.

第6章　垂直圆柱结构

垂直圆柱是很多海洋结构物的重要组成部分，如开敞式码头墩柱、Spar 平台、风机基础、波能装置等。本章首先介绍如何采用匹配特征函数展开法和多项伽辽金方法分析垂直截断圆柱和垂直淹没圆柱的波浪绕射和辐射问题；然后建立波浪对多个垂直截断圆柱作用的解析解，分析结构之间的水动力干涉影响；最后分析圆柱形振荡水柱波能装置和局部开孔圆筒柱的水动力特性。

6.1　截断圆柱的波浪绕射问题

波浪对垂直圆柱的作用是一个经典的三维水动力问题，Havelock[1]对无限水深中垂直圆柱的波浪绕射问题进行了研究，MacCamy 等[2]推导了有限水深中坐底式出水圆柱波浪绕射问题的解析解，Garrett[3]采用匹配特征函数展开法建立了有限水深中水面漂浮截断圆柱波浪绕射问题的解析解。本节分别采用匹配特征函数展开法和多项伽辽金方法建立截断圆柱波浪绕射问题的解析解，介绍在柱坐标系下进行三维水动力解析研究的基本方法，分析截断圆柱的波浪力特性。

6.1.1　匹配特征函数展开法

图 6.1.1 为垂直截断圆柱波浪绕射问题的示意图。水深为 h，圆柱半径为 a，圆柱吃水深度为 c。建立三维直角坐标系，xoy 平面位于静水面，z 轴与圆柱的中

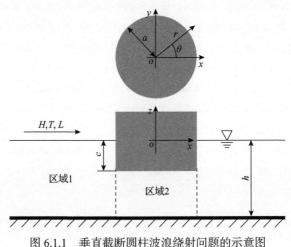

图 6.1.1　垂直截断圆柱波浪绕射问题的示意图

心轴线重合且竖直向上；定义柱坐标系 (r, θ, z) 为 $r\cos\theta = x$ 和 $r\sin\theta = y$。截断圆柱受到波高为 H、波长为 L、周期为 T 的线性规则波作用，波浪传播方向与 x 轴正方向相同。

流体运动的速度势满足三维拉普拉斯方程(3.4.1)、自由水面条件式(3.4.2)、水底条件式(3.4.3)以及远场辐射条件式(3.4.4)。在截断圆柱的侧面和底面，速度势满足不透水的物面条件，即物面上的速度势法向导数为 0。为了求解方便，将整个流域划分为两个区域：区域 1，外部流域($r \geqslant a$，$0 \leqslant \theta < 2\pi$，$-h \leqslant z \leqslant 0$)；区域 2，圆柱下方的内部流域($r \leqslant a$，$0 \leqslant \theta < 2\pi$，$-h \leqslant z \leqslant -c$)。

与 3.4 节中的水平圆盘问题类似，区域 1 内满足控制方程、自由水面条件、水底条件和远场辐射条件的速度势表达式为

$$\phi_1 = -\frac{\mathrm{i}gH}{2\omega}\sum_{m=0}^{\infty}\varepsilon_m \mathrm{i}^m \cos(m\theta)\left[\mathrm{J}_m(k_0 r)Z_0(z) + A_{m0}\frac{\mathrm{H}_m(k_0 r)}{\mathrm{H}_m(k_0 a)}Z_0(z) + \sum_{i=1}^{\infty}A_{mi}\frac{\mathrm{K}_m(k_i r)}{\mathrm{K}_m(k_i a)}Z_i(z)\right]$$

$$(6.1.1)$$

式中，$\varepsilon_0 = 1$；$\varepsilon_m = 2\,(m \geqslant 1)$；$A_{mi}$ 为待定的展开系数；$\mathrm{J}_m(x)$ 为第一类 m 阶贝塞尔函数；$\mathrm{H}_m(x)$ 为第一类 m 阶汉克尔函数；$\mathrm{K}_m(x)$ 为第二类 m 阶修正贝塞尔函数；$Z_i(z)$ 为垂向特征函数系，由式(2.1.8)给出；特征值 $k_i\,(i \geqslant 0)$ 满足色散方程(2.1.5)和方程(2.1.7)，只需要将下标索引符号 n 替换成 i。

区域 2 内满足三维拉普拉斯方程、圆柱底面不透水条件和水底条件的速度势表达式为

$$\phi_2 = -\frac{\mathrm{i}gH}{2\omega}\sum_{m=0}^{\infty}\varepsilon_m \mathrm{i}^m \cos(m\theta)\left[C_{m0}\left(\frac{r}{a}\right)^m X_0(z) + \sum_{i=1}^{\infty}C_{mi}\frac{I_m(\beta_i r)}{I_m(\beta_i a)}X_i(z)\right] \quad (6.1.2)$$

式中，C_{mi} 为待定的展开系数；$I_m(x)$ 为第一类 m 阶修正贝塞尔函数；$X_i(z)$ 为垂向特征函数系：

$$X_i(z) = \begin{cases} \dfrac{\sqrt{2}}{2}, & i = 0 \\ \cos[\beta_i(z+h)], & i = 1, 2, \cdots \end{cases} \quad (6.1.3)$$

特征值 β_i 为

$$\beta_i = \frac{i\pi}{h-c}, \quad i = 1, 2, \cdots \quad (6.1.4)$$

速度势表达式中的展开系数需要通过圆柱侧表面的不透水条件以及相邻区域交界面的流体速度和压力连续条件进行匹配求解，这些条件为

$$\frac{\partial \phi_1}{\partial r} = 0, \quad r = a, \quad -c < z \leqslant 0 \tag{6.1.5a}$$

$$\frac{\partial \phi_1}{\partial r} = \frac{\partial \phi_2}{\partial r}, \quad r = a, \quad -h \leqslant z \leqslant -c \tag{6.1.5b}$$

$$\phi_1 = \phi_2, \quad r = a, \quad -h \leqslant z \leqslant -c \tag{6.1.6}$$

将式(6.1.1)和式(6.1.2)代入式(6.1.5)和式(6.1.6)，得到

$$\sum_{m=0}^{\infty} \varepsilon_m \, \mathrm{i}^m \cos(m\theta) \left[k_0 \, \mathrm{J}_m'(k_0 a) Z_0(z) + \sum_{i=0}^{\infty} A_{mi} \frac{k_i \, \tilde{\mathrm{K}}_m'(k_i a)}{\tilde{\mathrm{K}}_m(k_i a)} Z_i(z) \right]$$

$$= \begin{cases} 0, & -c < z \leqslant 0 \\ \displaystyle\sum_{m=0}^{\infty} \varepsilon_m \, \mathrm{i}^m \cos(m\theta) \left[\frac{m}{a} C_{m0} X_0(z) + \sum_{i=1}^{\infty} C_{mi} \frac{\beta_i \, \mathrm{I}_m'(\beta_i a)}{\mathrm{I}_m(\beta_i a)} X_i(z) \right], & -h \leqslant z \leqslant -c \end{cases}$$

$$\tag{6.1.7}$$

$$\sum_{m=0}^{\infty} \varepsilon_m \, \mathrm{i}^m \cos(m\theta) \left[\mathrm{J}_m(k_0 a) Z_0(z) + \sum_{i=0}^{\infty} A_{mi} Z_i(z) \right]$$

$$= \sum_{m=0}^{\infty} \varepsilon_m \, \mathrm{i}^m \cos(m\theta) \sum_{i=0}^{\infty} C_{mi} X_i(z), \quad -h \leqslant z \leqslant -c \tag{6.1.8}$$

式中，

$$\tilde{\mathrm{K}}_m(k_0 a) = \mathrm{H}_m(k_0 a)$$

$$\tilde{\mathrm{K}}_m(k_i a) = \mathrm{K}_m(k_i a), \quad i = 1, 2, \cdots$$

$$\tilde{\mathrm{K}}_m'(k_i a) = \left. \frac{\mathrm{d}\tilde{\mathrm{K}}_m(k_i r)}{\mathrm{d}(k_i r)} \right|_{r=a}, \quad \mathrm{I}_m'(\beta_i a) = \left. \frac{\mathrm{d}\,\mathrm{I}_m(\beta_i r)}{\mathrm{d}(\beta_i r)} \right|_{r=a}, \quad \mathrm{J}_m'(k_0 a) = \left. \frac{\mathrm{d}\,\mathrm{J}_m(k_0 r)}{\mathrm{d}(k_0 r)} \right|_{r=a}$$

将式(6.1.7)等号两侧同时乘以 $\cos(m\theta) Z_j(z)$，然后对 θ 从 0 到 2π 积分、对 z 从 $-h$ 到 0 积分，并应用三角函数和特征函数系 $Z_j(z)$ 的正交性，得到

$$A_{mj} \frac{\tilde{\mathrm{K}}_m'(k_j a)}{\tilde{\mathrm{K}}_m(k_j a)} - C_{m0} \frac{m \Lambda_{0j}}{a k_j N_j} - \sum_{i=1}^{\infty} C_{mi} \frac{\mathrm{I}_m'(\beta_i a)}{\mathrm{I}_m(\beta_i a)} \frac{\beta_i \Lambda_{ij}}{k_j N_j} = -\delta_{j0} \, \mathrm{J}_m'(k_0 a), \quad j = 0, 1, \cdots$$

$$\tag{6.1.9}$$

式中，$N_j = \displaystyle\int_{-h}^{0} [Z_j(z)]^2 \mathrm{d}z$；$\Lambda_{ij} = \displaystyle\int_{-h}^{-c} X_i(z) Z_j(z) \mathrm{d}z$；$\delta_{ji} = \begin{cases} 1, & j = i \\ 0, & j \neq i \end{cases}$。

将式 (6.1.8) 等号两侧同时乘以 $\cos(m\theta)X_j(z)$，然后对 θ 从 0 到 2π 积分、对 z 从 $-h$ 到 $-c$ 积分、并应用特征函数系 $X_j(z)$ 的正交性，得到

$$2\sum_{i=0}^{\infty}A_{mi}\Lambda_{ji}-C_{mj}(h-c)=-2\mathrm{J}_m(k_0a)\Lambda_{j0},\quad j=0,1,\cdots \tag{6.1.10}$$

将式 (6.1.9) 和式 (6.1.10) 中的 m 截断到 M 项、i 和 j 截断到 N 项，可以得到 $M+1$ 个线性方程组，每个方程组均含有 $2(N+1)$ 个未知数，求解这些方程组便可以确定速度势表达式中所有的展开系数。

将动水压强 p 沿着截断圆柱表面 S_b 积分，可以得到结构受到的波浪力。截断圆柱受到的水平波浪力 F_x 为

$$
\begin{aligned}
F_x &= \iint_{S_b}pn_x\mathrm{d}S = \mathrm{i}\omega\rho\int_{-c}^{0}\int_{0}^{2\pi}\phi_1(a,\theta,z)(-a\cos\theta)\mathrm{d}\theta\mathrm{d}z \\
&= -\mathrm{i}\pi\rho gHa\left[\mathrm{J}_1(k_0a)\int_{-c}^{0}Z_0(z)\mathrm{d}z+\sum_{i=0}^{N}A_{1i}\int_{-c}^{0}Z_i(z)\mathrm{d}z\right]
\end{aligned}
\tag{6.1.11}
$$

截断圆柱受到的垂向波浪力 F_z 为

$$
\begin{aligned}
F_z &= \iint_{S_b}pn_z\mathrm{d}S = \mathrm{i}\omega\rho\int_{0}^{a}\int_{0}^{2\pi}\phi_2(r,\theta,-c)r\mathrm{d}\theta\mathrm{d}r \\
&= \pi\rho gHa\left[C_{00}\frac{\sqrt{2}a}{4}+\sum_{i=1}^{N}C_{0i}\frac{(-1)^i\,\mathrm{I}_1(\beta_ia)}{\beta_i\,\mathrm{I}_0(\beta_ia)}\right]
\end{aligned}
\tag{6.1.12}
$$

截断圆柱受到绕 y 轴旋转的波浪力矩 M_y 为

$$M_y=\iint_{S_b}p(zn_x-xn_z)\mathrm{d}S=M_{y1}+M_{y2} \tag{6.1.13}$$

式中，

$$
\begin{aligned}
M_{y1} &= \mathrm{i}\omega\rho\int_{-c}^{0}\int_{0}^{2\pi}\phi_1(a,\theta,z)z(-a\cos\theta)\mathrm{d}\theta\mathrm{d}z \\
&= -\mathrm{i}\pi\rho gHa\left[\mathrm{J}_1(k_0a)\int_{-c}^{0}Z_0(z)z\mathrm{d}z+\sum_{i=0}^{N}A_{1i}\int_{-c}^{0}Z_i(z)z\mathrm{d}z\right]
\end{aligned}
\tag{6.1.14}
$$

$$
\begin{aligned}
M_{y2} &= -\mathrm{i}\omega\rho\int_{0}^{a}\int_{0}^{2\pi}\phi_2(r,\theta,-c)r^2\cos\theta\mathrm{d}\theta\mathrm{d}r \\
&= -\mathrm{i}\pi\rho gHa^2\left[C_{10}\frac{\sqrt{2}a}{8}+\sum_{i=1}^{N}C_{1i}\frac{(-1)^i\,\mathrm{I}_2(\beta_ia)}{\beta_i\,\mathrm{I}_1(\beta_ia)}\right]
\end{aligned}
\tag{6.1.15}
$$

在式 (6.1.12) 和式 (6.1.15) 的推导中，使用了如下关系式[4]：

$$\int_0^1 \tau^{n+1} I_n(\xi\tau)d\tau = \frac{I_{n+1}(\xi)}{\xi} \tag{6.1.16}$$

6.1.2 多项伽辽金方法

在截断圆柱侧表面下端拐角处，流体的速度具有立方根奇异性[5,6]：

$$|\nabla\phi| = O(r_0^{-1/3}), \quad r_0 \to 0 \tag{6.1.17}$$

式中，r_0 为流体质点与侧表面下端拐角处之间的距离。

6.1.1 节介绍的求解过程是基于标准的匹配特征函数展开法，该方法没有考虑流体速度的立方根奇异性。下面介绍如何采用多项伽辽金方法考虑该流体速度的立方根奇异性，提高计算结果的精度。

将截断圆柱底部与海床之间 $r=a$ 处流体沿 r 轴方向的速度展开为级数形式：

$$\left.\frac{\partial\phi_1}{\partial r}\right|_{r=a} = \left.\frac{\partial\phi_2}{\partial r}\right|_{r=a} = -\frac{igH}{2\omega}\sum_{m=0}^{\infty}\varepsilon_m i^m \cos(m\theta)\sum_{s=0}^{\infty}\chi_{ms}u_s(z), \quad -h\leqslant z\leqslant -c \tag{6.1.18}$$

式中，χ_{ms} 为待定的展开系数；$u_s(z)$ 为基函数系，表达式为[5]

$$u_s(z) = \frac{(-1)^s 2^{1/6}(2s)!\Gamma(1/6)}{\pi\Gamma(2s+1/3)(h-c)^{1/3}}\left[(h-c)^2-(z+h)^2\right]^{-1/3}C_{2s}^{1/6}\left(\frac{z+h}{h-c}\right) \tag{6.1.19}$$

式中，$\Gamma(x)$ 为伽马函数；$C_{2s}^{1/6}(x)$ 为盖根鲍尔多项式。

从式 (6.1.19) 可以看出，基函数系 $u_s(z)$ 是关于 $z=-h$(水底) 的偶函数，因此能够保证速度势满足水底条件。此外，基函数系 $u_s(z)$ 在 $z=-c$ 处具有立方根奇异性，将其线性加权叠加后仍然在 $z=-c$ 处具有立方根奇异性，因此通过式 (6.1.18) 中的级数表达式模拟了截断圆柱侧表面下端拐角处流体速度的立方根奇异性。

将式 (6.1.1) 代入式 (6.1.5a) 和式 (6.1.18)，得到

$$\sum_{m=0}^{\infty}\varepsilon_m i^m \cos(m\theta)\left[k_0 J_m'(k_0 a)Z_0(z) + \sum_{i=0}^{\infty}A_{mi}\frac{k_i \tilde{K}_m'(k_i a)}{\tilde{K}_m(k_i a)}Z_i(z)\right]$$

$$= \begin{cases} 0, & -c < z \leqslant 0 \\ \displaystyle\sum_{m=0}^{\infty}\varepsilon_m i^m \cos(m\theta)\sum_{s=0}^{\infty}\chi_{ms}u_s(z), & -h\leqslant z\leqslant -c \end{cases} \tag{6.1.20}$$

将式 (6.1.20) 等号两侧同时乘以 $\cos(m\theta)Z_j(z)$，然后对 θ 从 0 到 2π 积分、对

z 从 $-h$ 到 0 积分, 得到

$$A_{mj} = \frac{\tilde{K}_m(k_j a)}{k_j N_j \tilde{K}'_m(k_j a)} \sum_{s=0}^{\infty} \chi_{ms} Q_{sj} - \delta_{j0} \frac{J'_m(k_0 a) H_m(k_0 a)}{H'_m(k_0 a)}, \quad j = 0, 1, \cdots \quad (6.1.21)$$

式中, Q_{sj} 的表达式为[4]

$$Q_{sj} = \int_{-h}^{-c} u_s(z) Z_j(z) \mathrm{d}z = \begin{cases} \dfrac{(-1)^s \, \mathrm{I}_{2s+1/6}[k_0(h-c)]}{[k_0(h-c)]^{1/6} \cosh(k_0 h)}, & j = 0 \\[4mm] \dfrac{\mathrm{J}_{2s+1/6}[k_j(h-c)]}{[k_j(h-c)]^{1/6} \cos(k_j h)}, & j = 1, 2, \cdots \end{cases} \quad (6.1.22)$$

将式 (6.1.2) 代入式 (6.1.18), 等号两侧同时乘以 $\cos(m\theta) X_j(z)$, 然后对 θ 从 0 到 2π 积分、对 z 从 $-h$ 到 $-c$ 积分, 得到

$$mC_{m0} = \frac{2a}{h-c} \sum_{s=0}^{\infty} \chi_{ms} P_{s0} \quad (6.1.23\mathrm{a})$$

$$C_{mj} = \frac{2 \mathrm{I}_m(\beta_j a)}{(h-c)\beta_j \mathrm{I}'_m(\beta_j a)} \sum_{s=0}^{\infty} \chi_{ms} P_{sj}, \quad j = 1, 2, \cdots \quad (6.1.23\mathrm{b})$$

式中,

$$P_{sj} = \int_{-h}^{-c} u_s(z) X_j(z) \mathrm{d}z = \begin{cases} \dfrac{2^{1/6}\sqrt{6\pi}}{[\Gamma(1/3)]^2} \delta_{s0}, & j = 0 \\[4mm] \dfrac{\mathrm{J}_{2s+1/6}[\beta_j(h-c)]}{[\beta_j(h-c)]^{1/6}}, & j = 1, 2, \cdots \end{cases} \quad (6.1.24)$$

将式 (6.1.1) 和式 (6.1.2) 代入式 (6.1.6), 等号两侧同时乘以 $\cos(m\theta) u_p(z)$, 然后对 θ 从 0 到 2π 积分、对 z 从 $-h$ 到 $-c$ 积分, 得到

$$\sum_{i=0}^{\infty} A_{mi} Q_{pi} - \sum_{i=0}^{\infty} C_{mi} P_{pi} = -\mathrm{J}_m(k_0 a) Q_{p0}, \quad p = 0, 1, \cdots \quad (6.1.25)$$

将式 (6.1.21) 和式 (6.1.23b) 代入式 (6.1.25), 得到

$$\sum_{s=0}^{\infty} \chi_{ms} \gamma_{mps} - C_{m0} P_{p0} = \ell_{mp}, \quad p = 0, 1, \cdots \quad (6.1.26)$$

式中，

$$\gamma_{mps} = \sum_{i=0}^{\infty} \frac{\tilde{K}_m(k_i a) Q_{si} Q_{pi}}{k_i N_i \tilde{K}'_m(k_i a)} - \sum_{i=1}^{\infty} \frac{2 I_m(\beta_i a) P_{si} P_{pi}}{\beta_i (h - c) I'_m(\beta_i a)} \qquad (6.1.27)$$

$$\ell_{mp} = \left[-J_m(k_0 a) + \frac{H_m(k_0 a) J'_m(k_0 a)}{H'_m(k_0 a)} \right] Q_{p0} \qquad (6.1.28)$$

将式(6.1.26)中的 p 和 s 截断到 S 项，则对于每个角模态 m，均可以得到含有 $S + 2$ 个未知数的线性方程组，求解这些方程组便可以确定展开系数 χ_{ms} 和 C_{m0}，然后根据式(6.1.21)和式(6.1.23b)确定速度势表达式中所有的展开系数 A_{mi} 和 C_{mi}。根据式(6.1.11)~式(6.1.15)计算截断圆柱受到的波浪力和波浪力矩。需要注意的是，式(6.1.27)等号右侧是无穷级数，求解方程组之前需要确定该级数的值，在本节计算中，将该级数截断到 600 项进行计算，实际上，还可以根据贝塞尔函数的渐近性进一步提高该级数的计算精度。

表 6.1.1 和表 6.1.2 分别为匹配特征函数展开法和多项伽辽金方法的计算结果随截断数的收敛性。无因次水平力、无因次垂向力和无因次波浪力矩分别定义为 $C_{F_x} = 2|F_x|/(\pi \rho g H a^2)$、$C_{F_z} = 2|F_z|/(\pi \rho g H a^2)$ 和 $C_{M_y} = 2|M_y|/(\pi \rho g H a^2 h)$。从表中可以看出，两种方法的计算结果均随着截断数的增加而收敛，但是匹配特征函数展开法的计算结果收敛相对较为缓慢，而多项伽辽金方法的计算结果收敛迅速。对于前者，当截断数 $N = 600$ 时，计算结果基本可以达到 4 位有效数字精度；对于后者，当截断数 $S = 9$ 时，计算结果可以确保 6 位有效数字精度，当继续增大截断数时，计算精度还可以进一步提高。需要注意的是，多项伽辽金方法的截断数 S 与匹配特征函数展开法的截断数 N 相比，其含义是完全不同的。多项伽辽金方法因为正确模拟了截断圆柱侧表面下端拐角处流体速度的立方根奇异性，所以收敛速度快、计算结果精度高。虽然两种方法的计算精度存在差异，但是对于一般的工程问题分析，两种方法都是可靠的。

表 6.1.1　匹配特征函数展开法的计算结果随截断数的收敛性

截断数 N	$a/h = 0.2$, $c/h = 0.15$, $k_0 h = 5$			$a/h = 0.25$, $c/h = 0.2$, $k_0 h = 4$		
	C_{F_x}	C_{F_z}	C_{M_y}	C_{F_x}	C_{F_z}	C_{M_y}
10	0.667477	0.234887	0.022829	0.706906	0.224297	0.036444
20	0.671888	0.234555	0.023543	0.707906	0.224601	0.036575
40	0.672437	0.234641	0.023612	0.708444	0.224457	0.036705
80	0.672699	0.234561	0.023662	0.708682	0.224339	0.036773
120	0.672777	0.234522	0.023679	0.708750	0.224298	0.036793

续表

截断数 N	$a/h = 0.2$, $c/h = 0.15$, $k_0 h = 5$			$a/h = 0.25$, $c/h = 0.2$, $k_0 h = 4$		
	C_{F_x}	C_{F_z}	C_{M_y}	C_{F_x}	C_{F_z}	C_{M_y}
160	0.672812	0.234502	0.023687	0.708781	0.224278	0.036803
200	0.672832	0.234490	0.023692	0.708798	0.224267	0.036808
400	0.672867	0.234468	0.023700	0.708827	0.224246	0.036818
600	0.672876	0.234461	0.023702	0.708836	0.224240	0.036820

表 6.1.2　多项伽辽金方法的计算结果随截断数的收敛性

截断数 S	$a/h = 0.2$, $c/h = 0.15$, $k_0 h = 5$			$a/h = 0.25$, $c/h = 0.2$, $k_0 h = 4$		
	C_{F_x}	C_{F_z}	C_{M_y}	C_{F_x}	C_{F_z}	C_{M_y}
0	0.706317	0.109487	0.035955	0.736549	0.127382	0.049399
1	0.677770	0.216480	0.025237	0.711487	0.216023	0.037872
2	0.673569	0.233217	0.023898	0.709211	0.223857	0.036949
3	0.673062	0.234359	0.023747	0.708930	0.224203	0.036848
4	0.672936	0.234443	0.023715	0.708865	0.224232	0.036828
5	0.672898	0.234458	0.023706	0.708847	0.224239	0.036823
6	0.672898	0.234458	0.023706	0.708841	0.224242	0.036821
7	0.672879	0.234466	0.023702	0.708838	0.224243	0.036821
8	0.672875	0.234467	0.023702	0.708836	0.224243	0.036820
9	0.672875	0.234467	0.023702	0.708836	0.224243	0.036820

　　赵海涛等[7]在波浪水槽中测量了垂直截断圆柱上的波浪力(力矩)。试验中，相对吃水深度为 $c/h = 0.5$ 和 0.314，两种吃水对应的波浪力矩旋转中心坐标分别为 $(x, y, z) = (0, 0, 0.483h)$ 和 $(0, 0, 0.314h)$。图 6.1.2 和图 6.1.3 为垂直截断圆柱上无因次波浪力(力矩)的计算结果与试验结果[7]对比。从图中可以看出，计算结果与试验结果符合良好，当截断圆柱吃水更小时，两者符合更好。

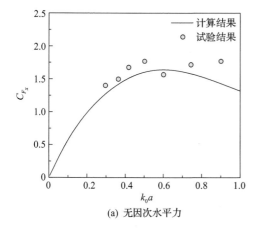
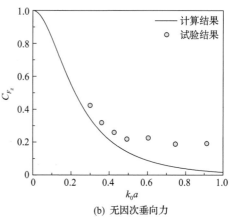

(a) 无因次水平力　　　　　　　　　　　　　　(b) 无因次垂向力

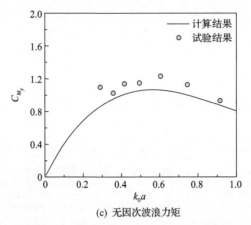

(c) 无因次波浪力矩

图 6.1.2　垂直截断圆柱上无因次波浪力（力矩）的计算结果与试验结果[7]对比
($a/h = 0.15$，$c/h = 0.5$)

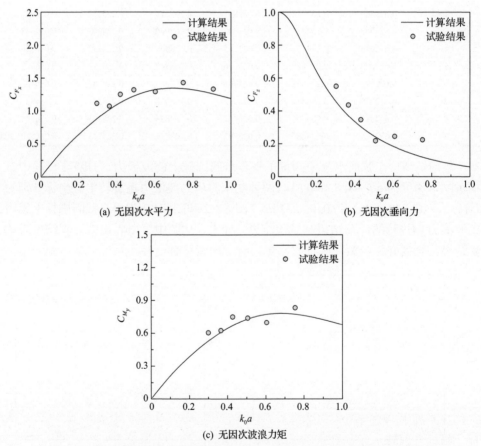

(a) 无因次水平力

(b) 无因次垂向力

(c) 无因次波浪力矩

图 6.1.3　垂直截断圆柱上无因次波浪力（力矩）的计算结果与试验结果[7]对比
($a/h = 0.15$，$c/h = 0.314$)

图 6.1.4 为吃水深度对垂直截断圆柱上无因次波浪力（力矩）的影响。从图中可以看出，随着波浪频率的增加，无因次水平力和无因次波浪力矩均呈现抛物线变化趋势，无因次垂向力单调递减；随着截断圆柱吃水深度的增加，无因次水平力逐渐增大，而无因次垂向力逐渐减小。$c/h = 0.1$ 时的波浪力矩大于 $c/h = 0.3$ 时的波浪力矩，即吃水深度更大的截断圆柱受到的波浪力矩可能更小。这是因为波浪力矩由两部分组成，即作用于圆柱侧面的力矩和作用于圆柱底面的力矩，当吃水深度增加时，两者可能会相互抵消一部分，导致总波浪力矩变小。

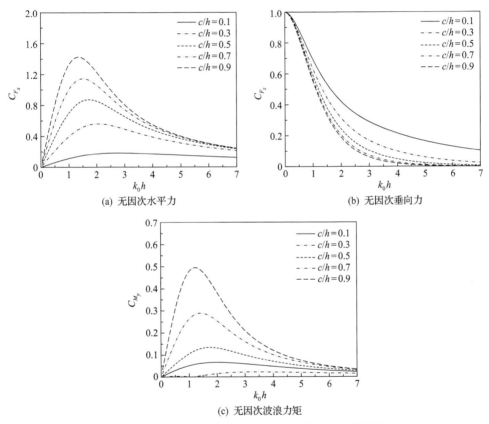

图 6.1.4　吃水深度对垂直截断圆柱上无因次波浪力（力矩）的影响（$a/h = 0.5$）

6.2　截断圆柱的波浪辐射问题

在三维水动力分析中，物体的运动具有六个自由度：横荡、纵荡、垂荡、横摇、纵摇和回转。在垂直截断圆柱波浪辐射问题的求解中，由于圆柱的对称性，只需要考虑横荡、垂荡和横摇三个问题，Yeung[8]曾经采用匹配特征函数展开法对水面漂浮截断圆柱的波浪辐射问题进行了解析研究。本节分别采用匹配特征函数展开法和多项伽辽金方法建立截断圆柱波浪辐射问题的解析解，计算圆柱振荡运动时的附加质量和辐射阻尼。

图 6.2.1 为垂直截断圆柱波浪辐射问题的示意图。水深为 h，圆柱吃水深度为 c，半径为 a，直角坐标系和柱坐标系与 6.1 节中的定义相同。将整个流域划分为两个区域：区域 1，外部流域 $(r \geqslant a, \ 0 \leqslant \theta < 2\pi, \ -h \leqslant z \leqslant 0)$；区域 2，圆柱下方的内部流域 $(r \leqslant a, \ 0 \leqslant \theta < 2\pi, \ -h \leqslant z \leqslant -c)$。

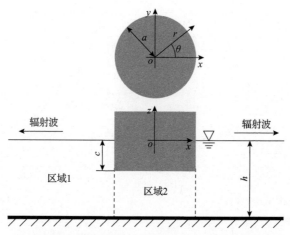

图 6.2.1　垂直截断圆柱波浪辐射问题的示意图

6.2.1　横荡问题

当截断圆柱以圆频率 ω 做单位振幅横向（x 轴方向）振荡时，圆柱侧表面的法向速度为

$$w_1 = -\mathrm{i}\omega\cos\theta \tag{6.2.1}$$

区域 1 内的速度势满足三维拉普拉斯方程、自由水面条件、水底条件和辐射波向外传播的远场辐射条件，其表达式为

$$\phi_1 = -\mathrm{i}\omega\cos\theta\left[A_0\frac{\mathrm{H}_1(k_0 r)}{\mathrm{H}_1(k_0 a)}Z_0(z)+\sum_{i=1}^{\infty}A_i\frac{\mathrm{K}_1(k_i r)}{\mathrm{K}_1(k_i a)}Z_i(z)\right] \tag{6.2.2}$$

区域 2 内的速度势满足三维拉普拉斯方程、水底条件和截断圆柱底面不透水条件，其表达式为

$$\phi_2 = -\mathrm{i}\omega\cos\theta\left[B_0\frac{r}{a}X_0(z)+\sum_{i=1}^{\infty}B_i\frac{\mathrm{I}_1(\beta_i r)}{\mathrm{I}_1(\beta_i a)}X_i(z)\right] \tag{6.2.3}$$

在式(6.2.2)和式(6.2.3)中，A_i 和 B_i 为待定的展开系数；其余符号的含义与式(6.1.1)和式(6.1.2)中的定义相同，即 $H_1(x)$ 为第一类 1 阶汉克尔函数，$I_1(x)$ 和 $K_1(x)$ 分别为第一类和第二类 1 阶修正贝塞尔函数，$Z_i(z)$ 和 $X_i(z)$ 分别为区域 1 和区域 2 内沿水深方向的垂向特征函数系。

式(6.2.2)右边括号中第一项表示沿 r 轴向远场传播的柱面辐射波，波浪幅值随着 r 的增加逐渐衰减；第二项表示截断圆柱周围的非传播衰减模态，幅值随着 r 的增大呈指数衰减。此外，对于当前垂直截断圆柱横向振荡问题，速度势表达式中仅保留了角模态为 1 的项，其余角模态的项对辐射波运动不产生贡献，即相应的权重系数均为 0。

速度势表达式中的展开系数需要通过如下边界条件匹配求解：

$$\frac{\partial \phi_1}{\partial r} = -\mathrm{i}\omega\cos\theta, \quad r=a, \quad -c < z \leqslant 0 \tag{6.2.4a}$$

$$\frac{\partial \phi_1}{\partial r} = \frac{\partial \phi_2}{\partial r}, \quad r=a, \quad -h \leqslant z \leqslant -c \tag{6.2.4b}$$

$$\phi_1 = \phi_2, \quad r=a, \quad -h \leqslant z \leqslant -c \tag{6.2.5}$$

将式(6.2.2)式(6.2.3)代入式(6.2.4)和式(6.2.5)，得到

$$\sum_{i=0}^{\infty} A_i \frac{k_i \tilde{K}_1'(k_i a)}{\tilde{K}_1(k_i a)} Z_i(z) = \begin{cases} 1, & -c < z \leqslant 0 \\ B_0 \dfrac{1}{a} X_0(z) + \displaystyle\sum_{i=1}^{\infty} B_i \dfrac{\beta_i I_1'(\beta_i a)}{I_1(\beta_i a)} X_i(z), & -h \leqslant z \leqslant -c \end{cases} \tag{6.2.6}$$

$$\sum_{i=0}^{\infty} A_i Z_i(z) = \sum_{i=0}^{\infty} B_i X_i(z), \quad -h \leqslant z \leqslant -c \tag{6.2.7}$$

式中，$\tilde{K}_1(k_0 a) = H_1(k_0 a)$；$\tilde{K}_1(k_i a) = K_1(k_i a) \ (i \geqslant 1)$。

将式(6.2.6)等号两侧同时乘以 $Z_j(z)$，然后对 z 从 $-h$ 到 0 积分，得到

$$A_j \frac{\tilde{K}_1'(k_j a)}{\tilde{K}_1(k_j a)} - B_0 \frac{\Lambda_{0j}}{ak_j N_j} - \sum_{i=1}^{\infty} B_i \frac{I_1'(\beta_i a)}{I_1(\beta_i a)} \frac{\beta_i \Lambda_{ij}}{k_j N_j} = \frac{1}{k_j N_j} \int_{-c}^{0} Z_j(z)\mathrm{d}z, \quad j=0,1,\cdots \tag{6.2.8}$$

式中，$N_j = \displaystyle\int_{-h}^{0} [Z_j(z)]^2 \mathrm{d}z$；$\Lambda_{ij} = \displaystyle\int_{-h}^{-c} X_i(z) Z_j(z)\mathrm{d}z$。

将式(6.2.7)等号两侧同时乘以 $X_j(z)$，然后对 z 从 $-h$ 到 $-c$ 积分，得到

$$2\sum_{i=0}^{\infty} A_i \Lambda_{ji} - B_j(h-c) = 0, \quad j = 0, 1, \cdots \tag{6.2.9}$$

将式(6.2.8)和式(6.2.9)中的 i 和 j 截断到 N 项，可以得到含有 $2(N+1)$ 个未知数的线性方程组，求解该方程组便可以确定速度势表达式中所有的展开系数。

截断圆柱做单位振幅横荡运动时的附加质量 μ_{11} 和辐射阻尼 λ_{11} 为

$$
\begin{aligned}
\mu_{11} + \mathrm{i}\frac{\lambda_{11}}{\omega} &= \mathrm{i}\frac{\rho}{\omega}\int_{-c}^{0}\int_{0}^{2\pi} \phi_1(a,\theta,z)(-a\cos\theta)\mathrm{d}\theta\mathrm{d}z \\
&= -\pi\rho a \sum_{i=0}^{N} A_i \int_{-c}^{0} Z_i(z)\mathrm{d}z
\end{aligned}
\tag{6.2.10}
$$

在上述的求解过程中，没有考虑截断圆柱侧面下端拐角处流体速度的立方根奇异性，下面介绍如何采用多项伽辽金方法考虑该奇异性。

将截断圆柱底部与海床之间 $r=a$ 处流体沿 r 轴方向的速度展开为级数形式：

$$\left.\frac{\partial\phi_1}{\partial r}\right|_{r=a} = \left.\frac{\partial\phi_2}{\partial r}\right|_{r=a} = -\mathrm{i}\omega\cos\theta\sum_{s=0}^{\infty}\chi_s u_s(z), \quad -h \leqslant z \leqslant -c \tag{6.2.11}$$

式中，χ_s 为待定的展开系数；$u_s(z)$ 为基函数系，由式(6.1.19)给出。

将式(6.2.2)代入式(6.2.4a)和式(6.2.11)，得到

$$\sum_{i=0}^{\infty} A_i \frac{k_i \tilde{K}_1'(k_i a)}{\tilde{K}_1(k_i a)} Z_i(z) = \begin{cases} 1, & -c < z \leqslant 0 \\ \displaystyle\sum_{s=0}^{\infty} \chi_s u_s(z), & -h \leqslant z \leqslant -c \end{cases} \tag{6.2.12}$$

将式(6.2.12)等号两侧同时乘以 $Z_j(z)$，然后对 z 从 $-h$ 到 0 积分，得到

$$A_j = \frac{\tilde{K}_1(k_j a)}{k_j N_j \tilde{K}_1'(k_j a)}\left[\int_{-c}^{0} Z_j(z)\mathrm{d}z + \sum_{s=0}^{\infty} \chi_s Q_{sj}\right], \quad j = 0, 1, \cdots \tag{6.2.13}$$

式中，$Q_{sj} = \displaystyle\int_{-h}^{-c} u_s(z)Z_j(z)\mathrm{d}z$，其积分结果由式(6.1.22)给出。

将式(6.2.3)代入式(6.2.11)，等号两侧同时乘以 $X_j(z)$，然后对 z 从 $-h$ 到 $-c$ 积分，得到

$$B_j = \begin{cases} \displaystyle\frac{2a}{h-c}\sum_{s=0}^{\infty} \chi_s P_{s0}, & j = 0 \\ \displaystyle\frac{2\mathrm{I}_1(\beta_j a)}{(h-c)\beta_j \mathrm{I}_1'(\beta_j a)}\sum_{s=0}^{\infty} \chi_s P_{sj}, & j = 1, 2, \cdots \end{cases} \tag{6.2.14}$$

式中，$P_{sj} = \int_{-h}^{-c} u_s(z) X_j(z) \mathrm{d}z$，其积分结果由式(6.1.24)给出。

将式(6.2.2)和式(6.2.3)代入式(6.2.5)，等号两侧同时乘以 $u_p(z)$，然后对 z 从 $-h$ 到 $-c$ 积分，得到

$$\sum_{i=0}^{\infty} A_i Q_{pi} - \sum_{i=0}^{\infty} B_i P_{pi} = 0, \quad p = 0,1,\cdots \tag{6.2.15}$$

将式(6.2.13)和式(6.2.14)代入式(6.2.15)，得到

$$\sum_{s=0}^{\infty} \chi_s \gamma_{ps} = \ell_p, \quad p = 0,1,\cdots \tag{6.2.16}$$

式中，

$$\gamma_{ps} = \sum_{i=0}^{\infty} \frac{\tilde{K}_1(k_i a) Q_{pi} Q_{si}}{k_i N_i \tilde{K}_1'(k_i a)} - \frac{2a P_{s0} P_{p0}}{h-c} - \sum_{i=1}^{\infty} \frac{2 I_1(\beta_i a) P_{pi} P_{si}}{(h-c)\beta_i I_1'(\beta_i a)} \tag{6.2.17}$$

$$\ell_p = \sum_{i=0}^{\infty} \frac{\tilde{K}_1(k_i a) Q_{pi}}{k_i N_i \tilde{K}_1'(k_i a)} \int_{-c}^{0} Z_i(z) \mathrm{d}z \tag{6.2.18}$$

将式(6.2.16)中的 p 和 s 截断到 S 项，可以得到含有 $S+1$ 个未知数的线性方程组，求解该方程组便可以确定展开系数 χ_s，然后根据式(6.2.13)和式(6.2.14)确定速度势表达式中所有的展开系数。根据式(6.2.10)计算附加质量和辐射阻尼。

表 6.2.1 为垂直截断圆柱横荡运动时的附加质量和辐射阻尼随截断数的收敛性。从表中可以看出，匹配特征函数展开法和多项伽辽金方法的计算结果均随截断数的增加而收敛，但多项伽辽金方法的计算精度更高，主要是因为在求解过程中考虑了圆柱侧表面下端拐角处流体速度的立方根奇异性。

表 6.2.1　垂直截断圆柱横荡运动时的附加质量和辐射阻尼随截断数的收敛性
（$a/h=1$，$c/h=0.25$，$k_0 h=1$）

匹配特征函数展开法			多项伽辽金方法		
截断数 N	$\mu_{11}/(\pi\rho a^3)$	$\lambda_{11}/(\pi\omega\rho a^3)$	截断数 S	$\mu_{11}/(\pi\rho a^3)$	$\lambda_{11}/(\pi\omega\rho a^3)$
10	0.086429	0.036510	0	0.091865	0.037140
20	0.086985	0.036658	1	0.087769	0.036718
40	0.087125	0.036696	2	0.087328	0.036721
80	0.087179	0.036712	3	0.087249	0.036721
120	0.087193	0.036716	4	0.087226	0.036721
160	0.087200	0.036718	5	0.087218	0.036721

续表

匹配特征函数展开法			多项伽辽金方法		
截断数 N	$\mu_{11}/(\pi\rho a^3)$	$\lambda_{11}/(\pi\omega\rho a^3)$	截断数 S	$\mu_{11}/(\pi\rho a^3)$	$\lambda_{11}/(\pi\omega\rho a^3)$
200	0.087203	0.036719	6	0.087215	0.036721
300	0.087207	0.036720	7	0.087213	0.036721
400	0.087209	0.036720	8	0.087212	0.036721
600	0.087211	0.036721	9	0.087212	0.036721

图 6.2.2 为吃水深度对垂直截断圆柱横荡运动时的附加质量和辐射阻尼的影响。从图中可以看出，随着振荡频率的增加，附加质量先增大至峰值后减小，最后基本趋于稳定值，辐射阻尼呈现先增大后减小的抛物线变化；当截断圆柱的吃水深度增加时，附加质量和辐射阻尼均显著增大。

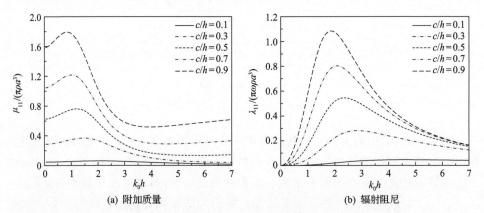

(a) 附加质量　　　　　　　　　　　　　　(b) 辐射阻尼

图 6.2.2　吃水深度对垂直截断圆柱横荡运动时的附加质量和辐射阻尼的影响 ($a/h = 0.5$)

6.2.2　垂荡问题

当垂直截断圆柱以圆频率 ω 做单位振幅垂向 (z 轴方向) 振荡时，截断圆柱底面的法向速度为

$$w_2 = -\mathrm{i}\omega \tag{6.2.19}$$

区域 1 内的速度势满足三维拉普拉斯方程、自由水面条件、水底条件和辐射波向外传播的远场辐射条件，其表达式为

$$\phi_1 = -\mathrm{i}\omega\left[C_0 \frac{\mathrm{H}_0(k_0 r)}{\mathrm{H}_0(k_0 a)} Z_0(z) + \sum_{i=1}^{\infty} C_i \frac{\mathrm{K}_0(k_i r)}{\mathrm{K}_0(k_i a)} Z_i(z) \right] \tag{6.2.20}$$

式中，C_i 为待定的展开系数。

需要注意的是，由于截断圆柱垂荡问题具有轴对称性，与轴向角 θ 无关，速度势表达式中仅保留了角模态为 0 的项，其余角模态的项对辐射波运动不产生贡献。

区域 2 内的速度势满足三维拉普拉斯方程和水底条件，还满足截断圆柱底面的非齐次边界条件，难以直接求解，可以将其分解为通解 ϕ_2^{g} 和特解 ϕ_2^{p} 之和：

$$\phi_2(r,\theta,z) = \phi_2^{\mathrm{g}}(r,\theta,z) + \phi_2^{\mathrm{p}}(r,\theta,z) \tag{6.2.21}$$

通解和特解仍然分别满足三维拉普拉斯方程。

通解满足如下齐次边界条件：

$$\frac{\partial \phi_2^{\mathrm{g}}}{\partial z} = 0, \quad z = -c, -h \tag{6.2.22}$$

特解满足如下边界条件：

$$\frac{\partial \phi_2^{\mathrm{p}}}{\partial z} = -\mathrm{i}\,\omega, \quad z = -c \tag{6.2.23}$$

$$\frac{\partial \phi_2^{\mathrm{p}}}{\partial z} = 0, \quad z = -h \tag{6.2.24}$$

满足拉普拉斯方程和齐次边界条件式(6.2.22)的通解表达式为

$$\phi_2^{\mathrm{g}} = -\mathrm{i}\,\omega\left[D_0 X_0(z) + \sum_{i=1}^{\infty} D_i \frac{\mathrm{I}_0(\beta_i r)}{\mathrm{I}_0(\beta_i a)} X_i(z) \right] \tag{6.2.25}$$

式中，D_i 为待定的展开系数。

满足拉普拉斯方程和边界条件式(6.2.23)和式(6.2.24)的特解可选取为

$$\phi_2^{\mathrm{p}} = -\mathrm{i}\,\omega \frac{1}{2(h-c)}\left[(z+h)^2 - \frac{r^2}{2} \right] \tag{6.2.26}$$

区域 1 和区域 2 内速度势表达式中的展开系数需要应用如下边界条件匹配求解：

$$\frac{\partial \phi_1}{\partial r} = 0, \quad r = a, \quad -c < z \leqslant 0 \tag{6.2.27a}$$

$$\frac{\partial \phi_1}{\partial r} = \frac{\partial \phi_2}{\partial r}, \quad r = a, \quad -h \leqslant z \leqslant -c \tag{6.2.27b}$$

$$\phi_1 = \phi_2, \quad r = a, \quad -h \leqslant z \leqslant -c \tag{6.2.28}$$

将式(6.2.20)和式(6.2.21)代入式(6.2.27)和式(6.2.28)，得到

$$\sum_{i=0}^{\infty} C_i \frac{k_i \tilde{K}_0'(k_i a)}{\tilde{K}_0(k_i a)} Z_i(z) = \begin{cases} 0, & -c < z \leqslant 0 \\ \sum_{i=1}^{\infty} D_i \frac{\beta_i I_0'(\beta_i a)}{I_0(\beta_i a)} X_i(z) - \frac{a}{2(h-c)}, & -h \leqslant z \leqslant -c \end{cases} \tag{6.2.29}$$

$$\sum_{i=0}^{\infty} C_i Z_i(z) = \sum_{i=0}^{\infty} D_i X_i(z) + \frac{1}{2(h-c)}\left[(z+h)^2 - \frac{a^2}{2}\right], \quad -h \leqslant z \leqslant -c \tag{6.2.30}$$

将式(6.2.29)等号两侧同时乘以 $Z_j(z)$，然后对 z 从 $-h$ 到 0 积分，得到

$$C_j \frac{\tilde{K}_0'(k_j a)}{\tilde{K}_0(k_j a)} - \sum_{i=1}^{\infty} D_i \frac{I_0'(\beta_i a)}{I_0(\beta_i a)} \frac{\beta_i \Lambda_{ij}}{k_j N_j} = -\frac{a}{2(h-c)k_j N_j}\int_{-h}^{-c} Z_j(z)\mathrm{d}z, \quad j = 0,1,\cdots \tag{6.2.31}$$

式中，$N_j = \int_{-h}^{0}[Z_j(z)]^2\mathrm{d}z$；$\Lambda_{ij} = \int_{-h}^{-c} X_i(z)Z_j(z)\mathrm{d}z$。

将式(6.2.30)等号两侧同时乘以 $X_j(z)$，然后对 z 从 $-h$ 到 $-c$ 积分，得到

$$2\sum_{i=0}^{\infty} C_i \Lambda_{ji} - D_j(h-c) = \frac{1}{h-c}\int_{-h}^{c}\left[(z+h)^2 - \frac{a^2}{2}\right]X_j(z)\mathrm{d}z, \quad j = 0,1,\cdots \tag{6.2.32}$$

将式(6.2.31)和式(6.2.32)中的 i 和 j 截断到 N 项，可以得到含有 $2(N+1)$ 个未知数的线性方程组，求解该方程组便可以确定速度势表达式中所有的展开系数。

截断圆柱做单位振幅垂荡运动时的附加质量 μ_{33} 和辐射阻尼 λ_{33} 为

$$\mu_{33} + \mathrm{i}\frac{\lambda_{33}}{\omega} = \mathrm{i}\frac{\rho}{\omega}\int_0^a \int_0^{2\pi} \phi_2(r,\theta,-c)r\mathrm{d}\theta\mathrm{d}r$$
$$= 2\pi\rho a^2\left[D_0\frac{\sqrt{2}}{4} + \sum_{i=1}^{N} D_i \frac{(-1)^i I_1(\beta_i a)}{\beta_i a I_0(\beta_i a)} + \frac{h-c}{4} - \frac{a^2}{16(h-c)}\right] \tag{6.2.33}$$

上述求解过程是基于标准的匹配特征函数展开法，没有考虑截断圆柱侧表面下端拐角处流体速度的立方根奇异性，下面采用多项伽辽金方法模拟该奇异性，建立问题的高精度解析解。

与横荡问题类似，将 $r = a$ 处流体沿柱坐标系 r 轴方向的速度展开为级数形式：

$$\frac{\partial \phi_1}{\partial r}\bigg|_{r=a} = \frac{\partial \phi_2}{\partial r}\bigg|_{r=a} = -\mathrm{i}\omega\sum_{s=0}^{\infty}\chi_s u_s(z), \quad -h \leqslant z \leqslant -c \tag{6.2.34}$$

式中，符号的含义与式(6.2.11)中的定义相同。

将式(6.2.20)代入式(6.2.27a)和式(6.2.34)，得到

$$\sum_{i=0}^{\infty} C_i \frac{k_i \tilde{K}_0'(k_i a)}{\tilde{K}_0(k_i a)} Z_i(z) = \begin{cases} 0, & -c < z \leqslant 0 \\ \sum_{s=0}^{\infty} \chi_s u_s(z), & -h \leqslant z \leqslant -c \end{cases} \tag{6.2.35}$$

将式(6.2.35)等号两侧同时乘以 $Z_j(z)$，然后对 z 从$-h$ 到 0 积分，得到

$$C_j = \frac{\tilde{K}_0(k_j a)}{k_j N_j \tilde{K}_0'(k_j a)} \sum_{s=0}^{\infty} \chi_s Q_{sj}, \quad j = 0,1,\cdots \tag{6.2.36}$$

式中，Q_{sj} 由式(6.1.22)给出。

将式(6.2.21)代入式(6.2.34)，等号两侧同时乘以 $X_j(z)$，然后对 z 从$-h$ 到$-c$ 积分，得到

$$\sum_{s=0}^{\infty} \chi_s P_{s0} = \frac{\sqrt{2}a}{4} \tag{6.2.37a}$$

$$D_j = \frac{2 I_0(\beta_j a)}{(h-c)\beta_j I_0'(\beta_j a)} \left[\sum_{s=0}^{\infty} \chi_s P_{sj} + \frac{a}{2(h-c)} \int_{-h}^{-c} X_j(z)\mathrm{d}z \right], \quad j = 0,1,\cdots \tag{6.2.37b}$$

式中，P_{sj} 由式(6.1.24)给出。

将式(6.2.20)和式(6.2.21)代入式(6.2.28)，等号两侧同时乘以 $u_p(z)$，然后对 z 从$-h$ 到$-c$ 积分，得到

$$\sum_{i=0}^{\infty} C_i Q_{pi} - \sum_{i=0}^{\infty} D_i P_{pi} = \frac{1}{2(h-c)} \int_{-h}^{-c} \left[(z+h)^2 - \frac{a^2}{2} \right] u_p(z)\mathrm{d}z, \quad p = 0,1,\cdots \tag{6.2.38}$$

将式(6.2.36)和式(6.2.37)代入式(6.2.38)，得到

$$\sum_{s=0}^{\infty} \chi_s \gamma_{ps} - D_0 P_{p0} = \ell_p, \quad p = 0,1,\cdots \tag{6.2.39}$$

式中，

$$\gamma_{ps} = \sum_{i=0}^{\infty} \frac{\tilde{K}_0(k_i a) Q_{pi} Q_{si}}{k_i \tilde{K}_0'(k_i a) N_i} - \sum_{i=1}^{\infty} \frac{2 I_0(\beta_i a) P_{pi} P_{si}}{(h-c)\beta_i I_0'(\beta_i a)} \tag{6.2.40}$$

$$\ell_p = \frac{1}{2(h-c)} \int_{-h}^{-c} \left[(z+h)^2 - \frac{a^2}{2} \right] u_p(z) \mathrm{d}z + \frac{a}{(h-c)^2} \sum_{i=1}^{\infty} \frac{\mathrm{I}_0(\beta_i a) P_{pi}}{\beta_i \mathrm{I}_0'(\beta_i a)} \int_{-h}^{-c} X_i(z) \mathrm{d}z$$

(6.2.41)

式 (6.2.41) 等号右侧第一项的计算方法在附录 A 中给出。

将式 (6.2.37a) 中的 s 截断到 S 项，将式 (6.2.39) 中的 p 和 s 截断到 S 项，可以得到含有 $S+2$ 个未知数的线性方程组，求解该方程组便可以确定展开系数 χ_s 和 D_0，然后根据式 (6.2.36) 和式 (6.2.37) 确定速度势表达式中所有的展开系数，再根据式 (6.2.33) 计算附加质量和辐射阻尼。

表 6.2.2 为垂直截断圆柱垂荡运动时的附加质量和辐射阻尼随截断数的收敛性。从表中可以看出，由于在求解过程中正确模拟了圆柱侧表面下端拐角处流体速度的立方根奇异性，多项伽辽金方法的收敛速度明显更快，计算结果的精度显著提高。

表 6.2.2 垂直截断圆柱垂荡运动时的附加质量和辐射阻尼随截断数的收敛性
($a/h = 1$, $c/h = 0.25$, $k_0 h = 1$)

匹配特征函数展开法			多项伽辽金方法		
截断数 N	$\mu_{33}/(\pi\rho a^3)$	$\lambda_{33}/(\pi\omega\rho a^3)$	截断数 S	$\mu_{33}/(\pi\rho a^3)$	$\lambda_{33}/(\pi\omega\rho a^3)$
10	0.538440	0.368578	0	0.550280	0.355914
20	0.539678	0.368298	1	0.540264	0.368098
40	0.540027	0.368210	2	0.540268	0.368139
80	0.540174	0.368170	3	0.540267	0.368143
120	0.540216	0.368158	4	0.540267	0.368143
160	0.540234	0.368153	5	0.540267	0.368143
200	0.540245	0.368150	6	0.540267	0.368144
300	0.540257	0.368146	7	0.540267	0.368144
400	0.540263	0.368145	8	0.540267	0.368144
600	0.540268	0.368143	9	0.540267	0.368144

图 6.2.3 为吃水深度对垂直截断圆柱垂荡运动时的附加质量和辐射阻尼的影响。从图中可以看出，随着振荡频率的增加，附加质量逐渐减小并趋于稳定值，辐射阻尼则单调减小；随着截断圆柱吃水深度的增加，附加质量增大，辐射阻尼减小。

6.2.3 横摇问题

当垂直截断圆柱以圆频率 ω 绕 y 轴做单位转角的横摇运动时，圆柱侧面和底面的法向速度分别为

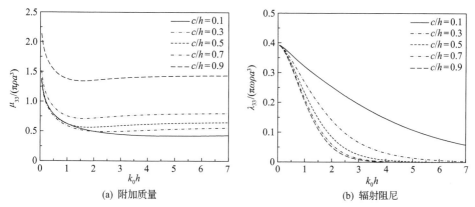

图 6.2.3　吃水深度对垂直截断圆柱垂荡运动时的附加质量和辐射阻尼的影响 ($a/h = 0.5$)

$$w_1 = -\mathrm{i}\omega z\cos\theta \tag{6.2.42a}$$

$$w_2 = \mathrm{i}\omega r\cos\theta \tag{6.2.42b}$$

区域 1 内的速度势满足三维拉普拉斯方程、自由水面条件、水底条件和辐射波向外传播的远场辐射条件，其表达式为

$$\phi_1 = -\mathrm{i}\omega\cos\theta\left[E_0\frac{\mathrm{H}_1(k_0 r)}{\mathrm{H}_1(k_0 a)}Z_0(z) + \sum_{i=1}^{\infty}E_i\frac{\mathrm{K}_1(k_i r)}{\mathrm{K}_1(k_i a)}Z_i(z)\right] \tag{6.2.43}$$

式中，E_i 为待定的展开系数。

对于垂直截断圆柱横摇运动问题，速度势表达式中仅保留了角模态为 1 的项，其余角模态的项对辐射波运动不产生贡献。

区域 2 内的速度势满足三维拉普拉斯方程、齐次的水底条件和非齐次的圆柱底面边界条件式 (6.2.42b)，可以采用与 6.2.2 节中垂荡问题类似的处理方法，将速度势分解为满足齐次边界条件的通解和非齐次边界条件的特解之和，其表达式为

$$\phi_2 = -\mathrm{i}\omega\cos\theta\left\{F_0\frac{r}{a}X_0(z) + \sum_{i=1}^{\infty}F_i\frac{\mathrm{I}_1(\beta_i r)}{\mathrm{I}_1(\beta_i a)}X_i(z) - \frac{1}{2(h-c)}\left[(z+h)^2 r - \frac{r^3}{4}\right]\right\} \tag{6.2.44}$$

式中，F_i 为待定的展开系数。

式 (6.2.44) 等号右侧的第三项是满足非齐次圆柱底面边界条件和齐次水底条件的一个特解。

速度势表达式中的展开系数需要通过如下边界条件匹配求解：

$$\frac{\partial \phi_1}{\partial r} = \begin{cases} -\mathrm{i}\,\omega z\cos\theta, & r = a, \quad -c < z \leqslant 0 \\ \dfrac{\partial \phi_2}{\partial r}, & r = a, \quad -h \leqslant z \leqslant -c \end{cases} \tag{6.2.45}$$

$$\phi_1 = \phi_2, \quad r = a, \quad -h \leqslant z \leqslant -c \tag{6.2.46}$$

将式 (6.2.43) 和式 (6.2.44) 代入式 (6.2.45) 和式 (6.2.46)，得到

$$\sum_{i=0}^{\infty} E_i \frac{k_i \tilde{\mathrm{K}}_1'(k_i a)}{\tilde{\mathrm{K}}_1(k_i a)} Z_i(z)$$
$$= \begin{cases} z, & -c < z \leqslant 0 \\ F_0 \dfrac{1}{a} X_0(z) + \displaystyle\sum_{i=1}^{\infty} F_i \dfrac{\beta_i \mathrm{I}_1'(\beta_i a)}{\mathrm{I}_1(\beta_i a)} X_i(z) - \dfrac{1}{2(h-c)}\left[(z+h)^2 - \dfrac{3a^2}{4}\right], & -h \leqslant z \leqslant -c \end{cases} \tag{6.2.47}$$

$$\sum_{i=0}^{\infty} E_i Z_i(z) = \sum_{i=0}^{\infty} F_i X_i(z) - \frac{1}{2(h-c)}\left[(z+h)^2 a - \frac{a^3}{4}\right], \quad -h \leqslant z \leqslant -c \tag{6.2.48}$$

将式 (6.2.47) 等号两侧同时乘以 $Z_j(z)$，然后对 z 从 $-h$ 到 0 积分，得到

$$E_j \frac{\tilde{\mathrm{K}}_1'(k_j a)}{\tilde{\mathrm{K}}_1(k_j a)} - F_0 \frac{\Lambda_{0j}}{a k_j N_j} - \sum_{i=1}^{\infty} F_i \frac{\mathrm{I}_1'(\beta_i a)}{\mathrm{I}_1(\beta_i a)} \frac{\beta_i \Lambda_{ij}}{k_j N_j}$$
$$= \frac{1}{k_j N_j}\left\{ \int_{-c}^{0} z Z_j(z)\mathrm{d}z - \frac{1}{2(h-c)}\int_{-h}^{-c}\left[(z+h)^2 - \frac{3a^2}{4}\right] Z_j(z)\mathrm{d}z \right\}, \quad j = 0,1,\cdots \tag{6.2.49}$$

将式 (6.2.48) 等号两侧同时乘以 $X_j(z)$，然后对 z 从 $-h$ 到 $-c$ 积分，得到

$$2\sum_{i=0}^{\infty} E_i \Lambda_{ji} - F_j(h-c) = -\frac{1}{h-c}\int_{-h}^{-c}\left[(z+h)^2 a - \frac{a^3}{4}\right] X_j(z)\mathrm{d}z, \quad j = 0,1,\cdots \tag{6.2.50}$$

将式 (6.2.49) 和式 (6.2.50) 中的 i 和 j 截断到 N 项，可以得到含有 $2(N+1)$ 个未知数的线性方程组，求解该方程组便可以确定速度势表达式中所有的展开系数。

截断圆柱绕 y 轴做单位转角横摇运动时的附加质量 μ_{55} 和辐射阻尼 λ_{55} 为

$$\mu_{55} + \mathrm{i}\frac{\lambda_{55}}{\omega} = M_{y1} + M_{y2} \tag{6.2.51}$$

式中，

$$M_{y1} = \mathrm{i}\frac{\rho}{\omega}\int_{-c}^{0}\int_{0}^{2\pi}\phi_1(a,\theta,z)z(-a\cos\theta)\mathrm{d}\theta\mathrm{d}z$$

$$= -\pi\rho a\sum_{i=0}^{N}E_i\int_{-c}^{0}zZ_i(z)\mathrm{d}z \tag{6.2.52}$$

$$M_{y2} = -\mathrm{i}\frac{\rho}{\omega}\int_{0}^{a}\int_{0}^{2\pi}\phi_2(r,\theta,-c)r^2\cos\theta\mathrm{d}\theta\mathrm{d}r$$

$$= -\pi\rho a^2\left[F_0\frac{\sqrt{2}a}{8} + \sum_{i=1}^{N}F_i\frac{(-1)^i\,\mathrm{I}_2(\beta_i a)}{\beta_i\,\mathrm{I}_1(\beta_i a)} - \frac{(h-c)a^2}{8} + \frac{a^4}{48(h-c)}\right] \tag{6.2.53}$$

上述求解过程没有考虑截断圆柱侧表面下端拐角处流体速度的立方根奇异性，下面采用多项伽辽金方法模拟该奇异性。

将截断圆柱底部与海床之间 $r=a$ 处流体沿 r 轴方向的速度展开为式(6.2.11)的级数形式，然后采用 6.2.1 节和 6.2.2 节中相同的方法处理式(6.2.45)和式(6.2.11)，可以得到

$$E_j = \frac{\tilde{\mathrm{K}}_1(k_j a)}{k_j N_j\tilde{\mathrm{K}}_1'(k_j a)}\left[\sum_{s=0}^{\infty}\chi_s Q_{sj} + \int_{-c}^{0}zZ_j(z)\mathrm{d}z\right], \quad j=0,1,\cdots \tag{6.2.54}$$

$$F_j = \begin{cases} \dfrac{2a}{h-c}\sum_{s=0}^{\infty}\chi_s P_{s0} + \dfrac{\sqrt{2}a(h-c)}{6} - \dfrac{3\sqrt{2}a^3}{8(h-c)}, & j=0 \\[3mm] \dfrac{2\mathrm{I}_1(\beta_j a)}{(h-c)\beta_j\mathrm{I}_1'(\beta_j a)}\left\{\sum_{s=0}^{\infty}\chi_s P_{sj} + \dfrac{1}{2(h-c)}\int_{-h}^{-c}\left[(z+h)^2 - \dfrac{3a^2}{4}\right]X_j(z)\mathrm{d}z\right\}, & j=1,2,\cdots \end{cases} \tag{6.2.55}$$

式中，Q_{sj} 和 P_{sj} 分别由式(6.1.22)和式(6.1.24)给出。

应用匹配条件式(6.2.46)，可以得到

$$\sum_{i=0}^{\infty}E_i Q_{pi} - \sum_{i=0}^{\infty}F_i P_{pi} = -\frac{1}{2(h-c)}\int_{-h}^{-c}\left[(z+h)^2 a - \frac{a^3}{4}\right]u_p(z)\mathrm{d}z, \quad p=0,1,\cdots \tag{6.2.56}$$

将式(6.2.54)和式(6.2.55)代入式(6.2.56)，得到

$$\sum_{s=0}^{\infty}\chi_s\gamma_{ps} = \ell_p, \quad p=0,1,\cdots \tag{6.2.57}$$

式中，

$$\gamma_{ps} = \sum_{i=0}^{\infty} \frac{\tilde{K}_1(k_i a) Q_{pi} Q_{si}}{k_i N_i \tilde{K}_1'(k_i a)} - \frac{2a P_{p0} P_{s0}}{h-c} - \sum_{i=1}^{\infty} \frac{2 I_1(\beta_i a) P_{pi} P_{si}}{(h-c)\beta_i I_1'(\beta_i a)} \tag{6.2.58}$$

$$\ell_p = -\frac{a}{2(h-c)} \int_{-h}^{-c} \left[(z+h)^2 - \frac{a^2}{4} \right] u_p(z) \mathrm{d}z - \sum_{i=0}^{\infty} \frac{\tilde{K}_1(k_i a) Q_{pi}}{k_i N_i \tilde{K}_1'(k_i a)} \int_{-c}^{0} z Z_i(z) \mathrm{d}z$$

$$+ \left[\frac{\sqrt{2}a(h-c)}{6} - \frac{3\sqrt{2}a^3}{8(h-c)} \right] P_{p0} + \frac{1}{(h-c)^2} \sum_{i=1}^{\infty} \frac{I_1(\beta_i a) P_{pi}}{\beta_i I_1'(\beta_i a)} \int_{-h}^{-c} \left[(z+h)^2 - \frac{3a^2}{4} \right] X_i(z) \mathrm{d}z \tag{6.2.59}$$

式(6.2.59)等号右侧第一项的计算方法可以参照附录 A。

将式(6.2.57)中的 p 和 s 截断到 S 项，可以得到含有 $S+1$ 个未知数的线性方程组，求解该方程组便可以确定展开系数 χ_s，根据式(6.2.54)和式(6.2.55)确定速度势表达式中所有的展开系数，最后根据式(6.2.51)～式(6.2.53)计算附加质量和辐射阻尼。

表 6.2.3 为垂直截断圆柱横摇运动时的附加质量和辐射阻尼随截断数的收敛性。从表中可以看出，两种不同方法的计算结果都随截断数的增加而收敛，多项伽辽金方法可以达到更高的计算精度。

表 6.2.3　垂直截断圆柱横摇运动时的附加质量和辐射阻尼随截断数的收敛性

$$(a/h = 1, \quad c/h = 0.25, \quad k_0 h = 1)$$

匹配特征函数展开法			多项伽辽金方法		
截断数 N	$\mu_{55}/(\pi\rho a^5)$	$\lambda_{55}/(\pi\omega\rho a^5)$	截断数 S	$\mu_{55}/(\pi\rho a^5)$	$\lambda_{55}/(\pi\omega\rho a^5)$
10	0.077360	0.014066	0	0.087214	0.013585
20	0.077649	0.013400	1	0.078112	0.013969
40	0.077740	0.013981	2	0.077837	0.013968
80	0.077780	0.013973	3	0.077813	0.013968
120	0.077791	0.013971	4	0.077808	0.013968
160	0.077796	0.013970	5	0.077807	0.013968
200	0.077799	0.013969	6	0.077806	0.013968
300	0.077803	0.013968	7	0.077806	0.013968
400	0.077804	0.013968	8	0.077806	0.013968
600	0.077806	0.013968	9	0.077806	0.013968

图 6.2.4 为吃水深度对垂直截断圆柱横摇运动时的附加质量和辐射阻尼的影响。从图中可以看出，随着振荡频率的增加，附加质量的变化规律与圆柱垂荡运动时附加质量的变化规律基本一致，辐射阻尼呈现抛物线变化；当 c/h 从 0.3 增加到 0.9 时，附加质量和辐射阻尼均显著增大。$c/h = 0.1$ 时的辐射阻尼大于 $c/h = 0.3$

时的辐射阻尼，这是因为截断圆柱受到的辐射力矩由两部分组成，包括作用在侧表面的力矩和作用在圆柱底面的力矩，当吃水深度增加时，这两个力矩可能会相互抵消一部分，导致总波浪辐射力矩减小。

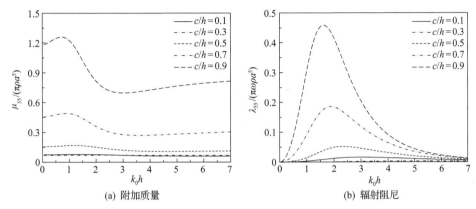

图 6.2.4　吃水深度对垂直截断圆柱横摇运动时的附加质量和辐射阻尼的影响($a/h = 0.5$)

6.3　淹没圆柱的波浪绕射问题

6.3.1　匹配特征函数展开法

图 6.3.1 为淹没垂直圆柱波浪绕射问题的示意图。水深为 h，圆柱的上表面和下底面与静水面的间距分别为 d 和 c，圆柱半径为 a。建立直角坐标系，xoy 平面与静水面重合，z 轴与圆柱的中心轴线重合且竖直向上。波浪的入射方向与 x 轴正

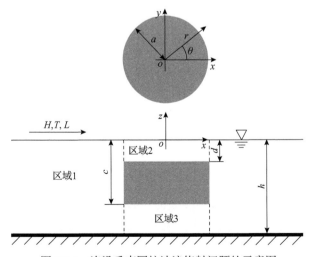

图 6.3.1　淹没垂直圆柱波浪绕射问题的示意图

方向相同，柱坐标系(r, θ, z)与 6.1 节中水面截断圆柱的定义相同。将整个流域划分为三个区域：区域 1，外部流域$(r \geqslant a, \ 0 \leqslant \theta < 2\pi, \ -h \leqslant z \leqslant 0)$；区域 2，圆柱上方流域$(r \leqslant a, \ 0 \leqslant \theta < 2\pi, \ -d \leqslant z \leqslant 0)$；区域 3，圆柱下方流域$(r \leqslant a, \ 0 \leqslant \theta < 2\pi, \ -h \leqslant z \leqslant -c)$。

区域 1 和区域 3 内的速度势表达式分别与式(6.1.1)和式(6.1.2)的等号右侧表达式相同。在区域 2 内，满足三维拉普拉斯方程、自由水面条件和圆柱上表面不透水条件的速度势表达式为

$$\phi_2 = -\frac{\mathrm{i}gH}{2\omega} \sum_{m=0}^{\infty} \varepsilon_m \mathrm{i}^m \cos(m\theta) \left[B_{m0} \frac{\mathrm{J}_m(\lambda_0 r)}{\mathrm{J}_m(\lambda_0 a)} U_0(z) + \sum_{i=1}^{\infty} B_{mi} \frac{\mathrm{I}_m(\lambda_i r)}{\mathrm{I}_m(\lambda_i a)} U_i(z) \right] \quad (6.3.1)$$

式中，B_{mi}为待定的展开系数；$U_i(z)$为垂向特征函数系：

$$U_i(z) = \begin{cases} \dfrac{\cosh[\lambda_0(z+d)]}{\cosh(\lambda_0 d)}, & i = 0 \\[3mm] \dfrac{\cos[\lambda_i(z+d)]}{\cos(\lambda_i d)}, & i = 1, 2, \cdots \end{cases} \quad (6.3.2)$$

特征值λ_i是如下色散方程的正实根：

$$\frac{\omega^2}{g} = \lambda_0 \tanh(\lambda_0 d) = -\lambda_i \tan(\lambda_i d), \quad i = 1, 2, \cdots \quad (6.3.3)$$

速度势表达式中的展开系数需要通过如下边界条件匹配求解：

$$\frac{\partial \phi_1}{\partial r} = \frac{\partial \phi_2}{\partial r}, \quad r = a, \quad -d \leqslant z \leqslant 0 \quad (6.3.4a)$$

$$\frac{\partial \phi_1}{\partial r} = 0, \quad r = a, \quad -c < z < -d \quad (6.3.4b)$$

$$\frac{\partial \phi_1}{\partial r} = \frac{\partial \phi_3}{\partial r}, \quad r = a, \quad -h \leqslant z \leqslant -c \quad (6.3.4c)$$

$$\phi_1 = \phi_2, \quad r = a, \quad -d \leqslant z \leqslant 0 \quad (6.3.5)$$

$$\phi_1 = \phi_3, \quad r = a, \quad -h \leqslant z \leqslant -c \quad (6.3.6)$$

将速度势表达式代入式(6.3.4)～式(6.3.6)，等号两侧同时乘以$\cos(m\theta)$，然后对θ从 0 到 2π 积分，并应用三角函数的正交性，得到

$$k_0 \mathrm{J}'_m(k_0 a)Z_0(z) + \sum_{i=0}^{\infty} A_{mi} \frac{k_i \tilde{\mathrm{K}}'_m(k_i a)}{\tilde{\mathrm{K}}_m(k_i a)} Z_i(z)$$

$$= \begin{cases} \displaystyle\sum_{i=0}^{\infty} B_{mi} \frac{\lambda_i \tilde{\mathrm{I}}'_m(\lambda_i a)}{\tilde{\mathrm{I}}_m(\lambda_i a)} U_i(z), & -d \leqslant z \leqslant 0 \\ 0, & -c < z < -d \\ \displaystyle C_{m0} \frac{m}{a} X_0(z) + \sum_{i=1}^{\infty} C_{mi} \frac{\beta_i \mathrm{I}'_m(\beta_i a)}{\mathrm{I}_m(\beta_i a)} X_i(z), & -h \leqslant z \leqslant -c \end{cases} \tag{6.3.7}$$

$$\mathrm{J}_m(k_0 a)Z_0(z) + \sum_{i=0}^{\infty} A_{mi} Z_i(z) = \sum_{i=0}^{\infty} B_{mi} U_i(z), \quad -d \leqslant z \leqslant 0 \tag{6.3.8}$$

$$\mathrm{J}_m(k_0 a)Z_0(z) + \sum_{i=0}^{\infty} A_{mi} Z_i(z) = \sum_{i=0}^{\infty} C_{mi} X_i(z), \quad -h \leqslant z \leqslant -c \tag{6.3.9}$$

式中，$\tilde{\mathrm{K}}_m(k_0 a) = \mathrm{H}_m(k_0 a)$；$\tilde{\mathrm{K}}_m(k_i a) = \mathrm{K}_m(k_i a)$ $(i \geqslant 1)$；$\tilde{\mathrm{I}}_m(\lambda_0 a) = \mathrm{J}_m(\lambda_0 a)$；$\tilde{\mathrm{I}}_m(\lambda_i a) = \mathrm{I}_m(\lambda_i a)$ $(i \geqslant 1)$。

将式(6.3.7)等号两侧同时乘以 $Z_j(z)$，然后对 z 从 $-h$ 到 0 积分，得到

$$A_{mj} \frac{\tilde{\mathrm{K}}'_m(k_j a)}{\tilde{\mathrm{K}}_m(k_j a)} - \sum_{i=0}^{\infty} B_{mi} \frac{\tilde{\mathrm{I}}'_m(\lambda_i a)}{\tilde{\mathrm{I}}_m(\lambda_i a)} \frac{\lambda_i \Omega_{ij}}{k_j N_j} - C_{m0} \frac{m\Lambda_{0j}}{a k_j N_j}$$

$$- \sum_{i=1}^{\infty} C_{mi} \frac{\mathrm{I}'_m(\beta_i a)}{\mathrm{I}_m(\beta_i a)} \frac{\beta_i \Lambda_{ij}}{k_j N_j} = -\delta_{j0} \mathrm{J}'_m(k_0 a), \quad j = 0,1,\cdots \tag{6.3.10}$$

式中，$N_j = \displaystyle\int_{-h}^{0} [Z_j(z)]^2 \mathrm{d}z$；$\Omega_{ij} = \displaystyle\int_{-d}^{0} U_i(z)Z_j(z)\mathrm{d}z$；$\Lambda_{ij} = \displaystyle\int_{-h}^{-c} X_i(z)Z_j(z)\mathrm{d}z$；$\delta_{ji} = \begin{cases} 1, & j = i \\ 0, & j \neq i \end{cases}$。

将式(6.3.8)等号两侧同时乘以 $U_j(z)$，然后对 z 从 $-d$ 到 0 积分，得到

$$\sum_{i=0}^{\infty} A_{mi}\Omega_{ji} - B_{mj}M_j = -\mathrm{J}_m(k_0 a)\Omega_{j0}, \quad j = 0,1,\cdots \tag{6.3.11}$$

式中，$M_j = \displaystyle\int_{-d}^{0} [U_j(z)]^2 \mathrm{d}z$。

将式(6.3.9)等号两侧同时乘以 $X_j(z)$，然后对 z 从 $-h$ 到 $-c$ 积分，得到

$$2\sum_{i=0}^{\infty} A_{mi}\Lambda_{ji} - C_{mj}(h-c) = -2\mathrm{J}_m(k_0 a)\Lambda_{j0}, \quad j = 0,1,\cdots \tag{6.3.12}$$

将式 (6.3.10)～式 (6.3.12) 中的 m 截断到 M 项、i 和 j 截断到 N 项，可以得到 $M+1$ 个线性方程组，每个方程组均含有 $3(N+1)$ 个未知数，求解这些方程组便可以确定速度势表达式中所有的展开系数。

淹没圆柱受到的水平波浪力 F_x 为

$$
\begin{aligned}
F_x &= \mathrm{i}\omega\rho \int_{-c}^{-d}\int_0^{2\pi} \phi_1(a,\theta,z)(-a\cos\theta)\mathrm{d}\theta\mathrm{d}z \\
&= -\mathrm{i}\pi\rho g H a\left[\mathrm{J}_1(k_0 a)\int_{-c}^{-d} Z_0(z)\mathrm{d}z + \sum_{i=0}^N A_{1i}\int_{-c}^{-d} Z_i(z)\mathrm{d}z \right]
\end{aligned}
\tag{6.3.13}
$$

淹没圆柱受到的垂向波浪力 F_z 为

$$
\begin{aligned}
F_z &= \mathrm{i}\omega\rho \int_0^a \int_0^{2\pi}\left[\phi_3(r,\theta,-c) - \phi_2(r,\theta,-d) \right] r\mathrm{d}\theta\mathrm{d}r \\
&= \pi\rho g H a\left[C_{00}\frac{\sqrt{2}a}{4} + \sum_{i=1}^N C_{0i}\frac{(-1)^i\,\mathrm{I}_1(\beta_i a)}{\beta_i\,\mathrm{I}_0(\beta_i a)} \right] \\
&\quad - \pi\rho g H a\left[B_{00}\frac{\mathrm{J}_1(\lambda_0 a)}{\lambda_0\,\mathrm{J}_0(\lambda_0 a)\cosh(\lambda_0 d)} + \sum_{i=1}^N B_{0i}\frac{\mathrm{I}_1(\lambda_i a)}{\lambda_i\,\mathrm{I}_0(\lambda_i a)\cos(\lambda_i d)} \right]
\end{aligned}
\tag{6.3.14}
$$

在式 (6.3.14) 的推导中，使用了式 (6.1.16) 以及如下关系式[4]：

$$
\int_0^1 \tau^{n+1}\,\mathrm{J}_n(\xi\tau)\mathrm{d}\tau = \frac{\mathrm{J}_{n+1}(\xi)}{\xi}
$$

淹没圆柱受到绕质心 $(x,y,z)=(0,0,z_0)=(0,0,-0.5(d+c))$ 的波浪力矩 M_y 为

$$
M_y = \iint_{S_b} p[(z-z_0)n_x - xn_z]\mathrm{d}S = M_{y1} + M_{y2} + M_{y3}
\tag{6.3.15}
$$

式中，

$$
\begin{aligned}
M_{y1} &= \mathrm{i}\omega\rho \int_{-c}^{-d}\int_0^{2\pi} \phi_1(a,\theta,z)(z-z_0)(-a\cos\theta)\mathrm{d}\theta\mathrm{d}z \\
&= -\mathrm{i}\pi\rho g H a\left[\mathrm{J}_1(k_0 a)\int_{-c}^{-d}(z-z_0)Z_0(z)\mathrm{d}z + \sum_{i=0}^N A_{1i}\int_{-c}^{-d}(z-z_0)Z_i(z)\mathrm{d}z \right]
\end{aligned}
\tag{6.3.16}
$$

$$
\begin{aligned}
M_{y2} &= \mathrm{i}\omega\rho \int_0^a \int_0^{2\pi} \phi_2(r,\theta,-d)r^2\cos\theta\mathrm{d}\theta\mathrm{d}r \\
&= \mathrm{i}\pi\rho g H a^2\left[B_{10}\frac{\mathrm{J}_2(\lambda_0 a)}{\lambda_0\,\mathrm{J}_1(\lambda_0 a)\cosh(\lambda_0 d)} + \sum_{i=1}^N B_{1i}\frac{\mathrm{I}_2(\lambda_i a)}{\lambda_i\,\mathrm{I}_1(\lambda_i a)\cos(\lambda_i d)} \right]
\end{aligned}
\tag{6.3.17}
$$

$$M_{y3} = -\mathrm{i}\omega\rho\int_0^a\int_0^{2\pi}\phi_3(r,\theta,-c)r^2\cos\theta\mathrm{d}\theta\mathrm{d}r$$

$$= -\mathrm{i}\pi\rho gHa^2\left[C_{10}\frac{\sqrt{2}a}{8} + \sum_{i=1}^N C_{1i}\frac{(-1)^i}{\beta_i}\frac{\mathrm{I}_2(\beta_i a)}{\mathrm{I}_1(\beta_i a)}\right] \tag{6.3.18}$$

6.3.2　多项伽辽金方法

与水面漂浮的截断圆柱类似，淹没圆柱侧表面上端和下端拐角处流体的速度均具有立方根奇异性，下面采用多项伽辽金方法模拟该奇异性，建立淹没圆柱波浪绕射问题的高精度解析解。

将淹没圆柱上方和下方 $r=a$ 处流体沿 r 轴方向的速度分别展开为级数形式：

$$\left.\frac{\partial\phi_1}{\partial r}\right|_{r=a} = \left.\frac{\partial\phi_2}{\partial r}\right|_{r=a} = -\frac{\mathrm{i}gH}{2\omega}\sum_{m=0}^\infty\varepsilon_m\mathrm{i}^m\cos(m\theta)\sum_{s=0}^\infty\zeta_{ms}v_s(z), \quad -d\leqslant z\leqslant 0 \tag{6.3.19}$$

$$\left.\frac{\partial\phi_1}{\partial r}\right|_{r=a} = \left.\frac{\partial\phi_3}{\partial r}\right|_{r=a} = -\frac{\mathrm{i}gH}{2\omega}\sum_{m=0}^\infty\varepsilon_m\mathrm{i}^m\cos(m\theta)\sum_{s=0}^\infty\chi_{ms}u_s(z), \quad -h\leqslant z\leqslant -c \tag{6.3.20}$$

式中，ζ_{ms} 和 χ_{ms} 为待定的展开系数；基函数系 $u_s(z)$ 由式 (6.1.19) 给出；基函数系 $v_s(z)$ 的表达式满足[9]

$$\tilde{v}_s(z) = v_s(z) - \frac{\omega^2}{g}\int_{-d}^z v_s(\tau)\mathrm{d}\tau \tag{6.3.21a}$$

$$\tilde{v}_s(z) = \frac{(-1)^s 2^{1/6}(2s)!\Gamma(1/6)}{\pi\Gamma(2s+1/3)d^{1/3}}(d^2-z^2)^{-1/3}C_{2s}^{1/6}(-z/d), \quad -d\leqslant z\leqslant 0 \tag{6.3.21b}$$

式中，$\Gamma(x)$ 为伽马函数；$C_{2s}^{1/6}(x)$ 为盖根鲍尔多项式。

参照 4.2.2 节的分析，基函数系 $v_s(z)$ 满足自由水面条件，并在 $z=-d$ 处具有立方根奇异性。通过式 (6.3.19) 和式 (6.3.20) 正确模拟了圆柱侧表面上端与下端拐角处流体速度的立方根奇异性。

将式 (6.1.1) 代入式 (6.3.4b)、式 (6.3.19) 和式 (6.3.20)，等号两侧同时乘以 $\cos(m\theta)$，然后对 θ 从 0 到 2π 积分，得到

$$k_0\mathrm{J}_m'(k_0a)Z_0(z) + \sum_{i=0}^\infty A_{mi}\frac{k_i\tilde{\mathrm{K}}_m'(k_ia)}{\tilde{\mathrm{K}}_m(k_ia)}Z_i(z) = \begin{cases} \displaystyle\sum_{s=0}^\infty\zeta_{ms}v_s(z), & -d\leqslant z\leqslant 0 \\ 0, & -c<z<-d \\ \displaystyle\sum_{s=0}^\infty\chi_{ms}u_s(z), & -h\leqslant z\leqslant -c \end{cases} \tag{6.3.22}$$

将式 (6.3.22) 等号两侧同时乘以 $Z_j(z)$，然后对 z 从 $-h$ 到 0 积分，得到

$$A_{mj} = \frac{\tilde{K}_m(k_j a)}{k_j N_j \tilde{K}'_m(k_j a)} \left(\sum_{s=0}^{\infty} \zeta_{ms} R_{sj} + \sum_{s=0}^{\infty} \chi_{ms} Q_{sj} \right) - \delta_{j0} \frac{J'_m(k_0 a) H_m(k_0 a)}{H'_m(k_0 a)}, \quad j = 0,1,\cdots$$

$$(6.3.23)$$

式中，$Q_{sj} = \int_{-h}^{-c} u_s(z) Z_j(z) \mathrm{d}z$，其积分结果由式 (6.1.22) 给出；

$$R_{sj} = \int_{-d}^{0} v_s(z) Z_j(z) \mathrm{d}z = \begin{cases} \dfrac{(-1)^s \, \mathrm{I}_{2s+1/6}(k_0 d)}{(k_0 d)^{1/6}}, & j = 0 \\[3mm] \dfrac{\mathrm{J}_{2s+1/6}(k_j d)}{(k_j d)^{1/6}}, & j = 1,2,\cdots \end{cases} \quad (6.3.24)$$

将式 (6.3.1) 代入式 (6.3.19)，等号两侧同时乘以 $\cos(m\theta) U_j(z)$，然后对 θ 从 0 到 2π 积分、对 z 从 $-d$ 到 0 积分，得到

$$B_{mj} = \frac{\tilde{\mathrm{I}}_m(\lambda_j a)}{\lambda_j M_j \tilde{\mathrm{I}}'_m(\lambda_j a)} \sum_{s=0}^{\infty} \zeta_{ms} O_{sj}, \quad j = 0,1,\cdots \quad (6.3.25)$$

式中，

$$O_{sj} = \int_{-d}^{0} v_s(z) U_j(z) \mathrm{d}z = \begin{cases} \dfrac{(-1)^s \, \mathrm{I}_{2s+1/6}(\lambda_0 d)}{(\lambda_0 d)^{1/6}}, & j = 0 \\[3mm] \dfrac{\mathrm{J}_{2s+1/6}(\lambda_j d)}{(\lambda_j d)^{1/6}}, & j = 1,2,\cdots \end{cases} \quad (6.3.26)$$

将区域 3 的速度势表达式代入式 (6.3.20)，等号两侧同时乘以 $\cos(m\theta) X_j(z)$，然后对 θ 从 0 到 2π 积分、对 z 从 $-h$ 到 $-c$ 积分，得到

$$mC_{m0} = \frac{2a}{h-c} \sum_{s=0}^{\infty} \chi_{ms} P_{s0} \quad (6.3.27\mathrm{a})$$

$$C_{mj} = \frac{2 \mathrm{I}_m(\beta_j a)}{(h-c)\beta_j \mathrm{I}'_m(\beta_j a)} \sum_{s=0}^{\infty} \chi_{ms} P_{sj}, \quad j = 1,2,\cdots \quad (6.3.27\mathrm{b})$$

式中，$P_{sj} = \int_{-h}^{-c} u_s(z) X_j(z) \mathrm{d}z$，其积分结果由式 (6.1.24) 给出。

将式 (6.1.1) 和式 (6.3.1) 代入式 (6.3.5)，等号两侧同时乘以 $\cos(m\theta) v_p(z)$，然

后对 θ 从 0 到 2π 积分、对 z 从 $-d$ 到 0 积分，得到

$$\sum_{i=0}^{\infty} A_{mi}R_{pi} - \sum_{i=0}^{\infty} B_{mi}O_{si} = -\mathrm{J}_m(k_0 a)R_{p0}, \quad p=0,1,\cdots \tag{6.3.28}$$

将式 (6.1.1) 和区域 3 的速度势表达式代入式 (6.3.6)，等号两侧同时乘以 $\cos(m\theta)u_p(z)$，然后对 θ 从 0 到 2π 积分、对 z 从 h 到 $-c$ 积分，得到

$$\sum_{i=0}^{\infty} A_{mi}Q_{pi} - \sum_{i=0}^{\infty} C_{mi}P_{si} = -\mathrm{J}_m(k_0 a)Q_{p0}, \quad p=0,1,\cdots \tag{6.3.29}$$

将式 (6.3.23)、式 (6.3.25) 和式 (6.3.27b) 代入式 (6.3.28) 和式 (6.3.29)，得到

$$\sum_{s=0}^{\infty} \zeta_{ms}\xi_{mps} + \sum_{s=0}^{\infty} \chi_{ms}\alpha_{mps} = g_{mp}, \quad p=0,1,\cdots \tag{6.3.30}$$

$$\sum_{s=0}^{\infty} \zeta_{ms}\kappa_{mps} - C_{m0}P_{p0} + \sum_{s=0}^{\infty} \chi_{ms}\varpi_{mps} = f_{mp}, \quad p=0,1,\cdots \tag{6.3.31}$$

式中，

$$\xi_{mps} = \sum_{i=0}^{\infty} \frac{\tilde{\mathrm{K}}_m(k_i a)R_{pi}R_{si}}{k_i N_i \tilde{\mathrm{K}}_m'(k_i a)} - \sum_{i=0}^{\infty} \frac{\tilde{\mathrm{I}}_m(\lambda_i a)O_{pi}O_{si}}{\lambda_i M_i \tilde{\mathrm{I}}_m'(\lambda_i a)} \tag{6.3.32}$$

$$\alpha_{mps} = \sum_{i=0}^{\infty} \frac{\tilde{\mathrm{K}}_m(k_i a)R_{pi}Q_{si}}{k_i \tilde{\mathrm{K}}_m'(k_i a)N_i} \tag{6.3.33}$$

$$g_{mp} = \left[\frac{\mathrm{J}_m'(k_0 a)\mathrm{H}_m(k_0 a)}{\mathrm{H}_m'(k_0 a)} - \mathrm{J}_m(k_0 a) \right] R_{p0} \tag{6.3.34}$$

$$\kappa_{mps} = \sum_{i=0}^{\infty} \frac{\tilde{\mathrm{K}}_m(k_i a)Q_{pi}R_{si}}{k_i N_i \tilde{\mathrm{K}}_m'(k_i a)} \tag{6.3.35}$$

$$\varpi_{mps} = \sum_{i=0}^{\infty} \frac{\tilde{\mathrm{K}}_m(k_i a)Q_{pi}Q_{si}}{k_i N_i \tilde{\mathrm{K}}_m'(k_i a)} - \sum_{i=1}^{\infty} \frac{2\mathrm{I}_m(\beta_i a)P_{pi}P_{si}}{(h-c)\beta_i \mathrm{I}_m'(\beta_i a)} \tag{6.3.36}$$

$$f_{mp} = \left[\frac{\mathrm{J}_m'(k_0 a)\mathrm{H}_m(k_0 a)}{\mathrm{H}_m'(k_0 a)} - \mathrm{J}_m(k_0 a) \right] Q_{p0} \tag{6.3.37}$$

将式 (6.3.27a)、式 (6.3.30)、式 (6.3.31) 中的 p 和 s 截断到 S 项，则对于每个

角模态 m，均可以得到含有 $2S + 3$ 个未知数的线性方程组，求解这些方程组便可以确定展开系数 ζ_{ms}、χ_{ms} 和 C_{m0}，然后根据式 (6.3.23)、式 (6.3.25) 和式 (6.3.27) 确定速度势表达式中所有的展开系数，最后根据式 (6.3.13)～式 (6.3.18) 计算淹没垂直圆柱受到的波浪力和波浪力矩。

表 6.3.1 和表 6.3.2 分别为匹配特征函数展开法和多项伽辽金方法的计算结果随截断数的收敛性，无因次水平力、无因次垂向力和无因次波浪力矩分别定义为 $C_{F_x} = 2|F_x|/(\pi\rho gHa^2)$、$C_{F_z} = 2|F_z|/(\pi\rho gHa^2)$ 和 $C_{M_y} = 2|M_y|/(\pi\rho gHa^2h)$。对于多项伽辽金方法，方程组的矩阵系数中含有无穷级数，需要通过截断进行计算，在本节计算中，将无穷级数截断到 600 项。从表中可以看出，两种方法的计算结果均随着截断数的增加而收敛，但多项伽辽金方法的收敛速度更快、精度更高。

表 6.3.1　匹配特征函数展开法的计算结果随截断数的收敛性 ($a/h = 0.5$，$d/h = 0.1$，$k_0h = 3$)

截断数 N	$c/h = 0.9$			$c/h = 0.2$		
	C_{F_x}	C_{F_z}	C_{M_y}	C_{F_x}	C_{F_z}	C_{M_y}
10	0.291270	0.363218	0.190673	0.157463	0.459810	0.257703
20	0.278245	0.361852	0.195460	0.150697	0.457905	0.259966
40	0.273406	0.361403	0.197262	0.148870	0.457824	0.261552
80	0.271602	0.361255	0.197940	0.148170	0.457774	0.262127
120	0.271124	0.361219	0.198120	0.147984	0.457759	0.262276
160	0.270915	0.361204	0.198200	0.147902	0.457752	0.262341
200	0.270801	0.361196	0.198243	0.147857	0.457748	0.262376
400	0.270605	0.361182	0.198317	0.147781	0.457741	0.262436
600	0.270551	0.361179	0.198338	0.147760	0.457738	0.262452

表 6.3.2　多项伽辽金方法的计算结果随截断数的收敛性 ($a/h = 0.5$，$d/h = 0.1$，$k_0h = 3$)

截断数 S	$c/h = 0.9$			$c/h = 0.2$		
	C_{F_x}	C_{F_z}	C_{M_y}	C_{F_x}	C_{F_z}	C_{M_y}
0	0.267973	0.359427	0.199172	0.146922	0.430712	0.274214
1	0.270525	0.361152	0.198349	0.149217	0.457716	0.264658
2	0.270517	0.361175	0.198351	0.148093	0.457729	0.262693
3	0.270517	0.361177	0.198351	0.147835	0.457738	0.262496
4	0.270517	0.361177	0.198351	0.147775	0.457738	0.262469
5	0.270518	0.361177	0.198351	0.147758	0.457738	0.262463
6	0.270518	0.361177	0.198350	0.147751	0.457738	0.262462
7	0.270519	0.361177	0.198350	0.147749	0.457738	0.262461
8	0.270519	0.361177	0.198350	0.147748	0.457738	0.262460
9	0.270519	0.361177	0.198350	0.147748	0.457738	0.262460

　　图 6.3.2～图 6.3.4 为淹没坐底式垂直圆柱上无因次波浪力 (力矩) 的计算结果与试验结果[10]对比。在试验中, 圆柱的旋转中心固定于 $(x, y, z) = (0, 0, -h)$。从图中可以看出, 计算结果与试验结果符合良好, 说明解析模型能够合理反映物理规律。

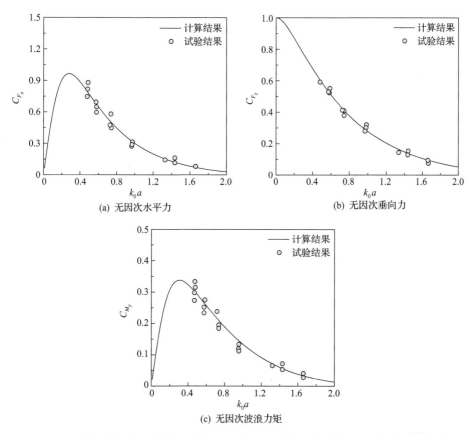

(a) 无因次水平力

(b) 无因次垂向力

(c) 无因次波浪力矩

图 6.3.2　淹没坐底式垂直圆柱上无因次波浪力 (力矩) 的计算结果与试验结果[10]对比

$(a/h = 0.2, \ d/h = 0.3, \ c/h = 1)$

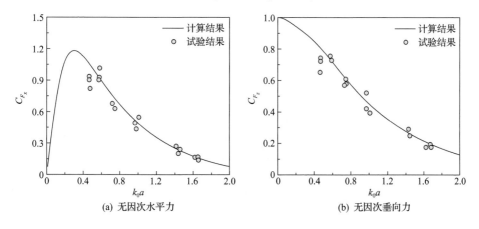

(a) 无因次水平力

(b) 无因次垂向力

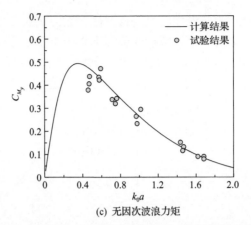

(c) 无因次波浪力矩

图 6.3.3 淹没坐底式垂直圆柱上无因次波浪力（力矩）的计算结果与试验结果[10]对比

($a/h = 0.2$，$d/h = 0.2$，$c/h = 1$)

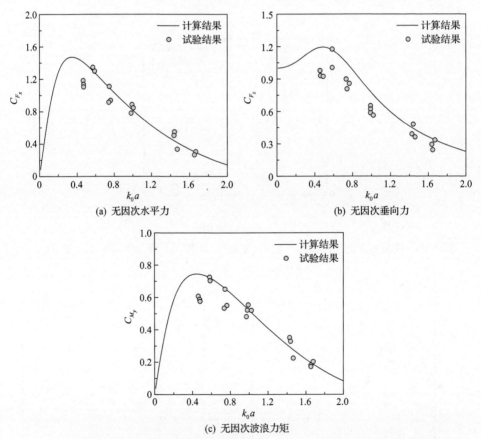

图 6.3.4 淹没坐底式垂直圆柱上无因次波浪力（力矩）的计算结果与试验结果[10]对比

($a/h = 0.2$，$d/h = 0.1$，$c/h = 1$)

图 6.3.5 为淹没深度对垂直圆柱上无因次波浪力(力矩)的影响,计算中固定淹没圆柱的高度。从图中可以看出,随着垂直圆柱淹没深度的增加,无因次波浪力(力矩)的最大值显著减小,在某些特定频率下趋于 0。

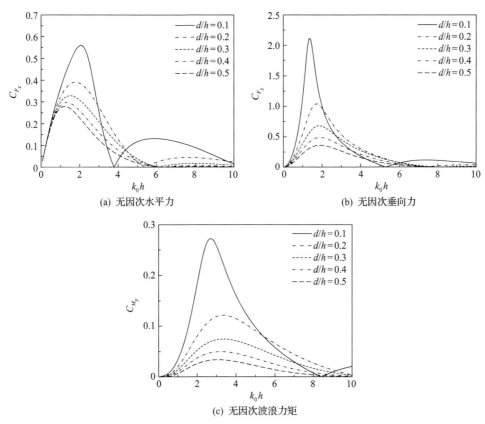

图 6.3.5　淹没深度对垂直圆柱上无因次波浪力(力矩)的影响($a/h = 0.5$,(c–d)/$h = 0.3$)

6.4　淹没圆柱的波浪辐射问题

本节分别采用匹配特征函数展开法和多项伽辽金方法,求解关于淹没垂直圆柱的波浪辐射问题,考虑圆柱的三种运动情况:横荡、垂荡和横摇。图 6.4.1 为淹没垂直圆柱波浪辐射问题的示意图。水深为 h,圆柱的上表面和下底面与静水面的间距分别为 d 和 c,圆柱半径为 a。直角坐标系和柱坐标系与 6.1 节中的定义相同,流体区域的划分与图 6.3.1 中的相同。

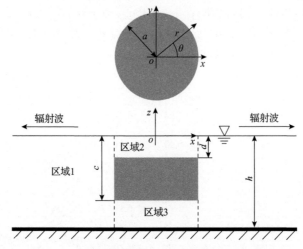

图 6.4.1　淹没垂直圆柱波浪辐射问题的示意图

6.4.1　横荡问题

当淹没垂直圆柱以圆频率 ω 做单位振幅横向(x 轴方向)振荡时，圆柱侧表面的法向速度为

$$w_1 = -\mathrm{i}\omega\cos\theta \tag{6.4.1}$$

区域 1～区域 3 内辐射波的速度势表达式分别为

$$\phi_1 = -\mathrm{i}\omega\cos\theta\left[A_0\frac{\mathrm{H}_1(k_0 r)}{\mathrm{H}_1(k_0 a)}Z_0(z) + \sum_{i=1}^{\infty}A_i\frac{\mathrm{K}_1(k_i r)}{\mathrm{K}_1(k_i a)}Z_i(z)\right] \tag{6.4.2}$$

$$\phi_2 = -\mathrm{i}\omega\cos\theta\left[B_0\frac{\mathrm{J}_1(\lambda_0 r)}{\mathrm{J}_1(\lambda_0 a)}U_0(z) + \sum_{i=1}^{\infty}B_i\frac{\mathrm{I}_1(\lambda_i r)}{\mathrm{I}_1(\lambda_i a)}U_i(z)\right] \tag{6.4.3}$$

$$\phi_3 = -\mathrm{i}\omega\cos\theta\left[C_0\frac{r}{a}X_0(z) + \sum_{i=1}^{\infty}C_i\frac{\mathrm{I}_1(\beta_i r)}{\mathrm{I}_1(\beta_i a)}X_i(z)\right] \tag{6.4.4}$$

式中，A_i、B_i 和 C_i 为待定的展开系数；$\mathrm{J}_1(x)$ 为第一类 1 阶贝塞尔函数；$\mathrm{H}_1(x)$ 为第一类 1 阶汉克尔函数；$\mathrm{I}_1(x)$ 和 $\mathrm{K}_1(x)$ 分别为第一类和第二类 1 阶修正贝塞尔函数；$Z_i(z)$、$U_i(z)$ 和 $X_i(z)$ 为垂向特征函数系，分别由式(2.1.8)、式(6.3.2)和式(6.1.3)给出。

需要注意的是，对于垂直截断圆柱横向振荡问题，各个区域内的速度势表达式中仅保留了角模态为 1 的项，其余角模态的项对辐射波运动不产生贡献。

式(6.4.2)~式(6.4.4)中的展开系数需要通过如下边界条件进行匹配求解:

$$\frac{\partial \phi_1}{\partial r} = \frac{\partial \phi_2}{\partial r}, \quad r = a, \quad -d \leqslant z \leqslant 0 \tag{6.4.5a}$$

$$\frac{\partial \phi_1}{\partial r} = -\mathrm{i}\omega\cos\theta, \quad r = a, \quad -c < z < -d \tag{6.4.5b}$$

$$\frac{\partial \phi_1}{\partial r} = \frac{\partial \phi_3}{\partial r}, \quad r = a, \quad -h \leqslant z \leqslant -c \tag{6.4.5c}$$

$$\phi_1 = \phi_2, \quad r = a, \quad -d \leqslant z \leqslant 0 \tag{6.4.6}$$

$$\phi_1 = \phi_3, \quad r = a, \quad -h \leqslant z \leqslant -c \tag{6.4.7}$$

将式(6.4.2)~式(6.4.4)代入式(6.4.5),等号两侧同时乘以 $Z_j(z)$,然后对 z 从 $-h$ 到 0 积分,得到

$$A_j \frac{k_j N_j \tilde{\mathrm{K}}_1'(k_j a)}{\tilde{\mathrm{K}}_1(k_j a)} - \sum_{i=0}^{\infty} B_i \frac{\lambda_i \tilde{\mathrm{I}}_1'(\lambda_i a)\Omega_{ij}}{\tilde{\mathrm{I}}_1(\lambda_i a)} - C_0 \frac{\Lambda_{0j}}{a} - \sum_{i=1}^{\infty} C_i \frac{\beta_i \mathrm{I}_1'(\beta_i a)\Lambda_{ij}}{\mathrm{I}_1(\beta_i a)} \tag{6.4.8}$$

$$= \int_{-c}^{-d} Z_j(z)\mathrm{d}z, \quad j = 0, 1, \cdots$$

式中,$\tilde{\mathrm{K}}_1(k_0 a) = \mathrm{H}_1(k_0 a)$;$\tilde{\mathrm{K}}_1(k_i a) = \mathrm{K}_1(k_i a) \ (i \geqslant 1)$;$\tilde{\mathrm{I}}_1(\lambda_0 a) = \mathrm{J}_1(\lambda_0 a)$;$\tilde{\mathrm{I}}_1(\lambda_i a) = \mathrm{I}_1(\lambda_i a) \ (i \geqslant 1)$;$N_j = \int_{-h}^{0} [Z_j(z)]^2 \mathrm{d}z$;$\Omega_{ij} = \int_{-d}^{0} U_i(z)Z_j(z)\mathrm{d}z$;$\Lambda_{ij} = \int_{-h}^{-c} X_i(z)Z_j(z)\mathrm{d}z$。

将式(6.4.2)和式(6.4.3)代入式(6.4.6),等号两侧同时乘以 $U_j(z)$,然后对 z 从 $-d$ 到 0 积分,得到

$$\sum_{i=0}^{\infty} A_i \Omega_{ji} - B_j M_j = 0, \quad j = 0, 1, \cdots \tag{6.4.9}$$

式中,$M_j = \int_{-d}^{0} [U_j(z)]^2 \mathrm{d}z$。

将式(6.4.2)和式(6.4.4)代入式(6.4.7),等号两侧同时乘以 $X_j(z)$,然后对 z 从 $-h$ 到 $-c$ 积分,得到

$$2\sum_{i=0}^{\infty} A_i \Lambda_{ji} - C_j(h-c) = 0, \quad j = 0, 1, \cdots \tag{6.4.10}$$

将式(6.4.8)~式(6.4.10)中的 i 和 j 截断到 N 项,得到含有 $3(N+1)$ 个未知数的线性方程组,求解该方程组便可以确定速度势表达式中所有的展开系数。

　　淹没垂直圆柱做单位振幅横荡运动时的附加质量 μ_{11} 和辐射阻尼 λ_{11} 为

$$\mu_{11} + \mathrm{i}\frac{\lambda_{11}}{\omega} = \mathrm{i}\frac{\rho}{\omega}\int_{-c}^{-d}\int_{0}^{2\pi}\phi_1(a,\theta,z)(-a\cos\theta)\mathrm{d}\theta\mathrm{d}z$$

$$= -\pi\rho a\sum_{i=0}^{N}A_i\int_{-c}^{-d}Z_i(z)\mathrm{d}z \qquad (6.4.11)$$

　　上述求解过程是基于匹配特征函数展开法，没有考虑圆柱侧面上端和下端拐角处流体速度的立方根奇异性，下面采用多项伽辽金方法考虑该奇异性，建立问题的高精度解析解。

　　将淹没垂直圆柱上方和下方 $r=a$ 处流体沿 r 轴方向的速度分别展开为级数形式:

$$\frac{\partial\phi_1}{\partial r}\Big|_{r=a} = \frac{\partial\phi_2}{\partial r}\Big|_{r=a} = -\mathrm{i}\omega\cos\theta\sum_{s=0}^{\infty}\zeta_s v_s(z), \quad -d\leqslant z\leqslant 0 \qquad (6.4.12)$$

$$\frac{\partial\phi_1}{\partial r}\Big|_{r=a} = \frac{\partial\phi_3}{\partial r}\Big|_{r=a} = -\mathrm{i}\omega\cos\theta\sum_{s=0}^{\infty}\chi_s u_s(z), \quad -h\leqslant z\leqslant -c \qquad (6.4.13)$$

式中，ζ_s 和 χ_s 为待定的展开系数; $v_s(z)$ 和 $u_s(z)$ 为基函数系，分别由式(6.3.21)和式(6.1.19)给出。

　　将式(6.4.2)代入式(6.4.5b)、式(6.4.12)和式(6.4.13)，等号两侧同时乘以 $Z_j(z)$，然后对 z 从 $-h$ 到 0 积分，得到

$$A_j = \frac{\tilde{K}_1(k_j a)}{k_j N_j \tilde{K}'_1(k_j a)}\left[\sum_{s=0}^{\infty}\zeta_s R_{sj} + \sum_{s=0}^{\infty}\chi_s Q_{sj} + \int_{-c}^{-d}Z_j(z)\mathrm{d}z\right], \quad j=0,1,\cdots \qquad (6.4.14)$$

式中，$Q_{sj} = \int_{-h}^{-c}u_s(z)Z_j(z)\mathrm{d}z$，其积分结果由式(6.1.22)给出; $R_{sj} = \int_{-d}^{0}v_s(z)$ $Z_j(z)\mathrm{d}z$，其积分结果由式(6.3.24)给出。

　　将式(6.4.3)代入式(6.4.12)，等号两侧同时乘以 $U_j(z)$，然后对 z 从 $-d$ 到 0 积分，得到

$$B_j = \frac{\tilde{I}_1(\lambda_j a)}{\lambda_j M_j \tilde{I}'_1(\lambda_j a)}\sum_{s=0}^{\infty}\zeta_s O_{sj}, \quad j=0,1,\cdots \qquad (6.4.15)$$

式中，$O_{sj} = \int_{-d}^{0}v_s(z)U_j(z)\mathrm{d}z$，其积分结果由式(6.3.26)给出。

　　将式(6.4.4)代入式(6.4.13)，等号两侧同时乘以 $X_j(z)$，然后对 z 从 $-h$ 到 $-c$ 积

分，得到

$$
C_j = \begin{cases} \dfrac{2a}{h-c}\displaystyle\sum_{s=0}^{\infty}\chi_s P_{s0}, & j=0 \\[4mm] \dfrac{2\mathrm{I}_1(\beta_j a)}{(h-c)\beta_j\,\mathrm{I}_1'(\beta_j a)}\displaystyle\sum_{s=0}^{\infty}\chi_s P_{sj}, & j=1,2,\cdots \end{cases} \tag{6.4.16}
$$

式中，$P_{sj} = \displaystyle\int_{-h}^{-c} u_s(z)X_j(z)\mathrm{d}z$，其积分结果由式(6.1.24)给出。

　　将式(6.4.2)和式(6.4.3)代入式(6.4.6)，等号两侧同时乘以 $v_p(z)$，然后对 z 从 $-d$ 到 0 积分，得到

$$
\sum_{i=0}^{\infty} A_i R_{pi} - \sum_{i=0}^{\infty} B_i O_{pi} = 0, \quad p=0,1,\cdots \tag{6.4.17}
$$

　　将式(6.4.2)和式(6.4.4)代入式(6.4.7)，等号两侧同时乘以 $u_p(z)$，然后对 z 从 $-h$ 到 $-c$ 积分，得到

$$
\sum_{i=0}^{\infty} A_i Q_{pi} - \sum_{i=0}^{\infty} C_i P_{pi} = 0, \quad p=0,1,\cdots \tag{6.4.18}
$$

　　将式(6.4.14)～式(6.4.16)代入式(6.4.17)和式(6.4.18)，得到

$$
\sum_{s=0}^{\infty} \zeta_s \xi_{ps} + \sum_{s=0}^{\infty} \chi_s \alpha_{ps} = g_p, \quad p=0,1,\cdots \tag{6.4.19}
$$

$$
\sum_{s=0}^{\infty} \zeta_s \kappa_{ps} + \sum_{s=0}^{\infty} \chi_s \varpi_{ps} = f_p, \quad p=0,1,\cdots \tag{6.4.20}
$$

式中，

$$
\xi_{ps} = \sum_{i=0}^{\infty} \frac{\tilde{K}_1(k_i a)R_{pi}R_{si}}{k_i N_i\,\tilde{K}_1'(k_i a)} - \sum_{i=0}^{\infty} \frac{\tilde{I}_1(\lambda_i a)O_{pi}O_{si}}{\lambda_i M_i\,\tilde{I}_1'(\lambda_i a)} \tag{6.4.21}
$$

$$
\alpha_{ps} = \sum_{i=0}^{\infty} \frac{\tilde{K}_1(k_i a)R_{pi}Q_{si}}{k_i N_i\,\tilde{K}_1'(k_i a)} \tag{6.4.22}
$$

$$
g_p = -\sum_{i=0}^{\infty} \frac{\tilde{K}_1(k_i a)R_{pi}}{k_i N_i\,\tilde{K}_1'(k_i a)} \int_{-c}^{-d} Z_i(z)\mathrm{d}z \tag{6.4.23}
$$

$$\kappa_{ps} = \sum_{i=0}^{\infty} \frac{\tilde{K}_1(k_i a) Q_{pi} R_{si}}{k_i N_i \tilde{K}_1'(k_i a)} \tag{6.4.24}$$

$$\varpi_{ps} = \sum_{i=0}^{\infty} \frac{\tilde{K}_1(k_i a) Q_{pi} Q_{si}}{k_i N_i \tilde{K}_1'(k_i a)} - \frac{2a P_{p0} P_{s0}}{h-c} - \sum_{i=1}^{\infty} \frac{2 I_1(\beta_i a) P_{pi} P_{si}}{(h-c)\beta_i I_1'(\beta_i a)} \tag{6.4.25}$$

$$f_p = -\sum_{i=0}^{\infty} \frac{\tilde{K}_1(k_i a) Q_{pi}}{k_i N_i \tilde{K}_1'(k_i a)} \int_{-c}^{-d} Z_i(z)\mathrm{d}z \tag{6.4.26}$$

将式(6.4.19)和式(6.4.20)中的 s 和 p 截断到 S 项,得到含有 $2(S+1)$ 个未知数的线性方程组,求解该方程组便可以确定展开系数 ζ_s 和 χ_s,然后根据式(6.4.14)~式(6.4.16)确定速度势表达式中所有的展开系数,根据式(6.4.11)计算附加质量和辐射阻尼。

表 6.4.1 为淹没垂直圆柱横荡运动时的附加质量和辐射阻尼随截断数的收敛性。从表中可以看出,匹配特征函数展开法和多项伽辽金方法的计算结果均随截断数的增加而收敛。多项伽辽金方法的收敛速度更快、计算精度更高,主要是因为该方法考虑了圆柱侧面上端和下端拐角处流体速度的立方根奇异性。

表 6.4.1 淹没垂直圆柱横荡运动时的附加质量和辐射阻尼随截断数的收敛性
($a/h = 0.5$, $d/h = 0.2$, $c/h = 0.5$, $k_0 h = 2$)

匹配特征函数展开法			多项伽辽金方法		
截断数 N	$\mu_{11}/(\pi\rho a^3)$	$\lambda_{11}/(\pi\omega\rho a^3)$	截断数 S	$\mu_{11}/(\pi\rho a^3)$	$\lambda_{11}/(\pi\omega\rho a^3)$
10	0.195695	0.105856	0	0.206315	0.106213
20	0.198494	0.106115	1	0.200833	0.106241
40	0.199310	0.106194	2	0.200035	0.106242
80	0.199619	0.106224	3	0.199881	0.106241
120	0.199701	0.106232	5	0.199821	0.106241
160	0.199737	0.106234	7	0.199810	0.106241
200	0.199757	0.106237	9	0.199807	0.106241
300	0.199780	0.106239	10	0.199806	0.106241
400	0.199790	0.106240	11	0.199805	0.106241
600	0.199799	0.106241	12	0.199805	0.106241

图 6.4.2 为淹没深度对垂直圆柱横荡运动时的附加质量和辐射阻尼的影响。从图中可以看出,当圆柱越接近静水面时,附加质量在整个频率范围内的变化幅度越显著,辐射阻尼的峰值越大;此外,辐射阻尼在某一特定频率下趋于 0。

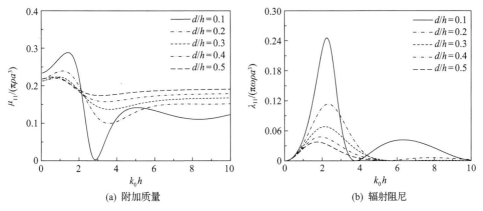

图 6.4.2　淹没深度对垂直圆柱横荡运动时的附加质量和辐射阻尼的影响

$(a/h = 0.5,\ (c{-}d)/h = 0.3)$

6.4.2　垂荡问题

当淹没垂直圆柱以圆频率 ω 做单位振幅垂向（z 轴方向）振荡时，圆柱上表面和下底面的法向速度为

$$w_2 = -\mathrm{i}\,\omega \tag{6.4.27}$$

区域 1 内的速度势表达式为

$$\phi_1 = -\mathrm{i}\,\omega\left[A_0\,\frac{\mathrm{H}_0(k_0 r)}{\mathrm{H}_0(k_0 a)}\,Z_0(z) + \sum_{i=1}^{\infty} A_i\,\frac{\mathrm{K}_0(k_i r)}{\mathrm{K}_0(k_i a)}\,Z_i(z) \right] \tag{6.4.28}$$

式中，A_i 为待定的展开系数。

由于截断圆柱垂荡问题具有轴对称性，与轴向角 θ 无关，速度势表达式中仅保留了角模态为 0 的项，其余角模态的项对辐射波运动不产生贡献。

区域 2 和区域 3 内的速度势可写成通解和特解之和：

$$\phi_j(r,\theta,z) = \phi_j^{\mathrm{g}}(r,\theta,z) + \phi_j^{\mathrm{p}}(r,\theta,z), \quad j = 2,3 \tag{6.4.29}$$

通解和特解均满足三维拉普拉斯方程。通解满足如下边界条件：

$$\frac{\partial \phi_2^{\mathrm{g}}}{\partial z} = \begin{cases} \dfrac{\omega^2}{g}\,\phi_2^{\mathrm{g}}, & z = 0 \\[2mm] 0, & z = -d \end{cases} \tag{6.4.30}$$

$$\frac{\partial \phi_3^{\mathrm{g}}}{\partial z} = 0, \quad z = -c, -h \tag{6.4.31}$$

特解满足如下边界条件：

$$\frac{\partial \phi_2^{\mathrm{p}}}{\partial z} = \begin{cases} \dfrac{\omega^2}{g} \phi_2^{\mathrm{p}}, & z = 0 \\ -\mathrm{i}\,\omega, & z = -d \end{cases} \tag{6.4.32}$$

$$\frac{\partial \phi_3^{\mathrm{p}}}{\partial z} = \begin{cases} -\mathrm{i}\,\omega, & z = -c \\ 0, & z = -h \end{cases} \tag{6.4.33}$$

速度势的通解表达式为

$$\phi_2^{\mathrm{g}} = -\mathrm{i}\,\omega \left[B_0 \frac{\mathrm{J}_0(\lambda_0 r)}{\mathrm{J}_0(\lambda_0 a)} U_0(z) + \sum_{i=1}^{\infty} B_i \frac{\mathrm{I}_0(\lambda_i r)}{\mathrm{I}_0(\lambda_i a)} U_i(z) \right] \tag{6.4.34}$$

$$\phi_3^{\mathrm{g}} = -\mathrm{i}\,\omega \left[C_0 X_0(z) + \sum_{i=1}^{\infty} C_i \frac{\mathrm{I}_0(\beta_i r)}{\mathrm{I}_0(\beta_i a)} X_i(z) \right] \tag{6.4.35}$$

式中，B_i 和 C_i 为待定的展开系数。

速度势的特解可选取为

$$\phi_2^{\mathrm{p}} = -\mathrm{i}\,\omega \left(z + \frac{g}{\omega^2} \right) \tag{6.4.36}$$

$$\phi_3^{\mathrm{p}} = -\mathrm{i}\,\omega \frac{1}{2(h-c)} \left[(z+h)^2 - \frac{r^2}{2} \right] \tag{6.4.37}$$

速度势表达式中的展开系数需要通过不同区域之间的匹配边界条件求解，这些条件与式(6.3.4)～式(6.3.6)相同。类似 6.4.1 节中的求解过程，可以应用式(6.3.4)～式(6.3.6)得到如下方程：

$$A_j \frac{k_j N_j \tilde{\mathrm{K}}_0'(k_j a)}{\tilde{\mathrm{K}}_0(k_j a)} - \sum_{i=0}^{\infty} B_i \frac{\lambda_i \tilde{\mathrm{I}}_0'(\lambda_i a) \Omega_{ij}}{\tilde{\mathrm{I}}_0(\lambda_i a)} - \sum_{i=1}^{\infty} C_i \frac{\beta_i \mathrm{I}_0'(\beta_i a) \Lambda_{ij}}{\mathrm{I}_0(\beta_i a)}$$

$$= -\frac{a}{2(h-c)} \int_{-h}^{-c} Z_j(z)\mathrm{d}z, \quad j = 0, 1, \cdots \tag{6.4.38}$$

$$\sum_{i=0}^{\infty} A_i \Omega_{ji} - B_j M_j = \int_{-d}^{0} \left(z + \frac{g}{\omega^2} \right) U_j(z)\mathrm{d}z, \quad j = 0, 1, \cdots \tag{6.4.39}$$

$$2\sum_{i=0}^{\infty} A_i \Lambda_{ji} - C_j(h-c) = \frac{1}{h-c}\int_{-h}^{-c}\left[(z+h)^2 - \frac{a^2}{2}\right]X_j(z)\mathrm{d}z, \quad j = 0,1,\cdots \quad (6.4.40)$$

将式(6.4.38)～式(6.4.40)中的 i 和 j 截断到 N 项,可以得到含有 $3(N+1)$ 个未知数的线性方程组,求解该方程组便可以确定速度势表达式中所有的展开系数。

淹没垂直圆柱做单位振幅垂荡运动时的附加质量 μ_{33} 和辐射阻尼 λ_{33} 为

$$\begin{aligned}
\mu_{33} + \mathrm{i}\frac{\lambda_{33}}{\omega} &= \mathrm{i}\frac{\rho}{\omega}\int_0^a\int_0^{2\pi}\left[\phi_3(r,\theta,-c) - \phi_2(r,\theta,-d)\right]r\mathrm{d}\theta\mathrm{d}r \\
&= 2\pi\rho a^2\left[C_0\frac{\sqrt{2}}{4} + \sum_{i=1}^{N}C_i\frac{(-1)^i\,\mathrm{I}_1(\beta_i a)}{\beta_i a\,\mathrm{I}_0(\beta_i a)} + \frac{h-c}{4} - \frac{a^2}{16(h-c)}\right. \\
&\quad \left. - B_0\frac{\mathrm{J}_1(\lambda_0 a)}{\lambda_0 a\,\mathrm{J}_0(\lambda_0 a)\cosh(\lambda_0 d)} - \sum_{i=1}^{N}B_i\frac{\mathrm{I}_1(\lambda_i a)}{\lambda_i a\,\mathrm{I}_0(\lambda_i a)\cos(\lambda_i d)} - \frac{1}{2}\left(\frac{g}{\omega^2} - d\right)\right]
\end{aligned}$$

$$(6.4.41)$$

上述求解过程是基于标准的匹配特征函数展开法,下面采用多项伽辽金方法建立垂荡问题的高精度解析解。

将淹没垂直圆柱上方和下方 $r = a$ 处流体沿 r 轴方向的速度分别展开为级数形式:

$$\left.\frac{\partial\phi_1}{\partial r}\right|_{r=a} = \left.\frac{\partial\phi_2}{\partial r}\right|_{r=a} = -\mathrm{i}\omega\sum_{s=0}^{\infty}\zeta_s v_s(z), \quad -d\leqslant z\leqslant 0 \quad (6.4.42)$$

$$\left.\frac{\partial\phi_1}{\partial r}\right|_{r=a} = \left.\frac{\partial\phi_3}{\partial r}\right|_{r=a} = -\mathrm{i}\omega\sum_{s=0}^{\infty}\chi_s u_s(z), \quad -h\leqslant z\leqslant -c \quad (6.4.43)$$

类似于 6.4.1 节中多项伽辽金方法的求解过程,可以应用式(6.3.4b)、式(6.4.42)和式(6.4.43)得到如下方程:

$$A_j = \frac{\tilde{\mathrm{K}}_0(k_j a)}{k_j N_j \tilde{\mathrm{K}}_0'(k_j a)}\left(\sum_{s=0}^{\infty}\zeta_s R_{sj} + \sum_{s=0}^{\infty}\chi_s Q_{sj}\right), \quad j = 0,1,\cdots \quad (6.4.44)$$

$$B_j = \frac{\tilde{\mathrm{I}}_0(\lambda_j a)}{\lambda_j M_j \tilde{\mathrm{I}}_0'(\lambda_j a)}\sum_{s=0}^{\infty}\zeta_s O_{sj}, \quad j = 0,1,\cdots \quad (6.4.45)$$

$$\sum_{s=0}^{\infty}\chi_s P_{s0} = \frac{\sqrt{2}a}{4} \quad (6.4.46a)$$

$$C_j = \frac{2\,\mathrm{I}_0(\beta_j a)}{(h-c)\beta_j\,\mathrm{I}_0'(\beta_j a)}\left[\sum_{s=0}^{\infty}\chi_s P_{sj} - \frac{a}{2(h-c)}\int_{-h}^{-c} X_j(z)\mathrm{d}z\right], \quad j=1,2,\cdots \quad (6.4.46b)$$

式中, R_{sj}、Q_{sj}、O_{sj} 和 P_{sj} 分别由式(6.3.24)、式(6.1.22)、式(6.3.26)和式(6.1.24)给出。

应用式(6.3.5)和式(6.3.6)可以得到

$$\sum_{i=0}^{\infty} A_i R_{pi} - \sum_{i=0}^{\infty} B_i O_{pi} = \int_{-d}^{0}\left(z+\frac{g}{\omega^2}\right)v_p(z)\mathrm{d}z, \quad p=0,1,\cdots \quad (6.4.47)$$

$$\sum_{i=0}^{\infty} A_i Q_{pi} - \sum_{i=0}^{\infty} C_i P_{pi} = \frac{1}{2(h-c)}\int_{-h}^{-c}\left[(z+h)^2-\frac{a^2}{2}\right]u_p(z)\mathrm{d}z, \quad p=0,1,\cdots \quad (6.4.48)$$

将式(6.4.44)～式(6.4.46)代入式(6.4.47)和式(6.4.48), 得到

$$\sum_{s=0}^{\infty}\zeta_s\xi_{ps} + \sum_{s=0}^{\infty}\chi_s\alpha_{ps} = g_p, \quad p=0,1,\cdots \quad (6.4.49)$$

$$\sum_{s=0}^{\infty}\zeta_s\kappa_{ps} - C_0 P_{p0} + \sum_{s=0}^{\infty}\chi_s\varpi_{ps} = f_p, \quad p=0,1,\cdots \quad (6.4.50)$$

式中,

$$\xi_{ps} = \sum_{i=0}^{\infty}\frac{\tilde{\mathrm{K}}_0(k_i a)R_{pi}R_{si}}{k_i N_i\,\tilde{\mathrm{K}}_0'(k_i a)} - \sum_{i=0}^{\infty}\frac{\tilde{\mathrm{I}}_0(\lambda_i a)O_{pi}O_{si}}{\lambda_i M_i\,\tilde{\mathrm{I}}_0'(\lambda_i a)} \quad (6.4.51)$$

$$\alpha_{ps} = \sum_{i=0}^{\infty}\frac{\tilde{\mathrm{K}}_0(k_i a)R_{pi}Q_{si}}{k_i N_i\,\tilde{\mathrm{K}}_0'(k_i a)} \quad (6.4.52)$$

$$g_p = \int_{-d}^{0}\left(z+\frac{g}{\omega^2}\right)v_p(z)\mathrm{d}z \quad (6.4.53)$$

$$\kappa_{ps} = \sum_{i=0}^{\infty}\frac{\tilde{\mathrm{K}}_0(k_i a)Q_{pi}R_{si}}{k_i N_i\,\tilde{\mathrm{K}}_0'(k_i a)} \quad (6.4.54)$$

$$\varpi_{ps} = \sum_{i=0}^{\infty}\frac{\tilde{\mathrm{K}}_0(k_i a)Q_{pi}Q_{si}}{k_i N_i\,\tilde{\mathrm{K}}_0'(k_i a)} - \sum_{i=1}^{\infty}\frac{2\,\mathrm{I}_0(\beta_i a)P_{pi}P_{si}}{(h-c)\beta_i\,\mathrm{I}_0'(\beta_i a)} \quad (6.4.55)$$

$$f_p = \frac{1}{2(h-c)}\int_{-h}^{-c}\left[(z+h)^2-\frac{a^2}{2}\right]u_p(z)\mathrm{d}z - \frac{a}{(h-c)^2}\sum_{i=1}^{\infty}\frac{\mathrm{I}_0(\beta_i a)P_{pi}}{\beta_i\,\mathrm{I}_0'(\beta_i a)}\int_{-h}^{-c} X_i(z)\mathrm{d}z$$

$$(6.4.56)$$

式 (6.4.53) 等号右侧的积分计算方法在附录 B 给出，式 (6.4.56) 等号右侧第一项的积分计算方法可以参考附录 A。

将式 (6.4.46a)、式 (6.4.49) 和式 (6.4.50) 中的 p 和 s 截断到 S 项，可以得到含有 $2S + 3$ 个未知数的线性方程组，求解该方程组便可以确定展开系数 ζ_s、χ_s 和 C_0，然后根据式 (6.4.44)～式 (6.4.46) 确定速度势表达式中所有的展开系数，根据式 (6.4.41) 计算附加质量和辐射阻尼。

表 6.4.2 为淹没垂直圆柱垂荡运动时的附加质量和辐射阻尼随截断数的收敛性。从表中可以看出，两种不同方法的计算结果都随着截断数的增加而收敛，但是多项伽辽金方法由于考虑了圆柱侧面上端和下端拐角处流体速度的立方根奇异性，其收敛速度更快、计算精度更高。

表 6.4.2　淹没垂直圆柱垂荡运动时的附加质量和辐射阻尼随截断数的收敛性
($a/h = 0.5$，$d/h = 0.2$，$c/h = 0.5$，$k_0h = 2$)

匹配特征函数展开法			多项伽辽金方法		
截断数 N	$\mu_{33}/(\pi\rho a^3)$	$\lambda_{33}/(\pi\rho a^3)$	截断数 S	$\mu_{33}/(\pi\rho a^3)$	$\lambda_{33}/(\pi\rho a^3)$
10	1.024698	1.307855	0	1.047172	1.363264
20	1.021759	1.323298	1	1.020641	1.333853
40	1.021031	1.329611	2	1.020640	1.333454
80	1.020777	1.331986	3	1.020637	1.33435
120	1.020713	1.332622	5	1.020635	1.333432
160	1.020686	1.332901	7	1.020635	1.333431
200	1.020672	1.333054	9	1.020635	1.333430
300	1.020655	1.333238	10	1.020635	1.333430
400	1.020648	1.333319	11	1.020635	1.333429
600	1.020641	1.333392	12	1.020635	1.333429

图 6.4.3 为淹没深度对垂直圆柱垂荡运动时的附加质量和辐射阻尼的影响。从图中可以看出，随着振荡频率的增加，辐射阻尼呈现抛物线变化趋势；圆柱越接近静水面，附加质量的变化幅度越明显，辐射阻尼的峰值越大。当淹没深度 $d/h = 0.1$ 时，附加质量在两个垂荡频率处趋于 0。

6.4.3　横摇问题

当淹没垂直圆柱绕质心 $(x, y, z) = (0, 0, z_0) = (0, 0, -0.5(d + c))$ 以圆频率 ω 做单位转角横摇运动时，圆柱侧表面的法向速度 w_1 和上表面(下底面)的法向速度 w_2 为

$$\begin{cases} w_1 = -\mathrm{i}\omega(z - z_0)\cos\theta \\ w_2 = \mathrm{i}\omega r\cos\theta \end{cases} \tag{6.4.57}$$

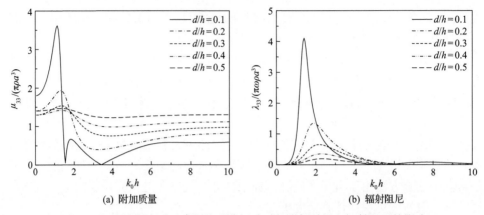

图 6.4.3　淹没深度对垂直圆柱垂荡运动时的附加质量和辐射阻尼的影响

$(a/h = 0.5，(c-d)/h = 0.3)$

区域 1 内的速度势表达式为

$$\phi_1 = -\mathrm{i}\omega\cos\theta\left[A_0\frac{\mathrm{H}_1(k_0 r)}{\mathrm{H}_1(k_0 a)}Z_0(z) + \sum_{i=1}^{\infty}A_i\frac{\mathrm{K}_1(k_i r)}{\mathrm{K}_1(k_i a)}Z_i(z)\right] \tag{6.4.58}$$

式中，A_i 为待定的展开系数。

对于垂直截断圆柱横摇运动问题，速度势表达式中仅保留了角模态为 1 的项，其余角模态的项对辐射波运动不产生贡献。

区域 2 和区域 3 内的速度势需要分解为通解和特解之和，通解和特解均满足三维拉普拉斯方程，其中通解满足边界条件式 (6.4.30) 和式 (6.4.31)，特解满足如下边界条件：

$$\frac{\partial\phi_2^{\mathrm{p}}}{\partial z} = \begin{cases} \dfrac{\omega^2}{g}\phi_2^{\mathrm{p}}, & z = 0 \\ \mathrm{i}\omega r\cos\theta, & z = -d \end{cases} \tag{6.4.59}$$

$$\frac{\partial\phi_3^{\mathrm{p}}}{\partial z} = \begin{cases} \mathrm{i}\omega r\cos\theta, & z = -c \\ 0, & z = -h \end{cases} \tag{6.4.60}$$

速度势通解的表达式为

$$\phi_2^{\mathrm{g}} = -\mathrm{i}\omega\cos\theta\left[B_0\frac{\mathrm{J}_1(\lambda_0 r)}{\mathrm{J}_1(\lambda_0 a)}U_0(z) + \sum_{i=1}^{\infty}B_i\frac{\mathrm{I}_1(\lambda_i r)}{\mathrm{I}_1(\lambda_i a)}U_i(z)\right] \tag{6.4.61}$$

$$\phi_3^{\mathrm{g}} = -\mathrm{i}\,\omega\cos\theta\left[C_0\frac{r}{a}X_0(z) + \sum_{i=1}^{\infty}C_i\frac{\mathrm{I}_1(\beta_i r)}{\mathrm{I}_1(\beta_i a)}X_i(z)\right] \tag{6.4.62}$$

式中，B_i 和 C_i 为待定的展开系数。

速度势的特解可选取为

$$\phi_2^{\mathrm{p}} = \mathrm{i}\,\omega\left(z + \frac{g}{\omega^2}\right)r\cos\theta \tag{6.4.63}$$

$$\phi_3^{\mathrm{p}} = \mathrm{i}\,\omega\frac{1}{2(h-c)}\left[(z+h)^2 r - \frac{r^3}{4}\right]\cos\theta \tag{6.4.64}$$

速度势表达式中的展开系数需要通过不同区域之间的匹配边界条件求解，这些匹配边界条件与式(6.4.5)～式(6.4.7)基本一致，只需将式(6.4.5b)替换成如下条件：

$$\frac{\partial\phi_1}{\partial r} = -\mathrm{i}\,\omega(z-z_0)\cos\theta, \quad r=a, \quad -c < z < -d \tag{6.4.65}$$

根据类似 6.4.1 节中匹配特征函数展开法的求解过程，可以将匹配边界条件转化成如下方程：

$$A_j\frac{k_j N_j \tilde{K}_1'(k_j a)}{\tilde{K}_1(k_j a)} - \sum_{i=0}^{\infty}B_i\frac{\lambda_i \tilde{\mathrm{I}}_1'(\lambda_i a)\Omega_{ij}}{\tilde{\mathrm{I}}_1(\lambda_i a)} - C_0\frac{\Lambda_{0j}}{a} - \sum_{i=1}^{\infty}C_i\frac{\beta_i \mathrm{I}_1'(\beta_i a)\Lambda_{ij}}{\mathrm{I}_1(\beta_i a)}$$

$$= \int_{-c}^{-d}(z-z_0)Z_j(z)\mathrm{d}z - \int_{-d}^{0}\left(z+\frac{g}{\omega^2}\right)Z_j(z)\mathrm{d}z \tag{6.4.66}$$

$$- \frac{1}{2(h-c)}\int_{-h}^{-d}\left[(z+h)^2 - \frac{3a^2}{4}\right]Z_j(z)\mathrm{d}z, \quad j=0,1,\cdots$$

$$\sum_{i=0}^{\infty}A_i\Omega_{ji} - B_j M_j = -a\int_{-d}^{0}\left(z+\frac{g}{\omega^2}\right)U_j(z)\mathrm{d}z, \quad j=0,1,\cdots \tag{6.4.67}$$

$$2\sum_{i=0}^{\infty}A_i\Lambda_{ji} - C_j(h-c) = -\frac{a}{h-c}\int_{-h}^{-c}\left[(z+h)^2 - \frac{a^2}{4}\right]X_j(z)\mathrm{d}z, \quad j=0,1,\cdots \tag{6.4.68}$$

将式(6.4.66)～式(6.4.68)中的 i 和 j 截断到 N 项，可以得到含有 $3(N+1)$ 个未知数的线性方程组，求解该方程组便可以确定速度势表达式中所有的展开系数。

淹没垂直圆柱绕质心做单位转角横摇运动时的附加质量 μ_{55} 和辐射阻尼 λ_{55} 为

$$\mu_{55} + \mathrm{i}\frac{\lambda_{55}}{\omega} = M_{y1} + M_{y2} + M_{y3} \tag{6.4.69}$$

式中,

$$
\begin{aligned}
M_{y1} &= \mathrm{i}\frac{\rho}{\omega}\int_{-c}^{0}\int_{0}^{2\pi}\phi_1(a,\theta,z)(z-z_0)(-a\cos\theta)\mathrm{d}\theta\mathrm{d}z \\
&= -\pi\rho a\sum_{i=0}^{N}A_i\int_{-c}^{0}(z-z_0)Z_i(z)\mathrm{d}z
\end{aligned}
\tag{6.4.70}
$$

$$
\begin{aligned}
M_{y2} &= \mathrm{i}\frac{\rho}{\omega}\int_{0}^{a}\int_{0}^{2\pi}\phi_2(r,\theta,-d)r^2\cos\theta\mathrm{d}\theta\mathrm{d}r \\
&= \pi\rho a^2\left[B_0\frac{\mathrm{J}_2(\lambda_0 a)}{\lambda_0\,\mathrm{J}_1(\lambda_0 a)\cosh(\lambda_0 d)} + \sum_{i=1}^{N}B_i\frac{\mathrm{I}_2(\lambda_i a)}{\lambda_i\,\mathrm{I}_1(\lambda_i a)\cos(\lambda_i d)} - \frac{a^2}{4}\left(\frac{g}{\omega^2}-d\right)\right]
\end{aligned}
\tag{6.4.71}
$$

$$
\begin{aligned}
M_{y3} &= -\mathrm{i}\frac{\rho}{\omega}\int_{0}^{a}\int_{0}^{2\pi}\phi_3(r,\theta,-c)r^2\cos\theta\mathrm{d}\theta\mathrm{d}r \\
&= -\pi\rho a^2\left[C_0\frac{\sqrt{2}a}{8} + \sum_{i=1}^{N}C_i\frac{(-1)^i\,\mathrm{I}_2(\beta_i a)}{\beta_i\,\mathrm{I}_1(\beta_i a)} - \frac{(h-c)a^2}{8} + \frac{a^4}{48(h-c)}\right]
\end{aligned}
\tag{6.4.72}
$$

在上述匹配特征函数展开法的推导过程中,没有考虑圆柱侧面上端和下端拐角处流体速度的立方根奇异性,下面采用多项伽辽金方法模拟该奇异性,建立横摇问题的高精度解析解。

与横荡和垂荡问题类似,将淹没圆柱上方和下方 $r=a$ 处流体沿 r 轴方向的速度分别展开为级数形式,具体表达式与式(6.4.12)和式(6.4.13)相同。类似于 6.4.1 节中多项伽辽金方法的求解过程,可以应用式(6.4.65)、式(6.4.12)和式(6.4.13)得到如下方程:

$$
A_j = \frac{\tilde{\mathrm{K}}_1(k_j a)}{k_j N_j\,\tilde{\mathrm{K}}_1'(k_j a)}\left[\sum_{s=0}^{\infty}\zeta_s R_{sj} + \sum_{s=0}^{\infty}\chi_s Q_{sj} + \int_{-c}^{-d}(z-z_0)Z_j(z)\mathrm{d}z\right], \quad j=0,1,\cdots
\tag{6.4.73}
$$

$$
B_j = \frac{\tilde{\mathrm{I}}_1(\lambda_j a)}{\lambda_j M_j\,\tilde{\mathrm{I}}_1'(\lambda_j a)}\left[\sum_{s=0}^{\infty}\zeta_s O_{sj} + \int_{-d}^{0}\left(z+\frac{g}{\omega^2}\right)U_j(z)\mathrm{d}z\right], \quad j=0,1,\cdots
\tag{6.4.74}
$$

$$C_j = \begin{cases} \dfrac{2a}{h-c}\displaystyle\sum_{s=0}^{\infty}\chi_s P_{s0} + \dfrac{\sqrt{2}a(h-c)}{6} - \dfrac{3\sqrt{2}a^3}{8(h-c)}, & j=0 \\[4mm] \dfrac{2\mathrm{I}_1(\beta_j a)}{(h-c)\beta_j\,\mathrm{I}_1'(\beta_j a)}\left\{\displaystyle\sum_{s=0}^{\infty}\chi_s P_{sj} + \dfrac{1}{2(h-c)}\displaystyle\int_{-h}^{-c}\left[(z+h)^2 - \dfrac{3a^2}{4}\right]X_j(z)\mathrm{d}z\right\}, & j=1,2,\cdots \end{cases}$$

$$(6.4.75)$$

式中，R_{sj}、Q_{sj}、O_{sj} 和 P_{sj} 分别由式 (6.3.24)、式 (6.1.22)、式 (6.3.26) 和式 (6.1.24) 给出。

应用式 (6.4.6) 和式 (6.4.7) 可以得到

$$\sum_{i=0}^{\infty}A_i R_{pi} - \sum_{i=0}^{\infty}B_i O_{pi} = -a\int_{-d}^{0}\left(z+\frac{g}{\omega^2}\right)v_p(z)\mathrm{d}z, \quad p=0,1,\cdots \quad (6.4.76)$$

$$\sum_{i=0}^{\infty}A_i Q_{pi} - \sum_{i=0}^{\infty}C_i P_{pi} = -\frac{1}{2(h-c)}\int_{-h}^{-c}\left[(z+h)^2 a - \frac{a^3}{4}\right]u_p(z)\mathrm{d}z, \quad p=0,1,\cdots \quad (6.4.77)$$

将式 (6.4.73)～式 (6.4.75) 代入式 (6.4.76) 和式 (6.4.77)，得到

$$\sum_{s=0}^{\infty}\zeta_s\xi_{ps} + \sum_{s=0}^{\infty}\chi_s\alpha_{ps} = g_p, \quad p=0,1,\cdots \quad (6.4.78)$$

$$\sum_{s=0}^{\infty}\zeta_s\kappa_{ps} + \sum_{s=0}^{\infty}\chi_s\varpi_{ps} = f_p, \quad p=0,1,\cdots \quad (6.4.79)$$

式中，

$$\xi_{ps} = \sum_{i=0}^{\infty}\frac{\tilde{\mathrm{K}}_1(k_i a)R_{pi}R_{si}}{k_i N_i\,\tilde{\mathrm{K}}_1'(k_i a)} - \sum_{i=0}^{\infty}\frac{\tilde{\mathrm{I}}_1(\lambda_i a)O_{pi}O_{si}}{\lambda_i M_i\,\tilde{\mathrm{I}}_1'(\lambda_i a)} \quad (6.4.80)$$

$$\alpha_{ps} = \sum_{i=0}^{\infty}\frac{\tilde{\mathrm{K}}_1(k_i a)R_{pi}Q_{si}}{k_i N_i\,\tilde{\mathrm{K}}_1'(k_i a)} \quad (6.4.81)$$

$$g_p = -a\int_{-d}^{0}\left(z+\frac{g}{\omega^2}\right)v_p(z)\mathrm{d}z + \sum_{i=0}^{\infty}\frac{\tilde{\mathrm{I}}_1(\lambda_i a)O_{pi}}{\lambda_i M_i\,\tilde{\mathrm{I}}_1'(\lambda_i a)}\int_{-d}^{0}\left(z+\frac{g}{\omega^2}\right)U_i(z)\mathrm{d}z$$
$$- \sum_{i=0}^{\infty}\frac{\tilde{\mathrm{K}}_1(k_i a)R_{pi}}{k_i N_i\,\tilde{\mathrm{K}}_1'(k_i a)}\int_{-c}^{-d}(z-z_0)Z_i(z)\mathrm{d}z \quad (6.4.82)$$

$$\kappa_{ps} = \sum_{i=0}^{\infty} \frac{\tilde{K}_1(k_i a) Q_{pi} R_{si}}{k_i N_i \tilde{K}_1'(k_i a)} \tag{6.4.83}$$

$$\varpi_{ps} = \sum_{i=0}^{\infty} \frac{\tilde{K}_1(k_i a) Q_{pi} Q_{si}}{k_i N_i \tilde{K}_1'(k_i a)} - \frac{2a}{h-c} P_{p0} P_{s0} - \sum_{i=1}^{\infty} \frac{2 I_1(\beta_i a) P_{pi} P_{si}}{(h-c)\beta_i I_1'(\beta_i a)} \tag{6.4.84}$$

$$f_p = -\frac{1}{2(h-c)} \int_{-h}^{-c} \left[(z+h)^2 a - \frac{a^3}{4} \right] u_p(z) \mathrm{d}z - \sum_{i=0}^{\infty} \frac{\tilde{K}_1(k_i a) Q_{pi}}{k_i N_i \tilde{K}_1'(k_i a)} \int_{-c}^{-d} (z - z_0) Z_i(z) \mathrm{d}z$$

$$+ \left[\frac{\sqrt{2}a(h-c)}{6} - \frac{3\sqrt{2}a^3}{8(h-c)} \right] P_{p0} + \frac{1}{(h-c)^2} \sum_{i=1}^{\infty} \frac{I_1(\beta_i a) P_{pi}}{\beta_i I_1'(\beta_i a)} \int_{-h}^{-c} \left[(z+h)^2 - \frac{3a^2}{4} \right] X_i(z) \mathrm{d}z$$

$$\tag{6.4.85}$$

式 (6.4.82) 等号右侧第一项的积分计算方法可以参考附录 B，式 (6.4.85) 等号右侧第一项的积分计算方法可以参考附录 A。

将式 (6.4.78) 和式 (6.4.79) 中的 p 和 s 截断到 S 项，得到含有 $2(S+1)$ 个未知数的线性方程组，求解该方程组便可以确定展开系数 ζ_s 和 χ_s，然后根据式 (6.4.73) ～ 式 (6.4.75) 确定速度势表达式中所有的展开系数，根据式 (6.4.69) ～ 式 (6.4.72) 计算附加质量和辐射阻尼。

表 6.4.3 为淹没垂直圆柱横摇运动时的附加质量和辐射阻尼随截断数的收敛性。从表中可以看出，匹配特征函数展开法和多项伽辽金方法的计算结果均随着截断数的增加而收敛，后者的计算精度高于前者。

表 6.4.3 淹没垂直圆柱横摇运动时的附加质量和辐射阻尼随截断数的收敛性
($a/h = 0.5$, $d/h = 0.2$, $c/h = 0.5$, $k_0 h = 2$)

匹配特征函数展开法			多项伽辽金方法		
截断数 N	$\mu_{55}/(\pi\rho a^5)$	$\lambda_{55}/(\pi\omega\rho a^5)$	截断数 S	$\mu_{55}/(\pi\rho a^5)$	$\lambda_{55}/(\pi\omega\rho a^5)$
10	0.177728	0.018159	0	0.210949	0.021651
20	0.180679	0.018420	1	0.183678	0.018640
40	0.181958	0.018532	2	0.182866	0.018609
80	0.182470	0.018577	3	0.182810	0.018607
120	0.182612	0.018590	5	0.182797	0.018607
160	0.182675	0.018596	7	0.182796	0.018606
200	0.182709	0.018599	9	0.182795	0.018606
300	0.182751	0.018603	10	0.182795	0.018606
400	0.182770	0.018604	11	0.182795	0.018606
600	0.182786	0.018606	12	0.182795	0.018606

　　图 6.4.4 为淹没深度对垂直圆柱横摇运动时的附加质量和辐射阻尼的影响。对比图 6.4.4 和图 6.4.3 可知，振荡频率和淹没深度对横摇和垂荡圆柱的附加质量和辐射阻尼的影响类似。

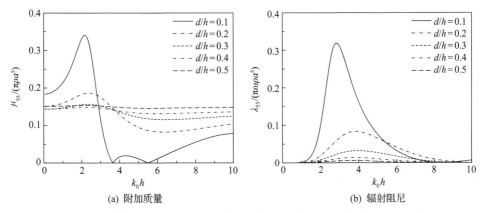

图 6.4.4　淹没深度对垂直圆柱横摇运动时的附加质量和辐射阻尼的影响

($a/h=0.5$，$(c-d)/h=0.3$)

6.5　多个截断圆柱的波浪绕射问题

　　在 6.1 节中，求解了单个垂直截断圆柱的波浪绕射问题。当同一水域存在多个截断圆柱时，由于圆柱之间水动力干涉的影响，多体结构的水动力特性与单个结构存在较大差异。Kagemoto 等[11]和 Yilmaz 等[12]对多个截断圆柱的波浪绕射问题进行了理论求解，本节详细介绍该问题的求解过程，并分析水动力干涉对圆柱受力特性的影响。

　　图 6.5.1 为多个截断圆柱波浪绕射问题的示意图。水深为 h，水域中共有 Q 个截断圆柱，第 p 个截断圆柱的半径为 a_p，吃水深度为 c_p。建立整体直角坐标系，xoy 平面与静水面重合，z 轴竖直向上，第 p 个圆柱的中心轴线与静水面的交点为 $(x,y)=(x_p,y_p)$。以每一个圆柱的中心轴线与静水面的交点为原点，建立 Q 个局部柱坐标系，第 p 个局部柱坐标系 (r_p,θ_p,z) 定义为 $r_p\cos\theta_p=x-x_p$ 和 $r_p\sin\theta_p=y-y_p$。将整个流域划分为 $Q+1$ 个区域：区域 0，所有截断圆柱外部的共同流域；区域 p（$1\leqslant p\leqslant Q$），第 p 个截断圆柱下方的内部流域（$r_p\leqslant a_p$，$0\leqslant\theta_p<2\pi$，$-h\leqslant z\leqslant -c_p$）。

　　考虑波浪入射方向与 x 轴正方向的夹角为 β，则入射波的速度势及其在局部柱坐标系 (r_p,θ_p,z) 下的级数展开形式为

$$\phi_{\mathrm{I}} = -\frac{\mathrm{i}gH}{2\omega}\mathrm{e}^{\mathrm{i}k_0(x\cos\beta+y\sin\beta)}Z_0(z)$$

$$= -\frac{\mathrm{i}gH}{2\omega}L_p\sum_{m=-\infty}^{\infty}\mathrm{i}^m\,\mathrm{e}^{-\mathrm{i}m\beta}\,\mathrm{J}_m(k_0r_p)\mathrm{e}^{\mathrm{i}m\theta_p}Z_0(z) \tag{6.5.1}$$

式中，$L_p = \exp[\mathrm{i}k_0(x_p\cos\beta + y_p\sin\beta)]$。

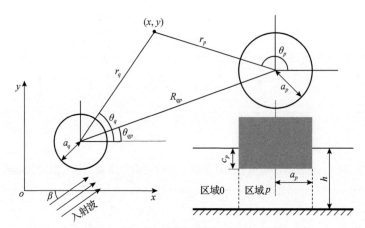

图 6.5.1　多个截断圆柱波浪绕射问题的示意图

区域 0 内的速度势可表示入射波速度势和每一个截断圆柱的绕射波速度势之和：

$$\phi_0 = \phi_{\mathrm{I}} - \frac{\mathrm{i}gH}{2\omega}\sum_{q=1}^{Q}\sum_{m=-\infty}^{\infty}\left[A_{m0}^{(q)}\,\mathrm{H}_m(k_0r_q)\mathrm{e}^{\mathrm{i}m\theta_q}Z_0(z) + \sum_{i=1}^{\infty}A_{mi}^{(q)}\,\mathrm{K}_m(k_ir_q)\mathrm{e}^{\mathrm{i}m\theta_q}Z_i(z)\right] \tag{6.5.2}$$

式中，$A_{mi}^{(q)}$ 为待定的展开系数，每个截断圆柱的绕射波速度势均以该圆柱中心轴线所定义的局部柱坐标系 (r_q, θ_q, z) 表示。

在每个截断圆柱下方的内部流体区域 $p\,(1 \leqslant p \leqslant Q)$ 中，满足三维拉普拉斯方程、水底条件以及圆柱底面不透水条件的速度势表达式为

$$\phi_p(r_p, \theta_p, z) = -\frac{\mathrm{i}gH}{2\omega}\sum_{m=-\infty}^{\infty}\mathrm{e}^{\mathrm{i}m\theta_p}\left[B_{m0}^{(p)}r_p^{|m|}X_0^{(p)}(z) + \sum_{i=1}^{\infty}B_{mi}^{(p)}\,\mathrm{I}_m(\beta_i^{(p)}r_p)X_i^{(p)}(z)\right] \tag{6.5.3}$$

式中，$B_{mi}^{(p)}$ 为待定的展开系数；$X_i^{(p)}(z)$ 为垂向特征函数系：

$$X_i^{(p)}(z) = \begin{cases} \dfrac{\sqrt{2}}{2}, & i = 0 \\ \cos[\beta_i^{(p)}(z+h)], & i = 1, 2, \cdots \end{cases} \tag{6.5.4}$$

特征值 $\beta_i^{(p)}$ 为

$$\beta_i^{(p)} = \frac{i\pi}{h - c_p}, \quad i = 1, 2, \cdots \tag{6.5.5}$$

速度势表达式中的展开系数需要应用区域 0 和每一个圆柱内部区域 $p(1 \leqslant p \leqslant Q)$ 的交界面上的流体压力和速度传递条件匹配求解，但是区域 0 和区域 $p(1 \leqslant p \leqslant Q)$ 的速度势表达式采用不同的局部柱坐标系表示，匹配求解前需要将速度势表达式在不同局部柱坐标系之间进行转换，这是解析解中最为关键的一步。

根据贝塞尔函数的 Graf 加法定理[13]：

$$H_m(k_0 r_q) e^{im\theta_q} = \sum_{s=-\infty}^{\infty} (-1)^s H_{m+s}(k_0 r_{qp}) e^{i(m+s)\theta_{qp}} J_s(k_0 r_p) e^{-is\theta_p}, \quad r_p < r_{qp}, \quad p \neq q \tag{6.5.6}$$

$$K_m(k_i r_q) e^{im\theta_q} = \sum_{s=-\infty}^{\infty} (-1)^s K_{m+s}(k_i r_{qp}) e^{i(m+s)\theta_{qp}} I_s(k_i r_p) e^{-is\theta_p}, \quad r_p < r_{qp}, \quad p \neq q \tag{6.5.7}$$

式中，

$$\begin{cases} x_p - x_q = r_{qp} \cos\theta_{qp} \\ y_p - y_q = r_{qp} \sin\theta_{qp} \end{cases} \tag{6.5.8}$$

可以将区域 0 内的速度势转换为局部柱坐标系 (r_p, θ_p, z) 中的表达式：

$$\begin{aligned} \phi_0(r_p, \theta_p, z) = -\frac{\mathrm{i}gH}{2\omega} \Bigg[& L_p \sum_{m=-\infty}^{\infty} \mathrm{i}^m e^{-im\beta} J_m(k_0 r_p) e^{im\theta_p} Z_0(z) \\ & + \sum_{m=-\infty}^{\infty} \sum_{i=0}^{\infty} A_{mi}^{(p)} \tilde{K}_m(k_i r_p) e^{im\theta_p} Z_i(z) \\ & + \sum_{q=1, q \neq p}^{Q} \sum_{m=-\infty}^{\infty} \sum_{i=0}^{\infty} \sum_{s=-\infty}^{\infty} A_{mi}^{(q)} \gamma_{i,s} \tilde{K}_{m-s}(k_i r_{qp}) e^{i(m-s)\theta_{qp}} \tilde{I}_s(k_i r_p) e^{is\theta_p} Z_i(z) \Bigg] \end{aligned} \tag{6.5.9}$$

式中，$\tilde{K}_m(k_0 r_p) = H_m(k_0 r_p)$；$\tilde{K}_m(k_i r_p) = K_m(k_i r_p)\ (i \geqslant 1)$；$\tilde{I}_s(k_0 r_p) = J_s(k_0 r_p)$；$\tilde{I}_s(k_i r_p) = I_s(k_i r_p)\ (i \geqslant 1)$；$\gamma_{0,s} = 1$；$\gamma_{i,s} = (-1)^s\ (i \geqslant 1)$。

速度势表达式中的展开系数需要应用如下边界条件匹配求解：

$$\frac{\partial \phi_0}{\partial r_p} = \begin{cases} 0, & r_p = a_p, \quad -c_p < z \leqslant 0 \\ \dfrac{\partial \phi_p}{\partial r_p}, & r_p = a_p, \quad -h \leqslant z \leqslant -c_p \end{cases} \tag{6.5.10}$$

$$\phi_0 = \phi_p, \quad r_p = a_p, \quad -h \leqslant z \leqslant -c_p \tag{6.5.11}$$

将式(6.5.3)和式(6.5.9)代入式(6.5.10)，等号两侧同时乘以 $e^{-in\theta_p} Z_j(z)$，然后对 θ 从 0 到 2π 积分、对 z 从 $-h$ 到 0 积分，得到

$$A_{nj}^{(p)} \tilde{K}_n'(k_j a_p) + \sum_{q=1, q \neq p}^{Q} \sum_{m=-\infty}^{\infty} A_{mj}^{(q)} \gamma_{j,n} \tilde{K}_{m-n}(k_j r_{qp}) e^{i(m-n)\theta_{qp}} \tilde{I}_n'(k_j a_p)$$

$$- \frac{1}{k_j N_j} \left[B_{n0}^{(p)} |n| a_p^{|n|-1} \Lambda_{0j}^{(p)} + \sum_{i=1}^{\infty} B_{ni}^{(p)} \beta_i^{(p)} I_n'(\beta_i^{(p)} a_p) \Lambda_{ij}^{(p)} \right] \tag{6.5.12}$$

$$= -\delta_{j0} L_p\, i^n\, e^{-in\beta} J_n'(k_0 a_p), \quad n = 0, \pm 1, \pm 2, \cdots, \quad j = 0, 1, \cdots$$

式中，$N_j = \displaystyle\int_{-h}^{0} [Z_j(z)]^2 dz$；$\Lambda_{ij}^{(p)} = \displaystyle\int_{-h}^{-c_p} X_i^{(p)}(z) Z_j(z) dz$；$\delta_{ji} = \begin{cases} 1, & j = i \\ 0, & j \neq i \end{cases}$。

将式(6.5.3)和式(6.5.9)代入式(6.5.11)，等号两侧同时乘以 $e^{-in\theta_p} X_j(z)$，然后对 θ 从 0 到 2π 积分、对 z 从 $-h$ 到 $-c_p$ 积分，得到

$$\sum_{i=0}^{\infty} A_{ni}^{(p)} \tilde{K}_n(k_i a_p) \Lambda_{ji}^{(p)} + \sum_{q=1, q \neq p}^{Q} \sum_{m=-\infty}^{\infty} \sum_{i=0}^{\infty} A_{mi}^{(q)} \gamma_{i,n} \tilde{K}_{m-n}(k_i r_{qp}) e^{i(m-n)\theta_{qp}} \tilde{I}_n(k_i a_p) \Lambda_{ji}^{(p)}$$

$$- B_{nj}^{(p)} \frac{h - c_p}{2} \tilde{\lambda}_{nj}^{(p)} = -L_p\, i^n\, e^{-in\beta} J_n(k_0 a_p) \Lambda_{j0}^{(p)}, \quad n = 0, \pm 1, \pm 2, \cdots, \quad j = 0, 1, \cdots \tag{6.5.13}$$

式中，$\tilde{\lambda}_{n0}^{(p)} = a_p^{|n|}$；$\tilde{\lambda}_{nj}^{(p)} = I_n(\beta_j^{(p)} a_p)\ (j \geqslant 1)$。

将式(6.5.12)和式(6.5.13)中的 m 和 n 从 $-M$ 截断到 M 项、i 和 j 截断到 N 项，可以得到含有 $2Q(2M+1)(N+1)$ 个未知数的线性方程组，求解该方程组便可以确定速度势表达式中所有的展开系数。

第 p 个截断圆柱受到的 x 方向波浪力 $F_1^{(p)}$ 为

$$F_1^{(p)} = -\frac{\mathrm{i}\,\omega\rho a_p}{2}\int_{-c_p}^0\int_0^{2\pi}\phi_0(a_p,\theta_p,z)(\mathrm{e}^{\mathrm{i}\theta_p}+\mathrm{e}^{-\mathrm{i}\theta_p})\mathrm{d}\theta_p\mathrm{d}z$$

$$= -\frac{\pi\rho gHa_p}{2}\Big\{2\mathrm{i}L_p\cos(\beta)\mathrm{J}_1(k_0a_p)\varOmega_0^{(p)}$$

$$+ \sum_{i=0}^N\Big[A_{-1i}^{(p)}\tilde{\mathrm{K}}_{-1}(k_ia_p)+A_{1i}^{(p)}\tilde{\mathrm{K}}_1(k_ia_p)\Big]\varOmega_i^{(p)} \qquad (6.5.14)$$

$$+ \sum_{q=1,q\neq p}^Q\sum_{m=-M}^M\sum_{i=0}^N A_{mi}^{(q)}\Big[\gamma_{i,-1}\tilde{\mathrm{K}}_{m+1}(k_ir_{qp})\mathrm{e}^{\mathrm{i}(m+1)\theta_{qp}}\tilde{\mathrm{I}}_{-1}(k_ia_p)$$

$$+\gamma_{i,1}\tilde{\mathrm{K}}_{m-1}(k_ir_{qp})\mathrm{e}^{\mathrm{i}(m-1)\theta_{qp}}\tilde{\mathrm{I}}_1(k_ia_p)\Big]\varOmega_i^{(p)}\Big\}$$

式中，$\varOmega_i^{(p)}=\int_{-c_p}^0 Z_i(z)\mathrm{d}z$。

第 p 个截断圆柱受到的 y 方向波浪力 $F_2^{(p)}$ 为

$$F_2^{(p)} = -\frac{\omega\rho a_p}{2}\int_{-c_p}^0\int_0^{2\pi}\phi_0(a_p,\theta_p,z)(\mathrm{e}^{\mathrm{i}\theta_p}-\mathrm{e}^{-\mathrm{i}\theta_p})\mathrm{d}\theta_p\mathrm{d}z$$

$$= -\frac{\pi\rho gHa_p}{2\mathrm{i}}\Big\{-2L_p\sin(\beta)\mathrm{J}_1(k_0a_p)\varOmega_0^{(p)}$$

$$+ \sum_{i=0}^N\Big[A_{-1i}^{(p)}\tilde{\mathrm{K}}_{-1}(k_ia_p)-A_{1i}^{(p)}\tilde{\mathrm{K}}_1(k_ia_p)\Big]\varOmega_i^{(p)} \qquad (6.5.15)$$

$$+ \sum_{q=1,q\neq p}^Q\sum_{m=-M}^M\sum_{i=0}^N A_{mi}^{(q)}\Big[\gamma_{i,-1}\tilde{\mathrm{K}}_{m+1}(k_ir_{qp})\mathrm{e}^{\mathrm{i}(m+1)\theta_{qp}}\tilde{\mathrm{I}}_{-1}(k_ia_p)$$

$$-\gamma_{i,1}\tilde{\mathrm{K}}_{m-1}(k_ir_{qp})\mathrm{e}^{\mathrm{i}(m-1)\theta_{qp}}\tilde{\mathrm{I}}_1(k_ia_p)\Big]\varOmega_i^{(p)}\Big\}$$

第 p 个截断圆柱受到的 z 方向波浪力 $F_3^{(p)}$ 为

$$F_3^{(p)} = \mathrm{i}\,\omega\rho\int_0^{a_p}\int_0^{2\pi}\phi_p(r_p,\theta_p,-c_p)r_p\mathrm{d}\theta_p\mathrm{d}r_p$$

$$= \pi\rho gHa_p\Big[B_{00}^{(p)}\frac{\sqrt{2}a_p}{4}+\sum_{i=1}^N B_{0i}^{(p)}\frac{(-1)^i\,\mathrm{I}_1(\beta_i^{(p)}a_p)}{\beta_i^{(p)}}\Big] \qquad (6.5.16)$$

第 p 个截断圆柱受到关于点 $(x_p,y_p,0)$ 的横摇(绕 y 轴)波浪力矩 $F_4^{(p)}$ 为

$$F_4^{(p)} = -\frac{\mathrm{i}\omega\rho a_p}{2}\int_{-c_p}^{0}\int_{0}^{2\pi}\phi_0(a_p,\theta_p,z)z(\mathrm{e}^{\mathrm{i}\theta_p}+\mathrm{e}^{-\mathrm{i}\theta_p})\mathrm{d}\theta_p\mathrm{d}z$$

$$-\frac{\mathrm{i}\omega\rho}{2}\int_{0}^{a_p}\int_{0}^{2\pi}\phi_p(r_p,\theta_p,-c_p)r_p^2(\mathrm{e}^{\mathrm{i}\theta_p}+\mathrm{e}^{-\mathrm{i}\theta_p})\mathrm{d}\theta_p\mathrm{d}r_p$$

$$=-\frac{\pi\rho g H a_p}{2}\left\{2\mathrm{i}L_p\cos(\beta)\mathrm{J}_1(k_0 a_p)\Pi_0^{(p)}\right.$$

$$+\sum_{i=0}^{N}\left[A_{-1i}^{(p)}\tilde{\mathrm{K}}_{-1}(k_i a_p)+A_{1i}^{(p)}\tilde{\mathrm{K}}_1(k_i a_p)\right]\Pi_i^{(p)}$$

$$+\sum_{q=1,q\neq p}^{Q}\sum_{m=-M}^{M}\sum_{i=0}^{N}A_{mi}^{(q)}\left[\gamma_{i,-1}\tilde{\mathrm{K}}_{m+1}(k_i r_{qp})\mathrm{e}^{\mathrm{i}(m+1)\theta_{qp}}\tilde{\mathrm{I}}_{-1}(k_i a_p)\right.$$

$$\left.+\gamma_{i,1}\tilde{\mathrm{K}}_{m-1}(k_i r_{qp})\mathrm{e}^{\mathrm{i}(m-1)\theta_{qp}}\tilde{\mathrm{I}}_1(k_i a_p)\right]\Pi_i^{(p)}\right\}$$

$$-\frac{\pi\rho g H a_p^2}{2}\left[(B_{-10}^{(p)}+B_{10}^{(p)})\frac{\sqrt{2}a_p^2}{8}+\sum_{i=1}^{N}(B_{-1i}^{(p)}+B_{1i}^{(p)})\frac{(-1)^i\mathrm{I}_2(\beta_i^{(p)}a_p)}{\beta_i^{(p)}}\right]$$

$$(6.5.17)$$

式中，$\Pi_i^{(p)}=\displaystyle\int_{-c_p}^{0}Z_i(z)z\mathrm{d}z$。

第 p 个截断圆柱受到关于点 $(x_p,y_p,0)$ 的纵摇(绕 x 轴)波浪力矩 $F_5^{(p)}$ 为

$$F_5^{(p)} = -\frac{\omega\rho a_p}{2}\int_{-c_p}^{0}\int_{0}^{2\pi}\phi_0(a_p,\theta_p,z)z(\mathrm{e}^{\mathrm{i}\theta_p}-\mathrm{e}^{-\mathrm{i}\theta_p})\mathrm{d}\theta_p\mathrm{d}z$$

$$-\frac{\omega\rho}{2}\int_{0}^{a_p}\int_{0}^{2\pi}\phi_p(r_p,\theta_p,-c_p)r_p^2(\mathrm{e}^{\mathrm{i}\theta_p}-\mathrm{e}^{-\mathrm{i}\theta_p})\mathrm{d}\theta_p\mathrm{d}r_p$$

$$=-\frac{\pi\rho g H a_p}{2\mathrm{i}}\left\{-2L_p\sin(\beta)\mathrm{J}_1(k_0 a_p)\Pi_0^{(p)}\right.$$

$$+\sum_{i=0}^{N}\left[A_{-1i}^{(p)}\tilde{\mathrm{K}}_{-1}(k_i a_p)-A_{1i}^{(p)}\tilde{\mathrm{K}}_1(k_i a_p)\right]\Pi_i^{(p)}$$

$$+\sum_{q=1,q\neq p}^{Q}\sum_{m=-M}^{M}\sum_{i=0}^{N}A_{mi}^{(q)}\left[\gamma_{i,-1}\tilde{\mathrm{K}}_{m+1}(k_i r_{qp})\mathrm{e}^{\mathrm{i}(m+1)\theta_{qp}}\tilde{\mathrm{I}}_{-1}(k_i a_p)\right.$$

$$\left.-\gamma_{i,1}\tilde{\mathrm{K}}_{m-1}(k_i r_{qp})\mathrm{e}^{\mathrm{i}(m-1)\theta_{qp}}\tilde{\mathrm{I}}_1(k_i a_p)\right]\Pi_i^{(p)}\right\}$$

$$-\frac{\pi\rho g H a_p^2}{2\mathrm{i}}\left[(B_{-10}^{(p)}-B_{10}^{(p)})\frac{\sqrt{2}a_p^2}{8}+\sum_{i=1}^{N}(B_{-1i}^{(p)}-B_{1i}^{(p)})\frac{(-1)^i\mathrm{I}_2(\beta_i^{(p)}a_p)}{\beta_i^{(p)}}\right]$$

$$(6.5.18)$$

截断圆柱附近水域的波面为

$$\eta = \frac{\mathrm{i}\omega}{g}\phi_0\big|_{z=0} = \frac{H}{2}\left[\mathrm{e}^{\mathrm{i}k_0(x\cos\beta + y\sin\beta)} + \sum_{q=1}^{Q}\sum_{m=-M}^{M}\sum_{i=0}^{N} A_{mi}^{(q)}\,\tilde{K}_m(k_i r_q)\,\mathrm{e}^{\mathrm{i}m\theta_q} \right] \quad (6.5.19)$$

无因次波浪力(力矩)定义为

$$C_{F_j^{(p)}} = \begin{cases} \dfrac{2\left|F_j^{(p)}\right|}{\pi\rho g H a_p^2}, & j=1,2,3 \\[3mm] \dfrac{2\left|F_j^{(p)}\right|}{\pi\rho g H a_p^2 h}, & j=4,5 \end{cases} \quad (6.5.20)$$

　　将式(6.5.12)和式(6.5.13)进行截断求解时,方程组中存在两个截断参数 M 和 N,计算中取 $M=10$ 和 $N=15$,可以得到波浪力(力矩)和波面幅值的收敛计算结果。将方阵排列的四个垂直截断圆柱作为分析对象,各圆柱的尺寸完全相同,图 6.5.2 为垂直截断圆柱的平面布置示意图。圆柱 1~圆柱 4 中心轴线与静水面的交点分别为 $(2a,\ 2a)$、$(-2a,\ 2a)$、$(-2a,\ -2a)$ 和 $(2a,\ -2a)$,相对半径为 $a/h = 1$,相对吃水深度为 $c/h = 0.5$。

　　图 6.5.3 和图 6.5.4 分别为截断圆柱上无因次波浪力和无因次波浪力矩的计算结果,为了便于比较,图中还给出了

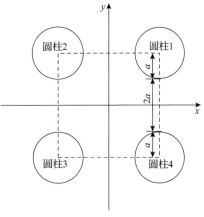

图 6.5.2　垂直截断圆柱的平面布置示意图

单个孤立截断圆柱上的波浪力曲线。从图中可以看出,由于水动力干涉的影响,多圆柱受到的波浪力与单个圆柱的受力存在较大差异。随着无因次波数的增大,波浪力呈现振荡变化,波浪力峰值明显高于单圆柱上波浪力峰值。也可以看出,圆柱 1、4 上 x 和 y 方向波浪力峰值明显小于圆柱 2、3 上波浪力峰值,主要是因为背浪侧圆柱 1、4 受到迎浪侧圆柱 2、3 的掩护作用。由于对称性,单个圆柱上 y 方向波浪力和纵摇波浪力矩均为 0,然而水动力干涉作用导致多个圆柱上对应的波浪力和波浪力矩不为 0。

　　图 6.5.5 为截断圆柱附近水域无因次波面幅值的等值线,无因次波面幅值定义为 $C_\eta = 2|\eta|/H$。从图中可以看出,与迎浪侧水域相比,截断圆柱背浪侧水域的波

面幅值变化较为缓和。圆柱迎浪侧表面的波浪爬高显著，局部区域的波浪爬高达到入射波幅值的 2 倍以上，背浪侧表面的波浪爬高整体小于入射波幅值。

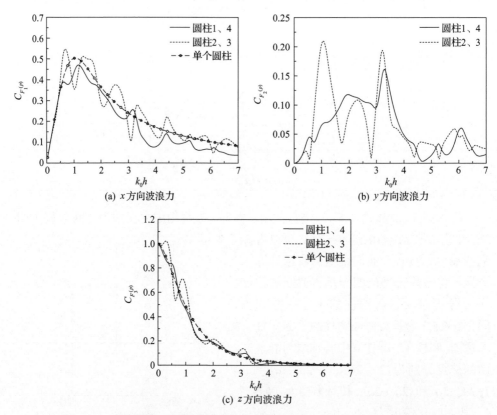

(a) x 方向波浪力

(b) y 方向波浪力

(c) z 方向波浪力

图 6.5.3　截断圆柱上无因次波浪力的计算结果（$a/h = 1$，$c/h = 0.5$，$\beta = 0°$）

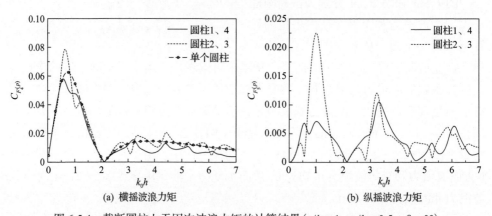

(a) 横摇波浪力矩

(b) 纵摇波浪力矩

图 6.5.4　截断圆柱上无因次波浪力矩的计算结果（$a/h = 1$，$c/h = 0.5$，$\beta = 0°$）

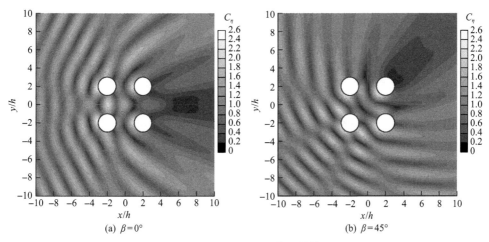

图 6.5.5　截断圆柱附近水域无因次波面幅值的等值线 ($a/h = 1$，$c/h = 0.5$)

　　本节仅求解了波浪绕射问题，关于多个截断圆柱波浪辐射问题的解析研究可以参阅文献[14]；当圆柱为坐底式出水结构时，当前的问题变为桩群波浪绕射问题，关于桩群问题的解析研究可以参阅文献[15]和[16]；对于多个淹没截断圆柱波浪问题的解析研究可以参阅文献[17]。

6.6　圆柱形振荡水柱波能装置

　　2.7 节给出了关于振荡水柱波能装置的工作原理以及能量俘获效率的计算方法，并考虑直墙前带垂直薄板结构的振荡水柱波能装置，建立了问题的二维精确解析解。本节考虑圆柱形振荡水柱波能装置，采用多项伽辽金方法建立波浪绕射和辐射问题的三维精确解析解，计算分析装置的能量俘获性能。Porter[5]曾经采用多项伽辽金方法对该问题进行了解析研究。图 6.6.1 为圆柱形振荡水柱波能装置示意图，水深为 h，腔室半径为 a，吃水深度为 d，忽略圆柱筒的壁厚对波浪绕射和辐射的影响。直角坐标系和柱坐标系与 6.1 节中的定义相同，波浪沿着 x 轴正方向传播，波高为 H，周期为 T，波长为 L。将整个流域划分为两个区域：区域 1，外部开敞流域($r \geqslant a$，$0 \leqslant \theta < 2\pi$，$-h \leqslant z \leqslant 0$)；区域 2，腔室内部流域($r \leqslant a$，$0 \leqslant \theta < 2\pi$，$-h \leqslant z \leqslant 0$)。

6.6.1　波浪绕射问题

　　对于波浪绕射问题，流体运动的速度势满足三维拉普拉斯方程、自由水面条件、水底条件和远场辐射条件。区域 1 和区域 2 内的速度势表达式分别为

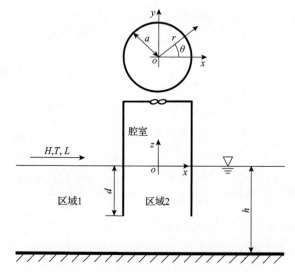

图 6.6.1　圆柱形振荡水柱波能装置示意图

$$\phi_1^s = -\frac{\mathrm{i}\,gH}{2\omega}\sum_{m=0}^{\infty}\varepsilon_m\,\mathrm{i}^m\cos(m\theta)\Bigg[\mathrm{J}_m(k_0r)Z_0(z)+A_{m0}\frac{\mathrm{H}_m(k_0r)}{\mathrm{H}_m(k_0a)}Z_0(z)$$
$$+\sum_{i=1}^{\infty}A_{mi}\frac{\mathrm{K}_m(k_ir)}{\mathrm{K}_m(k_ia)}Z_i(z)\Bigg] \tag{6.6.1}$$

$$\phi_2^s = -\frac{\mathrm{i}\,gH}{2\omega}\sum_{m=0}^{\infty}\varepsilon_m\,\mathrm{i}^m\cos(m\theta)\Bigg[B_{m0}\frac{\mathrm{J}_m(k_0r)}{\mathrm{J}_m(k_0a)}Z_0(z)+\sum_{i=1}^{\infty}B_{mi}\frac{\mathrm{I}_m(k_ir)}{\mathrm{I}_m(k_ia)}Z_i(z)\Bigg] \tag{6.6.2}$$

式中，A_{mi} 和 B_{mi} 为待定的展开系数。

速度势表达式中的展开系数需要通过如下边界条件匹配求解：

$$\frac{\partial\phi_1^s}{\partial r}=\frac{\partial\phi_2^s}{\partial r}=0,\quad r=a,\quad -d<z\leqslant 0 \tag{6.6.3}$$

$$\frac{\partial\phi_1^s}{\partial r}=\frac{\partial\phi_2^s}{\partial r},\quad r=a,\quad -h\leqslant z\leqslant -d \tag{6.6.4}$$

$$\phi_1^s=\phi_2^s,\quad r=a,\quad -h\leqslant z\leqslant -d \tag{6.6.5}$$

为了考虑圆筒柱下端处流体速度的平方根奇异性，将 $r=a$ 处沿 r 轴的流体速度展开为级数形式：

$$\frac{\partial\phi_1^s}{\partial r}\bigg|_{r=a}=\frac{\partial\phi_2^s}{\partial r}\bigg|_{r=a}=-\frac{\mathrm{i}\,gH}{2\omega}\sum_{m=0}^{\infty}\varepsilon_m\,\mathrm{i}^m\cos(m\theta)\sum_{p=0}^{\infty}\chi_{mp}u_p(z),\quad -h\leqslant z\leqslant -d \tag{6.6.6}$$

式中，χ_{mp} 为待定的展开系数；$u_p(z)$ 为基函数系，由式(2.1.35)给出。

将式(6.6.1)和式(6.6.2)代入式(6.6.3)和式(6.6.6)，得到

$$\sum_{m=0}^{\infty} \varepsilon_m \mathrm{i}^m \cos(m\theta) \left[k_0 \mathrm{J}'_m(k_0 a) Z_0(z) + \sum_{i=0}^{\infty} A_{mi} \frac{k_i \tilde{\mathrm{K}}'_m(k_i a)}{\tilde{\mathrm{K}}_m(k_i a)} Z_i(z) \right]$$

$$= \begin{cases} 0, & -d < z \leqslant 0 \\ \displaystyle\sum_{m=0}^{\infty} \varepsilon_m \mathrm{i}^m \cos(m\theta) \sum_{p=0}^{\infty} \chi_{mp} u_p(z), & -h \leqslant z \leqslant -d \end{cases} \tag{6.6.7}$$

$$\sum_{m=0}^{\infty} \varepsilon_m \mathrm{i}^m \cos(m\theta) \sum_{i=0}^{\infty} B_{mi} \frac{k_i \tilde{\mathrm{I}}'_m(k_i a)}{\tilde{\mathrm{I}}_m(k_i a)} Z_i(z)$$

$$= \begin{cases} 0, & -d < z \leqslant 0 \\ \displaystyle\sum_{m=0}^{\infty} \varepsilon_m \mathrm{i}^m \cos(m\theta) \sum_{p=0}^{\infty} \chi_{mp} u_p(z), & -h \leqslant z \leqslant -d \end{cases} \tag{6.6.8}$$

式中，$\tilde{\mathrm{K}}_m(k_0 a) = \mathrm{H}_m(k_0 a)$；$\tilde{\mathrm{K}}_m(k_i a) = \mathrm{K}_m(k_i a)\ (i \geqslant 1)$；$\tilde{\mathrm{I}}_m(k_0 a) = \mathrm{J}_m(k_0 a)$；$\tilde{\mathrm{I}}_m(k_i a) = \mathrm{I}_m(k_i a)\ (i \geqslant 1)$。

将式(6.6.7)和式(6.6.8)等号两侧同时乘以 $\cos(m\theta) Z_j(z)$，然后对 θ 从 0 到 2π 积分、对 z 从 $-h$ 到 0 积分，得到

$$A_{mj} = \frac{\tilde{\mathrm{K}}_m(k_j a)}{\tilde{\mathrm{K}}'_m(k_j a) k_j N_j} \sum_{p=0}^{\infty} \chi_{mp} F_{jp} - \delta_{j0} \frac{\mathrm{J}'_m(k_0 a) \mathrm{H}_m(k_0 a)}{\mathrm{H}'_m(k_0 a)}, \quad j = 0,1,\cdots \tag{6.6.9}$$

$$B_{mj} = \frac{\tilde{\mathrm{I}}_m(k_j a)}{\tilde{\mathrm{I}}'_m(k_j a) k_j N_j} \sum_{p=0}^{\infty} \chi_{mp} F_{jp}, \quad j = 0,1,\cdots \tag{6.6.10}$$

式中，$\delta_{ji} = \begin{cases} 1, & j = i \\ 0, & j \neq i \end{cases}$；$N_j = \displaystyle\int_{-h}^{0} [Z_j(z)]^2 \mathrm{d}z$；$F_{jp} = \displaystyle\int_{-h}^{-d} Z_j(z) u_p(z) \mathrm{d}z$，其积分结果由式(2.1.37)给出，只需将下标索引符号 m 替换成 j。

将式(6.6.1)和式(6.6.2)代入式(6.6.5)，得到

$$\sum_{m=0}^{\infty} \varepsilon_m \mathrm{i}^m \cos(m\theta) \left[\mathrm{J}_m(k_0 a) Z_0(z) + \sum_{i=0}^{\infty} A_{mi} Z_i(z) \right]$$

$$= \sum_{m=0}^{\infty} \varepsilon_m \mathrm{i}^m \cos(m\theta) \sum_{i=0}^{\infty} B_{mi} Z_i(z), \quad -h \leqslant z \leqslant -d \tag{6.6.11}$$

将式(6.6.11)等号两侧乘以 $\cos(m\theta) u_s(z)$，然后对 θ 从 0 到 2π 积分、对 z 从

$-h$ 到 $-d$ 积分，得到

$$\sum_{i=0}^{\infty} A_{mi}F_{is} - \sum_{i=0}^{\infty} B_{mi}F_{is} = -\mathrm{J}_m(k_0a)F_{0s}, \quad s = 0,1,\cdots \tag{6.6.12}$$

将式(6.6.9)和式(6.6.10)代入式(6.6.12)，得到

$$\sum_{p=0}^{\infty} \chi_{mp}\lambda_{msp} = f_{ms}, \quad s = 0,1,\cdots \tag{6.6.13}$$

式中，

$$\lambda_{msp} = \sum_{i=0}^{\infty}\left[\frac{\tilde{\mathrm{K}}_m(k_ia)}{\tilde{\mathrm{K}}'_m(k_ia)} - \frac{\tilde{\mathrm{I}}_m(k_ia)}{\tilde{\mathrm{I}}'_m(k_ia)}\right]\frac{F_{is}F_{ip}}{k_iN_i} \tag{6.6.14}$$

$$f_{ms} = \left[\frac{\mathrm{J}'_m(k_0a)\mathrm{H}_m(k_0a)}{\mathrm{H}'_m(k_0a)} - \mathrm{J}_m(k_0a)\right]F_{0s} \tag{6.6.15}$$

将式(6.6.13)中的 m 截断到 M 项、p 和 s 截断到 S 项，可以得到 $M+1$ 个线性方程组，每个方程组均含有 $S+1$ 个未知数，求解这些方程组便可以确定展开系数 χ_{mp}，然后根据式(6.6.9)和式(6.6.10)确定速度势表达式中所有的展开系数。

腔室内的激振体积通量 q^s 为

$$\begin{aligned}
q^s &= \int_0^a \int_0^{2\pi} \frac{\partial \phi_2^s}{\partial z}\bigg|_{z=0} r\mathrm{d}\theta\mathrm{d}r \\
&= -\frac{\mathrm{i}\pi gHa}{\omega}\left[B_{00}\frac{\mathrm{J}_1(k_0a)}{\mathrm{J}_0(k_0a)}\tanh(k_0h) - \sum_{i=1}^{\infty} B_{0i}\frac{\mathrm{I}_1(k_ia)}{\mathrm{I}_0(k_ia)}\tan(k_ih)\right]
\end{aligned} \tag{6.6.16}$$

类似上述的求解思路，也可以将圆筒壁两侧($r = a$)的压强差(速度势差)展开为级数形式：

$$(\phi_1^s - \phi_2^s)\big|_{r=a} = \begin{cases} -\dfrac{\mathrm{i}gH}{2\omega}\displaystyle\sum_{m=0}^{\infty}\varepsilon_m \mathrm{i}^m \cos(m\theta)\sum_{p=0}^{\infty}\chi_{mp}p_p(z), & -d \leqslant z \leqslant 0 \\ 0, & -h \leqslant z < -d \end{cases} \tag{6.6.17}$$

式中，$p_p(z)$ 为基函数系，由式(2.1.43)给出。

式(6.6.17)中的待定系数 χ_{mp} 和速度势表达式中的待定系数 A_{mi}、B_{mi} 的计算过程与前面类似，此处不再赘述。

6.6.2　波浪辐射问题

振荡水柱波能装置腔室内的空气压强变化会引起波浪辐射，区域 1 内辐射波的速度势满足三维拉普拉斯方程、自由水面条件、水底条件和远场辐射条件，其表达式为

$$\phi_1^r = C_0 \frac{\mathrm{H}_0(k_0 r)}{\mathrm{H}_0(k_0 a)} Z_0(z) + \sum_{i=1}^{\infty} C_i \frac{\mathrm{K}_0(k_i r)}{\mathrm{K}_0(k_i a)} Z_i(z) \tag{6.6.18}$$

式中，C_i 为待定的展开系数。

由于当前波浪辐射问题具有轴对称性，与轴向角 θ 无关，速度势表达式中仅保留了角模态为 0 的项，其余角模态的项对辐射波运动不产生贡献。

在区域 2 内，由于腔室内的空气压强变化，自由水面条件为

$$\frac{\partial \phi_2^r}{\partial z} - \frac{\omega^2}{g} \phi_2^r = \frac{\mathrm{i}\omega}{\rho g}, \quad z = 0 \tag{6.6.19}$$

相应地，可以将辐射波速度势写成通解 $\phi_{2,\mathrm{g}}^r$ 和特解 $\phi_{2,\mathrm{p}}^r$ 之和：

$$\phi_2^r = \phi_{2,\mathrm{g}}^r + \phi_{2,\mathrm{p}}^r \tag{6.6.20}$$

通解和特解均满足三维拉普拉斯方程。此外，通解满足如下边界条件：

$$\begin{cases} \dfrac{\partial \phi_{2,\mathrm{g}}^r}{\partial z} - \dfrac{\omega^2}{g} \phi_{2,\mathrm{g}}^r = 0, & z = 0 \\ \dfrac{\partial \phi_{2,\mathrm{g}}^r}{\partial z} = 0, & z = -h \end{cases} \tag{6.6.21}$$

特解满足如下边界条件：

$$\begin{cases} \dfrac{\partial \phi_{2,\mathrm{p}}^r}{\partial z} - \dfrac{\omega^2}{g} \phi_{2,\mathrm{p}}^r = \dfrac{\mathrm{i}\omega}{\rho g}, & z = 0 \\ \dfrac{\partial \phi_{2,\mathrm{p}}^r}{\partial z} = 0, & z = -h \end{cases} \tag{6.6.22}$$

速度势通解的表达式为

$$\phi_{2,\mathrm{g}}^r = D_0 \frac{\mathrm{J}_0(k_0 r)}{\mathrm{J}_0(k_0 a)} Z_0(z) + \sum_{i=1}^{\infty} D_i \frac{\mathrm{I}_0(k_i r)}{\mathrm{I}_0(k_i a)} Z_i(z) \tag{6.6.23}$$

速度势特解可选取为

$$\phi_{2,p}^{r} = -\frac{i}{\rho\omega} \tag{6.6.24}$$

区域 1 和区域 2 内辐射波速度势表达式中的展开系数需要通过如下匹配条件求解：

$$\frac{\partial \phi_1^{r}}{\partial r} = \frac{\partial \phi_2^{r}}{\partial r} = 0, \quad r = a, \quad -d < z \leqslant 0 \tag{6.6.25}$$

$$\frac{\partial \phi_1^{r}}{\partial r} = \frac{\partial \phi_2^{r}}{\partial r}, \quad r = a, \quad -h \leqslant z \leqslant -d \tag{6.6.26}$$

$$\phi_1^{r} = \phi_2^{r}, \quad r = a, \quad -h \leqslant z \leqslant -d \tag{6.6.27}$$

与绕射问题类似，将 $r = a$ 处沿 r 轴方向的流体速度展开为级数形式：

$$\left. \frac{\partial \phi_1^{r}}{\partial r} \right|_{r=a} = \left. \frac{\partial \phi_2^{r}}{\partial r} \right|_{r=a} = \sum_{p=0}^{\infty} \zeta_p u_p(z), \quad -h \leqslant z \leqslant -d \tag{6.6.28}$$

式中，ζ_p 为待定的展开系数；$u_p(z)$ 为基函数系，由式 (2.1.35) 给出。

参照 6.6.1 节中波浪绕射问题的求解过程，可以应用式 (6.6.25)、式 (6.6.27) 和式 (6.6.28) 得到如下方程：

$$C_j = \frac{\tilde{K}_0(k_j a)}{\tilde{K}_0'(k_j a) k_j N_j} \sum_{p=0}^{\infty} \zeta_p F_{jp}, \quad j = 0, 1, \cdots \tag{6.6.29}$$

$$D_j = \frac{\tilde{I}_0(k_j a)}{\tilde{I}_0'(k_j a) k_j N_j} \sum_{p=0}^{\infty} \zeta_p F_{jp}, \quad j = 0, 1, \cdots \tag{6.6.30}$$

$$\sum_{i=0}^{\infty} C_i F_{is} - \sum_{i=0}^{\infty} D_i F_{is} = -\frac{i}{\rho\omega} \int_{-h}^{-d} u_s(z) \mathrm{d}z, \quad s = 0, 1, \cdots \tag{6.6.31}$$

将式 (6.6.29) 和式 (6.6.30) 代入式 (6.6.31)，得到

$$\sum_{p=0}^{\infty} \zeta_p \ell_{sp} = -\frac{i}{\rho\omega} \int_{-h}^{-d} u_s(z) \mathrm{d}z, \quad s = 0, 1, \cdots \tag{6.6.32}$$

式中，$\int_{-h}^{-d} u_s(z) \mathrm{d}z$ 的计算方法由式 (2.7.41) 给出，只需将下标索引符号 p 替换成 s；

$$\ell_{sp} = \sum_{i=0}^{\infty} \left[\frac{\tilde{K}_0(k_ia)}{\tilde{K}_0'(k_ia)} - \frac{\tilde{I}_0(k_ia)}{\tilde{I}_0'(k_ia)} \right] \frac{F_{is}F_{ip}}{k_iN_i} \tag{6.6.33}$$

将式 (6.6.32) 中的 p 和 s 截断到 S 项，可以得到含有 $S+1$ 个未知数的线性方程组，求解该方程组便可以确定展开系数 ζ_p，然后根据式 (6.6.29) 和式 (6.6.30) 确定辐射波速度势表达式中的展开系数。

当腔室内气压单位振幅简谐变化时，辐射体积通量 q^{r} 为

$$\begin{aligned} q^{\mathrm{r}} &= \int_0^a \int_0^{2\pi} \frac{\partial \phi_2^{\mathrm{r}}}{\partial z} \bigg|_{z=0} r\mathrm{d}\theta\mathrm{d}r \\ &= 2\pi a \left[D_0 \frac{\mathrm{J}_1(k_0a)}{\mathrm{J}_0(k_0a)} \tanh(k_0h) - \sum_{i=1}^{\infty} D_i \frac{\mathrm{I}_1(k_ia)}{\mathrm{I}_0(k_ia)} \tan(k_ih) \right] \end{aligned} \tag{6.6.34}$$

辐射电导系数 λ 和辐射电纳系数 μ 由式 (2.7.5) 确定。

在确定激振体积通量、辐射电纳系数和辐射电导系数后，可以根据式 (2.7.9) 计算波能装置的能量俘获功率，此处将能量俘获宽度 l 定义为

$$l = \frac{8P_{\mathrm{PTO}}}{\rho g H^2 c_{\mathrm{g}}} \tag{6.6.35}$$

式中符号的含义与式 (2.7.10) 中相应的符号一致。需要注意的是，在 2.7 节中，由于波能转换装置的性能分析是沿波峰线单位宽度的立面二维问题，所以使用能量俘获效率来衡量装置性能；而对于波能转换装置的三维问题，使用能量俘获宽度来衡量装置性能。

图 6.6.2 为腔室半径对波能装置能量俘获宽度的影响。在计算中，腔室内初始空气体积 $V_0 = 0.5\pi a^2 h$，腔室上方风力涡轮机的 PTO 阻尼 λ_{PTO} 由式 (2.7.12) 确定。从图中可以看出，随着无因次波数的增大，能量俘获宽度整体呈现抛物线变化；当腔室半径增大时，能量俘获宽度峰值逐渐减小，峰值对应的波浪频率向低频区域移动。对于相对腔室半径 $a/h = 1$ 的装置，能量俘获宽度在 $k_0h \approx 3.8$ 时趋于 0，主要是因为激振体积通量趋于 0。换言之，尽管腔室内水面存在扰动，但是内部空气的总体积始终保持不变，腔室内外不产生气体交换，导致装置无法俘获波浪能量。

图 6.6.3 为吃水深度对波能装置能量俘获宽度的影响。从图中可以看出，随着吃水深度的增大，能量俘获宽度的峰值逐渐增加，峰值对应的频率向低频区域偏移，峰值附近的曲线变得陡尖。增大装置的吃水深度，只能在较小波频范围内对装置性能有所提升，考虑到实际海域中以不规则波浪为主，装置的吃水深度不宜过大。

图 6.6.4 为腔室初始空气体积对波能装置能量俘获宽度的影响。从图中可以看

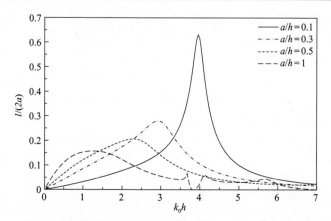

图 6.6.2 腔室半径对波能装置能量俘获宽度的影响($h=10\text{m}$，$d/h=0.2$，$V_0=0.5\pi a^2 h$)

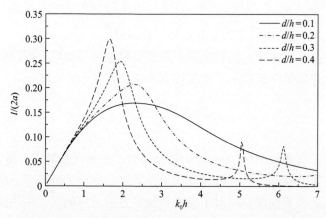

图 6.6.3 吃水深度对波能装置能量俘获宽度的影响($h=10\text{m}$，$a/h=0.5$，$V_0=0.5\pi a^2 h$)

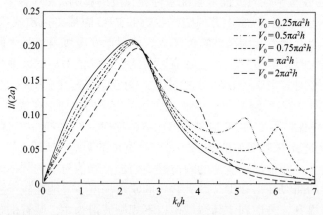

图 6.6.4 腔室初始空气体积对波能装置能量俘获宽度的影响($h=10\text{m}$，$d/h=0.2$，$a/h=0.5$)

出，腔室初始空气体积对装置的能量俘获宽度具有明显影响。当 $k_0h < 2.5$ 时，增大腔室初始空气体积导致能量俘获宽度减小；当 $k_0h > 2.5$ 时，增大腔室初始空气体积有可能提升装置性能。当腔室体积较大时，能量俘获宽度出现了二次峰值，且对应的波频随着体积的增大向低频移动。

6.7　局部开孔圆筒柱的波浪绕射问题

波浪对大型直立墩柱的作用是海岸工程中典型的波浪绕射问题，在工程设计中，可以考虑在墩柱壁面上开孔，以降低波浪爬高和波浪力，提升工程的经济性和安全性。图 6.7.1 为大连港某开敞式码头的开孔圆墩柱照片，在墩柱静水面附近的侧壁上设置矩形孔，有效降低了波浪爬高，从而降低了码头面的设计顶高程，节约了工程投资。本节对波浪作用下开孔圆筒柱的水动力特性进行解析研究，分析开孔圆柱上的波浪爬高特征和附近水域的波面演化。

图 6.7.1　大连港某开敞式码头的开孔圆墩柱照片(拍摄：滕斌)

图 6.7.2 为波浪对局部开孔圆筒柱作用的示意图。圆筒柱的半径为 a，圆筒柱外部和内部的水深分别为 h 和 d。直角坐标系和柱坐标系的定义与 6.1 节中相同，波浪沿着 x 轴正方向传播，波高为 H，周期为 T，波长为 L。将整个流域划分为两个区域：区域 1，外部开敞流域 $(r \geqslant a,\ 0 \leqslant \theta < 2\pi,\ -h \leqslant z \leqslant 0)$；区域 2，圆筒柱内部流域 $(r \leqslant a,\ 0 \leqslant \theta < 2\pi,\ -d \leqslant z \leqslant 0)$。

速度势满足三维拉普拉斯方程、自由水面条件、海底不透水条件和远场辐射条件。区域 2 内的速度势需要满足圆筒柱内部底面的不透水条件：

$$\frac{\partial \phi_2}{\partial z} = 0, \quad z = -d \tag{6.7.1}$$

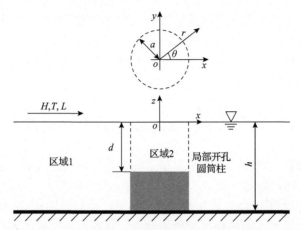

图 6.7.2　波浪对局部开孔圆筒柱作用的示意图

在开孔圆筒柱侧面，速度势满足如下边界条件：

$$\frac{\partial \phi_1}{\partial r} = \begin{cases} \dfrac{\partial \phi_2}{\partial r}, & r = a, \ -d \leqslant z \leqslant 0 \\ 0, & r = a, \ -h \leqslant z < -d \end{cases} \tag{6.7.2}$$

$$\frac{\partial \phi_2}{\partial r} = \mathrm{i}\, k_0 G(\phi_2 - \phi_1), \quad r = a, \ -d \leqslant z \leqslant 0 \tag{6.7.3}$$

式中，G 为开孔圆筒柱的孔隙影响参数。

区域 1 和区域 2 内的速度势表达式分别与式(6.1.1)和式(6.3.1)相同，速度势表达式中的展开系数 A_{mi} 和 B_{mi} 需要应用式(6.7.2)和式(6.7.3)匹配求解。

将式(6.1.1)和式(6.3.1)代入式(6.7.2)，等号两侧同时乘以 $\cos(m\theta)Z_j(z)$，然后对 θ 从 0 到 2π 积分、对 z 从 $-h$ 到 0 积分，得到

$$A_{mj}\frac{\tilde{\mathrm{K}}'_m(k_j a)}{\tilde{\mathrm{K}}_m(k_j a)} - \sum_{i=0}^{\infty} B_{mi}\frac{\tilde{\mathrm{I}}'_m(\lambda_i a)}{\tilde{\mathrm{I}}_m(\lambda_i a)}\frac{\lambda_i \Omega_{ij}}{k_j N_j} = -\delta_{j0}\,\mathrm{J}'_m(k_0 a), \quad j = 0,1,\cdots \tag{6.7.4}$$

式中，$N_j = \displaystyle\int_{-h}^{0}[Z_j(z)]^2\,\mathrm{d}z$；$\Omega_{ij} = \displaystyle\int_{-d}^{0}U_i(z)Z_j(z)\,\mathrm{d}z$。

将式(6.1.1)和式(6.3.1)代入式(6.7.3)，等号两侧同时乘以 $\cos(m\theta)U_j(z)$，然后对 θ 从 0 到 2π 积分、对 z 从 $-d$ 到 0 积分，得到

$$\mathrm{i}G\sum_{i=0}^{\infty}A_{mi}\frac{\Omega_{ji}}{M_j} + B_{mj}\left[\frac{\lambda_j}{k_0}\frac{\tilde{\mathrm{I}}'_m(\lambda_j a)}{\tilde{\mathrm{I}}_m(\lambda_j a)} - \mathrm{i}G\right] = -\mathrm{i}G\,\mathrm{J}_m(k_0 a)\frac{\Omega_{j0}}{M_j}, \quad j = 0,1,\cdots \tag{6.7.5}$$

式中，$M_j = \int_{-d}^{0} [U_j(z)]^2 \mathrm{d}z$。

将式(6.7.4)和式(6.7.5)中的 m 截断到 M 项、i 和 j 截断到 N 项，可以得到 $M + 1$ 个线性方程组，每个方程组均含有 $2(N + 1)$ 个未知数，求解这些方程组便可以确定速度势表达式中所有的展开系数。

开孔圆筒柱外表面的波浪爬高为

$$\eta_{\text{out}}(\theta) = \frac{\mathrm{i}\omega}{g}\phi_1(a,\theta,0) = \frac{H}{2}\left[\mathrm{e}^{\mathrm{i}k_0 a\cos\theta} + \sum_{m=0}^{M}\varepsilon_m \mathrm{i}^m \cos(m\theta)\sum_{i=0}^{N} A_{mi}\right] \qquad (6.7.6)$$

开孔圆筒柱内表面的波浪爬高为

$$\eta_{\text{in}}(\theta) = \frac{\mathrm{i}\omega}{g}\phi_2(a,\theta,0) = \frac{H}{2}\sum_{m=0}^{M}\varepsilon_m \mathrm{i}^m \cos(m\theta)\sum_{i=0}^{N} B_{mi} \qquad (6.7.7)$$

开孔圆筒柱附近水域的波面为

$$\eta(r,\theta) = \begin{cases} \dfrac{H}{2}\left[\mathrm{e}^{\mathrm{i}k_0 r\cos\theta} + \displaystyle\sum_{m=0}^{M}\varepsilon_m \mathrm{i}^m \cos(m\theta)\sum_{i=0}^{N} A_{mi}\dfrac{\tilde{\mathrm{K}}_m(k_i r)}{\tilde{\mathrm{K}}_m(k_i a)}\right], & r \geqslant a \\[3mm] \dfrac{H}{2}\displaystyle\sum_{m=0}^{M}\varepsilon_m \mathrm{i}^m \cos(m\theta)\sum_{i=0}^{N} B_{mi}\dfrac{\tilde{\mathrm{I}}_m(\lambda_i r)}{\tilde{\mathrm{I}}_m(\lambda_i a)}, & r < a \end{cases} \qquad (6.7.8)$$

当开孔圆筒柱内部和外部的水深相同时，相应的波浪绕射问题变得简单。此时，圆筒柱外部和内部流体运动的速度势表达式分别为

$$\phi_1 = -\frac{\mathrm{i}gH}{2\omega}\sum_{m=0}^{\infty}\varepsilon_m \mathrm{i}^m \cos(m\theta)\left[\mathrm{J}_m(k_0 r) + A_m \frac{\mathrm{H}_m(k_0 r)}{\mathrm{H}_m(k_0 a)}\right]Z_0(z) \qquad (6.7.9)$$

$$\phi_2 = -\frac{\mathrm{i}gH}{2\omega}\sum_{m=0}^{\infty}\varepsilon_m \mathrm{i}^m \cos(m\theta)B_m \frac{\mathrm{J}_m(k_0 r)}{\mathrm{J}_m(k_0 a)}Z_0(z) \qquad (6.7.10)$$

式中，A_m 和 B_m 为展开系数，满足如下方程组：

$$A_m \frac{\mathrm{H}'_m(k_0 a)}{\mathrm{H}_m(k_0 a)} - B_m \frac{\mathrm{J}'_m(k_0 a)}{\mathrm{J}_m(k_0 a)} = -\mathrm{J}'_m(k_0 a) \qquad (6.7.11)$$

$$\mathrm{i}GA_m + B_m\left[\frac{\mathrm{J}'_m(k_0 a)}{\mathrm{J}_m(k_0 a)} - \mathrm{i}G\right] = -\mathrm{i}G\,\mathrm{J}_m(k_0 a) \qquad (6.7.12)$$

图 6.7.3 为局部开孔圆筒柱外表面(实线)和内表面(虚线)无因次波浪爬高的

计算结果,无因次波浪爬高 C_H 定义为波浪爬高与入射波振幅的比值。从图中可以看出,对于圆筒柱外表面,迎浪侧的波浪爬高显著大于背浪侧的波浪爬高;而对于圆筒柱内表面,背浪侧的波浪爬高更大。对于迎浪侧,外表面的波浪爬高大于内表面的波浪爬高;对于背浪侧,结果正好相反。

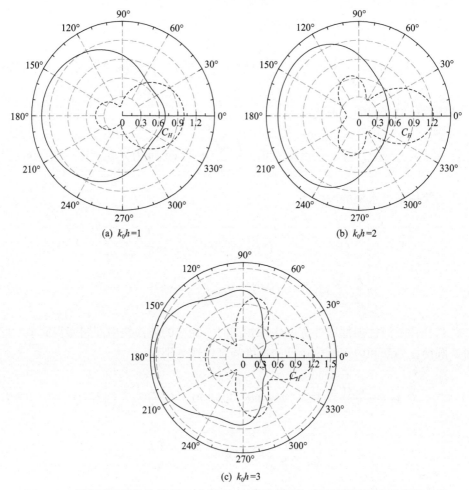

(a) $k_0h=1$

(b) $k_0h=2$

(c) $k_0h=3$

图 6.7.3　局部开孔圆筒柱外表面(实线)和内表面(虚线)无因次波浪爬高的计算结果
($a/h=1$, $d/h=0.5$, $G=0.5$)

图 6.7.4 为孔隙影响参数对局部开孔圆筒柱内外表面无因次波浪爬高的影响。在计算中,考虑了四种不同的孔隙影响参数,其中 $G=0$ 表示圆筒柱表面不开孔,即从水底延伸至水面以上的垂直墩柱。从图中可以看出,当圆筒柱不开孔时,迎浪侧的波浪爬高达到入射波振幅的 1.8 倍以上;在圆筒壁上开孔可以显著降低迎浪侧外表面的波浪爬高,孔隙影响参数(开孔率)越大,波浪爬高降低越明显;随

着孔隙影响参数的增大，背浪侧外表面的波浪爬高呈增大趋势，迎浪侧内表面的波浪爬高增加。

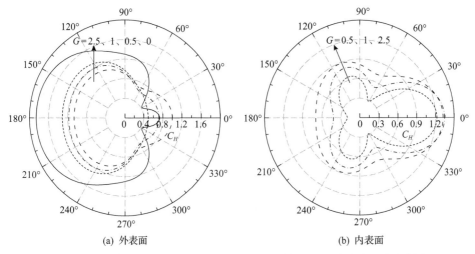

(a) 外表面　　　　　　　　　　　　　　(b) 内表面

图 6.7.4　孔隙影响参数对局部开孔圆筒柱内外表面无因次波浪爬高的影响
$(a/h = 1,\ d/h = 0.5,\ k_0 h = 2)$

图 6.7.5 为局部开孔圆筒柱附近水域无因次波面幅值的等值线，无因次波面幅值定义为 $C_\eta = 2|\eta|/H$。从图中可以看出，由于入射波和绕射波的叠加，迎浪侧波面幅值交替出现峰值线和谷值线，等值线呈 C 形变化。由于波能积聚的影响，圆筒柱迎浪侧附近水域的波面幅值显著大于其他水域，当圆筒壁不开孔时，该现象更为明显。

本节求解了单个开孔圆筒柱的波浪绕射问题，关于多个开孔圆筒柱波浪绕射问题的求解，可以参考 6.5 节中的方法，即首先将整个流域分为多个区域(外域和

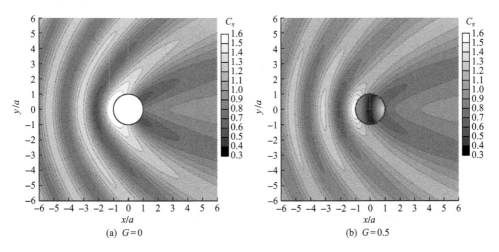

(a) $G = 0$　　　　　　　　　　　　　　(b) $G = 0.5$

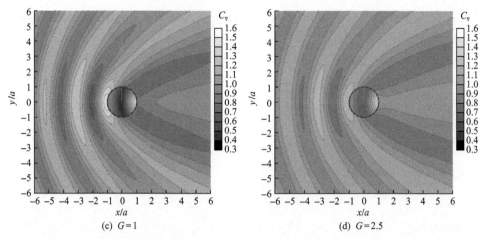

图 6.7.5 局部开孔圆筒柱附近水域无因次波面幅值的等值线 ($a/h = 1$, $d/h = 0.5$, $k_0 h = 1.5$)

每个圆柱的内域),然后采用分离变量法给出每个区域内的速度势级数表达式,再根据贝塞尔函数的 Graf 加法定理,将外场速度势表达式转换为每个圆筒柱局部柱坐标系下的表达形式,并应用每个圆筒柱的表面条件匹配求解速度势表达式中的展开系数,最后根据速度势计算圆筒柱的波浪力和附近水域的自由波面。关于局部开孔圆柱群(内部有同轴柱体)波浪绕射问题的解析研究可以参阅文献[18]。

参 考 文 献

[1] Havelock T H. The pressure of water waves upon a fixed obstacle. Proceedings of the Royal Society A Mathematical Physical and Engineering Sciences, 1940, 175(963): 409-421.

[2] MacCamy R C, Fuchs R A. Wave forces on piles: A diffraction theory. Beach Erosion Board, Techical Memorandum No. 69. Washington DC, 1954.

[3] Garrett C J R. Wave forces on a circular dock. Journal of Fluid Mechanics, 1971, 46(1): 129-139.

[4] Gradshteyn I S, Ryzhik I M. Table of Integrals, Series, and Products. 7th ed. New York: Academic Press, 2007.

[5] Porter R. Complementary methods and bounds in linear water waves. Bristol: University of Bristol, 1995.

[6] Roy R, Chakraborty R, Mandal B N. Propagation of water waves over an asymmetrical rectangular trench. The Quarterly Journal of Mechanics and Applied Mathematics, 2017, 70(1): 49-64.

[7] 赵海涛, 滕斌, 李广伟, 等. 竖直截断圆柱一阶波浪力的实验研究. 中国海洋平台, 2003, 18(4): 12-17.

[8] Yeung R W. Added mass and damping of a vertical cylinder in finite-depth waters. Applied Ocean Research, 1981, 3(3): 119-133.

[9] Mandal B N, Kanoria M. Oblique wave-scattering by thick horizontal barriers. Journal of Offshore Mechanics and Arctic Engineering, 2000, 122(2): 100-108.

[10] Hogben N, Standing R G. Experience in computing wave loads on large bodies//Proceedings of the 7th Offshore Technology Conference, Houston, 1975: 413-431.

[11] Kagemoto H, Yue D K P. Interactions among multiple three-dimensional bodies in water waves: An exact algebraic method. Journal of Fluid Mechanics, 1986, 166: 189-209.

[12] Yilmaz O, Incecik A. Analytical solutions of the diffraction problem of a group of truncated vertical cylinders. Ocean Engineering, 1998, 25(6): 385-394.

[13] Abramowitz M, Stegun I A. Handbook of Mathematical Functions. Washington DC: Government Printing Office, 1964.

[14] Siddorn P, Eatock Taylor R. Diffraction and independent radiation by an array of floating cylinders. Ocean Engineering, 2008, 35(13): 1289-1303.

[15] Spring B H, Monkneyer P L. Interaction of plane waves with vertical cylinders//Proceedings of the 14th International Conference on Coastal Engineering, Copenhagen, 1974: 1828-1845.

[16] Linton C M, Evans D V. The interaction of waves with arrays of vertical circular cylinders. Journal of Fluid Mechanics, 1990, 215: 549-569.

[17] McCauley G, Wolgamot H, Orszaghova J, et al. Linear hydrodynamic modelling of arrays of submerged oscillating cylinders. Applied Ocean Research, 2018, 81: 1-14.

[18] Li A J, Liu Y, Fang H. Wave scattering by porous cylinders with inner columns near a vertical wall. Physics of Fluids, 2023, 35(8): 087111.

第 7 章　水平圆柱和半圆形结构

在前面章节的各种解析方法中，通常要求结构物的几何边界与坐标轴平行或垂直，因此这些方法无法直接用于分析水平圆柱、半圆形结构等的水动力特性，对于该类结构，可以采用多极子方法[1,2]构建波浪与结构物相互作用的解析解。本章首先以深水中和有限水深中波浪对水平圆柱的作用问题为例，介绍采用多极子方法分析结构水动力特性的基本过程；然后采用多极子方法依次解析研究半圆形潜堤、四分之一圆形潜堤、半圆形充水柔性薄膜、半圆形开孔弹性板、双层流中的半圆形潜堤、冰层下半圆形地形、多个半圆形潜堤共振反射、直墙前水平圆柱波能装置等水动力学问题。

7.1　深水中水平圆柱

采用多极子方法分析水波对结构物的作用，深水(无限水深)中淹没水平圆柱的波浪绕射问题可能是最简单的一个问题，Thorne[3]给出了该问题的多极子解析解。本节以深水中的淹没水平圆柱为例，介绍如何采用多极子方法分析波浪对结构物作用的基本思路和求解过程。这里只考虑淹没水平圆柱，对于圆心位于静水面的漂浮水平圆柱，基本分析思路一致，但是多极子的表达式不同，具体可以参阅文献[1]。

7.1.1　正向波对水平圆柱的作用

图 7.1.1 为深水中正向入射波对淹没水平圆柱作用的示意图。圆柱半径为 a，静水面与圆柱中心的垂直距离为 $d(d>a)$。建立直角坐标系，原点位于结构中垂

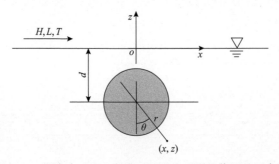

图 7.1.1　深水中正向入射波对淹没水平圆柱作用的示意图

线与静水面交点处，x 轴水平向右，z 轴竖直向上，极坐标系 (r,θ) 定义为 $r\cos\theta = -(z+d)$ 和 $r\sin\theta = x$。波浪沿 x 轴正方向传播，波高为 H，周期为 T，波长为 L。由于水平圆柱形状的特殊性，需要采用多极子方法求解该问题，下面详细介绍深水条件下多极子的推导过程以及问题的求解过程。

在极坐标的极点（水平圆柱的圆心）处具有奇异性的拉普拉斯方程基本解为 $r^{-n}\cos(n\theta)$ 和 $r^{-n}\sin(n\theta)$，该基本解可以表示为积分形式[4]：

$$\frac{\cos(n\theta)}{r^n} = \begin{cases} \dfrac{(-1)^n}{(n-1)!}\displaystyle\int_0^\infty \mu^{n-1}\,\mathrm{e}^{-\mu(z+d)}\cos(\mu x)\,\mathrm{d}\mu, & z > -d \\[2ex] \dfrac{1}{(n-1)!}\displaystyle\int_0^\infty \mu^{n-1}\,\mathrm{e}^{\mu(z+d)}\cos(\mu x)\,\mathrm{d}\mu, & z < -d \end{cases} \tag{7.1.1}$$

$$\frac{\sin(n\theta)}{r^n} = \begin{cases} \dfrac{(-1)^{n+1}}{(n-1)!}\displaystyle\int_0^\infty \mu^{n-1}\,\mathrm{e}^{-\mu(z+d)}\sin(\mu x)\,\mathrm{d}\mu, & z > -d \\[2ex] \dfrac{1}{(n-1)!}\displaystyle\int_0^\infty \mu^{n-1}\,\mathrm{e}^{\mu(z+d)}\sin(\mu x)\,\mathrm{d}\mu, & z < -d \end{cases} \tag{7.1.2}$$

基于以上基本解，可以构建满足自由水面条件、水底条件以及远场辐射条件的拉普拉斯方程奇异解，该奇异解称为多极子；将入射波速度势和所有的多极子线性加权叠加，可以得到波浪通过水平圆柱时整个流场内流体运动速度势的表达式，该表达式中包含一系列的待定加权系数；令速度势满足水平圆柱表面的物面边界条件，可以确定所有加权系数的值，即求解得到波浪通过水平圆柱的速度势，该速度势满足控制方程（拉普拉斯方程）和所有边界条件；根据流体运动的速度势，可以计算分析水平圆柱的反射系数、透射系数、波浪力等水动力特性参数。以上就是多极子方法的基本求解过程。

考虑关于 z 轴对称的多极子 φ_n^+ 和反对称的多极子 φ_n^-，其基本表达式可以表示为

$$\varphi_n^+ = \frac{\cos(n\theta)}{r^n} + \frac{1}{(n-1)!}\int_0^\infty A^+(\mu)\mu^{n-1}\cos(\mu x)\mathrm{e}^{\mu z}\,\mathrm{d}\mu, \quad n = 1,2,\cdots \tag{7.1.3}$$

$$\varphi_n^- = \frac{\sin(n\theta)}{r^n} + \frac{1}{(n-1)!}\int_0^\infty A^-(\mu)\mu^{n-1}\sin(\mu x)\mathrm{e}^{\mu z}\,\mathrm{d}\mu, \quad n = 1,2,\cdots \tag{7.1.4}$$

式中，$A^\pm(\mu)$ 为关于 μ 的未知函数，具体表达式需要通过自由水面条件来确定。

注意到，式 (7.1.3) 和式 (7.1.4) 已经满足拉普拉斯方程和深水水底条件，分别将其代入自由水面条件式 (1.1.16)，可以得到

$$A^{\pm}(\mu) = \pm \frac{\mu + K}{\mu - K}(-1)^n\, e^{-\mu d} \tag{7.1.5}$$

式中，$K \equiv \omega^2/g$ 为深水（无限水深）波数，ω 为波浪运动圆频率，g 为重力加速度。

将式 (7.1.5) 代入式 (7.1.3) 和式 (7.1.4)，可以得到多极子的表达式：

$$\varphi_n^+ = \frac{\cos(n\theta)}{r^n} + \frac{(-1)^n}{(n-1)!}\int_0^\infty \frac{\mu + K}{\mu - K}\mu^{n-1}\, e^{\mu(z-d)}\cos(\mu x)\,\mathrm{d}\mu \tag{7.1.6}$$

$$\varphi_n^- = \frac{\sin(n\theta)}{r^n} - \frac{(-1)^n}{(n-1)!}\int_0^\infty \frac{\mu + K}{\mu - K}\mu^{n-1}\, e^{\mu(z-d)}\sin(\mu x)\,\mathrm{d}\mu \tag{7.1.7}$$

为了满足远场辐射条件，式 (7.1.6) 和式 (7.1.7) 中的积分路径需向下绕过奇点 $\mu = K$，详细的证明过程和思路可以参阅文献[5]，本章所有多极子中积分的计算方法均可以参阅文献[6]。

多极子的远场表达式为

$$\varphi_n^+ \sim \mathrm{i}\frac{2\pi(-K)^n}{(n-1)!}\, e^{K(z-d)}\, e^{\pm \mathrm{i}Kx}, \quad x \to \pm\infty \tag{7.1.8}$$

$$\varphi_n^- \sim \mp\frac{2\pi(-K)^n}{(n-1)!}\, e^{K(z-d)}\, e^{\pm \mathrm{i}Kx}, \quad x \to \pm\infty \tag{7.1.9}$$

根据指数函数的泰勒展开式，可以将多极子展开为级数形式：

$$\varphi_n^+ = \frac{\cos(n\theta)}{r^n} + \sum_{s=0}^\infty C_{ns}^+ r^s \cos(s\theta) \tag{7.1.10}$$

$$\varphi_n^- = \frac{\sin(n\theta)}{r^n} + \sum_{s=1}^\infty C_{ns}^- r^s \sin(s\theta) \tag{7.1.11}$$

式中，

$$C_{ns}^+ = C_{ns}^- = \frac{(-1)^{n+s}}{s!(n-1)!}\int_0^\infty \frac{\mu + K}{\mu - K}\mu^{n+s-1}\, e^{-2\mu d}\,\mathrm{d}\mu \tag{7.1.12}$$

入射波速度势的表达式及其级数展开形式为

$$\phi_1 = -\frac{\mathrm{i}gH}{2\omega}e^{\mathrm{i}Kx}\, e^{Kz} = -\frac{\mathrm{i}gH}{2\omega}e^{-Kd}\left[\sum_{s=0}^\infty \frac{(-Kr)^s}{s!}\cos(s\theta) - \mathrm{i}\sum_{s=1}^\infty \frac{(-Kr)^s}{s!}\sin(s\theta)\right]$$

$$\tag{7.1.13}$$

将入射波速度势和所有的多极子线性加权叠加，可以得到流体区域内的速度势表达式：

$$\phi = -\frac{\mathrm{i}gH}{2\omega}\left[\mathrm{e}^{-Kd}\sum_{s=0}^{\infty}\frac{(-Kr)^s}{s!}\cos(s\theta) + \sum_{n=1}^{\infty}\chi_n^+\varphi_n^+ - \mathrm{i}\,\mathrm{e}^{-Kd}\sum_{s=1}^{\infty}\frac{(-Kr)^s}{s!}\sin(s\theta) + \sum_{n=1}^{\infty}\chi_n^-\varphi_n^-\right]$$

$$(7.1.14)$$

式中，χ_n^+ 和 χ_n^- 为待定的展开(加权)系数。

速度势的远场表达式为

$$\phi \sim -\frac{\mathrm{i}gH}{2\omega}\begin{cases}\left(\mathrm{e}^{\mathrm{i}Kx} + R_0\,\mathrm{e}^{-\mathrm{i}Kx}\right)\mathrm{e}^{Kz}, & x \to -\infty \\ T_0\,\mathrm{e}^{\mathrm{i}Kx}\,\mathrm{e}^{Kz}, & x \to +\infty\end{cases}$$

$$(7.1.15)$$

式中，R_0 和 T_0 分别为与反射波和透射波相关的待定系数。

可以看出，速度势表达式(7.1.14)已经满足拉普拉斯方程、自由水面条件、深水水底条件以及远场辐射条件，要采用该速度势描述波浪对水平圆柱的作用，需要令其满足水平圆柱表面的不透水条件，实际上也是应用圆柱表面边界条件来确定速度势表达式中的展开系数。

在水平圆柱表面，不透水的物面条件为

$$\frac{\partial\phi}{\partial r} = 0, \quad r = a, \quad 0 \leqslant \theta < 2\pi \tag{7.1.16}$$

将式(7.1.14)代入式(7.1.16)，等号两侧同时乘以 $\cos(m\theta)$ 或 $\sin(m\theta)$，然后对 θ 从 0 到 2π 积分，并应用三角函数的正交性，可以得到

$$a^{-2m}\chi_m^+ - \sum_{n=1}^{\infty}\chi_n^+ C_{nm}^+ = \frac{(-K)^m\,\mathrm{e}^{-Kd}}{m!}, \quad m = 1, 2, \cdots \tag{7.1.17}$$

$$a^{-2m}\chi_m^- - \sum_{n=1}^{\infty}\chi_n^- C_{nm}^- = -\mathrm{i}\frac{(-K)^m\,\mathrm{e}^{-Kd}}{m!}, \quad m = 1, 2, \cdots \tag{7.1.18}$$

将式(7.1.17)和式(7.1.18)中的 m 和 n 截断至 N 项，分别得到含有 N 个未知数的两个独立线性方程组，求解方程组便可以确定速度势表达式中所有的展开系数。通过对比式(7.1.17)和式(7.1.18)，可以发现

$$-\mathrm{i}\chi_n^+ = \chi_n^- \tag{7.1.19}$$

通过对比式(7.1.8)、式(7.1.9)和式(7.1.13)~式(7.1.15)，可以得到深水中水

平圆柱的反射系数 C_{r} 和透射系数 C_{t} ，计算表达式为

$$C_{\mathrm{r}} = \left| R_0 \right| = \left| 2\pi \mathrm{e}^{-Kd} \sum_{n=1}^{N} \frac{(-K)^n}{(n-1)!} (\mathrm{i}\chi_n^+ + \chi_n^-) \right| \equiv 0 \qquad (7.1.20)$$

$$C_{\mathrm{t}} = \left| T_0 \right| = \left| 1 + 2\pi \mathrm{e}^{-Kd} \sum_{n=1}^{N} \frac{(-K)^n}{(n-1)!} (\mathrm{i}\chi_n^+ - \chi_n^-) \right| \qquad (7.1.21)$$

由此可见，在正向入射波条件下，深水中水平圆柱的反射系数始终为 0，同时根据能量守恒关系可以得到透射系数始终为 1。

将动水压强沿整个结构物表面进行积分，可以得到水平圆柱受到的水平波浪力 F_x 和垂向波浪力 F_z ，计算表达式为

$$F_x = \mathrm{i}\omega\rho \int_0^{2\pi} \phi(a,\theta) a(-\sin\theta) \mathrm{d}\theta = -\pi\rho g H \chi_1^- \qquad (7.1.22)$$

$$F_z = \mathrm{i}\omega\rho \int_0^{2\pi} \phi(a,\theta) a\cos\theta \, \mathrm{d}\theta = \pi\rho g H \chi_1^+ \qquad (7.1.23)$$

在式 (7.1.22) 和式 (7.1.23) 的推导中，使用了式 (7.1.17) 和式 (7.1.18)。

7.1.2　斜向波对水平圆柱的作用

图 7.1.2 为深水中斜向入射波对水平圆柱作用的示意图，直角坐标系和极坐标系与图 7.1.1 中的定义类似，只是沿水平圆柱轴线方向（长度方向）增加 y 轴，并且考虑波浪入射方向与 x 轴正方向的夹角为 β 。斜向入射波条件下，多极子的形式与正向入射波条件下完全不同，下面详细介绍其推导过程，并给出问题的求解过程。

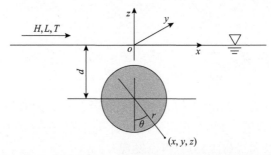

图 7.1.2　深水中斜向入射波对水平圆柱作用的示意图

满足修正的亥姆霍兹方程且在极坐标的极点处具有奇异性的基本解为 $\mathrm{K}_n(K_y r)\cos(n\theta)$ 和 $\mathrm{K}_n(K_y r)\sin(n\theta)$ ，其中 $\mathrm{K}_n(x)$ 为第二类 n 阶修正贝塞尔函数。

基本解的积分表达式为[7]

$$
\mathrm{K}_n(K_y r)\cos(n\theta)=
\begin{cases}
(-1)^n\displaystyle\int_0^\infty \cosh(n\mu)\cos[K_y x\sinh(\mu)]\mathrm{e}^{-\nu(z+d)}\,\mathrm{d}\mu, & z>-d\\[3mm]
\displaystyle\int_0^\infty \cosh(n\mu)\cos[K_y x\sinh(\mu)]\mathrm{e}^{\nu(z+d)}\,\mathrm{d}\mu, & z<-d
\end{cases}
$$

$$(7.1.24)$$

$$
\mathrm{K}_n(K_y r)\sin(n\theta)=
\begin{cases}
(-1)^{n+1}\displaystyle\int_0^\infty \sinh(n\mu)\sin[K_y x\sinh(\mu)]\mathrm{e}^{-\nu(z+d)}\,\mathrm{d}\mu, & z>-d\\[3mm]
\displaystyle\int_0^\infty \sinh(n\mu)\sin[K_y x\sinh(\mu)]\mathrm{e}^{\nu(z+d)}\,\mathrm{d}\mu, & z<-d
\end{cases}
$$

$$(7.1.25)$$

式中，$K_y=K\cos\beta$；$\nu=K_y\cosh(\mu)$；$K\equiv\omega^2/g$ 为深水（无限水深）波数。

对于波浪斜向入射情况，满足修正的亥姆霍兹方程和深水水底条件的多极子可表示为

$$
\varphi_n^+=\mathrm{K}_n(K_y r)\cos(n\theta)+\int_0^\infty A^+(\nu)\cosh(n\mu)\cos[K_y x\sinh(\mu)]\mathrm{e}^{\nu z}\,\mathrm{d}\mu,\quad n=0,1,\cdots
$$

$$(7.1.26)$$

$$
\varphi_n^-=\mathrm{K}_n(K_y r)\sin(n\theta)+\int_0^\infty A^-(\nu)\sinh(n\mu)\sin[K_y x\sinh(\mu)]\mathrm{e}^{\nu z}\,\mathrm{d}\mu,\quad n=1,2,\cdots
$$

$$(7.1.27)$$

式中，$A^\pm(\nu)$ 为关于 ν 的未知函数。

将式 (7.1.26) 和式 (7.1.27) 代入自由水面条件，得到 $A^\pm(\nu)$ 的表达式：

$$
A^\pm(\nu)=\pm\frac{\nu+K}{\nu-K}(-1)^n\,\mathrm{e}^{-\nu d}
$$

$$(7.1.28)$$

将式 (7.1.28) 代入式 (7.1.26) 和式 (7.1.27) 中，得到多极子的具体表达式：

$$
\varphi_n^+=\mathrm{K}_n(K_y r)\cos(n\theta)+(-1)^n\int_0^\infty\frac{\nu+K}{\nu-K}\cosh(n\mu)\cos[K_y x\sinh(\mu)]\mathrm{e}^{\nu(z-d)}\,\mathrm{d}\mu
$$

$$(7.1.29)$$

$$
\varphi_n^-=\mathrm{K}_n(K_y r)\sin(n\theta)-(-1)^n\int_0^\infty\frac{\nu+K}{\nu-K}\sinh(n\mu)\sin[K_y x\sinh(\mu)]\mathrm{e}^{\nu(z-d)}\,\mathrm{d}\mu
$$

$$(7.1.30)$$

为了满足远场辐射条件，式(7.1.29)和式(7.1.30)中的积分路径需向下绕过奇点 $\mu = \kappa = \ln(1/\sin\beta + \sqrt{1/\sin^2\beta - 1})$ 。多极子的远场表达式为

$$\varphi_n^+ \sim 2\pi\mathrm{i}(-1)^n(\cos\beta)^{-1}\cosh(n\kappa)\mathrm{e}^{K(z-d)}\mathrm{e}^{\pm\mathrm{i}K_x x}, \quad x \to \pm\infty \qquad (7.1.31)$$

$$\varphi_n^- \sim \mp 2\pi(-1)^n(\cos\beta)^{-1}\sinh(n\kappa)\mathrm{e}^{K(z-d)}\mathrm{e}^{\pm\mathrm{i}K_x x}, \quad x \to \pm\infty \qquad (7.1.32)$$

考虑如下关系式[8,9]：

$$\exp\left[\frac{1}{2}p(q + q^{-1})\right] = \frac{1}{2}\sum_{s=0}^{\infty}\varepsilon_s(q^s + q^{-s})\mathrm{I}_s(p) \qquad (7.1.33)$$

式中，$\varepsilon_0 = 1$；$\varepsilon_s = 2\,(s \geqslant 1)$；$\mathrm{I}_s(x)$ 为第一类 s 阶修正贝塞尔函数。

令式(7.1.33)中的 $p = \pm K_y r$ 和 $q = \mathrm{e}^{\mathrm{i}(\theta + \mathrm{i}\mu)}$，分离出其中的实部和虚部，并应用修正贝塞尔函数的关系式 $\mathrm{I}_s(-p) = (-1)^s\mathrm{I}_s(p)$，可以得到

$$\mathrm{e}^{\pm\nu(z+d)}\cos[K_y x\sinh(\mu)] = \sum_{s=0}^{\infty}(\mp 1)^s\varepsilon_s\cosh(s\mu)\mathrm{I}_s(K_y r)\cos(s\theta) \qquad (7.1.34)$$

$$\mathrm{e}^{\pm\nu(z+d)}\sin[K_y x\sinh(\mu)] = 2\sum_{s=1}^{\infty}(\mp 1)^{s+1}\sinh(s\mu)\mathrm{I}_s(K_y r)\sin(s\theta) \qquad (7.1.35)$$

应用式(7.1.34)和式(7.1.35)可以将多极子展开为级数形式：

$$\varphi_n^+ = \mathrm{K}_n(K_y r)\cos(n\theta) + \sum_{s=0}^{\infty}C_{ns}^+\mathrm{I}_s(K_y r)\cos(s\theta) \qquad (7.1.36)$$

$$\varphi_n^- = \mathrm{K}_n(K_y r)\sin(n\theta) + \sum_{s=1}^{\infty}C_{ns}^-\mathrm{I}_s(K_y r)\sin(s\theta) \qquad (7.1.37)$$

式中，

$$C_{ns}^+ = (-1)^{n+s}\varepsilon_s\int_0^{\infty}\frac{\nu + K}{\nu - K}\mathrm{e}^{-2\nu d}\cosh(n\mu)\cosh(s\mu)\mathrm{d}\mu \qquad (7.1.38)$$

$$C_{ns}^- = 2(-1)^{n+s}\int_0^{\infty}\frac{\nu + K}{\nu - K}\mathrm{e}^{-2\nu d}\sinh(n\mu)\sinh(s\mu)\mathrm{d}\mu \qquad (7.1.39)$$

应用式(7.1.34)和式(7.1.35)可以将斜向入射波的速度势写为

$$\phi_1 = -\frac{\mathrm{i}gH}{2\omega}\mathrm{e}^{\mathrm{i}K_x x}\,\mathrm{e}^{Kz}$$

$$= -\frac{\mathrm{i}gH}{2\omega}\mathrm{e}^{-Kd}\left[\sum_{s=0}^{\infty}(-1)^s \varepsilon_s \cosh(s\kappa)\mathrm{I}_s(K_y r)\cos(s\theta)\right. \tag{7.1.40}$$

$$\left. -2\mathrm{i}\sum_{s=1}^{\infty}(-1)^s \sinh(s\kappa)\mathrm{I}_s(K_y r)\sin(s\theta)\right]$$

将入射波速度势和所有的多极子线性加权叠加，可以得到流体区域内的速度势表达式：

$$\phi = -\frac{\mathrm{i}gH}{2\omega}\left[\mathrm{e}^{-Kd}\sum_{s=0}^{\infty}(-1)^s \varepsilon_s \cosh(s\kappa)\mathrm{I}_s(K_y r)\cos(s\theta) + \sum_{n=0}^{\infty}\chi_n^+\varphi_n^+\right.$$

$$\left. -2\mathrm{i}\mathrm{e}^{-Kd}\sum_{s=1}^{\infty}(-1)^s \sinh(s\kappa)\mathrm{I}_s(K_y r)\sin(s\theta) + \sum_{n=1}^{\infty}\chi_n^-\varphi_n^-\right] \tag{7.1.41}$$

式中，χ_n^+ 和 χ_n^- 为待定的展开系数。

速度势的远场表达式为

$$\phi \sim -\frac{\mathrm{i}gH}{2\omega}\begin{cases}\left(\mathrm{e}^{\mathrm{i}K_x x} + R_0\,\mathrm{e}^{-\mathrm{i}K_x x}\right)\mathrm{e}^{Kz}, & x \to -\infty \\ T_0\,\mathrm{e}^{\mathrm{i}K_x x}\,\mathrm{e}^{Kz}, & x \to +\infty\end{cases} \tag{7.1.42}$$

将式 (7.1.41) 代入水平圆柱表面的不透水物面条件式 (7.1.16)，等号两侧同时乘以 $\cos(m\theta)$ 或 $\sin(m\theta)$，然后对 θ 从 0 到 2π 积分，可以得到

$$\chi_m^+ Q_m + \sum_{n=0}^{\infty}\chi_n^+ C_{nm}^+ = -\mathrm{e}^{-Kd}(-1)^m \varepsilon_m \cosh(m\kappa), \quad m = 0,1,\cdots \tag{7.1.43}$$

$$\chi_m^- Q_m + \sum_{n=0}^{\infty}\chi_n^- C_{nm}^- = 2\mathrm{i}\mathrm{e}^{-Kd}(-1)^m \sinh(m\kappa), \quad m = 1,2,\cdots \tag{7.1.44}$$

式中，$Q_m = \mathrm{K}_m'(K_y a)/\mathrm{I}_m'(K_y a)$。

将式 (7.1.43) 和式 (7.1.44) 中的 m 和 n 截断至 N 项，分别得到含有 N 和 $N+1$ 个未知数的两个线性方程组，求解方程组便可以确定速度势表达式中所有的展开系数。通过对比式 (7.1.31)、式 (7.1.32) 和式 (7.1.40)～式 (7.1.42)，可以得到斜向入射波作用下水平圆柱的反射系数 C_r 和透射系数 C_t，计算表达式为

$$C_{\mathrm{r}} = \left| R_0 \right| = \left| 2\pi \mathrm{e}^{-Kd} (\cos\beta)^{-1} \left[\mathrm{i} \sum_{n=0}^{N} \chi_n^+ (-1)^n \cosh(n\kappa) + \sum_{n=1}^{N} \chi_n^- (-1)^n \sinh(n\kappa) \right] \right|$$

$$(7.1.45)$$

$$C_{\mathrm{t}} = \left| T_0 \right| = \left| 1 + 2\pi \mathrm{e}^{-Kd} (\cos\beta)^{-1} \left[\mathrm{i} \sum_{n=0}^{N} \chi_n^+ (-1)^n \cosh(n\kappa) - \sum_{n=1}^{N} \chi_n^- (-1)^n \sinh(n\kappa) \right] \right|$$

$$(7.1.46)$$

根据线性伯努利方程可以得到水平圆柱表面的动水压强，在波浪斜向入射条件下，动水压强沿着 y 轴（水平圆柱长度方向）呈现正弦变化，将动水压强沿整个水平圆柱表面进行积分便可以得到结构物受到的总波浪力。这里仅考虑水平圆柱的横截面受力情况（垂直于 y 轴的横截面），圆柱截面受到的水平波浪力 F_x 和垂向波浪力 F_z 为

$$F_x = \mathrm{i}\omega\rho \int_0^{2\pi} \phi(a,\theta) a(-\sin\theta)\,\mathrm{d}\theta = -\frac{\pi\rho g H}{2 K_y\,\mathrm{I}_1'(K_y a)} \chi_1^- \tag{7.1.47}$$

$$F_z = \mathrm{i}\omega\rho \int_0^{2\pi} \phi(a,\theta) a\cos\theta\,\mathrm{d}\theta = \frac{\pi\rho g H}{2 K_y\,\mathrm{I}_1'(K_y a)} \chi_1^+ \tag{7.1.48}$$

在式(7.1.47)和式(7.1.48)的推导中，使用了式(7.1.43)、式(7.1.44)以及朗斯基关系式[9]：

$$\mathrm{K}_m(\mu)\mathrm{I}_m'(\mu) - \mathrm{K}_m'(\mu)\mathrm{I}_m(\mu) = \frac{1}{\mu}, \quad n = 0,1,\cdots \tag{7.1.49}$$

多极子方法具有很好的收敛性，表 7.1.1 为深水中淹没水平圆柱反射系数随截

表 **7.1.1** 深水中淹没水平圆柱反射系数随截断数的收敛性($d/a = 1.5$，$\beta = 30°$)

截断数 N	反射系数 C_{r}						
	$Ka = 0.1$	$Ka = 0.5$	$Ka = 1$	$Ka = 1.5$	$Ka = 2$	$Ka = 2.5$	$Ka = 3$
1	0.0487	0.3116	0.2439	0.1361	0.0664	0.0299	0.0128
2	0.0499	0.3730	0.3684	0.2672	0.1692	0.0965	0.0504
3	0.0499	0.3786	0.3946	0.3155	0.2276	0.1507	0.0921
4	0.0499	0.3790	0.3978	0.3258	0.2467	0.1758	0.1180
5	0.0499	0.3791	0.3981	0.3272	0.2507	0.1833	0.1284
6	0.0499	0.3791	0.3981	0.3274	0.2513	0.1848	0.1312
7	0.0499	0.3791	0.3981	0.3274	0.2513	0.1850	0.1318
8	0.0499	0.3791	0.3981	0.3274	0.2513	0.1850	0.1318

断数的收敛性。从表中可以看出，计算结果随着截断数的增大而迅速收敛；当截断数 $N = 8$ 时，可以得到 4 位有效数字精度的计算结果。在下面的计算中，取截断数 $N = 8$。

图 7.1.3 为波浪入射角度对水平圆柱反射系数的影响。在波浪正向入射条件下，7.1.1 节已经证明深水中水平圆柱的反射系数始终为 0，但是从图中可以看出，当波浪斜向入射时，水平圆柱的反射系数不为 0。Levine[10]通过边界积分方程推导出深水中水平圆柱反射系数和透射系数的近似表达式，并且表明波浪斜向入射时的反射系数不为 0。

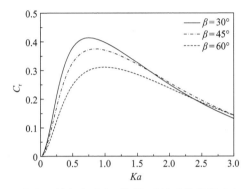

图 7.1.3　波浪入射角度对水平圆柱反射系数的影响($d/a = 1.5$)

图 7.1.4 为波浪入射角度对水平圆柱上无因次波浪力的影响，无因次水平波浪力和无因次垂向波浪力分别定义为 $C_{F_x} = |F_x|/(\rho g H a)$ 和 $C_{F_z} = |F_z|/(\rho g H a)$。从图中可以看出，随着波浪频率的增加，水平波浪力和垂向波浪力均呈现抛物线变化；波浪入射角度对圆柱上波浪力有显著的影响，当入射角度从 0°增加到 60°时，水平波浪力和垂向波浪力的峰值均逐渐降低，水平波浪力峰值对应的波浪频率无明显变化，但是垂向波浪力峰值对应的波浪频率向低频移动。值得注意的是，当波

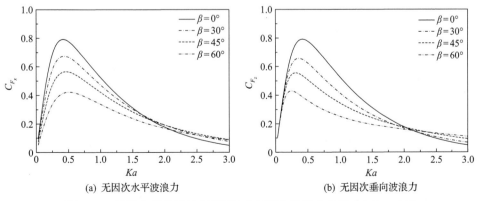

(a) 无因次水平波浪力　　　　　　　(b) 无因次垂向波浪力

图 7.1.4　波浪入射角度对水平圆柱上无因次波浪力的影响($d/a = 1.5$)

浪正向入射时，水平圆柱受到的水平波浪力和垂向波浪力幅值始终相等，这也可以直接由式(7.1.19)、式(7.1.22)和式(7.1.23)得出。

7.2　有限水深中水平圆柱

7.2.1　正向波对水平圆柱的作用

图 7.2.1 为有限水深中正向入射波对水平圆柱作用的示意图。水深为 h，圆柱半径为 a，静水面与圆心的垂直距离为 $d(d>a)$，圆柱完全淹没于水中$(d+a<h)$。建立直角坐标系，原点位于静水面与圆柱中垂线的交点处，x 轴水平向右，z 轴竖直向上，极坐标定义为 $r\cos\theta=-(z+d)$ 和 $r\sin\theta=x$。有限水深中多极子的表达式与深水中多极子有所差别，下面详细介绍其推导过程，并给出问题的求解过程。

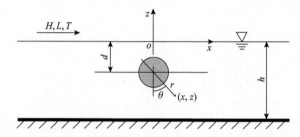

图 7.2.1　有限水深中正向入射波对水平圆柱作用的示意图

有限水深中，关于 z 轴对称和反对称的多极子分别具有如下形式：

$$\varphi_n^+=\frac{\cos(n\theta)}{r^n}+\frac{1}{(n-1)!}\int_0^\infty \mu^{n-1}\cos(\mu x)\Big[A^+(\mu)\mathrm{e}^{-\mu(z+d)}+B^+(\mu)\mathrm{e}^{\mu(z+d)}\Big]\mathrm{d}\mu,\quad n=1,2,\cdots$$

$$(7.2.1)$$

$$\varphi_n^-=\frac{\sin(n\theta)}{r^n}+\frac{1}{(n-1)!}\int_0^\infty \mu^{n-1}\sin(\mu x)\Big[A^-(\mu)\mathrm{e}^{-\mu(z+d)}+B^-(\mu)\mathrm{e}^{\mu(z+d)}\Big]\mathrm{d}\mu,\quad n=1,2,\cdots$$

$$(7.2.2)$$

式中，$A^\pm(\mu)$ 和 $B^\pm(\mu)$ 为关于 μ 的未知函数。

将多极子表达式分别代入水底条件式(1.1.20)和自由水面条件式(1.1.16)，可以得到

$$A^\pm(\mu)=\frac{(\mu-K)\mathrm{e}^{-\mu(h-2d)}\pm(\mu+K)(-1)^n\,\mathrm{e}^{-\mu h}}{2[\mu\sinh(\mu h)-K\cosh(\mu h)]}\tag{7.2.3}$$

$$B^\pm(\mu)=\frac{(\mu+K)[\pm(-1)^n\,\mathrm{e}^{\mu(h-2d)}+\mathrm{e}^{-\mu h}]}{2[\mu\sinh(\mu h)-K\cosh(\mu h)]}\tag{7.2.4}$$

式中，$K \equiv \omega^2 / g$ 为深水 (无限水深) 波数。

将式 (7.2.3) 和式 (7.2.4) 代入式 (7.2.1) 和式 (7.2.2)，得到多极子的具体表达式：

$$\varphi_n^+ = \frac{\cos(n\theta)}{r^n} + \frac{1}{(n-1)!} \int_0^\infty \mu^{n-1} \cos(\mu x) g_n^+(\mu, z) \mathrm{d}\mu, \quad n = 1, 2, \cdots \quad (7.2.5)$$

$$\varphi_n^- = \frac{\sin(n\theta)}{r^n} + \frac{1}{(n-1)!} \int_0^\infty \mu^{n-1} \sin(\mu x) g_n^-(\mu, z) \mathrm{d}\mu, \quad n = 1, 2, \cdots \quad (7.2.6)$$

式中，

$$g_n^\pm(\mu, z) = \frac{\mathrm{e}^{-\mu(h-d)}[\mu \cosh(\mu z) + K \sinh(\mu z)] \pm (\mu + K)(-1)^n \mathrm{e}^{-\mu d} \cosh[\mu(z+h)]}{\mu \sinh(\mu h) - K \cosh(\mu h)}$$

$$(7.2.7)$$

为了满足远场辐射条件，式 (7.2.5) 和式 (7.2.6) 中的积分路径需向下绕过奇点 $\mu = k$ (有限水深波数)。需要说明的是，在第 1~6 章中，使用 k_0 表示有限水深的入射波波数，本章为了书写方便，省略了其下标 0。

多极子的远场表达式为

$$\varphi_n^+ \sim \frac{\mathrm{i} \pi k^{n-1}[(-1)^n \mathrm{e}^{k(h-d)} + \mathrm{e}^{-k(h-d)}]}{2hN_0(n-1)!} \cosh[k(z+h)]\mathrm{e}^{\pm \mathrm{i} kx}, \quad x \to \pm\infty \quad (7.2.8)$$

$$\varphi_n^- \sim \pm \frac{\pi k^{n-1}[(-1)^{n+1} \mathrm{e}^{k(h-d)} + \mathrm{e}^{-k(h-d)}]}{2hN_0(n-1)!} \cosh[k(z+h)]\mathrm{e}^{\pm \mathrm{i} kx}, \quad x \to \pm\infty \quad (7.2.9)$$

式中，$N_0 = 0.5 + \sinh(2kh)/(4kh)$。

根据指数函数的泰勒展开式，可以将多极子展开为级数形式：

$$\varphi_n^+ = \frac{\cos(n\theta)}{r^n} + \sum_{s=0}^\infty C_{ns}^+ r^s \cos(s\theta) \quad (7.2.10)$$

$$\varphi_n^- = \frac{\sin(n\theta)}{r^n} + \sum_{s=1}^\infty C_{ns}^- r^s \sin(s\theta) \quad (7.2.11)$$

式中，

$$C_{ns}^\pm = \frac{1}{2s!(n-1)!} \int_0^\infty \frac{\mu^{n+s-1} w_{ns}^\pm(\mu)}{\mu \sinh(\mu h) - K \cosh(\mu h)} \mathrm{d}\mu \quad (7.2.12)$$

$$w_{ns}^\pm(\mu) = (\mu + K)\{(-1)^{n+s} \mathrm{e}^{-2\mu d + \mu h} \pm [(-1)^n + (-1)^s] \mathrm{e}^{-\mu h}\} + (\mu - K)\mathrm{e}^{2\mu d - \mu h} \quad (7.2.13)$$

入射波速度势的表达式及其级数形式为

$$
\begin{aligned}
\phi_1 &= -\frac{\mathrm{i}\,gH}{2\omega}\frac{\cosh[k(z+h)]}{\cosh(kh)}\mathrm{e}^{\mathrm{i}kx} \\
&= -\frac{\mathrm{i}\,gH}{2\omega}\frac{1}{\cosh(kh)}\left[\sum_{s=0}^{\infty}\xi_s(k)r^s\cos(s\theta)+\mathrm{i}\sum_{s=1}^{\infty}\zeta_s(k)r^s\sin(s\theta)\right]
\end{aligned}
\tag{7.2.14}
$$

式中,

$$
\xi_s(k)=\frac{k^s[(-1)^s\,\mathrm{e}^{k(h-d)}+\mathrm{e}^{-k(h-d)}]}{2s!}
\tag{7.2.15}
$$

$$
\zeta_s(k)=\frac{k^s[(-1)^{s+1}\,\mathrm{e}^{k(h-d)}+\mathrm{e}^{-k(h-d)}]}{2s!}
\tag{7.2.16}
$$

将入射波速度势和所有的多极子线性加权叠加,可以得到流体区域内的速度势表达式:

$$
\phi=-\frac{\mathrm{i}\,gH}{2\omega}\frac{1}{\cosh(kh)}\left[\sum_{s=0}^{\infty}\xi_s(k)r^s\cos(s\theta)+\sum_{n=1}^{\infty}\chi_n^+\varphi_n^++\mathrm{i}\sum_{s=1}^{\infty}\zeta_s(k)r^s\sin(s\theta)+\sum_{n=1}^{\infty}\chi_n^-\varphi_n^-\right]
\tag{7.2.17}
$$

速度势的远场表达式为

$$
\phi\sim-\frac{\mathrm{i}\,gH}{2\omega}\frac{\cosh[k(z+h)]}{\cosh(kh)}\begin{cases}(\mathrm{e}^{\mathrm{i}kx}+R_0\,\mathrm{e}^{-\mathrm{i}kx}),&x\to-\infty \\ T_0\,\mathrm{e}^{\mathrm{i}kx},&x\to+\infty\end{cases}
\tag{7.2.18}
$$

式中,R_0 和 T_0 分别为与反射波和透射波相关的未知系数。

将式(7.2.17)代入水平圆柱表面的不透水物面条件,等号两侧同时乘以 $\cos(m\theta)$ 或 $\sin(m\theta)$,然后对 θ 从 0 到 2π 积分,可以得到

$$
a^{-2m}\chi_m^+-\sum_{n=1}^{\infty}C_{nm}^+\chi_n^+=\xi_m(k),\quad m=1,2,\cdots
\tag{7.2.19}
$$

$$
a^{-2m}\chi_m^--\sum_{n=1}^{\infty}C_{nm}^-\chi_n^-=\mathrm{i}\zeta_m(k),\quad m=1,2,\cdots
\tag{7.2.20}
$$

将式(7.2.19)和式(7.2.20)中的 m 和 n 截断至 N 项,可以得到两组独立的线性方程组,每个方程组均含有 N 个未知数,求解方程组便可以确定速度势表达式中所有的展开系数。通过对比式(7.2.8)、式(7.2.9)、式(7.2.14)、式(7.2.17)和式(7.2.18),

可以得到有限水深中水平圆柱的反射系数 C_r 和透射系数 C_t，计算表达式为

$$C_r = |R_0| = \left| \sum_{n=1}^{N} \chi_n^+ \frac{\mathrm{i}\,\pi k^{n-1}[(-1)^n \, \mathrm{e}^{k(h-d)} + \mathrm{e}^{-k(h-d)}]}{2hN_0(n-1)!} \right.$$
$$\left. - \sum_{n=1}^{N} \chi_n^- \frac{\pi k^{n-1}[(-1)^{n+1} \, \mathrm{e}^{k(h-d)} + \mathrm{e}^{-k(h-d)}]}{2hN_0(n-1)!} \right| \tag{7.2.21}$$

$$C_t = |T_0| = \left| 1 + \sum_{n=1}^{N} \chi_n^+ \frac{\mathrm{i}\,\pi k^{n-1}[(-1)^n \, \mathrm{e}^{k(h-d)} + \mathrm{e}^{-k(h-d)}]}{2hN_0(n-1)!} \right.$$
$$\left. + \sum_{n=1}^{N} \chi_n^- \frac{\pi k^{n-1}[(-1)^{n+1} \, \mathrm{e}^{k(h-d)} + \mathrm{e}^{-k(h-d)}]}{2hN_0(n-1)!} \right| \tag{7.2.22}$$

将动水压强沿水平圆柱表面进行积分，可以得到圆柱受到的水平波浪力 F_x 和垂向波浪力 F_z，计算表达式为

$$F_x = \mathrm{i}\omega\rho \int_0^{2\pi} \phi(a,\theta)a(-\sin\theta)\,\mathrm{d}\theta = -\frac{\pi\rho g H}{\cosh(kh)}\chi_1^- \tag{7.2.23}$$

$$F_z = \mathrm{i}\omega\rho \int_0^{2\pi} \phi(a,\theta)a\cos\theta\,\mathrm{d}\theta = \frac{\pi\rho g H}{\cosh(kh)}\chi_1^+ \tag{7.2.24}$$

在式 (7.2.23) 和式 (7.2.24) 的推导中，使用了式 (7.2.19) 和式 (7.2.20)。

7.2.2　斜向波对水平圆柱的作用

图 7.2.2 为有限水深中斜向入射波对水平圆柱作用的示意图。直角坐标系和极坐标系与图 7.2.1 正向入射波情况中的定义相同，只是增加了沿着圆柱轴线方向的 y 轴，波浪的入射方向与 x 轴的夹角为 β。斜向入射波条件下多极子的表达式与 7.2.1 节正向入射波条件下完全不同，下面详细介绍其推导过程，并给出问题的求解过程。

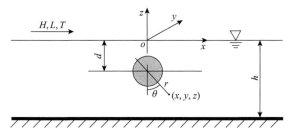

图 7.2.2　有限水深中斜向入射波对水平圆柱作用的示意图

斜向入射波条件下，多极子具有如下形式：

$$\varphi_n^+ = \mathrm{K}_n(k_y r)\cos(n\theta)$$
$$+ \int_0^\infty \cosh(n\mu)\cos[k_y x \sinh(\mu)]\Big[A^+(\nu)\mathrm{e}^{-\nu(z+d)} + B^+(\nu)\mathrm{e}^{\nu(z+d)}\Big]\mathrm{d}\mu, \quad n = 0, 1, \cdots$$

$$(7.2.25)$$

$$\varphi_n^- = \mathrm{K}_n(k_y r)\sin(n\theta)$$
$$+ \int_0^\infty \sinh(n\mu)\sin[k_y x \sinh(\mu)]\Big[A^-(\nu)\mathrm{e}^{-\nu(z+d)} + B^-(\nu)\mathrm{e}^{\nu(z+d)}\Big]\mathrm{d}\mu, \quad n = 1, 2, \cdots$$

$$(7.2.26)$$

式中，$k_y = k\cos\beta$ ；$\nu = k_y\cosh(\mu)$ ；k 为有限水深波数；$A^\pm(\nu)$ 和 $B^\pm(\nu)$ 为关于 ν 的未知函数。

应用水底条件和自由水面条件可以确定 $A^\pm(\nu)$ 和 $B^\pm(\nu)$ ，具体表达式与式 (7.2.3) 和式 (7.2.4) 类似，只是将式中的 μ 替换成 ν 。多极子的表达式为

$$\varphi_n^+ = \mathrm{K}_n(k_y r)\cos(n\theta) + \int_0^\infty \cosh(n\mu)\cos[k_y x \sinh(\mu)]g_n^+(\nu, z)\mathrm{d}\mu, \quad n = 0, 1, \cdots$$

$$(7.2.27)$$

$$\varphi_n^- = \mathrm{K}_n(k_y r)\sin(n\theta) + \int_0^\infty \sinh(n\mu)\sin[k_y x \sinh(\mu)]g_n^-(\nu, z)\mathrm{d}\mu, \quad n = 1, 2, \cdots$$

$$(7.2.28)$$

式中，$g_n^\pm(\nu, z)$ 的表达式与式 (7.2.7) 类似，只是需要将式中的 μ 替换成 ν 。

为了满足远场辐射条件，式 (7.2.27) 和式 (7.2.28) 中的积分路径需向下绕过奇点 $\mu = \kappa = \ln(1/\sin\beta + \sqrt{1/\sin^2\beta - 1})$ 。多极子的远场表达式为

$$\varphi_n^+ \sim \frac{\mathrm{i}\pi[(-1)^n\,\mathrm{e}^{k(h-d)} + \mathrm{e}^{-k(h-d)}]\cosh(n\kappa)}{2hk_x N_0}\cosh[k(z+h)]\mathrm{e}^{\pm \mathrm{i}k_x x}, \quad x \to \pm\infty$$

$$(7.2.29)$$

$$\varphi_n^- \sim \pm\frac{\pi[(-1)^{n+1}\,\mathrm{e}^{k(h-d)} + \mathrm{e}^{-k(h-d)}]\sinh(n\kappa)}{2hk_x N_0}\cosh[k(z+h)]\mathrm{e}^{\pm \mathrm{i}k_x x}, \quad x \to \pm\infty$$

$$(7.2.30)$$

应用式 (7.1.34) 和式 (7.1.35) 可以将多极子展开为级数形式：

$$\varphi_n^+ = \mathrm{K}_n(k_y r)\cos(n\theta) + \sum_{s=0}^{\infty} C_{ns}^+ \mathrm{I}_s(k_y r)\cos(s\theta) \tag{7.2.31}$$

$$\varphi_n^- = \mathrm{K}_n(k_y r)\sin(n\theta) + \sum_{s=1}^{\infty} C_{ns}^- \mathrm{I}_s(k_y r)\sin(s\theta) \tag{7.2.32}$$

式中，

$$C_{ns}^+ = \frac{\varepsilon_s}{2} \int_0^{\infty} \frac{\cosh(n\mu)\cosh(s\mu)}{\nu \sinh(\nu h) - K\cosh(\nu h)} w_{ns}^+(\nu)\,\mathrm{d}\mu \tag{7.2.33}$$

$$C_{ns}^- = \int_0^{\infty} \frac{\sinh(n\mu)\sinh(s\mu)}{\nu \sinh(\nu h) - K\cosh(\nu h)} w_{ns}^-(\nu)\,\mathrm{d}\mu \tag{7.2.34}$$

式中，$\varepsilon_0 = 1$；$\varepsilon_s = 2\,(s \geqslant 1)$；$w_{ns}^\pm(\nu)$ 的表达式与式 (7.2.13) 类似，只是将式中的 μ 替换成 ν。

斜向入射波速度势的表达式及其级数展开形式为

$$
\begin{aligned}
\phi_1 &= -\frac{\mathrm{i}\,gH}{2\omega}\mathrm{e}^{\mathrm{i}k_x x}\frac{\cosh[k(z+h)]}{\cosh(kh)} \\
&= -\frac{\mathrm{i}\,gH}{2\omega}\frac{1}{\cosh(kh)}\left[\sum_{s=0}^{\infty}\xi_s(k)\mathrm{I}_s(k_y r)\cos(s\theta) + \mathrm{i}\sum_{s=1}^{\infty}\zeta_s(k)\mathrm{I}_s(k_y r)\sin(s\theta)\right]
\end{aligned}
\tag{7.2.35}
$$

式中，

$$\xi_s(k) = \frac{\varepsilon_s}{2}\cosh(s\kappa)[(-1)^s\,\mathrm{e}^{k(h-d)} + \mathrm{e}^{-k(h-d)}] \tag{7.2.36}$$

$$\zeta_s(k) = \sinh(s\kappa)[(-1)^{s+1}\,\mathrm{e}^{k(h-d)} + \mathrm{e}^{-k(h-d)}] \tag{7.2.37}$$

将入射波速度势和所有的多极子线性加权叠加，可以得到流体区域内的速度势表达式：

$$
\begin{aligned}
\phi = -\frac{\mathrm{i}\,gH}{2\omega}\frac{1}{\cosh(kh)}\Bigg[&\sum_{s=0}^{\infty}\xi_s(k)\mathrm{I}_s(k_y r)\cos(s\theta) + \sum_{n=0}^{\infty}\chi_n^+\varphi_n^+ \\
&+ \mathrm{i}\sum_{s=1}^{\infty}\zeta_s(k)\mathrm{I}_s(k_y r)\sin(s\theta) + \sum_{n=1}^{\infty}\chi_n^-\varphi_n^- \Bigg]
\end{aligned}
\tag{7.2.38}
$$

速度势的远场表达式为

$$\phi \sim -\frac{\mathrm{i}\,gH}{2\omega}\frac{\cosh[k(z+h)]}{\cosh(kh)}\begin{cases}(\mathrm{e}^{\mathrm{i}k_x x}+R_0\,\mathrm{e}^{-\mathrm{i}k_x x}), & x\to-\infty \\ T_0\,\mathrm{e}^{\mathrm{i}k_x x}, & x\to+\infty\end{cases} \tag{7.2.39}$$

将式(7.2.38)代入水平圆柱表面的不透水物面条件，等号两侧同时乘以 $\cos(m\theta)$ 或 $\sin(m\theta)$，然后对 θ 从 0 到 2π 积分，可以得到

$$\chi_m^+ Q_m + \sum_{n=0}^{\infty}\chi_n^+ C_{nm}^+ = -\xi_m(k), \quad m=0,1,\cdots \tag{7.2.40}$$

$$\chi_m^- Q_m + \sum_{n=1}^{\infty}\chi_n^- C_{nm}^- = -\mathrm{i}\zeta_m(k), \quad m=1,2,\cdots \tag{7.2.41}$$

式中，$Q_m = \mathrm{K}_m'(k_y a)/\mathrm{I}_m'(k_y a)$。

将式(7.2.40)和式(7.2.41)中的 m 和 n 截断至 N 项，可以得到两个独立的线性方程组，求解方程组便可以确定速度势表达式中所有的展开系数。通过对比式(7.2.29)、式(7.2.30)、式(7.2.35)、式(7.2.38)和式(7.2.39)，可以得到水平圆柱的反射系数 C_r 和透射系数 C_t，计算表达式为

$$C_r = |R_0| = \left|\sum_{n=0}^{N}\chi_n^+\frac{\mathrm{i}\,\pi[(-1)^n\,\mathrm{e}^{k(h-d)}+\mathrm{e}^{-k(h-d)}]\cosh(n\kappa)}{2hk_x N_0}\right.$$
$$\left.-\sum_{n=1}^{N}\chi_n^-\frac{\pi[(-1)^{n+1}\,\mathrm{e}^{k(h-d)}+\mathrm{e}^{-k(h-d)}]\sinh(n\kappa)}{2hk_x N_0}\right| \tag{7.2.42}$$

$$C_t = |T_0| = \left|1+\sum_{n=0}^{N}\chi_n^+\frac{\mathrm{i}\,\pi[(-1)^n\,\mathrm{e}^{k(h-d)}+\mathrm{e}^{-k(h-d)}]\cosh(n\kappa)}{2hk_x N_0}\right.$$
$$\left.+\sum_{n=1}^{N}\chi_n^-\frac{\pi[(-1)^{n+1}\,\mathrm{e}^{k(h-d)}+\mathrm{e}^{-k(h-d)}]\sinh(n\kappa)}{2hk_x N_0}\right| \tag{7.2.43}$$

将动水压强沿水平圆柱表面进行积分，可以得到圆柱横截面受到的水平波浪力 F_x 和垂向波浪力 F_z，计算表达式为

$$F_x = \mathrm{i}\omega\rho\int_0^{2\pi}\phi(a,\theta)a(-\sin\theta)\mathrm{d}\theta = -\frac{\pi\rho gH}{2\cosh(kh)k_y\,\mathrm{I}_1'(k_y a)}\chi_1^- \tag{7.2.44}$$

$$F_z = \mathrm{i}\omega\rho\int_0^{2\pi}\phi(a,\theta)a\cos\theta\mathrm{d}\theta = \frac{\pi\rho gH}{2\cosh(kh)k_y\,\mathrm{I}_1'(k_y a)}\chi_1^+ \tag{7.2.45}$$

在式(7.2.44)和式(7.2.45)的推导中，使用了式(7.2.40)、式(7.2.41)以及朗斯基关系式(7.1.49)。

对于有限水深情况，多极子方法同样具有很好的收敛性，取截断数 $N = 8$ 可以得到小数点后 4 位有效数字精度的计算结果。图 7.2.3 为波浪入射角度对水平圆柱反射系数的影响。从图中可以看出，在低频区域，波浪入射角度的增加会降低反射系数；在高频区域，波浪入射角度的增加反而会增大反射系数。某些特定频率下的反射系数趋于 0，并且这些特定频率随着波浪入射角度的增加而减小。

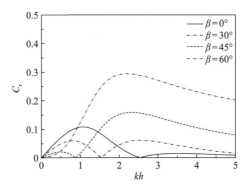

图 7.2.3　波浪入射角度对水平圆柱反射系数的影响($a/h = 0.2$，$d/a = 1.5$)

图 7.2.4 为波浪入射角度对水平圆柱上无因次波浪力的影响，无因次水平波浪力和无因次垂向波浪力分别定义为 $C_{F_x} = |F_x|/(\rho g H a)$ 和 $C_{F_z} = |F_z|/(\rho g H a)$。从图中可以看出，波浪入射角度对圆柱受力有显著影响，随着波浪入射角度的增大，水平波浪力和垂向波浪力均减小。与深水中水平圆柱类似，波浪入射角度对有限水深中水平圆柱的水平波浪力峰值对应的波浪频率无明显影响，但是垂向波浪力峰值对应的波浪频率随波浪入射角度的增加而减小。

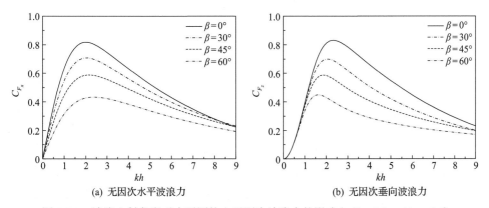

(a) 无因次水平波浪力　　　　　　　　(b) 无因次垂向波浪力

图 7.2.4　波浪入射角度对水平圆柱上无因次波浪力的影响($a/h = 0.2$，$d/a = 1.5$)

7.3 半圆形潜堤

半圆形沉箱结构最初由日本开发,并在宫崎港进行了现场试验研究[11]。近年来,半圆形沉箱结构在我国天津港、长江口深水航道整治工程、威海港等工程中得到应用,取得了良好的工程效果。半圆形沉箱结构主要有如下优点[12]:与传统直立堤相比,半圆形结构受到的波浪力较小,抗滑移稳定性好;作用在结构上的波浪压强方向均通过圆心,几乎没有倾覆力矩;自身重量小,地基应力分布均匀,适用于软弱地基;圆拱结构受力性能好;构件全部陆上预制,施工便捷。学者们对半圆形沉箱结构的水动力特性开展了物理模型试验研究[13-15],本节采用多极子方法[16]解析研究半圆形潜堤的水动力特性。

7.3.1 正向波对半圆形潜堤的作用

图 7.3.1 为正向入射波对半圆形潜堤作用的示意图。水深为 h,潜堤半径为 $a(a < h)$。建立直角坐标系,原点位于静水面,x 轴水平向右,z 轴与潜堤的中垂线重合且竖直向上,波浪沿 x 轴正方向传播,波高为 H,波长为 L,周期为 T,极坐标系定义为 $r\cos\theta = -(z+h)$ 和 $r\sin\theta = x$。由于极坐标的极点(潜堤圆心)位于水底,该情况下多极子的形式与 7.2 节中多极子有所不同,下面给出其具体的推导过程和问题的求解过程。

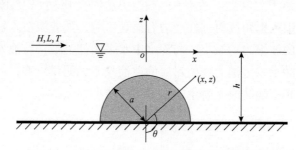

图 7.3.1 正向入射波对半圆形潜堤作用的示意图

满足拉普拉斯方程和水底条件式(1.1.20),且在极坐标的极点具有奇异性的基本解为

$$\frac{\cos(2n\theta)}{r^{2n}} = \frac{1}{(2n-1)!} \int_0^\infty \mu^{2n-1} e^{-\mu(z+h)} \cos(\mu x)\,d\mu, \quad z > -h \tag{7.3.1}$$

$$\frac{\sin[(2n-1)\theta]}{r^{2n-1}} = \frac{1}{(2n-2)!} \int_0^\infty \mu^{2n-2} e^{-\mu(z+h)} \sin(\mu x)\,d\mu, \quad z > -h \tag{7.3.2}$$

基于上述基本解，可以将对称多极子 φ_n^+ 和反对称多极子 φ_n^- 写成如下形式：

$$\varphi_n^+ = \frac{\cos(2n\theta)}{r^{2n}} + \frac{1}{(2n-1)!}\int_0^\infty \mu^{2n-1}A^+(\mu)\cosh[\mu(z+h)]\cos(\mu x)\,\mathrm{d}\mu, \quad n=1,2,\cdots$$

$$(7.3.3)$$

$$\varphi_n^- = \frac{\sin[(2n-1)\theta]}{r^{2n-1}} + \frac{1}{(2n-2)!}\int_0^\infty \mu^{2n-2}A^-(\mu)\cosh[\mu(z+h)]\sin(\mu x)\,\mathrm{d}\mu, \quad n=1,2,\cdots$$

$$(7.3.4)$$

式中，$A^\pm(\mu)$ 为关于 μ 的未知函数。

式(7.3.3)和式(7.3.4)均已经满足拉普拉斯方程和水底条件，分别将其代入自由水面条件，可以得到

$$A^\pm(\mu) = \frac{(\mu+K)\mathrm{e}^{-\mu h}}{\mu\sinh(\mu h) - K\cosh(\mu h)}$$

$$(7.3.5)$$

式中，$K \equiv \omega^2/g$ 为深水（无限水深）波数。

将式(7.3.5)代入式(7.3.3)和式(7.3.4)，可以得到多极子的具体表达式：

$$\varphi_n^+ = \frac{\cos(2n\theta)}{r^{2n}} + \frac{1}{(2n-1)!}\int_0^\infty \frac{(\mu+K)\mu^{2n-1}\mathrm{e}^{-\mu h}\cosh[\mu(z+h)]}{\mu\sinh(\mu h) - K\cosh(\mu h)}\cos(\mu x)\,\mathrm{d}\mu$$

$$(7.3.6)$$

$$\varphi_n^- = \frac{\sin[(2n-1)\theta]}{r^{2n-1}} + \frac{1}{(2n-2)!}\int_0^\infty \frac{(\mu+K)\mu^{2n-2}\mathrm{e}^{-\mu h}\cosh[\mu(z+h)]}{\mu\sinh(\mu h) - K\cosh(\mu h)}\sin(\mu x)\,\mathrm{d}\mu$$

$$(7.3.7)$$

为了满足远场辐射条件，式(7.3.6)和式(7.3.7)中的积分路径需向下绕过奇点 $\mu = k$（有限水深波数）。多极子的远场表达式为

$$\varphi_n^+ \sim \frac{\mathrm{i}\pi k^{2n-1}}{2hN_0(2n-1)!}\cosh[k(z+h)]\mathrm{e}^{\pm\mathrm{i}kx}, \quad x\to\pm\infty$$

$$(7.3.8)$$

$$\varphi_n^- \sim \pm\frac{\pi k^{2n-2}}{2hN_0(2n-2)!}\cosh[k(z+h)]\mathrm{e}^{\pm\mathrm{i}kx}, \quad x\to\pm\infty$$

$$(7.3.9)$$

式中，$N_0 = 0.5 + \sinh(2kh)/(4kh)$。

根据指数函数的泰勒展开式，可以将多极子展开为级数形式：

$$\varphi_n^+ = \frac{\cos(2n\theta)}{r^{2n}} + \sum_{s=0}^{\infty} C_{ns}^+ r^{2s} \cos(2s\theta) \tag{7.3.10}$$

$$\varphi_n^- = \frac{\sin[(2n-1)\theta]}{r^{2n-1}} + \sum_{s=1}^{\infty} C_{ns}^- r^{2s-1} \sin[(2s-1)\theta] \tag{7.3.11}$$

式中，

$$C_{ns}^+ = \frac{1}{(2s)!(2n-1)!} \int_0^{\infty} \frac{(\mu+K)\mu^{2s+2n-1}\, \mathrm{e}^{-\mu h}}{\mu \sinh(\mu h) - K \cosh(\mu h)} \mathrm{d}\mu \tag{7.3.12}$$

$$C_{ns}^- = \frac{1}{(2s-1)!(2n-2)!} \int_0^{\infty} \frac{(\mu+K)\mu^{2s+2n-3}\, \mathrm{e}^{-\mu h}}{\mu \sinh(\mu h) - K \cosh(\mu h)} \mathrm{d}\mu \tag{7.3.13}$$

入射波速度势的表达式及其级数展开形式为

$$\begin{aligned}
\phi_1 &= -\frac{\mathrm{i}\,gH}{2\omega} \frac{\cosh[k(z+h)]}{\cosh(kh)} \mathrm{e}^{\mathrm{i}kx} \\
&= -\frac{\mathrm{i}\,gH}{2\omega} \frac{1}{\cosh(kh)} \left\{ \sum_{s=0}^{\infty} \frac{(kr)^{2s}}{(2s)!} \cos(2s\theta) + \mathrm{i} \sum_{s=1}^{\infty} \frac{(kr)^{2s-1}}{(2s-1)!} \sin[(2s-1)\theta] \right\}
\end{aligned} \tag{7.3.14}$$

将入射波速度势和所有的多极子线性加权叠加，可以得到流体区域内的速度势表达式：

$$\begin{aligned}
\phi = -\frac{\mathrm{i}\,gH}{2\omega} \frac{1}{\cosh(kh)} &\left\{ \sum_{s=0}^{\infty} \frac{(kr)^{2s}}{(2s)!} \cos(2s\theta) + \sum_{n=1}^{\infty} \chi_n^+ \varphi_n^+ \right. \\
&\left. + \mathrm{i} \sum_{s=1}^{\infty} \frac{(kr)^{2s-1}}{(2s-1)!} \sin[(2s-1)\theta] + \sum_{n=1}^{\infty} \chi_n^- \varphi_n^- \right\}
\end{aligned} \tag{7.3.15}$$

式中，χ_n^+ 和 χ_n^- 为待定的展开系数。速度势的远场表达式与式(7.2.18)相同。

在半圆形潜堤表面，速度势满足不透水物面条件：

$$\frac{\partial \phi}{\partial r} = 0, \quad r = a, \quad \frac{\pi}{2} \leqslant \theta \leqslant \frac{3\pi}{2} \tag{7.3.16}$$

将式(7.3.15)代入式(7.3.16)，等号两侧同时乘以 $\cos(2m\theta)$ 或 $\sin[(2m-1)\theta]$，然后对 θ 从 $\pi/2$ 到 $3\pi/2$ 进行积分，可以得到

$$a^{-4m} \chi_m^+ - \sum_{n=1}^{\infty} C_{nm}^+ \chi_n^+ = \frac{k^{2m}}{(2m)!}, \quad m = 1, 2, \cdots \tag{7.3.17}$$

$$a^{-4m+2}\chi_m^- - \sum_{n=1}^{\infty} C_{nm}^- \chi_n^- = \frac{\mathrm{i}k^{2m-1}}{(2m-1)!}, \quad m=1,2,\cdots \tag{7.3.18}$$

将式 (7.3.17) 和式 (7.3.18) 中的 m 和 n 截断至 N 项，可以得到两个独立的线性方程组，每个方程组均含有 N 个未知数，求解方程组便可以确定速度势表达式中所有的展开系数。通过对比式 (7.3.8)、式 (7.3.9)、式 (7.3.14)、式 (7.3.15) 和式 (7.2.18)，可以得到半圆形潜堤的反射系数 C_r 和透射系数 C_t，计算表达式为

$$C_r = |R_0| = \left| \sum_{n=1}^{N} \chi_n^+ \frac{\mathrm{i}\pi k^{2n-1}}{2hN_0(2n-1)!} - \sum_{n=1}^{N} \chi_n^- \frac{\pi k^{2n-2}}{2hN_0(2n-2)!} \right| \tag{7.3.19}$$

$$C_t = |T_0| = \left| 1 + \sum_{n=1}^{N} \chi_n^+ \frac{\mathrm{i}\pi k^{2n-1}}{2hN_0(2n-1)!} + \sum_{n=1}^{N} \chi_n^- \frac{\pi k^{2n-2}}{2hN_0(2n-2)!} \right| \tag{7.3.20}$$

半圆形潜堤受到的水平波浪力 F_x 和垂向波浪力 F_z 为

$$F_x = \mathrm{i}\omega\rho \int_{\pi/2}^{3\pi/2} \phi(a,\theta)a(-\sin\theta)\mathrm{d}\theta = -\frac{\pi\rho gH}{2\cosh(kh)}\chi_1^- \tag{7.3.21}$$

$$\begin{aligned}
F_z &= \mathrm{i}\omega\rho \int_{\pi/2}^{3\pi/2} \phi(a,\theta)a\cos\theta\,\mathrm{d}\theta \\
&= \frac{\rho gHa}{\cosh(kh)}\left[-1 - \sum_{n=1}^{N}\chi_n^+ C_{n0}^+ + \sum_{n=1}^{N}\frac{2(-1)^n a^{-2n}}{4n^2-1}\chi_n^+ \right]
\end{aligned} \tag{7.3.22}$$

在式 (7.3.21) 和式 (7.3.22) 的推导中，使用了式 (7.3.17) 和式 (7.3.18)。

图 7.3.2 为半圆形潜堤反射系数和透射系数的计算结果和试验结果对比。物理模型试验在山东省海洋工程重点实验室的波流水槽中进行，水槽长 60m、宽 3m、

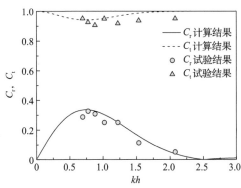

图 7.3.2　半圆形潜堤反射系数和透射系数的计算结果与试验结果对比
（$h = 0.5$m，$H/L = 0.01$，$a = 0.3$m）

深 1.5m，用玻璃薄板将水槽后端分隔成 1.2m 宽和 1.8m 宽两个通道，半圆形潜堤模型放置在 1.2m 宽的通道中进行试验，详细试验过程可以参阅文献[17]。从图中可以看出，计算结果与试验结果符合良好。

图 7.3.3 为半径对半圆形潜堤反射系数的影响。从图中可以看出，在低频区域，潜堤的反射系数随着半径增大而增加；但是在高频区域，小半径潜堤的反射系数反而更大。对于工程所关注的波浪频率，增加潜堤半径通常能够提高潜堤对波浪的反射性能。此外，在某些特定频率下反射系数趋于 0，并且这些频率随着潜堤半径的增大向低频区域偏移。

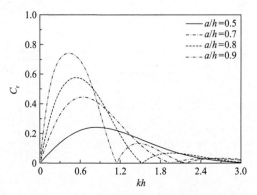

图 7.3.3　半径对半圆形潜堤反射系数的影响

图 7.3.4 为半径对半圆形潜堤上无因次波浪力和波浪力相位差的影响，无因次水平波浪力和无因次垂向波浪力分别定义为 $C_{F_x} = |F_x|/(\rho g H a)$ 和 $C_{F_z} = |F_z|/(\rho g H a)$。波浪力相位差 $C_\theta = 0°$ 表示水平波浪力和垂向波浪力的相位相同；而 $C_\theta = 180°$ 表示水平波浪力和垂向波浪力的相位完全相反，当水平波浪力达到最大值时，垂向波浪力向下达到最大值，这种情况对结构抗滑移稳定最有利。从图中可以看出，水平波浪力随着波数的增大总体呈抛物线变化；随着潜堤半径的增加，水平波浪力峰值逐渐增大，峰值对应的波浪频率向低频区域偏移。当潜堤半径不同时，垂向

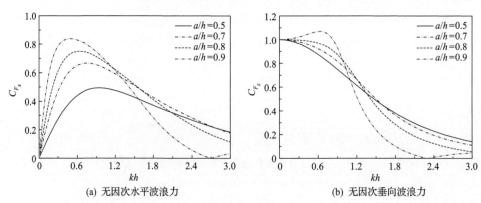

(a) 无因次水平波浪力　　　　　　　(b) 无因次垂向波浪力

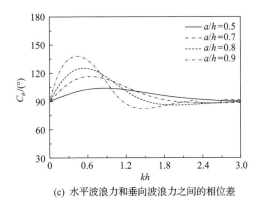

(c) 水平波浪力和垂向波浪力之间的相位差

图 7.3.4　半径对半圆形潜堤上无因次波浪力和波浪力相位差的影响

波浪力随着波数的变化规律有所不同，当 $a/h = 0.5 \sim 0.8$ 时，垂向波浪力随着波数的增大呈单调递减变化；但是当 $a/h = 0.9$ 时，垂向波浪力在 $kh \approx 0.63$ 时达到峰值。计算结果表明，水平波浪力和垂向波浪力存在明显的相位差，这有利于提高潜堤的稳定性；当 $a/h = 0.9$ 时，波浪力相位差在 $kh \approx 2.3$ 和 2.7 时发生了突变，这是因为垂向波浪力和水平波浪力分别在 $kh \approx 2.3$ 和 2.7 时达到 0，波浪力自身的相位发生了突变，从而导致相位差出现突变现象。

7.3.2　斜向波对半圆形潜堤的作用

图 7.3.5 为斜向入射波对半圆形潜堤作用的示意图。直角坐标系和极坐标系与正向入射波中类似，y 轴沿着潜堤轴线方向延伸，波浪入射方向与 x 轴正方向的夹角为 β。本节首先介绍斜向入射波条件下多极子的推导，然后给出问题的求解过程。

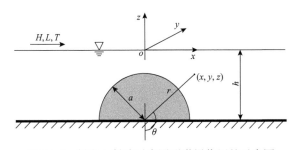

图 7.3.5　斜向入射波对半圆形潜堤作用的示意图

满足控制方程和水底条件，并且在极坐标的极点具有奇异性的基本解为

$$K_{2n}(k_y r)\cos(2n\theta)$$
$$= \int_0^\infty \cosh(2n\mu)\cos[k_y x \sinh(\mu)]\mathrm{e}^{-\nu(z+h)}\,\mathrm{d}\mu, \quad z > -h, \quad n = 0,1,\cdots \tag{7.3.23}$$

$$
K_{2n+1}(k_y r)\sin[(2n+1)\theta]
$$

$$
= \int_0^\infty \sinh[(2n+1)\mu]\sin[k_y x \sinh(\mu)]e^{-\nu(z+h)}\,d\mu, \quad z > -h, \quad n = 0,1,\cdots \tag{7.3.24}
$$

式中，$k_y = k\cos\beta$；$\nu = k_y \cosh(\mu)$；k 为有限水深波数。

关于 z 轴对称和反对称的多极子分别具有如下形式：

$$
\varphi_n^+ = K_{2n}(k_y r)\cos(2n\theta)
$$

$$
+ \int_0^\infty A^+(\nu)\cosh(2n\mu)\cosh[\nu(z+h)]\cos[k_y x \sinh(\mu)]d\mu \tag{7.3.25}
$$

$$
\varphi_n^- = K_{2n+1}(k_y r)\sin[(2n+1)\theta]
$$

$$
+ \int_0^\infty A^-(\nu)\sinh[(2n+1)\mu]\cosh[\nu(z+h)]\sin[k_y x \sinh(\mu)]d\mu \tag{7.3.26}
$$

式中，$A^\pm(\nu)$ 为关于 ν 的未知函数。

应用自由水面条件确定 $A^\pm(\nu)$ 的表达式，并将其代入式(7.3.25)和式(7.3.26)，得到多极子的具体表达式：

$$
\varphi_n^+ = K_{2n}(k_y r)\cos(2n\theta)
$$

$$
+ \int_0^\infty \frac{(\nu+K)e^{-\nu h}\cosh(2n\mu)}{\nu\sinh(\nu h) - K\cosh(\nu h)}\cosh[\nu(z+h)]\cos[k_y x \sinh(\mu)]d\mu \tag{7.3.27}
$$

$$
\varphi_n^- = K_{2n+1}(k_y r)\sin[(2n+1)\theta]
$$

$$
+ \int_0^\infty \frac{(\nu+K)e^{-\nu h}\sinh[(2n+1)\mu]}{\nu\sinh(\nu h) - K\cosh(\nu h)}\cosh[\nu(z+h)]\sin[k_y x \sinh(\mu)]d\mu \tag{7.3.28}
$$

式中，$K \equiv \omega^2/g$ 为深水(无限水深)波数。

为了满足远场辐射条件，式(7.3.27)和式(7.3.28)中的积分路径需向下绕过奇点 $\mu = \kappa = \ln(1/\sin\beta + \sqrt{1/\sin^2\beta - 1}\,)$。多极子的远场表达式为

$$
\varphi_n^+ \sim \frac{i\pi\cosh(2n\kappa)}{2k_x h N_0}\cosh[k(z+h)]e^{\pm i k_x x}, \quad x \to \pm\infty \tag{7.3.29}
$$

$$
\varphi_n^- \sim \pm\frac{\pi\sinh[(2n+1)\kappa]}{2k_x h N_0}\cosh[k(z+h)]e^{\pm i k_x x}, \quad x \to \pm\infty \tag{7.3.30}
$$

式中，$N_0 = 0.5 + \sinh(2kh)/(4kh)$。

应用式(7.1.34)和式(7.1.35)可以将多极子展开为级数形式:

$$\varphi_n^+ = \mathrm{K}_{2n}(k_y r)\cos(2n\theta) + \sum_{s=0}^{\infty} C_{ns}^+ \mathrm{I}_{2s}(k_y r)\cos(2s\theta) \tag{7.3.31}$$

$$\varphi_n^- = \mathrm{K}_{2n+1}(k_y r)\sin[(2n+1)\theta] + \sum_{s=0}^{\infty} C_{ns}^- \mathrm{I}_{2s+1}(k_y r)\sin[(2s+1)\theta] \tag{7.3.32}$$

式中,

$$C_{ns}^+ = \varepsilon_s \int_0^\infty \frac{(K+\nu)\cosh(2n\mu)\mathrm{e}^{-\nu h}}{\nu\sinh(\nu h) - K\cosh(\nu h)}\cosh(2s\mu)\mathrm{d}\mu \tag{7.3.33}$$

$$C_{ns}^- = 2\int_0^\infty \frac{(K+\nu)\sinh[(2n+1)\mu]\mathrm{e}^{-\nu h}}{\nu\sinh(\nu h) - K\cosh(\nu h)}\sinh[(2s+1)\mu]\mathrm{d}\mu \tag{7.3.34}$$

式中, $\varepsilon_0 = 1$; $\varepsilon_s = 2\,(s \geqslant 1)$ 。

入射波速度势的表达式及其级数展开形式为

$$\begin{aligned}
\phi_1 &= -\frac{\mathrm{i}\,gH}{2\omega}\frac{\cosh[k(z+h)]}{\cosh(kh)}\mathrm{e}^{\mathrm{i}k_x x} \\
&= -\frac{\mathrm{i}\,gH}{2\omega}\frac{1}{\cosh(kh)}\left\{\sum_{s=0}^{\infty}\varepsilon_s\cosh(2s\kappa)\mathrm{I}_{2s}(k_y r)\cos(2s\theta)\right. \\
&\quad \left. +2\mathrm{i}\sum_{s=0}^{\infty}\sinh[(2s+1)\kappa]\mathrm{I}_{2s+1}(k_y r)\sin[(2s+1)\theta]\right\}
\end{aligned} \tag{7.3.35}$$

将入射波速度势和所有的多极子线性加权叠加,可以得到流体区域内的速度势表达式:

$$\begin{aligned}
\phi &= -\frac{\mathrm{i}\,gH}{2\omega}\frac{1}{\cosh(kh)}\left\{\sum_{s=0}^{\infty}\varepsilon_s\cosh(2s\kappa)\mathrm{I}_{2s}(k_y r)\cos(2s\theta) + \sum_{n=0}^{\infty}\chi_n^+\varphi_n^+\right. \\
&\quad \left. +2\mathrm{i}\sum_{s=0}^{\infty}\sinh[(2s+1)\kappa]\mathrm{I}_{2s+1}(k_y r)\sin[(2s+1)\theta] + \sum_{n=0}^{\infty}\chi_n^-\varphi_n^-\right\}
\end{aligned} \tag{7.3.36}$$

速度势的远场表达式为

$$\phi \sim -\frac{\mathrm{i}\,gH}{2\omega}\frac{\cosh[k(z+h)]}{\cosh(kh)}\begin{cases}(\mathrm{e}^{\mathrm{i}k_x x} + R_0\,\mathrm{e}^{-\mathrm{i}k_x x}), & x \to -\infty \\ T_0\,\mathrm{e}^{\mathrm{i}k_x x}, & x \to +\infty\end{cases} \tag{7.3.37}$$

斜向入射波条件下,潜堤表面的不透水条件仍然由式(7.3.16)给出,将速度势

表达式代入其中，采用类似正向入射波问题中的处理方法可以得到

$$\chi_m^+ Q_{2m} + \sum_{n=0}^{\infty} \chi_n^+ C_{nm}^+ = -\varepsilon_m \cosh(2m\kappa), \quad m = 0,1,\cdots \tag{7.3.38}$$

$$\chi_m^- Q_{2m+1} + \sum_{n=0}^{\infty} \chi_n^- C_{nm}^- = -2\mathrm{i}\sinh[(2m+1)\kappa], \quad m = 0,1,\cdots \tag{7.3.39}$$

式中，$Q_m = \mathrm{K}_m'(k_y a)/\mathrm{I}_m'(k_y a)$。

将式(7.3.38)和式(7.3.39)中的 m 和 n 截断至 N 项，可以得到两组独立的线性方程组，每个方程组均含有 $N+1$ 个未知数，求解方程组便可以确定速度势表达式中所有的展开系数。通过对比式(7.3.29)、式(7.3.30)和式(7.3.35)～式(7.3.37)，可以得到潜堤的反射系数 C_r 和透射系数 C_t，计算表达式为

$$C_r = |R_0| = \left| \sum_{n=0}^{N} \chi_n^+ \frac{\mathrm{i}\pi\cosh(2n\kappa)}{2k_x h N_0} - \sum_{n=0}^{N} \chi_n^- \frac{\pi\sinh[(2n+1)\kappa]}{2k_x h N_0} \right| \tag{7.3.40}$$

$$C_t = |T_0| = \left| 1 + \sum_{n=0}^{N} \chi_n^+ \frac{\mathrm{i}\pi\cosh(2n\kappa)}{2k_x h N_0} + \sum_{n=0}^{N} \chi_n^- \frac{\pi\sinh[(2n+1)\kappa]}{2k_x h N_0} \right| \tag{7.3.41}$$

斜向入射波作用下，半圆形潜堤表面的动水压强沿着结构轴线方向(y 轴)呈正弦变化，在波浪力分析中仅选取潜堤的横截面，不考虑沿潜堤轴线上的变化，水平波浪力 F_x 和垂向波浪力 F_z 为

$$F_x = \mathrm{i}\omega\rho \int_{\pi/2}^{3\pi/2} \phi(a,\theta)a(-\sin\theta)\mathrm{d}\theta = -\frac{\pi\rho g H}{4k_y \cosh(kh)\mathrm{I}_1'(k_y a)} \chi_0^- \tag{7.3.42}$$

$$F_z = \mathrm{i}\omega\rho \int_{\pi/2}^{3\pi/2} \phi(a,\theta)a\cos\theta\,\mathrm{d}\theta = \frac{\rho g H}{k_y \cosh(kh)} \sum_{n=0}^{N} \frac{(-1)^n}{(4n^2-1)\mathrm{I}_{2n}'(k_y a)} \chi_n^+ \tag{7.3.43}$$

在式(7.3.42)和式(7.3.43)的推导中，使用了式(7.3.38)、式(7.3.39)以及朗斯基关系式(7.1.49)。

图 7.3.6 为波浪入射角度对半圆形潜堤反射系数的影响。从图中可以看出，当 $kh < 1$ 时，潜堤反射系数随着波浪入射角度的增加而减小，但是波浪入射角度对反射系数峰值对应波浪频率的影响可以忽略。当波浪入射角度小于一定值时，潜堤在某些特定波浪频率下的反射系数会趋于 0。

图7.3.7为波浪入射角度对半圆形潜堤上无因次波浪力和波浪力相位差的影响，无因次波浪力和波浪力相位差的定义与 7.3.1 节正向入射波问题中的定义相同。从图中可以看出，在低频区域，水平波浪力随着波浪入射角度的增加而减小，但是

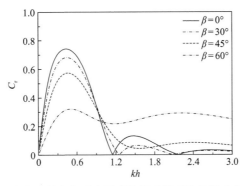

图 7.3.6　波浪入射角度对半圆形潜堤反射系数的影响（$a/h = 0.9$）

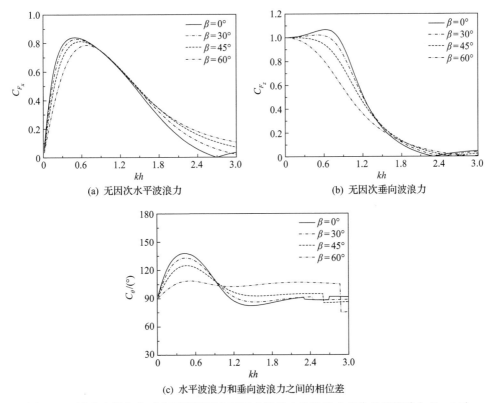

(a) 无因次水平波浪力

(b) 无因次垂向波浪力

(c) 水平波浪力和垂向波浪力之间的相位差

图 7.3.7　波浪入射角度对半圆形潜堤上无因次波浪力和波浪力相位差的影响（$a/h = 0.9$）

在高频区域，水平波浪力的变化规律完全相反；垂向波浪力的最大值随着波浪入射角度的增加而减小；水平波浪力和垂向波浪力之间存在明显的相位差，该相位差的存在有利于提高结构的抗滑稳定性。

除多极子方法外，也可以采用台阶近似方法求解波浪作用下半圆形潜堤的水动力问题，具体求解思路为：沿着半圆形表面轮廓将结构物划分为多个紧密排列、高度不一的矩形台阶，当数目足够大时，可以将该系列矩形台阶近似视为半圆形潜堤；然后依据台阶将流域划分为多个区域，采用分离变量法得到每个区域内流体运动的(直角坐标系下)速度势表达式；应用相邻区域的压力和速度传递条件匹配求解速度势中的展开系数，当确定速度势后，可以计算半圆形潜堤的反射系数、透射系数、波浪力等水动力特性参数。可以看出，台阶近似法具有较强的适用性，可以用于求解波浪与任意形状结构物(地形)的相互作用问题，但是台阶近似法的计算效率较低，关于台阶近似法的具体应用可以参阅文献[18]~[20]。

7.3.3　半圆形潜堤上的陷波

考虑图 7.3.5 所示的半圆形潜堤与直角坐标系，但是波浪沿半圆形潜堤长度方向(y 轴方向)传播，其波数为 l，则流域内速度势 $\Phi(x,y,z,t)$ 可表示为

$$\Phi(x,y,z,t) = \mathrm{Re}\left[\phi(x,z)\,\mathrm{e}^{\mathrm{i}(ly-\omega t)}\right] \tag{7.3.44}$$

将式(7.3.44)代入拉普拉斯方程，可以得到

$$\frac{\partial^2 \phi}{\partial x^2} + \frac{\partial^2 \phi}{\partial z^2} - l^2\phi = 0 \tag{7.3.45}$$

在 7.3.1 节和 7.3.2 节中，仅考虑了 $l = k\sin\beta < k$ 的情况。当 $l > k$ 时，速度势表达式中与变量 x 相关的指数函数的幂变为实数，表示自由波面随着与半圆形潜堤轴线水平距离的增加很快衰减为 0，即波浪无法沿着垂直潜堤方向传播。但是，沿着潜堤长度方向仍然存在呈正弦变化的波面，换言之，波浪能量被束缚在潜堤附近且只能沿着潜堤长度方向传播，这类波浪称为陷波或边缘波[9,21]。

当 $|x| \to \infty$ 时，陷波的速度势满足如下条件：

$$\phi \to 0, \quad |\nabla\phi| \to 0 \tag{7.3.46}$$

对于半圆形潜堤，陷波的速度势表达式具有如下形式：

$$\phi = B\left[\sum_{n=0}^{\infty} \frac{\chi_n^+}{\mathrm{K}'_{2n}(la)}\varphi_n^+ + \sum_{n=0}^{\infty} \frac{\chi_n^-}{\mathrm{K}'_{2n+1}(la)}\varphi_n^-\right] \tag{7.3.47}$$

式中，B 为与波高有关的实常数；χ_n^+ 和 χ_n^- 为待定的展开系数；φ_n^+ 和 φ_n^- 的表达式与式(7.3.27)和式(7.3.28)类似，只是需要将 k_y 替换成 l。

除满足控制方程(7.3.45)、自由水面条件和水底条件外，φ_n^+ 和 φ_n^- 还满足边界条件式(7.3.46)；此外，φ_n^+ 和 φ_n^- 的值均为实数。

应用半圆形潜堤的不透水物面条件可以得到

$$\chi_m^+ + \sum_{n=0}^{\infty} \chi_n^+ D_{nm}^+(lh,kh)\Omega_{2m}(la) = 0, \quad m = 0,1,\cdots \tag{7.3.48}$$

$$\chi_m^- + \sum_{n=0}^{\infty} \chi_n^- D_{nm}^-(lh,kh)\Omega_{2m+1}(la) = 0, \quad m = 0,1,\cdots \tag{7.3.49}$$

式中，

$$\Omega_m(la) = \frac{\mathrm{I}_m'(la)}{\mathrm{K}_m'(la)}$$

$$D_{nm}^+(lh,kh) = \varepsilon_s \int_0^{\infty} \frac{[k\tanh(kh)+\nu]\mathrm{e}^{-\nu h}\cosh(2n\mu)\cosh(2m\mu)}{\nu\sinh(\nu h) - k\tanh(kh)\cosh(\nu h)}\mathrm{d}\mu \tag{7.3.50}$$

$$D_{nm}^-(lh,kh) = 2\int_0^{\infty} \frac{[k\tanh(kh)+\nu]\mathrm{e}^{-\nu h}\sinh[(2n+1)\mu]\sinh[(2m+1)\mu]}{\nu\sinh(\nu h) - k\tanh(kh)\cosh(\nu h)}\mathrm{d}\mu \tag{7.3.51}$$

式中，$\nu = l\cosh\mu$；k 为正实数。

由于 $l > k$，式(7.3.50)和式(7.3.51)中的被积函数不存在奇点，且两式的值均为实数。尽管在 $l > k$ 的情况下不存在沿 x 轴方向的传播波，但是对于一个给定的 l 值，在区间 $(0, l)$ 内可能存在对应的 k 值，使得边值问题的解为非零解，即方程(7.3.48)和方程(7.3.49)存在非零解。因此，半圆形潜堤上的陷波问题可归结为：在区间 $(0, l)$ 寻找 k 的值，使如下两个方程之一成立：

$$\Delta^+(k) \equiv \left| \delta_{mn} + D_{nm}^+(lh,kh)\Omega_{2m}(la) \right| = 0 \tag{7.3.52}$$

$$\Delta^-(k) \equiv \left| \delta_{mn} + D_{nm}^-(lh,kh)\Omega_{2m+1}(la) \right| = 0 \tag{7.3.53}$$

式中，$\delta_{mn} = \begin{cases} 1, & m = n \\ 0, & m \neq n \end{cases}$。

当式(7.3.52)成立时，陷波的波面关于 $x = 0$ 对称（对称模态）；而当式(7.3.53)成立时，陷波的波面关于 $x = 0$ 反对称（反对称模态）。式(7.3.52)和式(7.3.53)可以采用二分法进行迭代求解。

图 7.3.8 为半圆形潜堤上陷波的弥散关系。从图中可以看出，波浪频率 kh 随着半圆形潜堤轴线方向的波数 lh 的增加而增大；当半圆形潜堤半径减小时，波浪频率增大并逐渐趋于 lh，注意当 $a/h = 0.8$ 时，基本不存在反对称模态陷波。

图 7.3.9 为半圆形潜堤上陷波的波面轮廓。从图中可以看出，在对称（反对称）模态下，波面轮廓关于 $x = 0$ 对称（反对称）；距离 $x = 0$（半圆形潜堤轴线）足够远处，波面趋于 0；半圆形潜堤轴线方向的波数 lh 越大，波面衰减越快。

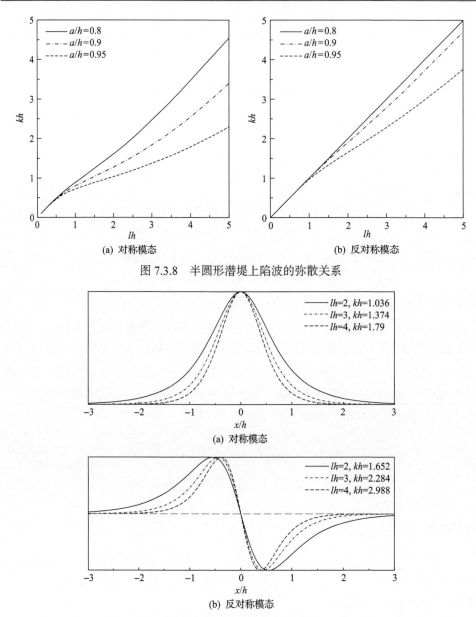

(a) 对称模态　　　　　　　　　　(b) 反对称模态

图 7.3.8　半圆形潜堤上陷波的弥散关系

(a) 对称模态

(b) 反对称模态

图 7.3.9　半圆形潜堤上陷波的波面轮廓$(a/h = 0.95)$

7.4　四分之一圆形潜堤

四分之一圆形沉箱是在半圆形沉箱的基础上开发的一种新型结构[22]，主要目的是在具备半圆形沉箱结构诸多优点的基础上，进一步节约工程材料，降低工程造价。研究者对四分之一圆形沉箱开展了物理模型试验研究[22-27]，本节介绍如何采用解析方法研究四分之一圆形潜堤的水动力特性。

7.4.1　正向波对四分之一圆形潜堤的作用

图 7.4.1 为正向入射波对四分之一圆形潜堤作用的示意图。直角坐标系和极坐标系与 7.3.1 节中的定义相同，速度势也同样满足拉普拉斯方程、水底条件、自由水面条件和远场辐射条件。为了求解方便，将整个流域划分为两个区域：区域 1，外部开敞流域（$r \geqslant a$，$\pi/2 \leqslant \theta \leqslant 3\pi/2$）；区域 2，内部四分之一扇形流域（$r \leqslant a$，$\pi/2 \leqslant \theta \leqslant \pi$）。采用多极子方法得到外部区域 1 中流体运动的速度势表达式，采用分离变量法得到区域 2 内的速度势表达式，然后应用四分之一圆弧面上的物面条件以及区域 1 和区域 2 之间的边界条件，匹配确定速度势表达式中的展开系数，从而得到问题的解析解。

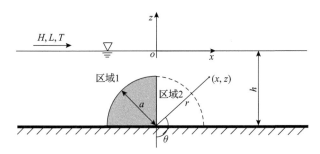

图 7.4.1　正向入射波对四分之一圆形潜堤作用的示意图

在潜堤表面和内、外区域交界面，速度势满足如下条件：

$$\frac{\partial \phi_2}{\partial x} = 0, \quad x = 0, \quad -h \leqslant z < a - h \tag{7.4.1}$$

$$\phi_2 = \phi_1, \quad r = a, \quad \frac{\pi}{2} \leqslant \theta \leqslant \pi \tag{7.4.2}$$

$$\frac{\partial \phi_1}{\partial r} = \begin{cases} 0, & r = a, \quad \pi < \theta \leqslant \dfrac{3\pi}{2} \\ \dfrac{\partial \phi_2}{\partial r}, & r = a, \quad \dfrac{\pi}{2} \leqslant \theta \leqslant \pi \end{cases} \tag{7.4.3}$$

式中，下标 1 和 2 分别表示区域 1 和区域 2 内的变量。

在区域 1 内，满足控制方程、自由水面条件、水底条件以及远场辐射条件的速度势表达式为

$$\phi_1 = -\frac{\mathrm{i}\,gH}{2\omega}\frac{1}{\cosh(kh)}\left\{\sum_{s=0}^{\infty}\frac{(kr)^{2s}}{(2s)!}\cos(2s\theta) + \sum_{n=1}^{\infty}\chi_n^+\varphi_n^+\right.$$

$$\left. + \mathrm{i}\sum_{s=1}^{\infty}\frac{(kr)^{2s-1}}{(2s-1)!}\sin[(2s-1)\theta] + \sum_{n=1}^{\infty}\chi_n^-\varphi_n^-\right\} \tag{7.4.4}$$

式中，χ_n^+ 和 χ_n^- 为待定的展开系数；φ_n^+ 和 φ_n^- 分别由式 (7.3.10) 和式 (7.3.11) 给出。

在区域 2 内，满足控制方程、水底条件和不透水物面条件式 (7.4.1) 的速度势表达式为

$$\phi_2 = -\frac{\mathrm{i}\,gH}{2\omega}\frac{1}{\cosh(kh)}\left[\zeta_0 + \sum_{n=1}^{\infty}\zeta_n r^{2n}\cos(2n\theta)\right] \tag{7.4.5}$$

式中，ζ_0 和 ζ_n 为待定的展开系数。

将式 (7.4.4) 和式 (7.4.5) 代入式 (7.4.2)，等号两侧同时乘以 $\cos(2m\theta)$，并对 θ 从 $\pi/2$ 到 π 积分，可以得到

$$\chi_m^+ a^{-4m} + \sum_{n=1}^{\infty}\chi_n^+ C_{nm}^+ + \sum_{n=1}^{\infty}\chi_n^-\frac{4}{\pi}\left(a^{-2n-2m+1}D_{nm} + \sum_{s=1}^{\infty}C_{ns}^+ a^{2s-2m-1}D_{sm}\right) - \zeta_m$$

$$= -\frac{k^{2m}}{(2m)!} - \sum_{s=1}^{\infty}\frac{4\mathrm{i}(ka)^{2s-1}a^{-2m}D_{sm}}{\pi(2s-1)!}, \quad m = 1,2,\cdots \tag{7.4.6}$$

$$\sum_{n=1}^{\infty}\chi_n^+ C_{n0}^+ + \sum_{n=1}^{\infty}\chi_n^-\frac{2}{\pi}\left(\frac{a^{-2n+1}}{2n-1} + \sum_{s=1}^{\infty}\frac{a^{2s-1}C_{ns}^+}{2s-1}\right) - \zeta_0 = -1 - \sum_{s=1}^{\infty}\frac{2\mathrm{i}(ka)^{2s-1}}{\pi(2s-1)!(2s-1)} \tag{7.4.7}$$

式中，$D_{nm} = \int_{\pi/2}^{\pi}\sin[(2n-1)\theta]\cos(2m\theta)\,\mathrm{d}\theta$。

类似地，将式 (7.4.4) 和式 (7.4.5) 代入式 (7.4.3)，等号两侧同时乘以 $\cos(2m\theta)$ 或 $\sin[(2m-1)\theta]$，并对 θ 从 $\pi/2$ 到 $3\pi/2$ 积分，可以得到

$$\chi_m^+ a^{-4m} - \sum_{n=1}^{\infty}\chi_n^+ C_{nm}^+ + 0.5\zeta_m = \frac{k^{2m}}{(2m)!}, \quad m = 1,2,\cdots \tag{7.4.8}$$

$$\chi_m^- a^{-4m+2} - \sum_{n=1}^{\infty}\chi_n^- C_{nm}^- + \sum_{n=1}^{\infty}\zeta_n\frac{4na^{2n-2m+1}D_{mn}}{\pi(2m-1)} = \frac{\mathrm{i}\,k^{2m-1}}{(2m-1)!}, \quad m = 1,2,\cdots \tag{7.4.9}$$

将式 (7.4.6)～式 (7.4.9) 中的 m 和 n 截断至 N 项，可以得到含有 $3N+1$ 个未知数的线性方程组，求解该方程组便可以确定速度势表达式中所有的展开系数。四分之一圆形潜堤的反射系数 C_r 和透射系数 C_t 分别由式 (7.3.19) 和式 (7.3.20) 计算。潜堤受到的水平波浪力 F_x 为

$$F_x = F_{x1} + F_{x2} \tag{7.4.10}$$

$$F_{x1} = \mathrm{i}\omega\rho \int_{\pi}^{3\pi/2} \phi_1(a,\theta)a(-\sin\theta)\mathrm{d}\theta$$

$$= -\frac{\rho gHa}{2\cosh(kh)}\left[\sum_{s=0}^{\infty}\frac{(ka)^{2s}S_s}{(2s)!} + \sum_{n=1}^{N}\chi_n^+\left(a^{-2n}S_n + \sum_{s=0}^{\infty}C_{ns}^+a^{2s}S_s\right)\right. \tag{7.4.11}$$

$$\left. + \frac{\mathrm{i}\pi ka}{4} + \frac{\pi}{4a}\chi_1^- + \frac{\pi a}{4}\sum_{n=1}^{N}\chi_n^-C_{n1}^-\right]$$

$$F_{x2} = -\mathrm{i}\omega\rho\int_0^a \phi_2(r,\pi)\mathrm{d}r = -\frac{\rho gHa}{2\cosh(kh)}\sum_{n=0}^{N}\frac{a^{2n}}{2n+1}\zeta_n \tag{7.4.12}$$

式中，$S_n = \int_{\pi}^{3\pi/2}\cos(2n\theta)\sin\theta\,\mathrm{d}\theta$。

潜堤受到的垂向波浪力 F_z 为

$$F_z = \mathrm{i}\omega\rho\int_{\pi}^{3\pi/2}\phi_1(a,\theta)a\cos\theta\,\mathrm{d}\theta$$

$$= \frac{\rho gHa}{2\cosh(kh)}\left[\sum_{s=0}^{\infty}\frac{(ka)^{2s}P_s}{(2s)!} + \sum_{n=1}^{N}\chi_n^+\left(a^{-2n}P_n + \sum_{s=0}^{\infty}C_{ns}^+a^{2s}P_s\right)\right. \tag{7.4.13}$$

$$\left. + \mathrm{i}\sum_{s=1}^{\infty}\frac{(ka)^{2s-1}Q_s}{(2s-1)!} + \sum_{n=1}^{N}\chi_n^-\left(a^{-2n+1}Q_n + \sum_{s=1}^{\infty}C_{ns}^-a^{2s-1}Q_s\right)\right]$$

式中，$P_n = \int_{\pi}^{3\pi/2}\cos(2n\theta)\cos\theta\,\mathrm{d}\theta$；$Q_n = \int_{\pi}^{3\pi/2}\sin[(2n-1)\theta]\cos\theta\,\mathrm{d}\theta$。

图7.4.2为四分之一圆形潜堤反射系数和透射系数的计算结果与试验结果对比。物理模型试验在山东省海洋工程重点实验室的波流水槽中进行，水槽长 60m、宽 3m、深 1.5m，水槽后端用玻璃板分隔成 0.8m 宽和 2.2m 宽两个通道，将潜堤模

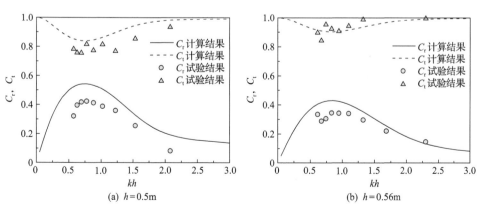

(a) $h = 0.5\mathrm{m}$ 　　　　　　(b) $h = 0.56\mathrm{m}$

图 7.4.2　四分之一圆形潜堤反射系数和透射系数的计算结果与试验结果对比
($H/L = 0.01$，$a = 0.4\mathrm{m}$)

型放在 0.8m 宽一侧进行试验，详细试验过程可以参阅文献[28]。从图中可以看出，计算结果与试验结果随波数的变化规律一致，在水深较小时($h = 0.5\mathrm{m}$)，计算结果大于试验结果，这主要是因为试验中在潜堤顶部产生了流动分离，耗散了部分波浪能量，但是通常的势流理论分析无法考虑波能耗散，导致计算结果偏大。当水深较大时($h = 0.56\mathrm{m}$)，潜堤顶部产生的能量耗散减少，计算结果与试验结果符合更好。

　　在以上分析中，四分之一圆形潜堤的圆弧面位于迎浪侧(A 型潜堤)，在工程应用中，也可以考虑将圆弧面置于背浪侧(B 型潜堤)，参照前面给出的求解过程，同样可以建立波浪对 B 型潜堤作用的解析解。根据波浪与结构物相互作用的水动力特性参数之间的相互关系[7,29]，可知两种四分之一圆形潜堤具有完全相同的反射系数和透射系数，但是两者受到的波浪力存在差异。图 7.4.3 为两种四分之一圆形潜堤上无因次波浪力和波浪力相位差的对比，无因次水平波浪力和无因次垂向波浪力分别定义为 $C_{F_x} = |F_x|/(\rho g H a)$ 和 $C_{F_z} = |F_z|/(\rho g H a)$。从图中可以看出，A 型潜堤受到的水平波浪力低于 B 型潜堤。当两种潜堤受到的水平波浪力达到最大值时，尽管 A 型潜堤受到的垂向波浪力更大，但是由于水平波浪力和垂向波浪力

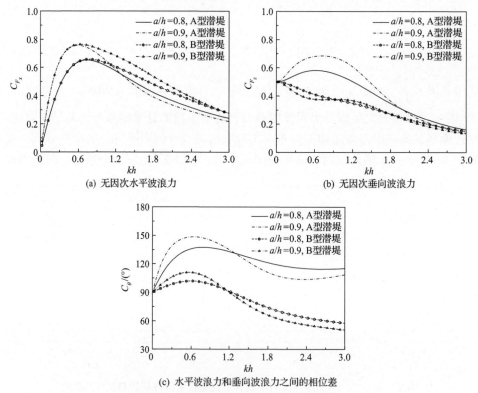

(a) 无因次水平波浪力　　　　　　(b) 无因次垂向波浪力

(c) 水平波浪力和垂向波浪力之间的相位差

图 7.4.3　两种四分之一圆形潜堤上无因次波浪力和波浪力相位差的对比

之间相位差的存在，此时 A 型潜堤受到的垂向波浪力向下，反而对潜堤的抗滑稳定有利。因此可以认为，A 型潜堤，即圆弧面位于迎浪侧的四分之一圆形潜堤具有更好的抗滑稳定性，在工程应用中可以优先考虑，本节后续分析中只考虑 A 型潜堤。

四分之一圆形潜堤的概念源自于半圆形潜堤，其主要目的是进一步节约工程成本，图 7.4.4 为四分之一圆形潜堤和半圆形潜堤的反射系数对比。从图可以看出，当 $kh < 0.6$ 时，四分之一圆形潜堤的反射系数低于半圆形潜堤；当 $kh > 0.6$ 时，四分之一圆形潜堤的反射系数更大。这也就意味着，当入射波频率较高时，四分之一圆形潜堤具有更好的掩护性能(反射更多的入射波能量)；当入射波频率较低时，半圆形潜堤的掩护性能更佳。

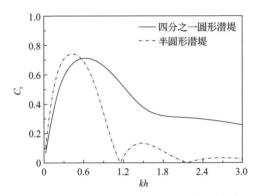

图 7.4.4　四分之一圆形潜堤和半圆形潜堤的反射系数对比($a/h = 0.9$)

7.4.2　斜向波对四分之一圆形潜堤的作用

图 7.4.5 为斜向入射波对四分之一圆形潜堤作用的示意图，直角坐标系和极坐标系与 7.3.2 节中的定义相同。与正向入射波情况相同，也将流场分为内、外两个区域，内、外区域之间的匹配边界条件以及潜堤物面条件的表达式与正向入射波情况下完全相同。

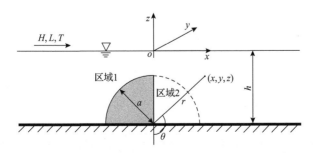

图 7.4.5　斜向入射波对四分之一圆形潜堤作用的示意图

在区域 1 内，满足控制方程、自由水面条件、水底条件以及远场辐射条件的

速度势表达式为

$$
\begin{aligned}
\phi_1 = -\frac{\mathrm{i}\,gH}{2\omega}\frac{1}{\cosh(kh)}&\left\{\sum_{s=0}^{\infty}\varepsilon_s\cosh(2s\kappa)\,\mathrm{I}_{2s}(k_y r)\cos(2s\theta)+\sum_{n=0}^{\infty}\chi_n^+\varphi_n^+\right.\\
&\left.+2\mathrm{i}\sum_{s=0}^{\infty}\sinh[(2s+1)\kappa]\,\mathrm{I}_{2s+1}(k_y r)\sin[(2s+1)\theta]+\sum_{n=0}^{\infty}\chi_n^-\varphi_n^-\right\}
\end{aligned}
\tag{7.4.14}
$$

式中，$\varepsilon_0=1$；$\varepsilon_s=2\ (s\geqslant1)$；$\kappa=\ln(1/\sin\beta+\sqrt{1/\sin^2\beta-1})$；$\chi_n^+$ 和 χ_n^- 为待定的展开系数；φ_n^+ 和 φ_n^- 分别由式 (7.3.31) 和式 (7.3.32) 给出。

在区域 2 内，满足控制方程、水底条件和不透水物面条件式 (7.4.1) 的速度势表达式为

$$
\phi_2 = -\frac{\mathrm{i}\,gH}{2\omega}\frac{1}{\cosh(kh)}\sum_{n=0}^{\infty}\zeta_n\,\mathrm{I}_{2n}(k_y r)\cos(2n\theta)
\tag{7.4.15}
$$

式中，ζ_n 为待定的展开系数。

将式 (7.4.14) 和式 (7.4.15) 代入式 (7.4.2)，等号两侧同时乘以 $\cos(2m\theta)$，并对 θ 从 $\pi/2$ 到 π 积分，可以得到

$$
\begin{aligned}
&\chi_m^+\,\mathrm{K}_{2m}(k_y a)+\sum_{n=0}^{\infty}\chi_n^+C_{nm}^+\,\mathrm{I}_{2m}(k_y a)-\zeta_m\,\mathrm{I}_{2m}(k_y a)\\
&+\frac{2\varepsilon_m}{\pi}\sum_{n=0}^{\infty}\chi_n^-\left[D_{nm}\,\mathrm{K}_{2n+1}(k_y a)+\sum_{s=0}^{\infty}C_{ns}^-D_{sm}\,\mathrm{I}_{2s+1}(k_y a)\right]\\
&=-\varepsilon_m\cosh(2m\kappa)\,\mathrm{I}_{2m}(k_y a)-\frac{4\mathrm{i}\varepsilon_m}{\pi}\sum_{s=0}^{\infty}\sinh[(2s+1)\kappa]D_{sm}\,\mathrm{I}_{2s+1}(k_y a),\quad m=0,1,\cdots
\end{aligned}
\tag{7.4.16}
$$

式中，$D_{nm}=\displaystyle\int_{\pi/2}^{\pi}\sin[(2n+1)\theta]\cos(2m\theta)\,\mathrm{d}\theta$。

将式 (7.4.14) 和式 (7.4.15) 代入式 (7.4.3)，等号两侧同时乘以 $\cos(2m\theta)$ 或 $\sin[(2m+1)\theta]$，并对 θ 从 $\pi/2$ 到 $3\pi/2$ 积分，可以得到

$$
\begin{aligned}
&\chi_m^+\,\mathrm{K}_{2m}'(k_y a)+\sum_{n=0}^{\infty}\chi_n^+C_{nm}^+\,\mathrm{I}_{2m}'(k_y a)-0.5\zeta_m\,\mathrm{I}_{2m}'(k_y a)\\
&=-\varepsilon_m\cosh(2m\kappa)\,\mathrm{I}_{2m}'(k_y a),\quad m=0,1,\cdots
\end{aligned}
\tag{7.4.17}
$$

$$
\begin{aligned}
&\chi_m^-\,\mathrm{K}_{2m+1}'(k_y a)+\sum_{n=0}^{\infty}\chi_n^-C_{nm}^+\,\mathrm{I}_{2m+1}'(k_y a)-\frac{2}{\pi}\sum_{n=0}^{\infty}\zeta_n D_{mn}\,\mathrm{I}_{2n}'(k_y a)\\
&=-2\mathrm{i}\sinh[(2m+1)\kappa]\,\mathrm{I}_{2m+1}'(k_y a),\quad m=0,1,\cdots
\end{aligned}
\tag{7.4.18}
$$

将式 (7.4.16)~式 (7.4.18) 中的 m 和 n 截断至 N 项, 得到含有 $3(N+1)$ 个未知数的线性方程组, 求解该方程组便可以确定速度势表达式中所有的展开系数。斜向入射波作用下, 四分之一圆形潜堤的反射系数 C_r 和透射系数 C_t 分别由式 (7.3.40) 和式 (7.3.41) 计算。潜堤横截面受到的水平波浪力由式 (7.4.10) 计算, 但是 F_{x1} 和 F_{x2} 的计算表达式为

$$
\begin{aligned}
F_{x1} &= \mathrm{i}\omega\rho\int_{\pi}^{3\pi/2}\phi_1(a,\theta)a(-\sin\theta)\mathrm{d}\theta \\
&= -\frac{\rho gHa}{2\cosh(kh)}\left\{\sum_{s=0}^{\infty}\varepsilon_s\cosh(2s\kappa)\,\mathrm{I}_{2s}(k_ya)S_s + \frac{1}{2}\mathrm{i}\pi\sinh(\kappa)\,\mathrm{I}_1(k_ya)\right. \\
&\quad + \sum_{n=0}^{N}\chi_n^+\left[\mathrm{K}_{2n}(k_ya)S_n + \sum_{s=0}^{\infty}C_{ns}^+\,\mathrm{I}_{2s}(k_ya)S_s\right] \\
&\quad \left. + \frac{\pi}{4}\chi_0^-\,\mathrm{K}_1(k_ya) + \frac{\pi}{4}\mathrm{I}_1(k_ya)\sum_{n=0}^{N}\chi_n^-C_{n0}^-\right\}
\end{aligned}
\tag{7.4.19}
$$

$$
F_{x2} = -\mathrm{i}\omega\rho\int_0^a\phi_2(r,\pi)\mathrm{d}r = -\frac{\rho gH}{2\cosh(kh)}\sum_{n=0}^{N}\zeta_n\int_0^a\mathrm{I}_{2n}(k_yr)\mathrm{d}r
\tag{7.4.20}
$$

式中, $S_n = \int_{\pi}^{3\pi/2}\cos(2n\theta)\sin\theta\,\mathrm{d}\theta$。

潜堤横截面受到的垂向波浪力为

$$
\begin{aligned}
F_z &= \mathrm{i}\omega\rho\int_{\pi}^{3\pi/2}\phi_1(a,\theta)a\cos\theta\,\mathrm{d}\theta \\
&= \frac{\rho gHa}{2\cosh(kh)}\left\{\sum_{s=0}^{\infty}\varepsilon_s\cosh(2s\kappa)\,\mathrm{I}_{2s}(k_ya)P_s + 2\mathrm{i}\sum_{s=0}^{\infty}\sinh[(2s+1)\kappa]\,\mathrm{I}_{2s+1}(k_ya)Q_s\right. \\
&\quad + \sum_{n=0}^{N}\chi_n^+\left[\mathrm{K}_{2n}(k_ya)P_n + \sum_{s=0}^{\infty}C_{ns}^+\,\mathrm{I}_{2s}(k_ya)P_s\right] \\
&\quad \left. + \sum_{n=0}^{N}\chi_n^-\left[\mathrm{K}_{2n+1}(k_ya)Q_n + \sum_{s=0}^{\infty}C_{ns}^-\,\mathrm{I}_{2s+1}(k_ya)Q_s\right]\right\}
\end{aligned}
\tag{7.4.21}
$$

式中, $P_n = \int_{\pi}^{3\pi/2}\cos(2n\theta)\cos\theta\,\mathrm{d}\theta$; $Q_n = \int_{\pi}^{3\pi/2}\sin[(2n+1)\theta]\cos\theta\,\mathrm{d}\theta$。

图 7.4.6 为波浪入射角度对四分之一圆形潜堤反射系数的影响。从图中可以看出, 当 $kh<1.5$ 时, 反射系数随着波浪入射角度从 0°增大到 60°而逐渐减小; 当 $kh>1.5$ 时, 在 0°~60°内变化的波浪入射角度对反射系数的影响很小。当 $\beta=75$°且 $kh>1.5$ 时, 潜堤的反射系数迅速增加, 潜堤的掩护性能得到提升。

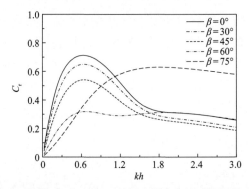

图 7.4.6　波浪入射角度对四分之一圆形潜堤反射系数的影响($a/h = 0.9$)

　　图 7.4.7 为波浪入射角度对四分之一圆形潜堤上无因次波浪力和波浪力相位差的影响。通常而言，随着波浪入射角度的增大，水平波浪力、垂向波浪力和两个力之间的相位差均减小；波浪入射角度对水平波浪力峰值对应的波浪频率无明显影响；随着波浪入射角度的增加，水平波浪力和垂向波浪力之间的相位差逐渐接

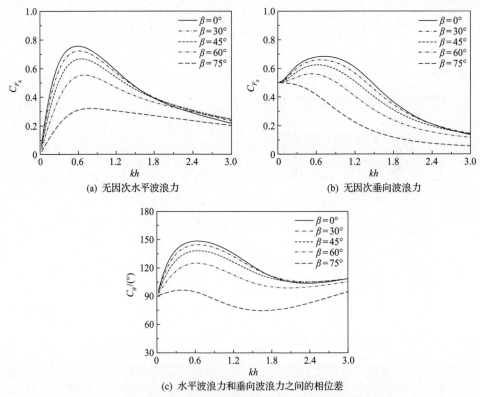

(a) 无因次水平波浪力　　　　　　　　　　　(b) 无因次垂向波浪力

(c) 水平波浪力和垂向波浪力之间的相位差

图 7.4.7　波浪入射角度对四分之一圆形潜堤上无因次波浪力和波浪力
相位差的影响($a/h = 0.9$)

近 90°。对比图 7.4.7 和图 7.3.7 可以看出，尽管四分之一圆形潜堤和半圆形潜堤在结构上有一定的相似性，但是两者水动力特性参数随波浪入射角度的变化规律存在较大差异。

7.5　半圆形充水柔性薄膜

考虑水下的充水薄膜，在薄膜内部施加额外的静水压力以维持形状，用作淹没式防波堤。Phadke 等[30]指出，当忽略薄膜质量且内外流体的密度相同时，充水薄膜的静态形状(无波浪作用)为等曲率的圆弧。这里假设薄膜的质量密度非常小，与内部额外的静水压力相比可以忽略不计，此时仍然可以认为薄膜是等曲率的圆弧形状，后面求解过程中将说明该假设的原因。本节只考虑充水薄膜形状为半圆的情况，采用多极子方法给出问题的解析解；对于更为一般的圆弧形充水薄膜潜堤，可以采用分区边界元方法给出问题的数值解[31]。图 7.5.1 为波浪与半圆形充水柔性薄膜潜堤相互作用的示意图。水深为 h，充水薄膜半径为 a，直角坐标系和极坐标系与 7.3.1 节中的定义相同。

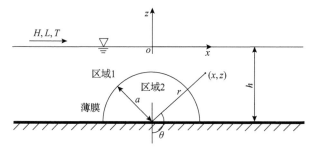

图 7.5.1　波浪与半圆形充水柔性薄膜潜堤相互作用的示意图

为了求解方便，将整个流域划分为两个区域：外部区域 $1(r \geqslant a)$ 和内部区域 $2(r \leqslant a)$。在波浪作用下，半圆形柔性薄膜的径向挠度 $w(\theta, t)$ 满足微分方程[30]：

$$\frac{\partial^2 w}{\partial \theta^2} + w = -\frac{a^2}{N_s}\left[-m_s\frac{\partial^2 w}{\partial t^2} - \rho\left(\frac{\partial \Phi_2}{\partial t} - \frac{\partial \Phi_1}{\partial t}\right)\right], \quad r = a \tag{7.5.1}$$

式中，$N_s = p_s a$ 为薄膜的初始切向应力，其中 p_s 为薄膜内部的额外静压力；m_s 为薄膜的单位长度质量(假设非常小)；下标 1 和 2 分别表示区域 1 和区域 2 内的变量。

与 Phadke 等[30]给出的薄膜运动微分方程相比，式(7.5.1)的等号右边增加了薄膜的惯性力(尽管非常小)。假设薄膜在线性波作用下产生小振幅简谐变形，则可以将薄膜径向挠度表示为

$$w(\theta,t) = \mathrm{Re}\left[\xi(\theta)\mathrm{e}^{-\mathrm{i}\omega t}\right] \tag{7.5.2}$$

式中，Re 表示取变量的实部；$\xi(\theta)$ 为薄膜的复径向挠度，包含幅值和相位信息。

将式 (7.5.2) 代入式 (7.5.1)，消去时间因子 $\mathrm{e}^{-\mathrm{i}\omega t}$，可以得到

$$\frac{\mathrm{d}^2\xi}{\mathrm{d}\theta^2} + \lambda^2\xi = \frac{Q}{\mathrm{i}\omega}(\phi_2 - \phi_1), \quad r = a \tag{7.5.3}$$

式中，$\lambda = \sqrt{1 + m_s\omega^2a^2/N_s}$；$Q = \omega^2\rho a^2/N_s$。

薄膜两端满足零挠度条件：

$$\xi(\theta) = 0, \quad \theta = \frac{\pi}{2}, \quad \frac{3\pi}{2} \tag{7.5.4}$$

假设薄膜和水体之间不产生空隙，则在半圆形薄膜表面，速度势满足如下边界条件：

$$\frac{\partial\phi_1}{\partial r} = \frac{\partial\phi_2}{\partial r} = -\mathrm{i}\omega\xi, \quad r = a, \quad \frac{\pi}{2} \leqslant \theta \leqslant \frac{3\pi}{2} \tag{7.5.5}$$

在区域 1 内，满足控制方程和自由水面条件、水底条件以及远场辐射条件的速度势表达式与式 (7.4.4) 相同。在区域 2 内，满足控制方程和水底条件的速度势可表示为

$$\phi_2 = -\frac{\mathrm{i}gH}{2\omega}\frac{1}{\cosh(kh)}\left\{\zeta_0^+ + \sum_{n=1}^{\infty}\zeta_n^+ r^{2n}\cos(2n\theta) + \sum_{n=1}^{\infty}\zeta_n^- r^{2n-1}\sin[(2n-1)\theta]\right\} \tag{7.5.6}$$

式中，ζ_0^+、ζ_n^+ 和 ζ_n^- 为待定的展开系数。

将式 (7.4.4) 和式 (7.5.6) 代入式 (7.5.5) 中的第一个等式，公式等号两侧同时乘以 $\cos(2m\theta)$ 或 $\sin[(2m-1)\theta]$，然后对 θ 从 $\pi/2$ 到 $3\pi/2$ 积分，并应用三角函数的正交性，可以得到

$$a^{-4m}\chi_m^+ - \sum_{n=1}^{\infty}\chi_n^+ C_{nm}^+ + \zeta_n^+ = \frac{k^{2m}}{(2m)!}, \quad m = 1, 2, \cdots \tag{7.5.7}$$

$$a^{-4m+2}\chi_m^- - \sum_{n=1}^{\infty}\chi_n^- C_{nm}^- + \zeta_n^- = \frac{\mathrm{i}k^{2m-1}}{(2m-1)!}, \quad m = 1, 2, \cdots \tag{7.5.8}$$

薄膜表面内外两侧的速度势之差为

$$(\phi_2 - \phi_1)\big|_{r=a} = -\frac{\mathrm{i}\,gH}{2\omega}\frac{1}{\cosh(kh)}\left\{(\zeta_0^+ - 1) - \sum_{n=1}^{\infty}\chi_n^+\left[C_{n0}^+ + 2a^{-2n}\cos(2n\theta)\right]\right.$$
$$\left. -2\sum_{n=1}^{\infty}\chi_n^- a^{-2n+1}\sin[(2n-1)\theta]\right\} \tag{7.5.9}$$

在式 (7.5.9) 的推导中，使用了式 (7.5.7) 和式 (7.5.8)。

将式 (7.5.9) 代入式 (7.5.3)，通过求解微分方程得到

$$\xi(\theta) = -\frac{\mathrm{i}\,gH}{2\omega}\frac{1}{\cosh(kh)}\frac{Q}{\mathrm{i}\,\omega}\left\{\frac{\zeta_0^+ - 1}{\lambda^2} - \sum_{n=1}^{\infty}\chi_n^+\left[\frac{C_{n0}^+}{\lambda^2} + 2\beta_{2n}a^{-2n}\cos(2n\theta)\right]\right.$$
$$\left. -2\sum_{n=1}^{\infty}\chi_n^- \beta_{2n-1}a^{-2n+1}\sin[(2n-1)\theta] + \sum_{i=1}^{2}\alpha_i f_i(\theta)\right\} \tag{7.5.10}$$

式中，$\beta_n = (\lambda^2 - n^2)^{-1}$；$f_1(\theta) = \sin(\lambda\theta)$；$f_2(\theta) = \cos(\lambda\theta)$；$\alpha_i$ 为待定系数。

需要注意的是，如果假设薄膜的质量为 0，也就是 $\lambda = 1$，则 β_1 具有奇异性，方程无法求解，因此前面假设薄膜质量非常小，并且在薄膜运动微分方程中引入惯性力项。

将式 (7.5.6) 和式 (7.5.10) 代入式 (7.5.5) 中的第二个等式，公式等号两侧同时乘以 $\cos(2m\theta)$ 或 $\sin[(2m-1)\theta]$，然后对 θ 从 $\pi/2$ 到 $3\pi/2$ 积分，可以得到

$$\zeta_0^+ - \sum_{n=1}^{\infty}\chi_n^+ C_{n0}^+ + \frac{\lambda^2}{\pi}\sum_{i=1}^{2}\alpha_i\langle f_i(\theta), 1\rangle = 1 \tag{7.5.11}$$

$$\zeta_m^+ m a^{2m-1} - \chi_m^+ Q\beta_{2m}a^{-2m} + \frac{Q}{\pi}\sum_{i=1}^{2}\alpha_i\langle f_i(\theta), \cos(2m\theta)\rangle = 0, \quad m = 1,2,\cdots \tag{7.5.12}$$

$$\zeta_m^-(m-0.5)a^{2m-2} - \chi_m^- Q\beta_{2m-1}a^{-2m+1} + \frac{Q}{\pi}\sum_{i=1}^{2}\alpha_i\langle f_i(\theta), \sin[(2m-1)\theta]\rangle = 0, \quad m = 1,2,\cdots$$
$$\tag{7.5.13}$$

式中，$\langle f(\theta), g(\theta)\rangle = \int_{\pi/2}^{3\pi/2} f(\theta)g(\theta)\,\mathrm{d}\theta$。

将式 (7.5.10) 代入薄膜端部条件式 (7.5.4)，得到

$$\zeta_0^+ - \sum_{n=1}^{\infty}\chi_n^+\left[C_{n0}^+ + 2(-1)^n\lambda^2\beta_{2n}a^{-2n}\right] + 2\sum_{n=1}^{\infty}\chi_n^-(-1)^n\lambda^2\beta_{2n-1}a^{-2n+1} + \lambda^2\sum_{i=1}^{2}\alpha_i f_i\left(\frac{\pi}{2}\right) = 1$$
$$\tag{7.5.14}$$

$$\zeta_0^+ - \sum_{n=1}^{\infty} \chi_n^+ \left[C_{n0}^+ + 2(-1)^n \lambda^2 \beta_{2n} a^{-2n} \right] - 2\sum_{n=1}^{\infty} \chi_n^- (-1)^n \lambda^2 \beta_{2n-1} a^{-2n+1} + \lambda^2 \sum_{i=1}^{2} \alpha_i f_i \left(\frac{3}{2}\pi \right) = 1$$

$$(7.5.15)$$

将式(7.5.7)、式(7.5.8)和式(7.5.11)~式(7.5.15)中的 m 和 n 截断至 N 项，可以得到含有 $4N+3$ 个未知数的线性方程组，求解该方程组便可以确定速度势表达式和薄膜挠度表达式中所有的展开系数。半圆形充水柔性薄膜潜堤的反射系数 C_r 和透射系数 C_t 分别由式(7.3.19)和式(7.3.20)计算。薄膜的无因次挠度 C_ξ 定义为

$$C_\xi = \frac{2|\xi(\theta)|}{H} = \left| \frac{Q}{K\cosh(kh)} \left\{ \frac{\zeta_0^+ - 1}{\lambda^2} - \sum_{n=1}^{N} \chi_n^+ \left[\frac{C_{n0}^+}{\lambda^2} + 2\beta_{2n} a^{-2n}\cos(2n\theta) \right] \right. \right.$$
$$\left. \left. -2\sum_{n=1}^{N} \chi_n^- \beta_{2n-1} a^{-2n+1}\sin[(2n-1)\theta] + \sum_{i=1}^{2} \alpha_i f_i(\theta) \right\} \right|$$

$$(7.5.16)$$

图 7.5.2 为额外静水压力对半圆形充水薄膜潜堤反射系数的影响。在前面的求解过程中假设薄膜质量非常小，因此在计算中取 $m_s/(\rho h)=10^{-6}$；将内部额外静水压力表示为无因次形式 $p_0 = p_s/(\rho g h)$，注意 $p_0 = \infty$ 表示刚性结构。从图中可以看出，在某些特定波浪频率下发生了波浪全反射，这是因为波浪和薄膜运动产生了共振，此时充水薄膜潜堤具有最佳的掩护性能；当内部额外静水压力增大时，共振反射对应的波浪频率向高频区移动。充水柔性薄膜潜堤的反射系数明显大于相应的刚性结构(7.3 节中半圆形潜堤)，表明柔性薄膜潜堤具有更好的掩护性能。

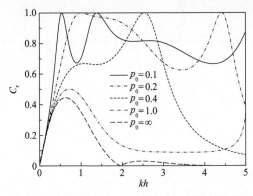

图 7.5.2 额外静水压力对半圆形充水薄膜潜堤反射系数的影响 $(a/h = 0.7)$

图 7.5.3 为半圆形充水薄膜潜堤反射系数随内部额外静水压力 p_0 的变化规律，图中结果进一步表明，与刚性结构相比，柔性薄膜结构能够更有效地反射入射波能量。

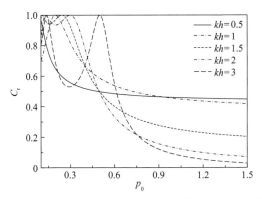

图 7.5.3 半圆形充水薄膜潜堤反射系数随内部额外静水压力的变化规律($a/h = 0.7$)

图 7.5.4 为半圆形充水薄膜无因次挠度的计算结果。从图中可以看出，当入射波频率较小时，薄膜挠度在结构的迎浪侧($1 < \theta/\pi < 1.5$)和背浪侧($0.5 < \theta/\pi < 1$)分别存在一个峰值，并且背浪侧的峰值更大；当入射波频率很大时，薄膜挠度在结构顶端附近($\theta/\pi \approx 1$)出现一个额外的峰值。

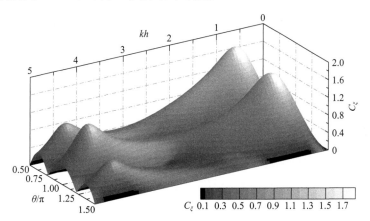

图 7.5.4 半圆形充水薄膜无因次挠度的计算结果($a/h = 0.7$，$p_0 = 0.2$)

7.6 半圆形开孔弹性板

图 7.6.1 为波浪与半圆形开孔弹性板潜堤相互作用的示意图，板的两端固定于水底，直角坐标系和极坐标系与 7.3.1 节中的定义相同。与 7.5 节类似，将整个流域也划分为两个区域：外部区域 1($r \geqslant a$)和内部区域 2($r \leqslant a$)。

假设线性波作用下弹性板产生小振幅弹性变形，基于弹性薄板理论，忽略弹性板的切向挠度变形，半圆形弹性板的径向挠度 $w(\theta, t)$ 满足微分方程[32,33]：

$$\frac{\partial^4 w}{\partial \theta^4} + 2\frac{\partial^2 w}{\partial \theta^2} + w + \frac{m_s a^4}{EI}\frac{\partial^2 w}{\partial t^2} = \frac{a^4}{EI}(P_2 - P_1) \tag{7.6.1}$$

式中，m_s 为单位长度结构的质量；EI 为弹性板的抗弯刚度；P_1 和 P_2 分别为半圆形弹性板外表面和内表面的动水压强。

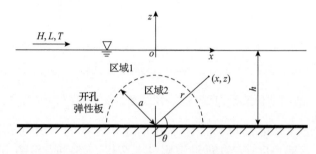

图 7.6.1　波浪与半圆形开孔弹性板潜堤相互作用的示意图

根据线性伯努利方程，可以得到

$$P_2 - P_1 = -\rho\left(\frac{\partial \Phi_2}{\partial t}\bigg|_{r=a} - \frac{\partial \Phi_1}{\partial t}\bigg|_{r=a}\right) \tag{7.6.2}$$

式中，ρ 为水的密度。

当弹性板产生小振幅简谐变形时，$w(\theta,t)$ 可进一步写为

$$w(\theta,t) = \mathrm{Re}\left[\xi(\theta)\mathrm{e}^{-\mathrm{i}\omega t}\right] \tag{7.6.3}$$

式中，Re 表示取变量的实部；$\xi(\theta)$ 为弹性板的复空间挠度，包含幅值与相位信息。

将式(7.6.2)和式(7.6.3)代入式(7.6.1)，消去时间因子 $\mathrm{e}^{-\mathrm{i}\omega t}$，得到

$$\frac{\mathrm{d}^4 \xi}{\mathrm{d}\theta^4} + 2\frac{\mathrm{d}^2 \xi}{\mathrm{d}\theta^2} + (1-Q^2)\xi = R(\phi_2 - \phi_1), \quad r = a \tag{7.6.4}$$

式中，$Q = \omega a^2\sqrt{\dfrac{m_s}{EI}}$；$R = \dfrac{\mathrm{i}\rho\omega a^4}{EI}$。

由于弹性板的两端固接于水底，复空间挠度满足

$$\xi(\theta) = 0, \quad \frac{\mathrm{d}\xi(\theta)}{\mathrm{d}\theta} = 0, \quad \theta = \frac{\pi}{2},\frac{3\pi}{2} \tag{7.6.5}$$

在弹性板表面，速度势满足开孔板边界条件：

$$\frac{\partial \phi_1}{\partial r} = \frac{\partial \phi_2}{\partial r} = \mathrm{i}kG(\phi_2 - \phi_1) - \mathrm{i}\omega\xi, \quad r = a \tag{7.6.6}$$

式中，G 为开孔板的孔隙影响参数，具体见 1.4.2 节。

　　外部区域 1 内的速度势表达式与式(7.4.4)相同，内部区域 2 内的速度势表达式与式(7.5.6)相同。将内、外区域的速度势表达式代入式(7.6.6)中第一个等式，采用类似 7.5 节中的处理方法可以得到与式(7.5.7)和式(7.5.8)相同的两组方程。

　　弹性板表面内、外两侧速度势之差的表达式仍然与式(7.5.9)完全相同，将其代入式(7.6.4)，可以求出弹性板的挠度函数，具体表达式为

$$
\xi(\theta) = -\frac{\mathrm{i}gH}{2\omega}\frac{1}{\cosh(kh)}\left\{ R\frac{\zeta_0^+ - 1}{1-Q^2} - R\sum_{n=1}^{\infty}\chi_n^+\left[\frac{C_{n0}^+}{1-Q^2} + 2\beta_{2n}a^{-2n}\cos(2n\theta)\right]\right.
$$
$$
\left. -2R\sum_{n=1}^{\infty}\chi_n^-\beta_{2n-1}a^{-2n+1}\sin[(2n-1)\theta] + \sum_{i=1}^{4}\alpha_i f_i(\theta)\right\}
\tag{7.6.7}
$$

式中，$\beta_n = (n^4 - 2n^2 + 1 - Q^2)^{-1}$；$\alpha_i$ 为待定系数。

$$
\begin{cases}
f_1(\theta) = \sin(\lambda_1\theta), & f_2(\theta) = \cos(\lambda_1\theta), & \lambda_1 = \sqrt{1+Q}\\
f_3(\theta) = \sin(\lambda_2\theta), & f_4(\theta) = \cos(\lambda_2\theta), & \lambda_2 = \sqrt{1-Q}
\end{cases}
\tag{7.6.8}
$$

　　将式(7.4.4)、式(7.5.6)和式(7.6.7)代入式(7.6.6)中第二个等式，采用类似 7.5 节中的处理方法可以得到

$$
\zeta_0^+ - \sum_{n=1}^{\infty}\chi_n^+ C_{n0}^+ - \frac{\omega(1-Q^2)}{[kG(1-Q^2)-\omega R]\pi}\sum_{i=1}^{4}\alpha_i\langle f_i(\theta),1\rangle = 1
\tag{7.6.9}
$$

$$
ma^{2m-1}\zeta_m^+ + (\mathrm{i}kG - \mathrm{i}\omega R\beta_{2m})a^{-2m}\chi_m^+ + \frac{\mathrm{i}\omega}{\pi}\sum_{i=1}^{4}\alpha_i\langle f_i(\theta),\cos(m\theta)\rangle = 0, \quad m=1,2,\cdots
\tag{7.6.10}
$$

$$
(m-0.5)a^{2m-2}\zeta_m^- + (\mathrm{i}kG - \mathrm{i}\omega R\beta_{2m-1})a^{-2m+1}\chi_m^-
$$
$$
+ \frac{\mathrm{i}\omega}{\pi}\sum_{i=1}^{4}\alpha_i\langle f_i(\theta),\sin[(2m-1)\theta]\rangle = 0, \quad m=1,2,\cdots
\tag{7.6.11}
$$

式中，$\langle f(\theta),g(\theta)\rangle = \int_{\pi/2}^{3\pi/2} f(\theta)g(\theta)\mathrm{d}\theta$。

　　将式(7.6.7)代入弹性板端部条件式(7.6.5)，得到

$$
\zeta_0^+ - \sum_{n=1}^{\infty}\chi_n^+\left[C_{n0}^+ + 2(1-Q^2)(-1)^n\beta_{2n}a^{-2n}\right]
$$
$$
+ 2\sum_{n=1}^{\infty}\chi_n^-(1-Q^2)(-1)^n\beta_{2n-1}a^{-2n+1} + \frac{1-Q^2}{R}\sum_{i=1}^{4}\alpha_i f_i\left(\frac{\pi}{2}\right) = 1
\tag{7.6.12}
$$

$$\zeta_0^+ - \sum_{n=1}^{\infty} \chi_n^+ \left[C_{n0}^+ + 2(1-Q^2)(-1)^n \beta_{2n} a^{-2n} \right]$$
$$-2\sum_{n=1}^{\infty} \chi_n^- (1-Q^2)(-1)^n \beta_{2n-1} a^{-2n+1} + \frac{1-Q^2}{R} \sum_{i=1}^{4} \alpha_i f_i \left(\frac{3}{2}\pi \right) = 1 \tag{7.6.13}$$

$$\sum_{i=1}^{4} \alpha_i f_i' \left(\frac{\pi}{2} \right) = 0 \tag{7.6.14}$$

$$\sum_{i=1}^{4} \alpha_i f_i' \left(\frac{3}{2}\pi \right) = 0 \tag{7.6.15}$$

将式 (7.5.7)、式 (7.5.8) 和式 (7.6.9)~式 (7.6.15) 中的 m 和 n 截断至 N 项,可以得到含有 $4N+5$ 个未知数的线性方程组,求解该方程组便可以确定速度势表达式与弹性板挠度表达式中所有的展开系数。

半圆形开孔弹性板潜堤的反射系数 C_r 和透射系数 C_t 分别由式 (7.3.19) 和式 (7.3.20) 计算,能量损失系数 C_d 为

$$C_d = 1 - C_r^2 - C_t^2 \tag{7.6.16}$$

图 7.6.2 为抗弯刚度对半圆形开孔弹性板潜堤水动力特性参数的影响。半圆形开孔板的孔隙影响参数 G 在理论上与波数 k 存在关系,此处定义一个新的无因次孔隙影响参数 $G_0 = Gkh$,并在计算中将 G_0 取为实数。将弹性板的单位长度质量和抗弯刚度做无因次化处理: $m_0 = m_s/(\rho h)$, $E_0 = EI/(\rho g h^4)$。 $E_0 = \infty$ 表示半圆形开孔弹性板变成刚性的半圆形开孔潜堤结构[34]。从图中可以看出,抗弯刚度对反射系数、透射系数和能量损失系数均有显著影响,与刚性结构相比,具有合适抗弯刚度的弹性板潜堤能为后方提供更好的掩护。

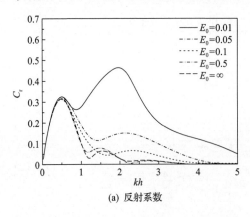

(a) 反射系数

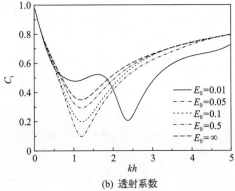

(b) 透射系数

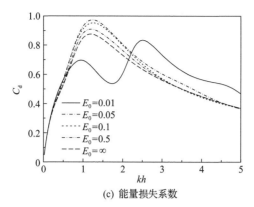

(c) 能量损失系数

图 7.6.2　抗弯刚度对半圆形开孔弹性板潜堤水动力特性参数的影响
（$m_0 = 0.015$，$a/h = 0.9$，$G_0 = 0.5$）

　　图 7.6.2 中值得特别注意的是，当 $E_0 = 0.01$ 时，潜堤反射系数在 $kh \approx 2$ 时出现了一个明显的峰值，这是波浪与弹性板运动产生共振所致。根据弹性板运动方程（7.6.1）和端部固支条件，采用分离变量法计算出弹性板的一阶固有频率为 $\omega_1 = (1.901/a^2)\sqrt{EI/m_s}$。当 $E_0 = 0.01$、$a/h = 0.9$ 和 $EI/m_s = 2gh^3/3$ 时，弹性板在空气中的一阶固有频率为 $\omega_1 = 1.916\sqrt{g/h}$，但是由于附加质量和辐射阻尼的影响，水下淹没式弹性板的一阶共振频率低于 $\omega_1 = 1.916\sqrt{g/h}$。因此可以推测，波浪与弹性板运动在 $kh \approx 2$ 时发生了共振，此时波浪频率 $\omega = 1.389\sqrt{g/h}$ 与结构一阶固有频率比较接近，从而导致反射系数显著增大，相应的透射系数显著减小。波浪共振反射对结构的掩护性能具有显著的提升作用，在工程设计中可以重点关注。

　　图 7.6.3 为孔隙影响参数对半圆形开孔弹性板潜堤水动力特性参数的影响，$G_0 = 0$ 表示不开孔弹性板。从图中可以看出，孔隙影响参数对半圆形开孔弹性板的水动力特性参数有显著影响，随着孔隙影响参数的增加（半圆弧开孔率增加），潜堤的反射系数显著减小；但是由于开孔板可以有效耗散入射波能量，开孔结构

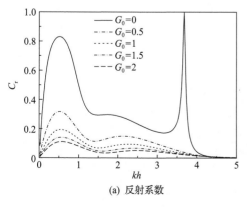

(a) 反射系数

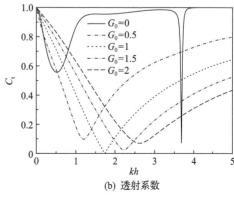

(b) 透射系数

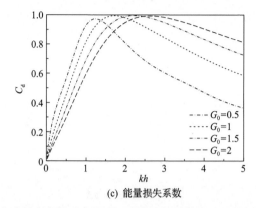

(c) 能量损失系数

图 7.6.3　孔隙影响参数对半圆形开孔弹性板潜堤水动力特性参数的影响

$(m_0 = 0.015，E_0 = 0.05，a/h = 0.9)$

的透射系数明显低于不开孔结构，潜堤的掩护功能得到显著提升；合理选取板的开孔率，可以达到良好的消波效果。注意到，不开孔弹性板的反射系数在 $kh \approx 3.68$ 附近出现了突变，这是由波浪诱发弹性板共振运动所致。

7.7　双层流中的半圆形潜堤

在河口海岸区域，淡水与海水混合后产生密度差，有可能会导致水体出现明显的分层现象。当水体出现扰动时，不仅会产生表面波，还会出现内波，由于表面波和内波同时存在，双层流中的波浪传播过程比单层流中更加复杂。本节以半圆形潜堤的水动力分析为例，介绍双层流中波浪的传播特性。

7.7.1　双层流中正向波对半圆形潜堤的作用

图 7.7.1 为双层流中正向入射波对半圆形潜堤作用的示意图。上层流体和下层流体的厚度分别为 h_1 和 h_2，半圆形潜堤完全淹没于下层流体，潜堤半径为 $a(a < h_2)$。直角坐标系的原点位于两层流体交界面与潜堤中垂线的交点处，x 轴水平向

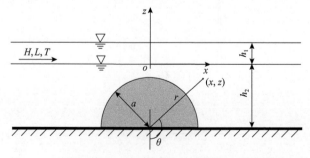

图 7.7.1　双层流中正向入射波对半圆形潜堤作用的示意图

右，z 轴竖直向上，极坐标系定义为 $r\cos\theta = -(z + h_2)$ 和 $r\sin\theta = x$。

速度势除满足拉普拉斯方程、自由水面条件、水底条件和远场辐射条件（存在向外场传播的行进波）外，还满足两层流体交界面条件[35]：

$$\frac{\partial \phi^{(1)}}{\partial z} = \frac{\partial \phi^{(2)}}{\partial z}, \quad z = 0 \tag{7.7.1}$$

$$\rho_0 \left(\frac{\partial \phi^{(1)}}{\partial z} - K\phi^{(1)} \right) = \left(\frac{\partial \phi^{(2)}}{\partial z} - K\phi^{(2)} \right), \quad z = 0 \tag{7.7.2}$$

式中，上标（1）和（2）分别表示上层流体和下层流体中的变量；$\rho_0 = \rho_1/\rho_2$（$0 < \rho_0 < 1$），ρ_1 和 ρ_2 分别为上层流体和下层流体的密度；$K \equiv \omega^2/g$。

式 (7.7.1) 是两层流体交界面的流体法向速度连续条件，式 (7.7.2) 是交界面的压力连续条件。

双层流中的入射波速度势具有如下形式：

$$\phi_1^{(j)} = -\frac{\mathrm{i}gH}{2\omega} e^{\mathrm{i}kx} Z^{(j)}(k; z), \quad j = 1, 2 \tag{7.7.3}$$

式中，H 为与入射波波高有关的常数；$Z^{(j)}(k; z)$ 为垂向特征函数系：

$$Z^{(1)}(k; z) = \cosh[k(z - h_1)] + \frac{K}{k}\sinh[k(z - h_1)], \quad 0 \leqslant z \leqslant h_1 \tag{7.7.4}$$

$$Z^{(2)}(k; z) = \frac{K\cosh(kh_1) - k\sinh(kh_1)}{k\sinh(kh_2)}\cosh[k(z + h_2)], \quad -h_2 \leqslant z \leqslant 0 \tag{7.7.5}$$

在式 (7.7.3)～式 (7.7.5) 中，k 为入射波的波数，是如下色散方程的正实根：

$$D(k) \equiv kK[\tanh(kh_1) + \tanh(kh_2)] + (\rho_0 k^2 - \rho_0 K^2 - k^2)\tanh(kh_1)\tanh(kh_2) - K^2 = 0 \tag{7.7.6}$$

上述垂向特征函数系和色散方程是采用分离变量法求解拉普拉斯方程的过程中推导得到的，推导过程中应用了自由水面条件、水底条件以及两层流体交界面条件。当两层流体的密度相同时，式 (7.7.6) 退化为单层流的波浪色散方程。当给定一个圆频率时，双层流的色散方程有两个正实根 k_1 和 k_2（$k_1 < k_2$），分别对应表面波的波数和内波的波数，换言之，表面波的波长更大。

当入射波为表面波或者内波时，遇到潜堤后不仅会产生表面波模态的反射波和透射波，还会产生内波模态的反射波和透射波，即两种波模态的波浪能量会相互转换。

当入射波为表面波时，速度势的远场表达式为

$$\phi^{(j)} \sim -\frac{\mathrm{i}gH}{2\omega} \begin{cases} \left[\mathrm{e}^{\mathrm{i}k_1 x} Z^{(j)}(k_1;z) + R_1 \mathrm{e}^{-\mathrm{i}k_1 x} Z^{(j)}(k_1;z) + r_1 \mathrm{e}^{-\mathrm{i}k_2 x} Z^{(j)}(k_2;z) \right], & x \to -\infty \\ \left[T_1 \mathrm{e}^{\mathrm{i}k_1 x} Z^{(j)}(k_1;z) + t_1 \mathrm{e}^{\mathrm{i}k_2 x} Z^{(j)}(k_2;z) \right], & x \to +\infty \end{cases}$$

(7.7.7)

式中，R_1、r_1、T_1 和 t_1 为与反射波和透射波有关的待定系数。

当入射波为内波时，速度势的远场表达式为

$$\phi^{(j)} \sim -\frac{\mathrm{i}gH}{2\omega} \begin{cases} \left[\mathrm{e}^{\mathrm{i}k_2 x} Z^{(j)}(k_2;z) + R_2 \mathrm{e}^{-\mathrm{i}k_1 x} Z^{(j)}(k_1;z) + r_2 \mathrm{e}^{-\mathrm{i}k_2 x} Z^{(j)}(k_2;z) \right], & x \to -\infty \\ \left[T_2 \mathrm{e}^{\mathrm{i}k_1 x} Z^{(j)}(k_1;z) + t_2 \mathrm{e}^{\mathrm{i}k_2 x} Z^{(j)}(k_2;z) \right], & x \to +\infty \end{cases}$$

(7.7.8)

式中，R_2、r_2、T_2 和 t_2 为与反射波和透射波有关的待定系数。

式(7.7.7)和式(7.7.8)中的待定系数需要通过半圆形潜堤的不透水物面条件来确定。需要注意的是，表面波问题和内波问题是两个独立的问题，需要分别单独求解。由于潜堤是半圆形状，仍然需要采用多极子方法求解，双层流中多极子的表达式与单层流中有较大差异，下面简单介绍其推导过程。

关于 z 轴对称的多极子具有如下形式：

$$\varphi_n^{(1),+} = \frac{1}{(2n-1)!} \int_0^\infty \mu^{2n-1} A(\mu) \left\{ \mu \cosh[\mu(z-h_1)] + K \sinh[\mu(z-h_1)] \right\} \cos(\mu x) \mathrm{d}\mu$$

(7.7.9)

$$\varphi_n^{(2),+} = \frac{\cos(2n\theta)}{r^{2n}} + \frac{1}{(2n-1)!} \int_0^\infty \mu^{2n-1} B(\mu) \cosh[\mu(z+h_2)] \cos(\mu x) \mathrm{d}\mu \quad (7.7.10)$$

式中，$A(\mu)$ 和 $B(\mu)$ 为关于 μ 的未知函数。

式(7.7.9)和式(7.7.10)除满足拉普拉斯方程外，还分别满足自由水面条件和水底条件。将式(7.7.9)和式(7.7.10)代入式(7.7.1)和式(7.7.2)，可以确定 $A(\mu)$ 和 $B(\mu)$ 的表达式：

$$A(\mu) = \frac{K}{D(\mu)\cosh(\mu h_1)\cosh(\mu h_2)}$$

(7.7.11)

$$B(\mu) = \frac{[(\rho K^2 - \rho \mu^2 + \mu^2 + \mu K)\tanh(\mu h_1) - (\mu K + K^2)][\tanh(\mu h_2) - 1]}{D(\mu)}$$

(7.7.12)

式中，$D(\mu)$ 与式(7.7.6)类似，只是将 k 替换成 μ。

将式 (7.7.12) 代入式 (7.7.10) 可以得到对称多极子的具体表达式。采用类似上述的方法可以确定关于 z 轴反对称的多极子，表达式为

$$\varphi_n^{(2),-} = \frac{\sin[(2n-1)\theta]}{r^{2n-1}} + \frac{1}{(2n-2)!}\int_0^\infty \mu^{2n-2}B(\mu)\cosh[\mu(z+h_2)]\sin(\mu x)\mathrm{d}\mu \quad (7.7.13)$$

为满足远场辐射条件，式 (7.7.10) 和式 (7.7.13) 中的积分路径需向下绕过两个奇点 $\mu=k_1$ 和 $\mu=k_2$[36]。多极子的远场表达式为

$$\varphi_n^{(2),+} \sim \frac{\mathrm{i}\pi}{(2n-1)!}\Big\{B^{k_1}k_1^{2n-1}\cosh[k_1(z+h_2)]\mathrm{e}^{\pm\mathrm{i}k_1 x}$$
$$+ B^{k_2}k_2^{2n-1}\cosh[k_2(z+h_2)]\mathrm{e}^{\pm\mathrm{i}k_2 x}\Big\}, \quad x\to\pm\infty \quad (7.7.14)$$

$$\varphi_n^{(2),-} \sim \pm\frac{\pi}{(2n-2)!}\Big\{B^{k_1}k_1^{2n-2}\cosh[k_1(z+h_2)]\mathrm{e}^{\pm\mathrm{i}k_1 x}$$
$$+ B^{k_2}k_2^{2n-2}\cosh[k_2(z+h_2)]\mathrm{e}^{\pm\mathrm{i}k_2 x}\Big\}, \quad x\to\pm\infty \quad (7.7.15)$$

式中，B^{k_1} 和 B^{k_2} 分别为函数 $B(\mu)$ 在奇点 $\mu=k_1$ 和 $\mu=k_2$ 处的留数。

根据指数函数的泰勒展开式，可以将多极子展开为级数形式：

$$\varphi_n^{(2),+} = \frac{\cos(2n\theta)}{r^{2n}} + \sum_{s=0}^\infty C_{ns}^+ r^{2s}\cos(2s\theta) \quad (7.7.16)$$

$$\varphi_n^{(2),-} = \frac{\sin[(2n-1)\theta]}{r^{2n-1}} + \sum_{s=1}^\infty C_{ns}^- r^{2s-1}\sin[(2s-1)\theta] \quad (7.7.17)$$

式中，

$$C_{ns}^+ = \frac{1}{(2s)!(2n-1)!}\int_0^\infty B(\mu)\mu^{2n+2s-1}\mathrm{d}\mu \quad (7.7.18)$$

$$C_{ns}^- = \frac{1}{(2s-1)!(2n-2)!}\int_0^\infty B(\mu)\mu^{2n+2s-3}\mathrm{d}\mu \quad (7.7.19)$$

首先考虑入射波为表面波的情况，根据式 (7.7.3) 和式 (7.7.5) 可以确定入射波速度势在区域 2 (下层流体) 内的表达式，然后根据指数函数的泰勒展开式，可以将其写成级数形式：

$$\phi_1^{(2)} = -\frac{\mathrm{i}gHY_1}{2\omega}\Big\{\sum_{s=0}^\infty \frac{(k_1 r)^{2s}}{(2s)!}\cos(2s\theta) + \mathrm{i}\sum_{s=1}^\infty \frac{(k_1 r)^{2s-1}}{(2s-1)!}\sin[(2s-1)\theta]\Big\} \quad (7.7.20)$$

式中，$Y_1 = [K\cosh(k_1 h_1) - k_1 \sinh(k_1 h_1)]/[k_1 \sinh(k_1 h_2)]$。

将入射波速度势和所有的多极子线性加权叠加，可以得到区域 2 内的速度势表达式：

$$\phi^{(2)} = -\frac{\mathrm{i}gH}{2\omega}\left\{ Y_1 \sum_{s=0}^{\infty} \frac{(k_1 r)^{2s}}{(2s)!}\cos(2s\theta) + \sum_{n=1}^{\infty} \chi_n^+ \varphi_n^{(2),+} \right.$$
$$\left. + \mathrm{i}Y_1 \sum_{s=1}^{\infty} \frac{(k_1 r)^{2s-1}}{(2s-1)!}\sin[(2s-1)\theta] + \sum_{n=1}^{\infty} \chi_n^- \varphi_n^{(2),-} \right\} \tag{7.7.21}$$

式中，χ_n^+ 和 χ_n^- 为待定的展开系数。

将式 (7.7.21) 代入半圆形潜堤的不透水物面条件，等号两侧同时乘以 $\cos(2m\theta)$ 或 $\sin[(2m-1)\theta]$，然后对 θ 从 $\pi/2$ 到 $3\pi/2$ 积分，并应用三角函数的正交性，可以得到

$$a^{-4m}\chi_m^+ - \sum_{n=1}^{\infty} C_{nm}^+ \chi_n^+ = \frac{Y_1 k_1^{2m}}{(2m)!}, \quad m=1,2,\cdots \tag{7.7.22}$$

$$a^{-4m+2}\chi_m^- - \sum_{n=1}^{\infty} C_{nm}^- \chi_n^- = \frac{\mathrm{i}Y_1 k_1^{2m-1}}{(2m-1)!}, \quad m=1,2,\cdots \tag{7.7.23}$$

将式 (7.7.22) 和式 (7.7.23) 中的 n 和 m 截断到 N 项，可以得到两个独立的线性方程组，每个方程组均含有 N 个未知数，求解方程组便可以确定速度势表达式中所有的展开系数。

通过对比式 (7.7.7)、式 (7.7.14)、式 (7.7.15)、式 (7.7.20) 和式 (7.7.21)，可以得到

$$R_1 = \frac{\pi B^{k_1}}{Y_1}\left[\sum_{n=1}^{N} \chi_n^+ \frac{\mathrm{i}k_1^{2n-1}}{(2n-1)!} - \sum_{n=1}^{N} \chi_n^- \frac{k_1^{2n-2}}{(2n-2)!} \right] \tag{7.7.24}$$

$$r_1 = \frac{\pi B^{k_2}}{Y_2}\left[\sum_{n=1}^{N} \chi_n^+ \frac{\mathrm{i}k_2^{2n-1}}{(2n-1)!} - \sum_{n=1}^{N} \chi_n^- \frac{k_2^{2n-2}}{(2n-2)!} \right] \tag{7.7.25}$$

$$T_1 = 1 + \frac{\pi B^{k_1}}{Y_1}\left[\sum_{n=1}^{N} \chi_n^+ \frac{\mathrm{i}k_1^{2n-1}}{(2n-1)!} + \sum_{n=1}^{N} \chi_n^- \frac{k_1^{2n-2}}{(2n-2)!} \right] \tag{7.7.26}$$

$$t_1 = \frac{\pi B^{k_2}}{Y_2}\left[\sum_{n=1}^{N} \chi_n^+ \frac{\mathrm{i}k_2^{2n-1}}{(2n-1)!} + \sum_{n=1}^{N} \chi_n^- \frac{k_2^{2n-2}}{(2n-2)!} \right] \tag{7.7.27}$$

式中，$Y_2 = [K\cosh(k_2 h_1) - k_2\sinh(k_2 h_1)]/[k_2\sinh(k_2 h_2)]$。

当入射波为内波时，区域 2 内的速度势表达式为

$$\phi^{(2)} = -\frac{\mathrm{i}gH}{2\omega}\left\{Y_2\sum_{s=0}^{\infty}\frac{(k_2 r)^{2s}}{(2s)!}\cos(2s\theta) + \sum_{n=1}^{\infty}\chi_n^+\varphi_n^{(2),+}\right.$$
$$\left. + \mathrm{i}Y_2\sum_{s=1}^{\infty}\frac{(k_2 r)^{2s-1}}{(2s-1)!}\sin[(2s-1)\theta] + \sum_{n=1}^{\infty}\chi_n^-\varphi_n^{(2),-}\right\} \tag{7.7.28}$$

应用半圆形潜堤的不透水物面条件可以得到与式(7.7.22)和式(7.7.23)类似的两组方程，只是需要将公式等号右侧的 Y_1 和 k_1 分别替换为 Y_2 和 k_2，最终可以确定 R_2、r_2、T_2 和 t_2。R_2 和 r_2 的表达式分别与式(7.7.24)和式(7.7.25)相同；T_2 和 t_2 的计算表达式为

$$T_2 = \frac{\pi B^{k_1}}{Y_1}\left[\sum_{n=1}^{N}\chi_n^+\frac{\mathrm{i}k_1^{2n-1}}{(2n-1)!} + \sum_{n=1}^{N}\chi_n^-\frac{k_1^{2n-2}}{(2n-2)!}\right] \tag{7.7.29}$$

$$t_2 = 1 + \frac{\pi B^{k_2}}{Y_2}\left[\sum_{n=1}^{N}\chi_n^+\frac{\mathrm{i}k_2^{2n-1}}{(2n-1)!} + \sum_{n=1}^{N}\chi_n^-\frac{k_2^{2n-2}}{(2n-2)!}\right] \tag{7.7.30}$$

根据速度势、速度势的共轭以及格林第二定理，可以推导出双层流中波浪运动的能量守恒关系式，相关的推导过程可以参阅文献[36]。

当入射波为表面波时，能量守恒关系式为

$$E_1^R + E_1^T + E_1^r + E_1^t = 1 \tag{7.7.31}$$

式中，

$$E_1^R = |R_1|^2, \quad E_1^T = |T_1|^2, \quad E_1^r = \frac{k_2 Q_2}{k_1 Q_1}|r_1|^2, \quad E_1^t = \frac{k_2 Q_2}{k_1 Q_1}|t_1|^2 \tag{7.7.32}$$

当入射波为内波时，能量守恒关系式为

$$E_2^R + E_2^T + E_2^r + E_2^t = 1 \tag{7.7.33}$$

式中，

$$E_2^R = \frac{k_1 Q_1}{k_2 Q_2}|R_2|^2, \quad E_2^T = \frac{k_1 Q_1}{k_2 Q_2}|T_2|^2, \quad E_2^r = |r_2|^2, \quad E_2^t = |t_2|^2 \tag{7.7.34}$$

在式(7.7.32)和式(7.7.34)中，Q_1 和 Q_2 的计算表达式为

$$Q_p = \int_0^{h_1} \rho_0 [Z^{(1)}(k_p;z)]^2 \, \mathrm{d}z + \int_{-h_2}^0 [Z^{(2)}(k_p;z)]^2 \, \mathrm{d}z, \quad p=1,2 \qquad (7.7.35)$$

在式(7.7.31)和式(7.7.33)中，E_p^R 和 E_p^T 分别为表面波模态的反射波能量系数和透射波能量系数，E_p^r 和 E_p^t 分别为内波模态的反射波能量系数和透射波能量系数。

图 7.7.2 为入射波为表面波时半圆形潜堤的反射波能量系数和透射波能量系数。为了便于对比，图中还给出了单层流中半圆形潜堤的反射波和透射波能量系数，当上层流体厚度为 0 时，可以认为整个流体是单层流。从图中可以看出，有部分表面波模态能量转化为内波模态能量；在低频区域，当内交界面越靠近自由水面时，表面波模态的透射波能量系数 E_1^T 越大，并且越趋于单层流中潜堤的透射波能量系数，但是在高频区域没有明显变化；随着内交界面越接近自由面，内波

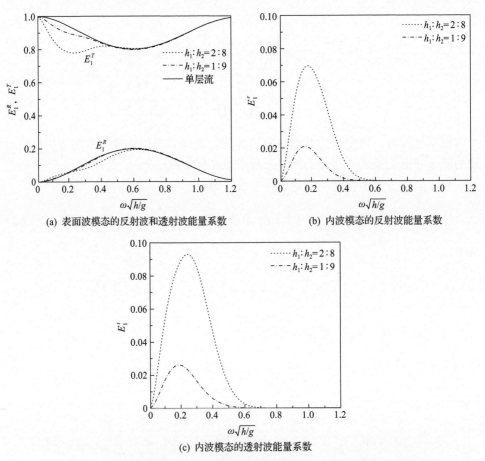

(a) 表面波模态的反射波和透射波能量系数   (b) 内波模态的反射波能量系数

(c) 内波模态的透射波能量系数

图 7.7.2 　入射波为表面波时半圆形潜堤的反射波能量系数和透射波能量系数
（$\rho_0 = 0.9$，$a/h = 0.7$）

模态的反射波能量系数 E_1^r 和透射波能量系数 E_1^t 减小，内波模态会逐渐消失。值得注意的是，随着波浪频率的增加，内波模态的透射波能量系数 E_1^t 从 0 逐渐增大至最大值然后减小，这与单层流中透射波能量系数的变化规律完全不同；表面波模态能量存在于较大的频率范围内，而内波模态能量仅存在于较窄的频率范围；在整个波浪能量中，表面波模态的能量占主导。

　　图 7.7.3 为入射波为内波时半圆形潜堤的反射波能量系数和透射波能量系数。从图中可以看出，当内交界面越接近自由水面时，内波模态的反射波能量系数 E_2^r 逐渐减小，内波模态的透射波能量系数 E_2^t 逐渐增大，表面波模态的反射波能量系数 E_2^R 和透射波能量系数 E_2^T 均减小。与入射波为表面波的情况相比，内波受到潜堤影响的频率范围较窄；在整个波浪能量中，内波模态的能量占主导，这与入射

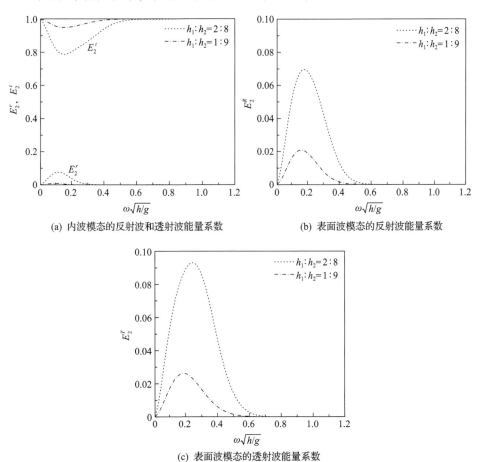

(a) 内波模态的反射波和透射波能量系数

(b) 表面波模态的反射波能量系数

(c) 表面波模态的透射波能量系数

图 7.7.3　入射波为内波时半圆形潜堤的反射波能量系数和透射波能量系数
（ $\rho_0 = 0.9$，$a/h = 0.7$ ）

波为表面波的情况完全相反。对比图 7.7.2 和图 7.7.3 可以发现，E_1^r 和 E_1^t 的计算结果分别与 E_2^R 和 E_2^T 的计算结果相同，Linton 等[36]在研究双层流(下层流体为无限水深)中水平圆柱时也得到了类似的结果。

　　图 7.7.4 和图 7.7.5 为流体密度比对半圆形潜堤反射波能量系数和透射波能量系数的影响。从图 7.7.4 可以看出，随着上下层流体密度比的减小，表面波模态的反射波能量系数 E_1^R 的峰值逐渐减小，表面波模态的透射波能量系数 E_1^T 在低频区域显著降低；随着上下层流体密度比的减小，内波模态的反射波能量系数 E_1^r 和透射波能量系数 E_1^t 的峰值显著增加，并且峰值对应的波浪频率向高频区偏移。由于 E_2^R、E_2^T 与 E_1^r、E_1^t 的一致性，图 7.7.5 不再给出 E_2^R 和 E_2^T 的计算结果。从图 7.7.5 可以看出，随着上下层流体密度比的增加，内波模态的反射波能量系数 E_2^r 的峰值

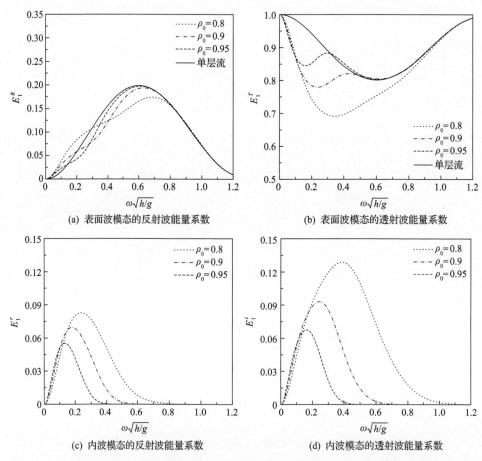

(a) 表面波模态的反射波能量系数　　　　(b) 表面波模态的透射波能量系数

(c) 内波模态的反射波能量系数　　　　(d) 内波模态的透射波能量系数

图 7.7.4　入射波为表面波时流体密度比对半圆形潜堤反射波能量系数和透射波能量系数的影响($h_1:h_2 = 2:8$，$a/h = 0.7$)

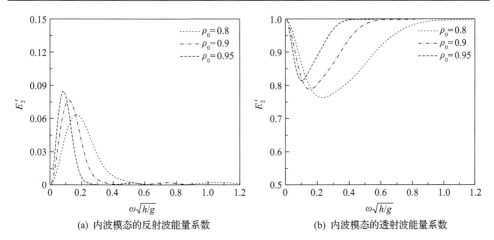

图 7.7.5　入射波为内波时流体密度比对半圆形潜堤反射波能量系数和透射波能量系数的影响
$(h_1:h_2=2:8,\ a/h=0.7)$

和透射波能量系数 E_2' 的谷值均显著增大，并且峰(谷)值对应的波浪频率向低频区移动。

7.7.2　双层流中斜向波对半圆形潜堤的作用

斜向入射波对双层流中半圆形潜堤作用的示意图与图 7.7.1 类似，只是在沿潜堤轴线方向上增加 y 轴，极坐标系与 7.7.1 节中的定义相同，波浪入射方向与 x 轴正方向的夹角为 β。流体区域内的速度势满足修正的亥姆霍兹方程：

$$\frac{\partial^2\phi}{\partial x^2}+\frac{\partial^2\phi}{\partial z^2}-l^2\phi=0 \tag{7.7.36}$$

式中，l 为入射波波数在 y 方向上的分量。

双层流中的传播波具有如下形式：

$$\phi_1^{(j)}=-\frac{\mathrm{i}gH}{2\omega}\mathrm{e}^{\pm\mathrm{i}\gamma_p x}Z^{(j)}(k_p;z),\quad j=1,2 \tag{7.7.37}$$

式中，H 为与波高有关的常数；$\gamma_p=\sqrt{k_p^2-l^2}$。

当入射波为表面波且斜向入射时，有

$$l=k_1\sin\beta,\quad \gamma_1=k_1\cos\beta,\quad \gamma_2=\sqrt{k_2^2-k_1^2\sin^2\beta} \tag{7.7.38}$$

显然，式(7.7.38)中的 γ_2 始终为实数$(k_1<k_2)$，即内波模态始终存在传播波。流体区域内速度势的远场表达式为

$$\phi^{(j)} \sim -\frac{\mathrm{i}gH}{2\omega} \begin{cases} \left[\mathrm{e}^{\mathrm{i}\gamma_1 x} Z^{(j)}(k_1;z) + R_1 \mathrm{e}^{-\mathrm{i}\gamma_1 x} Z^{(j)}(k_1;z) + r_1 \mathrm{e}^{-\mathrm{i}\gamma_2 x} Z^{(j)}(k_2;z) \right], & x \to -\infty \\ \left[T_1 \mathrm{e}^{\mathrm{i}\gamma_1 x} Z^{(j)}(k_1;z) + t_1 \mathrm{e}^{\mathrm{i}\gamma_2 x} Z^{(j)}(k_2;z) \right], & x \to +\infty \end{cases}$$

$$(7.7.39)$$

式中，R_1、r_1、T_1 和 t_1 为与反射波和透射波有关的待定系数。

当入射波为内波且斜向入射时，有

$$l = k_2 \sin\beta, \quad \gamma_1 = \sqrt{k_1^2 - k_2^2 \sin^2\beta}, \quad \gamma_2 = k_2 \cos\beta \qquad (7.7.40)$$

值得注意的是，式 (7.7.40) 中存在一个临界角度 $\beta_c = \arcsin(k_1/k_2)$，当波浪入射角度 β 大于此临界角度时，γ_2 为纯虚数，此时表面波模态不存在传播波。Linton 等[37]和 Das 等[38]在研究双层流 (下层流体为无限水深) 中斜向入射波传播时给出了类似的结论。图7.7.6为临界角度 β_c 随无因次频率的变化规律。从图中可以看出，临界角度随流体密度比的增大而逐渐减小，$h_1 : h_2 = 5:5$ 时的临界角度更大。注意到，互换式 (7.7.6) 中 h_1 和 h_2 的位置不改变色散方程的形式，对临界角度没有影响。

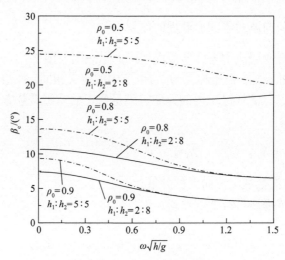

图 7.7.6　临界角度 β_c 随无因次频率的变化规律

当入射波为内波且波浪入射角度小于临界角度时，流体区域内速度势的远场表达式为

$$\phi^{(j)} \sim -\frac{\mathrm{i}gH}{2\omega} \begin{cases} \left[\mathrm{e}^{\mathrm{i}\gamma_2 x} Z^{(j)}(k_1;z) + R_2 \mathrm{e}^{-\mathrm{i}\gamma_1 x} Z^{(j)}(k_1;z) + r_2 \mathrm{e}^{-\mathrm{i}\gamma_2 x} Z^{(j)}(k_2;z) \right], & x \to -\infty \\ \left[T_2 \mathrm{e}^{\mathrm{i}\gamma_1 x} Z^{(j)}(k_1;z) + t_2 \mathrm{e}^{\mathrm{i}\gamma_2 x} Z^{(j)}(k_2;z) \right], & x \to +\infty \end{cases}$$

$$(7.7.41)$$

式中，R_2、r_2、T_2 和 t_2 为与反射波和透射波有关的待定系数。如果波浪入射角度大于临界角度，式(7.7.41)中 R_2 和 T_2 的值均为 0。

当波浪斜向入射时，表面波问题和内波问题仍然是两个独立的问题，需要采用多极子方法分别单独求解，斜向入射波中多极子的表达式与正向入射波中多极子的表达式有较大差异，下面简单介绍其推导过程。

关于 z 轴对称的多极子具有如下形式：

$$\varphi_n^{(1),+} = \int_0^\infty A(\nu)\{\nu\cosh[\nu(z-h_1)] + K\sinh[\nu(z-h_1)]\}\cos[lx\sinh(\mu)]\cosh(2n\mu)\mathrm{d}\mu$$

(7.7.42)

$$\varphi_n^{(2),+} = \mathrm{K}_{2n}(lr)\cos(2n\theta) + \int_0^\infty B(\nu)\cosh[\nu(z+h_2)]\cos[lx\sinh(\mu)]\cosh(2n\mu)\mathrm{d}\mu$$

(7.7.43)

式中，$\nu = l\cosh(\mu)$；$A(\nu)$ 和 $B(\nu)$ 为关于 ν 的未知函数。

除满足控制方程(7.7.36)外，式(7.7.42)和式(7.7.43)还分别满足自由水面条件和水底条件。将式(7.7.42)和式(7.7.43)代入式(7.7.1)和式(7.7.2)，可以确定 $A(\nu)$ 和 $B(\nu)$，表达式分别与式(7.7.11)和式(7.7.12)类似，需要将 μ 替换成 ν，从而得到对称多极子的具体表达式。

采用类似的方法可以确定关于 z 轴反对称的多极子，表达式为

$$\varphi_n^{(2),-} = \mathrm{K}_{2n+1}(lr)\sin[(2n+1)\theta] + \int_0^\infty B(\nu)\cosh[\nu(z+h_2)]\sin[lx\sinh(\mu)]\sinh[(2n+1)\mu]\mathrm{d}\mu$$

(7.7.44)

为了满足远场辐射条件，式(7.7.43)和式(7.7.44)中的积分路径需向下绕过奇点 $\mu = \kappa_1 = \ln(k_1/l + \sqrt{k_1^2/l^2 - 1})$（有可能不存在）和 $\mu = \kappa_2 = \ln(k_2/l + \sqrt{k_2^2/l^2 - 1})$。多极子的远场表达式为

$$\varphi_n^{(2),+} \sim -\mathrm{i}\pi\Big\{B^{\kappa_1}\cosh(2n\kappa_1)\cosh[k_1(z+h_2)]\mathrm{e}^{\pm\mathrm{i}\gamma_1 x} \\ + B^{\kappa_2}\cosh(2n\kappa_2)\cosh[k_2(z+h_2)]\mathrm{e}^{\pm\mathrm{i}\gamma_2 x}\Big\}, \quad x\to\pm\infty$$

(7.7.45)

$$\varphi_n^{(2),-} \sim \pm\pi\Big\{B^{\kappa_1}\sinh[(2n+1)\kappa_1]\cosh[k_1(z+h_2)]\mathrm{e}^{\pm\mathrm{i}\gamma_1 x} \\ + B^{\kappa_2}\sinh[(2n+1)\kappa_2]\cosh[k_2(z+h_2)]\mathrm{e}^{\pm\mathrm{i}\gamma_2 x}\Big\}, \quad x\to\pm\infty$$

(7.7.46)

式中，B^{κ_1} 和 B^{κ_2} 分别为函数 $B(\nu)$ 在奇点 $\mu = \kappa_1$ 和 $\mu = \kappa_2$ 处的留数。

应用式(7.1.34)和式(7.1.35)可以将多极子展开为级数形式:

$$\varphi_n^{(2),+} = K_{2n}(lr)\cos(2n\theta) + \sum_{s=0}^{\infty} C_{ns}^+ I_{2s}(lr)\cos(2s\theta) \qquad (7.7.47)$$

$$\varphi_n^{(2),-} = K_{2n+1}(lr)\sin[(2n+1)\theta] + \sum_{s=0}^{\infty} C_{ns}^- I_{2s+1}(lr)\sin[(2s+1)\theta] \qquad (7.7.48)$$

式中,

$$C_{ns}^+ = \varepsilon_s \int_0^{\infty} B(\nu)\cosh(2s\mu)\cosh(2n\mu)\mathrm{d}\mu \qquad (7.7.49)$$

$$C_{ns}^- = 2\int_0^{\infty} B(\nu)\sinh[(2s+1)\mu]\sinh[(2n+1)\mu]\mathrm{d}\mu \qquad (7.7.50)$$

式中, $\varepsilon_0 = 1$; $\varepsilon_s = 2\ (s \geqslant 1)$。

首先考虑入射波为表面波的情况,根据式(7.7.5)和式(7.7.37)可以得到入射波速度势在区域2(下层流体)内的表达式,然后应用式(7.1.34)和式(7.1.35)可以将其展开为级数形式:

$$\phi_1^{(2)} = -\frac{\mathrm{i}gHY_1}{2\omega}\left\{\sum_{s=0}^{\infty}\varepsilon_s\cosh(2s\kappa)I_{2s}(k_1 r\sin\beta)\cos(2s\theta)\right.$$
$$\left. +2\mathrm{i}\sum_{s=0}^{\infty}\sinh[(2s+1)\kappa]I_{2s+1}(k_1 r\sin\beta)\sin[(2s+1)\theta]\right\} \qquad (7.7.51)$$

式中, $Y_1 = [K\cosh(k_1 h_1) - k_1\sinh(k_1 h_1)]/[k_1\sinh(k_1 h_2)]$; $\kappa = \ln[(1+\cos\beta)/\sin\beta]$。

流域内速度势的表达式为

$$\phi^{(2)} = -\frac{\mathrm{i}gH}{2\omega}\left\{Y_1\sum_{s=0}^{\infty}\varepsilon_s\cosh(2s\kappa)I_{2s}(k_1 r\sin\beta)\cos(2s\theta) + \sum_{n=0}^{\infty}\chi_n^+\varphi_n^{(2),+}\right.$$
$$\left. +2\mathrm{i}Y_1\sum_{s=0}^{\infty}\sinh[(2s+1)\kappa]I_{2s+1}(k_1 r\sin\beta)\sin[(2s+1)\theta] + \sum_{n=0}^{\infty}\chi_n^-\varphi_n^{(2),-}\right\} \qquad (7.7.52)$$

式中, χ_n^+ 和 χ_n^- 为待定的展开系数; $\varphi_n^{(2),+}$ 和 $\varphi_n^{(2),-}$ 分别由式(7.7.47)和式(7.7.48)给出,但是式中 $l = k_1\sin\beta$。

应用半圆形潜堤的不透水物面条件可以得到

$$\chi_m^+ W_{2m} + \sum_{n=0}^{\infty}\chi_n^+ C_{nm}^+ = -Y_1\varepsilon_m\cosh(2m\kappa), \quad m=0,1,\cdots \qquad (7.7.53)$$

$$\chi_m^- W_{2m-1} + \sum_{n=0}^{\infty} \chi_n^- C_{nm}^- = -2\mathrm{i}\, Y_1 \sinh[(2m+1)\kappa], \quad m = 0,1,\cdots \quad (7.7.54)$$

式中，$W_m = \mathrm{K}_m'(k_1 a \sin\beta)/\mathrm{I}_m'(k_1 a \sin\beta)$。

　　将式(7.7.53)和式(7.7.54)中的 m 和 n 截断至 N 项，可以得到两个独立的线性方程组，每个方程组均含有 $N+1$ 个未知数，求解方程组便可以确定速度势表达式中所有的展开系数。通过对比式(7.7.39)、式(7.7.45)、式(7.7.46)和式(7.7.52)，可以得到

$$R_1 = \frac{\pi B^{\kappa_1}}{Y_1}\left\{ \mathrm{i}\sum_{n=0}^{N}\chi_n^+ \cosh(2n\kappa_1) - \sum_{n=0}^{N}\chi_n^- \sinh[(2n+1)\kappa_1] \right\} \quad (7.7.55)$$

$$r_1 = \frac{\pi B^{\kappa_2}}{Y_2}\left\{ \mathrm{i}\sum_{n=0}^{N}\chi_n^+ \cosh(2n\kappa_2) - \sum_{n=0}^{N}\chi_n^- \sinh[(2n+1)\kappa_2] \right\} \quad (7.7.56)$$

$$T_1 = 1 + \frac{\pi B^{\kappa_1}}{Y_1}\left\{ \mathrm{i}\sum_{n=0}^{N}\chi_n^+ \cosh(2n\kappa_1) + \sum_{n=0}^{N}\chi_n^- \sinh[(2n+1)\kappa_1] \right\} \quad (7.7.57)$$

$$t_1 = \frac{\pi B^{\kappa_2}}{Y_2}\left\{ \mathrm{i}\sum_{n=0}^{N}\chi_n^+ \cosh(2n\kappa_2) + \sum_{n=0}^{N}\chi_n^- \sinh[(2n+1)\kappa_2] \right\} \quad (7.7.58)$$

　　当斜向入射波为表面波时，能量守恒关系仍然由式(7.7.31)给出，其中的能量系数为

$$E_1^R = |R_1|^2, \quad E_1^T = |T_1|^2, \quad E_1^r = \frac{\gamma_2 Q_2}{\gamma_1 Q_1}|r_1|^2, \quad E_1^t = \frac{\gamma_2 Q_2}{\gamma_1 Q_1}|t_1|^2 \quad (7.7.59)$$

式中，γ_1 和 γ_2 的值由式(7.7.38)确定；Q_1 和 Q_2 的值由式(7.7.35)确定。

　　当入射波为内波且入射角度 β 小于临界角度 β_c 时，流域内速度势的表达式为

$$\begin{aligned}
\phi^{(2)} = -\frac{\mathrm{i}gH}{2\omega}\Bigg\{ &Y_2 \sum_{s=0}^{\infty} \varepsilon_s \cosh(2s\kappa)\, \mathrm{I}_{2s}(k_2 r \sin\beta)\cos(2s\theta) + \sum_{n=0}^{\infty}\chi_n^+ \varphi_n^{(2),+} \\
&+ 2\mathrm{i}Y_2 \sum_{s=0}^{\infty} \sinh[(2s+1)\kappa]\, \mathrm{I}_{2s+1}(k_2 r \sin\beta)\sin[(2s+1)\theta] + \sum_{n=0}^{\infty}\chi_n^- \varphi_n^{(2),-} \Bigg\}
\end{aligned} \quad (7.7.60)$$

式中，$Y_2 = [K\cosh(k_2 h_1) - k_2 \sinh(k_2 h_1)]/[k_2 \sinh(k_2 h_2)]$；$\kappa = \ln[(1+\cos\beta)/\sin\beta]$；$\chi_n^+$ 和 χ_n^- 为待定的展开系数；$\varphi_n^{(2),+}$ 和 $\varphi_n^{(2),-}$ 分别由式(7.7.47)和式(7.7.48)确定，但是式中 $l = k_2 \sin\beta$。

　　应用半圆形潜堤的不透水物面条件可以得到与式(7.7.53)和式(7.7.54)类似的两组方程, 只是需要将 Y_1 和 k_1 分别替换为 Y_2 和 k_2, 最后可以确定 R_2、r_2、T_2 和 t_2。R_2 和 r_2 的表达式分别与式(7.7.55)和式(7.7.56)的相同, T_2 和 t_2 的表达式为

$$T_2 = \frac{\pi B^{\kappa_1}}{Y_1}\left\{i\sum_{n=0}^{N}\chi_n^+\cosh(2n\kappa_1) + \sum_{n=0}^{N}\chi_n^-\sinh[(2n+1)\kappa_1]\right\} \tag{7.7.61}$$

$$t_2 = 1 + \frac{\pi B^{\kappa_2}}{Y_2}\left\{i\sum_{n=0}^{N}\chi_n^+\cosh(2n\kappa_2) + \sum_{n=0}^{N}\chi_n^-\sinh[(2n+1)\kappa_2]\right\} \tag{7.7.62}$$

　　当入射波为内波且入射角度大于临界角度 β_c 时, R_2 和 T_2 均等于 0, 此时入射波能量不会转换成表面波模态能量。

　　当斜向入射波为内波时, 能量守恒关系仍然由式(7.7.33)给出, 其中能量系数为

$$E_2^R = \frac{\gamma_1 Q_1}{\gamma_2 Q_2}|R_2|^2, \quad E_2^T = \frac{\gamma_1 Q_1}{\gamma_2 Q_2}|T_2|^2, \quad E_2^r = |r_2|^2, \quad E_2^t = |t_2|^2, \quad \beta < \beta_c \tag{7.7.63}$$

式中, γ_1 和 γ_2 的值由式(7.7.40)确定。当入射角度大于临界角度 β_c 时, $E_2^R = E_2^T = 0$。

　　图 7.7.7 为入射波为表面波时波浪入射角度对半圆形潜堤反射波能量系数和透射波能量系数的影响。从图中可以看出, 当波浪入射角度从 0°增加到 45°时, 表面波模态的反射波能量系数逐渐减小, 相应的透射波能量系数逐渐增大, 当波浪入射角度进一步增加时, 高频区域表面波模态的反射波(透射波)能量系数反而

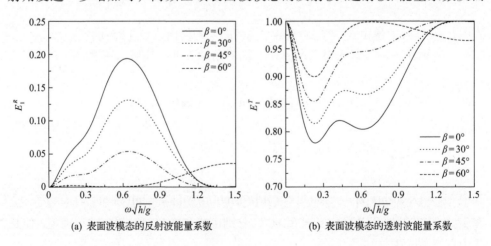

(a) 表面波模态的反射波能量系数　　　　　　(b) 表面波模态的透射波能量系数

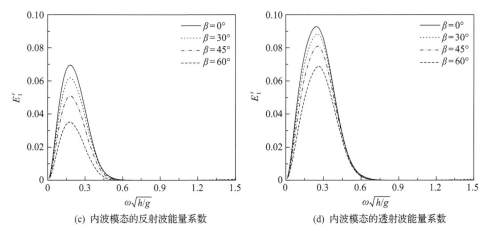

(c) 内波模态的反射波能量系数　　　　　　　(d) 内波模态的透射波能量系数

图 7.7.7　入射波为表面波时波浪入射角度对半圆形潜堤反射波能量系数和透射波能量系数的
影响（$h_1:h_2 = 2:8$，　$\rho_0 = 0.9$，　$a/h = 0.7$）

更大（小）；随着波浪入射角度的增加，内波模态的反射波能量系数和透射波能量
系数均逐渐减小。

　　图 7.7.8 为入射波为内波时波浪入射角度对半圆形潜堤反射波能量系数和透射
波能量系数的影响。在波浪入射角度（$\beta = 25°$）大于临界角度 β_c（见图 7.7.6）的条
件下，表面波模态的反射波能量系数和透射波能量系数均等于 0。从图中可以看
出，表面波模态的反射波能量系数随波浪入射角度的增加而逐渐减小，但是波浪
入射角度对表面波模态的透射波能量系数的影响与波浪频率有关；随着波浪入射
角度的增加，内波模态的反射波能量系数的峰值逐渐增大。当波浪入射角度 $\beta =$
25°时，内波模态的透射波能量系数显著增加，主要原因是此时入射波能量无法向
表面波模态能量转移。

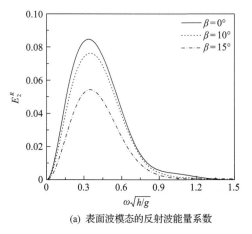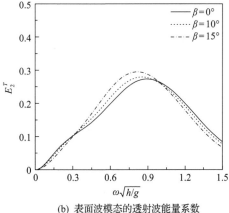

(a) 表面波模态的反射波能量系数　　　　　　　(b) 表面波模态的透射波能量系数

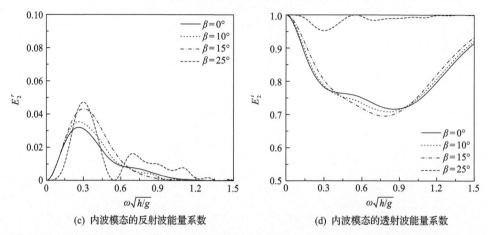

(c) 内波模态的反射波能量系数　　　　　　　(d) 内波模态的透射波能量系数

图 7.7.8　入射波为内波时波浪入射角度对半圆形潜堤反射波能量系数和透射波能量系数的影响 $(h_1:h_2=2:8,\ \rho_0=0.5,\ a/h=0.7)$

7.8　冰层下半圆形地形

与自由水面情况类似，冰层下波浪遇到水底不平坦的地形/结构时也会发生波浪反射和透射，本节以一个理想化的半圆形地形为例，分析冰层下波浪的传播特性。

图 7.8.1 为波浪通过冰层下半圆形地形传播的示意图。冰层厚度为 c，水深为 h，地形半径为 a，直角坐标系原点位于冰层下表面与地形中垂线的交点处，x 轴水平向右，z 轴竖直向上，y 轴沿着半圆形地形轴线方向延伸，极坐标系与 7.3 节中的定义相同。波浪入射方向与 x 轴正方向的夹角为 β，波高为 H，波长为 L，周期为 T。

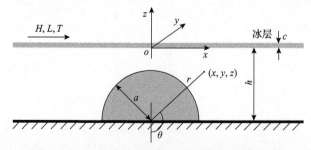

图 7.8.1　波浪通过冰层下半圆形地形传播的示意图

冰层在波浪作用下会产生变形，由于冰层的厚度远远小于其水平尺寸，可以将其视为漂浮于水面的弹性薄板结构，采用弹性薄板理论描述其运动，关于水面漂浮弹性薄板的运动理论见 3.5 节。

首先考虑正向入射波（$\beta = 0°$）情况，采用 7.3.1 节中多极子的推导方法可以得到满足拉普拉斯方程、冰层表面条件式 (3.5.7) 和水底条件的多极子表达式：

$$\varphi_n^+ = \frac{\cos(2n\theta)}{r^{2n}} + \tilde{\varphi}_n^+ \tag{7.8.1}$$

$$\varphi_n^- = \frac{\sin[(2n-1)\theta]}{r^{2n-1}} + \tilde{\varphi}_n^- \tag{7.8.2}$$

$$\tilde{\varphi}_n^+ = \frac{1}{(2n-1)!}\int_0^\infty \frac{[K+\mu\ell(\mu)]\mathrm{e}^{-\mu h}\mu^{2n-1}}{\mu\ell(\mu)\sinh(\mu h)-K\cosh(\mu h)}\cos(\mu x)\cosh[\mu(z+h)]\mathrm{d}\mu \tag{7.8.3}$$

$$\tilde{\varphi}_n^- = \frac{1}{(2n-2)!}\int_0^\infty \frac{[K+\mu\ell(\mu)]\mathrm{e}^{-\mu h}\mu^{2n-2}}{\mu\ell(\mu)\sinh(\mu h)-K\cosh(\mu h)}\sin(\mu x)\cosh[\mu(z+h)]\mathrm{d}\mu \tag{7.8.4}$$

式中，$K \equiv \omega^2/g$；$\ell(\mu) = D\mu^4 + 1 - \varepsilon K$，$D = Ec^3/[12(1-v^2)\rho g]$，$\varepsilon = (\rho_s/\rho)c$，其中 E、v 和 ρ_s 分别为冰层的弹性模量、泊松比和密度，ρ 为海水密度。

为了满足远场辐射条件，式 (7.8.3) 和式 (7.8.4) 中的积分路径需向下绕过奇点 $\mu = k$（冰层下入射波的波数）。多极子的远场表达式与式 (7.3.8) 和式 (7.3.9) 相同，只是需要将其中 N_0 的表达式替换成

$$N_0 = \frac{1}{2} + \frac{5Dk^4 + 1 - \varepsilon K}{Dk^4 + 1 - \varepsilon K}\frac{\sinh(2kh)}{4kh} \tag{7.8.5}$$

多极子的级数展开形式为

$$\varphi_n^+ = \frac{\cos(2n\theta)}{r^{2n}} + \sum_{m=0}^\infty C_{nm}^+ r^{2m}\cos(2m\theta) \tag{7.8.6}$$

$$\varphi_n^- = \frac{\sin[(2n-1)\theta]}{r^{2n-1}} + \sum_{m=1}^\infty C_{nm}^- r^{2m-1}\sin[(2m-1)\theta] \tag{7.8.7}$$

式中，

$$C_{nm}^+ = \frac{1}{(2m)!(2n-1)!}\int_0^\infty \frac{[\mu\ell(\mu)+K]\mu^{2m+2n-1}\,\mathrm{e}^{-\mu h}}{\mu\ell(\mu)\sinh(\mu h)-K\cosh(\mu h)}\mathrm{d}\mu \tag{7.8.8}$$

$$C_{nm}^- = \frac{1}{(2m-1)!(2n-2)!}\int_0^\infty \frac{[\mu\ell(\mu)+K]\mu^{2m+2n-3}\,\mathrm{e}^{-\mu h}}{\mu\ell(\mu)\sinh(\mu h)-K\cosh(\mu h)}\mathrm{d}\mu \tag{7.8.9}$$

冰层下入射波的速度势表达式及其级数形式为

$$
\begin{aligned}
\phi_1 &= -\frac{\mathrm{i}gH}{2\omega}\frac{K}{k\sinh(kh)}\cosh[k(z+h)]\mathrm{e}^{\mathrm{i}kx} \\
&= -\frac{\mathrm{i}gH}{2\omega}\frac{K}{k\sinh(kh)}\left\{\sum_{n=0}^{\infty}\frac{(kr)^{2n}}{(2n)!}\cos(2n\theta)+\mathrm{i}\sum_{n=1}^{\infty}\frac{(kr)^{2n-1}}{(2n-1)!}\sin[(2n-1)\theta]\right\}
\end{aligned}
\tag{7.8.10}
$$

将入射波速度势和所有的多极子线性加权叠加，可以得到流体区域内的速度势表达式：

$$
\begin{aligned}
\phi = -\frac{\mathrm{i}gH}{2\omega}\frac{K}{k\sinh(kh)}&\left\{\sum_{n=0}^{\infty}\frac{(kr)^{2n}}{(2n)!}\cos(2n\theta)+\sum_{n=1}^{\infty}\chi_n^+\varphi_n^+\right.\\
&\left.+\mathrm{i}\sum_{n=1}^{\infty}\frac{(kr)^{2n-1}}{(2n-1)!}\sin[(2n-1)\theta]+\sum_{n=1}^{\infty}\chi_n^-\varphi_n^-\right\}
\end{aligned}
\tag{7.8.11}
$$

式中，χ_n^+ 和 χ_n^+ 为待定的展开系数。

采用类似 7.3.1 节中的求解方法可以确定式 (7.8.11) 中的展开系数。半圆形地形的反射系数 C_r 和透射系数 C_t 由式 (7.3.19) 和式 (7.3.20) 进行计算，但是其中 N_0 的值由式 (7.8.5) 确定。对于冰层下的波浪运动问题，反射系数和透射系数满足能量守恒关系 $C_r^2+C_t^2=1$。

冰层的挠度 $\xi(x)$ 为

$$
\xi(x)=\frac{\mathrm{i}}{\omega}\frac{\partial\phi}{\partial z}\bigg|_{z=0}=\frac{H}{2}\mathrm{e}^{\mathrm{i}kx}+\frac{H}{2k\sinh(kh)}\left(\sum_{n=1}^{\infty}\chi_n^+\frac{\partial\varphi_n^+}{\partial z}\bigg|_{z=0}+\sum_{n=1}^{\infty}\chi_n^-\frac{\partial\varphi_n^-}{\partial z}\bigg|_{z=0}\right)
\tag{7.8.12}
$$

式中，

$$
\frac{\partial\varphi_n^+}{\partial z}=\frac{2n\cos[(2n+1)\theta]}{r^{2n+1}}+\frac{\partial\tilde{\varphi}_n^+}{\partial z}
\tag{7.8.13}
$$

$$
\frac{\partial\varphi_n^-}{\partial z}=\frac{(2n-1)\sin(2n\theta)}{r^{2n}}+\frac{\partial\tilde{\varphi}_n^-}{\partial z}
\tag{7.8.14}
$$

在式 (7.8.13) 和式 (7.8.14) 中，$\tilde{\varphi}_n^+$ 和 $\tilde{\varphi}_n^-$ 的偏导数需要使用式 (7.8.3) 和式 (7.8.4) 计算。

对于斜向入射波（$\beta>0°$）情况，满足修正的亥姆霍兹方程、冰层表面条件式 (3.5.7) 和水底条件的多极子表达式为

$$\varphi_n^+ = \mathrm{K}_{2n}(k_y r)\cos(2n\theta) + \tilde{\varphi}_n^+ \tag{7.8.15}$$

$$\varphi_n^- = \mathrm{K}_{2n+1}(k_y r)\sin[(2n+1)\theta] + \tilde{\varphi}_n^- \tag{7.8.16}$$

$$\tilde{\varphi}_n^+ = \int_0^\infty \frac{[K+\nu\ell(\nu)]\mathrm{e}^{-\nu h}\cosh(2n\mu)}{\nu\ell(\nu)\sinh(\nu h)-K\cosh(\nu h)}\cos[k_y x\sinh(\mu)]\cosh[\nu(z+h)]\mathrm{d}\mu \tag{7.8.17}$$

$$\tilde{\varphi}_n^- = \int_0^\infty \frac{[K+\nu\ell(\nu)]\mathrm{e}^{-\nu h}\sinh[(2n+1)\mu]}{\nu\ell(\nu)\sinh(\nu h)-K\cosh(\nu h)}\sin[k_y x\sinh(\mu)]\cosh[\nu(z+h)]\mathrm{d}\mu \tag{7.8.18}$$

式中，$\nu = k_y\cosh(\mu)$；$\ell(\nu) = D\nu^4 + 1 - \varepsilon K$。

为了满足远场辐射条件，式 (7.8.17) 和式 (7.8.18) 中的积分路径需向下绕过奇点 $\mu = \kappa = \ln(1/\sin\beta + \sqrt{1/\sin^2\beta - 1})$。多极子的远场表达式与式 (7.3.29) 和式 (7.3.30) 基本一致，但是式中 N_0 的表达式由式 (7.8.5) 给出。

多极子的级数展开形式为

$$\varphi_n^+ = \mathrm{K}_{2n}(k_y r)\cos(2n\theta) + \sum_{m=0}^\infty C_{nm}^+ \mathrm{I}_{2m}(k_y r)\cos(2m\theta) \tag{7.8.19}$$

$$\varphi_n^- = \mathrm{K}_{2n+1}(k_y r)\sin[(2n+1)\theta] + \sum_{m=0}^\infty C_{nm}^- \mathrm{I}_{2m+1}(k_y r)\sin[(2m+1)\theta] \tag{7.8.20}$$

$$C_{nm}^+ = \varepsilon_m \int_0^\infty \frac{[K+\nu\ell(\nu)]\mathrm{e}^{-\nu h}\cosh(2m\mu)\cosh(2n\mu)}{\nu\ell(\nu)\sinh(\nu h)-K\cosh(\nu h)}\mathrm{d}\mu \tag{7.8.21}$$

$$C_{nm}^- = 2\int_0^\infty \frac{[K+\nu\ell(\nu)]\mathrm{e}^{-\nu h}\sinh[(2m+1)\mu]\sinh[(2n+1)\mu]}{\nu\ell(\nu)\sinh(\nu h)-K\cosh(\nu h)}\mathrm{d}\mu \tag{7.8.22}$$

式中，$\varepsilon_0 = 1$；$\varepsilon_m = 2\ (m \geqslant 1)$。

波浪斜向入射时，流体区域内的速度势表达式为

$$\phi = -\frac{\mathrm{i}gH}{2\omega}\frac{K}{k\sinh(kh)}\left\{\sum_{n=0}^\infty \varepsilon_n\cosh(2m\kappa)\mathrm{I}_{2n}(k_y r)\cos(2n\theta) + \sum_{n=0}^\infty \chi_n^+\varphi_n^+ \right.$$
$$\left. + 2\mathrm{i}\sum_{n=0}^\infty \sinh[(2n+1)\kappa]\mathrm{I}_{2n+1}(k_y r)\sin[(2n+1)\theta] + \sum_{n=0}^\infty \chi_n^-\varphi_n^- \right\} \tag{7.8.23}$$

应用半圆形地形的不透水物面条件可以确定式 (7.8.23) 中的展开系数，具体求解

过程与 7.3.2 节半圆形潜堤问题类似。在斜向入射波作用下，半圆形地形反射系数 C_r 和透射系数 C_t 的计算表达式与式(7.3.40)和式(7.3.41)相同，需要将 N_0 的表达式替换成式(7.8.5)。反射系数和透射系数仍然满足能量守恒关系 $C_r^2 + C_t^2 = 1$。

冰层的挠度 $\xi(x)$ 为

$$\xi(x) = \frac{\mathrm{i}}{\omega}\frac{\partial \phi}{\partial z}\bigg|_{z=0} = \frac{H}{2}\mathrm{e}^{\mathrm{i}k_x x} + \frac{H}{2k\sinh(kh)}\left(\sum_{n=0}^{\infty}\chi_n^+\frac{\partial \varphi_n^+}{\partial z}\bigg|_{z=0} + \sum_{n=0}^{\infty}\chi_n^-\frac{\partial \varphi_n^-}{\partial z}\bigg|_{z=0}\right) \quad (7.8.24)$$

式中，

$$\frac{\partial \varphi_n^+}{\partial z} = \frac{k_y}{2}\left\{\mathrm{K}_{2n+1}(k_y r)\cos[(2n+1)\theta] + \mathrm{K}_{2n-1}(k_y r)\cos[(2n-1)\theta]\right\} + \frac{\partial \tilde{\varphi}_n^+}{\partial z} \quad (7.8.25)$$

$$\frac{\partial \varphi_n^-}{\partial z} = \frac{k_y}{2}\left\{\mathrm{K}_{2n+2}(k_y r)\sin[(2n+2)\theta] + \mathrm{K}_{2n}(k_y r)\sin(2n\theta)\right\} + \frac{\partial \tilde{\varphi}_n^-}{\partial z} \quad (7.8.26)$$

在式(7.8.25)和式(7.8.26)中，$\tilde{\varphi}_n^+$ 和 $\tilde{\varphi}_n^-$ 的偏导数需要使用式(7.8.17)和式(7.8.18)计算。

在下面算例中，将冰层和海水的物理参数设置为[39]：$E = 5\mathrm{GPa}$，$\nu = 0.3$，$\rho_s = 922.5\mathrm{kg/m}^3$，$\rho = 1025\mathrm{kg/m}^3$，$g = 9.81\mathrm{m/s}^2$，$h = 20\mathrm{m}$，$c = 0.5\sim2\mathrm{m}$。图 7.8.2 为冰层厚度对半圆形地形反射系数和透射系数的影响。当冰层厚度为 0 时，冰层表面的弹性边界条件完全变为自由水面边界条件，此时本节的解析模型退化为 7.3 节中的自由表面波解析模型。从图中可以看出，当冰层厚度较小时(冰层抗弯刚度较小)，反射系数随着无因次波数 Kh 的增加先增大后减小，由于能量守恒关系，相应的透射系数先减小后增大；当冰层厚度较大时，反射系数在高频波条件下基本

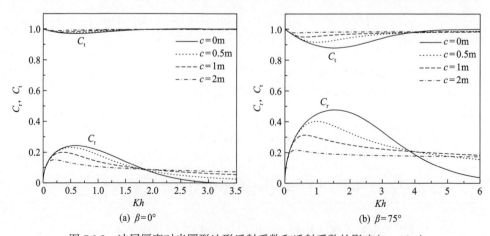

图 7.8.2　冰层厚度对半圆形地形反射系数和透射系数的影响($a = 10\mathrm{m}$)

保持不变。此外，随着冰层厚度的增加，反射系数的最大值逐渐减小，最大值对应的波浪频率向低频区移动。

图 7.8.3 为波浪入射角度对半圆形地形反射系数和透射系数的影响。从图中可以看出，随着波浪入射角度的增加，反射系数先减小，趋于 0，然后迅速增大到 1，透射系数的变化规律则完全相反；当地形的半径增加时，反射系数增大，透射系数减小。

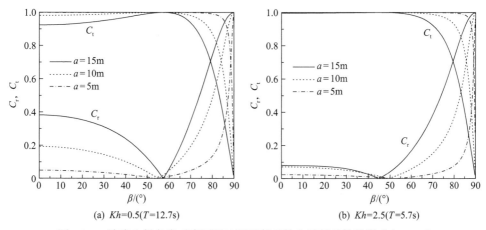

(a) $Kh=0.5(T=12.7\text{s})$　　　　　　　　(b) $Kh=2.5(T=5.7\text{s})$

图 7.8.3　波浪入射角度对半圆形地形反射系数和透射系数的影响 $(c=1\text{m})$

图 7.8.4 和图 7.8.5 分别为冰层厚度和波浪入射角度对冰层无因次挠度的影响，无因次挠度定义为 $C_\xi = 2|\xi(x)|/H$。从图中可以看出，在半圆形地形的前方，入射波和反射波叠加，导致冰层挠度随着与地形距离的增加呈周期性变化，在波腹和波节处达到最大值和最小值；在半圆形地形后方较远处只存在透射波，因此不同位置的挠度完全相同。从图中还可以看出，冰层厚度的增加会导致波长增大，波腹和波节的位置向距离地形更远处偏移；当波浪入射角度增加时，沿 x 轴方向的波长显著增加，导致波腹和波节的位置更加远离半圆形地形，并且冰层挠度的

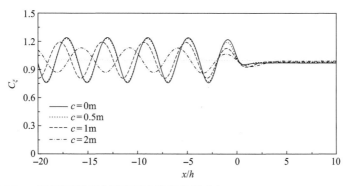

图 7.8.4　冰层厚度对冰层无因次挠度的影响 $(Kh=0.5，\ \beta=0°，\ a=10\text{m})$

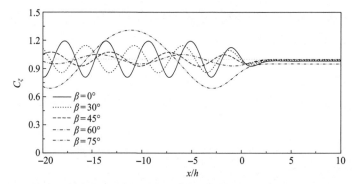

图 7.8.5　波浪入射角度对冰层无因次挠度的影响($Kh = 0.5$，$a = 10$m，$c = 1$m)

变化更加显著。

7.9　多个半圆形潜堤共振反射

当水波在传播过程中遇到一系列的结构物，且相邻结构物间距与波长的比值满足特定条件时，会发生强烈的波浪反射，这种现象称为布拉格共振反射。关于水波布拉格共振反射的早期研究主要集中在天然形成的周期性变化沙坝或海床[40-42]，后来研究者分析了由多个结构物组成的防波堤系统的布拉格共振反射[43-46]。本节在 7.3 节的基础上，采用解析方法研究多个半圆形潜堤的布拉格共振反射特性，分别考虑正向入射波和斜向入射波两种情况，并给出宽间距近似解。

7.9.1　正向波对多个半圆形潜堤的作用

图 7.9.1 为正向入射波作用下多个半圆形潜堤共振反射的示意图。直角坐标系原点位于静水面，x 轴水平向右，z 轴竖直向上，潜堤的数目为 M，第 q 个潜堤的半径为 a_q ($q = 1 \sim M$)，圆心位于 $(x_q, -h)$，相邻圆心的间距为 $D_q = x_{q+1} - x_q$ ($q = 1 \sim M-1$)。局部极坐标系 (r_q, θ_q) 定义为 $r_q \sin \theta_q = x - x_q$ 和 $r_q \cos \theta_q = -(z + h)$。

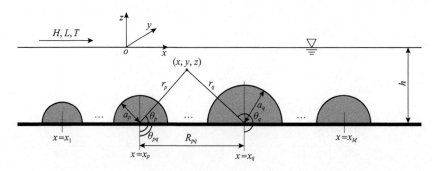

图 7.9.1　正向入射波作用下多个半圆形潜堤共振反射的示意图

7.3 节已经给出了极坐标的极点位于水底的多极子表达式, 当考虑多个半圆形潜堤时, 将入射波速度势和所有局部极坐标系下的多极子线性加权叠加, 得到流体区域内速度势的表达式, 然后令速度势依次满足每个半圆形潜堤的不透水物面条件, 可以确定速度势表达式中所有的待定系数, 从而得到问题的解析解。在应用各个潜堤物面条件进行求解的过程中, 需要将多极子的表达式在不同局部极坐标系之间进行转换, 这是解析解中最为关键的一步。

速度势除满足控制方程、自由水面条件、水底条件和远场辐射条件, 还满足潜堤表面的不透水物面条件:

$$\frac{\partial \phi}{\partial r_q} = 0, \quad r_q = a_q, \quad \frac{\pi}{2} \leqslant \theta_q \leqslant \frac{3\pi}{2}, \quad q = 1, 2, \cdots, M \quad (7.9.1)$$

在极点位于 $(x_q, -h)$ 的局部极坐标系下, 入射波速度势的级数展开形式为

$$\phi_1 = -\frac{\mathrm{i} gH}{2\omega} \frac{\mathrm{e}^{\mathrm{i} k x_q}}{\cosh(kh)} \left\{ \sum_{s=0}^{\infty} \frac{(kr_q)^{2s}}{(2s)!} \cos(2s\theta_q) + \mathrm{i} \sum_{s=1}^{\infty} \frac{(kr_q)^{2s-1}}{(2s-1)!} \sin[(2s-1)\theta_q] \right\} \quad (7.9.2)$$

式中, k 为入射波的波数。

流体区域内的速度势表达式为

$$\phi = \phi_1 - \frac{\mathrm{i} gH}{2\omega} \frac{1}{\cosh(kh)} \left(\sum_{p=1}^{M} \sum_{n=1}^{\infty} \chi_{p,n}^+ \varphi_{p,n}^+ + \sum_{p=1}^{M} \sum_{n=1}^{\infty} \chi_{p,n}^- \varphi_{p,n}^- \right) \quad (7.9.3)$$

式中, $\chi_{p,n}^+$ 和 $\chi_{p,n}^-$ 为待定的展开系数; $\varphi_{p,n}^+$ 和 $\varphi_{p,n}^-$ 为多极子, 表达式为

$$\varphi_{p,n}^+ = \frac{\cos(2n\theta_p)}{r_p^{2n}} + \frac{1}{(2n-1)!} \int_0^{\infty} \hbar(\mu) \mu^{2n-1} \cos[\mu(x-x_p)] \cosh[\mu(z+h)] \mathrm{d}\mu$$

$$= \frac{\cos(2n\theta_p)}{r_p^{2n}} + \sum_{s=0}^{\infty} C_{ns}^+ r_p^{2s} \cos(2s\theta_p), \quad n = 1, 2, \cdots \quad (7.9.4)$$

$$\varphi_{p,n}^- = \frac{\sin[(2n-1)\theta_p]}{r_p^{2n-1}} + \frac{1}{(2n-2)!} \int_0^{\infty} \hbar(\mu) \mu^{2n-2} \sin[\mu(x-x_p)] \cosh[\mu(z+h)] \mathrm{d}\mu$$

$$= \frac{\sin[(2n-1)\theta_p]}{r_p^{2n-1}} + \sum_{s=1}^{\infty} C_{ns}^- r_p^{2s-1} \sin[(2s-1)\theta_p], \quad n = 1, 2, \cdots$$

$$(7.9.5)$$

式中, $\hbar(\mu)$ 的表达式与式 (7.3.5) 相同; C_{ns}^+ 和 C_{ns}^- 分别由式 (7.3.12) 和式 (7.3.13) 给出。

多极子的远场表达式为

$$\varphi_{p,n}^{+} \sim \frac{\mathrm{i}\pi k^{2n-1}}{2hN_0(2n-1)!}\mathrm{e}^{\mp\mathrm{i}kx_p}\cosh[k(z+h)]\mathrm{e}^{\pm\mathrm{i}kx}, \quad x \to \pm\infty \tag{7.9.6}$$

$$\varphi_{p,n}^{-} \sim \pm\frac{\pi k^{2n-2}}{2hN_0(2n-2)!}\mathrm{e}^{\mp\mathrm{i}kx_p}\cosh[k(z+h)]\mathrm{e}^{\pm\mathrm{i}kx}, \quad x \to \pm\infty \tag{7.9.7}$$

式中，$N_0 = 0.5 + \sinh(2kh)/(4kh)$。

为了应用潜堤表面的不透水物面条件式(7.9.1)，需要将多极子在不同的局部极坐标系之间进行转换。根据 O'Leary[47]和 Linton 等[7]的研究，可以得到

$$\frac{\mathrm{e}^{-\mathrm{i}n\theta_p}}{r_p^n} = \sum_{m=0}^{\infty}\frac{(-1)^m(n+m-1)!}{m!(n-1)!R_{pq}^{n+m}}r_q^m\,\mathrm{e}^{\mathrm{i}[m\theta_q-(n+m)\theta_{pq}]}, \quad p \neq q \tag{7.9.8}$$

式中，(R_{pq},θ_{pq}) 为第 q 个潜堤的圆心在极坐标系 (r_p,θ_p) 中的坐标值(见图 7.9.1)。

由于所有潜堤的圆心均位于水底，则有如下关系：

$$R_{pq} = |x_q - x_p|, \quad \theta_{pq} = \frac{\pi}{2}\,(x_q > x_p), \quad \theta_{pq} = \frac{3}{2}\pi\,(x_q < x_p)$$

应用式(7.9.8)可以将多极子进一步表示为

$$\varphi_{p,n}^{+} = \sum_{m=0}^{\infty}A_{pq,nm}^{+}r_q^{2m}\cos(2m\theta_q) + \sum_{m=1}^{\infty}B_{pq,nm}^{+}r_q^{2m-1}\sin[(2m-1)\theta_q] \tag{7.9.9}$$

$$\varphi_{p,n}^{-} = \sum_{m=0}^{\infty}A_{pq,nm}^{-}r_q^{2m}\cos(2m\theta_q) + \sum_{m=1}^{\infty}B_{pq,nm}^{-}r_q^{2m-1}\sin[(2m-1)\theta_q] \tag{7.9.10}$$

式中，

$$A_{pq,nm}^{+} = \frac{(2n+2m-1)!(-1)^{n+m}}{(2m)!(2n-1)!(x_q-x_p)^{2n+2m}}$$
$$+ \frac{1}{(2m)!(2n-1)!}\int_0^{\infty}\hbar(\mu)\mu^{2n+2m-1}\cos(\mu R_{pq})\mathrm{d}\mu \tag{7.9.11}$$

$$B_{pq,nm}^{+} = \frac{(2n+2m-2)!(-1)^{n+m}}{(2m-1)!(2n-1)!(x_q-x_p)^{2n+2m-1}}$$
$$+ \frac{\mathrm{sgn}(x_p-x_q)}{(2m-1)!(2n-1)!}\int_0^{\infty}\hbar(\mu)\mu^{2n+2m-2}\sin(\mu R_{pq})\mathrm{d}\mu \tag{7.9.12}$$

$$A_{pq,nm}^{-} = \frac{(2n+2m-2)!(-1)^{n+m+1}}{(2m)!(2n-2)!(x_q-x_p)^{2n+2m-1}}$$

$$- \frac{\operatorname{sgn}(x_p-x_q)}{(2m)!(2n-2)!} \int_0^{\infty} \hbar(\mu)\mu^{2n+2m-2}\sin(\mu R_{pq})\,\mathrm{d}\mu \tag{7.9.13}$$

$$B_{pq,nm}^{-} = \frac{(2n+2m-3)!(-1)^{n+m+1}}{(2m-1)!(2n-2)!(x_q-x_p)^{2n+2m-2}}$$

$$+ \frac{1}{(2m-1)!(2n-2)!} \int_0^{\infty} \hbar(\mu)\mu^{2n+2m-3}\cos(\mu R_{pq})\,\mathrm{d}\mu \tag{7.9.14}$$

式中，$\operatorname{sgn}(x) = \begin{cases} -1, & x < 0 \\ 1, & x > 0 \end{cases}$。

将经过坐标转换的速度势表达式代入式 (7.9.1)，等号两侧同时乘以 $\cos(2m\theta_q)$ 或 $\sin[(2m-1)\theta_q]$，然后对 θ_q 从 $\pi/2$ 到 $3\pi/2$ 积分，并应用三角函数的正交性，可以得到

$$\chi_{q,m}^{+}a_q^{-4m} - \sum_{n=1}^{\infty}\chi_{q,n}^{+}C_{nm}^{+} - \sum_{p=1,p\neq q}^{M}\left(\sum_{n=1}^{\infty}\chi_{p,n}^{+}A_{pq,nm}^{+} + \sum_{n=1}^{\infty}\chi_{p,n}^{-}A_{pq,nm}^{-}\right) = \frac{k^{2m}\,\mathrm{e}^{\mathrm{i}kx_q}}{(2m)!}, \quad m=1,2,\cdots \tag{7.9.15}$$

$$\chi_{q,m}^{-}a_q^{-4m+2} - \sum_{n=1}^{\infty}\chi_{q,n}^{-}C_{nm}^{-} - \sum_{p=1,p\neq q}^{M}\left(\sum_{n=1}^{\infty}\chi_{p,n}^{+}B_{pq,nm}^{+} + \sum_{n=1}^{\infty}\chi_{p,n}^{-}B_{pq,nm}^{-}\right) = \frac{\mathrm{i}k^{2m-1}\,\mathrm{e}^{\mathrm{i}kx_q}}{(2m-1)!}, \quad m=1,2,\cdots \tag{7.9.16}$$

将式 (7.9.15) 和式 (7.9.16) 中的 m 和 n 截断至 N 项，可以得到含有 $2MN$ 个未知数的线性方程组，求解该方程组便可以确定速度势表达式中所有的展开系数。

多个半圆形潜堤的反射系数 C_r 和透射系数 C_t 为

$$C_r = |R_0| = \left|\sum_{p=1}^{M}\mathrm{e}^{\mathrm{i}kx_p}\sum_{n=1}^{N}\left[\chi_{p,n}^{+}\frac{\mathrm{i}\pi k^{2n-1}}{2hN_0(2n-1)!} - \chi_{p,n}^{-}\frac{\pi k^{2n-2}}{2hN_0(2n-2)!}\right]\right| \tag{7.9.17}$$

$$C_t = |T_0| = \left|1 + \sum_{p=1}^{M}\mathrm{e}^{-\mathrm{i}kx_p}\sum_{n=1}^{N}\left[\chi_{p,n}^{+}\frac{\mathrm{i}\pi k^{2n-1}}{2hN_0(2n-1)!} + \chi_{p,n}^{-}\frac{\pi k^{2n-2}}{2hN_0(2n-2)!}\right]\right| \tag{7.9.18}$$

图 7.9.2 和图 7.9.3 为两个半圆形潜堤反射系数和透射系数的计算结果与试验结果对比。物理模型试验在山东省海洋工程重点实验室的波流水槽中进行，试验

中考虑了两种工况：工况 1，固定两个潜堤之间的间距 $D = 1.75\mathrm{m}$、$1.37\mathrm{m}$ 和 $0.83\mathrm{m}$，然后测量不同波浪周期下潜堤的反射系数和透射系数；工况 2，固定波浪周期 $T = 2\mathrm{s}$、$1.6\mathrm{s}$ 和 $1.2\mathrm{s}$，然后测量不同潜堤间距时潜堤的反射系数和透射系数。详细的试验过程可以参阅文献[17]。从图中可以看出，计算结果与试验结果符合良好。

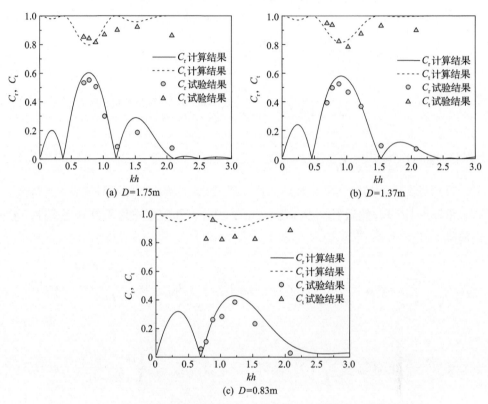

图 7.9.2　两个半圆形潜堤反射系数和透射系数的计算结果与试验结果对比
($h = 0.5\mathrm{m}$，$H/L = 0.01$，$a = 0.3\mathrm{m}$，工况 1)

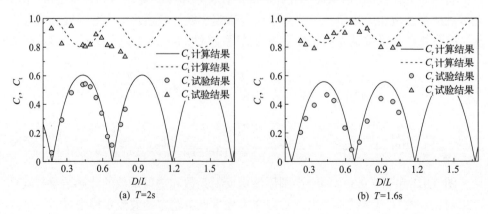

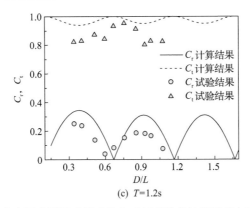

图 7.9.3　两个半圆形潜堤反射系数和透射系数的计算结果与试验结果对比
（$h = 0.5\text{m}$，$H/L = 0.01$，$a = 0.3\text{m}$，工况 2）

7.9.2　斜向波对多个半圆形潜堤的作用

考虑斜向入射波对多个半圆形潜堤的作用，直角坐标系与图 7.9.1 中正向入射波类似，只是增加沿潜堤轴线方向延伸的 y 轴，波浪入射方向与 x 轴正方向的夹角为 β（$\beta > 0°$），极坐标系与正向入射波问题中的定义相同。在极点位于 $(x_q, -h)$ 的局部极坐标系下，斜向入射波速度势的级数展开形式为

$$
\begin{aligned}
\phi_1 = -\frac{\mathrm{i}gH}{2\omega}\frac{\mathrm{e}^{\mathrm{i}k_x x_q}}{\cosh(kh)}\Bigg\{ & \sum_{s=0}^{\infty}\varepsilon_s \cosh(2s\kappa)\mathrm{I}_{2s}(k_y r_q)\cos(2s\theta_q) \\
& +2\mathrm{i}\sum_{s=0}^{\infty}\sinh[(2s+1)\kappa]\mathrm{I}_{2s+1}(k_y r_q)\sin[(2s+1)\theta_q]\Bigg\}
\end{aligned}
\tag{7.9.19}
$$

式中，$\varepsilon_0 = 1$；$\varepsilon_s = 2$（$s \geqslant 1$）；$\kappa = \ln(1/\sin\beta + \sqrt{1/\sin^2\beta - 1}\,)$；$k_y = k\cos\beta$。

流体运动的速度势表达式仍然由式 (7.9.3) 给出，但是下标索引符号 n 从 0 开始，并且多极子 $\varphi_{p,n}^+$ 和 $\varphi_{p,n}^-$ 的表达式为

$$
\begin{aligned}
\varphi_{p,n}^+ = & \; \mathrm{K}_{2n}(k_y r_p)\cos(2n\theta_p) \\
& + \int_0^{\infty}\hbar(\nu)\cosh(2n\mu)\cos[k_y(x - x_p)\sinh(\mu)]\cosh[\nu(z + h)]\mathrm{d}\mu \\
= & \; \mathrm{K}_{2n}(k_y r_p)\cos(2n\theta_p) + \sum_{s=0}^{\infty}C_{ns}^+ \mathrm{I}_{2s}(k_y r_p)\cos(2s\theta_p)
\end{aligned}
\tag{7.9.20}
$$

$$\varphi_{p,n}^{-} = K_{2n+1}(k_y r_p)\sin[(2n+1)\theta_p]$$

$$+ \int_0^{\infty} \hbar(\nu)\sinh[(2n+1)\mu]\sin[k_y(x-x_p)\sinh(\mu)]\cosh[\nu(z+h)]\mathrm{d}\mu \quad (7.9.21)$$

$$= K_{2n+1}(k_y r_p)\sin[(2n+1)\theta_p] + \sum_{s=0}^{\infty} C_{ns}^{-}\, I_{2s+1}(k_y r_p)\sin[(2s+1)\theta_p]$$

式中，$\nu = k_y\cosh(\mu)$；$\hbar(\nu)$ 的表达式与式 (7.3.5) 类似，需要将 μ 替换成 ν；C_{ns}^{+} 和 C_{ns}^{-} 分别由式 (7.3.33) 和式 (7.3.34) 给出。

多极子的远场表达式为

$$\varphi_{p,n}^{+} \sim \frac{\mathrm{i}\pi\cosh(2n\kappa)}{2k_x h N_0}\mathrm{e}^{\mp\mathrm{i}k_x x_p}\cosh[k(z+h)]\mathrm{e}^{\pm\mathrm{i}k_x x}, \quad x\to\pm\infty \quad (7.9.22)$$

$$\varphi_{p,n}^{-} \sim \pm\frac{\pi\sinh[(2n+1)\kappa]}{2k_x h N_0}\mathrm{e}^{\mp\mathrm{i}k_x x_p}\cosh[k(z+h)]\mathrm{e}^{\pm\mathrm{i}k_x x}, \quad x\to\pm\infty \quad (7.9.23)$$

根据贝塞尔函数的 Graf 加法定理[4]：

$$K_n(k_y r_p)\mathrm{e}^{\mathrm{i}n\theta_p} = \sum_{m=-\infty}^{\infty}(-1)^m K_{n+m}(k_y R_{pq})I_m(k_y r_q)\mathrm{e}^{-\mathrm{i}m\theta_q}\mathrm{e}^{\mathrm{i}(n+m)\theta_{pq}}, \quad r_q < R_{pq}, \quad p\neq q \quad (7.9.24)$$

可以将多极子进一步表示为

$$\varphi_{p,n}^{+} = \sum_{m=0}^{\infty} A_{pq,nm}^{+} I_{2m}(k_y r_q)\cos(2m\theta_q) + \sum_{m=0}^{\infty} B_{pq,nm}^{+} I_{2m+1}(k_y r_q)\sin[(2m+1)\theta_q] \quad (7.9.25)$$

$$\varphi_{p,n}^{-} = \sum_{m=0}^{\infty} A_{pq,nm}^{-} I_{2m}(k_y r_q)\cos(2m\theta_q) + \sum_{m=0}^{\infty} B_{pq,nm}^{-} I_{2m+1}(k_y r_q)\sin[(2m+1)\theta_q] \quad (7.9.26)$$

式中，

$$A_{pq,nm}^{+} = \frac{\varepsilon_m(-1)^{n+m}}{2}\left[K_{2n+2m}(k_y R_{pq}) + K_{2n-2m}(k_y R_{pq})\right]$$
$$+ \varepsilon_m\int_0^{\infty}\hbar(\nu)\cosh(2n\mu)\cosh(2m\mu)\cos[k_y R_{pq}\sinh(\mu)]\mathrm{d}\mu \quad (7.9.27)$$

$$B_{pq,nm}^+ = (-1)^{n+m} \operatorname{sgn}(x_p - x_q) \left[\mathrm{K}_{2n+2m+1}(k_y R_{pq}) + \mathrm{K}_{2n-2m-1}(k_y R_{pq}) \right]$$
$$+ 2 \operatorname{sgn}(x_p - x_q) \int_0^\infty \hbar(\nu) \cosh(2n\mu) \sinh[(2m+1)\mu] \sin[k_y R_{pq} \sinh(\mu)] \mathrm{d}\mu$$

$$(7.9.28)$$

$$A_{pq,nm}^- = \frac{\varepsilon_m (-1)^{n+m+1}}{2} \operatorname{sgn}(x_p - x_q) \left[\mathrm{K}_{2n+2m+1}(k_y R_{pq}) + \mathrm{K}_{2n-2m+1}(k_y R_{pq}) \right]$$
$$- \varepsilon_m \operatorname{sgn}(x_p - x_q) \int_0^\infty \hbar(\nu) \sinh[(2n+1)\mu] \cosh(2m\mu) \sin[k_y R_{pq} \sinh(\mu)] \mathrm{d}\mu$$

$$(7.9.29)$$

$$B_{pq,nm}^- = (-1)^{n+m+1} \left[\mathrm{K}_{2n+2m+2}(k_y R_{pq}) + \mathrm{K}_{2n-2m}(k_y R_{pq}) \right]$$
$$+ 2 \int_0^\infty \hbar(\nu) \sinh[(2n+1)\mu] \sinh[(2m+1)\mu] \cos[k_y R_{pq} \sinh(\mu)] \mathrm{d}\mu$$

$$(7.9.30)$$

应用各半圆形潜堤的不透水表面条件式(7.9.1)可以得到

$$\chi_{q,m}^+ Q_{2m,q} + \sum_{n=0}^\infty \chi_{q,n}^+ C_{nm}^+ + \sum_{p=1, p\neq q}^M \left(\sum_{n=0}^\infty \chi_{p,n}^+ A_{pq,nm}^+ + \sum_{n=0}^\infty \chi_{p,n}^- A_{pq,nm}^- \right)$$
$$= -\mathrm{e}^{\mathrm{i}k_x x_q} \varepsilon_m \cosh(2m\kappa), \quad m = 0, 1, \cdots$$

$$(7.9.31)$$

$$\chi_{q,n}^- Q_{2m+1,q} + \sum_{n=0}^\infty \chi_{q,n}^- C_{nm}^- + \sum_{p=1, p\neq q}^M \left(\sum_{n=0}^\infty \chi_{p,n}^+ B_{pq,nm}^+ + \sum_{n=0}^\infty \chi_{p,n}^- B_{pq,nm}^- \right)$$
$$= -2\mathrm{i}\,\mathrm{e}^{\mathrm{i}k_x x_q} \sinh[(2m+1)\kappa], \quad m = 0, 1, \cdots$$

$$(7.9.32)$$

式中，$Q_{m,q} = \mathrm{K}_m'(k_y a_q) / \mathrm{I}_m'(k_y a_q)$。

将式(7.9.31)和式(7.9.32)中的 m 和 n 截断到 N 项，可以得到含有 $2M(N+1)$ 个未知数的线性方程组，求解该方程组便可以确定速度势表达式中所有的展开系数。斜向入射波作用下，多个半圆形潜堤的反射系数 C_r 和透射系数 C_t 为

$$C_r = |R_0| = \left| \sum_{p=1}^M \mathrm{e}^{\mathrm{i}k_x x_p} \sum_{n=0}^N \left\{ \chi_{p,n}^+ \frac{\mathrm{i}\pi \cosh(2n\kappa)}{2k_x h N_0} - \chi_{p,n}^- \frac{\pi \sinh[(2n+1)\kappa]}{2k_x h N_0} \right\} \right| \quad (7.9.33)$$

$$C_t = |T_0| = \left| 1 + \sum_{p=1}^M \mathrm{e}^{-\mathrm{i}k_x x_p} \sum_{n=0}^N \left\{ \chi_{p,n}^+ \frac{\mathrm{i}\pi \cosh(2n\kappa)}{2k_x h N_0} + \chi_{p,n}^- \frac{\pi \sinh[(2n+1)\kappa]}{2k_x h N_0} \right\} \right| \quad (7.9.34)$$

图 7.9.4 为半圆形潜堤数量对潜堤反射系数的影响。各潜堤的相对半径均为 $a/h = 0.5$，相邻潜堤的相对间距均为 $D/h = 4$。将布拉格共振反射的有效频宽定义为[48]反射系数峰值的一半所对应的波浪频率范围的宽度。从图中可以看出，随着潜堤数量的增加，反射系数的峰值显著增大，并且有效频宽逐渐缩小，但是峰值对应的

波浪频率无明显变化。正向入射波条件下潜堤的共振反射系数更大，在波浪正向入射条件下，当潜堤数量为 10 时，反射系数在 $kh \approx 0.72$ 时达到最大值 0.984。

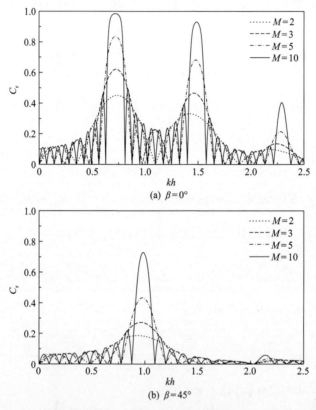

图 7.9.4　半圆形潜堤数量对潜堤反射系数的影响（$a/h = 0.5$，$D/h = 4$）

　　将结构物之间的间距设计成不相同时，布拉格共振反射的有效频宽有可能会增大[48,49]。图 7.9.5 为间距排列方式对潜堤反射系数的影响。考虑了四种不同的排

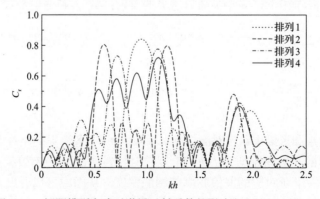

图 7.9.5　间距排列方式对潜堤反射系数的影响（$a/h = 0.5$，$\beta = 0°$）

列方式(共 5 个相同的半圆形潜堤):排列 1,$D_1/h = D_2/h = D_3/h = D_4/h = 3$;排列 2,$D_1/h = D_2/h = D_3/h = D_4/h = 5$;排列 3,$D_1/h = D_3/h = 5$ 和 $D_2/h = D_4/h = 3$;排列 4,$D_1/h = D_2/h = 5$ 和 $D_3/h = D_4/h = 3$。从图中可以看出,对于排列 4 的潜堤系统,反射系数不低于 0.4 时所对应的频宽最大;当需要重点关注有效频宽时,可以优先考虑排列 4。

7.9.3 宽间距近似方法

当半圆形潜堤之间的距离足够大时,可以忽略每个潜堤周围的非传播模态波对邻近潜堤的影响,此时可以应用宽间距假设理论[6,50,51]得到问题的近似解,该近似方法只需要单个结构的解析解,从而极大地简化了多体结构问题的求解过程。下面以多个半圆形潜堤的共振反射问题为例,介绍宽间距近似方法。

首先考虑圆心位于 $x = 0$ 的单个半圆形潜堤(参考图 7.3.5),当波浪沿 x 轴正方向传播时($e^{ik_x x}$),流体区域内速度势 ϕ 的远场表达式为

$$\phi \sim -\frac{igH}{2\omega}\frac{\cosh[k(z+h)]}{\cosh(kh)}\begin{cases}(e^{ik_x x} + R^+ e^{-ik_x x}), & x \to -\infty \\ T^+ e^{ik_x x}, & x \to +\infty\end{cases} \tag{7.9.35}$$

式中,R^+ 和 T^+ 分别为复反射系数和复透射系数。

当波浪沿 x 轴负方向传播时($e^{-ik_x x}$),流体区域内速度势 ψ 的远场表达式为

$$\psi \sim -\frac{igH}{2\omega}\frac{\cosh[k(z+h)]}{\cosh(kh)}\begin{cases}T^- e^{-ik_x x}, & x \to -\infty \\ e^{-ik_x x} + R^- e^{ik_x x}, & x \to +\infty\end{cases} \tag{7.9.36}$$

式中,R^- 和 T^- 分别为复反射系数和复透射系数。

应用格林第二定理,可以得到

$$\int_\Gamma \left(\phi \frac{\partial \psi}{\partial \boldsymbol{n}} - \psi \frac{\partial \phi}{\partial \boldsymbol{n}}\right) ds = 0 \tag{7.9.37}$$

式中,Γ 为由 $z = 0$、$z = -h$、$x = \pm X(X \to \infty)$ 以及潜堤半圆弧面所构成区域的闭合边界线;$\partial/\partial\boldsymbol{n}$ 表示边界线 Γ 的外法向导数。

将式(7.9.35)和式(7.9.36)代入式(7.9.37),得到

$$T^+ = T^- \tag{7.9.38}$$

考虑能量守恒关系:

$$\left|R^+\right|^2 + \left|T^+\right|^2 = \left|R^-\right|^2 + \left|T^-\right|^2 \equiv 1 \tag{7.9.39}$$

可以得到

$$\left|R^+\right| = \left|R^-\right| \tag{7.9.40}$$

因此，无论波浪是沿 x 轴正方向传播还是沿 x 轴负方向传播，半圆形潜堤的反射系数和透射系数分别相同，并且复透射系数的相位相等；当半圆形潜堤的圆心位于 $x=0$ 时(潜堤关于 z 轴完全对称)，复反射系数的相位也相等，即 $R^+ = R^-$。

当半圆形潜堤的圆心位于 $x=x_p$ 时，用 R_p^+ 和 T_p^+（R_p^- 和 T_p^-）分别表示波浪沿正(负)方向传播时潜堤的复反射系数和复透射系数，则存在如下关系：

$$T_p^+ = T_p^- = T^+, \quad R_p^+ = R^+\, \mathrm{e}^{2\mathrm{i}k_x x_p}, \quad R_p^- = R^-\, \mathrm{e}^{-2\mathrm{i}k_x x_p} \tag{7.9.41}$$

考虑 M 个半圆形潜堤，将整个流域划分为 $M+1$ 个区域：区域 1，$x<x_1$；区域 $j(j=2\sim M)$，$x_{j-1}<x<x_j$；区域 $M+1$，$x>x_M$。区域 j 内距离半圆形潜堤足够远处，可以忽略流体运动速度势中的非传播模态，流体运动的速度势可近似表示为

$$\phi \sim -\frac{\mathrm{i}gH}{2\omega}\frac{\cosh[k(z+h)]}{\cosh(kh)}\Big[A_j\, \mathrm{e}^{\mathrm{i}k_x(x-x_j)} + B_j\, \mathrm{e}^{-\mathrm{i}k_x(x-x_j)}\Big], \quad j=1,2,\cdots,M+1 \tag{7.9.42}$$

式中，A_j 和 B_j 为常数。

在式(7.9.42)中，x_{M+1} 不表示半圆形潜堤的圆心位置，仅是为了书写方便。显然，当波浪从 x 轴正方向入射时，有 $A_1 = \mathrm{e}^{\mathrm{i}k_x x_1}$ 和 $B_{M+1}=0$，并且 $B_1\, \mathrm{e}^{\mathrm{i}k_x x_1}$ 和 $A_{M+1}\, \mathrm{e}^{-\mathrm{i}k_x x_{M+1}}$ 分别为多个半圆形潜堤系统的复反射系数和复透射系数。

区域 $j+1$ 内距离半圆形潜堤足够远处，流体运动的速度势可近似表示为

$$\begin{aligned}
\phi &\sim -\frac{\mathrm{i}gH}{2\omega}\frac{\cosh[k(z+h)]}{\cosh(kh)}\Big[A_{j+1}\, \mathrm{e}^{\mathrm{i}k_x(x-x_{j+1})} + B_{j+1}\, \mathrm{e}^{-\mathrm{i}k_x(x-x_{j+1})}\Big] \\
&= -\frac{\mathrm{i}gH}{2\omega}\frac{\cosh[k(z+h)]}{\cosh(kh)}\Big[A_{j+1}\, \mathrm{e}^{-\mathrm{i}k_x\alpha_j}\, \mathrm{e}^{\mathrm{i}k_x(x-x_j)} + B_{j+1}\, \mathrm{e}^{\mathrm{i}k_x\alpha_j}\, \mathrm{e}^{-\mathrm{i}k_x(x-x_j)}\Big], \quad j=1,2,\cdots,M
\end{aligned} \tag{7.9.43}$$

式中，$\alpha_j = x_{j+1} - x_j$。

在区域 $j+1$ 内，远离第 j 个半圆形潜堤的传播波由两部分组成：区域 j 内的波浪向第 j 个潜堤传播时的透射波；区域 $j+1$ 内的波浪向第 j 个潜堤传播时的反射波。通过对比式(7.9.42)和式(7.9.43)，可以得到

$$A_{j+1}\, \mathrm{e}^{-\mathrm{i}k_x\alpha_j} = T_j^+ A_j + R_j^- B_{j+1}\, \mathrm{e}^{\mathrm{i}k_x\alpha_j} \tag{7.9.44}$$

类似地, 在区域 j 内, 远离第 j 个半圆形潜堤的传播波同样由两部分组成: 区域 $j+1$ 内的波浪向第 j 个潜堤传播时的透射波; 区域 j 内的波浪向第 j 个潜堤传播时的反射波。通过对比式(7.9.42)和式(7.9.43), 可以得到

$$B_j = R_j^+ A_j + T_j^- B_{j+1}\, \mathrm{e}^{\mathrm{i}k_x\alpha_j} \tag{7.9.45}$$

式(7.9.44)和式(7.9.45)可以表示为矩阵形式:

$$\begin{bmatrix} \mathrm{e}^{-\mathrm{i}k_x\alpha_j} & -R_j^-\,\mathrm{e}^{\mathrm{i}k_x\alpha_j} \\ 0 & T_j^-\,\mathrm{e}^{\mathrm{i}k_x\alpha_j} \end{bmatrix} \begin{bmatrix} A_{j+1} \\ B_{j+1} \end{bmatrix} = \begin{bmatrix} T_j^+ & 0 \\ -R_j^+ & 1 \end{bmatrix} \begin{bmatrix} A_j \\ B_j \end{bmatrix} \tag{7.9.46}$$

通过矩阵求逆得到

$$\begin{bmatrix} A_{j+1} \\ B_{j+1} \end{bmatrix} = \frac{1}{T_j^-} \begin{bmatrix} (T_j^+ T_j^- - R_j^+ R_j^-)\mathrm{e}^{\mathrm{i}k_x\alpha_j} & R_j^-\,\mathrm{e}^{\mathrm{i}k_x\alpha_j} \\ -R_j^+\,\mathrm{e}^{-\mathrm{i}k_x\alpha_j} & \mathrm{e}^{-\mathrm{i}k_x\alpha_j} \end{bmatrix} \begin{bmatrix} A_j \\ B_j \end{bmatrix} = \frac{1}{T_j^-} \boldsymbol{S}_j \begin{bmatrix} A_j \\ B_j \end{bmatrix} \tag{7.9.47}$$

连续运用式(7.9.47), 可以得到

$$\begin{bmatrix} A_{M+1} \\ 0 \end{bmatrix} = \prod_{j=1}^M \frac{1}{T_{M+1-j}^-} \boldsymbol{S}_{M+1-j} \begin{bmatrix} A_1 \\ B_1 \end{bmatrix} = \begin{bmatrix} \vartheta_{11} & \vartheta_{12} \\ \vartheta_{21} & \vartheta_{22} \end{bmatrix} \begin{bmatrix} \mathrm{e}^{\mathrm{i}k_x x_1} \\ B_1 \end{bmatrix} \tag{7.9.48}$$

根据式(7.9.48)得到多个半圆形潜堤系统反射系数 C_r 和透射系数 C_t 的近似解, 计算表达式为

$$C_r = \left| \tilde{R} \right| = \left| B_1\,\mathrm{e}^{\mathrm{i}k_x x_1} \right| = \left| -\frac{\vartheta_{21}}{\vartheta_{22}}\mathrm{e}^{2\mathrm{i}k_x x_1} \right| \tag{7.9.49}$$

$$C_t = \left| \tilde{T} \right| = \left| A_{M+1}\,\mathrm{e}^{-\mathrm{i}k_x x_{M+1}} \right| = \left| \left(\vartheta_{11} - \frac{\vartheta_{12}\vartheta_{21}}{\vartheta_{22}} \right)\mathrm{e}^{\mathrm{i}k_x(x_1-x_{M+1})} \right| \tag{7.9.50}$$

式中, $\tilde{R}$ 和 $\tilde{T}$ 分别为多个半圆形潜堤系统复反射系数和复透射系数的近似解。

如果所有半圆形潜堤的半径相同、相邻潜堤的间距完全相同, 并且第一个半圆形潜堤的圆心位于 $x=0$, 可以将反射系数 C_r 和透射系数 C_t 的近似解进一步简化为[6]

$$C_r = \left| \tilde{R} \right| = \frac{\left| R_0 U_{M-1} \right|}{\sqrt{\left| T_0 \right|^2 + \left| R_0 \right|^2 U_{M-1}^2}} \tag{7.9.51}$$

$$C_t = \left| \tilde{T} \right| = \frac{\left| T_0 \right|}{\sqrt{\left| T_0 \right|^2 + \left| R_0 \right|^2 U_{M-1}^2}} \tag{7.9.52}$$

$$\tilde{R} = \frac{\mathrm{e}^{-\mathrm{i}k_x D} R_0 U_{M-1}}{\mathrm{e}^{-\mathrm{i}k_x D} U_{M-1} - T_0 U_{M-2}} \tag{7.9.53}$$

$$\tilde{T} = \frac{\mathrm{e}^{-\mathrm{i}Mk_x D} T_0}{\mathrm{e}^{-\mathrm{i}k_x D} U_{M-1} - T_0 U_{M-2}} \tag{7.9.54}$$

式中，R_0 和 T_0 分别为圆心位于 $x = 0$ 时半圆形潜堤的复反射系数和复透射系数；D 为相邻潜堤圆心之间的距离；$U_n \equiv U_n(\cosh\gamma) = \sinh[(n+1)\gamma]/\sinh\gamma$ 为第二类切比雪夫多项式，$\cosh\gamma = \cos(k_x D + \theta_\mathrm{T})/|T_0| \equiv f(k_x D)$，$\theta_\mathrm{T}$ 为复透射系数 T_0 的相位。

当 $|f(k_x D)| \leqslant 1$ 时，$\gamma = \mathrm{i}\arccos f(k_x D)$ 是纯虚数；当 $|f(k_x D)| > 1$ 时，$\gamma = \mathrm{arcosh}|f(k_x D)| + \mathrm{i}p\pi$，其中，$f(k_x D)$ 的符号为正(负)时，p 是偶(奇)数。根据第二类切比雪夫多项式的特性，$|f(k_x D)| > 1$ 且越大时，U_n^2 值越大，从而多个半圆形潜堤系统的反射系数 C_r 越大。简言之，当多个半圆形潜堤系统的反射系数取最大值(共振反射)时，需满足如下条件：

$$\left| \cos(k_x D + \theta_\mathrm{T}) \right| = 1 \tag{7.9.55}$$

当修建多个等间距排列且形状相同的潜堤时，可以通过式(7.9.55)来预估潜堤之间的最优间距，从而达到最大反射系数，为后方提供更好的掩护。

图 7.9.6 为解析解和宽间距近似解的对比，考虑了 3 个不同半径的半圆形潜堤结构，相邻半圆形潜堤的堤脚间距为 2.7 倍水深。从图中可以看出，两种方法的

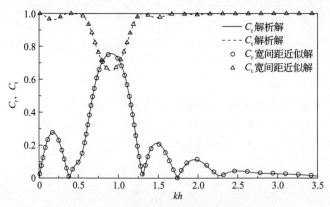

图 7.9.6　解析解和宽间距近似解的对比
($a_1/h = 0.5$，$a_2/h = 0.7$，$a_3/h = 0.6$，$D_1/h = 2.7$，$D_2/h = 2.8$，$\beta = 0°$)

计算结果符合非常好。对于多个间距足够大的潜堤结构，可以采用宽间距近似方法计算结构系统的水动力特性参数，显著提高计算效率。

7.10　直墙前水平圆柱波能装置

图7.10.1为直墙前水平圆柱波能装置的示意图。水深为 h，装置完全淹没于水下，圆柱半径为 a，圆心与静水面和直墙的间距分别为 d 和 b，圆柱在波浪作用下做垂荡运动。假设波能装置的 PTO 系统由一个弹簧和一个阻尼器组成，弹簧力和阻尼力分别与圆柱的垂向位移和垂向速度呈线性关系。

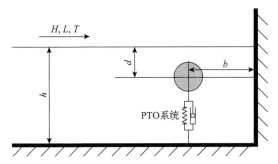

图 7.10.1　直墙前水平圆柱波能装置的示意图

对于线性问题，流体区域内的总速度势 $\Phi(x,z,t)$ 可表示为

$$\Phi(x,z,t) = \mathrm{Re}\left\{[\phi_0(x,z) + \phi_4(x,z)]\mathrm{e}^{-\mathrm{i}\omega t} + Z\phi_2(x,z)\mathrm{e}^{-\mathrm{i}\omega t}\right\} \qquad (7.10.1)$$

式中，Re 表示取变量的实部；ω 为波浪运动圆频率；ϕ_0 为入射波速度势；ϕ_4 为由固定圆柱引起的绕射波速度势；ϕ_2 为由圆柱做单位振幅垂荡运动引起的辐射波速度势；Z 为圆柱的复垂向位移。

速度势满足如下圆柱表面的物面边界条件：

$$\frac{\partial \phi_4}{\partial n} = -\frac{\partial \phi_0}{\partial n}, \quad (x,z) \in S_\mathrm{b} \qquad (7.10.2)$$

$$\frac{\partial \phi_2}{\partial n} = \mathrm{i}\omega n_2, \quad (x,z) \in S_\mathrm{b} \qquad (7.10.3)$$

式中，S_b 表示圆柱的表面；$\boldsymbol{n} = (n_1, n_2)$ 为圆柱表面的单位法向矢量，其中下标 1 和 2 分别表示水平方向和垂直方向。

圆柱受到的垂向波浪激振力 F_z 为

$$F_z = \mathrm{i}\omega\rho \int_{S_\mathrm{b}} (\phi_0 + \phi_4) n_2 \,\mathrm{d}s \qquad (7.10.4)$$

圆柱做单位振幅垂荡运动时的附加质量 μ 和辐射阻尼 λ 为

$$\mu + \frac{\mathrm{i}}{\omega}\lambda = \rho \int_{S_\mathrm{b}} \phi_2 n_2 \,\mathrm{d}s \tag{7.10.5}$$

在波浪作用下，圆柱的垂荡运动方程为

$$Z = \frac{F_z}{-\omega^2(M_\mathrm{m}+\mu) - \mathrm{i}\,\omega(\lambda+\lambda_\mathrm{PTO}) + K_\mathrm{s}} \tag{7.10.6}$$

式中，M_m 为圆柱质量；λ_PTO 和 K_s 分别为 PTO 系统的阻尼系数和弹簧刚度系数。

波能装置的能量俘获功率为

$$P_\mathrm{PTO} = \frac{1}{2}\lambda_\mathrm{PTO}\omega^2|Z|^2 = \frac{1}{2}\frac{\lambda_\mathrm{PTO}\omega^2|F_z|^2}{\omega^2(\lambda+\lambda_\mathrm{PTO})^2 + [K_\mathrm{s}-\omega^2(M_\mathrm{m}+\mu)]^2} \tag{7.10.7}$$

能量俘获效率为

$$C_\mathrm{p} = \frac{P_\mathrm{PTO}}{P_\mathrm{w}} = \frac{8P_\mathrm{PTO}}{\rho g H^2 c_\mathrm{g}} \tag{7.10.8}$$

式中，P_w 为沿波浪传播方向通过单位宽度铅垂面的波能流；H 为入射波的波高；c_g 为波浪群速度：

$$c_\mathrm{g} = \frac{\omega}{2k}\left[1 + \frac{2kh}{\sinh(2kh)}\right] \tag{7.10.9}$$

通过 $\partial P_\mathrm{PTO}/\partial \lambda_\mathrm{PTO} = 0$ 得到最优 PTO 阻尼[52]：

$$\lambda_\mathrm{PTO} = \sqrt{\lambda^2 + \left[\omega(M_\mathrm{m}+\mu) - \frac{K_\mathrm{s}}{\omega}\right]^2} \tag{7.10.10}$$

将式 (7.10.10) 代入式 (7.10.7)，可以得到波能装置最大的能量俘获功率：

$$P_\mathrm{max} = \frac{1}{4}\frac{|F_z|^2}{\lambda + \sqrt{\lambda^2 + \left[\omega(M_\mathrm{m}+\mu) - \frac{K_\mathrm{s}}{\omega}\right]^2}} \tag{7.10.11}$$

从上述可以看出，要分析水平圆柱波能装置的能量俘获效率，需要先确定结构的垂向波浪激振力、附加质量和辐射阻尼，即求解关于淹没水平圆柱的波浪绕射和辐射问题。下面分别采用镜像方法和宽间距近似方法求解波浪与直墙前水平圆柱波能装置的相互作用问题，计算水平圆柱的波浪激振力、附加质量、辐射阻尼等水动力特性参数。

7.10.1　镜像方法

由于直墙的存在，很难直接解析求解关于水平圆柱的波浪绕射和辐射问题。这里根据镜像原理[53,54]，将直墙前单个水平圆柱的波浪绕射和辐射问题转化为开敞水域中两个关于铅垂面对称的水平圆柱的水动力问题，图 7.10.2 为镜像问题中两个对称水平圆柱的示意图。建立直角坐标系，原点位于静水面，x 轴水平向右，z 轴与两个圆柱的对称面重合且竖直向上，局部极坐标系 (r_q, θ_q) 定义为

$$r_q \sin\theta_q = x - (-1)^q b, \quad r_q \cos\theta_q = -(z+d), \quad q = 1,2 \tag{7.10.12}$$

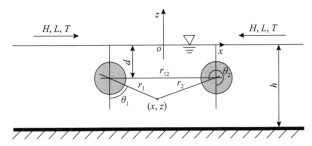

图 7.10.2　镜像问题中两个对称水平圆柱的示意图

速度势除满足二维拉普拉斯方程、自由水面条件、水底条件和远场辐射条件外，还满足对称圆柱表面的物面条件：

$$\frac{\partial \phi_4}{\partial r_q} = -\frac{\partial \phi_0}{\partial r_q}, \quad r_q = a, \quad q = 1,2 \tag{7.10.13}$$

$$\frac{\partial \phi_2}{\partial r_q} = -\mathrm{i}\omega\cos\theta_q, \quad r_q = a, \quad q = 1,2 \tag{7.10.14}$$

在镜像问题中存在关于 z 轴完全对称的双向入射波，入射波的速度势表达式为

$$
\begin{aligned}
\phi_0 &= -\frac{\mathrm{i}\,gH}{2\omega}\frac{\cosh[k(z+h)]}{\cosh(kh)}(\mathrm{e}^{\mathrm{i}kx} + \mathrm{e}^{-\mathrm{i}kx}) \\
&= -\frac{\mathrm{i}\,gH}{2\omega}\frac{1}{\cosh(kh)}\left\{\cos[(-1)^q kb]\sum_{m=0}^{\infty}\xi_m(k)r_q^m\cos(m\theta_q)\right. \\
&\quad \left. -\sin[(-1)^q kb]\sum_{m=1}^{\infty}\zeta_m(k)r_q^m\sin(m\theta_q)\right\}
\end{aligned}
\tag{7.10.15}
$$

式中,

$$\xi_m(k) = \frac{k^m[(-1)^m \, \mathrm{e}^{k(h-d)} + \mathrm{e}^{-k(h-d)}]}{m!} \tag{7.10.16}$$

$$\zeta_m(k) = \frac{k^m[(-1)^{m+1} \, \mathrm{e}^{k(h-d)} + \mathrm{e}^{-k(h-d)}]}{m!} \tag{7.10.17}$$

绕射波的速度势表达式为

$$\phi_4 = -\frac{\mathrm{i}gH}{2\omega} \frac{1}{\cosh(kh)} \sum_{p=1}^{2} \left(\sum_{n=1}^{\infty} \chi_{n,p}^+ \varphi_{n,p}^+ + \sum_{n=1}^{\infty} \chi_{n,p}^- \varphi_{n,p}^- \right) \tag{7.10.18}$$

式中, $\chi_{n,p}^+$ 和 $\chi_{n,p}^-$ 是待定的展开系数;

$$
\begin{aligned}
\varphi_{n,p}^+ &= \frac{\cos(n\theta_p)}{r_p^n} + \frac{1}{(n-1)!} \int_0^{\infty} \mu^{n-1} \cos\{\mu[x-(-1)^p b]\} [A^+(\mu)\mathrm{e}^{-\mu(z+d)} + B^+(\mu)\mathrm{e}^{\mu(z+d)}] \mathrm{d}\mu \\
&= \frac{\cos(n\theta_p)}{r_p^n} + \sum_{s=0}^{\infty} C_{ns}^+ r_p^s \cos(s\theta_p)
\end{aligned}
\tag{7.10.19}
$$

$$
\begin{aligned}
\varphi_{n,p}^- &= \frac{\sin(n\theta_p)}{r_p^n} + \frac{1}{(n-1)!} \int_0^{\infty} \mu^{n-1} \sin\{\mu[x-(-1)^p b]\} [A^-(\mu)\mathrm{e}^{-\mu(z+d)} + B^-(\mu)\mathrm{e}^{\mu(z+d)}] \mathrm{d}\mu \\
&= \frac{\sin(n\theta_p)}{r_p^n} + \sum_{s=1}^{\infty} C_{ns}^- r_p^s \sin(s\theta_p)
\end{aligned}
\tag{7.10.20}
$$

式中, $A^{\pm}(\mu)$ 和 $B^{\pm}(\mu)$ 的表达式分别由式(7.2.3)和式(7.2.4)给出; $C_{ns}^{\pm}$ 的表达式与式(7.2.12)相同。

应用式(7.9.8)可以将式(7.10.19)和式(7.10.20)进一步表示为

$$\varphi_{n,p}^+ = \sum_{m=0}^{\infty} R_{pq,nm}^+ r_q^m \cos(m\theta_q) + \sum_{m=1}^{\infty} W_{pq,nm}^+ r_q^m \sin(m\theta_q), \quad p \neq q \tag{7.10.21}$$

$$\varphi_{n,p}^- = \sum_{m=0}^{\infty} R_{pq,nm}^- r_q^m \cos(m\theta_q) + \sum_{m=1}^{\infty} W_{pq,nm}^- r_q^m \sin(m\theta_q), \quad p \neq q \tag{7.10.22}$$

式中,

$$R_{pq,nm}^{\pm} = P_{pq,nm}^{\pm} + S_{pq,nm}^{\pm}, \quad W_{pq,nm}^{\pm} = Q_{pq,nm}^{\pm} + T_{pq,nm}^{\pm} \tag{7.10.23}$$

$$P_{pq,nm}^{+} = -Q_{pq,nm}^{-} = \frac{(-1)^{m}(n+m-1)!}{m!(n-1)![2(-1)^{p+1}b]^{n+m}}\cos\left(\frac{n+m}{2}\pi\right) \tag{7.10.24}$$

$$P_{pq,nm}^{-} = Q_{pq,nm}^{+} = \frac{(-1)^{m}(n+m-1)!}{m!(n-1)![2(-1)^{p+1}b]^{n+m}}\sin\left(\frac{n+m}{2}\pi\right) \tag{7.10.25}$$

$$S_{pq,nm}^{+} = \frac{1}{(n-1)!m!}\int_{0}^{\infty}\mu^{n+m-1}\cos[2(-1)^{p+1}\mu b][A^{+}(\mu)+(-1)^{m}B^{+}(\mu)]\mathrm{d}\mu \tag{7.10.26}$$

$$S_{pq,nm}^{-} = \frac{1}{(n-1)!m!}\int_{0}^{\infty}\mu^{n+m-1}\sin[2(-1)^{p+1}\mu b][A^{-}(\mu)+(-1)^{m}B^{-}(\mu)]\mathrm{d}\mu \tag{7.10.27}$$

$$T_{pq,nm}^{+} = -\frac{1}{(n-1)!m!}\int_{0}^{\infty}\mu^{n+m-1}\sin[2(-1)^{p+1}\mu b][A^{+}(\mu)-(-1)^{m}B^{+}(\mu)]\mathrm{d}\mu \tag{7.10.28}$$

$$T_{pq,nm}^{-} = \frac{1}{(n-1)!m!}\int_{0}^{\infty}\mu^{n+m-1}\cos[2(-1)^{p+1}\mu b][A^{-}(\mu)-(-1)^{m}B^{-}(\mu)]\mathrm{d}\mu \tag{7.10.29}$$

将式(7.10.15)和式(7.10.18)代入式(7.10.13)，等号两侧同时乘以 $\cos(m\theta_q)$ 或 $\sin(m\theta_q)$，然后对 θ_q 从 0 到 2π 积分，并应用三角函数的正交性，得到

$$\chi_{m,q}^{+}a^{-2m} - \sum_{n=1}^{\infty}\chi_{n,q}^{+}C_{nm}^{+} - \sum_{p=1,p\neq q}^{2}\left(\sum_{n=1}^{\infty}\chi_{n,p}^{+}R_{pq,nm}^{+} + \sum_{n=1}^{\infty}\chi_{n,p}^{-}R_{pq,nm}^{-}\right) \tag{7.10.30}$$
$$= \cos[(-1)^{q}kb]\xi_{m}(k), \quad m = 1,2,\cdots$$

$$\chi_{m,q}^{-}a^{-2m} - \sum_{n=1}^{\infty}\chi_{n,q}^{-}C_{nm}^{-} - \sum_{p=1,p\neq q}^{2}\left(\sum_{n=1}^{\infty}\chi_{n,p}^{+}W_{pq,nm}^{+} + \sum_{n=1}^{\infty}\chi_{n,p}^{-}W_{pq,nm}^{-}\right) \tag{7.10.31}$$
$$= -\sin[(-1)^{q}kb]\zeta_{m}(k), \quad m = 1,2,\cdots$$

将式(7.10.30)和式(7.10.31)中的 m 和 n 截断到 N 项，可以得到含有 $4N$ 个未知数的线性方程组，求解该方程组便可以确定绕射波速度势表达式中所有的展开系数。将动水压强沿水平圆柱表面进行积分，可以得到圆柱受到的垂向波浪激振力，计算表达式为

$$F_{z} = \mathrm{i}\omega\rho\int_{0}^{2\pi}[\phi_{1}(a,\theta_{1})+\phi_{4}(a,\theta_{1})](a\cos\theta_{1})\mathrm{d}\theta_{1} = \frac{\pi\rho gH}{\cosh(kh)}\chi_{1,1}^{+} \tag{7.10.32}$$

当两个对称水平圆柱做单位振幅垂荡运动时，所产生辐射波的速度势表达

式为

$$\phi_2 = -\mathrm{i}\,\omega\sum_{p=1}^{2}\left(\sum_{n=1}^{\infty}\chi_{n,p}^{2,+}\varphi_{n,p}^{+} + \sum_{n=1}^{\infty}\chi_{n,p}^{2,-}\varphi_{n,p}^{-}\right) \tag{7.10.33}$$

式中，$\chi_{n,p}^{2,+}$ 和 $\chi_{n,p}^{2,-}$ 是待定的展开系数。

应用圆柱表面边界条件式(7.10.14)可以得到

$$\chi_{m,q}^{2,+}a^{-2m} - \sum_{n=1}^{\infty}\chi_{n,q}^{2,+}C_{nm}^{+} - \sum_{p=1,p\neq q}^{2}\left(\sum_{n=1}^{\infty}\chi_{n,p}^{2,+}R_{pq,nm}^{+} + \sum_{n=1}^{\infty}\chi_{n,p}^{2,-}R_{pq,nm}^{-}\right) = -\delta_{m1}, \quad m=1,2,\cdots$$
$$\tag{7.10.34}$$

$$\chi_{m,q}^{2,-}a^{-2m} - \sum_{n=1}^{\infty}\chi_{n,q}^{2,-}C_{nm}^{-} - \sum_{p=1,p\neq q}^{2}\left(\sum_{n=1}^{\infty}\chi_{n,p}^{2,+}W_{pq,nm}^{+} + \sum_{n=1}^{\infty}\chi_{n,p}^{2,-}W_{pq,nm}^{-}\right) = 0, \quad m=1,2,\cdots$$
$$\tag{7.10.35}$$

式中，$\delta_{11}=1$；$\delta_{m1}=0\ (m\neq 1)$。

式(7.10.34)和式(7.10.35)同样可以通过截断进行求解，从而确定辐射波速度势表达式中所有的展开系数。直墙前水平圆柱做单位振幅垂荡运动时的附加质量 μ 和辐射阻尼 λ 为

$$\mu + \frac{\mathrm{i}}{\omega}\lambda = \frac{\mathrm{i}\rho}{\omega}\int_{0}^{2\pi}\phi_2(a,\theta_1)(-a\cos\theta_1)\,\mathrm{d}\theta_1 = \pi\rho(2\chi_{1,1}^{2,+} - a^2) \tag{7.10.36}$$

图 7.10.3 为结构与直墙间距对水平圆柱水动力特性参数的影响，无因次垂向波浪激振力定义为 $C_{F_z} = |F_z|/(\rho g H a)$，为了便于比较，图中还给出了开敞水域中(无直墙)水平圆柱水动力特性参数的计算结果。从图中可以看出，直墙的存在对水平圆柱的水动力特性参数产生显著影响，随着波浪入射频率(垂荡频率)的增加，

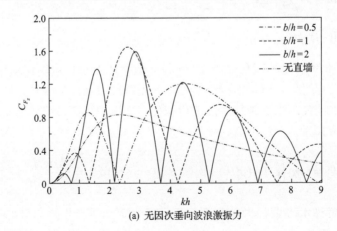

(a) 无因次垂向波浪激振力

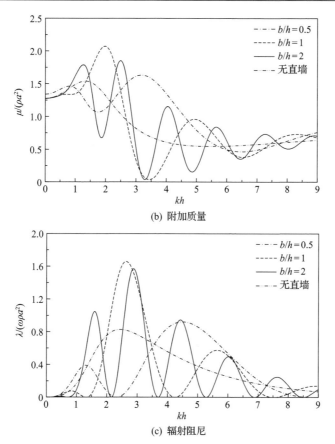

(b) 附加质量

(c) 辐射阻尼

图 7.10.3 结构与直墙间距对水平圆柱水动力特性参数的影响($a/h = 0.2$，$d/a = 1.5$)

直墙前水平圆柱的垂向波浪激振力、附加质量和辐射阻尼均呈现振荡变化；当水平圆柱与直墙之间的间距增加时，水动力特性参数振荡变化的频率相应增加。从图中还可以看出，直墙前水平圆柱的垂向波浪激振力峰值显著大于开敞水域水平圆柱，当 $b/h = 1$ 时，前者达到后者的 2 倍。由于直墙的存在，水平圆柱的辐射阻尼在某些特定垂荡频率下会消失，此时圆柱的垂荡运动不产生辐射波，即圆柱的垂荡运动不会向远场辐射能量。

图 7.10.4 为结构与直墙间距对水平圆柱波能装置无因次垂向位移和能量俘获效率的影响，无因次垂向位移定义为 $C_Z = 2|Z|/H$。计算参数为：圆柱质量 $M_m = 0.8\pi\rho a^2$，弹簧刚度系数 $K_s = 2\rho ga$，PTO 系统阻尼系数 λ_{PTO} 由式 (7.10.10) 确定。从图中可以看出，直墙的存在对水平圆柱垂向位移和能量俘获效率产生显著影响。根据式 (7.10.6)，当波浪入射频率接近装置的固有频率 $\sqrt{K_s/(M_m + \mu)}$ 时，波浪作用下圆柱会产生共振运动；处于共振状态下的圆柱垂向位移迅速增大到最大值，此时开敞水域内波能装置的能量俘获效率接近 50%，而直墙前波能装置的

能量俘获效率接近 100%。如果 PTO 系统能够通过自动调整使圆柱在不同波浪频率下始终处于共振运动状态，那么直墙前水平圆柱波能装置几乎能俘获所有的入射波能量，这显然只是理想状态，在实际中难以实现。从图中还可以看出，在某些波浪频率范围内，直墙前波能装置的能量俘获效率明显高于无直墙情况，但是在某些频率下直墙前波能装置的能量俘获效率更低，这主要取决于圆柱和直墙之间的间距，因此需要根据波浪频率来合理确定波能装置与直墙之间的间距，以提高能量俘获效率。

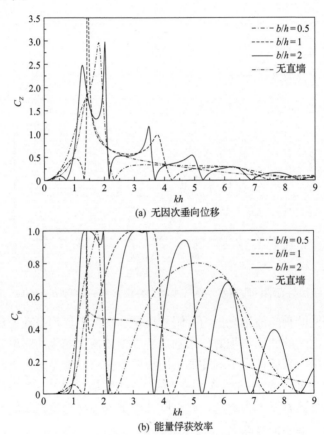

(a) 无因次垂向位移

(b) 能量俘获效率

图 7.10.4 结构与直墙间距对水平圆柱波能装置无因次垂向位移和能量俘获效率的影响
$(a/h = 0.2, \ d/a = 1.5)$

7.10.2 宽间距近似方法

当水平圆柱与直墙之间的距离足够大时，圆柱周围水域中的非传播模态波对直墙的影响可以忽略不计，此时可以应用宽间距假设理论计算水平圆柱的波浪激振力、附加质量、辐射阻尼等水动力特性参数。该近似方法只需要求解开敞水域中单个结构物的波浪绕射和辐射问题，从而简化了关于直墙前结构物水动力问题的求解。下面以直墙前单个水平圆柱的波浪问题为例，介绍宽间距近似方法的求解过程。

考虑图 7.10.1，重新定义直角坐标系，原点位于静水面，x 轴水平向右，z 轴与圆柱的中垂线重合且竖直向上。在远场处，圆柱做单位振幅垂荡运动所产生的辐射波速度势 ϕ_2 有如下形式：

$$\phi_2 \sim -\mathrm{i}\omega A \mathrm{e}^{-\mathrm{i}kx} Z_0(z), \quad x \to -\infty \qquad (7.10.37)$$

式中，A 为与辐射波振幅有关的复系数；$Z_0(z) = \cosh[k(z+h)]/\cosh(kh)$。

散射波的速度势（入射波速度势 ϕ_0 和绕射波速度势 ϕ_4 之和）在远场处的表达式为

$$\phi_S \sim -\frac{\mathrm{i}gH}{2\omega}(\mathrm{e}^{\mathrm{i}kx} + R_0 \mathrm{e}^{-\mathrm{i}kx})Z_0(z), \quad x \to -\infty \qquad (7.10.38)$$

式中，R_0 为固定水平圆柱的复反射系数。

考虑势函数 ψ_p（$p = 1, 2$），令其满足自由水面条件、水底条件以及直墙不透水条件，则势函数 ψ_p 具有如下远场表达式：

$$\psi_p \sim (C_p \mathrm{e}^{\mathrm{i}kx} + D_p \mathrm{e}^{-\mathrm{i}kx})Z_0(z), \quad x \to -\infty, \quad p = 1,2 \qquad (7.10.39)$$

式中，C_p 和 D_p 为与空间变量无关的常数。

应用格林第二定理，可以得到

$$\int_\Gamma \left(\psi_1 \frac{\partial \psi_2}{\partial \boldsymbol{n}} - \psi_2 \frac{\partial \psi_1}{\partial \boldsymbol{n}} \right) \mathrm{d}s = 0 \qquad (7.10.40)$$

式中，Γ 表示由 $z = 0$（水面）、$z = -h$（水底）、$x = -\infty$、$x = b$（直墙）以及水平圆柱表面 S_b 围成的流体区域的边界线；$\boldsymbol{n}$ 为边界线 Γ 上的单位法向矢量，指向流体区域外部。

由于势函数 ψ_p 满足自由水面条件、水底条件以及直墙不透水条件，可以将式 (7.10.40) 简化为

$$\int_{S_b} \left(\psi_1 \frac{\partial \psi_2}{\partial \boldsymbol{n}} - \psi_2 \frac{\partial \psi_1}{\partial \boldsymbol{n}} \right) \mathrm{d}s = 2\mathrm{i}kN_0(C_1 D_2 - C_2 D_1) \qquad (7.10.41)$$

式中，$N_0 = \int_{-h}^{0} [Z_0(z)]^2 \mathrm{d}z$。

令式 (7.10.41) 中 $\psi_1 = \phi_S$、$\psi_2 = \phi_0$，并应用圆柱物面边界条件式 (7.10.2) 和垂向波浪激振力的计算表达式 (7.10.4)，可以得到

$$F_z = -\mathrm{i}\rho gHkN_0 A \qquad (7.10.42)$$

对于直墙前水平圆柱的垂荡问题，可以用两个波浪场的叠加来近似表示直墙前圆柱垂荡运动所产生的辐射波浪场[55]，这两个波浪场分别为：①开敞水域中水平圆柱做单位振幅垂荡运动所产生的辐射波浪场，②开敞水域中向左传播且振幅未知的入射波遇到固定水平圆柱时产生的散射波浪场；最后令叠加波浪场的速度势满足直墙不透水条件。因此，可以将直墙前水平圆柱垂荡运动所产生的辐射波速度势表示为

$$\phi_2 = \phi_2^O + B\phi_S^O \tag{7.10.43}$$

式中，ϕ_2^O 为开敞水域中圆柱中做单位振幅垂荡运动所产生的辐射波速度势；ϕ_S^O 为开敞水域中固定水平圆柱引起的散射波速度势；B 为与空间变量无关的待定系数。

式(7.10.43)右侧速度势的远场表达式为

$$\phi_2^O \sim -i\omega A^O \, e^{\pm ikx} Z_0(z), \quad x \to \pm\infty \tag{7.10.44}$$

$$\phi_S^O \sim -\frac{igH}{2\omega}\begin{cases} T_0^O \, e^{-ikx} Z_0(z), & x \to -\infty \\ (e^{-ikx} + R_0^O \, e^{ikx})Z_0(z), & x \to +\infty \end{cases} \tag{7.10.45}$$

式中，A^O 为与辐射波振幅有关的复系数；R_0^O 和 T_0^O 分别为固定水平圆柱的复反射系数和复透射系数。

由式(7.10.43)~式(7.10.45)可以得到，当 x 的值很大且为正数时，存在如下关系：

$$\phi_2 \sim \left(-i\omega A^O - \frac{igH}{2\omega} BR_0^O\right)e^{ikx} Z_0(z) - \frac{igH}{2\omega} B\, e^{-ikx} Z_0(z) \tag{7.10.46}$$

当 x 的值很大且为负数时，则有

$$\phi_2 \sim \left(-i\omega A^O - \frac{igH}{2\omega} BT_0^O\right)e^{-ikx} Z_0(z) \tag{7.10.47}$$

将直墙不透水条件应用到式(7.10.46)中的辐射波速度势，可以得到

$$B = \frac{2\omega}{igH}\frac{-i\omega A^O}{R_0^O - e^{-2ikb}} \tag{7.10.48}$$

将式(7.10.48)代入式(7.10.47)，然后将得到的公式与式(7.10.37)进行比较，得到

$$A = \left(1 - \frac{T_0^O}{R_0^O - e^{-2ikb}}\right)A^O \tag{7.10.49}$$

将式(7.10.49)代入(7.10.42)，得到

$$F_z = -i\rho g H k N_0 \left(1 - \frac{T_0^O}{R_0^O - e^{-2ikb}}\right)A^O \tag{7.10.50}$$

根据式(7.10.5)和式(7.10.43)，得到

$$\begin{aligned}
\mu + \frac{i}{\omega}\lambda &= \rho\int_{S_b}\phi_2 n_2\,ds = \rho\int_{S_b}\phi_2^O n_2\,ds + B\rho\int_{S_b}\phi_S^O n_2\,ds \\
&\equiv \left(\mu^O + \frac{i}{\omega}\lambda^O\right) + \frac{B}{i\omega}F_z^O
\end{aligned} \tag{7.10.51}$$

式中，μ^O 和 λ^O 分别为开敞水域中水平圆柱做单位振幅垂荡运动时的附加质量和辐射阻尼；F_z^O 为开敞水域中水平圆柱在沿 x 负方向传播的入射波(波高为 H)作用下受到的垂向波浪激振力。

从式(7.10.50)和式(7.10.51)可以看出，能够通过求解开敞水域中水平圆柱的波浪绕射和辐射问题，计算直墙前水平圆柱的波浪激振力、附加质量和辐射阻尼，从而很大程度上简化了问题的求解过程。

图7.10.5为直墙前水平圆柱水动力特性参数的解析解和宽间距近似解的对比，在计算中，圆心与直墙的间距为 $b/h = 1$。从图中可以看出，两种方法的计算结果符合非常好，表明当水平圆柱距离直墙足够远时，可以采用宽间距近似方法进行计算，提高计算效率。

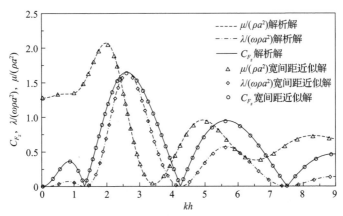

图 7.10.5　直墙前水平圆柱水动力特性参数的解析解和宽间距近似解的对比
($a/h = 0.2$，$d/a = 1.5$，$b/h = 1$)

上述介绍的宽间距近似方法也可以用于计算直墙前水平圆柱的水平波浪激振力，以及水平圆柱做横荡运动时的附加质量和辐射阻尼；实际上，宽间距近似方法可以用于求解直墙前其他形状结构物的水动力问题（二维问题），详细的介绍可以参阅文献[55]。除考虑全反射直墙外，Li 等[56]将宽间距近似方法扩展用于求解部分反射直墙前结构物的波浪绕射和辐射问题。

参 考 文 献

[1] Ursell F. On the heaving motion of a circular cylinder on the surface of a fluid. The Quarterly Journal of Mechanics and Applied Mathematics, 1949, 2(2): 218-231.

[2] Ursell F. Surface waves on deep water in the presence of a submerged circular cylinder. I. Mathematical Proceedings of the Cambridge Philosophical Society, 1950, 46(1): 141-152.

[3] Thorne R C. Multipole expansions in the theory of surface waves. Mathematical Proceedings of the Cambridge Philosophical Society, 1953, 49(4): 707-716.

[4] Gradshteyn I S, Ryzhik I M. Table of Integrals, Series, and Products. 7th ed. New York: Academic Press, 2007.

[5] Evans D V, Jeffrey D C, Salter S H, et al. Submerged cylinder wave energy device: Theory and experiment. Applied Ocean Research, 1979, 1(1): 3-12.

[6] Linton C M. Water waves over arrays of horizontal cylinders: Band gaps and Bragg resonance. Journal of Fluid Mechanics, 2011, 670: 504-526.

[7] Linton C M, McIver P. Handbook of Mathematical Techniques for Wave/Structure Interactions. Boca Raton: CRC Press, 2001.

[8] Ursell F. The local expansion of a source of oblique water waves in the free surface. Wave Motion, 2001, 33(1): 109-116.

[9] Ursell F. Trapping modes in the theory of surface waves. Mathematical Proceedings of the Cambridge Philosophical Society, 1951, 47(2): 347-358.

[10] Levine H. Scattering of surface waves by a submerged circular cylinder. Journal of Mathematical Physics, 1965, 6(8): 1231-1243.

[11] Aburatani S, Koizuka T, Sasayama H, et al. Field test on a semi-circular caisson breakwater. Coastal Engineering Journal, 1996, 39(1): 59-78.

[12] 谢世楞. 半圆形防波堤的设计和研究进展. 中国工程科学, 2000, 2(11): 35-39,83.

[13] Xie S L. Waves forces on submerged semicircular breakwater and similar structures. China Ocean Engineering, 1999, 13(1): 63-72.

[14] Zhang N C, Wang L Q, Yu Y X. Oblique irregular waves load on semicircular breakwater. Coastal Engineering Journal, 2005, 47(4): 183-204.

[15] Dhinakaran G, Sundar V, Sundaravadivelu R. Review of the research on emerged and

submerged semicircular breakwaters. Proceedings of the Institution of Mechanical Engineers, Part M: Journal of Engineering for the Maritime Environment, 2012, 226(4): 397-409.

[16] Chapman D G J. A weakly singular integral equation approach for water wave problems. Bristol: University of Bristol, 2005.

[17] Liu Y, Li H J, Zhu L. Bragg reflection of water waves by multiple submerged semi-circular breakwaters. Applied Ocean Research, 2016, 56: 67-78.

[18] Liu Y, Faraci C. Analysis of orthogonal wave reflection by a caisson with open front chamber filled with sloping rubble mound. Coastal Engineering, 2014, 91: 151-163.

[19] Tsai C C, Tai W, Hsu T W, et al. Step approximation of water wave scattering caused by tension-leg structures over uneven bottoms. Ocean Engineering, 2018, 166: 208-225.

[20] Tsai C C, Chang Y H, Hsu T W. Step approximation on oblique water wave scattering and breaking by variable porous breakwaters over uneven bottoms. Ocean Engineering, 2022, 253: 111325.

[21] McIver P, Evans D V. The trapping of surface waves above a submerged, horizontal cylinder. Journal of Fluid Mechanics, 1985, 151: 243-255.

[22] 谢世楞, 李炎保, 吴永强, 等. 圆弧面防波堤波浪力初步研究. 海洋工程, 2006, 24(1): 14-18.

[23] 刘颖辉, 吴永强, 李炎保. 圆弧面防波堤水力特性的实验研究. 海洋技术, 2006, 25(2): 94-98.

[24] Jiang X L, Li Y B, Qie L W. Discussion on calculation of wave forces on submerged quarter circular breakwater under irregular waves//Proceedings of the 6th International Conference on Asian and Pacific Coasts, Hong Kong, 2011: 1660-1667.

[25] Shi Y J, Wu M L, Jiang X L, et al. Experimental researches on reflective and transmitting performances of quarter circular breakwater under regular and irregular waves. China Ocean Engineering, 2011, 25(3): 469-478.

[26] Binumol S, Rao S, Hegde A V. Runup and rundown characteristics of an emerged seaside perforated quarter circle breakwater. Aquatic Procedia, 2015, 4: 234-239.

[27] Binumol S, Rao S, Hegde A V. Wave reflection and loss characteristics of an emerged quarter circle breakwater with varying seaside perforations. Journal of the Institution of Engineers (India): Series A, 2017, 98(3): 311-315.

[28] Li A J, Liu Y, Liu X, et al. Analytical and experimental studies on water wave interaction with a submerged perforated quarter-circular caisson breakwater. Applied Ocean Research, 2020, 101: 102267.

[29] Mei C C, Stiassnie M, Yue D K P. Theory and Applications of Ocean Surface Waves. Part I: Linear Aspects. Hackensack: World Scientific Publishing Company, 2005.

[30] Phadke A C, Cheung K F. Response of bottom-mounted fluid-filled membrane in gravity waves. Journal of Waterway, Port, Coastal, and Ocean Engineering, 1999, 125(6): 294-303.

[31] Li A J, Liu Y, Li H J, et al. Analysis of water wave interaction with a submerged fluid-filled semi-circular membrane breakwater. Ocean Engineering, 2020, 197: 106901.

[32] 刘法炎. 半圆形空间刚架振动分析. 力学与实践, 1999, 21(3): 64-66.

[33] Li A J, Liu Y, Li H J, et al. Analysis of water wave interaction with a flexible submerged perforated semi-circular breakwater. European Journal of Mechanics/B. Fluids, 2020, 79: 345-356.

[34] Liu Y, Li H J. Analysis of wave interaction with submerged perforated semi-circular breakwaters through multipole method. Applied Ocean Research, 2012, 34: 164-172.

[35] Wehausen J V, Laitone E V. Surface waves. Encyclopedia of Physics, 1960, 9: 446-778.

[36] Linton C M, McIver M. The interaction of waves with horizontal cylinders in two-layer fluids. Journal of Fluid Mechanics, 1995, 304(1): 213-229.

[37] Linton C M, Cadby J R. Scattering of oblique waves in a two-layer fluid. Journal of Fluid Mechanics, 2002, 461: 343-364.

[38] Das D, Mandal B N. Wave scattering by a horizontal circular cylinder in a two-layer fluid with an ice-cover. International Journal of Engineering Science, 2007, 45(10): 842-872.

[39] Porter D, Porter R. Approximations to wave scattering by an ice sheet of variable thickness over undulating bed topography. Journal of Fluid Mechanics, 2004, 509: 145-179.

[40] Heathershaw A D. Seabed-wave resonance and sand bar growth. Nature, 1982, 296: 343-345.

[41] Mei C C. Resonant reflection of surface water waves by periodic sandbars. Journal of Fluid Mechanics, 1985, 152: 315-335.

[42] Mei C C, Hara T, Naciri M. Note on Bragg scattering of water waves by parallel bars on the seabed. Journal of Fluid Mechanics, 1988, 186: 147-162.

[43] Lan Y J, Hsu T W, Lai J W, et al. Bragg scattering of waves propagating over a series of poro-elastic submerged breakwaters. Wave Motion, 2011, 48(1): 1-12.

[44] Zhang J S, Jeng D S, Liu P L F, et al. Response of a porous seabed to water waves over permeable submerged breakwaters with Bragg reflection. Ocean Engineering, 2012, 43: 1-12.

[45] Li A J, Liu Y, Liu X, et al. Analytical and experimental studies on Bragg scattering of water waves by multiple submerged perforated semi-circular breakwaters. Ocean Engineering, 2020, 209: 107419.

[46] Karmakar D, Guedes Soares C. Wave transformation due to multiple bottom-standing porous barriers. Ocean Engineering, 2014, 80: 50-63.

[47] O'Leary M. Radiation and scattering of surface waves by a group of submerged, horizontal, circular cylinders. Applied Ocean Research, 1985, 7(1): 51-57.

[48] Bailard J A, DeVries J W, Kirby J T. Considerations in using Bragg reflection for storm erosion protection. Journal of Waterway, Port, Coastal, and Ocean Engineering, 1992, 118(1): 62-74.

[49] Hsu T W, Tsai L H, Huang Y T. Bragg scattering of water waves by multiply composite artificial bars. Coastal Engineering Journal, 2003, 45(2): 235-253.

[50] Newman J N. Propagation of water waves past a long two-dimensional obstacle. Journal of Fluid Mechanics, 1965, 23: 23-29.

[51] McIver P. An extended wide-spacing approximation for two-dimensional water-wave problems in infinite depth. The Quarterly Journal of Mechanics and Applied Mathematics, 2014, 67(3): 445-468.

[52] Falnes J. Ocean Waves and Oscillating Systems. Cambridge: Cambridge University Press, 2002.

[53] Teng B, Ning D Z, Zhang X T. Wave radiation by a uniform cylinder in front of a vertical wall. Ocean Engineering, 2004, 31(2): 201-224.

[54] Li A J, Sun X L, Liu Y. Water wave diffraction and radiation by a submerged sphere in front of a vertical wall. Applied Ocean Research, 2021, 114: 102818.

[55] Porter R, Evans D V. Estimation of wall effects on floating cylinders. Journal of Engineering Mathematics, 2011, 70(1): 191-204.

[56] Li A J, Liu Y, Wang X Y. Hydrodynamic performance of a horizontal cylinder wave energy converter in front of a partially reflecting vertical wall. Renewable Energy, 2022, 194: 1034-1047.

第8章　圆球和半球形结构

本章首先介绍如何采用多极子方法解析研究深水和有限水深中淹没圆球的波浪绕射和辐射问题(三维问题)，然后采用多极子方法建立波浪对单个和多个半球形人工鱼礁作用的解析解，最后分析直墙前圆球波能装置的水动力性能。

8.1　深水中圆球的波浪绕射和辐射问题

图8.1.1为深水(无限水深)中波浪对圆球作用的示意图。圆球完全淹没于水下，半径为 a，球心与静水面之间的距离为 $d(d>a)$，入射波的波高为 H，周期为 T，波长为 L。建立三维直角坐标系，xoy 平面位于静水面，x 轴沿着波浪入射方向，z 轴竖直向上且经过球心。球坐标系 (r,θ,β) 定义为

$$x = R\cos\beta, \quad y = R\sin\beta, \quad z+d = r\cos\theta, \quad R = r\sin\theta \tag{8.1.1}$$

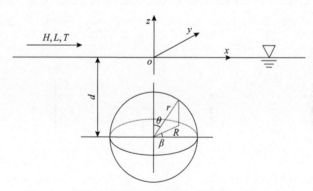

图 8.1.1　深水(无限水深)中波浪对圆球作用的示意图

在球坐标中心(球心)处具有奇异性的三维拉普拉斯方程基本解为

$$\frac{P_n^m(\cos\theta)}{r^{n+1}}\cos(m\beta), \quad \frac{P_n^m(\cos\theta)}{r^{n+1}}\sin(m\beta), \quad n\geqslant m\geqslant 0 \tag{8.1.2}$$

式中，$P_n^m(\cos\theta)$ 为连带勒让德函数。

$$P_n^m(\cos\theta) = (-1)^m(\sin\theta)^m\frac{d^m P_n(x)}{dx^m}\bigg|_{x=\cos\theta} \tag{8.1.3}$$

关于连带勒让德函数的积分表达式为

$$\frac{P_n^m(\cos\theta)}{r^{n+1}} = \begin{cases} \dfrac{(-1)^m}{(n-m)!}\displaystyle\int_0^\infty \mu^n\, e^{-\mu(z+d)}\, J_m(\mu R)\,\mathrm{d}\mu, & z > -d \\[3mm] \dfrac{(-1)^n}{(n-m)!}\displaystyle\int_0^\infty \mu^n\, e^{\mu(z+d)}\, J_m(\mu R)\,\mathrm{d}\mu, & z < -d \end{cases} \tag{8.1.4}$$

式中，$J_m(x)$ 为第一类 m 阶贝塞尔函数。

由于角度 θ 的定义不同，式(8.1.4)与文献[1]中的表达式有所不同，如果将式(8.1.4)中的 θ 替换成 $\pi - \theta$，便可以得到与文献[1]相同的表达式。

基于式(8.1.2)中的基本解，可以构建满足自由水面条件、水底条件以及远场辐射条件的三维拉普拉斯方程奇异解，即多极子。将所有多极子和入射波速度势线性加权叠加，可以得到波浪关于圆球绕射时整个流场内流体运动的速度势表达式，该表达式中包含一系列的待定加权系数。令速度势满足淹没圆球表面的物面边界条件，可以确定所有加权系数的值，即求解得到波浪关于圆球绕射的速度势，该速度势满足控制方程和所有边界条件。根据流体运动的速度势，可以计算分析淹没圆球的波浪力、附加质量、辐射阻尼等水动力特性参数。上述是三维波浪问题中多极子分析方法的基本求解过程，下面给出多极子的详细推导过程。

关于 xoz 平面对称的多极子具有如下形式：

$$\varphi_{nm}^+ = \left[\frac{P_n^m(\cos\theta)}{r^{n+1}} + \frac{1}{(n-m)!}\int_0^\infty A(\mu)\mu^n\, e^{\mu z}\, J_m(\mu R)\,\mathrm{d}\mu\right]\cos(m\beta) \tag{8.1.5}$$

式中，$A(\mu)$ 为关于 μ 的未知函数，需要根据自由水面条件确定。

多极子 φ_{nm}^+ 已经自动满足拉普拉斯方程和水底条件。将多极子代入自由水面条件式(1.1.16)，可以确定 $A(\mu)$ 的表达式，进而得到多极子的具体表达式：

$$\varphi_{nm}^+ = \left[\frac{P_n^m(\cos\theta)}{r^{n+1}} + \frac{(-1)^m}{(n-m)!}\int_0^\infty \frac{\mu+K}{\mu-K}\mu^n\, e^{\mu(z-d)}\, J_m(\mu R)\,\mathrm{d}\mu\right]\cos(m\beta) \tag{8.1.6}$$

式中，$K \equiv \omega^2/g$ 为深水(无限水深)波数，ω 为波浪运动圆频率，g 为重力加速度。

为了满足远场辐射条件，式(8.1.6)中的积分路径需向下绕过奇点 $\mu = K$ [2]。根据如下关系式[2]：

$$e^{\pm\mu(z+d)}\, J_m(\mu R) = \sum_{s=m}^\infty \frac{(\mp 1)^m(\pm\mu r)^s}{(s+m)!}\, P_s^m(\cos\theta) \tag{8.1.7}$$

可以将对称多极子展开为级数形式：

$$\varphi_{nm}^{+} = \left[\frac{P_n^m(\cos\theta)}{r^{n+1}} + \sum_{s=m}^{\infty} C_{nm,s} r^s P_s^m(\cos\theta) \right] \cos(m\beta) \tag{8.1.8}$$

式中，

$$C_{nm,s} = \frac{1}{(n-m)!(s+m)!} \int_0^{\infty} \frac{\mu+K}{\mu-K} \mu^{n+s} e^{-2\mu d} \, d\mu \tag{8.1.9}$$

采用上述同样的方法可以推导出关于 xoz 平面反对称的多极子 φ_{nm}^{-} 表达式及其级数表达式，具体形式分别与式(8.1.6)和式(8.1.8)类似，只是需要将 $\cos(m\beta)$ 替换成 $\sin(m\beta)$。

8.1.1　波浪绕射问题

对于波浪绕射问题，圆球表面的不透水边界条件为

$$\frac{\partial\phi_7}{\partial r} = -\frac{\partial\phi_0}{\partial r}, \quad r=a \tag{8.1.10}$$

式中，ϕ_0 和 ϕ_7 分别为入射波和绕射波的速度势。

入射波速度势的表达式为

$$\phi_0 = -\frac{\mathrm{i}\,gH}{2\omega} e^{\mathrm{i}Kx} e^{Kz} \tag{8.1.11}$$

根据如下关系式[3,4]：

$$e^{Kr(\pm\cos\theta+\mathrm{i}\sin\theta\cos\beta)} = \sum_{m=0}^{\infty} \sum_{n=m}^{\infty} \frac{\varepsilon_m(\mp\mathrm{i})^m(\pm Kr)^n}{(n+m)!} P_n^m(\cos\theta)\cos(m\beta) \tag{8.1.12}$$

式中，$\varepsilon_0 = 1$；$\varepsilon_m = 2\,(m \geqslant 1)$。可以将入射波速度势展开为级数形式：

$$\phi_0 = -\frac{\mathrm{i}\,gH}{2\omega} e^{-Kd} \sum_{m=0}^{\infty} \sum_{n=m}^{\infty} \frac{\varepsilon_m(-\mathrm{i})^m(Kr)^n}{(n+m)!} P_n^m(\cos\theta)\cos(m\beta) \tag{8.1.13}$$

将所有的多极子线性加权叠加，可以得到绕射波速度势的表达式：

$$\phi_7 = -\frac{\mathrm{i}\,gH}{2\omega} \sum_{m=0}^{\infty} \sum_{n=m}^{\infty} \chi_{nm}^{(0)} \varphi_{nm}^{+} \tag{8.1.14}$$

式中，$\chi_{nm}^{(0)}$ 为待定的展开系数。

由于波浪入射方向与 x 轴正方向相同，因此绕射波速度势表达式中不包含反对称多极子，换言之，反对称多极子的加权系数均为 0。

将式（8.1.13）和式（8.1.14）代入式（8.1.10），等号两侧同时乘以 $P_n^{m'}(\cos\theta)\sin\theta\cos(m'\beta)$，然后对 β 从 0 到 2π 积分、对 θ 从 0 到 π 积分，并应用三角函数和连带勒让德函数的正交性

$$\int_0^\pi P_n^m(\cos\theta)P_s^m(\cos\theta)\sin\theta\,\mathrm{d}\theta = \frac{2\delta_{ns}(n+m)!}{(2n+1)(n-m)!} \tag{8.1.15}$$

式中，$\delta_{ns}=1\,(n=s)$；$\delta_{ns}=0\,(n\neq s)$。可以得到如下方程：

$$\chi_{n'm'}^{(0)}(n'+1)a^{-2n'-1} - \sum_{n=m'}^{\infty}\chi_{nm'}^{(0)}n'C_{nm',n'} = \frac{\varepsilon_{m'}(-\mathrm{i})^{m'}n'K^{n'}}{(n'+m')!}\mathrm{e}^{-Kd}, \quad m'\geqslant 0, \quad n'\geqslant m' \tag{8.1.16}$$

对于每个 m' 的值，将式（8.1.16）中的 n 和 n' 截断到 $m'+N$ 项，可以得到含有 $N+1$ 个未知数的线性方程组，求解方程组便可以确定绕射波速度势表达式中所有的展开系数。

将动水压强沿着物体表面 S_b 进行积分，可以得到作用于圆球的 x 方向波浪力 F_x 和 z 方向波浪力 F_z，计算表达式为

$$\begin{aligned}
F_x &= \mathrm{i}\omega\rho\iint_{S_b}(\phi_0+\phi_7)\big|_{r=a}(-\sin\theta\cos\beta)\,\mathrm{d}S \\
&= \mathrm{i}\omega\rho\int_0^\pi\int_0^{2\pi}(\phi_0+\phi_7)\big|_{r=a}P_1^1(\cos\theta)\cos\beta(a^2\sin\theta)\,\mathrm{d}\beta\,\mathrm{d}\theta \\
&= 2\pi\rho gH\chi_{11}^{(0)}
\end{aligned} \tag{8.1.17}$$

$$F_z = \mathrm{i}\omega\rho\iint_{S_b}(\phi_0+\phi_7)\big|_{r=a}(-\cos\theta)\,\mathrm{d}S = -2\pi\rho gH\chi_{10}^{(0)} \tag{8.1.18}$$

在式（8.1.17）和式（8.1.18）的推导中，使用了式（8.1.15）和式（8.1.16）。

表 8.1.1 为深水中淹没圆球上无因次波浪力随截断数的收敛性，x 方向和 z 方向无因次波浪力分别定义为 $C_{F_x}=|F_x|/(\rho gHa^2)$ 和 $C_{F_z}=|F_z|/(\rho gHa^2)$。从表中可以看出，计算结果随着截断数的增大而迅速收敛；当截断数 $N=8$ 时，可以得到小数点后 4 位有效数字精度的计算结果。在下面的计算中，取截断数 $N=8$。

表 8.1.1　深水中淹没圆球上无因次波浪力随截断数的收敛性($d/a = 1.2$)

截断数 N	无因次波浪力 C_{F_x}					
	$Ka = 0.5$	$Ka = 1$	$Ka = 1.5$	$Ka = 2$	$Ka = 2.5$	$Ka = 3$
1	0.9697	1.0114	0.7203	0.4665	0.2978	0.1900
2	0.9747	1.0316	0.7275	0.4479	0.2662	0.1578
3	0.9756	1.0367	0.7332	0.4452	0.2545	0.1418
4	0.9758	1.0377	0.7351	0.4456	0.2517	0.1361
5	0.9758	1.0380	0.7355	0.4460	0.2512	0.1345
6	0.9759	1.0380	0.7356	0.4461	0.2512	0.1342
7	0.9759	1.0380	0.7357	0.4461	0.2512	0.1341
8	0.9759	1.0380	0.7357	0.4461	0.2512	0.1341

图 8.1.2 为淹没深度对圆球上无因次波浪力的影响。从图中可以看出，波浪力均随着波浪入射频率的增加呈现抛物线变化趋势；波浪力随着淹没深度的增加而显著减小，波浪力峰值对应的频率向低频区域移动。

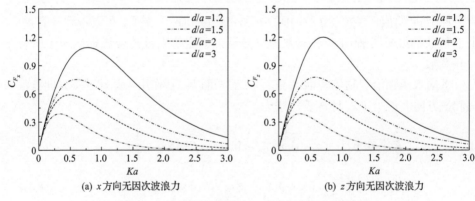

(a) x 方向无因次波浪力　　　　　　　　(b) z 方向无因次波浪力

图 8.1.2　淹没深度对圆球上无因次波浪力的影响

8.1.2　波浪辐射问题

对于波浪辐射问题，圆球表面边界条件为

$$\frac{\partial \phi_1}{\partial r} = -\mathrm{i}\omega \sin\theta \cos\beta, \quad r = a \tag{8.1.19}$$

$$\frac{\partial \phi_3}{\partial r} = -\mathrm{i}\omega \cos\theta, \quad r = a \tag{8.1.20}$$

式中，ϕ_1 和 ϕ_3 分别为圆球做单位振幅横荡(沿 x 轴方向)和垂荡(沿 z 轴方向)运动所引起的辐射波速度势。

与波浪绕射问题类似，将所有的多极子线性加权叠加，可以得到辐射波速度势的表达式：

$$\phi_j = -\mathrm{i}\,\omega \sum_{m=0}^{\infty} \sum_{n=m}^{\infty} \chi_{nm}^{(j)} \varphi_{nm}^{+}, \quad j = 1,3 \tag{8.1.21}$$

式中，$\chi_{nm}^{(j)}$ 为待定的展开系数。

将式 (8.1.21) 代入式 (8.1.19) 和式 (8.1.20)，采用与波浪绕射问题中相同的处理方法，得到

$$\chi_{n'm'}^{(1)} (n'+1) a^{-2n'-1} - \sum_{n=m'}^{\infty} \chi_{nm}^{(1)} n' C_{nm',n'} = \delta_{m'1}\delta_{n'1}, \quad m' \geqslant 0, \quad n' \geqslant m' \tag{8.1.22}$$

$$\chi_{n'm'}^{(3)} (n'+1) a^{-2n'-1} - \sum_{n=m'}^{\infty} \chi_{nm}^{(3)} n' C_{nm',n'} = -\delta_{m'0}\delta_{n'1}, \quad m' \geqslant 0, \quad n' \geqslant m' \tag{8.1.23}$$

式 (8.1.22) 和式 (8.1.23) 包含无穷项，需要通过合适的截断得到线性方程组，然后求解方程组确定辐射波速度势表达式中所有的展开系数。

圆球做单位振幅振荡运动时的附加质量 μ_{jj} 和辐射阻尼 λ_{jj} 为

$$\mu_{11} + \frac{\mathrm{i}}{\omega}\lambda_{11} = \frac{\mathrm{i}\rho}{\omega} \iint_{S_\mathrm{b}} \phi_1\big|_{r=a} (-\sin\theta\cos\beta)\,\mathrm{d}S = \frac{4}{3}\pi\rho\left[3\chi_{11}^{(1)} - a^3\right] \tag{8.1.24}$$

$$\mu_{33} + \frac{\mathrm{i}}{\omega}\lambda_{33} = \frac{\mathrm{i}\rho}{\omega} \iint_{S_\mathrm{b}} \phi_3\big|_{r=a} (-\cos\theta)\,\mathrm{d}S = -\frac{4}{3}\pi\rho\left[3\chi_{10}^{(3)} + a^3\right] \tag{8.1.25}$$

对于波浪辐射问题，多极子方法同样具有很好的收敛性，取截断数 $N = 8$ 可以得到小数点后 4 位有效数字精度的计算结果。图 8.1.3 和图 8.1.4 分别为淹没深

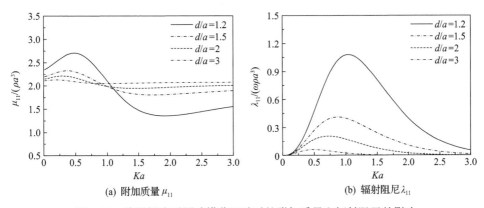

(a) 附加质量 μ_{11}　　　　　　　　　　　(b) 辐射阻尼 λ_{11}

图 8.1.3　淹没深度对圆球横荡运动时的附加质量和辐射阻尼的影响

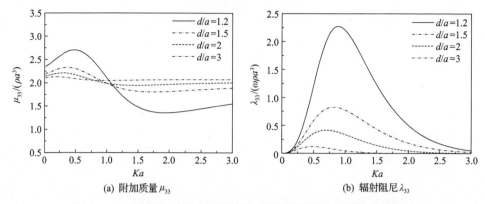

(a) 附加质量 μ_{33} (b) 辐射阻尼 λ_{33}

图 8.1.4　淹没深度对圆球垂荡运动时的附加质量和辐射阻尼的影响

度对圆球横荡运动和垂荡运动时的附加质量和辐射阻尼的影响。从图中可以看出，随着淹没深度的增加，振荡频率对附加质量的影响减弱，附加质量逐渐趋于稳定值；辐射阻尼随着振荡频率的增加呈现抛物线变化趋势，随着淹没深度的增加而显著减小。

8.2　有限水深中圆球的波浪绕射和辐射问题

本节考虑有限水深中淹没圆球的波浪绕射和辐射问题，图 8.2.1 为有限水深中波浪对圆球作用的示意图。水深为 h，圆球半径为 a，球心与静水面之间的距离为 $d(a < d < h - a)$，直角坐标系和球坐标系与图 8.1.1 中的定义相同。有限水深中多极子的表达式与深水中多极子的表达式有所不同，下面介绍其推导过程，并给出问题的求解过程。

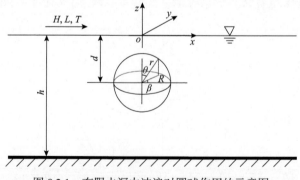

图 8.2.1　有限水深中波浪对圆球作用的示意图

对于有限水深情况，关于 xoz 平面对称的多极子表达式具有如下形式：

$$\varphi_{nm}^+ = \left\{ \frac{P_n^m(\cos\theta)}{r^{n+1}} + \frac{1}{(n-m)!}\int_0^\infty \mu^n \left[A(\mu)\,\mathrm{e}^{-\mu(z+d)} + B(\mu)\,\mathrm{e}^{\mu(z+d)} \right] \mathrm{J}_m(\mu R)\,\mathrm{d}\mu \right\} \cos(m\beta)$$

$$(8.2.1)$$

式中，$A(\mu)$ 和 $B(\mu)$ 为关于 μ 的未知函数。

将多极子的表达式代入自由水面条件式 (1.1.16) 和水底条件式 (1.1.20)，可以求解出函数 $A(\mu)$ 和 $B(\mu)$ 的表达式：

$$A(\mu) = \frac{(-1)^n(\mu-K)\mathrm{e}^{-(\mu h-2\mu d)} + (\mu+K)(-1)^m\,\mathrm{e}^{-\mu h}}{2[\mu\sinh(\mu h) - K\cosh(\mu h)]} \qquad (8.2.2)$$

$$B(\mu) = \frac{(\mu+K)[(-1)^n\,\mathrm{e}^{-\mu h} + (-1)^m\,\mathrm{e}^{\mu h-2\mu d}]}{2[\mu\sinh(\mu h) - K\cosh(\mu h)]} \qquad (8.2.3)$$

式中，$K \equiv \omega^2/g$ 为深水（无限水深）波数。

将式 (8.2.2) 和式 (8.2.3) 代入式 (8.2.1)，得到对称多极子的具体表达式：

$$\varphi_{nm}^+ = \left[\frac{P_n^m(\cos\theta)}{r^{n+1}} + \frac{1}{(n-m)!}\int_0^\infty \mu^n g_{nm}(\mu,z)\mathrm{J}_m(\mu R)\,\mathrm{d}\mu \right]\cos(m\beta) \qquad (8.2.4)$$

式中，

$$g_{nm}(\mu,z) = \frac{(-1)^m(\mu+K)\mathrm{e}^{-\mu d}\cosh[\mu(z+h)] + (-1)^n\,\mathrm{e}^{-\mu(h-d)}\left[\mu\cosh(\mu z) + K\sinh(\mu z)\right]}{\mu\sinh(\mu h) - K\cosh(\mu h)}$$

$$(8.2.5)$$

为了满足远场辐射条件，式 (8.2.4) 中的积分路径需向下绕过奇点 $\mu = k$（有限水深波数）。在第 1~6 章中，使用 k_0 表示有限水深中入射波的波数，本章为了书写方便，省略了下标 0。

应用式 (8.1.7) 可以将对称多极子展开为级数形式：

$$\varphi_{nm}^+ = \left[\frac{P_n^m(\cos\theta)}{r^{n+1}} + \sum_{s=m}^\infty C_{nm,s} r^s P_s^m(\cos\theta) \right]\cos(m\beta) \qquad (8.2.6)$$

式中，

$$C_{nm,s} = \frac{1}{2(n-m)!(s+m)!}\int_0^\infty \frac{\mu^{n+s}w_{nm,s}(\mu)}{\mu\sinh(\mu h) - K\cosh(\mu h)}\,\mathrm{d}\mu \qquad (8.2.7)$$

$$w_{nm,s}(\mu) = (\mu + K)\{[(-1)^{n+m} + (-1)^{m+s}]e^{-\mu h} + e^{\mu h - 2\mu d}\} + (-1)^{n+s}(\mu - K)e^{-(\mu h - 2\mu d)}$$

$$(8.2.8)$$

关于 xoz 平面反对称的多极子 φ_{nm}^- 表达式及其级数形式分别与式(8.2.4)和式(8.2.6)类似，只需要将 $\cos(m\beta)$ 替换成 $\sin(m\beta)$。

8.2.1 波浪绕射问题

首先考虑波浪绕射问题，有限水深中圆球表面的边界条件仍然由式(8.1.10)给出。应用式(8.1.12)可以将入射波速度势写成级数形式：

$$\phi_0 = -\frac{\mathrm{i}\,gH}{2\omega}\frac{\cosh[k(z+h)]}{\cosh(kh)}e^{\mathrm{i}kx}$$

$$= -\frac{\mathrm{i}\,gH}{2\omega}\frac{1}{\cosh(kh)}\sum_{m=0}^{\infty}\sum_{n=m}^{\infty}\xi_{nm}(k)r^n\,\mathrm{P}_n^m(\cos\theta)\cos(m\beta) \tag{8.2.9}$$

式中，

$$\xi_{nm}(k) = \frac{\varepsilon_m\,\mathrm{i}^m\,k^n}{2(n+m)!}\Big[(-1)^m\,e^{k(h-d)} + (-1)^n\,e^{-k(h-d)}\Big] \tag{8.2.10}$$

式中，$\varepsilon_0 = 1$；$\varepsilon_m = 2\ (m \geqslant 1)$。

将所有的对称多极子线性加权叠加，可以得到绕射波速度势的表达式：

$$\phi_7 = -\frac{\mathrm{i}\,gH}{2\omega}\frac{1}{\cosh(kh)}\sum_{m=0}^{\infty}\sum_{n=m}^{\infty}\chi_{nm}^{(0)}\varphi_{nm}^+ \tag{8.2.11}$$

式中，$\chi_{nm}^{(0)}$ 为待定的展开系数。

将式(8.2.9)和式(8.2.11)代入式(8.1.10)，采用 8.1 节中同样的处理方法可以得到

$$\chi_{n'm'}^{(0)}(n'+1)a^{-2n'-1} - \sum_{n=m'}^{\infty}\chi_{nm'}^{(0)}n'C_{nm',n'} = n'\xi_{n'm'}(k), \quad m' \geqslant 0, \quad n' \geqslant m' \tag{8.2.12}$$

对于每个 m' 的值，将式(8.2.12)中的 n 和 n' 截断到 $m' + N$ 项，可以得到含有 $N+1$ 个未知数的线性方程组，求解方程组便可以确定绕射波速度势表达式中的展开系数。当截断数 $N=8$ 时，可以得到小数点后 4 位有效数字精度的计算结果。

圆球受到的 x 方向和 z 方向波浪力分别为

$$F_x = \mathrm{i}\omega\rho\iint_{S_b}(\phi_0 + \phi_7)\big|_{r=a}(-\sin\theta\cos\beta)\,\mathrm{d}S = \frac{2\pi\rho gH}{\cosh(kh)}\chi_{11}^{(0)} \tag{8.2.13}$$

$$F_z = \mathrm{i}\omega\rho \iint_{S_\mathrm{b}} (\phi_0 + \phi_7)\big|_{r=a} (-\cos\theta)\,\mathrm{d}S = -\frac{2\pi\rho g H}{\cosh(kh)} \chi_{10}^{(0)} \qquad (8.2.14)$$

图 8.2.2 为淹没深度对圆球上无因次波浪力的影响，x 方向和 z 方向无因次波浪力分别定义为 $C_{F_x} = |F_x|/(\rho g H a^2)$ 和 $C_{F_z} = |F_z|/(\rho g H a^2)$。从图中可以看出，与无限水深中圆球类似，有限水深中圆球上波浪力随着入射频率的增加呈现抛物线变化趋势，淹没深度对波浪力的影响也与无限水深中情况类似。

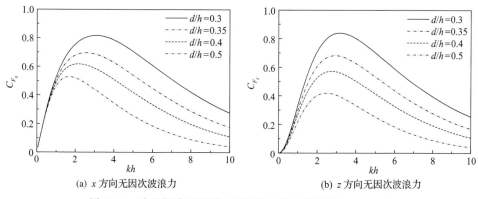

(a) x 方向无因次波浪力

(b) z 方向无因次波浪力

图 8.2.2　淹没深度对圆球上无因次波浪力的影响（$a/h = 0.2$）

8.2.2　波浪辐射问题

对于波浪辐射问题，圆球表面的边界条件与式 (8.1.19) 和式 (8.1.20) 相同。圆球做单位振幅振荡产生辐射波的速度势表达式为

$$\phi_j = -\mathrm{i}\omega \sum_{m=0}^{\infty} \sum_{n=m}^{\infty} \chi_{nm}^{(j)} \varphi_{nm}^+, \quad j = 1,3 \qquad (8.2.15)$$

式中，$\chi_{nm}^{(j)}$ 为待定的展开系数。

将式 (8.2.15) 代入式 (8.1.19) 和式 (8.1.20)，可以推导出与式 (8.1.22) 和式 (8.1.23) 相同的两个公式，但是 $C_{nm',n'}$ 的表达式由式 (8.2.7) 给出。圆球做单位振幅振荡运动时的附加质量 μ_{jj}（$j = 1,3$）和辐射阻尼 λ_{jj} 的计算表达式与式 (8.1.24) 和式 (8.1.25) 相同。

图 8.2.3 和图 8.2.4 分别为淹没深度对圆球横荡运动和垂荡运动时的附加质量和辐射阻尼的影响。从图中可以看出，当振荡频率较小时，横荡和垂荡的附加质量均随着淹没深度的增加而逐渐减小，但是当振荡频率较大时，淹没深度对附加质量的影响完全相反；随着淹没深度的增加，横荡和垂荡的辐射阻尼均单调减小，辐射阻尼峰值对应的振荡频率向低频区域偏移。

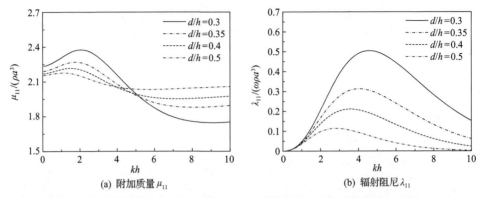

(a) 附加质量 μ_{11} (b) 辐射阻尼 λ_{11}

图 8.2.3 淹没深度对圆球横荡运动时的附加质量和辐射阻尼的影响 ($a/h = 0.2$)

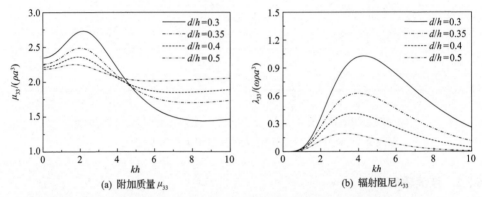

(a) 附加质量 μ_{33} (b) 辐射阻尼 λ_{33}

图 8.2.4 淹没深度对圆球垂荡运动时的附加质量和辐射阻尼的影响 ($a/h = 0.2$)

本节和 8.1 节采用解析方法研究了单层流体中关于淹没圆球的波浪绕射和辐射问题, 关于双层流体中淹没圆球波浪绕射问题的研究可以参阅文献[5], 关于冰层下波浪与圆球相互作用问题的解析研究可以参阅文献[6]和[7]。

8.3 半球形人工鱼礁

人工鱼礁可以为海洋鱼类提供良好的栖息环境或者修复受损珊瑚礁, 人工鱼礁的形式多种多样, 其中半球形鱼礁应用较为广泛。本节采用多极子方法建立波浪对单个半球形人工鱼礁作用的解析解, 分析半球形人工鱼礁的水动力特性。

在求解问题之前, 需要对半球形人工鱼礁进行概化, 将结构简化成表面均匀开孔的半球形薄壳(板)。图 8.3.1 为波浪对开孔半球形人工鱼礁(下面统一称为半球体)作用的简化示意图。水深为 h, 半球体半径为 $a(a < h)$, 球心位于水底, 入射波的波高为 H, 周期为 T, 波长为 L。直角坐标系与图 8.1.1 中的定义相同, 球坐标系定义为

$$x = R\cos\beta, \quad y = R\sin\beta, \quad z + h = r\cos\theta, \quad R = r\sin\theta \tag{8.3.1}$$

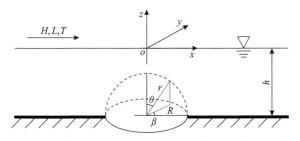

图 8.3.1　波浪对开孔半球形人工鱼礁作用的简化示意图

为了求解方便，将整个流域划分为两个区域：区域 1，外部开敞流域 $(r \geqslant a)$；区域 2，半球体的内部流域 $(r \leqslant a)$。由于球心位于水底，本节中多极子的表达式与 8.2 节中的多极子有所不同，下面介绍其推导过程，并给出波浪绕射问题的解析解。

水底的不透水边界条件在球坐标系 (8.3.1) 中的表达式为

$$\frac{\partial \phi}{\partial \theta} = 0, \quad \theta = \frac{\pi}{2} \tag{8.3.2}$$

为了满足式 (8.3.2)，需要

$$\frac{\mathrm{d}}{\mathrm{d}\theta}\big[\mathrm{P}_n^m(\cos\theta)\big] = 0, \quad \theta = \frac{\pi}{2} \tag{8.3.3}$$

有如下关系式[8]：

$$\frac{\mathrm{d}}{\mathrm{d}\tau}[\mathrm{P}_n^m(\tau)]\bigg|_{\tau=0} = \frac{2^{m+1}}{\sqrt{\pi}}\sin\left(\frac{n+m}{2}\pi\right)\frac{\Gamma\left(\frac{n+m}{2}+1\right)}{\Gamma\left(\frac{n-m}{2}+\frac{1}{2}\right)} \tag{8.3.4}$$

式中，$\Gamma(x)$ 为伽马函数。

可以看出，式 (8.3.3) 中 $n+m$ 必须是偶数才能满足水底条件式 (8.3.2)。因此，满足三维拉普拉斯方程和水底条件的基本解为

$$\frac{\mathrm{P}_{2n}^{2m}(\cos\theta)}{r^{2n+1}}\cos(2m\beta) = \frac{\cos(2m\beta)}{(2n-2m)!}\int_0^\infty \mu^{2n}\,\mathrm{e}^{-\mu(z+h)}\,\mathrm{J}_{2m}(\mu R)\,\mathrm{d}\mu, \quad z > -h \tag{8.3.5}$$

$$\frac{\mathrm{P}_{2n+1}^{2m+1}(\cos\theta)}{r^{2n+2}}\cos[(2m+1)\beta] = -\frac{\cos[(2m+1)\beta]}{(2n-2m)!}\int_0^\infty \mu^{2n+1}\,\mathrm{e}^{-\mu(z+h)}\,\mathrm{J}_{2m+1}(\mu R)\,\mathrm{d}\mu, \quad z > -h$$

$$\tag{8.3.6}$$

由于入射波沿 x 轴正方向传播，本节不需要考虑含有 $\sin(2m\beta)$ 和 $\sin[(2m+1)\beta]$ 的基本解。

通过观察式 (8.3.5) 和式 (8.3.6)，可以发现多极子具有如下两种形式：

$$\varphi_{nm}^{+} = \left\{ \frac{P_{2n}^{2m}(\cos\theta)}{r^{2n+1}} + \frac{1}{(2n-2m)!} \int_{0}^{\infty} A(\mu)\mu^{2n} \cosh[\mu(z+h)] J_{2m}(\mu R) \, d\mu \right\} \cos(2m\beta)$$

$$(8.3.7)$$

$$\varphi_{nm}^{-} = \left\{ \frac{P_{2n+1}^{2m+1}(\cos\theta)}{r^{2n+2}} - \frac{1}{(2n-2m)!} \int_{0}^{\infty} B(\mu)\mu^{2n+1} \cosh[\mu(z+h)] J_{2m+1}(\mu R) \, d\mu \right\} \cos[(2m+1)\beta]$$

$$(8.3.8)$$

式中，$A(\mu)$ 和 $B(\mu)$ 为关于 μ 的未知函数。

多极子 φ_{nm}^{+} 和 φ_{nm}^{-} 已经满足三维拉普拉斯方程和水底条件，将其代入自由水面条件式 (1.1.16)，便可以确定 $A(\mu)$ 和 $B(\mu)$ 的表达式：

$$A(\mu) = B(\mu) = \frac{(\mu+K)e^{-\mu h}}{\mu \sinh(\mu h) - K \cosh(\mu h)}$$

$$(8.3.9)$$

式中，$K \equiv \omega^2 / g$ 为深水 (无限水深) 波数。

为了满足远场辐射条件，式 (8.3.7) 和式 (8.3.8) 中的积分路径需向下绕过奇点 $\mu = k$ (有限水深波数)。

应用式 (8.1.7) 可以将多极子展开为级数形式：

$$\varphi_{nm}^{+} = \left[\frac{P_{2n}^{2m}(\cos\theta)}{r^{2n+1}} + \sum_{s=m}^{\infty} C_{nm,s}^{+} r^{2s} P_{2s}^{2m}(\cos\theta) \right] \cos(2m\beta) \qquad (8.3.10)$$

$$\varphi_{nm}^{-} = \left[\frac{P_{2n+1}^{2m+1}(\cos\theta)}{r^{2n+2}} + \sum_{s=m}^{\infty} C_{nm,s}^{-} r^{2s+1} P_{2s+1}^{2m+1}(\cos\theta) \right] \cos[(2m+1)\beta] \quad (8.3.11)$$

式中，

$$C_{nm,s}^{+} = \frac{1}{(2n-2m)!(2s+2m)!} \int_{0}^{\infty} \frac{\mu^{2n+2s}(\mu+K)e^{-\mu h}}{\mu \sinh(\mu h) - K \cosh(\mu h)} \, d\mu \qquad (8.3.12)$$

$$C_{nm,s}^{-} = \frac{1}{(2n-2m)!(2s+2m+2)!} \int_{0}^{\infty} \frac{\mu^{2n+2s+2}(\mu+K)e^{-\mu h}}{\mu \sinh(\mu h) - K \cosh(\mu h)} \, d\mu \qquad (8.3.13)$$

应用式 (8.1.12) 可以将入射波速度势展开为级数形式：

$$\phi_1 = -\frac{\mathrm{i}\,gH}{2\omega}\frac{\cosh[k(z+h)]}{\cosh(kh)}\mathrm{e}^{\mathrm{i}kx}$$

$$= -\frac{\mathrm{i}\,gH}{2\omega}\frac{1}{\cosh(kh)}\left\{\sum_{m=0}^{\infty}\sum_{n=m}^{\infty}\frac{\varepsilon_m(-1)^m(kr)^{2n}}{(2n+2m)!}\mathrm{P}_{2n}^{2m}(\cos\theta)\cos(2m\beta)\right. \tag{8.3.14}$$

$$\left.+\sum_{m=0}^{\infty}\sum_{n=m}^{\infty}\frac{2\mathrm{i}(-1)^{m+1}(kr)^{2n+1}}{(2n+2m+2)!}\mathrm{P}_{2n+1}^{2m+1}(\cos\theta)\cos[(2m+1)\beta]\right\}$$

式中，$\varepsilon_0=1$；$\varepsilon_m=2\,(m\geqslant1)$。

将入射波速度势和所有的多极子线性加权叠加，可以得到区域 1 内流体运动的速度势表达式：

$$\phi_1 = \phi_1 - \frac{\mathrm{i}\,gH}{2\omega}\frac{1}{\cosh(kh)}\sum_{m=0}^{\infty}\sum_{n=m}^{\infty}\left(\chi_{nm}^+\varphi_{nm}^+ + \chi_{nm}^-\varphi_{nm}^-\right) \tag{8.3.15}$$

式中，χ_{nm}^+ 和 χ_{nm}^- 为待定的展开系数。

采用分离变量法可以得到区域 2 内满足三维拉普拉斯方程和水底条件的速度势表达式：

$$\phi_2 = -\frac{\mathrm{i}\,gH}{2\omega}\frac{1}{\cosh(kh)}\left\{\sum_{m=0}^{\infty}\sum_{n=m}^{\infty}\zeta_{nm}^+ r^{2n}\mathrm{P}_{2n}^{2m}(\cos\theta)\cos(2m\beta)\right.$$

$$\left.+\sum_{m=0}^{\infty}\sum_{n=m}^{\infty}\zeta_{nm}^- r^{2n+1}\mathrm{P}_{2n+1}^{2m+1}(\cos\theta)\cos[(2m+1)\beta]\right\} \tag{8.3.16}$$

式中，ζ_{nm}^+ 和 ζ_{nm}^- 为待定的展开系数。

式 (8.3.15) 和式 (8.3.16) 中的展开系数需要通过半球体表面边界条件来确定。当波浪经过开孔半球体时，会产生一部分能量耗散，且半球体内外区域的波浪运动相位也会发生改变，此处应用 Yu[9] 提出的开孔板边界条件来考虑能量耗散和相位改变（见 1.4.2 节）。在半球形开孔板上，区域 1 和区域 2 内的速度势满足如下开孔边界条件：

$$\frac{\partial\phi_1}{\partial r} = \frac{\partial\phi_2}{\partial r} = \mathrm{i}kG(\phi_2-\phi_1), \quad r=a \tag{8.3.17}$$

式中，G 为开孔板的孔隙影响参数。

将式 (8.3.15) 和式 (8.3.16) 代入式 (8.3.17)，整个公式乘以 $\mathrm{P}_{2n'}^{2m'}(\cos\theta)\sin\theta\cos(2m'\beta)$ 或 $\mathrm{P}_{2n'+1}^{2m'+1}(\cos\theta)\sin\theta\cos[(2m'+1)\beta]$，然后对 β 从 0 到 2π 积分、对 θ 从 0 到 $\pi/2$ 积分，并应用三角函数和连带勒让德函数的正交性，即

$$\int_0^{\pi/2} P_n^m(\cos\theta) P_s^m(\cos\theta)\sin\theta\,\mathrm{d}\theta = \frac{\delta_{ns}(n+m)!}{(n-m)!(2n+1)} \tag{8.3.18}$$

式中，$n+m$ 和 $s+m$ 的值均为偶数；$\delta_{ns} = \begin{cases} 1, & n=s \\ 0, & n\neq s \end{cases}$。

因此，可以得到如下四个方程：

$$\chi_{n'm'}^+(n'+0.5)a^{-4n'-1} - \sum_{n=m'}^{\infty}\chi_{nm'}^+ n' C_{nm',n'}^+ + \zeta_{n'm'}^+ n' = \frac{\varepsilon_{m'}(-1)^{m'}n'k^{2n'}}{(2n'+2m')!} \tag{8.3.19}$$

$$\chi_{n'm'}^+ a^{-4n'-1} + \sum_{n=m'}^{\infty}\chi_{nm'}^+ C_{nm',n'}^+ + \zeta_{n'm'}^+\left(\frac{2n'}{\mathrm{i}kGa}-1\right) = -\frac{\varepsilon_{m'}(-1)^{m'}k^{2n'}}{(2n'+2m')!} \tag{8.3.20}$$

$$\chi_{n'm'}^-\frac{2n'+2}{2n'+1}a^{-4n'-3} - \sum_{n=m'}^{\infty}\chi_{nm'}^- C_{nm',n'}^- + \zeta_{n'm'}^+ = \frac{2\mathrm{i}(-1)^{m'+1}k^{2n'+1}}{(2n'+2m'+2)!} \tag{8.3.21}$$

$$\chi_{n'm'}^- a^{-4n'-3} + \sum_{n=m'}^{\infty}\chi_{nm'}^- C_{nm',n'}^- + \zeta_{n'm'}^-\left(\frac{2n'+1}{\mathrm{i}kGa}-1\right) = -\frac{2\mathrm{i}(-1)^{m'+1}k^{2n'+1}}{(2n'+2m'+2)!} \tag{8.3.22}$$

式中，$m' = 0, 1, \cdots$；$n' = m'$，$m'+1, \cdots$。

对于每个 m' 的值，将式 (8.3.19)～式 (8.3.22) 中的 n 和 n' 截断到 $m'+N$ 项，可以得到含有 $4(N+1)$ 个未知数的线性方程组，求解方程组便可以确定绕射波速度势表达式中所有的展开系数。当截断数 $N=8$ 时，可以得到小数点后 4 位有效数字精度的计算结果。

将动水压强沿结构物表面 S_b 进行积分，可以得到开孔半球体受到的 x 方向波浪力 F_x 和 z 方向波浪力 F_z，计算表达式为

$$\begin{aligned}
F_x &= \mathrm{i}\omega\rho \iint_{S_b}(\phi_2-\phi_1)\big|_{r=a}(\sin\theta\cos\beta)\,\mathrm{d}S \\
&= \frac{\omega\rho}{kG}\int_0^{\pi/2}\int_0^{2\pi}\frac{\partial\phi_2}{\partial r}\bigg|_{r=a}(\sin\theta\cos\beta)a^2\sin\theta\,\mathrm{d}\beta\,\mathrm{d}\theta \\
&= \frac{\mathrm{i}\pi\rho g H a^2}{3kG\cosh(kh)}\zeta_{00}^-
\end{aligned} \tag{8.3.23}$$

$$\begin{aligned}
F_z &= \mathrm{i}\omega\rho\iint_{S_b}(\phi_2-\phi_1)\big|_{r=a}\cos\theta\,\mathrm{d}S \\
&= \frac{\omega\rho}{kG}\iint_{S_b}\frac{\partial\phi_2}{\partial r}\bigg|_{r=a}\cos\theta\,\mathrm{d}S = -\frac{2\mathrm{i}\pi\rho g H a^2}{kG\cosh(kh)}\sum_{n=1}^{\infty}\zeta_{n0}^+ n a^{2n-1}V_n
\end{aligned} \tag{8.3.24}$$

式中，V_n 的表达式为[8]

$$V_n = \int_0^1 \tau P_{2n}^0(\tau) \mathrm{d}\tau = \frac{\sqrt{\pi}}{4(n+1)!\,\Gamma\!\left(\dfrac{3}{2}-n\right)} \tag{8.3.25}$$

在式(8.3.23)和式(8.3.24)的推导中，使用了开孔边界条件式(8.3.17)。

半球体附近水域的波面为

$$\begin{aligned}
\eta(x,y) &= \frac{\mathrm{i}\omega}{g}\phi_1(x,y,0) \\
&= \frac{H}{2}\mathrm{e}^{\mathrm{i}kx} + \frac{H}{2\cosh(kh)}\sum_{m=0}^{\infty}\sum_{n=m}^{\infty}\left(\chi_{nm}^{+}\left.\varphi_{nm}^{+}\right|_{z=0} + \chi_{nm}^{-}\left.\varphi_{nm}^{-}\right|_{z=0}\right)
\end{aligned} \tag{8.3.26}$$

式中，$\left.\varphi_{nm}^{+}\right|_{z=0}$ 和 $\left.\varphi_{nm}^{-}\right|_{z=0}$ 的值需要使用式(8.3.7)和式(8.3.8)计算。

当半球体表面不开孔时[10]，边界条件式(8.3.17)退化为

$$\frac{\partial \phi_1}{\partial r} = 0, \quad r = a \tag{8.3.27}$$

相应地，式(8.3.19)～式(8.3.22)简化成

$$\chi_{n'm'}^{+}(n'+0.5)a^{-4n'-1} - \sum_{n=m'}^{\infty}\chi_{nm'}^{+}n'C_{nm',n'}^{+} = \frac{\varepsilon_{m'}(-1)^{m'}n'k^{2n'}}{(2n'+2m')!} \tag{8.3.28}$$

$$\chi_{n'm'}^{-}\frac{2n'+2}{2n'+1}a^{-4n'-3} - \sum_{n=m'}^{\infty}\chi_{nm'}^{-}C_{nm',n'}^{-} = \frac{2\mathrm{i}(-1)^{m'+1}k^{2n'+1}}{(2n'+2m'+2)!} \tag{8.3.29}$$

式中，$m' = 0, 1, \cdots$；$n' = m', m'+1, \cdots$。

不开孔半球体受到的 x 方向和 z 方向波浪力为

$$F_x = \mathrm{i}\omega\rho\iint_{S_\mathrm{b}}\left.\phi_1\right|_{r=a}(-\sin\theta\cos\beta)\mathrm{d}S = \frac{\pi\rho g H}{\cosh(kh)}\chi_{00}^{-} \tag{8.3.30}$$

$$\begin{aligned}
F_z &= \mathrm{i}\omega\rho\iint_{S_\mathrm{b}}\left.\phi_1\right|_{r=a}(-\cos\theta)\mathrm{d}S \\
&= -\frac{\pi\rho g H a^2}{2\cosh(kh)}\left(1 + \sum_{n=0}^{\infty}\chi_{n0}^{+}C_{n0,0}^{+} + \sum_{n=1}^{\infty}\chi_{n0}^{+}\frac{4n+1}{n}a^{-2n-1}V_n\right)
\end{aligned} \tag{8.3.31}$$

在式(8.3.30)和式(8.3.31)的推导中，使用了式(8.3.28)和式(8.3.29)。

图 8.3.2 为孔隙影响参数对半球体上无因次波浪力和波浪力相位差的影响。定

义新的无因次孔隙影响参数 $G_0 = Gkh$，并将 G_0 取为实数；无因次波浪力定义为
$C_{F_x} = |F_x|/(\rho g H a^2)$ 和 $C_{F_z} = |F_z|/(\rho g H a^2)$。从图中可以看出，无论半球体是否开孔，$x$ 方向波浪力均随着入射频率的增加呈现抛物线变化趋势；随着入射频率的增加，开孔半球体的 z 方向波浪力呈抛物线变化，但是不开孔半球体($G_0 = 0$)的 z 方向波浪力单调减小，并且远大于开孔半球体的 z 方向波浪力。随着孔隙影响参数的增加(半球体表面开孔率的增加)，半球体的波浪力减小，但是孔隙影响参数($G_0 > 0$)的改变对波浪力峰值频率无明显影响。x 方向和 z 方向波浪力之间存在明显的相位差，并且开孔半球体波浪力的相位差($> 90°$)大于不开孔半球体波浪力的相位差($90°$左右)。

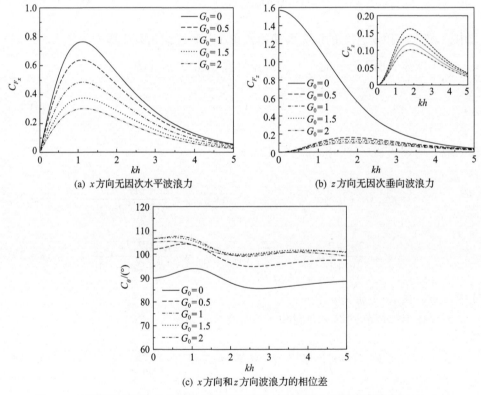

图 8.3.2　孔隙影响参数对半球体上无因次波浪力和波浪力相位差的影响($a/h = 0.7$)

图 8.3.3 为半球体附近水域无因次波面幅值的等值线。无因次波面幅值 C_η 定义为自由波面振幅与入射波振幅的比值，图中虚线圆圈表示半球体的所在位置。从图中可以看出，当波长较大($kh = 1$)时，半球体迎浪侧的波面幅值变化比背浪侧更加明显；当波长较小($kh = 3$)时，半球体迎浪侧的波面幅值基本不受半球体的影响，背浪侧的波面幅值变化非常明显。

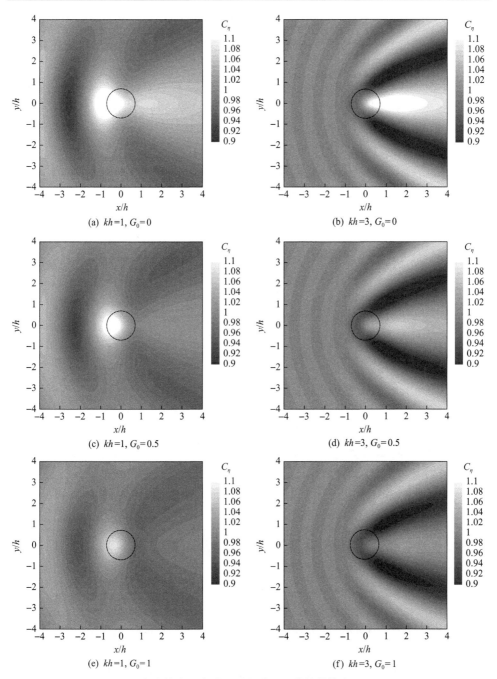

(a) $kh=1, G_0=0$　　　　　　　　　(b) $kh=3, G_0=0$

(c) $kh=1, G_0=0.5$　　　　　　　　(d) $kh=3, G_0=0.5$

(e) $kh=1, G_0=1$　　　　　　　　　(f) $kh=3, G_0=1$

图 8.3.3　半球体附近水域无因次波面幅值的等值线 $(a/h=0.7)$

8.4 多个半球形人工鱼礁

8.3 节考虑了单个半球形人工鱼礁,对于实际工程中的人工鱼礁系统,存在大量的半球形鱼礁,由于结构之间水动力干涉的影响,多个人工鱼礁的水动力特性与单体结构之间存在较大差异。本节采用多极子方法分析多个半球形人工鱼礁的水动力特性,阐明水动力干涉的影响。

图 8.4.1 为波浪对多个开孔半球形人工鱼礁(半球体)作用的示意图。图中仅绘出第 p 和 q 个半球体,水深为 h,流体区域内共有 S 个半球体,第 q 个半球体的半径为 $a_q(a_q < h)$。建立整体的三维直角坐标系,xoy 平面位于静水面,z 轴竖直向上,第 q 个半球体的球心位于 $(x, y, z) = (x_q, y_q, -h)$。波浪入射方向与 x 轴正方向的夹角为 α,入射波的波高为 H,周期为 T,波长为 L。局部球坐标系 (r_q, θ_q, β_q) 定义为

$$x - x_q = R_q \cos\beta_q, \quad y - y_q = R_q \sin\beta_q, \quad z_q + h = r_q \cos\theta_q, \quad R_q = r_q \sin\theta_q \quad (8.4.1)$$

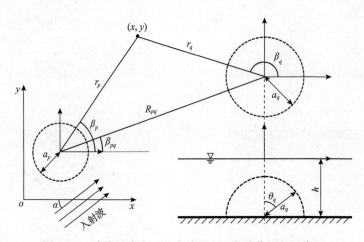

图 8.4.1 波浪对多个开孔半球形人工鱼礁作用的示意图

为了求解方便,将整个流域划分为 $S+1$ 个区域:区域 0,所有开孔半球体外部的开敞流域;区域 $q(q = 1 \sim S)$,第 q 个半球体的内部流域。

在 8.3 节中,推导了球坐标中心位于水底的多极子表达式,当考虑多个半球体时,将入射波速度势和所有局部球坐标系下的多极子线性加权叠加,可以得到流域内速度势的表达式,然后令速度势依次满足每个半球体的表面边界条件,可以确定速度势表达式中所有的待定展开系数,从而得到问题的解析解。在各个半球体物面条件的匹配过程中,需要将多极子的表达式在不同局部球坐标系之间进行

转换，这是解析解中最为关键的一步。

基于 8.3 节中的推导，局部球坐标系下多极子 $\varphi_{nm}^{q,j}$ $(j = 1 \sim 4)$ 有如下四种表达式：

$$\varphi_{nm}^{q,1} = \left\{ \frac{\mathrm{P}_{2n}^{2m}(\cos\theta_q)}{r_q^{2n+1}} + \frac{1}{(2n-2m)!} \int_0^\infty A(\mu)\mu^{2n} \cosh[\mu(z+h)] \mathrm{J}_{2m}(\mu R_q) \mathrm{d}\mu \right\} \cos(2m\beta_q)$$
$$= \left[\frac{\mathrm{P}_{2n}^{2m}(\cos\theta_q)}{r_q^{2n+1}} + \sum_{s=m}^\infty r_q^{2s} \mathrm{P}_{2s}^{2m}(\cos\theta_q) K(2n,2m,2s) \right] \cos(2m\beta_q)$$
$$\tag{8.4.2}$$

$$\varphi_{nm}^{q,2} = \left\{ \frac{\mathrm{P}_{2n}^{2m}(\cos\theta_q)}{r_q^{2n+1}} + \frac{1}{(2n-2m)!} \int_0^\infty A(\mu)\mu^{2n} \cosh[\mu(z+h)] \mathrm{J}_{2m}(\mu R_q) \mathrm{d}\mu \right\} \sin(2m\beta_q)$$
$$= \left[\frac{\mathrm{P}_{2n}^{2m}(\cos\theta_q)}{r_q^{2n+1}} + \sum_{s=m}^\infty r_q^{2s} \mathrm{P}_{2s}^{2m}(\cos\theta_q) K(2n,2m,2s) \right] \sin(2m\beta_q)$$
$$\tag{8.4.3}$$

$$\varphi_{nm}^{q,3} = \left\{ \frac{\mathrm{P}_{2n+1}^{2m+1}(\cos\theta_q)}{r_q^{2n+2}} - \frac{1}{(2n-2m)!} \int_0^\infty A(\mu)\mu^{2n+1} \cosh[\mu(z+h)] \mathrm{J}_{2m+1}(\mu R_q) \mathrm{d}\mu \right\} \cos[(2m+1)\beta_q]$$
$$= \left[\frac{\mathrm{P}_{2n+1}^{2m+1}(\cos\theta_q)}{r_q^{2n+2}} + \sum_{s=m}^\infty r_q^{2s+1} \mathrm{P}_{2s+1}^{2m+1}(\cos\theta_q) K(2n+1,2m+1,2s+1) \right] \cos[(2m+1)\beta_q]$$
$$\tag{8.4.4}$$

$$\varphi_{nm}^{q,4} = \left\{ \frac{\mathrm{P}_{2n+1}^{2m+1}(\cos\theta_q)}{r_q^{2n+2}} - \frac{1}{(2n-2m)!} \int_0^\infty A(\mu)\mu^{2n+1} \cosh[\mu(z+h)] \mathrm{J}_{2m+1}(\mu R_q) \mathrm{d}\mu \right\} \sin[(2m+1)\beta_q]$$
$$= \left[\frac{\mathrm{P}_{2n+1}^{2m+1}(\cos\theta_q)}{r_q^{2n+2}} + \sum_{s=m}^\infty r_q^{2s+1} \mathrm{P}_{2s+1}^{2m+1}(\cos\theta_q) K(2n+1,2m+1,2s+1) \right] \sin[(2m+1)\beta_q]$$
$$\tag{8.4.5}$$

式中，$A(\mu)$ 的表达式由式 (8.3.9) 给出。

$$K(n,m,s) = \frac{1}{(n-m)!(s+m)!} \int_0^\infty A(\mu)\mu^{n+s} \mathrm{d}\mu \tag{8.4.6}$$

为了满足远场辐射条件，式 (8.4.2)～式 (8.4.6) 中的积分路径需向下绕过奇点 $\mu = k$（有限水深波数）。

根据如下关系式[4]：

$$\int_{-\pi}^{\pi} e^{i\mu R_q \cos(\gamma-\beta_q)} \cos(m\gamma)\mathrm{d}\gamma = \cos(m\beta_q)\int_{-\pi}^{\pi} e^{i\mu R_q \cos\gamma} \cos(m\gamma)\mathrm{d}\gamma$$
$$= 2\pi i^m \cos(m\beta_q)\mathrm{J}_m(\mu R_q) \tag{8.4.7}$$

$$\int_{-\pi}^{\pi} e^{i\mu R_q \cos(\gamma-\beta_q)} \sin(m\gamma)\mathrm{d}\gamma = \sin(m\beta_q)\int_{-\pi}^{\pi} e^{i\mu R_q \cos\gamma} \cos(m\gamma)\mathrm{d}\gamma$$
$$= 2\pi i^m \sin(m\beta_q)\mathrm{J}_m(\mu R_q) \tag{8.4.8}$$

可以将式(8.4.2)～式(8.4.5)表示为

$$\varphi_{nm}^{q,1} = \frac{\mathrm{P}_{2n}^{2m}(\cos\theta_q)}{r_q^{2n+1}}\cos(2m\beta_q) + \frac{i^{2m}}{2\pi(2n-2m)!}\int_0^\infty \int_{-\pi}^{\pi} A(\mu)\mu^{2n}\cosh[\mu(z+h)]$$
$$\times \cos(2m\gamma)e^{i\mu[(x-x_q)\cos\gamma+(y-y_q)\sin\gamma]}\mathrm{d}\gamma\,\mathrm{d}\mu \tag{8.4.9}$$

$$\varphi_{nm}^{q,2} = \frac{\mathrm{P}_{2n}^{2m}(\cos\theta_q)}{r_q^{2n+1}}\sin(2m\beta_q) + \frac{i^{2m}}{2\pi(2n-2m)!}\int_0^\infty \int_{-\pi}^{\pi} A(\mu)\mu^{2n}\cosh[\mu(z+h)]$$
$$\times \sin(2m\gamma)e^{i\mu[(x-x_q)\cos\gamma+(y-y_q)\sin\gamma]}\mathrm{d}\gamma\,\mathrm{d}\mu \tag{8.4.10}$$

$$\varphi_{nm}^{q,3} = \frac{\mathrm{P}_{2n+1}^{2m+1}(\cos\theta_q)}{r_q^{2n+2}}\cos[(2m+1)\beta_q] + \frac{i^{2m+1}}{2\pi(2n-2m)!}\int_0^\infty \int_{-\pi}^{\pi} A(\mu)\mu^{2n+1}\cosh[\mu(z+h)]$$
$$\times \cos[(2m+1)\gamma]e^{i\mu[(x-x_q)\cos\gamma+(y-y_q)\sin\gamma]}\mathrm{d}\gamma\,\mathrm{d}\mu \tag{8.4.11}$$

$$\varphi_{nm}^{q,4} = \frac{\mathrm{P}_{2n+1}^{2m+1}(\cos\theta_q)}{r_q^{2n+2}}\sin[(2m+1)\beta_q] + \frac{i^{2m+1}}{2\pi(2n-2m)!}\int_0^\infty \int_{-\pi}^{\pi} A(\mu)\mu^{2n+1}\cosh[\mu(z+h)]$$
$$\times \sin[(2m+1)\gamma]e^{i\mu[(x-x_q)\cos\gamma+(y-y_q)\sin\gamma]}\mathrm{d}\gamma\,\mathrm{d}\mu \tag{8.4.12}$$

入射波速度势的表达式为

$$\phi_1 = -\frac{\mathrm{i}gH}{2\omega}\frac{\cosh[k(z+h)]}{\cosh(kh)}e^{\mathrm{i}k(x\cos\alpha+y\sin\alpha)} \tag{8.4.13}$$

应用式(8.1.12)可以将入射波速度势展开为级数形式：

$$\phi_1 = -\frac{\mathrm{i}\,gH}{2\omega}\frac{1}{\cosh(kh)}\left\{\sum_{m'=0}^{\infty}\sum_{n'=m'}^{\infty}\ell(2n',2m',q)r_q^{2n'}\,\mathrm{P}_{2n'}^{2m'}(\cos\theta_q)\cos[2m'(\beta_q-\alpha)]\right.$$
$$\left.+\sum_{m'=0}^{\infty}\sum_{n'=m'}^{\infty}\ell(2n'+1,2m'+1,q)r_q^{2n'+1}\,\mathrm{P}_{2n'+1}^{2m'+1}(\cos\theta_q)\cos[(2m'+1)(\beta_q-\alpha)]\right\}$$

$$(8.4.14)$$

式中，

$$\ell(n',m',q)=\frac{\varepsilon_{m'}(-\mathrm{i})^{m'}k^{n'}}{(n'+m')!}\mathrm{e}^{\mathrm{i}k(x_q\cos\alpha+y_q\sin\alpha)} \tag{8.4.15}$$

式中，$\varepsilon_0=1$；$\varepsilon_{m'}=2\,(m'\geqslant1)$。

将入射波速度势和所有局部坐标系下的多极子线性加权叠加，可以得到区域 0 内流体运动的速度势表达式：

$$\phi_0=\phi_1-\frac{\mathrm{i}\,gH}{2\omega}\frac{1}{\cosh(kh)}\sum_{p=1}^{S}\sum_{m=0}^{\infty}\sum_{n=m}^{\infty}(A_{nm}^{(p)}\varphi_{nm}^{p,1}+B_{nm}^{(p)}\varphi_{nm}^{p,2}+C_{nm}^{(p)}\varphi_{nm}^{p,3}+D_{nm}^{(p)}\varphi_{nm}^{p,4})$$

$$(8.4.16)$$

式中，$A_{nm}^{(p)}$、$B_{nm}^{(p)}$、$C_{nm}^{(p)}$ 和 $D_{nm}^{(p)}$ 为待定的展开系数。

采用分离变量法得到区域 $q\,(q=1\sim S)$ 内满足三维拉普拉斯方程和水底条件的速度势表达式：

$$\phi_q=-\frac{\mathrm{i}\,gH}{2\omega}\frac{1}{\cosh(kh)}\left\{\sum_{m=0}^{\infty}\sum_{n=m}^{\infty}r_q^{2n}\,\mathrm{P}_{2n}^{2m}(\cos\theta_q)\Big[E_{nm}^{(q)}\cos(2m\beta_q)+F_{nm}^{(q)}\sin(2m\beta_q)\Big]\right.$$
$$\left.+\sum_{m=0}^{\infty}\sum_{n=m}^{\infty}r_q^{2n+1}\,\mathrm{P}_{2n+1}^{2m+1}(\cos\theta_q)\Big[G_{nm}^{(q)}\cos((2m+1)\beta_q)+H_{nm}^{(q)}\sin((2m+1)\beta_q)\Big]\right\}$$

$$(8.4.17)$$

式中，$E_{nm}^{(q)}$、$F_{nm}^{(q)}$、$G_{nm}^{(q)}$ 和 $H_{nm}^{(q)}$ 为待定的展开系数。

式(8.4.16)和式(8.4.17)中的展开系数需要通过半球体物面条件来确定。在第 q 个半球形开孔板上，速度势满足开孔边界条件：

$$\frac{\partial\phi_0}{\partial r_q}=\frac{\partial\phi_q}{\partial r_q}=\mathrm{i}kG_q(\phi_q-\phi_0),\quad r_q=a_q \tag{8.4.18}$$

式中，$G_q(q=1\sim S)$ 为开孔板的孔隙影响参数。

将速度势应用到每个开孔边界条件之前，需要使用局部球坐标系 (r_q,θ_q,β_q) 来表示其他球坐标系 $(r_p,\theta_p,\beta_p)(p\neq q)$ 的多极子，主要应用如下关系式[4,11]：

$$\frac{P_n^m(\cos\theta_p)}{r_p^{n+1}}e^{im\beta_p} = \sum_{n'=0}^{\infty}\sum_{m'=-n'}^{n'}(-1)^{n'+m'}\frac{(n+n'-m-m')!}{(n-m)!(n'-m')!}r_{pq}^{-n-n'-1}P_{n+n'}^{m+m'}(\cos\theta_{pq})$$

$$\times e^{i(m+m')\beta_{pq}}r_q^{n'}P_{n'}^{-m'}(\cos\theta_q)e^{-im'\beta_q}, \quad r_q < r_{pq}, \quad p \neq q$$

$$(8.4.19)$$

式中，$(r_{pq},\theta_{pq},\beta_{pq})$ 为第 q 个球心在第 p 个球坐标系中的坐标值（见图 8.4.1）：

$$\begin{cases} x_q - x_p = R_{pq}\cos\beta_{pq}, & y_q - y_p = R_{pq}\sin\beta_{pq} \\ z_q - z_p = r_{pq}\cos\theta_{pq}, & R_{pq} = r_{pq}\sin\theta_{pq} \end{cases} \quad (8.4.20)$$

对于当前问题，当所有的球心都位于水底时，所有 θ_{pq} 的值均为 $\pi/2$。具体的坐标变换过程在附录 C 中给出。

将式(8.4.16)和式(8.4.17)代入式(8.4.18)，然后应用三角函数和连带勒让德函数的正交性，再通过合适的截断得到线性方程组，求解方程组便可以确定速度势表达式中所有的展开系数。线性方程组的具体推导过程在附录 D 中给出。

将动水压强沿着结构物表面积分可以得到结构受到的波浪力，第 q 个开孔半球体上 x、y 和 z 方向波浪力的计算表达式分别为

$$F_x^{(q)} = i\omega\rho\iint_{S_q}(\phi_q - \phi_0)\Big|_{r_q=a_q}\sin\theta_q\cos\beta_q\,dS$$

$$= -\frac{\omega\rho}{kG_q}\iint_{S_q}\frac{\partial\phi_q}{\partial r_q}\Big|_{r_q=a_q}P_1^1(\cos\theta_q)\cos\beta_q\,dS = \frac{i\pi\rho gHa_q^2}{3kG_q\cosh(kh)}G_{00}^{(q)}$$

$$(8.4.21)$$

$$F_y^{(q)} = i\omega\rho\iint_{S_q}(\phi_q - \phi_0)\Big|_{r_q=a_q}\sin\theta_q\sin\beta_q\,dS = \frac{i\pi\rho gHa_q^2}{3kG_q\cosh(kh)}H_{00}^{(q)} \quad (8.4.22)$$

$$F_z^{(q)} = i\omega\rho\iint_{S_q}(\phi_q - \phi_0)\Big|_{r_q=a_q}\cos\theta_q\,dS = -\frac{2i\pi\rho gHa_q^2}{kG_q\cosh(kh)}\sum_{n=1}^{\infty}E_{n0}^{(q)}na_q^{2n-1}V_n \quad (8.4.23)$$

式中，S_q 表示第 q 个半球体的表面；V_n 的表达式由式(8.3.25)给出。

半球体附近水域的波面为

$$\eta = \frac{i\omega}{g}\phi_0(x,y,0) = \frac{H}{2}e^{ik(x\cos\alpha+y\sin\alpha)}$$

$$+ \frac{H}{2\cosh(kh)}\sum_{p=1}^{S}\sum_{m=0}^{\infty}\sum_{n=m}^{\infty}\left(A_{nm}^{(p)}\varphi_{nm}^{p,1}\Big|_{z=0} + B_{nm}^{(p)}\varphi_{nm}^{p,2}\Big|_{z=0} + C_{nm}^{(p)}\varphi_{nm}^{p,3}\Big|_{z=0} + D_{nm}^{(p)}\varphi_{nm}^{p,4}\Big|_{z=0}\right)$$

$$(8.4.24)$$

式中，$\left.\varphi_{nm}^{p,j}\right|_{z=0}$（$j=1\sim4$）的值需要使用式（8.4.9）~式（8.4.12）进行计算。

当所有的半球体均不开孔时，边界条件式（8.4.18）退化为

$$\frac{\partial \phi_0}{\partial r_q}=0,\quad r_q=a_q \tag{8.4.25}$$

相应地，由附录 D 中式（D.1）~式（D.8）构成的方程组得到简化，简化的方程组在附录 E 中给出。

第 q 个不开孔半球体上 x、y 和 z 方向波浪力的计算表达式分别为

$$F_x^{(q)}=\mathrm{i}\,\omega\rho\iint_{S_q}\left.\phi_0\right|_{r_q=a_q}(-\sin\theta_q\cos\beta_q)\mathrm{d}S=\frac{\pi\rho gH}{\cosh(kh)}C_{00}^{(q)} \tag{8.4.26}$$

$$F_y^{(q)}=\mathrm{i}\,\omega\rho\iint_{S_q}\left.\phi_0\right|_{r_q=a_q}(-\sin\theta_q\sin\beta_q)\mathrm{d}S=\frac{\pi\rho gH}{\cosh(kh)}D_{00}^{(q)} \tag{8.4.27}$$

$$
\begin{aligned}
F_z^{(q)}=&\,\mathrm{i}\,\omega\rho\iint_{S_q}\left.\phi_0\right|_{r_q=a_q}(-\cos\theta_q)\mathrm{d}S \\
=&-\frac{\pi\rho gHa_q^2}{2\cosh(kh)}\left\{\mathrm{e}^{\mathrm{i}\,k(x_q\cos\alpha+y_q\sin\alpha)}+\sum_{n=0}^{\infty}A_{n0}^{(q)}K(2n,0,0)+\sum_{n=1}^{\infty}\frac{4n+1}{na_q^{2n+1}}A_{n0}^{(q)}V_n\right. \\
&+\sum_{p=1,p\neq q}^{S}\sum_{m=0}^{\infty}\sum_{n=m}^{\infty}A_{nm}^{(p)}\Big[Q_1(2n,2m,0,0,q,p)+B_{nm}^{(p)}Q_3(2n,2m,0,0,q,p) \\
&\left.+C_{nm}^{(p)}Q_1(2n+1,2m+1,0,0,q,p)+D_{nm}^{(p)}Q_3(2n+1,2m+1,0,0,q,p)\Big]\right\}
\end{aligned}
\tag{8.4.28}
$$

式中，Q_1 和 Q_3 的表达式见附录 C 中式（C.11）。

作为算例，取波浪对方阵布置的四个开孔半球体的作用问题加以分析，图 8.4.2 为开孔半球体方阵的平面布置示意图。半球体相对半径为 $a/h=0.7$，孔隙影响参数为 $G_0=0.5$（见图 8.3.3 中的定义），方阵边长为 $4a$，波浪入射角度为 $\alpha=30°$。图 8.4.3 为开孔半球体上无因次波浪力的计算结果，将三个方向的波浪力均除以 ρgHa^2 做无因次化处理，为了便于比较，图中还给出了单个开孔半球体波浪力的计算结果。从图中可以看出，由于水动力相互干涉的影响，多个半球体受到的波浪力与单个孤立半球体受到的波浪力存在比较明显的差异。第三个半球体上波浪力幅值通常低于其余三个半球体，主要是因为该半球体位于后方，受到其他半球体的掩护。

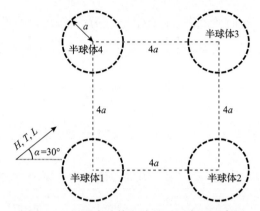

图 8.4.2　开孔半球体方阵的平面布置示意图

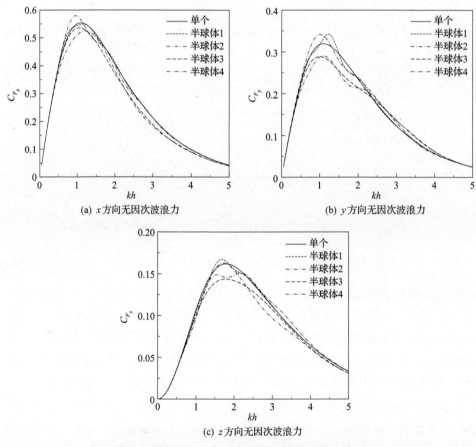

(a) x 方向无因次波浪力　　　　　　　(b) y 方向无因次波浪力

(c) z 方向无因次波浪力

图 8.4.3　开孔半球体上无因次波浪力的计算结果

　　在海岸工程中，可以将多个人工鱼礁通过合理布置来充当多孔潜堤[12,13]，已有研究者针对半球形鱼礁潜堤进行了物理模型试验[14-16]。选取 8 个半球体组成的单排多孔潜堤和 16 个半球体组成的双排多孔潜堤作为分析对象，所有半球体的尺寸参数完全相同，相对半径为 $a/h = 0.9$，孔隙影响参数为 $G_0 = 0.5$，双列潜堤之间的间距为 $4a$，相邻半球体紧密排列，波浪入射角度为 $\alpha = 0°$。图 8.4.4 和图 8.4.5 分别为单排和双排开孔半球形鱼礁潜堤附近水域无因次波面幅值的等值线。无因次波面幅值 C_η 定义为自由波面振幅与入射波振幅的比值，图中虚线圆圈表示半球体的所在位置。从图中可以看出，单排潜堤可以为后方提供有效掩护，应用双排潜堤能够进一步提高掩护效果。此外，由于波浪能量积聚的影响，潜堤上方的波面幅值显著增大。

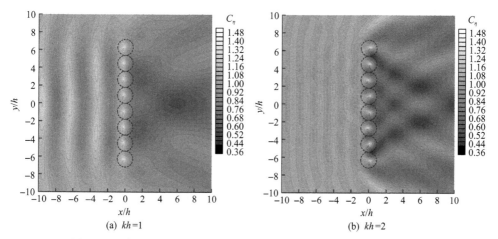

图 8.4.4 单排开孔半球形鱼礁潜堤附近水域无因次波面幅值的等值线

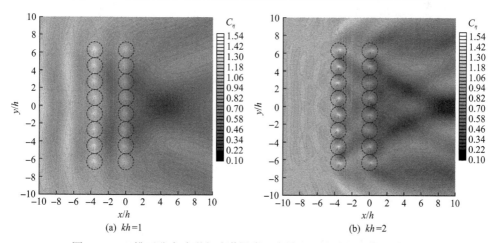

图 8.4.5 双排开孔半球形鱼礁潜堤附近水域无因次波面幅值的等值线

由于波浪绕射影响，上述两种潜堤对后方两侧区域的掩护效果有限，为了扩大掩护区域的范围，考虑第三种布置方式，半球体的总数量仍然为 16，图 8.4.6

为开孔半球形鱼礁潜堤附近水域无因次波面幅值的等值线。从图中可以看出，相较于前两种潜堤，第三种潜堤的后方有效掩护区域明显增大，在工程设计中可以借鉴。

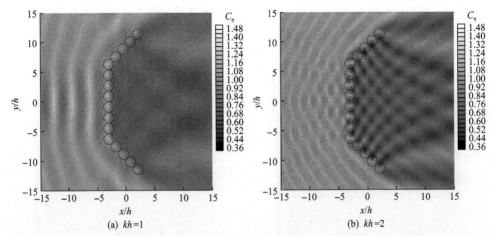

(a) $kh=1$　　　　　　　　　　　　　　(b) $kh=2$

图 8.4.6　开孔半球形鱼礁潜堤附近水域无因次波面幅值的等值线（潜堤两侧的折角为 45°）

8.5　直墙前圆球波能装置

图 8.5.1 为直墙前圆球波能装置的示意图。假设直墙是全反射且无限延伸，水深为 h，圆球完全位于水下，半径为 a，球心与静水面和直墙的间距分别为 d 和 b，圆球在波浪作用下仅做垂荡运动。波能装置的 PTO 系统由一个弹簧和一个阻尼器组成，分别对圆球施加弹簧力和阻尼力，弹簧力和阻力分别与圆球的垂向位移和垂向速度呈线性关系。

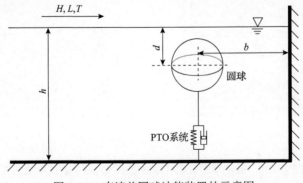

图 8.5.1　直墙前圆球波能装置的示意图

在 7.10 节中，介绍了振荡浮子式波能装置的能量俘获原理（二维问题），当前圆球波能装置的能量俘获原理(三维问题)与 7.10 节中的描述基本一致, 此处不再赘述。圆球波能装置的能量俘获宽度 l 为

$$l = \frac{8P_{\mathrm{PTO}}}{\rho g H^2 c_{\mathrm{g}}} \tag{8.5.1}$$

$$P_{\mathrm{PTO}} = \frac{1}{2} \lambda_{\mathrm{PTO}} \omega^2 |Z|^2 = \frac{1}{2} \frac{\lambda_{\mathrm{PTO}} \omega^2 |F_z|^2}{\omega^2 (\lambda + \lambda_{\mathrm{PTO}})^2 + [K_{\mathrm{s}} - \omega^2 (M_{\mathrm{m}} + \mu)]^2} \tag{8.5.2}$$

式中, P_{PTO} 为波能装置的能量俘获功率; H 为入射波的波高; c_{g} 为波浪群速度; Z 为圆球的复垂向位移; λ_{PTO} 和 K_{s} 分别为 PTO 系统的阻尼系数和弹簧刚度系数; M_{m} 为圆球质量; F_z 为圆球的垂向波浪激振力; μ 和 λ 分别为圆球做单位振幅垂荡运动时的附加质量和辐射阻尼。

　　由式(8.5.1)和式(8.5.2)可以看出, 在分析圆球波能装置的能量俘获性能之前, 需要先确定波浪激振力、附加质量和辐射阻尼, 即求解关于直墙前圆球的波浪绕射和辐射问题, 下面采用多极子方法分别求解这两个问题。

　　由于直墙的存在, 很难直接建立关于圆球的波浪绕射和辐射问题的解析解。这里首先根据镜像原理[17,18], 将直墙前单个圆球的水动力问题转化成开敞水域中关于原直墙完全对称的两个圆球水动力问题(镜像问题), 然后采用多极子方法建立问题的解析解, 计算求解相应的水动力特性参数。图 8.5.2 为镜像问题中对称圆球的示意图。建立直角坐标系, xoy 平面位于静水面, x 轴沿着球心之间的连线方向延伸, y 轴垂直于球心之间的连线, z 轴竖直向上且通过球心之间连线的中点, 第 q $(q = 1, 2)$ 个球心位于 $(x_q, y_q, z_q) = ((-1)^q b, 0, -d)$。局部球坐标系 (r_q, θ_q, β_q) 定义为

$$x - (-1)^q b = R_q \cos \beta_q, \quad y = R_q \sin \beta_q, \quad z + d = r_q \cos \theta_q, \quad R_q = r_q \sin \theta_q \tag{8.5.3}$$

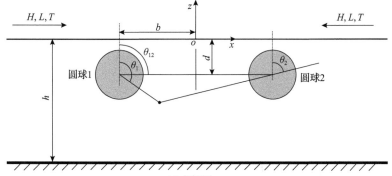

(a) 侧视图

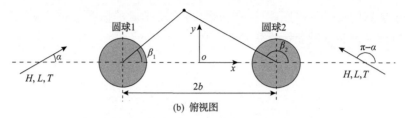

图 8.5.2 镜像问题中对称圆球的示意图

8.5.1 波浪绕射问题

对于波浪绕射问题，在镜像问题中对称圆球受到双入射波的作用，波浪入射方向关于 x 轴正方向的角度分别为 α 和 $\pi - \alpha$，则双入射波速度势 ϕ_0 的表达式为

$$\phi_0 = -\frac{\mathrm{i}\,gH}{2\omega}\frac{\cosh[k(z+h)]}{\cosh(kh)}\Big[\mathrm{e}^{\mathrm{i}\,k(x\cos\alpha + y\sin\alpha)} + \mathrm{e}^{\mathrm{i}\,k(-x\cos\alpha + y\sin\alpha)}\Big] \tag{8.5.4}$$

应用式 (8.1.12) 可以将入射波速度势展开为级数形式：

$$\begin{aligned}
\phi_0 = -\frac{\mathrm{i}\,gH}{2\omega}\frac{1}{\cosh(kh)}\Bigg[&\sum_{m'=0}^{\infty}\sum_{n'=m'}^{\infty} G_{n'm'}^{q,+} r_q^{n'}\, \mathrm{P}_{n'}^{m'}(\cos\theta_q)\cos(m'\beta_q) \\
+ &\sum_{m'=0}^{\infty}\sum_{n'=m'}^{\infty} G_{n'm'}^{q,-} r_q^{n'}\, \mathrm{P}_{n'}^{m'}(\cos\theta_q)\sin(m'\beta_q)\Bigg]
\end{aligned} \tag{8.5.5}$$

式中，

$$\begin{aligned}
G_{n'm'}^{q,+} = \frac{\varepsilon_{m'}\,\mathrm{i}^{m'}\,k^{n'}}{2(n'+m')!}&\Big[(-1)^{m'}\mathrm{e}^{k(h-d)} + (-1)^{n'}\mathrm{e}^{-k(h-d)}\Big] \\
&\times\Big[\mathrm{e}^{\mathrm{i}\,kx_q\cos\alpha} + (-1)^{m'}\mathrm{e}^{-\mathrm{i}\,kx_q\cos\alpha}\Big]\cos(m'\alpha)
\end{aligned} \tag{8.5.6}$$

$$\begin{aligned}
G_{n'm'}^{q,-} = \frac{\varepsilon_{m'}\,\mathrm{i}^{m'}\,k^{n'}}{2(n'+m')!}&\Big[(-1)^{m'}\mathrm{e}^{k(h-d)} + (-1)^{n'}\mathrm{e}^{-k(h-d)}\Big] \\
&\times\Big[\mathrm{e}^{\mathrm{i}\,kx_q\cos\alpha} - (-1)^{m'}\mathrm{e}^{-\mathrm{i}\,kx_q\cos\alpha}\Big]\sin(m'\alpha)
\end{aligned} \tag{8.5.7}$$

式中，$\varepsilon_0 = 1$；$\varepsilon_m = 2\ (m \geqslant 1)$。

绕射波速度势 ϕ_7 的表达式为

$$\phi_7 = -\frac{\mathrm{i}\,gH}{2\omega}\frac{1}{\cosh(kh)}\sum_{p=1}^{2}\sum_{m=0}^{\infty}\sum_{n=m}^{\infty}\Big[\chi_{nm}^{(p),+}\varphi_{nm,p}^{+} + \chi_{nm}^{(p),-}\varphi_{nm,p}^{-}\Big] \tag{8.5.8}$$

式中，$\chi_{nm}^{(p),+}$ 和 $\chi_{nm}^{(p),-}$ 为待定的展开系数；$\varphi_{nm,p}^{+}$ 和 $\varphi_{nm,p}^{-}$ 为多极子。

基于 8.2 节中的推导，多极子 $\varphi_{nm,p}^{+}$ 和 $\varphi_{nm,p}^{-}$ 的表达式为

$$
\begin{aligned}
\varphi_{nm,p}^{+} &= \frac{P_n^m(\cos\theta_p)}{r_p^{n+1}}\cos(m\beta_p) + \frac{(-i)^m}{2\pi(n-m)!}\int_0^\infty\int_{-\pi}^{\pi}\mu^n[A(\mu)e^{-\mu(z+d)}+B(\mu)e^{\mu(z+d)}] \\
&\quad \times \cos(m\gamma)e^{i\mu[(x-x_p)\cos\gamma+y\sin\gamma]}\,d\gamma\,d\mu \\
&= \left[\frac{P_n^m(\cos\theta_p)}{r_p^{n+1}} + \sum_{s=m}^{\infty}C_{nm,s}r_p^s P_s^m(\cos\theta_p)\right]\cos(m\beta_p)
\end{aligned}
$$

$$(8.5.9)$$

$$
\begin{aligned}
\varphi_{nm,p}^{-} &= \frac{P_n^m(\cos\theta_q)}{r_p^{n+1}}\sin(m\beta_p) + \frac{(-i)^m}{2\pi(n-m)!}\int_0^\infty\int_{-\pi}^{\pi}\mu^n[A(\mu)e^{-\mu(z+d)}+B(\mu)e^{\mu(z+d)}] \\
&\quad \times \sin(m\gamma)e^{i\mu[(x-x_p)\cos\gamma+y\sin\gamma]}\,d\gamma\,d\mu \\
&= \left[\frac{P_n^m(\cos\theta_p)}{r_p^{n+1}} + \sum_{s=m}^{\infty}C_{nm,s}r_p^s P_s^m(\cos\theta_p)\right]\sin(m\beta_p)
\end{aligned}
$$

$$(8.5.10)$$

式中，$A(\mu)$ 和 $B(\mu)$ 的表达式分别与式 (8.2.2) 和式 (8.2.3) 相同；$C_{nm,s}$ 的表达式与式 (8.2.7) 相同。

采用类似 8.4 节中多极子在局部球坐标之间的转换方法可以将式 (8.5.9) 和式 (8.5.10) 表示为

$$
\varphi_{nm,p}^{+} = \sum_{m'=0}^{\infty}\sum_{n'=m'}^{\infty}X_{nm,n'm'}^{pq,+}r_q^{n'}P_{n'}^{m'}(\cos\theta_q)\cos(m'\beta_q) + \sum_{m'=0}^{\infty}\sum_{n'=m'}^{\infty}Y_{nm,n'm'}^{pq,+}r_q^{n'}P_{n'}^{m'}(\cos\theta_q)\sin(m'\beta_q)
$$

$$(8.5.11)$$

$$
\varphi_{nm,p}^{-} = \sum_{m'=0}^{\infty}\sum_{n'=m'}^{\infty}X_{nm,n'm'}^{pq,-}r_q^{n'}P_{n'}^{m'}(\cos\theta_q)\cos(m'\beta_q) + \sum_{m'=0}^{\infty}\sum_{n'=m'}^{\infty}Y_{nm,n'm'}^{pq,-}r_q^{n'}P_{n'}^{m'}(\cos\theta_q)\sin(m'\beta_q)
$$

$$(8.5.12)$$

式中，

$$
\begin{cases}
X_{nm,n'm'}^{pq,\pm} = W_{nm,n'm'}^{pq,\pm} + E_{nm,n'm'}^{pq,\pm} + F_{nm,n'm'}^{pq,\pm} \\
Y_{nm,n'm'}^{pq,\pm} = U_{nm,n'm'}^{pq,\pm} \pm (E_{nm,n'm'}^{pq,\mp} - F_{nm,n'm'}^{pq,\mp})
\end{cases}
$$

$$(8.5.13)$$

$$E_{nm,n'm'}^{pq,+} = \frac{\varepsilon_{m'}(-1)^{m+m'}}{4(n-m)!(n'+m')!}\int_0^\infty g_{nm,n'm'}(\mu)\cos[(m+m')\beta_{pq}]J_{m+m'}(\mu R_{pq})\mathrm{d}\mu$$

$$(8.5.14)$$

$$E_{nm,n'm'}^{pq,-} = \frac{\varepsilon_{m'}(-1)^{m+m'}}{4(n-m)!(n'+m')!}\int_0^\infty g_{nm,n'm'}(\mu)\sin[(m+m')\beta_{pq}]J_{m+m'}(\mu R_{pq})\mathrm{d}\mu$$

$$(8.5.15)$$

$$F_{nm,n'm'}^{pq,+} = \frac{\varepsilon_{m'}(-1)^{m}}{4(n-m)!(n'+m')!}\int_0^\infty g_{nm,n'm'}(\mu)\cos[(m-m')\beta_{pq}]J_{m-m'}(\mu R_{pq})\mathrm{d}\mu$$

$$(8.5.16)$$

$$F_{nm,n'm'}^{pq,-} = \frac{\varepsilon_{m'}(-1)^{m}}{4(n-m)!(n'+m')!}\int_0^\infty g_{nm,n'm'}(\mu)\sin[(m-m')\beta_{pq}]J_{m-m'}(\mu R_{pq})\mathrm{d}\mu$$

$$(8.5.17)$$

$$g_{nm,n'm'}(\mu) = \frac{\mu^{n+n'}}{\mu\sinh(\mu h)-K\cosh(\mu h)}\left\{(\mu-K)(-1)^{n+m+n'}\,\mathrm{e}^{-\mu(h-2d)}\right.$$
$$\left.+(\mu+K)[(-1)^{n+m+m'}\,\mathrm{e}^{-\mu h}+(-1)^{n'}\,\mathrm{e}^{-\mu h}+(-1)^{m'}\,\mathrm{e}^{\mu(h-2d)}]\right\}$$

$$(8.5.18)$$

在式(8.5.13)中，$W_{nm,n'm'}^{pq,+}$、$W_{nm,n'm'}^{pq,-}$、$U_{nm,n'm'}^{pq,+}$和$U_{nm,n'm'}^{pq,-}$的表达式分别与式(C.3)～式(C.6)的等号右侧相同。

将式(8.5.11)和式(8.5.12)代入式(8.5.8)，可以得到绕射波速度势在局部球坐标系(r_q,θ_q,β_q)的表达式：

$$\phi_7 = -\frac{\mathrm{i}gH}{2\omega}\frac{1}{\cosh(kh)}\left\{\sum_{m=0}^\infty\sum_{n=m}^\infty\chi_{nm}^{(q),+}\left[\frac{P_n^m(\cos\theta_q)}{r_q^{n+1}}+\sum_{s=m}^\infty C_{nm,s}^{(q)}r_q^s P_s^m(\cos\theta_q)\right]\cos(m\beta_q)\right.$$

$$+\sum_{m=0}^\infty\sum_{n=m}^\infty\chi_{nm}^{(q),-}\left[\frac{P_n^m(\cos\theta_q)}{r_q^{n+1}}+\sum_{s=m}^\infty C_{nm,s}^{(q)}r_q^s P_s^m(\cos\theta_q)\right]\sin(m\beta_q)$$

$$+\sum_{p=1,p\neq q}^{2}\sum_{m=0}^\infty\sum_{n=m}^\infty\sum_{m'=0}^\infty\sum_{n'=m'}^\infty\left[\chi_{nm}^{(p),+}X_{nm,n'm'}^{pq,+}+\chi_{nm}^{(p),-}X_{nm,n'm'}^{pq,-}\right]r_q^{n'}P_{n'}^{m'}(\cos\theta_q)\cos(m'\beta_q)$$

$$+\left.\sum_{p=1,p\neq q}^{2}\sum_{m=0}^\infty\sum_{n=m}^\infty\sum_{m'=0}^\infty\sum_{n'=m'}^\infty\left[\chi_{nm}^{(p),+}Y_{nm,n'm'}^{pq,+}+\chi_{nm}^{(p),-}Y_{nm,n'm'}^{pq,-}\right]r_q^{n'}P_{n'}^{m'}(\cos\theta_q)\sin(m'\beta_q)\right\}$$

$$(8.5.19)$$

式(8.5.19)中的展开系数需要通过圆球表面 S_q 的不透水物面条件确定, 该物面条件为

$$\frac{\partial \phi_7}{\partial r_q} = -\frac{\partial \phi_0}{\partial r_q}, \quad r_q = a, \quad q = 1,2 \tag{8.5.20}$$

将式 (8.5.5) 和式 (8.5.19) 代入式 (8.5.20), 等号两侧同时乘以 $P_{n'}^{m'}(\cos\theta_q)\sin\theta_q\cos(m'\beta_q)$ 或 $P_{n'}^{m'}(\cos\theta_q)\sin\theta_q\sin(m'\beta_q)$, 然后对 β_q 从 0 到 2π 积分、对 θ_q 从 0 到 π 积分, 并应用三角函数和连带勒让德函数的正交性, 可以得到如下方程:

$$(n'+1)a^{-2n'-1}\chi_{n'm'}^{(q),+} - \sum_{n=m'}^{\infty} n'C_{nm',n'}\chi_{nm'}^{(q),+}$$
$$- \sum_{p=1,p\neq q}^{2}\sum_{m=0}^{\infty}\sum_{n=m}^{\infty} n'\left[X_{nm,n'm'}^{pq,+}\chi_{nm}^{(p),+} + X_{nm,n'm'}^{pq,-}\chi_{nm}^{(p),-}\right] = n'G_{n'm'}^{q,+} \tag{8.5.21}$$

$$(n'+1)a^{-2n'-1}\chi_{n'm'}^{(q),-} - \sum_{n=m'}^{\infty} n'C_{nm',n'}\chi_{n'm'}^{(q),-}$$
$$- \sum_{p=1,p\neq q}^{2}\sum_{m=0}^{\infty}\sum_{n=m}^{\infty} n'\left[Y_{nm,n'm'}^{pq,+}\chi_{nm}^{(p),+} + Y_{nm,n'm'}^{pq,-}\chi_{nm}^{(p),-}\right] = n'G_{n'm'}^{q,-} \tag{8.5.22}$$

式中, $q = 1, 2$; $m' = 0, 1, \cdots$; $n' = m', m'+1, \cdots$。

将式(8.5.21)和式(8.5.22)中的 m 和 m' 截断到 M 项、n 和 n' 截断到 $m(m')+N$ 项, 可以得到含有 $4(M+1)(N+1)$ 个未知数的线性方程组, 求解方程组便可以确定绕射波速度势表达式中所有的展开系数。

圆球受到的垂向波浪激振力 F_z 为

$$F_z = \mathrm{i}\omega\rho\iint_{S_1}(\phi_0 + \phi_7)\big|_{r_1 = a}(-\cos\theta_1)\mathrm{d}S = -\frac{2\pi\rho gH}{\cosh(kh)}\chi_{10}^{(1),+} \tag{8.5.23}$$

在式(8.5.23)的推导中使用了式(8.5.21)。

8.5.2 波浪辐射问题

对于波浪辐射问题, 辐射波速度势 ϕ_3 的表达式为

$$\phi_3 = -\mathrm{i}\omega\sum_{p=1}^{2}\sum_{m=0}^{\infty}\sum_{n=m}^{\infty}\left[\zeta_{nm}^{(p),+}\varphi_{nm,p}^{+} + \zeta_{nm}^{(p),-}\varphi_{nm,p}^{-}\right] \tag{8.5.24}$$

式中，$\zeta_{nm}^{(p),+}$ 和 $\zeta_{nm}^{(p),-}$ 为待定的展开系数。

类似地，将式 (8.5.11) 和式 (8.5.12) 代入式 (8.5.24)，可以得到仅使用局部球坐标系 (r_q,θ_q,β_q) 表示的辐射波速度势。

在镜像问题中，双圆球的运动关于原直墙对称，即两个圆球同步做单位振幅垂荡运动，此时圆球表面 S_q 的物面边界条件为

$$\frac{\partial \phi_3}{\partial r_q} = -\mathrm{i}\omega\cos\theta_q, \quad r_q = a, \quad q = 1,2 \tag{8.5.25}$$

将经过坐标转换的辐射波速度势表达式代入式 (8.5.25)，采用类似波浪绕射问题中的处理方法可以得到如下方程：

$$(n'+1)a^{-2n'-1}\zeta_{n'm'}^{(q),+} - \sum_{n=m'}^{\infty} n'C_{nm',n'}\zeta_{nm'}^{(q),+}$$
$$- \sum_{p=1,p\neq q}^{2}\sum_{m=0}^{\infty}\sum_{n=m}^{\infty} n'\Big[X_{nm,n'm'}^{pq,+}\zeta_{nm}^{(p),+} + X_{nm,n'm'}^{pq,-}\zeta_{nm}^{(p),-} \Big] = \delta_{m'0}\delta_{n'1} \tag{8.5.26}$$

$$(n'+1)a^{-2n'-1}\zeta_{n'm'}^{(q),-} - \sum_{n=m'}^{\infty} n'C_{nm',n'}\zeta_{n'm'}^{(q),-}$$
$$- \sum_{p=1,p\neq q}^{2}\sum_{m=0}^{\infty}\sum_{n=m}^{\infty} n'\Big[Y_{nm,n'm'}^{pq,+}\zeta_{nm}^{(p),+} + Y_{nm,n'm'}^{pq,-}\zeta_{nm}^{(p),-} \Big] = 0 \tag{8.5.27}$$

式中，$\delta_{mn} = \begin{cases} 1, & m=n \\ 0, & m\neq n \end{cases}$；$q=1,2$；$m'=0,1,\cdots$；$n'=m',\ m'+1,\cdots$。

直墙前圆球做单位振幅垂荡运动时的附加质量 μ 和辐射阻尼 λ 为

$$\mu + \frac{\mathrm{i}}{\omega}\lambda = \frac{\mathrm{i}\rho}{\omega}\iint_{S_1}\phi_3\big|_{r_1=a}(-\cos\theta_1)\,\mathrm{d}S = -\frac{4}{3}\pi\rho\Big[3\zeta_{10}^{(1),+} + a^3 \Big] \tag{8.5.28}$$

在式 (8.5.28) 的推导中使用了式 (8.5.26)。

图 8.5.3 为结构与直墙间距对圆球水动力特性参数的影响。为了便于比较，图中还给出了无直墙时 (开敞水域中) 圆球的水动力特性参数。无因次垂向波浪激振力定义为 $C_{F_z} = |F_z|/(\rho g H a^2)$。从图中可以看出，直墙的存在对圆球水动力特性参数具有重要的影响；随着波浪入射/振荡频率的增加，直墙前圆球的垂向波浪激振力、附加质量和辐射阻尼均呈现振荡变化，这是因为圆球除受到入射波/辐射波的作用外，还受到由直墙反射回来的波浪作用，两种波浪的共同作用导致水动力特性参数出现振荡。此外，直墙前圆球的垂向波浪激振力峰值显著大于开敞水域中圆球的垂向波浪激振力峰值，特别是当 $b/h = 0.8$ 和 1 时，直墙前圆球的垂向波浪激振力峰值达到无直墙时圆球上垂向波浪激振力峰值的 2 倍以上。

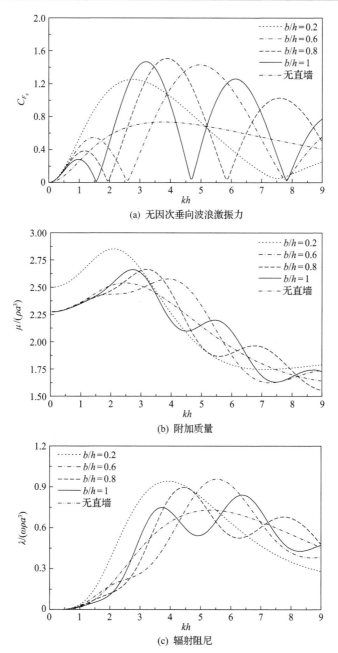

(a) 无因次垂向波浪激振力

(b) 附加质量

(c) 辐射阻尼

图 8.5.3　结构与直墙间距对圆球水动力特性参数的影响($a/h=0.15$，$d/h=0.25$，$\alpha=0°$)

图 8.5.4 为结构与直墙间距对圆球波能装置无因次垂向位移和能量俘获宽度的影响，无因次垂向位移定义为 $C_Z=2|Z|/H$。在计算中，圆球质量为 $M_{\mathrm{m}}=0.8\rho V$（V 是圆球的体积），弹簧刚度系数为 $K_{\mathrm{s}}=10\rho ga^2/3$，PTO 系统阻尼系数（最优 PTO

阻尼）λ_{PTO} 由式(7.10.10)确定。从图中可以看出，在某些波浪频率范围内，直墙前圆球的垂向位移和能量俘获宽度均显著大于无直墙情况；而在一些特定频率附近，能量俘获宽度趋于 0，对比图 8.5.4 和图 8.5.3 可以发现，此时圆球的垂向波浪激振力非常小。此外，球心和直墙之间的间距对波能装置能量俘获宽度具有重要的影响，在工程设计中，需要根据实际海域的波浪条件来选取合理的间距。

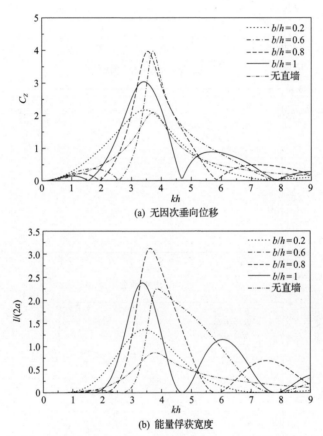

(a) 无因次垂向位移

(b) 能量俘获宽度

图 8.5.4 结构与直墙间距对圆球波能装置无因次垂向位移和能量俘获宽度的影响
（$a/h = 0.15$，$d/h = 0.3$，$\alpha = 0°$）

本节研究了直墙前单个圆球波能装置的水动力性能，关于多个圆球波能装置水动力干涉问题的研究可以参阅文献[19]。本章只考虑了淹没圆球，对于球心位于静水面的漂浮圆球，基本分析思路一致，但是多极子的表达式不同，具体可以参阅文献[2]、[20]和[21]。

参 考 文 献

[1] Linton C M, McIver P. Handbook of Mathematical Techniques for Wave/Structure Interactions. Boca Raton: CRC Press, 2001.

[2] Thorne R C. Multipole expansions in the theory of surface waves. Mathematical Proceedings of the Cambridge Philosophical Society, 1953, 49(4): 707-716.

[3] Davis A M J. Short surface waves in the presence of a submerged sphere. Journal of Applied Mathematics, 1974, 27: 464-478.

[4] Wu G X. The interaction of water waves with a group of submerged spheres. Applied Ocean Research, 1995, 17(3): 165-184.

[5] Cadby J R, Linton C M. Three-dimensional water-wave scattering in two-layer fluids. Journal of Fluid Mechanics, 2000, 423: 155-173.

[6] Das D, Mandal B N. Water wave radiation by a sphere submerged in water with an ice-cover. Archive of Applied Mechanics, 2008, 78: 649-661.

[7] Das D, Thakur N. Water wave scattering by a sphere submerged in uniform finite depth water with an ice-cover. Marine Structures, 2013, 30: 63-67.

[8] Gradshteyn I S, Ryzhik I M. Table of Integrals, Series, and Products. 7th ed. New York: Academic Press, 2007.

[9] Yu X P. Diffraction of water waves by porous breakwaters. Journal of Waterway, Port, Coastal, and Ocean Engineering, 1995, 121(6): 275-282.

[10] Chapman D G J. A weakly singular integral equation approach for water wave problems. Bristol: University of Bristol, 2005.

[11] Steinborn E O, Ruedenberg K. Rotation and translation of regular and irregular solid spherical harmonics. Advances in Quantum Chemistry, 1973, 7: 1-81.

[12] Buccino M, Vita I D, Calabrese M. Engineering modeling of wave transmission of reef balls. Journal of Waterway, Port, Coastal, and Ocean Engineering, 2014, 140(4): 1-18.

[13] van Gent M R A, Buis L, van den Bos J P, et al. Wave transmission at submerged coastal structures and artificial reefs. Coastal Engineering, 2023, 184: 104344.

[14] Armono H D, Hall K R, Swamidas A S J. Wave field around hemisphereical shape artificial reefs used for fish habitat//Proceedings of Canadian Coastal Conference, 2001: 1-15.

[15] Armono H D, Hall K R. Wave transmission on submerged breakwaters made of hollow hemispherical shape artificial reefs//Proceedings of Canadian Coastal Conference, Moncton, 2003: 1-13.

[16] Buccino M, Vita I D, Calabrese M. Predicting wave transmission past Reef Ball[TM] submerged breakwaters. Journal of Coastal Research, 2013, 65: 171-176.

[17] Teng B, Ning D Z, Zhang X T. Wave radiation by a uniform cylinder in front of a vertical wall. Ocean Engineering, 2004, 31(2): 201-224.

[18] Li A J, Sun X L, Liu Y. Water wave diffraction and radiation by a submerged sphere in front of a vertical wall. Applied Ocean Research, 2021, 114: 102818.

[19] Li A J, Liu Y. Hydrodynamic performance and energy absorption of multiple spherical absorbers along a straight coast. Physics of Fluids, 2022, 34(11): 117102.

[20] Havelock T. Waves due to a floating sphere making periodic heaving oscillations. Proceedings of the Royal Society A: Mathematical Physical and Engineering Sciences, 1955, 231: 1-7.

[21] Hulme A. The wave forces acting on a floating hemisphere undergoing forced periodic oscillations. Journal of Fluid Mechanics, 1982, 121: 443-463.

附　　录

附录 A　式(6.2.41)中的积分计算方法

为了书写方便，将式(6.2.41)等号右侧的第一项写成

$$W_p = -\frac{a^2}{4(h-c)}V_1 + \frac{1}{2(h-c)}V_2 \qquad \text{(A.1)}$$

式中，

$$V_1 = \int_{-h}^{-c} u_p(z)\,\mathrm{d}z \qquad \text{(A.2)}$$

$$V_2 = \int_{-h}^{-c} (z+h)^2 u_p(z)\,\mathrm{d}z \qquad \text{(A.3)}$$

将式(6.1.19)代入式(A.2)，可以得到

$$V_1 = \frac{(-1)^p 2^{1/6}(2p)!\,\Gamma(1/6)}{\pi\Gamma(2p+1/3)}\int_0^1 (1-t^2)^{-1/3}C_{2p}^{1/6}(t)\,\mathrm{d}t = \frac{2^{7/6}\sqrt{3\pi}}{[\Gamma(1/3)]^2}\delta_{p0}, \quad p=0,1,\cdots \qquad \text{(A.4)}$$

式中，$\Gamma(x)$ 为伽马函数；$\delta_{00}=1$；$\delta_{p0}=0\,(p\neq 0)$。

将式(6.1.19)代入式(A.3)，得到

$$V_2 = (h-c)^2\frac{(-1)^s 2^{1/6}(2p)!\,\Gamma(1/6)}{\pi\Gamma(2p+1/3)}\int_0^1 t^2(1-t^2)^{-1/3}C_{2p}^{1/6}(t)\,\mathrm{d}t \qquad \text{(A.5)}$$

根据傅里叶级数展开可以得到

$$t^2 = \frac{1}{3} + \sum_{n=1}^{\infty}\frac{4(-1)^n}{(n\pi)^2}\cos(n\pi t), \quad -1\leqslant t\leqslant 1 \qquad \text{(A.6)}$$

将式(A.6)代入式(A.5)等号右侧积分中的第一个 t^2，得到

$$V_2 = \frac{2^{7/6}(h-c)^2\sqrt{3\pi}}{3[\Gamma(1/3)]^2}\delta_{p0} + (h-c)^2\sum_{n=1}^{\infty}\frac{4(-1)^n\,\mathrm{J}_{2p+1/6}(n\pi)}{(n\pi)^{13/6}} \qquad \text{(A.7)}$$

将式(A.4)和式(A.7)代入式(A.1)，得到

$$W_p = \left[\frac{h-c}{6} - \frac{a^2}{4(h-c)} \right] \frac{2^{7/6}\sqrt{3\pi}}{[\Gamma(1/3)]^2} \delta_{p0} + 2(h-c) \sum_{n=1}^{\infty} \frac{(-1)^n J_{2p+1/6}(n\pi)}{(n\pi)^{13/6}} \qquad (A.8)$$

附录 B　式(6.4.53)和式(6.4.82)中的积分计算方法

将式(6.3.21)中 $\tilde{v}_s(z)$ 中的下标 s 替换成 p，并将自变量范围扩展至 $-d < z < d$，然后将其展开为傅里叶级数：

$$\tilde{v}_p(z) = \sum_{n=-\infty}^{\infty} b_{pn} e^{i n\pi z/d}, \quad -d < z < d \qquad (B.1)$$

式中，

$$b_{p0} = \frac{1}{2d} \int_{-d}^{d} \tilde{v}_p(z) \mathrm{d}z = \frac{2^{7/6}\sqrt{3\pi}}{d[\Gamma(1/3)]^2} \delta_{p0} \qquad (B.2)$$

$$\begin{aligned} b_{pn} &= \frac{1}{2d} \int_{-d}^{d} \tilde{v}_p(z) e^{-i n\pi z/d} \mathrm{d}z \\ &= \frac{1}{2d} \int_{-1}^{1} \frac{(-1)^p 2^{1/6}(2p)!\Gamma(1/6)}{\pi\Gamma(2p+1/3)} (1-t^2)^{-1/3} C_{2p}^{1/6}(t) e^{i n\pi t} \mathrm{d}t \\ &= \frac{J_{2p+1/6}(n\pi)}{d(n\pi)^{1/6}}, \quad n = 1, 2, \cdots \end{aligned} \qquad (B.3)$$

式中，$\delta_{00} = 1$；$\delta_{p0} = 0 \, (p \neq 0)$。

由关系式 $J_\nu(-x) = (-1)^\nu J_\nu(x)$ 得到 $b_{pn} = b_{p(-n)}$，则有

$$\tilde{v}_p(z) = b_{p0} + \sum_{n=1}^{\infty} b_{pn}(e^{i n\pi z/d} + e^{-i n\pi z/d}), \quad -d < z < d \qquad (B.4)$$

通过求解如下方程：

$$\tilde{v}_p(z) = v_p(z) - \frac{\omega^2}{g} \int_{-d}^{z} v_p(t) \mathrm{d}t \qquad (B.5)$$

得到

$$\begin{aligned} v_p(z) &= \left[\int \tilde{v}_p'(z) e^{\int -\omega^2/g \, \mathrm{d}z} \mathrm{d}z + D \right] e^{\int \omega^2/g \, \mathrm{d}z} \\ &= \sum_{n=1}^{\infty} b_{pn} \left(\frac{i n\pi g}{i n\pi g - \omega^2 d} e^{i n\pi z/d} + \frac{i n\pi g}{i n\pi g + \omega^2 d} e^{-i n\pi z/d} \right) + C e^{z\omega^2/g} \end{aligned} \qquad (B.6)$$

式中，D 和 C 为常数。

由式 (B.5) 可以得到 $\lim\limits_{z\to -d}[v_p(z)-\tilde{v}_p(z)]=0$，则有

$$v_p(-d)=2\sum_{n=1}^{\infty}b_{pn}\frac{(-1)^n(n\pi g)^2}{(n\pi g)^2+(\omega^2 d)^2}+C\,\mathrm{e}^{-d\omega^2/g} \tag{B.7}$$

$$=\tilde{v}_p(-d)=b_{p0}+2\sum_{n=1}^{\infty}(-1)^n b_{pn}$$

$$C=b_{p0}\,\mathrm{e}^{d\omega^2/g}+2\sum_{n=1}^{\infty}b_{pn}\,\mathrm{e}^{d\omega^2/g}\frac{(-1)^n(\omega^2 d)^2}{(n\pi g)^2+(\omega^2 d)^2} \tag{B.8}$$

将式 (B.8) 代入式 (B.6)，得到

$$v_p(z)=\sum_{n=1}^{\infty}b_{pn}\left(\frac{\mathrm{i}n\pi g}{\mathrm{i}n\pi g-\omega^2 d}\mathrm{e}^{\mathrm{i}n\pi z/d}+\frac{\mathrm{i}n\pi g}{\mathrm{i}n\pi g+\omega^2 d}\mathrm{e}^{-\mathrm{i}n\pi z/d}\right)$$
$$+\mathrm{e}^{(z+d)\omega^2/g}\left[b_{p0}+2\sum_{n=1}^{\infty}b_{pn}\frac{(-1)^n(\omega^2 d)^2}{(n\pi g)^2+(\omega^2 d)^2}\right] \tag{B.9}$$

将式 (B.9) 代入式 (6.4.53)，并经过一些代数运算，得到

$$g_p=b_{p0}\frac{gd}{\omega^2}=\frac{2^{7/6}\sqrt{3\pi}g}{[\Gamma(1/3)]^2\omega^2}\delta_{p0} \tag{B.10}$$

附录 C　多极子在不同球坐标系之间的转换

分离式 (8.4.19) 的实部和虚部，得到

$$\frac{\mathrm{P}_n^m(\cos\theta_p)}{r_p^{n+1}}\cos(m\beta_p)=\sum_{m'=0}^{\infty}\sum_{n'=m'}^{\infty}r_q^{n'}\mathrm{P}_{n'}^{m'}(\cos\theta_q)\big[W_1(n,m,n',m',p,q)\cos(m'\beta_q)$$
$$+W_2(n,m,n',m',p,q)\sin(m'\beta_q)\big] \tag{C.1}$$

$$\frac{\mathrm{P}_n^m(\cos\theta_p)}{r_p^{n+1}}\sin(m\beta_p)=\sum_{m'=0}^{\infty}\sum_{n'=m'}^{\infty}r_q^{n'}\mathrm{P}_{n'}^{m'}(\cos\theta_q)\big[W_3(n,m,n',m',p,q)\cos(m'\beta_q)$$
$$+W_4(n,m,n',m',p,q)\sin(m'\beta_q)\big] \tag{C.2}$$

式中，

$$W_1(n,m,n',m',p,q) = \frac{\varepsilon_{m'}(-1)^{n'} r_{pq}^{-n-n'-1}}{2(n-m)!(n'+m')!} \Big\{ (n+n'-m-m')! \mathrm{P}_{n+n'}^{m+m'}(\cos\theta_{pq})\cos[(m+m')\beta_{pq}]$$

$$+ (-1)^{m'}(n+n'-m+m')! \mathrm{P}_{n+n'}^{m-m'}(\cos\theta_{pq})\cos[(m-m')\beta_{pq}] \Big\}$$

$$\text{(C.3)}$$

$$W_2(n,m,n',m',p,q) = \frac{\varepsilon_{m'}(-1)^{n'} r_{pq}^{-n-n'-1}}{2(n-m)!(n'+m')!} \Big\{ (n+n'-m-m')! \mathrm{P}_{n+n'}^{m+m'}(\cos\theta_{pq})\sin[(m+m')\beta_{pq}]$$

$$- (-1)^{m'}(n+n'-m+m')! \mathrm{P}_{n+n'}^{m-m'}(\cos\theta_{pq})\sin[(m-m')\beta_{pq}] \Big\}$$

$$\text{(C.4)}$$

$$W_3(n,m,n',m',p,q) = \frac{\varepsilon_{m'}(-1)^{n'} r_{pq}^{-n-n'-1}}{2(n-m)!(n'+m')!} \Big\{ (n+n'-m-m')! \mathrm{P}_{n+n'}^{m+m'}(\cos\theta_{pq})\sin[(m+m')\beta_{pq}]$$

$$+ (-1)^{m'}(n+n'-m+m')! \mathrm{P}_{n+n'}^{m-m'}(\cos\theta_{pq})\sin[(m-m')\beta_{pq}] \Big\}$$

$$\text{(C.5)}$$

$$W_4(n,m,n',m',p,q) = \frac{\varepsilon_{m'}(-1)^{n'} r_{pq}^{-n-n'-1}}{2(n-m)!(n'+m')!} \Big\{ -(n+n'-m-m')! \mathrm{P}_{n+n'}^{m+m'}(\cos\theta_{pq})\cos[(m+m')\beta_{pq}]$$

$$+ (-1)^{m'}(n+n'-m+m')! \mathrm{P}_{n+n'}^{m-m'}(\cos\theta_{pq})\cos[(m-m')\beta_{pq}] \Big\}$$

$$\text{(C.6)}$$

应用式(C.1)、式(C.2)和式(8.1.12)可以将式(8.4.9)～式(8.4.12)中的多极子表示为

$$\varphi_{nm}^{p,1} = \sum_{m'=0}^{\infty} \sum_{n'=m'}^{\infty} r_q^{2n'} \mathrm{P}_{2n'}^{2m'}(\cos\theta_q) \Big[Q_1(2n,2m,2n',2m',p,q)\cos(2m'\beta_q)$$

$$+ Q_2(2n,2m,2n',2m',p,q)\sin(2m'\beta_q) \Big]$$

$$+ \sum_{m'=0}^{\infty} \sum_{n'=m'}^{\infty} r_q^{2n'+1} \mathrm{P}_{2n'+1}^{2m'+1}(\cos\theta_q) \Big\{ Q_1(2n,2m,2n'+1,2m'+1,p,q)\cos[(2m'+1)\beta_q]$$

$$+ Q_2(2n,2m,2n'+1,2m'+1,p,q)\sin[(2m'+1)\beta_q] \Big\}$$

$$\text{(C.7)}$$

$$\varphi_{nm}^{p,2} = \sum_{m'=0}^{\infty} \sum_{n'=m'}^{\infty} r_q^{2n'} P_{2n'}^{2m'}(\cos\theta_q) \Big[Q_3(2n,2m,2n',2m',p,q)\cos(2m'\beta_q)$$

$$+ Q_4(2n,2m,2n',2m',p,q)\sin(2m'\beta_q) \Big]$$

$$+ \sum_{m'=0}^{\infty} \sum_{n'=m'}^{\infty} r_q^{2n'+1} P_{2n'+1}^{2m'+1}(\cos\theta_q) \big\{ Q_3(2n,2m,2n'+1,2m'+1,p,q)\cos[(2m'+1)\beta_q]$$

$$+ Q_4(2n,2m,2n'+1,2m'+1,p,q)\sin[(2m'+1)\beta_q] \big\}$$

$$(C.8)$$

$$\varphi_{nm}^{p,3} = \sum_{m'=0}^{\infty} \sum_{n'=m'}^{\infty} r_q^{2n'} P_{2n'}^{2m'}(\cos\theta_q) \Big[Q_1(2n+1,2m+1,2n',2m',p,q)\cos(2m'\beta_q)$$

$$+ Q_2(2n+1,2m+1,2n',2m',p,q)\sin(2m'\beta_q) \Big]$$

$$+ \sum_{m'=0}^{\infty} \sum_{n'=m'}^{\infty} r_q^{2n'+1} P_{2n'+1}^{2m'+1}(\cos\theta_q) \big\{ Q_1(2n+1,2m+1,2n'+1,2m'+1,p,q)\cos[(2m'+1)\beta_q]$$

$$+ Q_2(2n+1,2m+1,2n'+1,2m'+1,p,q)\sin[(2m'+1)\beta_q] \big\}$$

$$(C.9)$$

$$\varphi_{nm}^{p,4} = \sum_{m'=0}^{\infty} \sum_{n'=m'}^{\infty} r_q^{2n'} P_{2n'}^{2m'}(\cos\theta_q) \Big[Q_3(2n+1,2m+1,2n',2m',p,q)\cos(2m'\beta_q)$$

$$+ Q_4(2n+1,2m+1,2n',2m',p,q)\sin(2m'\beta_q) \Big]$$

$$+ \sum_{m'=0}^{\infty} \sum_{n'=m'}^{\infty} r_q^{2n'+1} P_{2n'+1}^{2m'+1}(\cos\theta_q) \big\{ Q_3(2n+1,2m+1,2n'+1,2m'+1,p,q)\cos[(2m'+1)\beta_q]$$

$$+ Q_4(2n+1,2m+1,2n'+1,2m'+1,p,q)\sin[(2m'+1)\beta_q] \big\}$$

$$(C.10)$$

式中,

$$Q_j(n,m,n',m',p,q) = W_j(n,m,n',m',p,q) + U_j(n,m,n',m',p,q), \quad j=1,2,3,4 \quad (C.11)$$

$$U_1(n,m,n',m',p,q) = \frac{\varepsilon_{m'}(-1)^{m'} i^{m+m'}}{2\pi(n-m)!(n'+m')!} \int_0^{\infty} \int_{-\pi}^{\pi} A(\mu)\mu^{n+n'}$$

$$\times \cos(m\gamma)\cos(m'\gamma) e^{i\mu[(x_q-x_p)\cos\gamma+(y_q-y_p)\sin\gamma]} d\gamma d\mu \quad (C.12)$$

$$U_2(n,m,n',m',p,q) = \frac{\varepsilon_{m'}(-1)^{m'} i^{m+m'}}{2\pi(n-m)!(n'+m')!} \int_0^{\infty} \int_{-\pi}^{\pi} A(\mu)\mu^{n+n'}$$

$$\times \cos(m\gamma)\sin(m'\gamma) e^{i\mu[(x_q-x_p)\cos\gamma+(y_q-y_p)\sin\gamma]} d\gamma d\mu \quad (C.13)$$

$$U_3(n,m,n',m',p,q) = \frac{\varepsilon_{m'}(-1)^{m'}\mathrm{i}^{m+m'}}{2\pi(n-m)!(n'+m')!}\int_0^\infty\int_{-\pi}^\pi A(\mu)\mu^{n+n'} \tag{C.14}$$
$$\times\sin(m\gamma)\cos(m'\gamma)\mathrm{e}^{\mathrm{i}\,\mu[(x_q-x_p)\cos\gamma+(y_q-y_p)\sin\gamma]}\,\mathrm{d}\gamma\,\mathrm{d}\mu$$

$$U_4(n,m,n',m',p,q) = \frac{\varepsilon_{m'}(-1)^{m'}\mathrm{i}^{m+m'}}{2\pi(n-m)!(n'+m')!}\int_0^\infty\int_{-\pi}^\pi A(\mu)\mu^{n+n'} \tag{C.15}$$
$$\times\sin(m\gamma)\sin(m'\gamma)\mathrm{e}^{\mathrm{i}\,\mu[(x_q-x_p)\cos\gamma+(y_q-y_p)\sin\gamma]}\,\mathrm{d}\gamma\,\mathrm{d}\mu$$

应用式(8.4.7)、式(8.4.8)和式(8.4.20)可以将式(C.12)～式(C.15)进一步表示为

$$U_1(n,m,n',m',p,q) = \frac{\varepsilon_{m'}(-1)^{m'+m}}{2(n-m)!(n'+m')!}\int_0^\infty A(\mu)\mu^{n+n'}\Big\{(-1)^{m'}\cos[(m+m')\beta_{pq}]\mathrm{J}_{m+m'}(\mu R_{pq})$$
$$+\cos[(m-m')\beta_{pq}]\mathrm{J}_{m-m'}(\mu R_{pq})\Big\}\mathrm{d}\mu$$
$$\tag{C.16}$$

$$U_2(n,m,n',m',p,q) = \frac{\varepsilon_{m'}(-1)^{m'+m}}{2(n-m)!(n'+m')!}\int_0^\infty A(\mu)\mu^{n+n'}\Big\{(-1)^{m'}\sin[(m+m')\beta_{pq}]\mathrm{J}_{m+m'}(\mu R_{pq})$$
$$-\sin[(m-m')\beta_{pq}]\mathrm{J}_{m-m'}(\mu R_{pq})\Big\}\mathrm{d}\mu$$
$$\tag{C.17}$$

$$U_3(n,m,n',m',p,q) = \frac{\varepsilon_{m'}(-1)^{m'+m}}{2(n-m)!(n'+m')!}\int_0^\infty A(\mu)\mu^{n+n'}\Big\{(-1)^{m'}\sin[(m+m')\beta_{pq}]\mathrm{J}_{m+m'}(\mu R_{pq})$$
$$+\sin[(m-m')\beta_{pq}]\mathrm{J}_{m-m'}(\mu R_{pq})\Big\}\mathrm{d}\mu$$
$$\tag{C.18}$$

$$U_4(n,m,n',m',p,q) = \frac{\varepsilon_{m'}(-1)^{m'+m}}{2(n-m)!(n'+m')!}\int_0^\infty A(\mu)\mu^{n+n'}\Big\{-(-1)^{m'}\cos[(m+m')\beta_{pq}]\mathrm{J}_{m+m'}(\mu R_{pq})$$
$$+\cos[(m-m')\beta_{pq}]\mathrm{J}_{m-m'}(\mu R_{pq})\Big\}\mathrm{d}\mu$$
$$\tag{C.19}$$

附录 D　多个开孔半球体的方程组推导

将式(8.4.16)和式(8.4.17)代入式(8.4.18)中的第一个等式, 公式等号两侧同时乘以 $\mathrm{P}_{2n'}^{2m'}(\cos\theta_q)\sin\theta_q\begin{cases}\cos(2m'\beta_q)\\\sin(2m'\beta_q)\end{cases}$ 或 $\mathrm{P}_{2n'+1}^{2m'+1}(\cos\theta_q)\sin\theta_q\begin{cases}\cos[(2m'+1)\beta_q]\\\sin[(2m'+1)\beta_q]\end{cases}$, 然后对

β_q 从 0 到 2π 积分、对 θ_q 从 0 到 $\pi/2$ 积分，得到如下四组方程：

$$\sum_{p=1,p\neq q}^{S}\sum_{m=0}^{\infty}\sum_{n=m}^{\infty}2n'\Big[A_{nm}^{(p)}Q_1(2n,2m,2n',2m',p,q)+B_{nm}^{(p)}Q_3(2n,2m,2n',2m',p,q)$$

$$+C_{nm}^{(p)}Q_1(2n+1,2m+1,2n',2m',p,q)+D_{nm}^{(p)}Q_3(2n+1,2m+1,2n',2m',p,q)\Big]$$

$$-(2n'+1)a_q^{-4n'-1}A_{n'm'}^{(q)}+\sum_{n=m'}^{\infty}A_{nm'}^{(q)}(2n')K(2n,2m,2n')-2n'E_{n'm'}^{(q)}$$

$$=-2n'\ell(2n',2m',q)\cos(2m'\alpha)$$

$$(\text{D.1})$$

$$\sum_{p=1,p\neq q}^{S}\sum_{m=0}^{\infty}\sum_{n=m}^{\infty}2n'\Big[A_{nm}^{(p)}Q_2(2n,2m,2n',2m',p,q)+B_{nm}^{(p)}Q_4(2n,2m,2n',2m',p,q)$$

$$+C_{nm}^{(p)}Q_2(2n+1,2m+1,2n',2m',p,q)+D_{nm}^{(p)}Q_4(2n+1,2m+1,2n',2m',p,q)\Big]$$

$$-(2n'+1)a_q^{-4n'-1}B_{n'm'}^{(q)}+\sum_{n=m'}^{\infty}B_{nm'}^{(q)}(2n')K(2n,2m,2n')-2n'F_{n'm'}^{(q)}$$

$$=-2n'\ell(2n',2m',q)\sin(2m'\alpha)$$

$$(\text{D.2})$$

$$\sum_{p=1,p\neq q}^{S}\sum_{m=0}^{\infty}\sum_{n=m}^{\infty}\Big[A_{nm}^{(p)}Q_1(2n,2m,2n'+1,2m'+1,p,q)+B_{nm}^{(p)}Q_3(2n,2m,2n'+1,2m'+1,p,q)$$

$$+C_{nm}^{(p)}Q_1(2n+1,2m+1,2n'+1,2m'+1,p,q)+D_{nm}^{(p)}Q_3(2n+1,2m+1,2n'+1,2m'+1,p,q)\Big]$$

$$-\frac{2n'+2}{2n'+1}a_q^{-4n'-3}C_{n'm'}^{(q)}+\sum_{n=m'}^{\infty}C_{nm'}^{(q)}K(2n+1,2m'+1,2n'+1)-G_{n'm'}^{(q)}$$

$$=-\ell(2n'+1,2m'+1,q)\cos[(2m'+1)\alpha]$$

$$(\text{D.3})$$

$$\sum_{p=1,p\neq q}^{S}\sum_{m=0}^{\infty}\sum_{n=m}^{\infty}\Big[A_{nm}^{(p)}Q_2(2n,2m,2n'+1,2m'+1,p,q)+B_{nm}^{(p)}Q_4(2n,2m,2n'+1,2m'+1,p,q)$$

$$+C_{nm}^{(p)}Q_2(2n+1,2m+1,2n'+1,2m'+1,p,q)+D_{nm}^{(p)}Q_4(2n+1,2m+1,2n'+1,2m'+1,p,q)\Big]$$

$$-\frac{2n'+2}{2n'+1}a_q^{-4n'-3}D_{n'm'}^{(q)}+\sum_{n=m'}^{\infty}D_{nm'}^{(q)}K(2n+1,2m'+1,2n'+1)-H_{n'm'}^{(q)}$$

$$=-\ell(2n'+1,2m'+1,q)\sin[(2m'+1)\alpha]$$

$$(\text{D.4})$$

式中，$q=1,2,\cdots,S$；$m'=0,1,\cdots$；$n'=m',\ m'+1,\cdots$。

将式(8.4.16)和式(8.4.17)代入式(8.4.18)中的第二个等式，然后采用上述同样的处理方法可以得到

$$
\sum_{p=1,p\neq q}^{S}\sum_{m=0}^{\infty}\sum_{n=m}^{\infty}\Big[A_{nm}^{(p)}Q_1(2n,2m,2n',2m',p,q)+B_{nm}^{(p)}Q_3(2n,2m,2n',2m',p,q)
$$
$$
+C_{nm}^{(p)}Q_1(2n+1,2m+1,2n',2m',p,q)+D_{nm}^{(p)}Q_3(2n+1,2m+1,2n',2m',p,q)\Big]
$$
$$
+a_q^{-4n'-1}A_{n'm'}^{(q)}+\sum_{n=m'}^{\infty}A_{nm'}^{(q)}K(2n,2m',2n')-\left(1-\frac{2n'}{ikG_qa_q}\right)E_{n'm'}^{(q)}
$$
$$
=-\ell(2n',2m',q)\cos(2m'\alpha)
$$

$$(D.5)$$

$$
\sum_{p=1,p\neq q}^{S}\sum_{m=0}^{\infty}\sum_{n=m}^{\infty}\Big[A_{nm}^{(p)}Q_2(2n,2m,2n',2m',p,q)+B_{nm}^{(p)}Q_4(2n,2m,2n',2m',p,q)
$$
$$
+C_{nm}^{(p)}Q_2(2n+1,2m+1,2n',2m',p,q)+D_{nm}^{(p)}Q_4(2n+1,2m+1,2n',2m',p,q)\Big]
$$
$$
+a_q^{-4n'-1}B_{n'm'}^{(q)}+\sum_{n=m'}^{\infty}B_{nm'}^{(q)}K(2n,2m',2n')-\left(1-\frac{2n'}{ikG_qa_q}\right)F_{n'm'}^{(q)}
$$
$$
=-\ell(2n',2m',q)\sin(2m'\alpha)
$$

$$(D.6)$$

$$
\sum_{p=1,p\neq q}^{S}\sum_{m=0}^{\infty}\sum_{n=m}^{\infty}\Big[A_{nm}^{(p)}Q_1(2n,2m,2n'+1,2m'+1,p,q)+B_{nm}^{(p)}Q_3(2n,2m,2n'+1,2m'+1,p,q)
$$
$$
+C_{nm}^{(p)}Q_1(2n+1,2m+1,2n'+1,2m'+1,p,q)+D_{nm}^{(p)}Q_3(2n+1,2m+1,2n'+1,2m'+1,p,q)\Big]
$$
$$
+a_q^{-4n'-3}C_{n'm'}^{(q)}+\sum_{n=m'}^{\infty}C_{nm'}^{(q)}K(2n+1,2m'+1,2n'+1)-\left(1-\frac{2n'+1}{ikG_qa_q}\right)G_{n'm'}^{(q)}
$$
$$
=-\ell(2n'+1,2m'+1,q)\cos[(2m'+1)\alpha]
$$

$$(D.7)$$

$$
\sum_{p=1,p\neq q}^{S}\sum_{m=0}^{\infty}\sum_{n=m}^{\infty}\Big[A_{nm}^{(p)}Q_2(2n,2m,2n'+1,2m'+1,p,q)+B_{nm}^{(p)}Q_4(2n,2m,2n'+1,2m'+1,p,q)
$$
$$
+C_{nm}^{(p)}Q_2(2n+1,2m+1,2n'+1,2m'+1,p,q)+D_{nm}^{(p)}Q_4(2n+1,2m+1,2n'+1,2m'+1,p,q)\Big]
$$
$$
+a_q^{-4n'-3}D_{n'm'}^{(q)}+\sum_{n=m'}^{\infty}D_{nm'}^{(q)}K(2n+1,2m'+1,2n'+1)-\left(1-\frac{2n'+1}{ikG_qa_q}\right)H_{n'm'}^{(q)}
$$
$$
=-\ell(2n'+1,2m'+1,q)\sin[(2m'+1)\alpha]
$$

$$(D.8)$$

式中，$q = 1, 2, \cdots, S$；$m' = 0, 1, \cdots$；$n' = m'$，$m' + 1, \cdots$。

将式(D.1)～式(D.8)中的 m 和 m' 截断至 M 项、n 和 n' 截断至 $m + N$ 项，可以得到含有 $8S(M+1)(N+1)$ 个未知数的线性方程组，求解该方程组便可以确定速度势表达式中所有的展开系数。

附录 E　多个不开孔半球体的方程组推导

将式(8.4.16)代入式(8.4.25)，采用附录 D 中的处理方法可以得到如下四组方程：

$$
\begin{aligned}
&\sum_{p=1, p \neq q}^{S} \sum_{m=0}^{\infty} \sum_{n=m}^{\infty} 2n' \Big[A_{nm}^{(p)} Q_1(2n, 2m, 2n', 2m', p, q) + B_{nm}^{(p)} Q_3(2n, 2m, 2n', 2m', p, q) \\
&\quad + C_{nm}^{(p)} Q_1(2n+1, 2m+1, 2n', 2m', p, q) + D_{nm}^{(p)} Q_3(2n+1, 2m+1, 2n', 2m', p, q) \Big] \\
&\quad - (2n'+1) a_q^{-4n'-1} A_{n'm'}^{(q)} + \sum_{n=m'}^{\infty} A_{nm'}^{(q)} (2n') K(2n, 2m', 2n') \\
&= -2n' \ell(2n', 2m', q) \cos(2m'\alpha)
\end{aligned}
$$

(E.1)

$$
\begin{aligned}
&\sum_{p=1, p \neq q}^{S} \sum_{m=0}^{\infty} \sum_{n=m}^{\infty} 2n' \Big[A_{nm}^{(p)} Q_2(2n, 2m, 2n', 2m', p, q) + B_{nm}^{(p)} Q_4(2n, 2m, 2n', 2m', p, q) \\
&\quad + C_{nm}^{(p)} Q_2(2n+1, 2m+1, 2n', 2m', p, q) + D_{nm}^{(p)} Q_4(2n+1, 2m+1, 2n', 2m', p, q) \Big] \\
&\quad - (2n'+1) a_q^{-4n'-1} B_{n'm'}^{(q)} + \sum_{n=m'}^{\infty} B_{nm'}^{(q)} (2n') K(2n, 2m', 2n') \\
&= -2n' \ell(2n', 2m', q) \sin(2m'\alpha)
\end{aligned}
$$

(E.2)

$$
\begin{aligned}
&\sum_{p=1, p \neq q}^{S} \sum_{m=0}^{\infty} \sum_{n=m}^{\infty} \Big[A_{nm}^{(p)} Q_1(2n, 2m, 2n'+1, 2m'+1, p, q) + B_{nm}^{(p)} Q_3(2n, 2m, 2n'+1, 2m'+1, p, q) \\
&\quad + C_{nm}^{(p)} Q_1(2n+1, 2m+1, 2n'+1, 2m'+1, p, q) + D_{nm}^{(p)} Q_3(2n+1, 2m+1, 2n'+1, 2m'+1, p, q) \Big] \\
&\quad - \frac{2n'+2}{2n'+1} a_q^{-4n'-3} C_{n'm'}^{(q)} + \sum_{n=m'}^{\infty} C_{nm'}^{(q)} K(2n+1, 2m'+1, 2n'+1) \\
&= -\ell(2n'+1, 2m'+1, q) \cos[(2m'+1)\alpha]
\end{aligned}
$$

(E.3)

$$\sum_{p=1,p\neq q}^{S} \sum_{m=0}^{\infty} \sum_{n=m}^{\infty} \Big[A_{nm}^{(p)} Q_2(2n,2m,2n'+1,2m'+1,p,q) + B_{nm}^{(p)} Q_4(2n,2m,2n'+1,2m'+1,p,q)$$

$$+ C_{nm}^{(p)} Q_2(2n+1,2m+1,2n'+1,2m'+1,p,q) + D_{nm}^{(p)} Q_4(2n+1,2m+1,2n'+1,2m'+1,p,q) \Big]$$

$$- \frac{2n'+2}{2n'+1} a_q^{-4n'-3} D_{n'm'}^{(q)} + \sum_{n=m'}^{\infty} D_{nm'}^{(q)} K(2n+1,2m'+1,2n'+1)$$

$$= -\ell(2n'+1,2m'+1,q) \sin[(2m'+1)\alpha]$$

$$\tag{E.4}$$

式中，$q = 1, 2, \cdots, S$；$m' = 0, 1, \cdots$；$n' = m', \ m'+1, \cdots$。